太平洋　1944年
JN040540
ソ連
日本海
日本
東京
大阪
長崎
上海
東シナ海
沖縄
硫黄島
インド
香港
台湾
ビルマ
マリアナ諸島
ルソン
マニラ
ミクロネシア
タイ
インドシナ
グアム
フィリピン
ウルシー環礁
南シナ海
マーシャル諸島
パラオ
ミンダナオ
マラヤ
ボルネオ
メラネシア
セレベス
スマトラ
ニューギニア
ソロモン諸島
ジャワ
ティモール
アラフラ海
ガダルカナル
珊瑚海
ニュー
カレドニア
オーストラリア
インド洋
タスマン海
タスマニア

TWILIGHT OF THE GODS

War in the Western Pacific, 1944-1945 IAN W. TOLL

太平洋の試練
レイテから終戦まで

イアン・トール［著］

村上和久［訳］

文藝春秋

太平洋の試練
レイテから終戦まで

上

目次

下巻目次

装幀・デザイン　永井翔

地図　リスト

第一部『太平洋の試練　真珠湾からミッドウェイまで』上下

戦争の勝敗は、戦艦を中心とする艦隊が一気に敵を殲滅（せんめつ）する海戦で決する——古今東西の海戦を研究したアナポリス海軍兵学校の教官アルフレッド・セイヤー・マハンが書いた一冊の本『海上権力史論』は日米両海軍の理論的支柱となった。ところが、日本海軍に生まれた一人の異端児・山本五十六が、その教義に根本的な疑問を抱き、空母の艦隊による航空一斉攻撃という革命的手法を発案する。

それが一九四一年十二月八日の日本海軍の真珠湾奇襲へとつながり、米国は戦艦のほぼすべてを失った。英国のZ艦隊「プリンス・オブ・ウェールズ」「レパルス」なども、太平洋戦争開戦直後に日本の航空攻撃で壊滅。日本陸海軍は圧倒的な戦力差で、正確な時刻表のように、太平洋地域を連戦連勝で席巻する。

しかし、そのころハワイの秘密部隊が着々と日本軍の暗号解読作業を進めていた。作戦を解読された日本海軍はミッドウェイ海戦で空母四隻を失う大敗北を喫する。それでも日米の戦力はいまだ日本優勢。アメリカの反攻はまだないだろう、と考えていた日本軍の裏をかき、キング提督はミッドウェイ海戦からわずか二カ月後を反攻の狼煙（のろし）をあげる日と定める。

めざすは、日本軍が飛行場をつくりはじめた、オーストラリア沖の島、ガダルカナル……。

第二部『太平洋の試練　ガダルカナルからサイパン陥落まで』上下

キング提督はミッドウェイ海戦の直後から、反転攻勢の足がかりとしてガダルカナル島を攻めることを主張する。マッカーサーは反対したが、上陸作戦がはじまった。

太平洋戦争三度目の空母決戦となる第二次ソロモン海戦、そして地上戦。ガダルカナルの激闘は膠着し、消耗戦におちいった日本軍は徐々に劣勢になっていく。新指揮官・ハルゼー提督の積極策によってついにガダルカナルを失陥した山本五十六。その行動予定が米軍に傍受される。

連合艦隊司令長官である山本を殺すのは賢明だろうか？　熟考のすえ、ニミッツ提督は山本機の撃墜を命じた……。

痛手を負った日本軍はラバウルを死守すべく守備兵を集中するが、米軍は裏をかいてラバウルを迂回、南太平洋を掌握した。脆弱な石油輸送網を潜水艦部隊によって断たれ、後退を重ねる日本軍。新型空母を投入しての艦隊決戦で戦局逆転を狙うが、開戦以来の熟練パイロットの損失は大きく、最後の日米空母決戦となったマリアナ沖海戦は惨敗に終わる。

民間人も多数犠牲となった悲劇的な戦いのすえ、サイパンを陥落させた米軍は、本土を直接叩ける基地を手に入れた。日本軍の高官たちも、これが新たな絶望の幕開けだと密かに認めていた。

「最早希望アル戦争指導ハ遂行シ得ズ」……。

※本書の中の時刻は基本的に現地時間を採用している。

太平洋の試練
レイテから終戦まで

勝ち目のないカードを配られた
ハズバンド・E・キンメル提督とウォルター・C・ショート将軍に本書を捧げる

序章
政治の季節

大統領選が近づき、メディアと政府、軍の関係も緊張を帯びる。報道嫌いな海軍に対し、たくみな宣伝で英雄視されるマッカーサー。そこには太平洋戦略全体の問題も潜んでいた。

1944年7月18日、第五艦隊旗艦インディアナポリスの八インチ砲の下に立つ（左から）チェスター・ニミッツ、アーネスト・キング、レイモンド・スプルーアンス。3人の提督はスプルーアンスの司令官用食堂で夕食をとったが、サイパン島からやってきた蠅の大群に悩まされた（第一章参照）。Naval History and Heritage Command

インクを樽で買うような人間と議論してはならない。
——由来不明のアメリカの格言

大統領とメディアの不和

フランクリン・デラノ・ローズヴェルト大統領と報道機関との関係は、最初の任期以来、ひどく悪化していた。一九三三年の蜜月時代には、宣誓就任したばかりの大統領は、愛想よく打ち解けた態度で記者たちの警戒心をやわらげた——記者をファーストネームで呼んで、つまらないことで冗談を飛ばし、誕生日を祝うメッセージを贈って、家族全員をホワイトハウスのパーティに招待した。週に二度の記者会見は、自由気ままで肩ひじ張らないものになっていた。大統領執務室（オーヴァル・オフィス）にぞろぞろと入っていった記者たちは、大きなマホガニーの机の向こうで車いすに腰掛け、着古してかすかにしわの寄ったスーツを着た、陽気で頭の大きな男に迎えられた。その片手にはたいてい煙草を持ち、上着の袖口には煙草の灰が点々と散っていた。

大統領はどんな質問をされても、即座に口頭で答えた。場の雰囲気を明るく、陽気にたもちつづけた。大統領はたとえば、ある記者がどうやら二日酔いらしいといって、室内のみんなにどう思うか意見をもとめたりした。あるいは、ある記者がボディチェックを受けたかどうか確認するよう警護班に命じたりした。大統領は「教室」を動かす教師を真似て、ジャーナリストたちがあまり賢くない小学生であるかのように話しかけた。「いや、きみきみ、そいつはまったく考えちがいだよ」[1]。質問に耳をかたむけながら、いかにも集中して聞いているように、口をあんぐりと開けた。その表情は、ボードビリアン風の誇張した表現で、驚きや当惑、懸念をつたえた。彼は答えを考えるあいだ、頭上の天井に漆喰（しっくい）で形づくられた大きな大統領の紋章を見上げ、大きく息を吸いこんで、頰をふくらまし、息を長々と吐きだした。この滑稽な仕草に、記者たちは大笑いした。

大統領はかならず直接答えるわけではなかった――かならずしも正直に答えるわけでなかったし、いっさい答えないこともあった。しかし、関連質問を許し、肩ひじ張らない堂々巡りのやりとりに入った。ホワイトハウスの速記者は彼の九百九十八回の記者会見を、世間話や会見冒頭の冗談をふくめ、一語一句残らず記録している。速記録は何千ページにもおよび、ニューヨークのハイドパークにあるフランクリン・デラノ・ローズヴェルト図書館の四立方フィート以上を占めている。

一九四一年、FDR（FDR）ことフランクリン・デラノ・ローズヴェルトの三度目の任期がはじまったときには、まだこの昔の暖かみとウィットのきらめきが残っていた――しかし、いまやホワイトハウスの記者たちは、過去数年にも増して、ローズヴェルトを、気むずかしくて、なにを考えているかわからない移り気な人物、計り知れない深みを持つ男と考えていた。ある瞬間には、有名なまばゆいほどの笑みで室内を明るく照らしたかと思うと、つぎの瞬間には、気むずかしいがみがみ屋へと変わった。怒鳴ることはおろか、声を張り上げることさえ、FDRの柄には合わなかったが、彼の軽口の奥にはしばしば気むずかしさがひそんでいたし、質問が気にくわないときには、記者に荒っぽい言葉を投げかけるきらいがあった。《ユナイテッド・プレス》（UP）の通信員メリマン・スミスによれば、大統領は、「三番街の棍棒（こんぼう）の使い手なみに荒っぽくてタフにもなれたし、じつに魅力的で、愛想がよく、とことん感じよくもなれた。それはひとえに、質問の内容と、質問する人間と、その日の朝、ミスター・ローズヴェルトが目覚めたときの気分にかかっていた[2]」。

個別に取材記者を呼びつけて、彼らが書いた記事に反駁（はんばく）するときには、大統領は法廷の訴訟担当弁護士のような熱意をこめて徹底的に相手を詰問した。「まちがい」や「不正確」といった婉曲な表現にがまんできないFDRは、個々の記者たちが「嘘」を書いたと非難した――あるいは、それではじゅうぶん明確でない場合には、「明白な嘘」あるいは「意図的な嘘」を。[3]「嘘」という言葉は、犯罪者の動機の特徴であり、うっかりミスの可能性が入りこむ余地がなくなるが、それこそまさに彼の狙いだった。ローズヴェルトは「説明的なジャーナリズム」が好まれる傾向を嘆き、新聞は、たとえ社説面でも、ニュースの分析や論評の役割を持つべきではないと独断的に主張した。複数の新聞社に同時配信されているコラムニストたちは、「われわれの文明には不必要な邪魔者」だとFDRはいった。彼らはゴシップ――大統領にいわせれば「噂、噂、噂」――を漁（あさ）り、そうした断片をニュースとして押し通している。大統領は、当時もっとも広く愛読されていたコラムニストのドルー・ピアソンに、「嘘つきの常習犯」のレッテルを貼った。[4]

一九三九年二月の記者会見で、FDRがヨーロッパへの武器積み出しにかんする議会の規制を回避しようとしているとほのめかす質問が出ると、大統領は激しい非難をはじめた。「アメリカ国民は自分たちが読んだり聞いたりしてきたことが……まったくのでたらめであることを理解しはじめている――で・た・ら・め、でたらめだと。こうした人々はアメリカ人の無知と、偏見と、恐怖に訴えかけ、アメリカの国益に反するように行動していると」

問題となる新聞が読者を意図的にあやまった方向に導いていると思うかとたずねられたFDRは、みずからの質問で答えた。

「どういえばいいかな？　お行儀よくするか、それとも正しい名前で呼ぼうか？」

「正しい名前で呼んでください」と記者のひとりがいった。

「意図的な嘘だ[5]」

彼は毎朝、たいていベッドから起きる前に、四紙か五紙の新聞に目を通していた。ローズヴェルトはめったに神を冒瀆する言葉を吐かない敬虔な男だったが、朝刊を読むとしばしば激しい怒りに駆られ、「畜生め」とか、ひどいときには「地獄に落ちろ」という言葉が口をついて出た。新聞に目を通しながら、彼の表情は暗くなり、顎がこわばって、目が怒りに燃えてぎらぎらと光った。新聞から腹立たしい記事を引きちぎって、オーヴァル・オフィスへ持っていき、報道官のスティーヴン・T・アーリーの手に押しつけ、こう文句をいうこともあった。「最初から最後まで嘘っぱちだ[6]」彼はアメリカのほとんどの報道機関が——彼がよく引き合いに出した比率は八五パーセントだった——追いつめられた寡頭政治の代弁者の働きをしていると確信するようになった。「保守主義者の報道機関」は狡猾で、邪悪で、恥知らずだと、ローズヴェルトはいった。彼を個人的に憎む裕福な保守主義者のグループに所有され、支配されて、彼とその政治的同盟者、スタッフ、さらには彼の家族さえも標的にした辛辣な批判を毎日皿に載せて差しだす。


ＦＤＲの最大の敵の殿堂では、四人の新聞王が高い台座に腰掛けていた。ウィリアム・ランドルフ・ハーストの全国新聞チェーンは、ローズヴェルトと彼の政策を非難する同じ社説をよく掲載した。メディアの分析者たちは、その毒舌が「チーフ」自身によって指揮されていると正しく推量した。彼はカリフォルニア沿岸のサン・シメオンにあるけばけばしい城から電報で編集室に指示を出していた。《シカゴ・トリビューン》紙の発行人であるロバート・R・〝バーティ〟・マコーミックは、ローズヴェルトと彼が支持するものすべてを公然と嫌っていて、彼の新聞は——アメリカ第二の都市で販売部数トップの日刊紙で、全国でもっとも広く読まれている新聞のひとつ——客観性をよそおいさえせずに、政権を非難していた。マコーミックの従兄のジョゼフ・M・パタースンは、アメリカ初のタブロイド紙である《ニューヨーク・デイリー・ニューズ》の創業者でありオーナーだった。《デイリー・ニューズ》は、写真を大きく使ったレイアウトと、犯罪やスポーツ、セックス・スキャンダルの扇情的な報道で大不況時代に繁栄し、その発行部数はついに《ニューヨーク・タイムズ》を追い抜いた。パターースンはかつて社会主義者を自称し、最初はニューディール政策に賛同していたが、一九四〇年に孤立主義運動と手を組み、彼の新聞はFDRにきっぱりと背を向けた。

ジョゼフ・パターースンの妹で、バーティ・マコーミックの従妹であるエレノア・〝シシー〟・パターースンは、エキセントリックで不敬な厭世家で、ハーストからワシントンの新聞二紙を買い取り、《ワシントン・タイムズ・ヘラルド》一紙に統合した。一九三〇年代後半、《タイムズ・ヘラルド》は首都の販売部数獲得競争に勝利をおさめ、国内屈指の利益を上げる新聞になった。同紙はあからさまに党派的な一般紙で、ほとんど毎日のように政権を攻撃し、ときには最大で日刊の四つの版で一日に何度も噛みつくこともあった。一面には、「シシー・パタースン」の署名が入った口汚い反FDR派の社説が掲載されていた。新聞売りは繁華街のあらゆる街角で新聞を売り歩き、いつもはひとりかふたりがホワイトハウスの門のすぐ外の歩道で最新の一面見出しを大声で叫ぶ姿が見受けられた。

四人ともFDRとは知らない仲ではなかった。マコーミックとジョゼフ・パタースンはFDRの母校グロトン校の同窓生だったし、ローズヴェルトと妻エレノアはシシー・パタースンが社交界の正式な舞踏会にデビューしたばかりの若い女性だったとき、彼女と親しくしていた。ローズヴェルトは、政治家としてのキャリアのもっと以前には、ハーストを同盟者と見なしていて、彼を「友人」とさえ呼んでいた。彼らにたいするローズヴェルトの嫌悪と、彼にたいする彼らの嫌悪は、私的で、ひじょうに個人的なものだった。四人のうち三人が血縁関係にあり、四人目（ハースト）は長年つづく友人関係と商売上の取り引きによって三人と結びついていることから、ＦＤＲはハースト＝マコーミック＝パタースンの新聞を共同戦線と見なす傾向があった。

しかし、一九四〇年に彼が前例のない三期目の任期を目指して大統領選に打って出たとき、アメリカの全新聞のおよそ四分の三紙が再選のための立候補に反対し、ＦＤＲと報道機関との関係は地に墜ちた。ローズヴェルトは選挙遊説でしばしば脇道に逸れて新聞を非難し、新聞がアメリカの民主主義におけるきわめて重要な役割を演じていないと訴えた。彼によれば、マスコミはセンセーショナリズムとゴシップのほうが抑制された正確な報道よりも金になることを知った営利企業であり、アメリカ全土の節度ある対話を汚染していた。その年の秋、ピューリッツァー賞を受賞した著名なジャーナリスト、アーサー・クロックは、《ニューヨーク・タイムズ》で、「報道機関にたいする階級闘争を説く」大統領の決意と、「報道機関は信頼できず、しばしば腐敗しているという毎度のほのめかし」に言及している。(7)

ローズヴェルトが共和党の候補者のウェンデル・ウィルキーを人気でも選挙でも地滑り的勝利で打ち負かしたあと、多くの記者や編集者、ラジオアナウンサー、コラムニストは、大統領への態度を硬化させた。ＦＤＲは三期目の大統領職を目指して選挙に打って出ることで（そして勝利をおさめることで）、百五十年間の先例をやぶったのである。ジャーナリストたちはいまや、以前にも増して、強力な大統領にさからって、彼を食い止めることが憲法上の義務であると感じていた。

ローズヴェルトの政治的遺産が大理石に刻まれている現在からふりかえると、ＦＤＲがその時代、どれほど評価が両極端で、論議を呼んだ人物だったかを感じ取るのはむずかしい。メディア関係者のあいだでは、彼を個人的に好いていて、彼の政策に共感しているジャーナリストたちにさえ、ＦＤＲが手に負えないペテン師であるのは常識と思われていた。彼はしばしば報道機関をあやつったり、かわしたりできることを証明した。ラジオでアメリカ市民に直接話しかけ、そうすることで大きな成功をおさめてきた――しかし、ラジオは依然として比較的新しいメディアで、多くの人間はそれが政治的民衆扇動を兵器化する手段を提供するのではないかと心配していた。大統領は、ヨーロッパの戦争へのアメリカの関与をめぐる孤立主義者と介入主義者の議論のさいに何度か、自分を批判する人間を反逆的だとほのめかした。

それにたいして、批判する側は、アメリカがヒトラーとの戦争に参戦したら避けては通れない大統領の権力拡大を心配していた。中年以上の年代の者たちは誰でも、第一次世界大戦中に課された抑圧的な検閲体制を思いだすことができた。ウッドロー・ウィルソン大統領の「威光」は侵さざるべきものと見なされ、大統領やその政策への批判は、どんなにおだやかなものでも、どんなに善意から出たものでも、問題となる新聞の起訴あるいは休刊の理由となった。FDRはウィルソン政権で海軍次官補をつとめたため、こうした過去の権力乱用にある程度責任があった。ジャーナリストで批評家のH・L・メンケンは、一九一七年から一九一八年の茶番劇をふりかえって、同僚たちに、戦時下では平時以上に、「この偉大な国を動かし、この国は自分たちのものだとちょくちょく思いこみがちな紳士たちに、用心深い目を向けつづけること」が彼らのつとめであると警告した。もし新聞が断固として抵抗しなければ、彼らは「共和国の揺籃(ようらん)期以来、政治家たちが彼らに仕掛けてきたスクイズプレー」に屈することになるだろう[8]。そして、一九四一年十二月七日（訳註：日本時間で八日）、そのような情勢のときに、二十世紀最大のニュースが真珠湾上空から飛びこんできたのだった。

メディアは検閲を受け入れた

真珠湾攻撃から二日後、ＦＤＲは戦時下ではじめて、定例の火曜日の記者会見を開いた。記者たちはホワイトハウスに早めに来るよう注意されていた。新しい戦時下の警備手順のせいで、長く待たされることになるからである。新しい警衛所や哨舎（しょうしゃ）が敷地全域に建てられていた。鋼鉄のバリケードと高さ三メートルの土嚢（どのう）の土手がどの入り口にも姿を現わした。屋根には機関銃が設置された。塹壕（ざんごう）用ヘルメットをかぶった兵士たちは、着剣した小銃を持ち、私服のシークレット・サーヴィスの警護官は、トミーガンを携行していた。

これはFDRが大統領職についてから最大の記者会見になることになっていた。大群衆を収容するために、会場はオーヴァル・オフィスからイースト・ルームに移された。大統領のシークレット・サーヴィス警護隊の長であるマイク・ライリーが数えたところ、ロビーに張ったロープの向こうには六百人以上の記者が集まり、「家畜置き場にひしめく野生馬のようにうろついたり、押し合ったりしていた。われわれは一度にひとりずつ柵を通り抜けさせ、身分を確認して、火のついた煙草を捨てるようにいうと、彼らは大統領のオフィスに入っていった(9)」。

それまでの四十八時間に、報道機関はハワイで起きたことを大慌てで報じていた。陸軍と海軍を担当する少数の専門家をのぞけば、大半の記者は軍事問題にほとんど無知で、自国の陸海軍高官の名前さえいえなかった。報道官のスティーヴ・アーリーは、日曜日以来、定期的な状況説明を受けていたが、記者たちに話せないことがたくさんあった。真珠湾からは事実の断片が噂製造機を介して少しずつ流れてきた。沈没した戦艦や、地上で撃破された飛行機、戦死し負傷した何千もの軍人についてのヒントが。ヒステリーと恐怖がただよっていた。十四番街の記者クラブは、噂でもちきりだった。J・エドガー・フーヴァーFBI長官は、報道の検閲に向けた暫定的な最初の一歩をすでに手配していた。陸軍は部隊の動きについてなにひとつ書いてはならないと新聞に警告していたし、海軍は国際電報電話局を管理下に置いていた。しかし、この戦時下で最初の慌ただしい日々に、政府は海外の戦闘地域からのニュースをアメリカ国民にいつどのようにつたえるかをまだあきらかにしていなかった。

記者会見はライリーの警護官たちが身分証明書類を二重チェックするあいだ少し遅れた。ローズヴェルトが室内の正面に置かれた机の向こうに座り、アーリーがそばでうろうろしていると、ジャーナリストとカメラマンの最後の一団がころがりこんできた。公式の速記者がふたりのあいだのぶっきらぼうなやりとりを記録している。

「すさまじい人ごみですね」とアーリーがいった。

「連中が知らされるのはほんのちょびっとだよ」と大統領は答えた[10]。

FDRは会見の手はじめに、戦時動員体制にかんする一連の声明を読み上げ、配給と軍需生産のために民需産業を改革することにたずさわるさまざまな部局についてのニュースをあたえた。戦時下の報道と検閲の問題は、一時間の後半になるまで持ちだされなかった。いったんその問題が出ると、FDRも彼の補佐官たちもそうした問題についてほとんど考えはじめてもいなかったことは明白だった。

「あらゆる情報は、公表する前にふたつの明白な条件に適合していなければなりません」と大統領はいった。「まず第一に正確であること。まあ、これは当然至極に思えるでしょうが。そして第二に、公表することで、敵を助けたり、安心させたりしないこと」

記者たちはあきらかに検閲体制に喜んでしたがうつもりだった——真珠湾の大惨事は戦時下に秘密を守る必要性を劇的に表現していた——が、同時に噂と真実を区別したがっていた。もし非公式の情報源から情報を得たら、どうすればいいのでしょう、とある記者がたずねた。FDRは、軍の検閲官が検閲するまで公表をひかえねばならないと答えた。「新聞が戦争を動かすわけではない。陸軍と海軍がそれを決定せねばなりません」

大統領は真珠湾にかんする一連の質問を浴びせられ、最小限の詳細を答えた。攻撃の朝、何千という海軍兵が休暇を認められ、ホノルル市内にいたことを確認するようもとめられると、ＦＤＲはいい返した。「どうしてわたしにわかるのです？　どうしてあなたにわかるのです？　それを報じた人間にどうしてわかるのです？」[11] 噂は平時にもよくないものだが、戦時下では戦争遂行にとって致命的になる可能性があった。

その夜、ＦＤＲは戦時下で初の〈炉辺談話〉でラジオを使って国民に呼びかけ、六千万人という記録破りの聴衆の心を動かした。演説は数時間前、彼がホワイトハウスの記者たちに講義のなかで主張したことをくりかえし、くわしく説明した。噂を広めたくなる気持ちは理解できるが、アメリカ国民の士気をそこなう危険性がある、と大統領はいった。「わたしは心の底から、わが同胞にあらゆる噂をはねつけるよう強くお願いします。こうした大惨事の忌まわしい小さなほのめかしは、戦時下ではたくさん飛びかうものです。そうしたものはくわしく見て判断しなければなりません」敵はアメリカ国民を混乱させ、恐怖におとしいれるために、嘘や偽情報を広めるだろうし、そうしたプロパガンダ戦術に抵抗するのは国民の集団的責務である。匿名の情報源がつたえるものはなにひとつ信じてはならない。大統領はニュースメディアへの直接の要請をつけくわえた。

すべての新聞とラジオ局に――アメリカ国民の耳と目に訴える人々すべてに――こう申し上げる。あなたたちには、いま、そしてこの戦争がつづくあいだ、国家にもっとも重大な責任があります。

もし自分たちの政府が真実をじゅうぶん公開していないと感じたら、あなたたちにはそう口にする当然の権利があります。しかし、公式の情報源があきらかにするような、いっさいの事実を欠くときには、あなたたちには、愛国心の倫理において、未確認の報道を、それが絶対的真実と人々に信じさせるようなやりかたで広める権利はないのです[12]。

真珠湾攻撃の衝撃がまだ生々しかった、こうした戦争の初期段階では、ニュースメディアの指導者たちは、検閲にたいして前向きの態度を取った。意図的にせよ、ついうっかりにせよ、連合国の大義に害をおよぼしたと非難されたい編集者や、記者や、ラジオ・アナウンサーはいなかった。全員が少なくとも原則的には、重要な軍事秘密が、検閲を受けない自由な出版物を通じて敵の手に入ってはならないと同意していた。人気のある業界紙は、読者にこう訴えた。「ジャーナリストは、なにひとつ隠し立てしないという職業倫理上の要求と、味方の兵士を後ろから撃たないという愛国者としての義務のどちらを取るかといわれたとき、われわれは選択にまったく困難を感じない。出版の自由は、わが国の秘めたる強さと弱さを敵にあかす全面的な許可証をともなうわけではない[13]」

第一次世界大戦中、政府が強く出過ぎたことをおぼえているFDRは、慎重に行動した。彼は検閲への個人的な嫌悪を表明した。「アメリカ人はみな、戦争を忌み嫌うのと同じくらい、検閲を忌み嫌っています」と彼は、真珠湾攻撃のすぐあと、声明のなかでいった。「しかし、今回の経験と、ほかのあらゆる国々の経験は、戦時にはある程度の検閲が必要不可欠であることを実証しています。そして、われわれはいま戦争状態にあるのです[14]」

一九四二年一月までに、連邦政府は基本政策を確立していた。海外からの報道は陸海軍から認可された「従軍記者」によってあつかわれ、彼らの記事は出版前に軍の検閲官に提出されることになる。しかし、国内の新聞や雑誌、ラジオ・アナウンサーは、完全に任意の体制下に置かれ、政府による事前検閲も、新たな検閲実施機構も用意されなかった。彼らは「アメリカの報道機関の戦時服務規程」にしたがうようもとめられることになる。この服務規程は、戦時中に公表を差し控えるべき情報のカテゴリーを表にしていた。たとえば、部隊の移動、艦船の出港、軍需生産の統計データ、天候、機密軍事施設や軍需工場の位置。情報機関のネタ元からせしめた情報や、敵の防衛手段の有効性、新しい兵器や技術の開発には、いっさい触れてはならなかった。スパイや破壊工作員がアメリカのメディアを通じて連絡を取り合おうとするかもしれないという恐れから、新聞は市民が出す〈求む〉の広告を打ち切るようもとめられた。同じ理由で、民放ラジオ局は、自由参加番組や視聴者参加番組、〈街の声〉インタビューを中止することになった。もはや音楽のリクエストを募集したり、いなくなったペットや同好会の告知、会合などにかんする地元のお知らせを放送することもなくなった。

新しい連邦機関である検閲局が、こうした手段を実施するのをまかされた。ごく最近ではＡＰ通信社の編集主幹だったベテランのニュース記者、バイロン・プライスが局長に任命された。プライスは新しい役職に就任すると、第一次世界大戦時のように、「公共の利益」とか「国民の士気」とかいった、あいまい、あるいは気まぐれな理由で報道の自由が奪われるのを許すぐらいなら、自分は辞任すると誓った。司法長官は一九一七年の諜報活動取締法――この法律は第二次世界大戦時も、現在と同様、有効だった――のもとである程度の法執行力を得ていたが、プライスの局は新聞を罰したり、訴追したりすることとはいっさいかかわりを持たなかった。そのかわりに、同局は「伝道者」――これはプライスが選んだ言葉だった――をつとめる本職のジャーナリストを雇い、全国を旅して、編集者やアナウンサーに服務規程を守るよう説得させた。プライスによれば、自発的な自己検閲の制度は、「新聞などの出版物に、名誉にかけて誓わせた。あらゆる書き手とあらゆる編集者を共和国（リパブリック）の軍隊に入隊させたのである[15]」。

実際は怠慢だったマッカーサーが英雄に

真珠湾の大惨事の全貌は、まだ国民に知らされていなかったが、報道や噂によれば、日本軍が太平洋の本拠地に強烈な一撃をお見舞いしたことはたしかだった。攻撃の一週間後、報道機関と話したフランク・ノックス海軍長官は、数隻の戦艦が撃沈され、ほかの戦艦が大破したことを認めた。さらに海軍将兵をはじめとする軍人三千名近くが戦死したことをあきらかにした。議会と軍の両方で調査が進められていた。ノックスは「陸海軍部隊は警戒態勢になかった」と述べ、現地司令官たちが怠慢だったと示唆した[16]。ハワイの最上級指揮官だったハズバンド・E・キンメル提督とウォルター・C・ショート将軍は、即座に指揮官の任を解かれていた。ふたりは降格のうえ、退役させられ、ワシントンへの非難をそらすため、九回もの大部分が重複した調査の試練を受けることになる。

いっぽうで、太平洋のほかの地域からとどくニュースは、混乱して不吉だった。真珠湾を叩いた数時間後、日本軍は三千マイルの戦線全域で空から電撃戦を仕掛け、ミクロネシア、フィリピン、マレー半島、ビルマ、香港で米英の目標を攻撃していた。戦争の三日目、魚雷を搭載した飛行機がマレー半島沖でイギリスの戦艦プリンス・オブ・ウェールズとレパルスを撃沈した。日本軍の攻略部隊はフィリピン諸島のルソン島をはじめとする島々の複数の海岸堡に上陸していた。フィリピンのアメリカ軍司令官ダグラス・マッカーサー将軍は、自分の軍隊をひきいて、優勢な敵軍にたいして絶望的だが勇敢な戦いをくりひろげていた――あるいは、すくなくとも、それが地球の向こう側から来る断片的でいささか当惑させる初期の報告から得られた印象だった。

真相があきらかになったのは後年のことだが、戦争初日のマッカーサーの行動は少なくとも、キンメルやショートと同じくらい非難に値した。九時間前に真珠湾が攻撃されたという警告を受け取ったのに、マッカーサーは自分の司令部に閉じこもったままで、航空部隊指揮官たちがくりかえし彼に連絡しようとしたにもかかわらず、彼らに連絡を取ろうとしなかった。その結果、彼のB‐17爆撃機とP‐40戦闘機の主力部隊は、命令がないため身動きができず、半数以上の飛行機がフィリピン領にたいする日本軍の初空襲によって地上で破壊された。ワシントンの指導者たちは、この最初から数時間後の「第二の真珠湾攻撃」に愕然としたが、特権のある内輪の人間以外は誰ひとり、そんな事態が起きたことさえ知らなかった。十二月七日の報道は、日本の飛行機がフィリピン領空で目撃されたとしか述べていない。その三日後、ホワイトハウスは日本軍がマニラの北の航空基地であるクラーク飛行場を攻撃したと発表したが、詳細はつたえなかった。「ダグラス・マッカーサー将軍はいまのところ、交戦の詳細を報告することができない[17]」

　ハワイとフィリピンにちがう基準の説明責任が課せられたことは、それ以来ずっと、歴史家を悩ませてきた。後者の出来事は公式に調査もされなかった。マッカーサーは、少なくとも非難に値するし、まちがいなくハワイよりもっと避けることができたあやまちと職務怠慢の責任をいっさい取らなかった。この相違は、太平洋戦争の幕開きがアメリカでは特異な形で報じられた結果としか説明できない。もしマッカーサーが司令官を解任されるのであれば、すぐさまその措置を講じる必要があった。さもなければ、まったくなにもしないか——そして、措置はすぐさま講じられなかった。

　そして、戦争の二週目には、アメリカ国民の気分は変わっていた。いまや国民は真珠湾のトラウマと恥辱を消し去る、贖(あがな)いの物語を切実にもとめていた。マッカーサーの包囲された軍隊は、地球の裏側で、支援の望みも増援の希望もほとんどなく、強敵を向こうに回して感動的な戦いをくりひろげていた。その軍隊の長をつとめる男は、勇敢で高貴な人物、典型的なアメリカの英雄のようだった。身の毛もよだつようなものから、虚栄心の強いものまで、さまざまな文体で書かれたマッカーサーの毎日の戦況公式発表は、アメリカ国民をとりこにした。「彼は、身なりはさっそうとして、身体的にはハンサムで、すばらしく弁が立った」と、あるマスコミのコメンテーターはのちにマッカーサーについて書いている。「六十二年の人生のあいだずっと、彼は背筋をぴんと伸ばし、澄んだ目と薔薇色の頬をして、ごく一部しか禿げていなかった。目鼻立ちは整い、その表情は傲慢、金モールにおおわれた帽子の傾きは、彼の優雅な見かけに夢と冒険の雰囲気をくわえていた[18]」

この戦争の初期に、ダグラス・マッカーサーは突如、アメリカのメディア界でスーパースターの地位にロケットのように駆け上がり、ほかのどんな軍事司令官もおよばないぐらいの名声と人気を獲得した。彼のロケットは、十年後にハリー・トルーマンが撃ち落とすまで、滞空時間の長い雄大な軌道を描いて太平洋上空を上昇することになる。

フィリピンは最初から陥落する運命にあり、たぶんたとえ日本軍が真珠湾を攻撃していなくても、それは変わらなかっただろう。諸島と太平洋西部全域のほかの多くの連合国領土にたいする日本軍の最初の攻撃は、卓越した技量と圧倒的な航空優勢をもって遂行された。しかし、マッカーサーは戦うことをいとわず、しかもりっぱに戦うつもりだったし、アメリカ人はそれゆえに彼を崇拝した。一九四一年十二月八日から一九四二年三月十一日までのあいだに、マッカーサーの司令部は百四十二通の報道公式発表を出した。うち百九通は、ひとりの人物しか名指しで言及していなかった。マッカーサーだ。個々の部隊が選びだされて賞賛されたり功績を認められたりすることはめったになかった。公式発表は通常、「マッカーサーの軍隊」あるいは「マッカーサーの兵士たち」にしか言及しなかった[19]。彼は実際にはマニラの司令部にいたのに、しばしばみずから戦場で部隊をひきいているとほのめかされた。

報道に精通した将軍は、短くて見出しにすぐ使える発言の価値を心得ていた。「われらは最善をつくすつもりだ」と、彼は戦争の五日目にニュース記者にいった。[20] 誰かがマニラの司令部の屋根からアメリカ国旗を下ろして、日本軍の爆撃機の注意を引かないようにするよう提案すると、マッカーサーは、「国旗を掲げつづけよ」と答えた。[21] こうした印象的な発言は公式発表で引用され、翌日、アメリカ全土で新聞の見出しに使われた。彼は写真用のポーズの取り方をよく知っていた。台座の上の大理石の像のように、直立の姿勢で、頭をある方向にかたむけて。一九四一年十二月二十九日号の《タイム》誌の表紙では、マッカーサーは誇り高く毅然と立って、遠くを見つめている。ニュース映画のプロデューサーたちは、マッカーサーが、部隊を観閲したり、ウェストポイント陸軍士官学校で生徒たちに訓示したり、フランスの将軍から両頰にキスされたりする古い映像を掘り起こした。議会はコロンビア特別区のジョージタウン西部の暗渠（あんきょ）道を「マッカーサー大通り」と改名する決議をした。赤十字は「マッカーサー週間」に全国的な募金活動を行なった。大学は本人不在のまま彼に名誉学位を授与した。ニューヨークのダンス大会は「マッカーサー・グライド」という新しいダンスを紹介した。[22] ブラックフィート・インディアンは、マッカーサーを自分たちの部族の一員と認め、彼にモ＝カハキ＝ペタ、つまり「賢い鷲の長」の名をあたえた。ニューヨークの出版社は急いでマッカーサーの〝インスタント〟伝記――実際には、聖人伝のようなものだった――を刊行した。薄っぺらな下調べをして急いで書かれたものだったが、これが飛ぶように売れた。『偉人マッカーサー』、『ダグラス・マッカーサー将軍――胸躍る一代記』、そして『ダグラス・マッカーサー将軍――自由の戦士』。

一九四二年一月二十六日、将軍の六十二回目の誕生日には、連邦議会議事堂で上下両院の議員たちが、朗々たる声で誕生日を祝う賞賛の演説を披露したが、弁士たちはいずれもどうやら前の弁士が捧げた祝いの言葉の上を行こうとしているようだった。[23] 翌日、《フィラデルフィア・レコード》紙は読者にこう告げた。「彼はこの戦争だけでなくほかのどんな戦争においても指折りの偉大な将軍だ。これはみなさんの子供が孫に語りつたえるたぐいの歴史である」[24] 一九四二年二月十二日、一九四〇年の大統領選に敗れた共和党候補ウェンデル・ウィルキーは、ボストンでのリンカーン大統領の誕生日を祝う演説で、マッカーサー将軍をワシントンに召喚し、世界大戦の指揮をまかせるよう呼びかけた。「マッカーサー将軍を祖国につれてくるのです」ウィルキーは声を張り上げた。「彼をいちばん上に据えるのです。官僚や政治家には指一本触れさせてはなりません……大統領のもとで彼にわが軍の最高指揮権をあたえるのです。そのとき合衆国の国民は、へまや混乱ではなく技量が自分たちの戦時体制を指揮することを期待する所以を手に入れるでしょう」[25]

国民がフィリピンで展開する物語に固唾をのんで夢中になっているせいで、FDRと各軍の長たちにとって、不吉な問いがなおざりにされていた。この戦いはどういう形で終わるのか？ マッカーサーに増援部隊を送ることは、いや、物資を送ることすら可能だろうか？ ジョージ・C・マーシャル将軍は、最近昇進したばかりの新しい副官ドワイト・D・アイゼンハワー准将にこの問題をあらゆる角度から調査して、解決策を提案するようもとめた。アイゼンハワーは一九三五年から一九三九年までフィリピンでマッカーサーに仕えたことがあったので、ワシントンのどんな将校にも負けないほど同国の状況をよく知っていた。彼はマーシャルがアメリカ国民への「心理的影響」をほのめかしさえしないことに気づいたが、予想される影響は見すごしようがないと思った。「あきらかに彼は、その考慮すべき問題を見すごすほど愚かな人間には准将の星章をつけている資格がないと感じていた」[26]

ひと言でいえば、難題は、フィリピンを救うことはできないが、すぐさま見捨てるわけにもいかないということだった。フィリピンを救えないのは、連合軍が太平洋を横断して戦うために必要な船舶や海軍兵力、航空戦力のごく一部さえまだかき集められていないからだった。救援作戦は敗北の規模を増すだけだろう。日本軍の海上封鎖を突破して、マッカーサーの陸軍が包囲されているバターン半島にたどりつこうとする艦船は、一隻残らず沈められるか、鹵獲されるだろう。どう数字を計算しても、バターンは、連合軍がフィリピンに戻るのに必要な規模の兵力を動員するよりずっと前に、物資や弾薬などの必需品を使い果たすだろう。

そのいっぽうで、アイゼンハワーは、包囲された軍を「冷酷に」敵に引き渡すわけにはいかないと、マーシャルにいった。厳しい軍事上の論理が身を切るような損失を決定づけたとしても、アメリカ合衆国は、守るべき評判のある偉大な国だった。潜水艦や封鎖突破船、飛行機を使って、少なくともいくらかの物資をバターンに送りとどけようとこころみなければならなかった。たとえそれが「わずかな支援」にすぎないとしても、たとえそれが避けがたい降伏を数週間先延ばしにすることにしかならないとしても、「われわれは彼らのために、人の力でできるあらゆることをやる必要があります」[27]。マーシャルは同意し、事実上いかなる額の資金でも投じて、形ばかりの積荷を手配する権限をアイゼンハワーにあたえた。

マッカーサーは自分の軍隊を見捨てたいという素振りも見せていなかった。彼は装塡したデリンジャー拳銃を身につけ、生きては捕まらないと誓っていた。しかし、彼の若い妻と四歳の息子もバターン半島沖に浮かぶコレヒドール島のマリンタ・トンネルで彼とともにいた。将軍とその家族を運命の手にまかせたら、ローズヴェルト政権にたいする国民の反発をまねくだろう。ＦＤＲに影響力を持つ副官の〝パー〟・ワトスン将軍は、マッカーサーには「五個軍団」分の価値があるといって、フィリピンを離れろと命じるよう大統領にうながしていた。その提案は、将軍をひそかにオーストラリアにつれだし、最終的な反攻の指揮をとらせるというものだった。

二月二十三日の日記でその提案を熟考したアイゼンハワーは、マッカーサーについて予言的な考えを書き残している。「彼はいまの場所でいい仕事をしているが、もっとこみいった状況でうまくやれるかどうかは疑わしい。バターンは彼にとっておあつらえ向きの場所だ。世間の注目を集め、彼を大衆の英雄に祭り上げた。バターンには劇的な事件のあらゆる要素がある。そして彼は、窮地に陥った王様と広く認められている。もしつれだせば、世論は彼を、彼のスポットライトへの愛が彼自身を破滅させるような地位に押しやるだろう[28]」ＦＤＲが最終的に、マッカーサーにフィリピン脱出を命じ、彼を南西太平洋地域の連合軍最高司令官に任命すると決めると、アイゼンハワーは嘆いた。「われわれは社説に害されて、軍事的論理より『世論』に反応していると思わざるを得ない」

アイゼンハワーは太平洋戦争では出番がなかった――彼はほかの場所で忙殺されることになる――が、一九四二年前半に、マッカーサーがワシントンの指導者たちに引き起こすことになるさまざまな頭痛の種をすべて予見していた。マッカーサーは、政治的影響力とアメリカのメディアへの比類のない接近手段を利用して、自分の指揮下にもっと多くの部隊を、艦船を、飛行機を要求することになる。彼は世界戦略の基本としての「ヨーロッパ優先」の原則をはねつける。彼はオーストラリアの政治に干渉する。太平洋における海上戦を取り仕切ると主張する。日本にたいするいかなる最終攻勢よりも先にフィリピン全土を解放する権利を主張する。ワシントンの指導者たちは、きたるべき戦争のあらゆる段階で、マッカーサーのなみはずれた影響力を計算に入れなければならなくなるだろう、とアイゼンハワーは予言した。なぜなら「大衆は自分の想像力でみずからひとりの英雄を作りだした」からである[29]。

キング提督と海軍の宣伝嫌い

アメリカ海軍をひきいる、痩せてとがった顔のアーネスト・Ｊ・キングは、報道機関とはかかわらないと固く決めていた。ローズヴェルト大統領が真珠湾攻撃の一週間後、彼を合衆国艦隊司令長官

（ＣＯＭＩＮＣＨ）にすると持ちかけたとき、キングは記者会見に出なくていいのならという条件でその仕事を引き受けた。彼は自分が気にかけているのは戦時下の秘密を守ることだといい、彼の幕僚は、キングが「敵を助け、安心させ」たくないのだと説明して、インタビューの要請をはねつけた[30]。しかし、ワシントンのジャーナリストたちはキング提督の敵意がもっと根深いものなのではないかと正しく疑っていた――自分たちを、売文業者と軽蔑すべきおしゃべり野郎の民間人どもが送りこんだ招かれざる客と見なしていると。ひとりにいわせると、キングは彼らを「腺ペストより少しましの、万難を排して避けるべきもの」と位置づけているようだった[31]。

この直感は、海軍の高官たちのあいだで広く共有されていた。海軍士官は記者たちを厄介者と見なす傾向があった――海軍の秘密をばらまくかもしれない危険な厄介者と。さらに彼らは、人物を中心に据えて記事を作る新聞の傾向を警戒していた。とくに派手な、あるいは強引な性格の人物を。ダグラス・マッカーサーに惜しみなくあたえられているような個人的な宣伝は、個々の選手よりチームを優先する海軍精神と相容れないと彼らは信じていた。

キングと彼の同年代の人間たちは二十世紀への変わり目、米西戦争後の時代に海軍軍人としての道を歩みはじめていた。そのころ、一八九八年七月三日のサンチアゴ・デ・クーバ海戦で海軍戦隊を指揮したふたりの海軍上級将校、ウィリアム・Ｔ・サンプスンとウィンフィールド・スコット・シュレイのあいだに激しい公然の争いが勃発していた。それぞれが海戦に勝ったのは自分の功績だと主張し、それぞれが相手の役割を軽視した。ふたりの将校とその支持者は、世間からの賞賛を奪い合い、紙上で非難と侮辱を応酬した。一九〇一年九月に開かれた調査委員会は、新聞、とくにウィリアム・ランドルフ・ハーストの新聞のトップ記事に取り上げられた。しかし、委員会は分裂した裁定を下し、この見世物に火を点けた。セオドア・ローズヴェルト大統領はこれがスペインにたいする勝利に傷をつけることを恐れて、論争についての世間の議論をいっさいやめさせようとしたが、いさかいはその後何年も新聞紙上でくりかえされつづけ、初期のアメリカ製サイレント映画の一本、〈サンプスン＝シュレイ論争〉（一九〇一年）の題材にさえなった。

この時代に海軍兵学校を修了した士官候補生たちにとって、このみっともない公衆の見世物は、心に消えない印象を残した。先の戦争における海軍の大勝利は、アメリカ海軍を世界的な軍事力の地位に押し上げた。軍は拍手喝采を浴び、将来の計画を立て、ワシントンでその地位を確固たるものにしているはずだった。そのかわりに、サンプスンとシュレイとそれぞれの支持者たちは、自分の利己的な利益にしか関心がないらしく、公衆の洗濯紐に海軍の汚れた洗濯物をぶら下げていたのである。キング（一九〇一年卒）やウィリアム・レイヒー（一八九七年卒）、ウィリアム・ハルゼー（一九〇四年卒）、チェスター・ニミッツ（一九〇五年卒）、レイモンド・スプルーアンス（一九〇六年卒）といった、その世代の若い士官たちは、こうしたことを二度と起こさせまいと、自分自身とおたがいに誓い合った。一九四〇年には、ほとんどのアメリカ人がサンプスン＝シュレイ事件のことなど、たとえ聞いたことがあったにせよ忘れていた。しかし、第二次世界大戦時の提督たちはよくおぼえていた。彼らはチームワークと冷静なプロ意識と個人的なつつましさの文化に誇りを持ち、もし許されるなら、新聞記者を完全に遠ざける傾向があった。

しかし、戦争の試練はじきに海軍の宣伝嫌いの危険と限界を露呈することになった。海戦の情報をタイミングよくじゅうぶんに提供しなければ、その問題にかんする大衆の理解に空白が生じる——そして、まるで物理の法則のように不可避的に、根拠のない噂や憶測がその空白に押し寄せる。軍事秘密を守る必要性を疑うものは誰もいなかったが、日本軍が東南アジアと太平洋中で猛威をふるっていた戦争の初期には、ワシントンの影響力のある声は、海軍が失態を隠すために戦況報告の統制を悪用していると非難した。さらに悪いことに、野党、共和党の大物議員たちは、海軍が一九四二年の中間議会選挙を視野に入れて、ニュースの流れをあやつることでＦＤＲと民主党の田に水を引いていると訴えた。これは濡れ衣だったが、ダメージとなる濡れ衣であり、キング提督はやっと、自分がそれに反論しなければ、戦争遂行と政治のあいだの非武装地帯に不法侵入したと非難を浴びることを理解した。

　同じぐらい差し迫っていたのは、戦後の防衛体制における海軍の地位の問題だった。真珠湾攻撃後、両党の議会指導者たちは軍の組織図を合理化すると誓っていた。ジョン・アダムズ政権以来、独立して同等の立場にある陸軍省と海軍省は、ひとりの文民閣僚のもとで、単一の国防総省に統合されることになった。具体的な手配はまだ取り決められていないが、陸軍、海軍、海兵隊、航空軍は、統合された指揮系統にまとめられることになる。ＦＤＲは戦争に勝つまでこうした改革を先延ばしにするよう議会を説得した――しかし、軍の統一が壮大な規模の政治的乱闘になる運命にあることは誰にでも予見できた。海軍には指揮の自主性と影響力の面で失うものがたくさんあった。ノックス長官とジェイムズ・フォレスタル次官は、それぞれジャーナリズムの世界に身を置いた経験があり、キングと提督たちに、闘争はある意味すでにはじまっていて、海軍はアメリカ国民に「自分たちの話をする」ほうがいいと警告した。フォレスタルは陸軍がすでに裏ルートから議会の指導者たちに自分たちの主張を述べていて、「わたしの判断では、現時点で、海軍はすでに訴訟に敗れていて、議会でも世論調査でも陸軍の視点が勝利をおさめるだろう」と指摘した。[32]一九四四年八月、フォレスタルはキングにこういった。「宣伝は兵站（へいたん）や訓練と同じぐらい今日の戦いの一部であり、われわれはそのように理解しなければならない」[33]

従軍記者と報道検閲の戦い

真珠湾攻撃のあと、何百という現役ジャーナリストが従軍記者として認められるために陸軍省と海軍省に申請を出した。現代の「配属ジャーナリスト」の祖先である。陸軍の『従軍記者用基礎野戦教範』によれば、こうした最前線記者たちは軍当局の権限下に置かれ、「出版あるいは公開を意図するあらゆる声明、書きもの、写真は検閲のために提出する」ことをもとめられる。[34] 彼らは依然として民間人のままだが、「記者」あるいは「フォトグラファー」、「ラジオ・コメンテーター」であることをしめす真鍮(しんちゅう)製の徽章(きしょう)を肩につけた質素なカーキ色の制服を着用する。戦争の終わりまでに、全部で約千六百名の従軍記者が軍の承認を受けた。

従軍記者として送りだされるジャーナリストは、自分たちのバッグを荷造りして、十時間の事前予告で国を離れるための準備をした。陸海軍将兵と同じように、彼らは出港日も目的地もあかしてはならなかった。彼らは部隊といっしょに空路あるいは海路で移動した。階級はなかったが、将校の特権を認められた。つまり、将校といっしょに食事をとり、同じ宿泊施設と生活環境を共有するということだ。民間人なので、敬礼をしたり、されたりはしないことになっていた——しかし、カーキ色の制服を着ていたので、実際にはよく将校と下士官兵から敬礼を受けた。厳密にいうと、もし礼式にしたがうなら、敬礼を返すのは控えるべきだった。そのいっぽうで、相手の気分を害したい人間は誰もいなかった。このジレンマの公式な解決策は結局、生みだされなかった。オーストラリアでダグラス・マッカーサーの司令部に配属されたCBSラジオの特派員ウィリアム・J・ダンによれば、彼の同僚のほとんどはこちらから敬礼はしないが、「単純な礼儀の問題」として敬礼を返す習慣を身につけた。しかし、「星をいっぱい」つけた軍高官が真正面からやってきたときにはいつも、礼式など糞くらえで、本能的に自分の手がすばやく額に上がることに彼らは気づいた[35]。

従軍記者と報道連絡将校は、生まれついての敵同士だった。ほとんどの海外の軍事司令部では、彼らの仕事上の関係は必然的に誤解と悪感情にあふれていた。問題の根幹にあったのは、それぞれの職業的な文化と態度のあいだのミスマッチだった。あらゆる階級の軍人は指揮系統で活動することに慣れていた。もし命令が気まぐれだったり、筋がとおらなかったりしても、兵隊はまず説明や理由をもとめようと思ったりはしない。頭字語ＳＮＡＦＵ（状況はいつもどおり、すべてしっちゃかめっちゃか）は、第二次世界大戦中に広く流布した俗語だが、道理を無視するような規則や手順をあきらめて受け入れる軍人の心情を要約したものだ。このストイックな態度は、民間人のジャーナリストの性には合わなかった。ジャーナリストは自分が正しいと思えばいつでも編集者と自由に議論してきたからだ。

一部の海外の司令部では、とくに戦争の一年目には、報道部が「無差別検閲」の方式を実践した。検閲官は赤鉛筆を持ってひとつひとつ記事に目を通し、不適切と判断した文章や段落をかたっぱしから削除して、それから検閲した版を直接アメリカに電信で送るのである。筆者は編集と削除について知らされることも、いっさい説明を受けることも、書き直しと再提出を許されることもなかった。ある場合には、記事は検閲官の「削除リストファイル」に消え、それを書いた記者はその決定についてひとことも聞かされなかった。自分の記事が「合格」したかどうか、そのうちのどれだけが赤鉛筆をまぬがれたのかを彼が知るのはずっとのちのことだった。

記者の苦労の成果がそうした渦のなかに消えるのを見るのはいらだたしかった。当然のように、結果として激しい議論が起きた。新聞報道官は、自分の権限と秘密を守る責務を自覚していたので、引き下がらない傾向があった。ニュージーランドのある司令部で五人の従軍記者が苦情の一覧表を持って報道検閲官に申し入れをしたが、彼は記者たちにこういった。「わたしはきみたちのことを五人のジャップほども恐れていないよ」[36]べつの報道担当官は抗議にたいしてガリ版刷りの定型文書を配布した。

わが友に

あなたの悲しい身の上話を聞くと、目に涙が浮かび、胸が詰まります。深甚なる心の奥底からのお悔やみを申し上げることをお許しください。しかしながら、小官は従軍牧師の務めを持たず、タオルを切らしております。どうか、涙を拭くものが必要でしたらトイレ掃除係をおたずねください。

あなたに平和を、わが友よ
主任検閲官[37]

しかし、新聞報道官にとって、権威にひるまない相手に立ち向かうのは災難だったし、その顔ぶれのなかには、世界でも屈指の危険な論客や悪口雑言の主がいた。《ニューヨーカー》誌の特派員、A・J・リーブリングは、ロンドンのアイゼンハワー将軍の司令部で出くわした新聞報道官たちの人物評を書いた。彼らは娑婆では企業広告代理店の代理人や「シカゴの整理部員」だったと、リーブリングは述べている――しかし戦争が彼らを、新兵訓練所に行った経験も戦場を見たこともない陸軍の佐官に変えたのである。彼らは、能なしの「衣装を着たエキストラ」で、糊のきいた上等な仕立ての制服で着飾り、物慣れた「いやに気取った言葉」で陸軍のことを話した。戦前には彼らはジャーナリストとして敬意を表されていなかった。いま彼らは陸軍将校として敬意をはらわれていなかった。ある種のごまかしと情報操作の才能を持つ彼らは、「このむさ苦しい環境に適応して、そこで繁栄していた」。ヨーロッパ戦勝記念日直後の一九四五年五月、報道用の身分証明書を失っても職業上のペナルティーが科せられることがなくなると、リーブリングは自分の雑誌の誌面で火蓋を切った。彼は「政治的、個人的、あるいはたんに気まぐれな理由」で検閲を利用することを糾弾し、「陸軍広報部の名のもとで起きてきた、とてつもない量の純粋なゴマすり」を暴露するときがきたと宣言した[38]。

チェスター・ニミッツ提督が太平洋艦隊司令長官（ＣＩＮＣＰＡＣ）をつとめるハワイでは、記者たちはすぐに、この感情を表に出さない白髪頭のテキサス人が、興味深いネタや引用できるネタをなにひとつ彼らにあたえまいと心に決めていることを知って失望した。新聞記者たちは、真珠湾攻撃の報復をするために送りこまれた提督が、少年向けの冒険小説から飛びだした潮っけたっぷりの勇ましい剣士のような容姿と言葉づかいをすべきだと思っていたようだ。しかし、ニミッツは、記者のひとりが述べたように、「引退した銀行役員」といっても通っただろう[39]。《タイム》誌の従軍記者ボブ・シェロッドによれば、太平洋艦隊司令長官は、「部下の広報部員の悩みの種」だった。「包括的な声明を出すとか、興味深いインタビューを公開するといったことは、彼の頭にはなかった[40]」

ニミッツの最初の公式記者会見は、真珠湾で指揮をとりはじめてから一カ月後の一九四二年一月二十九日に開かれたが、それもフランク・ノックス海軍長官からそうするよう圧力をかけられてやっとのことだった。従軍記者たちは、司令部の彼の執務室に通された。司令部は当座、海軍工廠の潜水艦基地に置かれていた。ニミッツは、飾りのないカーキの制服にネクタイを締めずに、標準支給の木の机の向こうに座っていた。彼は立ち上がって記者たちを迎えなかった。壁には、アナログ時計とカレンダー、そして太平洋の地図が掛かっているだけだった。記者たちは会見のために用意された折りたたみ椅子に腰を下ろした。ニミッツは用意された声明文を読み上げ、陸軍と海軍のあいだで確立された指揮の取り決めを発表した。その情報はすでにワシントンで公表されているものばかりで、したがってニュースではなかった。それからニミッツは質問を受け付けた。そう、自分はハワイ諸島を守り抜くつもりだ。いや、くわしく説明するつもりはない。《ニューヨーク・タイムズ》特派員のフォスター・ヘイリーは、「十二月七日以降の海軍の作戦にかんして、なにか銃後の国民を力づけるような言葉」をもとめた。その答えが返ってきたときの、いっせいにがっかりした感じは想像がつく。「ニミッツ提督は、艦隊部隊の作戦にかんするあらゆる声明は、戦争の大戦略の一環として、ワシントンから出されねばならない、といった[41]」

その同じ月、またしてもノックスから圧力をかけられて、ニミッツは常勤の広報担当官を導入した。それが海軍予備隊のウォルドー・ドレイク中佐で、以前は《ロサンゼルス・タイムズ》の海運ニュース特派員をしていた。民間人記者を広報担当官に任命する慣行は、（ある海軍士官が表現したように）「河馬(かば)なら河馬と話すことができる」という前提にもとづいていた[42]。ドレイクは、太平洋艦隊司令部にある自分の執務室のドアはいつも開かれていると約束して、従軍記者にいい第一印象をあたえた。しかし、彼の仕事はほとんど報われなかった。彼のボスがひきつづき、報道機関との協力は、国民に話をする機会ではなく、対処しなければならない問題と考えていたからだ。ドレイクの権限は太平洋艦隊司令部の外にはおよばなかったが、オアフ島にはほかにも、陸軍や陸軍航空軍（USAAF）、第十四海軍区など多くの軍部隊が置かれ、それぞれの司令部には独自の検閲方針と広報戦略があった[43]。

従軍記者たちは毎日、ドレイクの執務室のドアをノックして苦情を申し立てた。太平洋艦隊司令部が出すニュースはすでに広く知られているものだと、彼らはいった。ドレイクの検閲手順がもたもたしているせいで、彼らの記事は本土につくころにはすでに黴(かび)が生えていた。艦隊とともに海上に出ることを許された記者はほんのひと握りだった。ウェーキ島が日本軍に占領されたときには、検閲で「ウェーキ」の名前が消され、たんなる「島」とされた。ある記者はこうたずねた。「海軍には、ジャップが自分たちはどこかべつの島を占領したのだと思いこむと考えている人間が誰かいるのですか？[44]」管理上の手抜かりで、記者たちは太平洋潜水艦部隊司令官のロバート・イングリッシュ提督の記者会見に招かれた。しかし、ニミッツは潜水艦については完全な報道管制を命じていたので、ドレイクは会場に駆けこんで、会見を終わらせせねばならなかった。彼は記者たちのメモ帳を全部回収してから、彼らに退出を許した[45]。ジョーゼフ・ヘラーの風刺小説『キャッチ＝22』の先を行くある出来事では、一本のニュース記事が陸軍と海軍両方の検閲を通ったが、海軍の検閲官が段落のひとつに変更をくわえた。陸軍側は、海軍の修正が気に入らず、それを書いた記者の資格を一時的に停止した。しかし、その記者はその修正版を活字になるまで見たこともなかったのである。

真珠湾の従軍記者の数が百名以上にふくれ上がり、批判のコーラスがより力強く、しつこくなると、ドレイクの「開かれた扉」政策はじょじょに縮小され、「ときどき開かれた扉」政策から、さらには「通常閉じられた扉」政策に変わった。ドレイクをとくに容赦なく批判したひとりが、シカゴの《デイリー・ニューズ》のボブ・ケイシーで、彼はこう述べている。「現地の広報部局は、ちゃんとした階級と、かなりの気配りと経験をそなえた人物が運営すべきだが、なによりも重要なのは、その人物が時計を見て、いま何時なのかわかることである[46]」

とくに戦争初期の数カ月には、ニミッツには広報について考える時間的余裕がほとんどなかった。もっとずっと大きな問題を抱えこんでいたからである。太平洋地域司令長官（ＣＩＮＣＰＯＡ）として、彼には自分の広大な戦域内のすべての軍種に権限があった。陸軍と海軍と海兵隊のライバル関係はつねにいらいらの種であり、こうした慢性的な軋轢をやわらげるには、ニミッツのかなりの外交的機転と指揮官としての技量のすべてを要した。

この点においては、従軍記者たちはニミッツにいっさい手加減しなかった。ごたごたを調査するのが彼らの性分だったからである。彼らはポーチの明かりに集まる蛾のように、そのまわりに群がった。オアフ島内のさまざまな内輪のライバル関係に魅了された記者たちは、直接取材による膨大な量の報道を行なった。彼らは、海兵隊が海軍に不平を漏らし、陸軍が海兵隊を見くびり、海軍の飛行機乗りが水上艦艇の士官について共通の感情をいだくよう煽りたてた。酒が人の口を軽くする士官クラブで待ち伏せして、正直な反応を引きだすよう巧妙に計算された質問をぶつけた。検閲はこの題材についてひと言も公表させなかったが、彼らの知見はじきに口コミで本土につたえられ、ニュース編集室やワシントンの権力の殿堂でぱっと広まった。アメリカ発の新聞記事は赤線検閲の対象にならなかった。ある種の冷徹な事実は記事にしないという自発的な規範に縛られてはいたが、新聞は意見を自由に公表したし、戦争にかんする新聞報道と記事論評の大半は、従軍記者と彼らの無慈悲なおしゃべりによって戦争地域から流れてくる、情報の違法なパイプラインを情報源としていた。

「戦時情報局」の奮闘

一九四二年春になると、ワシントンでもどこでも、真珠湾攻撃後の報道機関と軍との友好ムードは醒めつつあった。社説面は陸軍と海軍が情報をあまりにも公表しなさすぎると非難した。検閲の決定を日々下す士官の多くは、年齢も階級も比較的下で、上官の雷が自分の頭に落ちないように汲々(きゅうきゅう)としていた。二十五歳の中尉が、疑わしい主張で記事を没にしたからといって、お咎めを受けることはないだろう――しかし、もし彼がその記事を通して、大佐あるいは将軍がそれを読み、戦争の大義に害をおよぼすと判断したら、神よ、彼を救いたまえ。「陸軍と海軍は自分たちがニュースを所有しているような気になって、まるで戦争の始まりから終わりまでそれを所有しているかのようにふるまった」当時、サウスカロライナの新聞の新米記者だったデイヴィッド・ブリンクリーはいっている。「彼らはそれをたくみに利用した。政府の文民部局が歴史をとおしてつねに利用してきたように――自分たちの怠慢や大失敗は隠し、自分たちの成功はうんざりするほどくわしく公表しようとして」[47]

この高まる批判のコーラスに応えて、FDRは、連邦政府全体の戦争にかんする情報の公表を調整する新しい部局を創設した。一九四二年六月十三日の大統領命令により、「アメリカ国民と、枢軸国の侵略者と戦うほかのあらゆる人民が、真実のままに情報をあたえられる権利を認めて」、戦時情報局（OWI）が設置された[48]。彼は、ベテラン新聞記者でラジオ・アナウンサーのエルマー・デイヴィスを指名して、同局を運営させた。既存の四つの連邦機関がOWIに統合され、デイヴィスは、「四度夫に先立たれた未亡人と結婚して、彼女の前の夫とのあいだにできた子供たちを全員育てようとしている男」のような気分だといった[49]。陸軍省と海軍省の抵抗に遭うことを知っていたデイヴィスは、OWIの憲章に、戦域からの軍の作戦報告書にすべて目を通して、どんなニュースが公表できるかを独立して決定する権限をふくめるようもとめた。「しかし、問題は、ほかの部局、とくに陸軍と海軍がローズヴェルトの声明を読むことも、読んだこともなく、それを無視すると決めていて、実際にそうしたことだった」とブリンクリーは書いている[50]。

陸軍も海軍も、新しい文民のプロパガンダ局に責任を負うという考えをあまり気に入らなかった。ヘンリー・スティムソン長官は、OWIが陸軍省の報道機能を指図することになるのかとたずねられて、みずからの質問で応じた。「ミスター・デイヴィスは教育を受けた軍将校なのかな？」[51]フランク・ノックス海軍長官は彼自身、新聞屋だった——彼はシカゴの《デイリー・ニューズ》の共同所有者で経営者だったことがあった——が、デイヴィスはのちに、ノックスはつねに礼儀正しかったが、「それでもやはり、わたしは礼儀正しい肘鉄を食らわされた」といっている。[52] ＯＷＩのオフィスで毎朝開かれる会議では、陸軍と海軍の士官がそれまでの二十四時間のあいだに戦域から入ってきた報告の要約を提出した。デイヴィスと同僚たちはそれからその報告を公式発表とつきあわせる。もし情報が不適切に伏せられていると判断したら、軍当局にそれを公表するよう圧力をかける。デイヴィスの部下のひとりが表現したように、極端な場合には、ＯＷＩは、「軍が正当な機密保持上の理由のせいで除外されたということをこちらに納得させられないかぎり、その情報を公式発表に盛りこむよう指示する」権限を主張した。[53]

デイヴィスはキング提督には手を焼かされた。彼はじきに、海軍は広報の分野では、軍部のなかの「問題児」だと結論づけた。ワシントンで広く出回っていたある論評のなかで、デイヴィスはこう指摘していた。報道政策にかんするキングの考えとは、終戦まで国民にはなにも教えず、それから二語の公式発表、「われわれ（ウィ）は、勝った（ウォン）」を出すことだと。キングは誠意をこめてデイヴィスをあつかった。たぶん大統領からそうするよう指示されていたからだろう。しかし、一九四二年の夏のあいだは、ずっと最小限しか協力的ではなかった。この時期キングは、宣伝や報道はせいぜい二番手か三番手の問題で、下の連中にまかせて、忘れてしまえるものだと考えていた。

彼の態度は、ＯＷＩが誕生したのと同じ週に紙上で報じられた、破滅的な結果をもたらす可能性のあるリークによって、ゆるぎない確かなものになった。ミッドウェイ海戦の翌日の六月七日、《シカゴ・トリビューン》が、「海軍はジャップの海上攻撃計画を知らされていた」という見出しで一面記事を掲載したのである。[54] 記事は情報源を出し渋っていたが、するどい読者ならアメリカ側が日本軍の無線暗号を解読したことを推測できた。それは事実だったが、戦時中もっとも厳重に守られた秘密のひとつでもあり、それをアメリカの大手新聞で暴露すれば、暗号がやぶられたことを敵に警告する恐れがあった。キングは激怒して、調査を命じ、すぐに犯人は《トリビューン》紙の従軍記者スタンリー・ジョンストンであることがつきとめられた。彼は空母レキシントンが五月八日、珊瑚海海戦で沈没したとき艦上にあった。護衛の駆逐艦に拾い上げられたジョンストンは、輸送艦バーネットでアメリカ本土へ戻るあいだ、レキシントンの将校の一団と寝起きをともにした。ジョンストンはバーネットで航行中、差し迫ったミッドウェイ作戦の詳細にかんする一九四二年五月三十一日付けのニミッツ提督の極秘急送公文書を目にした。レキシントンの副長モートン・セリグマン中佐が漏洩の容疑をかけられた*。

《シカゴ・トリビューン》紙を反逆とスパイ行為の容疑で訴えるかという問題は、八月まで長引いたが、スキャンダルが長引くと日本側がそれに気づく危険がいっそう高まる恐れがあった。政府はシカゴの連邦大陪審を招集したが、海軍は超極秘の暗号解読プログラムについて明確な供述書を提出しようとしなかったため、大陪審は《トリビューン》にたいする起訴を答申することを拒否した。海軍は結局、日本側は記事に気づいていないか、あるいはその重要性を理解していないと結論づけた――そして、戦後の聴取でも、その印象に反する証拠は浮上しなかった(55)。

＊ COMINCH to CINCPAC, June 8, 1942, Message 2050, CINCPAC Gray Book book. 1, p. 559.　フィッチ提督の司令部付信号員フロイド・ビーヴァーによれば、ジョンストンとセリグマンは「大の仲良し」で、艦内を「シャム双生児」のようにうろついていた。二〇一四年一月十七日の著者とフロイド・ビーヴァーとのインタビュー。ジョンストンの著書*Queen of the Flat-Tops*は、この印象を裏づけている。

悪いニュースをもっと公開するようもとめる、キング提督と海軍への圧力は強まりつつあった。あるワシントンの記者によれば、連邦議会議事堂では、「海軍がその公式発表で、くせ球を山ほど投げている……つまり、重大な損害をいくつも隠しているということだ。というのも、どうやらキング提督は国民がそれを受け入れられないと思っているらしい」と、あたりまえのように思われていた[56]。一九四二年中には、アメリカの艦船が戦闘で沈められたのに、国民はその事実を何週間か、ときには何カ月もあとになるまで知らされなかったことが何度かあった。いずれの場合も、ニュースを公表しないための妥当な理由があった——艦船が沈没したことを日本軍が知らないせいや、最近親者に通知するのに時間が必要だったせいだ——が、批判の目を向ける者たちは、ニュースの流れが、困惑を最小限にしてキングを守るために、操作されているのではないかと疑っていた。

一九四二年五月の珊瑚海海戦のあと、アメリカの新聞記事は、はじめて大勝利を報じた。記者たちは日本側の損害を誇張した——現実には一隻の小さな「豆空母」、祥鳳（しょうほう）がふくまれていただけだった——が、当時、太平洋にあったわずか四隻のアメリカ空母のうちの一隻、レキシントンの撃沈についてはなにひとつ触れなかった。キングは、レキシントンが沈んだときあたりに日本軍機はおらず、よって敵は彼女が沈んだことを知らないかもしれないという理由で、彼女の損失を国民に隠すようじきじきに命じていた。レキシントン沈没のニュースは一カ月以上も秘密にされ、それから六月十二日、アメリカ人がミッドウェイ海戦の勝利を祝っているときに公表された。「この情報を遅らせることが、わが海軍の機密保持に寄与したのである」と公式発表はやや弁解するように主張した。「これはミッドウェイの勝利にとって建物の土台だった」[57]

それから二カ月たった八月八日の夜——第一海兵師団がガダルカナルに上陸した翌日——連合軍の巡洋艦四隻がサヴォ島海戦（訳註：日本側呼称、第一次ソロモン海戦）で沈没した。キングはこのひどい敗北のニュースを断固としてもみ消すよう命じた。彼の論法は筋がとおっていた。戦闘は夜間に発生し、日本艦隊はすぐさまラバウルの基地のほうへ引き揚げたため、敵は自分たちがどの程度の損害をあたえたか知らないと推測できる。一週間後に出された海軍の公式発表は、地上戦と空中戦におけるアメリカの勝利を強調していた。しかし、連合軍の海軍の損失については、「そうした情報は敵にとって明白な価値があるために」それ以上の詳細はいっさいなかった[58]。

しかし、サヴォ島海戦の悲劇の全貌が、噂製造機を通じて本土へ漏れつたわるのをふせぐことはできず、事実から二カ月後の十月上旬には、ワシントンの官界全体で公然の秘密となっていた。皮肉屋たちは、キングのおもな関心事とは自分の身を守ることだと請け合った。ガダルカナル作戦はキングの発案で、彼はこの作戦を、それを実行するために任命された指揮官たちの反対を押し切って開始していた。《ニューヨーク・タイムズ》の従軍記者ハンスン・ボールドウィンによれば、キングは「ガダルカナルをたえず強くもとめたせいで、苦境に立たされていた。彼はたとえ兵力がとぼしくても作戦を開始しろといった人物で、こうしたしっぺい返しや損害、この海軍の無能さはアメリカ国民にとって受け入れられないだろうし、彼の名声や運勢を高めることにはならないだろう[59]」。

エルマー・デイヴィスはサヴォ島海戦の損害と、さらに九月の潜水艦の攻撃による空母ワスプの沈没を国民に告げるようキングに強くもとめた。十月上旬、キングの執務室での内密な話のあとで、デイヴィスは妻に、会合は「辛辣なものだったが、それでもどうにか友好的につづいた」と話した[60]。提督は自分の立場が微妙になっていることに気づいているようだった。撃沈直後の報道管制は正当化できたが、ニュースをまるまる二カ月も新聞に報じさせない理由はほとんどなかった。なかんずく何百名という生存者がすでにアメリカに帰国しているというのに。

信頼できる報道がないせいで、不穏な噂が広まっていた。なかには太平洋艦隊の大部分がソロモン諸島で壊滅し、日本軍はいまにもガダルカナルを制圧しそうだと囁く者もいた。ちょうど政治の季節で――一九四二年の議会中間選挙が十月三日に行なわれることになっていた――なかにはキング提督と海軍が議会にいるFDRの支持者を守るために損害を隠しているのではないかと疑う者もいた。高まる圧力を受けて、キングはサヴォ島海戦の大敗を白状するときがきたと認め、海軍は十月十二日、公式発表を出した。「軍事上の理由からこれまで発表されていない、ソロモン諸島の作戦のある初期段階を、いま報告することができる[61]」沈没した四隻の巡洋艦の悲しい物語は、あますところなく詳細に語られた。

その翌日、うれしい驚きがもたらされた。以前の海戦と同じ海域で、またしても夜戦がくりひろげられ、今回の海戦――エスペランス岬沖海戦（訳註：日本側呼称、サヴォ島沖夜戦）――は、アメリカ側の大勝利だった。海軍は結果をすべて報告するべつの公式発表を出した[62]。このタイミングは完全な偶然の一致だったが、新聞記者と共和党の議員たちは、海軍が、ミッドウェイ海戦後のレキシントン沈没の発表の場合と同じように、いい知らせ（エスペランス岬沖海戦）と対にできるまで、悪い知らせ（サヴォ島海戦）を隠していたと、腹立たしげに非難した。このエピソードは、ガダルカナルの戦いのもっとも苦しい段階と同時期に起きた。このとき多くの人間が島を死守する海軍と海兵隊の能力を疑っていた。そして、戦争のニュースのあやまった管理はワシントンの緊張状態を悪化させた。メルヴィン・マーズ下院議員は、最近、南太平洋をおとずれたばかりだったが、下院の議場に立ち、日本軍はソロモン諸島の戦いに勝ちつつあると宣言し、政府はそれを隠そうとしていると非難した。報道機関はいまや海軍の公式発表を疑いの目と嘲笑をもって取り扱い、まだ公表されていない損害の大きさを推測した。

窮余のキングの秘密会見

キングは片意地を張ることもできたが、彼はワシントンのやりかたにじゅうぶん経験を積み、イメージと現実がしばしば同じことを意味するのを知っていた。キングには彼をお払い箱にしたがっている敵がたくさんいた——陸海軍や報道機関、議会に。そして彼らはキングにたいして中傷作戦を開始したようだった。戦争遂行努力への挙国一致は生死にかかわる問題だった。彼は政治色の強い批判にたいする避雷針になどなれなかった。もしそうなったら、彼は職を辞さねばならないだろう。戦術的撤退のときがおとずれていた。キングはデイヴィスの助言を受け入れ、未発表の撃沈の蓄積した在庫を処分することにした。

十月二十六日、海軍は空母ワスプが五週間以上前、ガダルカナル島東方で潜水艦の攻撃を受けて失われたと発表した[63]。つづけて同じ日に、サンタ・クルーズ諸島海戦（訳註：日本側呼称、南太平洋海戦）として知られる空母航空戦の最初の結果が報じられ、アメリカの駆逐艦一隻が沈没し、「こちらの空母の一隻が大破した」ことを認めた[64]。これは事実だった。名指しされなかった空母はホーネットだった。しかし、翌日、その後の電文が、ホーネットは炎上して手がつけられなくなり、自沈処分せざるをえなかったことを報告すると、キングはニュースの発表をためらった。日本側はまだ彼女が沈んだことを知らないかもしれないし、彼らにはこの情報が有益かもしれない。しかし、エルマー・デイヴィスは、ニュースを投票日後まで隠していたら、共和党員たちが騒ぎ立てるだろうと警告した。デイヴィスは即座にニュースを発表するよう主張し、自分の主張が正しいと確信していたので、直接ノックス長官とさらには大統領にも訴えた。そのいっぽうで、ニミッツ提督はそれと同じぐらい、このニュースは日本軍に知らせてはならないといって譲らず、ハワイからきっぱりとした言葉づかいの電文で証拠を挙げて反対した。

キングは窮地に追いこまれ、OWIの長官にはこの問題をめぐって辞任すると脅されて、ほかに道はないと決意した。中間選挙の三日前の十月三十一日、海軍の公式発表はホーネットが「その後、沈没した」と認めた[65]。翌日、ニミッツは、この発表が「きわめて重要な局面でわが軍に害をおよぼす」とキングに抗議した[66]。

キングがもっとも信頼して秘密を打ちあける相手のひとりが、彼の顧問弁護士で友人のコーネリアス（〝ネリー〟）・ブルだった。ブルはいつも提督のことを「船長（スキッパー）」と呼んでいた。ブルは若いころ、新聞記者をやっていて、ワシントンの記者団にまだ友人がたくさんいた。高まる論議を観ていたブルは、キングの首が売りに出されるかもしれないと不安になって、それにかんしてなんらかの手を打とうと決意した。

その十月のある金曜日の夜、彼は十四番通りの記者クラブの混みあうバーで《ニューヨーク・サン》紙の副支局長グレン・ペリーとばったり出くわした。ふたりはバーカウンターに腹を押しつけ、トム・コリンズを飲みながら、はかりごとをめぐらせた。まず大手新聞社と通信社で働く十数名の経験豊富なジャーナリストを選びだす。全員、「完全に高潔で信頼できる」という評判を持つ連中だ[67]。ふたりは彼らを、できれば週末に、非公式の状況で、内々にキングと会見するよう招待する。記者たちは事前に、現代の「ディープバックグラウンド」ブリーフィングに相当する厳格な基本原則に同意することになる──つまり、彼らはキングがあたえた情報をいっさい活字にせず、それを海軍の公式発表への理解を深めるためにだけ利用する。提督の発言は、名指しでも、匿名の情報源としても、引用してはならない。そして、キングが彼らと話をしたことは、ニュース編集室の外の誰にも明かしてはならない。ブルは自宅で会合のホスト役をつとめる。そこならキングは居心地よく、くつろげるだろう。ビールとカナッペが提供される。記者たちは提督のいるところでメモを取ってはならない。ブルと彼の妻は、くつろいで打ち解けた社交の場、誰にも（とくにキングに）公式記者会見を連想させないような環境を用意するようつとめる。

ブルがこうした思いつきをキングに話すと、提督は即座に賛成してこの弁護士を驚かせた。キングは、陸軍で自分と対等の地位にあるジョージ・マーシャル将軍が陸軍省の自分の執務室でオフレコの状況説明を行なっていて、その結果として一度も情報漏洩が起きていないことを知っていた。評判のいいジャーナリストは基本原則にしたがうと信用できるというのは、（ブルやノックス、デイヴィスなどの連中がいったように）どうやら本当だった。ブルの住まいで会うことで、キングはその会が社交の催しであるふりができる。ノックス長官の監督下にある海軍の広報局を迂回することを可能にする、都合のいい作り話だ。

キングの黒いセダンは、十一月一日、日曜日の夜八時に、ヴァージニア州アレクサンドリアのプリンセス通りに面したネリー・ブルの家の前に止まった。アメリカ独立戦争時代にさかのぼる小さな家で、十九世紀の白い漆喰塗りの古い刑務所の真向かいにあった。この刑務所は、南部連合軍戦時捕虜の悪名高い収容所だった。キングは運転手と海兵隊の衛兵をあとに残して、呼び鈴を鳴らした。記者たちはすでに到着して、リビングルームで座っていた。「海軍規定のブルーの制服に身をつつんだ長身で贅肉のない人物」が入ってくると、ブルにオーバーコートと制帽を手渡した。グレン・ペリーはその場面を編集者への覚書でこう描写している。

彼は静かに部屋に入ってきた。すぐに強く印象づけられたのは、彼がひとりだったことだ！　小うるさい副官も、迫ってくるかもしれない暗礁をすり抜けて彼を導く、気を遣いすぎの広報人種もいない。アーネスト・J・キング、アメリカ海軍大将、ただひとりだけ。たぶん疑わしい手に自分の運命をゆだねた人物がそうなるように、少し緊張して。にもかかわらず、彼は完全におちつきはらって、ほんのかすかな努力の必要もなしに、権威と統率力の雰囲気をかもしだしていた。偉大な人物はドラムロールやファンファーレを享受するかもしれないが、そうしたものは即座の敬意を勝ち取るのには必要ない。

ネリーは提督につきそって室内をまわり、記者たちをひとりずつ順番に紹介した。彼はひとりずつ握手し、手をすばやくしっかりと握ると、名前をくりかえし、言葉に合わせて相手の目をするどくのぞきこんだ。目つきはまったくよそよそしくなかったが、もっと好ましくない状況では、まるで彼の戦艦群を防御しているのと同じ鋼鉄で鍛造されたかのように見えるだろうと想像するのは造作もないことだった[68]。

紹介がすむと、全員腰を下ろした——キングは隅の安楽椅子に、記者たちはざっと円を描いて彼をかこんだ。氷でいっぱいの洗濯盥(せんたくだらい)からビールが供された。男たちはボトルから直接ビールを飲んだ。キングはぶっつけ本番で話しはじめ、最初の一時間かそこらは、記者たちもまったく口をはさまなかった。彼は一九四一年、輸送船団に大西洋を横断させるさいに直面した問題を皮切りに、つづいて真珠湾攻撃と初期の太平洋の危機、ミッドウェイ海戦の勝利、そしてガダルカナルの戦いの試練と、年代順に世界大戦のすべてを物語った。

ジャーナリストたちはひと言ひと言に耳をかたむけた。戦略上および兵站上のとほうもない複雑さが突然、彼らの目にあきらかになった。キングは戦争の大きな問題点をたくみに要約してみせたが、それ自体が金では買えない貴重な体験だった——しかし、彼は詳細に移ると、技術的データをはじめとする細部を驚くほど把握していることをしめした。キングは二本目のビールを飲み、それから三本目を手にした。十五分かそこらおきに、新しい煙草に火を点けた。もっとも驚くべきことに、あるいは記者たちにはそう思えたことに、彼は海軍の犯したあやまちについてまったく率直に話し、機密保持のためになにひとつ隠していないようだった。「彼は起こった出来事、起こりつつある出来事、そしてしばしばつぎに起こりそうな出来事についてわれわれに話した」とひとりはふりかえる。「彼は悪い知らせをいい知らせと同じように完全に報告し、多くの場合、いっぽうではなにがうまくいかなかったのかを説明し、そのいっぽうでどんな戦略や武器、あるいはその両者の組み合わせが成功をもたらしたのかを解説した。最初から最後まで、彼は完璧にくつろぎ、つねに辛抱強く、自分の話を頻繁にさえぎる質問を歓迎し、それによどみなく正直に答えた」[69]

ガダルカナル島内と周辺の状況については多くの質問が飛んだ。そこではアメリカ側が空と海で大きな損害をこうむっていることが知られていた。アメリカ軍は島を死守できるでしょうか？　それとも、戦術的撤収が必要になるでしょうか？

「われわれはしがみつく」とキングはいった。彼はソロモン諸島の戦いが熾烈な死闘であることを説明し、海軍が大きな損害をこうむったことを認めた。しかし、徹底的に戦うじゅうぶんな理由があった。日本軍もまた損害を出していて、彼らはその損失を容易に補充できなかった。地理が連合軍の有利に働いていた。日本軍は近くに航空基地を持っていなかったからである。キングは海軍が損害を発表することにした経緯と理由を説明し、日本軍の戦果は多くの場合、十倍以上に誇張されていると注意した。彼はビル・ハルゼーが最近、南太平洋の指揮官に任命されたことに触れ、これからの何週間かに、本格的な海戦が起きるだろうと予言した。*

「それは艦隊を失う危険をおかすつもりだということではないですね？」とコラムニストのウォルタ

ー・リップマンはたずねた。

キングは答えた。「艦隊はそのためにあるんじゃないのかね？」[70]

会合は三時間後にお開きになり、キングは記者たち全員と握手をしてから立ち去った。一部の者は自分たちで話し合うために残り、ほかの者たちは会話の思いだせることをすべてメモに残すためにいそいで帰って行った。彼らは自分たちの幸運に呆然として、以前より第二次世界大戦をよく理解したように感じていた。ひとりは「キングは——なによりも——現実主義者だった。彼は希望的観測にふけることも、不愉快な問題に目をつぶって、それが消えるのを願うこともなかった」と感想を漏らしている。[71]過去の撃沈の報道をめぐる論議については、ジャーナリストたちはキングの説明を受け入れ、彼と海軍は不当な中傷を受けたと結論づけた。

キングは、自分でも驚いたことに、その夕べを心ゆくまで楽しんでいた。ある意味、彼は独り言をいって、戦争の一部始終を自分に話して聞かせていた。そして、その経験は自分の考えの一部をはっきりさせるのに役立ちさえした。翌朝、執務室に着くと、彼はネリー・ブルに電話をかけて、こうたずねた。「次回はいつにしようか？」[72]

キングの秘密のアレクサンドリア記者会見は、そのあとも、平均しておよそ六週間に一度のペースで、戦時中ずっとつづいた。さらに多くの記者が招待され、その数は最終的に三十名近くにふくれ上がった。ジャーナリストたちは自分たちに〈アーリントン郡コマンドー部隊〉というあだ名をつけ、キングには、正統派のスパイ活劇風に、〈影なき男（ザ・シン・マン）〉というコード名をあたえた。ノックスは会見のことを知ると、提督がそもそもこれをはじめたことで自分の権限をくつがえしたにもかかわらず、心からの承認をあたえた。キングが打ちあけた秘密はなにひとつ活字になることはなかった。

キング提督はじきに自分がワシントンの記者団のなかで厚意の宝庫を獲得したことに気づいた。これは無形の資産だったが、彼がその価値を見いだすのに長くはかからなかった。マーズ下院議員は、最高司令部内の不一致について議会とメディアで大声でまくしたて、各軍をひとつの統合された指揮構造にまとめる法律を後押ししていた。キングは既存の統合参謀本部（ＪＣＳ）組織がじゅうぶん機能していて、軍の統一は戦争が終わるまで延期すべきだと考えていた。彼は〈アーリントン郡コマンドー部隊〉の何人かに慎重に働きかけた。二十四時間以内に全国の主要新聞がマーズの意見に反対する新しい記事と社説を掲載したが、キングの名には言及していなかった。その後まもなく、ＦＤＲと議会の指導者たちの支持で、軍の統一問題は戦争終結まで棚上げされた。

一九四一年、キングは報道機関といっさいかかわらないと決意してワシントンにやってきた。真珠湾攻撃の一周年の前に、彼は老練なワシントンの黒幕のように報道機関を舞台裏であやつっていた。一見すると、これは驚くべき方向転換に思えた。しかし、さらにふりかえってみると、これは驚くことでもなんでもなかった。アーネスト・Ｊ・キングが呑みこみの遅い男だと勘違いした人間は、かつてひとりもいなかったからである。

たくみに印象操作するマッカーサー

オーストラリアのブリスベーンに置かれたマッカーサー将軍の南西太平洋戦域（ＳＷＰＡ）司令部で報道部を運営していたのは、レグランド・〝ピック〟・ディラー大佐だった。陸軍の職業軍人で、最終的には（その役割をつとめながら）准将の階級に昇進した。ディラーは、戦前フィリピンで勤務し、

＊ガダルカナル海戦（訳註：日本側呼称、第三次ソロモン海戦）は一九四二年十一月十二日から十五日にかけてくりひろげられ、実質上、ガダルカナルの戦いにおける連合軍の勝利を決した。

一九四二年三月にコレヒドール島を脱出するさいにも同行したマッカーサーの支持者の取り巻きグループ、〈バターン・ギャング〉の創立メンバーだった。南西太平洋戦域の報道活動が資金や人手を欠いたことは一度もなかった。ディラーは最終的に百名以上の将兵を自分の指揮下にかかえ、そのなかには大尉や少佐の長い名簿もふくまれていた。その多くが終戦時までに大佐に昇進することになる。ニミッツとその幕僚たちが本土からのジャーナリストの引きもきらない殺到に困惑している真珠湾の太平洋艦隊司令部とは対照的に、ディラーは「多いほうが楽しい」という態度をとっていて、いつでもよろこんで新しい報道身分証明書一式を発給した。ブリスベーンの正式認可を受けた記者やカメラマン、ラジオ・アナウンサーの数は、最終的には四百名を超えた。

ディラーと彼のチームは、大事な顧客のように記者をあつかった。どんな問い合わせにも即座に答え、最新式の通信放送施設を利用できるよう手配した。前方の戦闘地域を見てまわるときには、ジャーナリストたちの「身体的な快適さに必要なもの」に気を配った。入念に演出した記者会見ではあったが、彼らがマッカーサー本人に定期的に会えるよう手配した。ディラーはほぼ毎日、南西太平洋戦域の報道発表の初稿を用意し、それからマッカーサーがそれに目を通して、しばしば書き直した。記者たちはすぐに、直接的な批判やほのめかした批判がディラーの赤鉛筆をまぬがれることはないが、そのいっぽうで、大げさに賞賛やお追従をすればするほど、その見返りに独占記事などの価値のある恩恵を多く得られることを知った。

ニュース記者は迅速さの点でディラーと彼のチームに高評価をあたえた。ハワイの状況とは正反対に、マッカーサーの報道担当局に提出されたニュース記事は二十四時間以内に目を通され、検閲されて、承認を受け、アメリカ本国に送信されたので、ニュースは新聞に掲載されたときもまだ新鮮だった。より新鮮なニュースは一面記事に取り上げられる可能性が高いのにたいして、ニミッツの戦域の比較的気の抜けたニュース速報は裏ページにまわされる可能性が高かった。このことはめぐりめぐって、マッカーサーが太平洋の戦いのほとんどを行なっているという、一九四二年と一九四三年にはアメリカ国民のあいだできわめて一般的だった印象の一因となった。

マッカーサーは戦時中のどのアメリカ軍指導者よりも視覚的イメージの重要性を理解していた。彼は自分の衣装やアクセサリーの細部に細心の注意をはらった。皮肉屋はこれを彼の「小道具」と呼んだが——彼のくたびれたフィリピン軍元帥の「つぶした」制帽、よく使いこんだ革の飛行ジャケット、飛行士用のサングラス、そしてときがたつにつれて大きくなる傾向があるコーンパイプ。オーストラリアにきた当初は、凝った彫刻をほどこしたステッキをためしてみたが、誰かがそのせいで年を取って見えると感想を漏らしたので捨ててしまった。髪の毛の薄くなった部分が広がりつつあるのを気にしていたので、無帽で写真に撮られる必要があるときには、ちょっと席を外して、櫛で頭のてっぺんに髪をなでつけ、右耳の五センチほど上に完璧な直線の部分を残した——いわゆる「バーコード頭」と呼ばれるヘアスタイルの手際よくととのえられたものである。報道機関に配布されるような写真は、ディラーの検閲の対象になった——そして、戦時中公表されたマッカーサーの写真のほとんどは、低いカメラ・アングルから撮影され、彼を実際より長身に見せた。

ブリスベーンの宣伝マシーンはしばしば、マッカーサーが戦闘でみずから部隊をひきいているという誤解を招く印象をあたえた。戦域司令官であるマッカーサーの役割は戦場で部隊をひきいることではなかったし、第一次世界大戦中のたぐいまれな武勇のおかげで、勇敢さをしめすことに煩わされる必要はなかった。それでも、実際に戦っている兵士たちにとって、マッカーサーに会う機会などまずめったにないというのに、彼が前線の危険と欠乏を分かち合っているとアメリカの新聞から知らされるというのは、じつに腹立たしいものだった。

一九四二年十月、マッカーサーが飛行機でニューギニア島南東部の連合軍基地ポート・モレスビーへ短い旅をしたあとで、ブリスベーンを拠点とする従軍記者たちはマッカーサーが島の北岸に近いブナ周辺の戦闘地域を視察したと報じた。記事は南西太平洋戦域の検閲官によって審査され、承認を受けた。オーストラリアのロックハンプトンで野戦演習を見守るマッカーサーの写真が、撮影場所は「前線」という虚偽のキャプションをつけて報道機関に発表された。ニュース映画の場面は、マッカーサーがジャングルのぬかるんだ道を跳ねながら進むジープの後部座席に座っているところを映しだし、ナレーターは観客に将軍が前方の戦闘陣地を視察しているところだと説明した。実際には、ジャングルにおおわれた山々の見上げるような山脈が、彼の訪問中ずっと、最寄りの日本軍部隊と彼とを隔てていた。[73]

こうしたあからさまなでっち上げに、第八軍のロバート・L・アイケルバーガー司令官はいらだち、南西太平洋戦域の報道担当局は戦時下の検閲の権限を悪用して、マッカーサーの個人的な虚栄心を満たしていると断じた。アイケルバーガー将軍はアイゼンハワーをはじめとする者たちが彼の前に学んだ苦い教訓を学びつつあった――もし部下の将校がマッカーサーとうまくやっていきたかったら、自分の名前を新聞に出させないようにしたほうがいい。アイケルバーガーは、ブナの戦いにかんするいくつかのメディア報道で発言を引用され、写真に撮られたあとで、ブリスベーンに召喚され、マッカーサーから叱責を受けた。マッカーサーはこうたずねた。「わたしには明日、きみを大佐に降格して、祖国に送り返すことができるのをわかっているのかね?」[74] アイケルバーガーは趣旨を理解して、戦争が終わるまで報道機関を遠ざけた。おとずれた広報担当官に彼はこういった。「きみにわたしを宣伝させるくらいなら、ポケットにガラガラ蛇を入れさせるほうがましだよ」[75]

マッカーサーは、戦争がはじまったときからつねに、自分自身の報道公式発表を出す権利を主張し、発表をトーンダウンさせようとするワシントンからの圧力に抵抗した。マーシャル将軍とスティムソン長官はブリスベーンからのセンセーショナルな発表が気に入らず、マッカーサーが主張する戦果の正確さに疑問をいだいていた。真実はしばしば、南西太平洋戦域広報マシーンの犠牲になった。戦闘報告はもっと刺激的でドラマティックに聞こえるようにふくらまされ、多くの場合、言葉に手がくわえられただけでなく、新しい「事実」がふんだんにつけくわえられた。敵の損害にかんする数字が完全にでっち上げられたこともあった。

さらに、南西太平洋戦域の多くの公式発表には、海軍あるいはニミッツの戦域の作戦を対象にした、微妙なところがまったくない言外の意味がふくまれていたようだ。なかでももっとも有名なものは、一九四三年三月、ビスマルク海海戦と呼ばれる戦いで、日本軍の兵員輸送船の船団をニューギニア北岸沖で空から攻撃するのに成功したあとで出された（訳註：日本では「ダンピール海峡の悲劇」として知られる）。ジョージ・C・ケニー中将の第五航空軍の爆撃機は、「反跳爆撃」と呼ばれる新しい低空爆撃戦術を使って、輸送船八隻と護衛の駆逐艦四隻をふくむ、十数隻の敵艦船を撃沈した。P－38戦闘機は、船団の上空直衛にあたる日本軍機約二十機を撃墜し、さらにおそらく二十機を追いはらった。輸送船は約八千名の日本軍将兵を運んでいたが、そのうち少なくとも三千名が攻撃で戦死するか、あるいはのちに溺死した（多くの者は残骸にしがみついて近くの海岸に逃れるか、舟艇に救助されたので、正確な数字はいまだ集計されていない）。

卓越した技量を見せつけた戦いぶりは、アメリカ陸軍航空軍にとって戦術的な突破口だった。陸上を基地とする陸軍の爆撃機はしばしば海上の敵艦船を叩くのに四苦八苦していたからだ。しかし、それにつづく南西太平洋戦域の公式発表は、大幅に誇張した戦果を主張した。輸送船十二隻、軽巡洋艦三隻、そして駆逐艦七隻が沈没し、百二機の日本軍機が「まちがいなく使用不能になったと見られる」。さらに、公式発表は輸送船団が推定一万五千名の日本軍将兵を乗せていて、その「全員が死亡した」と請け合った[76]。やはり報道機関に公開された付属の声明書のなかで、マッカーサーはこの一回の戦闘から、航空戦力が海上戦力にたいして戦略的な支配権を握ったという遠大な教訓をみちびきだしたらしく、陸軍航空軍が海軍との現在進行中の超越した議論に勝利したとほのめかした。彼は、将来、制海権は海軍力ではなく、陸上を基地とする航空部隊によって決されるだろうと宣言した。「連合軍の海軍部隊はそれ自身の壮大な役割を演じると期待してもいいが、西太平洋の戦いは空＝地チームの正しい適用によって勝敗が決するだろう[77]」仰天した提督たちは、マーシャルとスティムソンに彼らの部下を服従させるよう要求した。

マッカーサーとケニーが主張する水増しされた戦果は、精査に耐えられなかったし、パイロットの報告と海で拾い上げられた捕虜たちの尋問で、船団全体が主張される撃沈数より小規模だったことがあきらかになると、ほころびはじめた。しかし、マーシャル将軍が修正した推定戦果をブリスベーンに送って、南西太平洋戦域司令部に訂正した公式発表を出すようもとめると、マッカーサーは激怒した。実際に読まなければ信じられないようなマーシャル宛の長い電文で、彼は自分の部隊が撃破したとされる二十二隻の艦船のうち二十一隻の名前を挙げ、戦果は鹵獲した日本軍の文書と捕虜の尋問によって決定的に立証されていると請け合い、ワシントンこそその数字を彼の以前の報告書に一致するように訂正するよう要求した。マッカーサーは自分の主張する戦果を「公式にもおおやけにも」弁護する用意があるとつけくわえた。さらに、もし陸軍省が「小官の作戦報告書の正確性を疑うる公式文書でも出すつもりなら、彼はそれを支持する人間たちの名前を知りたがった。「状況が許せば、加担した者たちにたいする法的措置をふくむ適切な対策を講じられるように[78]」

マッカーサーの報道公式発表のでっち上げは、余計で必要のないものだった。一九四三年と一九四四年の彼の軍事的功績はまさに本物だったからだ。ニューギニア沿岸部の進撃や、ニューブリテン島への上陸、ロス・ネグロス＝マヌス島への大胆な陸海両用奇襲上陸、そしてニューギニア北海岸を大きく飛び越えてホーランディアへ——こうした動きのすべてが、たくみに計画され、遂行された。ケニーの爆撃隊は実際に重要な船団の大部分を殲滅（せんめつ）した。彼らは実際に海上の艦船を撃沈する新しい破壊的な戦術を生みだしたが、これは過去には手に入らなかった功績だった。マッカーサーの部隊にはみずからの業績に正当な誇りをいだく十二分の理由があったし、彼の公式発表をめぐる論議は、勝利をおさめつつある南太平洋の反攻と見てまちがいないものを、むしろ傷つけることにしかならなかった。

マッカーサーの政治的野望

批判的な者たちは、マッカーサーにナルシストで誇大妄想狂というレッテルを貼ったが、彼のパワーアップした宣伝には、計算された目的があった。それは国内の政治的影響力を得るためのこころみだった。ディラーはのちに、将軍が「太平洋と自分の軍のためにできるだけ多くの援助を得ようと最善をつくしていて、それゆえに、国民が彼の支持に賛同するようにニュースを魅力的にしつづけようとした」と語っている。[79]マッカーサーは頭のなかでワシントンの敵の陰謀団に立ち向かっていた。FDRは彼の最大の敵、彼がよく知っていて、心から嫌っている男だった。マッカーサーはしばしば自分の取り巻きに、大統領は開戦時に軍隊を送ってフィリピンを救援しなかったことで自分を「裏切った」と語った。彼は太平洋がふたつの戦域司令部に分割され、ニミッツが北の領域を指揮していることが不満だった。彼は海軍をFDRのお気に入りの軍種と見なしていて——これは、そうまちがってもいなかった——海軍士官全員をスパイか強奪者と疑うきらいがあった。しかし、ニュースメディア

における マッカーサーの影響力は、海軍よりも陸軍に大きな問題を引き起こした。マーシャルやスティムソン、ワシントンの陸軍指導者たちは、南西太平洋戦域司令官に規則を守らせるのに四苦八苦した。彼はたえず不服従の限界をためしていて、しばしばほとんど包み隠さない言葉で世間に自分の実情を訴えると脅したし、どんな内部の不協和音も新聞や議会で響きわたる可能性があった。

マッカーサーは心の奥底の感情レベルでは、陸軍省がフィリピンで自分の軍を見捨てたと信じていた。彼は、陸軍を支配し、自分の足をすくおうとたくらんだ（ほとんどが）顔も名前もない陰謀家たち――「やつら」――について不満をぶちまけた。「やつら」は、連合国の世界戦略の根底に「ヨーロッパ優先」の原則を置いた。彼が忌み嫌い、つねに歴史的愚行と非難する用意のある政策に。「やつら」は南太平洋で日本軍の攻勢を押し返すのに必要な兵力を彼にあたえなかった。「やつら」は、彼の社会的名声に嫉妬し、そのせいで彼を打ち倒したくてたまらない、机にかじりついた政治的な将軍たちの小グループだった。「やつら」はワシントンの現場にいるのに、彼は権力の座から地球を半周したオーストラリアにいた。

彼は長いこと離れていた――ワシントンからも、一九三五年にあとにして以来、アメリカからも。彼は一九四一年七月にFDRによってアメリカ極東司令官に任命されるまで、アメリカ陸軍さえ退役して、フィリピン陸軍の元帥をつとめていた。長期にわたる物理的な疎遠さは、彼を政治的に不利な立場に置いていた。すくなくとも彼はそう信じていた――それゆえ、彼はワシントンで自分の影響力を感じさせるために必要なことはなんでもやらねばならなかった。そうした手段によってのみ、彼は太平洋戦争で勝利をおさめ、自分自身の計画にしたがって勝つために必要な兵士や武器、艦船、そして飛行機を手に入れることが期待できた。彼は「やつら」を――ワシントンを根城にする競争相手たちを――彼ら自身のゲームで打ち負かさねばならなかったし、それはつまりアメリカ国民の人気の面で彼らを上回るということだった[80]。

彼は戦争にかんする唯一の権限をもとめ、ニミッツの部隊を自分の指揮下に吸収したがった。しかし、それに失敗すると、少なくとも自分の戦域が太平洋における連合軍の資産のもっとも大きな部分を確実に受け取れるようにしたがった。彼は自分の戦略的着想を、海軍や統合参謀本部、そして連合軍のそれより優位に置きたかった。それはなによりも、彼ができるだけ早くフィリピンを（とりわけ北部の本島であるルソン島をふくめ）解放するということだった。いかなる状況でも、日本自体へのより直接的なルートを選んで、フィリピンを迂回してはならなかった。

マッカーサーは個人的な会話のなかで自分の積極的な広報戦略がこうした目標を達成するための道具であることを率直に認めた。「やつらはわたしを恐れているんだ、ボブ」と彼は一九四四年前半にアイケルバーガーにいった。「わたしが新聞紙上でやつらと戦うつもりだと知っているからだ[81]」マッカーサーは「毎朝、公式発表で戦争に勝」たねばならないのだ、と彼の司令部に配属されたある記者は感想を漏らしている。「彼はローズヴェルトと卑劣な参謀本部が当然彼のものである武器を彼にあたえていないと国民に納得させねばならないのだ[82]」

マッカーサーは一九六四年の自伝、『マッカーサー回想記』で、自分は一九四四年の共和党の大統領候補指名をもとめようなどとは一瞬たりとも考えたことはないと主張している。本当は、彼は、FDRを追いだす情熱を共有する有力な共和党員や財界首脳、メディアのオーナーたちの「私設顧問団」に進んで協力していた。彼らはマッカーサーを、戦時下の選挙で人気のある現職大統領を打ち負かす、最大で唯一の希望と考えていた。南西太平洋戦域の司令官は、さまざまな友人や部下とその計画について話し合った。そのひとりであるアイケルバーガー将軍は一九四三年六月、妻にこう語った。「うちのボスが共和党の候補者指名のことを話していたよ——彼が指名を受けることを期待しているのはわかるし、わたしもなんだかそう思うな」[83]マッカーサーが候補者になる可能性があることがはじめておおやけに匂わされたのは、その年の四月、スティムソン長官が、現役将校が公職選挙に出馬中に軍服を着つづけることはできないと発表したときだった。アーサー・H・ヴァンデンバーグ上院議員やハミルトン・フィッシュ下院議員をはじめとする共和党の重鎮たちは、この発表をマッカーサーへの警告射撃と解釈した。それぞれが政治に口をはさんだといってスティムソンを非難し、それぞれがマッカーサーから骨折りに感謝する手紙を受け取った。

ミシガン州選出のヴァンデンバーグ上院議員は、秘密選挙運動の非公式の委員長だったが、マッカーサーは大統領候補者指名をもとめるために指一本上げるところも見られてはならないと警告した。彼のチャンスは、一九四四年六月にシカゴで開催される共和党全国大会が大物候補者のトーマス・デューイとウェンデル・ウィルキーのあいだで暗礁に乗り上げた場合に、はじめておとずれるだろう。そのシナリオでは、党は口頭による全体評決でマッカーサーを候補者にするかもしれない。ヴァンデンバーグはほかの大物支持者と戦略を練った。その顔ぶれには、新聞社主のハーストやマコーミック、退役将軍で〈シアーズ〉の重役のロバート・E・ウッド、カール・ヴィンスン下院議員、そして〈タイム＝ライフ〉の発行人ヘンリー・ルースとその妻クレア・ブース・ルースがふくまれていた。アメリカ本土の支持者は、マッカーサーの幕僚部の上級メンバーが合衆国をおとずれたとき、定期的に会っていた（南西太平洋戦域の多くの大物幕僚は、軍用機でオーストラリアとワシントンを往復しながら政治活動をすることになんのためらいもおぼえなかった）。予備選挙の季節が近づいても、マッカーサーは支持者とのやりとりをつづけたが、手紙がふさわしくない人間の手に落ちることを恐れて、言葉を慎重に選んだ。たとえばヴァンデンバーグには、こう書いた。「あなたの非の打ち所のない友情の態度に心より感謝します。いつの日かお返しができることを願うばかりです。もっとずっと多くのことを申し上げたいのですが、状況が許しません。とりあえず、わたしがあなたの経験を積んだ聡明な指導に全幅の信頼を置いていることを知っていただきたく思います[84]」

伝記作者や歴史家は、マッカーサーが実際に大統領職をもとめていたかどうか議論してきた。彼の唯一の目的は、FDRと統合参謀本部に圧力をかけて、彼に太平洋戦争全体を監督させ、戦争に勝つために必要な資源を割り当てさせることだったと推測する者もいる。たぶん彼は葛藤していたのだろう。たぶん注目されるのがうれしかったのだろう。マッカーサーはフィリピンに戻り、自分の軍を悲惨な囚われの身から解放して、バターン半島にアメリカ国旗を掲げるという、燃えるような欲求を感じていた。大統領になったら、彼はそうしたことを監督してやらせるだろうが、自分の手でそれをやることはないだろう。アメリカ史の研究者だった彼は、自分のキャリアがジョージ・B・マクレランの二の舞のように終わる危険を知っていたにちがいない。この北軍の将軍は、一八六四年の大統領選でエイブラハム・リンカーンに挑戦して敗れていた。

おそらくマッカーサーは、国民の賞賛の高まりに応えるという考えを気に入っていたのだろう。賞賛をもとめて運動する必要がないかぎりは。そして、選挙でFDRを敗北させる見とおしを楽しんでいたにちがいない。ふたりは昔からの知り合いだった。同僚であり、ライバルであり、この言葉がときどきワシントンで使われる浅い意味において、「友人」でさえあった。マッカーサーはFDRがはじめて大統領になったときの陸軍参謀総長だった。彼は一九三四年のFDRの軍事予算削減に激しく反対し、新大統領にたいして（本人の言葉を借りても）不服従すれすれにふるまった。多くの政治的保守派と同様に、マッカーサーはニューディール政策を国産のボルシェヴィキ思想と見なしていた。彼は個人的にFDRを皮肉っぽく見くだして「いとこのフランク」と呼んでいた――あるいは当時の政治的右派に共通する、がさつな反ユダヤ主義から、「ローゼンフェルド」と[85]。アイケルバーガーによれば、マッカーサーは何度か、「もし憎しみがなければ、というより自分がＦＤＲをこんなに嫌悪していなければ」、共和党の大統領候補者指名をもとめたりはしないだろうと語った。[86]

一九四四年前半、共和党の予備選挙キャンペーンが本格的にはじまると、匿名の情報源にもとづいたマスコミ報道が、マッカーサーはアメリカに帰国する準備をしていると示唆した。そこで候補者指名のためにフルタイムで選挙活動をするだろうと。ヴァンデンバーグは、「わたしはなぜマッカーサーを支持するのか」と題した《コリアーズ》誌の記事で、表舞台に出た。[87]ディラーが公表を承認した報道は、ブリスベーンで広まっている見かたを要約した。「マッカーサー将軍が、勝利への最短の道はホワイトハウスに経験豊富な軍人を置くことだと――こちらのかなり多くの人間と同様――感じていたとしても、驚きではないだろう」マッカーサー周辺の人物は全員、この問題について報道を前提としてたずねられると、「戦争をつづけよう」と判で押したような平凡な答えをよこしたが、これはなにも語ろうとしない、事実上の回答拒否だった。[88]多数の新聞に記事が同時配信される人気コラムニストのレイモンド・クラッパーは、マッカーサーにじかに質問し、共和党の候補者指名に関心があるかとくりかえしたずねたが、率直な返事はついに得られなかった。「毎度、彼はわたしのいうことが聞こえないふりをした」[89]マッカーサーはウィスコンシン州とイリノイ州のふたつの州の共和党予備選挙候補者名簿に載せられたことがわかった――そして、いずれの場合でも、彼は自分の名前を削除するようもとめなかった。

偶像破壊主義のジャーナリストの何名かは、疑問を提起しはじめた。ひどい戦争の戦闘のさなかに、戦域司令官が本国の選挙政治に手を出すのは正しいことだろうか？　マッカーサーのイメージは、戦時下のメディアを通じて屈折させられ、彼自身の検閲官によってゆがめられていることを思えば、彼がそうした利点のない候補者と競うのは公平だろうか？　マッカーサーが自分の軍隊の下士官兵にどんなに不人気か知っているアメリカ人はほとんどいなかった。軍事作戦のまばゆいスポットライトのなかで、反発は避けられなかった。

《アメリカン・マーキュリー》誌の一九四四年一月号がそれを提供した。ヘンリー・ルースの元編集者のひとり、ジョン・マカーテンは、オーストラリアを取材訪問して帰国したため、ディラーの検閲にひっかからなかった。マカーテンは、厳しく批判的な人物紹介記事のなかで、マッカーサーの将軍としての働きは過大評価されていて、彼は自分の大衆イメージに不適切なほど執着し、彼の南西太平洋戦域司令部の荒っぽい検閲は政治的プロセスの許しがたい操作であると書いた。マカーテンは、「マッカーサー崇拝」を作りだし、維持するうえでの反FDR派報道機関の役割をあきらかにした。彼はマッカーサーが彼のもとめる役割――太平洋最高指導者のそれ――には向いていないと示唆した。なぜなら彼は「大部分が航空部隊および海軍部隊の戦域における……地上部隊の将軍」だからだ。[90] マッカーサーが大統領選挙戦に個人的にかかわっていないという主張は信じられない、とマカーテンは書いた。そして、もし憶測を排除したいのなら、一八八四年のシャーマン将軍の有名な声明を引用すべきだと。「小官は指名されても受諾いたしませんし、選出されても奉職いたしません」[91]

マッカーサーは《アメリカン・マーキュリー》の記事に激怒した。同誌がたまたま陸軍大学の図書館サービスをつうじて海外の軍人に配布されている読書リストにふくまれていたから、なおのことだった。マーシャル将軍宛ての長い電文で、彼はこの記事が「扇情的な調子で、中傷的でさえある」といい、日本のプロパガンダを機械的に真似ていると文句をつけた。[92] しかし、彼は直接これに反論しないことにした。なぜなら、(彼がアイケルバーガーにいったように)記事には「彼がそれに答えるのをはばむ一片の事実が」ふくまれていたからだ。こうした言葉で攻撃されるのは「自分が背負わねばならない十字架」なのだと、マッカーサーは嘆いた。[93] もし彼に未来を見通す力があったら、それよりもっとくやしい思いをしたことだろう。マカーテンの「中傷記事」は、多くの点で、それ以降、歴史家たちのあいだで一般的となっている見解を先取りしていたからだ。

いずれにせよ、ダグラス・マッカーサーの穴馬的立候補は、ホームストレッチに入ったところで、急に足をけがして止まりつつあった。ニューヨーク州知事のトム・デューイは共和党の有権者と陰の実力者に予想外の強みを見せ、三月後半になると、ウィルキーに勝つことは明白だった。シカゴの暗礁はなく、よってマッカーサーを候補者に選ぶ可能性はない。大混乱のフィナーレは、マッカーサーがネブラスカ州選出のアーサー・L・ミラー議員に宛てて書いた当惑すべき手紙が許可なく公表されたことでおとずれた。ミラーは党の招集に応じるようマッカーサーに勧めていた。「貴殿には文明とまだ生まれていない子供たちにたいしてその義務があります」なぜなら「このニューディールを止めることができなければ、われわれのアメリカ式生きかたは永遠に消える運命にあるからです」。

愚かにも議員の分別をたよりにした将軍は、直接返事を書き、「貴殿の所感の全き見識と政治的手腕」に「無条件で」賛同すると述べた。[94] ミラーは四月十四日、マッカーサーに許可をもとめることなく、その手紙を報道機関に公開した。報道機関はたちまち全国の主要紙に全文を掲載した。これがマッカーサーの立候補を後押しするとミラーが思っていたとしたら、おおまちがいだった。ヴァンデンバーグはこの公表を「壮大な大失敗」で「悲劇的なあやまち」と見なした。《ザ・ネーション》誌に寄稿したI・F・ストーンは、この手紙がマッカーサーを「きわめて軍人らしくない態度に」描いていると結論づけた。「自分の最高司令官にたいして忠実でない、ずいぶん尊大で無知な間抜け野郎に」[95]

マッカーサーの一九六四年の自伝によれば、このときはじめて彼は、共和党の公認候補者名簿に潜在的な候補者として「わたしの名前が取りざたされている」ことを知ったという——そして突然、非常識で恥ずべき計画に注意を喚起された彼は、それを終わらせるためにすぐさま勇敢に行動した。彼は大統領職への野望を否定する声明を出し、ミラーの手紙をそのように解釈することはなんであれ「悪意がある」と切り捨てた。[96]この最初の声明があいまいすぎると見なされると、一九四四年四月三十日、第二の声明を公表した。「どんな形であれ小官の名前を候補者指名とむすびつけようとする行動を起こさないよう要請します。小官は指名を望んでおりませんし、受諾するつもりもありません」[97]

これでマッカーサーの大統領選の政治への進出は終わった。すくなくとも、一九四四年の選挙サイクルについては。この浅ましいエピソードは、彼のキャリアの小さな補足情報として記憶されることになる。しかし、もっと大きな意味で、この災難は太平洋戦争の最後の年に、ぬぐい去れない印を残した。世界戦略という重要な問題は、党派政治の舞台に引きずりこまれ、選挙のあいだじゅう、そこにとどまることになる。

自党の候補者指名を受諾したデューイ知事は、一九四四年九月十四日の演説でこういった。「マッカーサー将軍がもはやミスター・ローズヴェルトの政治的脅威ではない以上、彼のすばらしい才能にもっと多くの機会と承認をあたえることがふさわしいと思われるのです……マッカーサー将軍は不十分な物資、不十分な航空戦力、不十分な兵力で奇跡を成し遂げてきました」[98]あたりさわりのない調子だったが、デューイの発言には、大統領自身と、暗に統合参謀本部にたいする重大な非難がふくまれていた——彼らは政治が太平洋における軍部隊の割り当てを左右することを許したと。デューイはこの方向からの攻撃をそれ以上推し進めなかった。おそらく統合参謀本部がその非難に反論するとわかっていたからだろう。しかし、ダメージはあたえられた。ローズヴェルトはデューイをけっして許さず、一九四四年の選挙運動は彼のキャリアのなかでもっともとげとげしいものだった。

太平洋では、根本的な大戦略の問題がいまだに解決されていなかった。マッカーサー将軍に、北部の本島であるルソン島をふくむフィリピン全土を解放するためのゴーサインを出すのか？　アーネスト・キング提督が、台湾を占領するという彼の主張を認められるのか？　アメリカ軍は中国本土の沿岸に上陸すべきか？――もしそうなら、それは日中戦争におけるアメリカ軍のより広範囲の直接的関与につながるのか？　さらに広く見れば、日本にたいする終盤戦はどうなるのだろうか？　流血の上陸作戦に先だって、降伏条件を受け入れるよう日本を説得できるだろうか？　昭和天皇、裕仁は戦争の終幕でどんな役割を演じるのか？　これらは複雑できわめて重要な決断であり、いつまでも先送りにはできなかった。大統領選の日程もまた動かせなかった。地獄が来ようが、高潮が来ようが、有権者は十一月の第一火曜日に投票所へ足を運ぶだろう。太平洋に立ちはだかる戦略上の大問題は、いやおうなく、政治の季節に決断が下されることになる――そして、当時は同時代人によって、そして、それ以来ずっと歴史家によって、政治というプリズムをとおして見られることになる。

第一章 台湾かルソンか

フィリピン解放を主張するマッカーサー、
台湾攻撃を支持するキング。
ローズヴェルトがハワイに到着し、
太平洋戦争最重要といえる会議がはじまる。

1944年7月28日の朝、(左から) ダグラス・マッカーサー将軍、フランクリン・デラノ・ローズヴェルト大統領、ウィリアム・レイヒー提督、チェスター・ニミッツ提督がワイキキ・ビーチのホームズ邸で撮影のためにポーズをとる。写真と記録映画の撮影クルーが退出するとすぐに、彼らの戦略会議がはじまった。
U.S. Navy photograph

ローズヴェルト、ハワイへ

一九四四年七月十三日、夜の帳（とばり）が降りたあと、ローズヴェルト大統領と旅のお供をする側近たちは、ワシントンの十四番通りの地下にある鉄道の待避線に車で運ばれ、専用列車〈大統領スペシャル〉に乗りこんだ。ポーターとシークレット・サーヴィスの警護官に手伝われて、FDRは列車の最後尾に連結されたプルマン一号車の個室に入った。エレノア・ローズヴェルトは同じ車輛のべつの個室に入り、ホワイトハウスの首席補佐官でローズヴェルトの旧友のウィリアム・D・レイヒー提督は、三つ目の個室に入った。列車がメリーランド州の玉蜀黍（とうもろこし）畑を抜けて北へ走るあいだ、一行は揺れる寝台でぐっすりと眠った。

プルマン一号車は優雅かつ豪華で、オーク材の羽目板に緑色のフラシ天の絨毯（じゅうたん）、マホガニー製の家具、そして張りぐるみの椅子をそなえていた。これは事実上の走る戦艦でもあった。客車の車台は十二インチの鋼鉄板で装甲をほどこされ、路盤に仕掛けられた大きな爆弾から客車を保護することができた。プレキシグラス製の窓は厚さ三インチで、至近距離から発射された五〇口径弾も止められる。

側面には中口径の砲弾にも耐えるだけの鋼鉄が張られていた。プルマン一号車は通常の客車の倍近い百四十二トンの重量があったが、それ自体に注意を引かないように設計され、ほかのどんなプルマン専用客車ともまったく変わらない外見をしていた。

これからの旅は、大統領をシカゴからサンディエゴ、そして海路でハワイとアラスカ、ピュージェット・サウンドへとつれていき、最終的に鉄道で大陸を横断して帰ることになっていた。旅は、彼の大統領任期中でも屈指の長さである三十五日間つづくことになっていた。その目玉は、ハワイのオアフ島への四日間の訪問で、そのあいだFDRは軍事施設を視察し、太平洋戦域の両司令官、マッカーサー将軍とニミッツ提督と対日戦争のつぎの手について話し合うことになっていた。

そのわずか二日前、FDRは、前例のない四期目の大統領職への再選をはたすために努力するという、以前から予期されていた声明を出していたが、それに驚いた者は誰もいなかった。彼は報道機関に自分には選択の余地がないと語った。なぜなら「もし国民がわたしにこの職とこの戦争に留まるよう命ずるのでしたら、兵士に前線で持ち場を捨てる権利がほとんどないのと同じぐらい、わたしには引き下がる権利がないのです[1]」。大統領の列車は民主党の全国大会が開かれているシカゴにちょっと停まることになっていた。共和党はその二週間前にやはりシカゴで大会を開き、デューイ知事を彼らの看板候補者に指名していた。政治の季節であることを思えば、これからの旅行はFDRの政敵たちから選挙運動の延長と糾弾されることだろう。

平時には、大統領列車には最大で四十名の記者団が乗りこんでいた。それがいまでは、三大通信社を代表する記者三名だけが、旅行に同行することを許された――そして、彼らの報道は、通常は約一週間の遅延ののちにホワイトハウスが公表を許可するまで、差し止められた。戦時下の機密保持がこうした手段の言いわけとなったが、報道機関は大統領の所在を知らされないことにお冠だった。とくに彼が何万人もの群衆の前に姿を現わしたときには。大統領は彼らの苦情にも動じることなく、マスコミにじゃまされないための口実を楽しんでいるようにさえ思えた。「率直にいえば、わたしは報道の自由を世界でもっともちっぽけな問題のひとつと考えているんだよ」と彼は報道官のスティーヴ・アーリーに語った。[2] ホワイトハウスの記者たちが旅行の日程を知りたいと要求すると、ＦＤＲはアーリーをつうじて皮肉な答えをよこした。「なにをしたいのかね？　わたしが風呂に入るのを見物したり、いっしょにトイレに行ったりするのかね？」[3]

一九四四年の春から、ＦＤＲとその取り巻き連中には、マスコミを近づけないための新たな説得力のある理由ができていた。彼の健康状態はすでに悪いほうに向かっていて、ワシントンは彼に大統領職に留まるだけの体力がないという噂で沸き立っていた。顔色は灰色で、目は落ちくぼんで生気がなく、声は弱々しくかすれていた。彼はひどい空咳をした。唇と指の爪は病的に青みがかっていた。気分はどうかとたずねられると、大統領は「ひどいものだ」あるいは「気分が悪い」と答えた。[4]

一九四四年三月、海軍の心臓専門医のハワード・ブルーエン博士がかなりの高血圧に気づき、鬱血性心不全の急性症例と診断した。一九四〇年代に可能だった治療の選択肢を思えば、患者がさらに四年間の大統領任期をまっとうできる可能性はそれほど高くなかった。そうした診断を受けたあとの平均余命は二年以下だった。ブルーエンはのちに、自分の患者が戦時下の国家の最高司令官でなかったら、職を辞してすぐさま入院するよう主張しただろうといっている。しかし、大統領の健康についておおやけに話すことを認められていた唯一の医師は、彼の侍医で、海軍の軍医総監であるロス・Ｔ・マッキンタイア海軍中将だった。マッキンタイアはマスコミに、ＦＤＲが「一九三三年に大統領に就任して以降のどんなときよりも健康」であると語った。[5] マッキンタイアの楽観的な確約は、翌年の大統領の死まで（そしてそれ以降も）つづくことになる医学的な隠蔽工作だった。

ブルーエンはのちに、自分と同僚たちはより高度の愛国主義的使命に応えるために医学的倫理を無視したと告白した。ＦＤＲは世界でもっとも重要な人物だった。全世界の連合国の合同をひきいる彼の役割は、なくてはならないものだった。彼は安定した戦後秩序を作りだすための計画や交渉の要だった。枢軸側のプロパガンダは肉体的活力や力強さを熱狂的に崇拝していて、車椅子に乗ったローズヴェルトを西洋の民主主義が老いさらばえていることの象徴にしようとしていた。国内の政敵たちは彼が健康を害しているという噂を広め、その噂が事実であるというどんな証拠にも飛びついた。こうしたあらゆる理由から、ブルーエン博士の診断は国家秘密としてあつかわれ、記者たちやカメラマンたちはめったにＦＤＲのいる場所に立ち入りを許されなかった。〈大統領スペシャル〉では、三名の通信社の特派員は（大統領は彼らを陽気に「喉切り屋ども」「ハゲタカども」あるいは「悪鬼ども」と罵倒した）プルマン一号車から三輌以内に立ち入ることを許されなかった。通常、彼らはラウンジカーに行けば見つけられ、バーかカードテーブルで暇をつぶしていた。

大統領候補指名

ハドソン・ヴァレーでちょっと停まって、ローズヴェルト夫妻がハイドパークの自宅で一日すごしたあと、彼らは十四日の夕方には〈大統領スペシャル〉にふたたび乗車した。その夜、列車はニューヨーク・セントラル鉄道を端から端まで走った。翌日の正午、シカゴの五十五番通りの客車操車場に到着すると、そこに二時間停車して、そのあいだにローズヴェルトは民主党全国委員会のロバート・ハニガン委員長と会うことになっていた。

党の大多数は現職のヘンリー・ウォレス副大統領をお払い箱にすることを決意していて、ローズヴェルトは彼らの願いをかなえると誓った。ハリー・Ｓ・トルーマン上院議員が民主党の公認候補者名簿にどうやって載ったかについては、すでにほかで詳述されているし、ここでくりかえす必要はない。これは大統領の側近連中にとっても驚きの、奇妙な成り行きだったといえばじゅうぶんだろう。ハニガンとの短い会談のあと、ＦＤＲはふたりの有力な副大統領候補のどちらにも同意する書簡に署名した。ウィリアム・Ｏ・ダグラス最高裁判事か、あるいはトルーマンに。もともとの書簡では、ふたりの男はこの順序で名前を挙げられていた。ダグラスか、あるいはトルーマン。しかし、列車がシカゴを出る瀬戸際に、ハニガンが大統領の個室から出てきて、ＦＤＲの秘書のグレース・タリーに名前の順序を入れ替えてタイプを打ち直すようたのんだ。こうしてＦＤＲは、医師団には彼が大統領職をもう一期つとめ上げられるかあやしいと思う理由があったにもかかわらず、民主党全国委員長との自発的とも思える勘と経験にもとづくやりとりで、事実上、自分の後継者を選んだのである。

この歴史的に重要なシカゴの途中下車は二時間つづいた。夜の帳が降りる前に〈大統領スペシャル〉はふたたび走りだし、カンザス州トペカと、ロック・シティ鉄道の西の停車場を目指した。それから三日間、列車はグレートプレーンズと南西部地方の砂漠地帯を曲がりくねって進んだ。時速が三十五マイルを超えることはめったになかったが、これはローズヴェルトがその堂々たるペースだとより乗り心地がいいと考えたせいも一部あった――しかし、サンディエゴの海軍基地から党の候補者指名を受諾する演説を送りたいと思っていたが、候補者指名の正確な時刻がはっきりしていないせいもあった。

その速度だと列車の蓄電池が充電されなかったので、列車はしばしば地方の待避線で停車し、充電所に接続した。ＦＤＲは毎晩、よく眠っていたが、これは彼の健康にとっては重要な配慮だった。旅行はいつも彼の気分に驚くべき効果を発揮した。彼は田舎の景色が車窓を流れていくのを見守りながら、町などの目印を膝に置いた地図と照らし合わせる平和な儀式に活気づけられた。難解な地方の歴史を事細かに挙げてスタッフや仲間を感心させ、各地方投票区における自分の過去の選挙結果を百科事典のように思い返せるようだった。

　警察と地方の軍部隊は、ルートぞいに多くの人員を配置して、あらゆる橋脚や分岐駅、橋、トンネルを警備した。幹線道路が鉄路と平行に走っている場所では、陸軍のジープとトラックがいっしょに併走した。もちろん興味津々の兵士たちは、大統領の客車の窓をじっと見つめて、最高司令官か、大統領夫人か、彼らの有名な小型の黒いスコティッシュ・テリア、ファラの姿をひと目でも見られたらと願った。列車の接近の予告は、その先の駅々に口コミで広まった。七月十六日の蒸し暑い午後、オクラホマ州エル・リーノの鉄道駅では、エレノア・ローズヴェルトがホームで紐をつけたファラを散歩させている姿が見られた。噂はたちまち街中に広まり、約五百人の野次馬の群れが駅に押し寄せた。さらに多くの人間がやってくるなか、列車は一時間後に発車した(6)。

　大統領夫人とレイヒー提督のほかに、大統領の側近には、軍副官の長いリストや、マッキンタイアとブルーエンとふたりの医師をふくむ医療チーム、スピーチライターのサム・ローゼンマン、戦時情報局のエルマー・デイヴィス局長、〝パー〟・ワトスン陸軍少将、ウィルスン・ブラウン海軍少将、そしてグレース・タリーが名を連ねていた。通常のシークレット・サーヴィスの大規模な戦時警護班と、海軍のポーター、鉄道の従業員、そして通信社の「三匹の悪鬼」もいた。

　列車の前方近くには、機関車と荷物専用車の後ろに、陸軍通信隊員が配置された窓のない通信車がつながれていた――ケーブルやチューブ、配電盤、暗号解読器がぎっしり詰まった兎小屋だ。ここから通信隊員は短波無線と無線テレタイプを使ってホワイトハウスの戦況図室と防諜対策をほどこした連絡を取り合っていた。下級海軍副官のウィリアム・リグダン海軍大尉は、大陸横断の旅のほとんどを、通信車と大統領専用車のあいだの十五輛の車輛を歩いてすごした。四百メートル近い距離である。

彼は一連の個室寝台車や上下二段ベッドのプルマン車、ラウンジカー、食堂車、そしてさらに多くの個室寝台車を通り抜け、最後に、かならず列車の最後尾に連結される大統領専用車を警備する武装私服警官の前を通りすぎて、通信文を運んだ(7)。

七月十九日の午前二時、〈大統領スペシャル〉はサンディエゴの海兵隊基地の待避線で停車した。一行はこのアメリカ西海岸の巨大な海軍拠点で三日間すごし、地元の軍事施設を視察することになっていた。ローズヴェルト夫妻は息子のジェイムズとその家族をたずねた。一家は湾の向かい側のコロナードに住んでいた。FDRと随行員はサンディエゴの四十マイル北にあるカリフォルニア州オーシャンサイドで、第五海兵師団麾下の二個海兵連隊戦闘団が水陸両用訓練演習を実施するのを観閲した。これはきわめて現実に近い「実弾」訓練上陸で、多数の重装甲車輌や最新の上陸用舟艇がふくまれていた。これは大統領にとっても、彼の軍上級副官にとっても、貴重な体験だった。太平洋の島づたいの戦いは、新しい種類の戦争であり、彼らがオーシャンサイドで見たたぐいの大規模な水陸両用演習は、平時には知られていなかった。レイヒーは上陸チームと艦砲射撃および航空支援の緊密な連繋にとくに感銘を受けた(8)。

七月二十日には、シカゴの民主党大会がローズヴェルトを四期目の大統領候補者に指名した。海兵隊の鉄道待避線に停まった列車から、ローズヴェルトは十五分の受諾演説を行ない、党大会にラジオで放送された。のちに彼はニュース映画のカメラマンのために主要な部分をいくつか再読した。二十一日の午後九時ちょっと前、エレノア・ローズヴェルトが一行に別れを告げ、ワシントンに戻る軍用機をつかまえるために出発した。大統領とレイヒーとファラは、車に乗り換えて、重巡洋艦ボルティモアが停泊するブロードウェイ桟橋まで短いドライブをした。艦の乗組員は大統領が乗客となることを事前に知らされていなかったが、一部の者は、艦長の居住区まわりの廊下に車椅子用の傾斜台が築かれたとき、真実をいい当てていた。ローズヴェルトは艦長室に移り、レイヒーは司令官室に移った。大統領は金曜日に航海をはじめるのをいやがる古い船乗りの迷信を気にしていたので、艦は午前零時まで舫(もや)い綱を解くのを待った。明かりを落とした巡洋艦が機雷掃海済みの長い水路を外海(そとうみ)へと進んでいくと、五隻の駆逐艦がそのあとにしたがった。隊列は基準針路を二四三度にさだめ、二十二ノットの巡航速度で、沖に消えた。

ルソン島を攻めるか、台湾を攻めるか

一九四四年三月、統合参謀本部はマッカーサーとニミッツにたいし、協力して、九月十五日を期限に日本軍が占領するミクロネシア南部の一群の島々であるパラオを、十一月十五日を期限にフィリピン南部の大きな島ミンダナオを占領するよう命じた。しかし、各軍の参謀長たちは依然として一九四五年前半にしたがうべき主要な戦略について決断を下していなかった。いつものようにフィリピンはマッカーサーの戦争の道しるべであり、彼は自分の好む南方の攻撃進路を支持するようワシントンに圧力をかけつづけていた。彼の願いは、あらゆるアメリカ軍部隊（太平洋艦隊もふくむ）を集中して、首都マニラをふくむ北部のルソン島を解放し、それからさらに北へと水陸両用侵攻作戦を展開することだった。キング提督と統合参謀本部内の計画立案者たちはルソン島を迂回して、台湾につぎの大がかりな攻撃の矛先を向けるほうを好んでいた。ふたりの太平洋戦域司令官にあてた三月十二日の急送公文書は、意見の相違をあらわにして、両司令部に「台湾の占領、完了日一九四五年二月十五日か、もしくは、万一そうした作戦が台湾にたいする行動のまえに必要とわかった場合には、ルソン島の占領、完了日一九四五年二月十五日」の緊急時対応計画を用意するよう指示した[9]。

重巡ボルティモアが大統領をハワイに運んでいるころ、侵攻部隊はマリアナ諸島のサイパン、グア

ム、そしてテニアンを攻略しつつあった。マリアナ諸島西部の海空戦、フィリピン海海戦（一九四四年六月十九〜二十日）（訳註：日本側呼称、マリアナ沖海戦）では、日本側は約三百機の飛行機と三隻の航空母艦を失った。南方の資源との海上交通路は連合軍の増大する攻撃にさらされ、日本の帝国主義的計画の経済および軍事面での根幹は崩れはじめていた。東京の政府は現実に向き合う心構えができていなかったが、マリアナ諸島を失い、空母航空戦力が壊滅したことは、太平洋戦争における日本の取り返せない戦略的敗北のしるしだった。戦いの最終段階はすでにはじまっており、もっとも重要な問題が浮かび上がっていた。日本の指導部にどうやって敗北を認めさせ、提示された講和条件——無条件降伏——を受け入れさせるか？　アメリカ軍はこの分かれ道のどちらを——ルソンでも台湾でも——行っても、まちがいなく勝利できることを知っていた。これは世にいう贅沢な悩みだったが、戦争計画立案者に多くの多面的な戦略上および技術上の複雑さをもたらし、ワシントンと太平洋の両方で困惑するほどたくさんの意見を生みだした。いいかえれば、僅差の勝負だったのだ。

一九四三年前半、統合参謀本部の計画立案部門は、『日本の敗北のための戦略計画』を配布した。この文書は、太平洋戦争の最終段階における、日本への空襲のための基地としての、そしてアジアと（必要ならば）日本本土の日本軍を撃破するための歩兵の人材源としての、中国の重要な役割を想定していた。それを実現するためには、連合軍は中国本土に上陸する必要があるだろうし、台湾は大陸の正面ドアの錠前を開けるための鍵になると思われた。中国を中心とする太平洋戦争の終盤戦の構想は、ワシントンで、海軍の好む太平洋中部の攻撃進路を支持する動きを作りだした。この攻撃進路は、ミクロネシアを抜けて、マリアナ諸島から、台湾へと走っていた。

もっとも影響力がある統合参謀本部の計画立案組織は、統合戦略調査委員会（ＪＳＳＣ）だった。各軍参謀長に直属する陰の大物からなる調査員団である。戦時中の大半、ＪＳＳＣの委員長は、一八九九年にウェストポイント士官学校を卒業した陸軍のスタンリー・D・エンビック中将がつとめた。統合参謀本部の四人の長たちは、軍間のライバル意識やおきまりの偏見に束縛されない助言を提供するJSSCの老兵たちに、ある程度の敬意をはらいつづけた。一九四三年十一月、JSSCは、中部太平洋の攻勢がマッカーサーの南太平洋作戦より重要であるという、全員一致の「決定的な」判定を下していた。なぜならそのほうが日本への道のりは短くなり、よって「日本の早期敗北への鍵は、北方および南方側面の支援作戦をともなった中部太平洋を抜ける全面攻撃にある――この攻撃には、これらの地域で維持し、有益に投入することができる海、空、陸の全部隊がもちいられる[10]」からだった。

マッカーサーの熱烈な反対意見と、南方ルートとフィリピンに重点を移すという彼の要求は、最初から最後までJSSCの心を動かせなかった。新たな研究のひとつひとつが、調査員団の過去の結論を補強するきらいがあった――つまり、マッカーサーの南太平洋作戦はすでに余分になっていて、太平洋で戦争遂行努力を分散することは戦争を長引かせる危険があり、日本側の明白な弱体化は、敵の内側の防衛線にたいするさらなる直接攻撃を誘っていると。委員会のよく考え抜かれた判定では、それは台湾を指ししめしていた。

マッカーサーのたえまないいらだちの種は、彼が、自分の南西太平洋戦域の偏狭な利害を守ることにかんしても、南太平洋とフィリピンを抜けるお気に入りの攻撃進路に優先権をあたえることにかんしても、ジョージ・マーシャル将軍をまったくあてにできなかったことだった。前年、彼は自分の代理としてワシントンへ向かうリチャード・サザーランド将軍に、驚くほど露骨な言葉で、自分の考えを説明した。「マーシャルに、彼が太平洋の作戦に必要な航空部隊と地上部隊の割り当てによって状況をコントロールできることを強調するんだ。こうした陸軍の資源がなければ、海軍はお手上げだろう。もし彼が将兵を海軍の戦域に送るかわりに、ここに空陸の増援部隊を送れば、遠まわしに、望ましい目的を達成することができるんだ」[11]サザーランドがこの訴えをどの程度マーシャルにつたえたのかはわかっていないが、陸軍参謀総長はその性格から、『ウェブスター英英辞典』が「単刀直入さあるいは積極性の欠如」と定義する「遠まわしに」行動したいとは、まったく思わなかった。マーシャルは太平洋における軍間のライバル意識に気づいていなかったわけではないが、彼は戦いを陸軍と海軍とのあいだの、あるいはマッカーサーとニミッツとのあいだのゼロ・サム的競争とは見なしていなかったし、つねに日本本土へのより直接的な攻撃進路の利点を進んで考慮した。海軍を「お手上げ」にさせることについては、太平洋の地図をひと目見るだけで、起こりうる結果が理解できた。

一九四四年六月、JSSCの強力な根拠に勢いづけられたマーシャルは、マッカーサーに時代遅れの思い込みを捨てて、新たな視点から太平洋のチェス盤全体を見直すよううながした。日本側の弱体化の兆候を考えれば、軍事作戦のテンポを早めるときではないか？　強固に守られた島を迂回する戦略は、マッカーサーの成功をおさめた南太平洋攻勢の特徴だった――同じ論理をルソン島にも適用してはどうか？　もし連合軍が最終的に中国本土の沿岸部に港を必要とすることになったら、たぶんすぐにでも台湾を占領したほうがいいだろう。マーシャルはもっと大胆な提案さえ考慮していた――そして、統合参謀本部の計画立案者たちに回覧した――日本列島南部の島、九州への奇襲上陸である。

マーシャルは南西太平洋戦域の司令官に、いずれにせよ「われわれは個人的な感情やフィリピンの政治的配慮がわれわれの大きな目標である対日戦争の早期決着に優先することがないように注意する必要がある」と語った。「わたしの意見では、『迂回すること』は、どんな形であれ、『見捨てること』と同義語ではない。それどころか、日本を実現可能なかぎりもっとも早く敗北させることで、フィリピンの解放は、可能なかぎりもっとも迅速かつ完全なやりかたでもたらされるだろう」[12]しかし、マッカーサーはまったく同意せず、ルソン島の解放は、戦略的理由と、「われわれには国家として、解放する大きな義務がある」という理由で、必要だと主張した[13]。

マッカーサーのフィリピンを解放したいという思いは、本物で、高潔で、心からのものだった。しかし、この歴史の総決算のためには、以下の事実を秤(はかり)にかけねばならない。一九四二年二月十三日、コレヒドール島の指揮壕で、フィリピンのマヌエル・ケソン大統領は自治領フィリピンの財政資金から五十万ドルもの大金をマッカーサーに、七万五千ドルをサザーランドに、そしてもっと少ない額をマッカーサーの幕僚のほか二名の上級将校に譲渡する命令書に署名した。支払いは米軍フィリピン軍事使節団の過去の勤務にたいする報酬と説明された。マッカーサーに支払われた金額は、現在のなんと八百万ドルに相当する。自治領の財政資金は、アメリカ政府が一部管理するニューヨークの口座に預金されていたので、支払いにはハロルド・イキス内務長官の承認が必要だった。マーシャルとスティムソンは起きていることを知っていて、異議を唱えなかったし、いずれにせよ、取り引きをやめさせるために手を打つこともなかった。現存する文書の手がかりにもとづけば、ローズヴェルト大統領は知らされていた可能性が高い[14]。

のちにケソンは、アメリカに脱出したあと、ワシントンにアイゼンハワー将軍をたずね、フィリピンにおける彼の過去の勤務に報いるために「報奨金」――金額はわかっていない――を申し出た。アイゼンハワーはこの申し出をことわり、たくみにこう説明した。「思い違いあるいは誤解の危険が……現在の戦争における連合国の大義にたいして小官が有しているかもしれないなんらかの有用性を台無しにするように作用する恐れがあります[15]」将来のヨーロッパ戦線の司令官は、その申し出がこの状況下では不適切であり、結局は世間の詮索にさらされるだろうと判断した。彼は両方の点で正しかった。

一九四四年夏、閉じられたドアの向こうでは、キング提督が軍事戦略家としてのマッカーサーの能力をあからさまに疑っていた。彼の評価では、南西太平洋戦域司令官は、水陸両用戦における最新の進歩にかんする知識（あるいは好奇心）をほとんど持っていなかった。水陸両用戦は最近、海を長い距離横切って、強固な要塞が築かれた敵の島を占領する能力を証明していた。マッカーサーは過去に中部太平洋の大惨事を予言していたが、これは正しくなかったことがしめされていた。しかし、彼はひきつづき台湾作戦について同じような恐ろしい予言を披露した。キングは一九四二年に南太平洋の反攻を支持した――それどころか、マッカーサーが反対していたガダルカナル作戦でその口火を切っていた。しかし、キングの意見では、南部の攻撃進路が理にかなっていたのは、アメリカにまだ太平洋の中心部を横切って戦うだけの力がなかった戦争の初期段階だけだった。オーストラリアが安全になり、連合軍がビスマルク諸島の障壁を突破した以上、南部の攻勢は段階的に縮小するときだった。ミンダナオはマッカーサーの作戦の論理的結末だった。キングはアレクサンドリアの定例オフレコ記者会見のひとつで、記者たちに、フィリピンの奪還は「感傷的には望ましい」が、「常軌を逸していて」、たぶん太平洋の勝利を三カ月から六カ月、遅らせることになるだろうと語った。[16]キングは、マッカーサーの水陸両用艦隊司令官のダニエル・E・バービー海軍少将には辛辣に、「マッカーサーは戦争に勝つことよりも、フィリピンに帰る約束をはたすことのほうにより関心があるようだ」と漏らした。[17]

台湾攻略を支持するキングへの猛反対

七月十三日、キング提督は、お付きの参謀将校をたくさんしたがえて、専用のコロナード司令官用飛行艇で真珠湾に飛んだ。まる二日におよぶ太平洋艦隊司令部での会議のあと、キングとニミッツは、双垂直尾翼のロッキード・ロードスター機に乗りこんで、マーシャル諸島の島めぐりに出かけ、クェゼリンとエニウェトクに立ち寄って、そこから七月十七日、サイパンに到着した。わずか二週間前、激戦がくりひろげられたアスリート飛行場で、彼らは第五水陸両用軍団（ＶＡＣ）の司令官ホランド・〝ハウリン・マッド〟・スミス将軍と第五艦隊司令長官のレイモンド・スプルーアンス提督をはじめとする軍高官と、従軍記者団、カメラマンの代表団に駐機場で出迎えられた。島は一週間前に確保されたと宣言されたが、もっと遠く離れた地域では、小部隊による戦闘がまだつづいていて、日本軍の敗残兵と生存者の数は数百、あるいは数千にものぼった。キングは太平洋の戦闘地域をその目であまり見たことがなかったので、ぜひとも島内を見てまわりたかった。スミスは狙撃兵を心配したが、キングがいい張ったので、スミスは四つ星の提督ふたりを守るために、三個中隊分の海兵隊員を張りつけた。キングとニミッツはジープの後部座席にいっしょに腰を下ろし、長い車列を組んで、瓦礫が散らばったガラパンやタナバク、チャラン・カノアの町の廃墟を抜けながら、西海岸に面した幹線道路を運ばれていった。死体埋葬班が交代で作業をしていたが、腐っていく死体のむかつくような甘い臭気がそこらじゅうにただよい、逃れられなかった。サイパンに来て一カ月になるスミスと部下の将兵は、すでにそれに気づかなくなっていた。

その日の午後、キングとニミッツとスプルーアンスは、内火艇に乗って、一・五キロほど沖に停泊中の第五艦隊旗艦インディアナポリスに出かけた。旗艦の八インチ砲の下で記念撮影をしたあと、彼らは早い夕食のためにそろって司令官用食堂へ向かった。スプルーアンスが食卓の上座につき、キングが彼の右手に、ニミッツが左手に着席して、ほか十数名の士官が、階級と先任順位が高いほうから順にずらりとテーブルについた。デザートが供されたとき、黒々とした蝿の大きな群れが開いた舷窓から区画内に押し寄せてきた。蝿たちはまだ埋葬されていない何千という死体の腐肉で繁殖していて、卓越風に乗って艦隊まで運ばれてきたのである。

蠅はここ何週間も悩みの種だったが、その晩、インディアナポリスにたかった群れは、乗組員がかつて見たなかで最悪のものだった。蠅は食卓や食事、さらには人間の顔や手に止まった。ぞっとするほど肥え太り、なかには体長が二センチ半近いものもあった。スプルーアンスの参謀長カール・ムーアによれば、その生き物たちは手ではらっても逃げようとしなかった。鼻に止まったら、押しのけるか、つまんで捨てるしかなく、「食事に飛びこみ、眼鏡の下に入りこみ、耳に入りこみ、そこらじゅうにいた。そしてみんなは、連中が全部死んだジャップを餌にしていて、ちょっと新鮮な空気を吸いに艦にやってきたのだと、ずっと考えていた[18]」。食堂担当下士官たちが船窓を閉めたが、手遅れだった。むかついた士官たちが虫を乱暴にはらおうとして、グラスが倒された。彼らは椅子を甲板できしらせながら立ち上がると、四つ星の来賓がいるときには通常守られる礼儀作法をかなぐり捨てて、この場から退散した。

その日のある時点で、キングは予想される台湾侵攻の〈コーズウェイ〉作戦の準備状況についてスプルーアンスにたずねた。第五艦隊司令長官は正直に答えた。「台湾は気に入りません[19]」かわりに彼は硫黄島と沖縄をこの順序で占領することを提案した。硫黄島はマリアナ諸島と東京のあいだの飛行経路上にあり、これを手中に収めれば、日本軍の空からの反撃を鈍らせることになる。沖縄は台湾より小さく、そのため、よりあつかいやすい。同島は連合軍の目的に理想的なサイズだ、とスプルーアンスはいった――数週間で征服できるほど小さく、しかし日本本土にたいする作戦の基地としての役割をはたせるほど大きい。日本と南方資源地帯を結ぶ海路にそって戦略的に位置している。沖縄には上陸が可能な場所がたくさんあり、防御側はどこかひとつの海岸に火力を集中させることができないだろう。島は中国本土への足がかり、あるいは九州侵攻の出発点としての役割をはたすことができる。

しかし、沖縄は九州と三百三十マイルしか離れていないので、水陸両用上陸艦隊はたえず大規模な航空攻撃を受けると予想される。もっとも近い連合軍の支援基地でも千マイル以上は離れているだろう。空母機動部隊は数週間ずっとあたりにとどまって、航空掩護を提供することを余儀なくされるだろう。こうした難題を考慮して、キングはスプルーアンスに、「それができるかね？」とたずねた。スプルーアンスは、兵站部隊が弾薬の洋上補給の技術を完成させるならば、可能だと答えた。これは第五艦隊がまだ解決していない最後に残った障害だった。しかし、スプルーアンスはこれも解決できると確信していたし、いつもどおり彼は正しかった[20]。

スプルーアンスは侵攻を監督する艦隊指揮官だったので、彼の見解には桁はずれの重みがあった。しかし、彼だけではなかった。〈コーズウェイ〉作戦への異議は、同艦隊とニミッツの司令部の影響力ある人物のあいだで、共通して生じつつあった。多くの者は台湾に莫大な努力の価値があるだろうかと疑っていた。侵攻はノルマンディーのDデイ上陸作戦に匹敵する規模になるだろう。それに、台湾の占領がぜったい必要ということになれば、まずルソン島の飛行場とマニラ湾の艦隊基地が必要になるため、フィリピンを迂回するという選択肢はなくなる、と彼らはキングに告げた。七月十九日、ハワイへ戻る機内で、キングはハルゼー提督の参謀長であるロバート・〝ミック〟・カーニーにさんざん聞かされた。カーニーは台湾を「時間のむだ」と呼んだ[21]。かわりに、「部隊の集結はルソンで行ない、台湾を徹底的に叩いて、迂回すべきです」とカーニーはいった[22]。

キングはたずねた。「マニラをロンドンのようにしたいのかね？」

「いいえ、提督」とカーニーはいった。「わたしが考えているのは、ルソン島を第二のイングランドにすることです[23]」

七月二十日の太平洋艦隊司令部における会議の最終回で、キングは太平洋艦隊の計画立案者たちが台湾にたいしてさまざまな反対意見を表明するあいだ辛抱強く座っていた。太平洋艦隊副司令長官のジョン・H・タワーズ提督は、中国の大きな島を占領するだけの大がかりな侵攻部隊を組織するのにじゅうぶんな港湾施設は、グアムにもサイパンにもないと強調した。陸軍航空軍がマリアナ諸島の基地にすくなくとも十二個のB－29航空群を配備しようとしているからには、なおさらだった。予想される〈コーズウェイ〉作戦の準備はたぶん、「VLR（B－29）計画の削減」を必要とするだろうと、タワーズは警告した。[24] そんなことになればヘンリー・〝ハップ〟・アーノルドとアメリカ陸軍航空軍は激怒するだろう。

こうした異議に直面しても、キングは頑固に〈コーズウェイ〉作戦に肩入れしつづけた。しかし、自分のひじょうに高い階級の力を使って、同僚たちの意見の相違を押さえこもうとはしなかった。キング海軍作戦部長は、ほとんどの歴史的文献に見られる彼の性格づけに反して、独裁者ではなかった。彼は見解を忌憚なく述べるようもとめ、誠意を持って反論を検討した。ニミッツが協議を切り上げようとすると、キングはカーニーのほうを見て、記録のためにもう一度、台湾に反対する理由をくりかえすようもとめ、それが会議の議事録にたしかに記載されるようにした。ダグラス・マッカーサーがこうした状況で部下の相反する意見をもとめる姿はほとんど想像できない。[25]

キングは大統領訪問のためにハワイに残るよう誘われなかった。実際、彼とマーシャルは出来事からはっきりと除外されていた。FDRとレイヒーはふたりの太平洋戦域司令官から遠慮のない意見を聞きたいと思っていて、すでに統合参謀本部の意見には完全に精通していると説明された。しかし、キングはこの重要な太平洋指揮サミットから除外されたことを腹立たしく思った。戦後の回顧録で、彼はローズヴェルトが会議の直前に再選キャンペーンをスタートさせていたことに触れ、大統領はいまや「有権者に自分が最高司令官であることをしめし」たかったのだと結論づけている。[26]

ニミッツは、キング不在のまま、〈コーズウェイ〉作戦に賛成の議論をしなければならないだろう。

キングはニミッツが実際には戦いに乗り気でないことを心配していたが、それもむりはなかった。太平洋艦隊司令長官は、司令部と艦隊で同僚たちが表明している懸念を共有していた。七月二十四日、彼はキングに、まず近くのルソン島の日本軍航空戦力を無力化しないかぎり、中国の大きな島に部隊を上陸させることは賢明ではないと警告した。「〈ホワイトウォッシュ〉（ルソン島）の敵航空部隊を事実上撃滅するか封じこめられなければ、〈コーズウェイ〉作戦の成功はおぼつかないでしょう[27]」さらに、台湾の北部と南部の沿岸だけでなく、全島を占領することが必要になるかもしれない、とニミッツはつけくわえた。もしそのとおりであることが判明したら、彼にはあらゆるものがもっと必要になるだろう——もっと多くの将兵、もっと多くの航空群、もっと多くの海上輸送力、もっと多くの海軍力が。そして、台湾作戦の規模が拡大することになれば、アメリカ軍にはもっと大きくて近い海軍基地と航空基地が必要になるだろう。これもまた、ルソン島をふたたび指ししめしていた。

キングは台湾にかんする自分の意見を太平洋艦隊司令長官に自分の言葉で話すことを期待していたのに、鸚鵡（おうむ）のようにくりかえすことをもとめなかった。彼はFDRとレイヒーが太平洋艦隊司令長官が鸚鵡のようにくりかえすことを知っていた。「わたしは彼にあまり無理強いしないようにした」とキングはいった。「なぜならわたしは、人々に自分で考えさせるようしつけられたからだ」しかし、キングはニミッツが「この世でもっともするどく、抜け目ない論客のふたり」に圧倒されるのではないかと恐れていた。「ニミッツは善良で正直な男だったが、その点でマッカーサー将軍の対戦相手としては比べものにすらならなかったし、もちろんミスター・ローズヴェルトは『老練な達人』だった[28]」

大統領が真珠湾に到着する予定日の二日前にあたる七月二十四日、キングと彼の一行はロッキード機に乗りこみ、本土へと飛び立った。彼らは東へ飛んで、逆方向にオアフ島へ向かう重巡ボルティモアとその護衛艦の上空を通過した。

ビル・レイヒーとはなにものだったのか

オアフ島への航海中、ボルティモアは戦時下の巡航状況にしたがった。つまり敵潜水艦をまくためにたえずジグザグ運動をして、夕暮れから夜明けまでは艦の明かりを暗くした。気候は涼しく、うねりはおだやかで、軽風が吹いていた。海軍の戦闘機と哨戒機がしばしば上空をパトロールしている姿が見受けられた。大統領は航海のほとんどを居室ですごし、眠ったり本を読んだりして、これから先の過密な日程のために体力をやしなった。レイヒー提督が毎日、状況説明を行なった。ほとんどの午後、彼とレイヒーは司令艦橋に一、二時間座って、日差しと潮風を浴びた。レイヒーの居室では毎晩、映画が上映された。いつものように愛犬ファラは誰とでも仲良くなった。乗組員のメンバーは、艦長がやめろというまで、こっそりおやつをあたえて、記念品として毛の房を鋏で切り取った。もし大統領の愛犬が太って、疥癬（かいせん）にかかったみたいな姿でハワイに到着したら、ボルティモアの評判にとってはよろしくないだろう。

ビル・レイヒーは、ふさふさの眉毛と皺の寄った額、禿げた頭の下で黒く用心深い目を光らせた、威厳のある人物だった。控えめで、堅苦しく、言葉も態度もきっちりとしていた。軍服を着ていても、彼は政治家か外交官の雰囲気を醸しだしていた。しかし、彼は海軍で最高位の海軍作戦部長（CNO）をつとめるまでに昇進したのち、一九三九年に軍を退役していた。FDRはその後、彼をプエルトリコの知事に、それからヴィシー・フランスの大使に指名した。一九四二年、大統領はレイヒーを、マッカーサーとニミッツの両方に権限がある太平洋の最高司令官にすることを真剣に検討した。かわりに彼は四つ星の提督として現役に復帰して、大統領付の「軍首席補佐官」に指名され、その資格で統合参謀本部の四人のメンバーのひとりをつとめた。

レイヒーは、階級と最初の任官の日付によってさだめられる、第二次世界大戦でもっとも上級のアメリカ軍人だった。彼はアメリカ史上はじめて五つ目の星を授与された将官だった。彼の影響力は戦争の主要な軍事的および政治的決定のすべてを形づくった。しかし、レイヒーはフランクリン・D・ローズヴェルトのもっとも古く信頼の置ける友人で、彼の忠実な側近のメンバーでもあり、ホワイトハウスの東翼棟（イースト・ウイング）で働き、起きている時間のほとんどを大統領のかたわらですごした。毎日つねに大統領といっしょにいる彼の役割は、最近拡大されていた。ホワイトハウスの側近のハリー・ホプキンズ（レイヒーの文官の同役をつとめ、同じようにFDRと個人的に親しかった）が、末期の胃癌で第一線を離れていたからだ。

一九四七年の国家安全保障法以前には、統合参謀本部は法令による憲章も公式の議長も持たなかった。公式の任命手続きもなく、上院の認証も必要ではなかった。レイヒーの役割はときに、統合参謀本部の議長のそれの「先駆け」と表現される。彼はこんにちの議長のような公式の権限を持たなかったからだ。レイヒーはたんにFDRと各軍の長の全員一致の同意によって委員会にくわえられたようだ。ほかの軍の長たちは、彼の年功を認めて、彼を事実上の議長として迎えた。こうした決定は、自発的で、その場しのぎのものだった。

こうした無味乾燥な細部について、少しのあいだ、くわしく説明するのは価値がある。というのも、これらは、戦時中のレイヒーの役割にかんして歴史的文献に残された、たえまない混乱をあきらかにするからだ。提督は「ホワイトハウスの首席補佐官」とも「統合参謀本部の議長」とも代わる代わる呼ばれる。いずれの職もこんにち存在するが、それらは大きくことなっていて、ひとりの人間が同時にそれらの職につくことはけっしてないだろう。では、レイヒーは正確にはどういう人間だったのか？　ただの職員だったのか？　信頼できる支持者だったのか？　世慣れた文書運び役だったのか？

FDRの親友だったのか？　あるいは本当に統合参謀本部の全能の議長だったのか？　ビル・レイヒーはそうしたものすべてだったというのが、答えのようだ。彼は、とくにFDRの人生最後の年には、大統領の分身だった。しかし、戦略家として、元海軍作戦部長として、そして国際的な政治家として、仲間の統合参謀長たちに深く尊敬されていた。統合参謀本部は多数決ではなく総意で政策を作成した。よって、すくなくとも、レイヒーはこの強力なカルテットの平等な四つの声のひとつだった。もし参謀長たちがどうしても全員一致の決断にたどり着けなかったときには、彼らの膠着状態は最高司令官に上訴されることになり、レイヒーはその第一のつなぎ役だった。

FDRとレイヒーとのやりとりの大半は、文書記録を作成しない密室の直接会談で行なわれた。それゆえ、彼らの意見がおたがいにどう作用したかはかならずしも明白でない。このむずかしい問題は、レイヒーの生まれながらの慎み深さと控えめな態度によって、いっそうやっかいになっている。彼は自己宣伝に乗り気ではなく、歴史における自分の立場に見たところ無関心だった。学術論文や伝記文学では、彼はFDRの影に隠れる傾向がある。彼がそれをよろこんだであろうことは疑いない。*

七月二十六日の朝、見張り員が艦首左舷前方、約五十海里先に褐色の陸塊、モロカイ島を視認した。十八機の海軍機の空中護衛隊が西から近づいてきて、ボルティモアの上空を低空で旋回した。天候は快晴で、海はおだやか、風はそよ風で、風向きは変わりやすかった。ごつごつした岬のダイヤモンド・ヘッドが前方の海面に浮かび上がり、東へと進んでくると、しだいにワイキキ・ビーチの長く白い弧とホノルル市が見えてきた。オアフ島の急峻な緑の山々があたりに壮大にそびえ立っていた。真珠湾の入り口水路の沖で、ボルティモアは停船し、そのあいだにタグボートが港の水先人と、ニミッツ提督やロバート・C・リチャードスン・ジュニア陸軍中将（ニミッツの戦域の陸軍部隊司令官）、ハワイ準州知事イングラム・M・スタインバックをはじめとする軍高官と文官の歓迎団を運んできた。

ボルティモアがこみあった停泊地にしずしずと入っていくと、真珠湾が盛装して最高司令官を歓迎しているのは明白だった。上空は翼を接して編隊飛行する何百機という海軍の空母艦載機によって暗くなっていた。港内の軍艦は「満艦飾」だった――つまり、艦首から檣頭（マストヘッド）へと登り、そして艦尾へと走る索に旗旒（きりゅう）がずらりと飾られていた。乗組員は登舷礼を行なっていた――白い軍装に身をつつんで、六から八フィート間隔で立ち、両手を後ろで組んで外を向き、気をつけをしていた。大統領の訪問の公式発表はなかったが、噂と憶測はそこらじゅうに広まっていた。秘密主義はあきらかにむだな努力だったので、ボルティモアの主檣（メンマスト）に大統領旗が掲げられた。

午後三時、港湾タグボートがボルティモアを、有名な空母エンタープライズのすぐ後方の係留場所へ押して、コンクリート製の岸壁に接舷させた。桟橋では、二十数名の提督と将軍の一団が舷梯の横で待っていた。提督たちは白の軍装を着用していた。海兵隊の将軍たちは緑の軍装に、陸軍の将軍たちはカーキの軍装に身をつつんでいた。一カ所にこれほど多くの軍高官が集まることは、たとえあったとしてもまれだった。彼らの後ろでは、おそらく二万人を数える軍人と民間人労働者のとほうもない群衆がバリケードの向こうに囲いこまれていた。

将官連中は舷梯を登り、甲板で礼式抜きで迎えられた（午後の日程をいちじるしく遅らせることになるので、礼式は一時中止されていた）。代表団は艦橋の露天甲板へと案内され、そこでＦＤＲとレイヒーはニミッツとリチャードスンとおしゃべりをしていた。紹介と握手、そして世間話がつづいた。そのあいだに、露天甲板では、海軍のカメラマンとニュース映画班が四時に予定された写真撮影会の

＊たとえば、マックス・ヘイスティングズは *Retribution*（二〇〇八年）のなかで一章の半分をハワイ会議の記述に当てているが、レイヒーの名前は出てこない。

ために器材を準備していた。

マッカーサー将軍の不在は明白だった。彼を乗せた飛行機は一時間前に近くのヒッカム飛行場に到着していた。ニミッツの副司令長官であるタワーズ提督は、ボルティモアに乗艦しにくる前に飛行機を出迎えていた。しかし、マッカーサーはタワーズとともに海軍工廠に直行することをことわり、かわりにフォート・シャフター基地にあるリチャードスン将軍の公邸に行くことを選んだ。マッカーサーは会議のあいだそこに宿泊することになっていた。これは外交儀礼の違反すれすれだった。ボルティモアの艦橋で、タワーズはマッカーサーが残したメッセージを控えめにニミッツとリチャードスンにつたえた。「大統領に、彼がリチャードスン将軍の官舎にいて、いつ表敬訪問すべきかについてさらなる指示を待っていることをつたえるために[29]」このメッセージはレイヒーと大統領に伝達された。一行は二十分ほど待ったが、気まずさは手で触れられそうなほどになった。FDRはリチャードスン将軍のほうを見て、「彼をつかまえてもらえるかね?」とたずねた[30]。リチャードスンは承諾して、欠席中の南西太平洋戦域司令官をつれてくるために艦をあとにした。

マッカーサーの不遜な登場

専用機のパイロット、ホエルトン・〝ダスティ〟・ローズによれば、マッカーサーはオーストラリアからの二十八時間の飛行中、ほとんど眠らなかったという。彼の専用機である新型のダグラスC－54スカイマスターは、寝心地のいい折りたたみ式ベッドをそなえていたが、マッカーサーは使わなかった。緊張でぴりぴりして、怒りっぽかったが、疲れた様子はなかった。彼は一度に何時間も、疲れを知らないように通路を行ったり来たりした。燃料補給のためにニューカレドニア島に立ち寄ったとき、マッカーサーは、自分の指揮下にある地域以外の土を踏んだのは、開戦以来はじめてだと指摘した。

そのとおりだったが、それは彼がそれまでヌメアあるいは真珠湾における計画立案会議への招きを全部ことわっていたからにすぎなかった。

C－54が漆黒の闇のなかを飛行しているあいだ、ローズが操縦室を副パイロットにあずけて、将軍と同席するために後方の主客室に行くと、将軍は「わたしが答えることを期待されていない、彼独特の独白のひとつ」をはじめた。マッカーサーはパイロットに、自分がなぜ大統領に会うために呼びだされているのかさっぱりわからないといったが、「来るべき会議の予想される結果は、彼が司令官の任を解かれることにはじまって、彼の統括部隊がニューギニアで牽制攻撃にあたるために縮小されること、あるいはフィリピンへの攻撃を開始するために、兵員と装備を合わせて、ゴーサインをあたえられることまで、あらゆる範囲にわたる可能性があった」。ローズヴェルトが自分を再選の小道具に利用するつもりだと思ったマッカーサーは、自分が「宣伝写真」のためにむりやりポーズを取らされるだろうとぼやき、「自分はこの長い旅をするよう命じられ、そのうえいくらかの屈辱を受けたのだから、その目的はそれよりもっと有益なものであることを」願うといった[31]。

夜明け前にもう一度燃料補給のためカントン島に立ち寄ったあと、専用機はヒッカム飛行場への最終航程に飛び立った。同機は午後二時三十分、ボルティモアがちょうど沖合に来たころ、オアフ島上空に到着した。壮麗な光景全体が眼下にパノラマとなって広がった。ローズは「空が文字どおり飛行機で埋めつくされているのを見ることができた。飛行機は飛び立ったばかりで、ダイヤモンド・ヘッド沖を巡洋艦で近づく大統領の観閲飛行のために、空中機動して、集合していた」と記している[32]。

ヒッカム飛行場の駐機場でタワーズ提督が専用機を出迎え、すぐさま海軍工廠へ向かって、最高司令官にあいさつをするよう提案した。マッカーサーはことわって、自分は長旅をしてきたので、顔を洗って、きれいな制服に着替えたいのだと指摘した。彼はタワーズに「宿舎に行くことにするよ！

もし大統領があとでわたしにきてもらいたいのなら、呼びに寄越せばいい」といった[33]。それから彼は待っていた車に足早に歩み寄ると、フォート・シャフターへ運ばれていった。

マッカーサーが遅れてボルティモア艦上に到着する姿は、太平洋戦争のもっとも見慣れた光景のひとつだ。FDRの昔からの側近でスピーチライターのサム・ローゼンマンの回想によれば、マッカーサーの到着はサイレンのコーラスで布告され、「するとそこへ、一台のオートバイの護衛と、わたしがこれまで見たなかでもっとも長いオープンカーが、猛スピードで桟橋に走りこんできて、キーッと音を立てて止まった。前の座席にはカーキの制服姿のお抱え運転手が、後ろの席にはひとりの人物がぽつんと座っていた――マッカーサーだ。副官も付き添いもいなかった。車は広い場所をまわって少し進んでから、舷梯のところで止まった[34]」。

式典に参加したほかの陸海軍将官は全員、染みひとつない礼装で着飾っていた。マッカーサーは、ハワイの夏の午後の暑さでも、カーキの制服の上に有名な革の飛行ジャケットを羽織っていた。コーンパイプはこの場面では見当たらなかったが、おなじみの飛行士用サングラスをかけ、鍔（つば）の上に「スクランブルエッグ」（金刺繍飾り）がごちゃごちゃついた、くたびれたフィリピン軍元帥の制帽をかぶっていた。「彼は仲間たちのあいだで目立っていた。彼がいつもそう仕組んだように」と、近くの士官クラブの中庭からこの光景を見守っていたある海軍士官はいった。「彼は本当にカリカチュアのカリカチュアだったが、高官で人気のある古い英雄だったので、おとがめなしだった[35]」

バリケードの向こうの大群衆は、彼の姿を目にすると、轟くような大喝采を送った。マッカーサーは手を振って、ボルティモアの舷門を登り、それからちょっと立ち止まって、群衆に自分をもう一度よく見させた。それから号笛（サイドパイプ）の吹鳴に迎えられながら艦上に立ち、当直士官（OOD）に答礼すると、大統領に会うため上がっていった。

艦橋甲板でFDRはマッカーサーと握手し、「ダグラス」と彼にあいさつした。将軍はのちに、そういう親しげな態度で呼ばれてむっとしたと語ることになる[36]。長いことワシントンを離れていたマッカーサーは、大統領が通常、自分は「大統領閣下」と呼ばれるのを期待しているのに、自分では、軍の長たち全員をはじめとして誰でもファーストネームで呼ぶことを忘れていたのかもしれない。しかし、マッカーサーは気を悪くしても、それをうまく隠していたようだ。艦橋には目撃者がひしめいていたが、誰ひとり緊張の印にまったく気づかなかったからだ。しかも、彼はお返しに大統領を「フランクリン」と呼んだ。ローズヴェルトはこの厚かましさにひるまず、ふたりは会議のあいだじゅう「ダグラス」と「フランクリン」のままだった。

レイヒー提督はマッカーサーのくたびれた革製ジャケットをじろじろ見て、こうたずねた。「ダグラス、われわれに会いにここに来るのに、どうしてきちんとした服を着てこないんだね？」

「まあ」とマッカーサーは答えた。「あなたはわたしがやって来た場所にいったことがないですし、空の上は寒いですからね[37]」その答えは、つじつまが合っていなかった。なぜなら将軍はすでに、ひとっ風呂浴びて新しい制服に着替えるからといって宿舎に戻っていたからだ。しかし、レイヒーの発言は親しみをこめた冗談で、マッカーサーはその意図を理解していた。

＊

写真撮影会はいまや予定より三十分ほど遅れつつあり、一行は海軍のカメラマンと撮影班が器材の準備を終えているボルティモアの露天甲板に降りていった。FDRの位置が決まるのを待ってから、カメラマンが写真を撮るなり、カメラをまわすなりするのが慣行だった。しかし、この場合には、短い十六ミリ・フィルムの一場面が車椅子に乗って押されていくFDRの姿をとらえていた（この映像は、現存する唯一のそうした動画映像であると考えられている[38]）。

マッカーサーはFDRの右に、ニミッツは左に、そしてレイヒーはニミッツの左に着席した。四人は一連の写真のためにポーズを取った。それからレイヒーが下がり、大統領は太平洋戦域のふたりの司令官とともにニュース映画と写真におさまった。サイレント映画の映像では、ＦＤＲはマッカーサーの左耳になごやかに話しかけ、いっぽう将軍は無表情でカメラのレンズを見つめ返している。一瞬、彼はひどく居心地が悪そうに見える。まるでどこかほかの場所にいたほうがましだと思っているように。しかし、そのときローズヴェルトがマッカーサーをおもしろがらせたらしいなにかを口にし、将軍はふりかえって温かい笑顔で応える。その瞬間、テリアのような形をした黒い影がマッカーサーの右からぶらぶらと画面に入ってきて、彼らの椅子の下をくぐり抜け、ニミッツの数フィート左で画面から出ていく[39]。

スタインバック知事が大統領と写真におさまる番になると、マッカーサーとニミッツは椅子を空けた。それにつづくフィルム映像はマッカーサーがわきに寄って、リチャードスン将軍と話している姿をとらえた。マッカーサーはハンカチを使って、顔と首の汗を拭いている。不快なほど暑そうに見えるが、革製の飛行ジャケットは着たままだ。偉大な役者は誰でも衣装の価値を知っている。

カメラマンと映画撮影班が仕事を終えると、将官たちは艦を下りはじめた。ＦＤＲは手すりにかこまれた小さな木製の台の上に押していかれた。台全体がボルティモアのクレーンの一基によって甲板から吊り上げられ、ゆっくりと桟橋に下ろされた。作業を見守っていたある海軍士官は、クレーンの操作員が「きっと血の汗を流しているにちがいない」と想像した[40]。海兵隊の衛兵と軍楽隊が敬意を表すなか、ローズヴェルトは赤いコンバーチブルのツーリングカーの後部席に乗せられた。レイヒーは日記のなかで、大がかりな警察の護衛に付き添われて基地をあとにし、「兵士の列と歓声を上げる民衆のあいだを」、ホノルルへと車を走らせたと書き記している[41]。

大統領の一行は、そびえ立つ椰子の木にかこまれたクリーム色のスタッコ仕上げの大邸宅、〈ワイキキ・ビーチ〉に宿を用意された。この宮殿のような豪邸はかつて、〈フライシュマン・イースト社〉の富の相続人であるクリス・ホームズのものだった。戦時中、豪邸は軍に貸しだされ、VIPと訪問中の軍高官の宿舎となっていた。警備は厳重だった。海兵隊の一個中隊が塀と門を警備している。沖合では警備艇が遊弋(ゆうよく)していた。これからの三日間の日程は長く、体力を消耗するものになるため、医師たちは大統領に早く床につくよう主張した。側近と内輪で夕食をとったあと、彼は近くの海辺で砕ける心地よい波の音を聞きながら九時間眠った。

両雄、オアフに並び立つ

マッカーサーとリチャードスンは、フォート・シャフターのリチャードスン邸で夕食をとり、そのあと寝室に下がった。しかし、午後十一時四十五分、マッカーサーは、すでに床についていたリチャードスンに、会話をつづけたいという伝言を送った。「われわれは午前四時頃まで起きて話をした」とリチャードスンは日記に記している。「わたしはくたくただったので、彼がほとんど話をした」[42]

＊ローゼンマンによれば、ジャケットのことでマッカーサーをからかったのはFDRで、「きょうはひどく暑いよ」といったのにたいして、南西太平洋戦域司令官はこう答えた。「いや、わたしはオーストラリアからついたばかりでしてね。向こうはじつに寒くて」（*Working with Roosevelt*, p.457）ローゼンマンの説のほうが広く引用されているが、レイヒーの説明のほうが信憑性がある。彼はマッカーサーの古い友人で、そうやって彼をからかうのはたやすいことだろう。彼は同じ将官で、マッカーサーより先任であり、よって彼の制服に注意をうながす可能性が高い。控えめなレイヒーがこれは自分の言葉だといっているし、いっぽうローゼンマンの説明はたぶんうっかりミスだろう。彼はこのやりとりを目撃していたが、のちに誰がしゃべったのか記憶ちがいをしたのだ。

ローズとリチャードスンの同時期の日記が記すところによれば、マッカーサーはこの戦争でもっとも重要な指揮官会議の前に、二晩つづけてほとんど寝ずにすごしたらしいことは、ひと言触れておく価値がある。

南西太平洋戦域司令官は、最近自分がしでかした大統領選の駆け引きの失敗に触れ、こう抗議した。「いまやこの世で得るものはなにもないというのに、自分はこんなに激しい非難の対象になっている。自分はまったく野心的ではないし、自分のつとめを果たしたいだけだ」と。マッカーサーの話は個人的な領域におよび、最初の結婚のことを悲しそうに話し——「失敗する運命だった」——自分に残されたものは現在の妻である「かわいい南部の娘」と、自分の「かわいい息子」だけだとふりかえった。[43]

おそらくマッカーサーは木曜日の朝、ホームズの大邸宅に戻る前に、すくなくとも数時間は眠ったにちがいない。そこから彼は大統領とレイヒー、そしてニミッツに同行して、オアフ島をまわる視察旅行の長い一日をすごすことになっていた。一行は黒い大きなハードトップのセダンに乗りこむと——レイヒーが前、ニミッツが後ろでローズヴェルトとマッカーサーのあいだにはさまった——午前十時四十五分に出発した。彼らは道順にしたがって、西のエワの海兵隊航空基地から、バーバーズ岬周辺の海軍施設、ルアルアレイの弾薬補給廠をまわった。日本軍の捕虜が鉄条網ごしにめずらしそうに見つめている戦時捕虜収容所区画を通りすぎた。補給廠では、三十フィートから四十フィートの高さに積み上げられた木箱の壁にはさまれた、狭くて長い路地を進んでいった。木箱には弾薬や食料、考えられるかぎりのあらゆる生活必需品が詰まっていて、そのすべてが西太平洋の新しい前進基地へと積み替えられるのを待っていた。オアフ島はアメリカの強大な軍事力の驚異的な力と規模を見せつける究極の場所になっていた。

大統領は前回の一九三四年の訪問以来、島がいかに大きく発展したかに驚かされた。「オアフ島ほど大きく変化できる場所がある」ことはとうていありえないように思える、と彼はのちに記者に語った[44]。十年前には、真珠湾とホノルル周辺の平野にさえ、空き地や耕作地がふんだんにあった。いまや新築の軍事基地と住宅地がおたがいじかに隣接し、金網の塀だけでへだてられていた。

　大統領と三人の連れを乗せた車は、およそ四百メートルもつづくジープとオートバイの長い車列に護衛されながら、緑の砂糖黍（さとうきび）畑と野生の花のあいだを抜けて、人口の少ないワイアナエ・コーストを進んだ。オアフ島西部の辺鄙（へんぴ）な地域のもっとも人里離れた田舎道でも、彼らは、道ばたに気をつけをして立ち、片手をヘルメットの高さに挙げて敬礼する歩哨に出くわした。正午ごろには、車列は蛇行するアスファルト舗装の急な坂道を登って、ワイアナエ山地の高いところにあるコレコレ峠に到着した。そこから彼らは、真珠湾と、南東の平野に広がる多くの航空基地のすばらしい景色を見物した。ここで彼らは赤いパッカード・ツーリングカーに乗ったリチャードスン将軍に出迎えられ、カメラが止められると、ＦＤＲはシークレットサーヴィス警備班の長であるマイク・ライリーにかかえられて、車を乗り換えた。午後の日程では、彼らはオアフ島最大の陸軍基地であるショフィールド兵営をおとずれることになっていた。

　ＦＤＲの訪問は秘密にされているはずだったが、ニュースは口コミでたちどころに広まった。ショフィールドへのルートには兵士がずらりとならんでいた——そして、そのすぐ後ろには、歓声を上げる多数の市民が、三列か四列になって押し寄せていた。まるでオアフ島の全住民が、大統領が島にいることだけでなく、彼の車列のルートをどういうわけか知っていて、紙吹雪が舞うパレードの見物人の熱意で集まってきたようだった。家族はピクニック・バスケットと折りたたみ式のビーチチェアを持参していた。幼い子供は父親に肩車されていた。学齢期の少年少女はバニヤンの木に登り、枝に腰掛けていた。そこなら前の人たちの頭ごしに見ることができた。ハワイは、アジアと太平洋の多くの人種と民族だけでなく、「ハオレ（白人）」やそれ以外の人々の坩堝だった――しかし、全員が同じように、左右のフロントフェンダーにアメリカ国旗を一対掲げた、長くて赤い車と、後部座席で皺の寄ったクリーム色の麻のスーツを着て、パナマ帽をかぶった男を、ひと目見ようと首をのばしていた。

ライリーはこの訪問を「わたしが知るなかでもっともよく守られなかった秘密」と呼び、上空をパトロールする軍用機が、空に「ようこそ、フランクリン・D・ローズヴェルト」と文字を描くのではないかとなかば予想した[45]。彼は屋根のないツーリングカーが気に入らず、何千という見物人の三十フィートか四十フィート以内を通過することになると述べた。車内で軍服姿の将官たちのあいだに腰掛けたローズヴェルトは、遠くからでも容易に見分けられた。日系アメリカ人はハワイで最大の民族集団で、十五万人近い人口を有していた。たとえ圧倒的多数が忠誠でも――そして一九四四年にはそのとおりであることがきわめて明白になっていた――たったひとりの暗殺者が道ばたから手榴弾を投げるだけで、太平洋戦域司令官ふたりと、統合参謀本部議長、そして合衆国大統領を一気に殺害できる。がっしりしたライリーは、パッカードのランニングボードに立ち、FDRをかばうように身を乗りだして、群衆から一瞬たりとも目を離さなかった――しかし、事件の兆候はなかったし、日系アメリカ人たちは仲間の市民と同様、熱烈に歓声を上げているようだった。

ローズヴェルトとマッカーサーは、ふたりのあいだにこれまでいろいろあったにもかかわらず、たがいの存在を楽しんでいるようだった。たがいに、国民的名声と人気が自分に匹敵する、ほかに唯一のアメリカ人と一日すごすという、わくわくするようなめずらしい体験を楽しんでいたにちがいない。その印象は、目撃者の感想や、フィルムの映像で裏づけられる。副官のリグダン海軍大尉はFDRが「マッカーサー将軍をとくに好いていて、七年ぶりにまた会えたことを心からよろこんでいるようだった」と書いている[46]。マッキンタイア博士は、FDRがマッカーサーのことを「心からの賞賛」をこめて語り、彼を「友人」あるいは「軍事的天才」と呼ぶのをしばしば耳にしている[47]。

　マッカーサーのほうは、自分の回想記で、ふたりが「戦争以外のあらゆることについて話した――人生がもっと単純でおだやかだった昔ののどかな日々や、時間の霧に消えた多くのことどもについて」と書き残している[48]。長年大統領に会っていなかったマッカーサーは、彼の衰えた姿に驚いた。彼はFDRがつぎの任期を生きてまっとうできないだろうと正しく予測した。しかし、大統領が子供のように抱え上げられて、車椅子から自動車へと運ばれ、ふたたび車椅子に戻るのを見たあとで、将軍は「あきらかな肉体の衰えに直面しても、するどい洞察力とウィットを持ちつづけるために、ローズヴェルトがあきらかに有している精神力に驚嘆した[49]」。

　サイレント映画の映像では、ふたりの男はおたがいに心からの好意を表わしているように見える。ショフィールドの閲兵場で車の後部席に座ったふたりは、個人的な会話に夢中なように見える。顔を近づけ、にこにこ笑いあっている。まるで、いたずらを思いついた腕白小僧のふたり組のように。録音されていない大統領のなにかの軽口で、ふたりとも大声で笑いだす。おそらくこのとき（推測することしかできないが）、マッカーサーは来たるべき選挙のことをたずね、FDRはその問題について一瞬たりとも考えたことはないと、無表情でまじめくさって答えた。「わたしは頭をのけぞらせて笑ったよ」とマッカーサーはのちにアイケルバーガーに語った。「彼はわたしを見て、それから自分でも笑いだし、こういったのさ、『もし選挙前にドイツの戦いが終わったら、わたしは再選されないだろうね』ってね[50]」

　その日のある時点で、マッカーサーはFDRがオーストラリア駐留のアメリカ軍将兵に圧倒的な人気だと述べた。それは事実だった。ローズヴェルトはマッカーサーに、もしすべてがちがった方向に進んでいたら、彼（マッカーサー）はいい大統領になっただろうと語った。いまやデューイが共和党の大統領候補なので、ライバルにこう敬意を表しても大統領には痛くもかゆくもなかった。もしかするとふたりは政治家で、たんにカメラに向かって演技をしていたのかもしれない。しかし、同時に自分たちが歴史を作っていることに気づいて本当に興奮していたのかもしれない。太平洋におけるアメリカの一大拠点の心臓部で、何千という拍手喝采につつまれながら、じきに自分たちが太平洋の勝利者になることを知っている司令官たちのサミットにのぞんで。

午後零時三十五分、ショフィールドの正門を入った車列は、どこまでもつづくように思える戦車やそのほかの装甲車輛の列を通り抜け、格納庫を通って、飛行機がならんだホイーラー飛行場の長い誘導路を進み、駐屯地病院を通りすぎた。病院では、イタリア戦線で負傷した日系アメリカ兵たちが三階の窓から敬礼していた。道筋には兵士たちがずらりとならび、気をつけの姿勢で、片手をヘルメットにつけ、敬礼をしていた。総員一万四千名の第七歩兵師団が、ショフィールドの閲兵場で整列していた。赤いツーリングカーは、この目的のためにとくに作られた木製の台の上に乗りつけ、大統領は車から降りずに短い訓示をあたえた。マイクに手こずった大統領は、技術兵に手をかしてくれとたのんだ――しかし、すでに機器のスイッチは入っていたので、FDRの当惑した質問は、整列して立っている何千という将兵に放送された。まだ大統領といっしょに車内に座っていたマッカーサーとニミッツ、レイヒーは、できるかぎりのポーカーフェイスをよそおった。[51]

太平洋戦争最重要会議で起きたこと

この日の公式日程は午後四時半で終わり、全員、それぞれの宿舎に戻った。しかし、マッカーサーとニミッツはその晩、夕食のためワイキキにあるホームズの大邸宅に戻ってきた。翌月、艦隊の指揮をひきつぐ準備をしていたビル・ハルゼーと、（ハルゼーと同じように）ベテランの空母機動部隊指

オアフ島

1944年

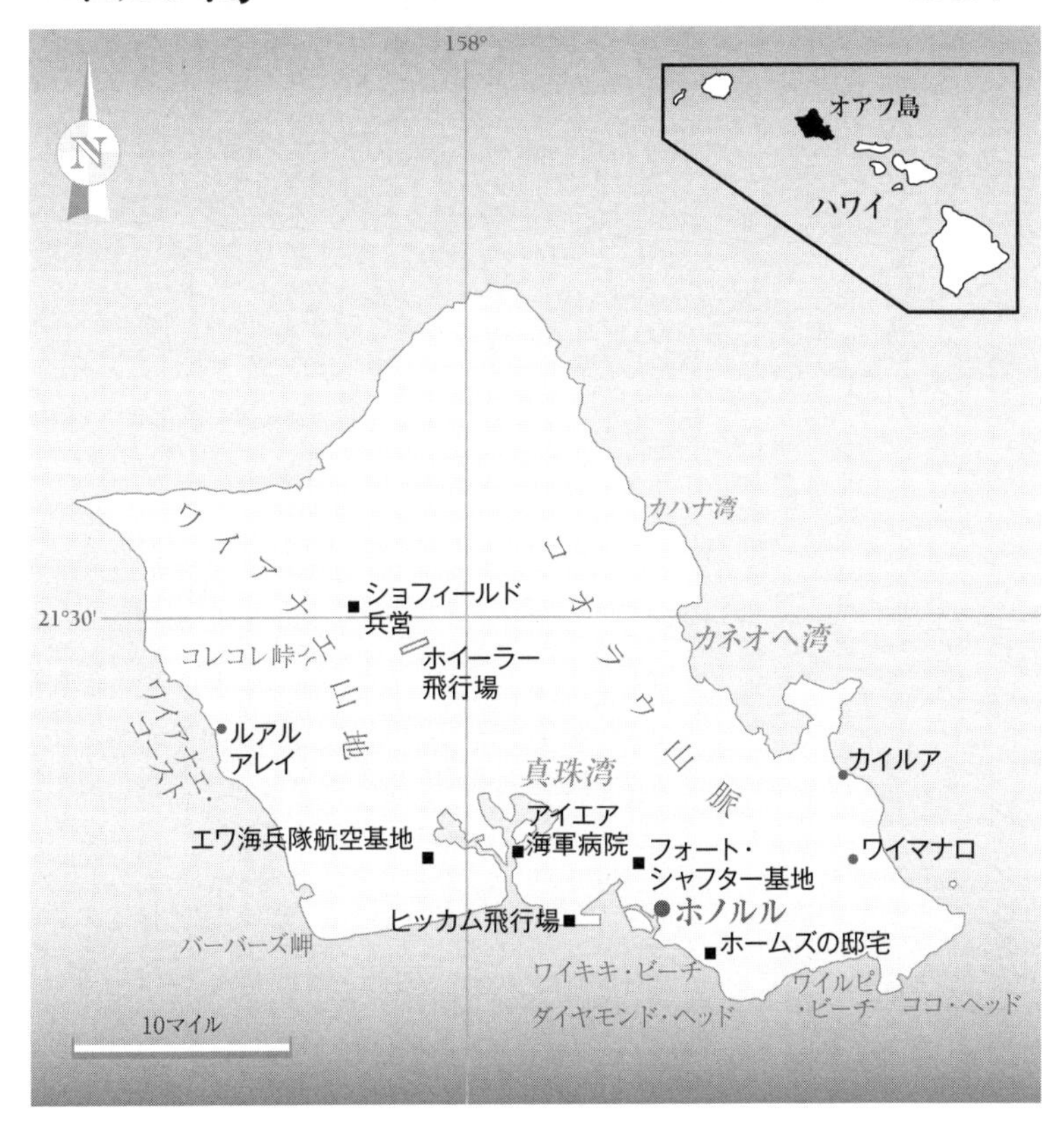

158°
21°30'
オアフ島
ハワイ
N
カハナ湾
ワイアナエ山地
コオラウ山脈
ショフィールド
兵営
ホイーラー
飛行場
コレコレ峠
カネオヘ湾
ルアルアレイ
ワイアナエ・コースト
真珠湾
カイルア
アイエア
海軍病院
エワ海兵隊航空基地
フォート・
シャフター基地
ワイマナロ
ヒッカム飛行場
ホノルル
ホームズの邸宅
バーバーズ岬
ワイキキ・ビーチ
ワイルピ
・ビーチ
ダイヤモンド・ヘッド
ココ・ヘッド
10マイル

揮官のウィルスン・ブラウンが彼らに合流した。六人は豪邸の広いダイニングルームで、フィリピン人の食堂給仕にかしずかれて、夕食をとった。夕食後、ハルゼーとブラウンは帰っていったが、残りの四人は二時間ほど、戦争についてざっくばらんに話し合った。午前零時に彼らはいったん切り上げることにしたが、公式の会議は翌日の朝（七月二十八日、金曜日）、同じ場所で予定されていた――したがって、一夜の中断ののち、マッカーサーとニミッツ、レイヒー、そして大統領は、豪邸の広々とした応接間でふたたび顔を合わせた。ただし、今回は陸海軍のカメラマンの一団と映画撮影班がいっしょだった。

太平洋艦隊の情報幕僚は、フィリピンと西太平洋の大きな壁掛け地図を室内に用意していた。集まりは、十五分間の記念写真撮影会ではじまり、ＦＤＲとレイヒーが見守るなかで、ニミッツとマッカーサーがかわりばんこに竹の指示棒で地図を指ししめした。フラッシュが焚かれ、映画撮影班は後ろのほうで動きまわって、いろんなアングルをためした。四人はカメラマンが仕事をするあいだ辛抱強く、設定に合わせてポーズを取り、進んで協力した。全員が公人で、この儀式には慣れっこになっていた。ニミッツが指示棒を持つ番になると、彼はサイパンからグアム、そして東京と瀬戸内海の下側の部分へと棒を動かした。しかし、マッカーサーが棒を持つ番がくると、彼はそれを動かさずにしっかりとルソン島に向けた。フィリピンにある彼の最高の目標に。(52)

このワイキキの歴史的な議論は、議事録が作成されなかった。いったん映画撮影班とカメラマンが仕事を終え、部屋をきれいにすると、スタッフは誰ひとり、残るようもとめられなかった。その結果、研究者や歴史家は、四人の参加者の直接的あるいは間接的な回想にたよることを余儀なくされてきた。記録はとぼしい。ＦＤＲは実際の出来事の数カ月後に、歴史家のサミュエル・エリオット・モリソンに、簡潔な概要をあたえた。レイヒーは日記に短い要約を書き記し、統合参謀本部の同僚たちにたいする覚書のなかで論点を述べた。ニミッツは直接的な証言をいっさい残さなかったが、彼の意見は会議の直前直後にキングに送った電文から収集することが可能だ。

マッカーサーは四人のなかで唯一、会議の詳細な一次証言を残した。彼は一九六四年の自伝『マッカーサー回想記』で全場面を再現し、自分の言葉を詳細に引用した。この本はFDRの死後十九年、レイヒーの死後五年、そしてニミッツが死ぬ二年前に出版された。このときニミッツは耄碌（もうろく）していた。場面のやりとりはすべて記憶から再現されたようだ。討議にかけられた戦略的論点の要約としては、マッカーサーの証言はもっともらしく思われる。しかし、自分に都合よいのが特徴で、重要な事項の一部は、マッカーサーがその後、個人的な会話のなかであたえたべつの証言と一致しない。

例をいくつか挙げればじゅうぶんだろう。マッカーサーはボブ・アイケルバーガー（会議の六週間後）とレッド・ブレイク（一年後）に、自分は訪問の目的も知らされずにハワイに召還され、到着するまで大統領がそこにきていることを知らなかったと語った。さらにブレイクにたいしては、ジョージ・マーシャルがその情報をわざと自分に伏せて、自分が「そうした罠にはまる」ようにしたと主張した[53]。実際には、すでに見てきたように、マッカーサーは来たるべき会合に大統領がくることを知っていて、オーストラリアからの飛行の大半を、それについて幕僚と航空機搭乗員に不満をぶちまけるのについやした。

戦後、彼がある陸軍秘書官に語った作り話では、マッカーサーはFDRが会議のために自分をワシントンに招待したが、「わたしは彼をハワイまで横断させた。わたしが職場を離れて出かける気になるのはそこまでが限度だったからだ」と主張した[54]。これもまたでたらめだった。マッカーサーが大統領の旅行について知ったのは、その日程が決まったあとだった。彼がブレイクにした話では、会議は真珠湾の戦艦ミズーリ号艦上で開かれ、サム・ローゼンマンとエルマー・デイヴィスをはじめとするローズヴェルトの文民の政治補佐官が出席した。しかし、進水したばかりの〝マイティ・モー〟は当時、太平洋にはなく、公式の戦略討議には文官もスタッフも参加しなかった。太平洋戦域統一指揮官への賛成を主張するとき、マッカーサーは、もしFDRが「海軍の人間を最高司令官に望むなら、軍事的勝利がそうした決断を必要としているのだから、自分は必然の運命を進んで受け入れる」と偽善的に誓った――そして、自分は太平洋では上級の将官だが、「全体的な善を成し遂げるために、従属的地位をよろこんで受け入れる」と。[55]彼は内輪では、リチャードスン将軍に、自分は「けっして海軍の下では働かない」とうちあけた。[56]

マッカーサーは回想記の該当箇所で矛盾したことさえいっているようだ。彼はFDRが「討議の進めかたでも完全に中立の立場を取った」と認めたが、その四段落あとで、大統領が、ルソン島侵攻は「われわれが耐えられないくらい大きな犠牲をともなうことになるだろう」といったと引用している。[57]

もっとつづけることもできるが、成果はだんだんとぼしくなる。マッカーサーは連続作話魔で、一九四四年七月のサミットにかんする彼の証言は、疑いの目でふるいにかけるべきだ。とくに裏づけとなる証拠が見つからない、自分に都合のいい主張にかんしては。悲しいことに、彼の見解は、太平洋戦争にかんする伝記や歴史書に、しばしば注意書きもなく、自由に長々と引用されてきた。理由を理解するのはむずかしくない。マッカーサーは、緊張とドラマのある場面をわれわれにあたえる。それは、退屈で複雑な太平洋の軍事計画立案の上空を威厳たっぷりに舞う。マッカーサーを、敵の共同戦線に勇敢に立ち向かう主人公の役につける――そして、最後に主人公は、たぐいまれなる能力と人格の力によって、海軍とホワイトハウスのライバルに勝利をおさめる。しかし、マッカーサーの証言は、彼自身熟練した軍事戦略家だったローズヴェルトを公平に取り扱ってはいない。記録ではすでにルソン島を台湾より先に攻めるべきだとマッカーサーに同意する気になっていたニミッツも。これらの中間的な軍事作戦を超えた究極の問題、流血の上陸作戦なしでいかに日本を征服すべきかという問題に関心を向けていたレイヒーも。

ＦＤＲが歴史家モリソンにあたえた短い説明は、マッカーサーの見解をかいつまんで述べている。二十七日の夕食のあと、ローズヴェルトはフィリピンの壁掛け地図を見上げ、南部のミンダナオ島を指さして、こうたずねた。「ダグラス、われわれはここからどこへいくのかね？」

マッカーサーは答えた。「レイテです、大統領閣下、それからルソン！」[58]

モリソンは注釈をつけくわえ、大統領はこの場面をワイキキの大邸宅ではなくボルティモアの艦上だったと勘違いしていると指摘している。しかし、ＦＤＲがこのやりとりの正確な言葉づかいをでっち上げたという疑いは、二〇一五年、リチャードスン将軍の個人的な日記が筆者に提供されたとき、払拭された。同夜、マッカーサーから会議の説明を受けたあと、リチャードスンは日記にこう書いている。

「大統領は夕食後、会議を始めるにあたって、ミンダナオ島を指さし、マッカーサー将軍にこういった。『さて、ダグラス、われわれはここからどこへいくのかね？』これが話し合いに火をつける導火線となり、マッカーサーはそれから自分の見解と、自分がもちいるべきだと思っている戦略をくわしく述べた。そのすべては、台湾、中国、あるいは日本にたいするいかなる攻撃よりも先に、ルソン島を占領することに帰着した[59]」

マッカーサーのルソン島侵攻の主張は、二年半にわたって彼が磨きをかけてきたもので、兵站と航空戦力の通常の原則にもとづいていた。彼は、それぞれの新しい攻撃が、陸上を基地とする航空戦力と、比較的近くの港を中継基地とする艦隊段列によって掩護される、オーソドックスな「型どおりの」水陸両用上陸攻勢作戦を支持していた。彼はオセアニア南部の島が多い地形のほうが、北方地域より有望だと主張した。北方では島同士が何千海里も離れていて、空母機動部隊でしか爆撃できないからだ。マッカーサーの戦域では、ニミッツの戦域とちがって、地上部隊、海上部隊、陸上を基地とする航空部隊が、相互支援のために協同して、いっしょに前進することができる。さらに、ルソンは上陸に適した海岸の宝庫であり、敵は最初の上陸にたいして部隊を集中することができない、と彼は主張した――彼は一九四一年十二月につらい思いをしてこの教訓を学んでいた。また、地形が大規模な部隊の展開に適しているため、地上戦の死傷者が限定される見こみがある。マッカーサーはルソン島をはじめとするフィリピンの島々の友好的なゲリラからの情報と支援をあてにできるが、いっぽう台湾は十九世紀以来、日本の植民地で、その住民のほとんどはおそらく敵対的だろう。いったんフィリピンの飛行場を手に入れたら、アメリカ軍の航空戦力は南シナ海上空の航空優勢をすばやく手に入れて、日本と旧オランダ領東インドの石油供給地をつなぐ海上交通路を餌食にできる。

マッカーサーが二十年後に記憶をもとに書いたその場面の再現では、彼は中断なしの独白でこうした激しい主張を浴びせている。しかし、出来事のあとまもなく日記に残されたレイヒーの記述では、FDRが指揮者で、両方の戦域司令官に的を射た質問を向け、じょうずに結論を探った。「ローズヴェルトは本領を発揮して、話し合いをある論点からある論点へとたくみにみちびき、マッカーサーとニミッツの意見のへだたりをせばめた」[60]大統領はフィリピンにいる敵の兵力についてこまかく質問し、彼の死傷者の見積もりを明確にしようとした。マッカーサーがリチャードスンに語ったところによると、FDRは「フィリピン諸島にはどれぐらいの数のジャップがいるのかね？」とたずねた。

「約十万です」とマッカーサーは答えた。「群島全体にちらばっている」

FDRは「もっと多い」と聞いているといった。

「わたしは向こうで指揮をとっていますが」とマッカーサーはいった。「その情報をどこで得られたのかおたずねしたい」

大統領は直接答えなかったが、「ルソン島の占領はひじょうに血なまぐさいものになるだろう」と意見を述べた[61]。

このやりとりの説明では、ローズヴェルトはあきらかに死傷者について心配しているが、彼がルソン島作戦にたいして非好意的であるという示唆はない。彼は最近のマーシャル将軍との状況説明で聞いたことをそのままくりかえしただけだったのかもしれない。マーシャルの陸軍省情報参謀は、群島にすくなくとも十七万六千名の日本軍将兵がいると信じていた[62]。あとでわかったことだが、その点で、大統領の疑念にはじゅうぶんな根拠があった。陸軍省の見積もりでさえ、少なかったからである。一九四四年七月には、すくなくとも二十五万名の日本軍将兵がフィリピンにいて、その数は新たな兵員輸送船の船団が中国や満州、ビルマ、台湾から到着するにつれてふくれ上がっていた*。

マッカーサー、ルソン島作戦を確信する

ＦＤＲは事前にルソン島を迂回する気持ちでハワイに到着したのだろうか？　やりとりのわずか数時間後にマッカーサーがリチャードスンにあたえた要約によれば、ＦＤＲは作戦が「ひじょうに血なまぐさい」ものになることに懸念を表明していた。しかし、その二十年後、しばしば引用されるマッ

＊マッカーサーのＧ－２（情報）参謀は、フィリピン群島の敵兵力を一貫して驚くほど過少に見積もっていた。その少なさは、一九四五年一月にルソン島侵攻がはじまったときには、とくに顕著だった。マッカーサーの情報部門の長チャールズ・ウィロビー将軍は、島に十五万二千五百名の日本軍将兵がいるといった。ウォルター・クルーガーの部下の第六軍Ｇ－２参謀は、人数を二十三万四千五百名と推定した。実際の人数はすくなくとも二十七万名だった。

カーサーのベストセラー回想記では、ＦＤＲはこういわされている。「しかし、ダグラス、ルソン島の攻略は、われわれが耐えられないくらい大きな犠牲をともなうことになるだろう」（傍点は筆者）この食い違いは、厳重に精査する必要がある。ＦＤＲがルソン島占領に非好意的だったという示唆は、歴史的記録ではほかに確認されていない。大統領はそれまで、まちがいなく多くの損害を受けるはずの侵攻や作戦を数多く支持してきたし、そのなかには七週間前のノルマンディー侵攻作戦もふくまれる。ローズヴェルトが国民は大きな将兵の損害に「耐え」られないと示唆するのは、世界のほかの場所で起きている殺戮を思えば、柄に合わないように思える。損害の見積もりについて将軍にこまかく質問したのは、当然の配慮にすぎなかった。大統領は台湾にかんしてニミッツに同じような質問をした。

　いずれにせよ、マッカーサーは大統領の質問にたいして、ニミッツの戦域での不当で過剰な流血に反対するお説教で答えた。これは、一九四三年十一月、海兵隊が中部太平洋攻勢の第一歩であるタラワ環礁で千名の戦死者を出して以来、彼が使ってきた戦術だった。議会とアメリカのメディアでは、彼の支持者たちが棍棒を振り上げていた――とくにマッカーサーが彼の戦場の死傷者数を抑制しているとしばしば賞賛するウィリアム・ランドルフ・ハーストの新聞では。マッカーサーは回想記で、ローズヴェルトにこういったと主張している。「大統領閣下、わたしの出す損害は大きくなく、これまで以上ではないでしょう。正面攻撃の時代は終わるべきです。現代の歩兵兵器は殺傷力があまりにも大きすぎ、正面から攻撃を仕掛けるのは二流の指揮官だけです。優秀な指揮官は大きな損害を出しません」[63]リチャードスンの日記によれば、マッカーサーは台湾作戦がすくなくともルソン島作戦と同じぐらいの流血をともなうだろうと予測し、こうつけくわえた。「自分の戦域はあらゆる戦いにおいてこれまでずっと流血が少なかった――ほかのどの戦域よりも死者が少ない」[64]

ニミッツはいつものドイツ系テキサス人のおちつきでこうした愚弄に耐え、反論せずにやりすごした。しかし、言外の批判は腹立たしかったはずだ。とくにニミッツの部隊はいまその瞬間もマリアナ諸島で戦闘による大きな損害をこうむっていて、負傷した陸軍兵と海兵隊員でいっぱいのダグラスC―54〝空飛ぶ救急車〟が、毎時間、オアフ島に着陸していたからだ。戦後の分析で、のちにニミッツは中部太平洋の戦死者数が一般的に南太平洋より多かったと認めたが、「たとえ連合軍が実際にやったのとはちがったふうに行動しても」、日本軍は「実際にやったのと同じように行動しただろう」と思いこむのは、「よくある誤った考え」だといった。赤道の北側の作戦は、敵の部隊を南側からそらしていた――そして、もし彼らがそうしていなければ、「南西太平洋の部隊はニューギニア戦域でもっと大きな抵抗に遭っていただろう」[65]。もしもいい争う気になっていたら、ニミッツはマッカーサーが、統合参謀本部から迂回を命ぜられるまでずっと、彼の戦域でもっとも強力な日本軍の拠点ラバウルを攻撃するのに断固賛成していたことを指摘したかもしれない。さらに、彼にはふたつの戦域の死傷者数を直接比較するのは的はずれだと指摘することもできた。重要なのは、占領した領土の本来の戦略的価値にたいするアメリカ軍死傷者というコストだった――そして、日本により近い、赤道の北側の島々を占領することは、勝利へのより決定的な貢献となった。

七月二十八日の午前、ニミッツは討論にくわわり、台湾のためにルソン島を迂回するキングの主張を提示した。彼がちゃんとした説明をしたことは疑いないが、ほとんどが型どおりのものだったようだ。ＦＤＲの徹底的な質問を受けると、ニミッツは自分の懸念を隠さなかった。レイヒーもマッカーサーも、ニミッツが〈コーズウェイ〉作戦に完全には肩入れしていないと気づいた。

ニミッツはルソン島攻略の主張にたいしてふたつの譲歩をしめした。第一に、彼は、ルソン島作戦が既存の部隊で支援できるのにたいして、台湾を占領するためにはたぶん増援部隊が必要になるだろ

う と認めた。そして第二に、レイヒーが日記に書き記しているように、「彼は状況の変化がマニラ地域の占領の必要性をしめすかもしれないと認めた[66]」。

これによって、ルソン島は、争点の道義的、政治的、心理的側面を考慮に入れる前に、ポイントで台湾を大きく上回った。しかし、一九四二年三月にコレヒドール島を離れて以来ずっとくりかえしてきたマッカーサーの必殺の主張は、「千七百万人の忠実なキリスト教徒のフィリピン人」を解放することが、血の誓いに等しいアメリカの責務である、というものだった。「この友好的な財産を敵から解放することは、いまやそれが可能であるからには、道徳的義務であるだけでなく、そうしないことは東洋の考えかたでは理解できないであろうと、わたしは主張した。……フィリピンをもう一度犠牲にすることは、容認されも、許されもしないとわたしは考えた[67]」

ルソン島を迂回すれば、日本のプロパガンダが正しかったと証明することになるだろう、とマッカーサーはいった。日本はつねに、白人がアジア人のために血を流すことはないと主張していた。ルソン島には、約七千名のアメリカ軍戦時捕虜と、さらに数千名の連合国民間人被拘留者がいた。毎月、何百名もが収容所で死んでいて、島を迂回することは、さらに多くの者をどん底の囚われの身で死なせる冷酷な決断を必要とするだろう。ルソン島を迂回すれば島が不要な流血や破壊をこうむらずにすむかもしれないという意見については、マッカーサーは動じなかった。「われわれは銃剣を突きつけられてルソン島から追いだされており、銃剣を突きつけて日本軍を追いだすことで尊敬を取り戻すべきだった[68]」

マッカーサーの一九四二年三月の宣言――フィリピンに「きっと帰ってくる」――は、戦争屈指の有名な公的発言だった。しかし、FDRの約束もまた同様に明白だったし、南西太平洋戦域司令官は大統領にそれを忘れさせるつもりはなかった。一九四二年前半、日本軍がフィリピンを蹂躙（じゅうりん）する非常事態のさなか、ケソン大統領は、敵に投降して、講和をもとめることを検討していた。マッカーサーは、それがフィリピン国民の苦しみをやわらげるかもしれないという理由から、その提案を半分支持していた。しかし、ＦＤＲはそれをきっぱりとことわった。ケソン大統領への書簡のなかで、彼はこう誓った。「現在のアメリカ軍守備隊になにがあろうと、われわれはいまフィリピン諸島の外で集結させている部隊がフィリピンに戻り、そちらの国土から侵略者の最後の生き残りを駆逐するまで、努力の手をゆるめるつもりはありません[69]」この誓いの言葉には、修正の余地はほとんどないように思えた。

キングは後日、マッカーサーが軍事戦略を討議する正道からそれたと知ったとき、非難の声を上げた。彼は、決定のより広い道義的あるいは外交政策的要素は、完全に軍人の職域の外にあると信じていたようだ。戦後の覚書で、彼はマッカーサーが「太平洋における軍事的問題では*なく*……アメリカが日本軍から解放すると約束していた悲惨なフィリピン国民についての話し合いをはじめた」と文句をいった[70]。しかし、ここでキングは自分で自分の顔に泥を塗った。もしそうした理由で決定を嘆願する権利を持つ指揮官がいたとしたら、その人物はマッカーサーだった。一九四一年十二月以来――米西戦争以来とさえ人はいうかもしれない――アメリカの名誉と敬意、信頼性は、フィリピンで危機に瀕していた。セオドア・ローズヴェルト大統領の政権以来、アメリカの政策のおもな目的は、フィリピンの住民が侵略者を撃退できる、機能する民主主義を構築するのを援助することだった。フィリピンは一九四六年までに独立することを約束されていて、その約束はいまだに有効だった。ＦＤＲにとって、フィリピンの非植民地化に成功することは、全世界、とくにイギリスに正しい模範をしめすことだった。この恐ろしい世界大戦では、どんな大きな戦略的決定も、長期にわたる政治的あるいは外交的結果から切りはなすことができなかった。ヨーロッパと太平洋の両方で、枢軸国にたいする戦いは終盤戦に入っており、新しい戦後秩序が生まれようともがいていた。

よくくりかえされるせいでおなじみになったもうひとつの逸話によれば、マッカーサーはＦＤＲをかたわらにひっぱっていって、フィリピンを迂回すれば大統領の再選の希望は危険にさらされるとあからさまに警告した。この噂の出どころは、戦中戦後にマッカーサーに仕えた法律家で陸軍予備将校のコートニー・ホイットニーまでたどることができる。ハワイ会議の十二年後の一九五六年、ホイットニーは、作り話とでっち上げた会話だらけの聖人マッカーサー伝を出版した。あるくだりで、彼は、ＦＤＲに向かってマッカーサーにこういわせている。「大統領閣下、もしあなたの決定がフィリピンを迂回し、合衆国の膨大な数の選挙区と、何千というアメリカ人被拘留者と戦時捕虜を、苦しみと失望のなかで落胆させつづけることになるのなら――わたしはアメリカ国民が怒って、この秋の選挙であなたにたいしてもっとも徹底的な憤りを表明するであろうと、あえて申し上げます」[71] この長ったらしくて厳しい叱責は、控えめにいっても、外交儀礼違反だったろう。マッカーサーが最近、党派政治に手を出したことを思えば、脅迫とさえ解釈されたかもしれない。ホイットニーの逸話は裏づけがなく、嘘つきがべつの嘘つきから聞いた話を焼き直したものと理解するのがいちばんいい。

なかにはこれよりさらに踏みこんで、ハワイで秘密の取り引きが行なわれたのかもしれないと憶測する者もいる。マッカーサーが選挙前に望ましいトップ記事を約束する見返りに、ＦＤＲがルソン島作戦のゴーサインを出すという取り決めが。この理論上の「握手」の提案者たちは、それを裏づける証拠を一片も見つけられないと認めている[72]。

真実がどうであれ、マッカーサーがローズヴェルトにきつい小言をいったことはほとんど疑いないようだ。マッキンタイア博士によれば、大統領は彼にこういった。「アスピリンをくれないか。いやそれだけじゃなく、朝に服むのにもう一錠アスピリンをくれ。生まれてこのかた、マッカーサーのようにわたしに話しかけた人間はひとりもいなかったよ[73]」

二十八日の昼食後、ローズヴェルトとレイヒー、そしてニミッツは、マッカーサーにつきそって、専用機C－54が燃料を補給して離陸の準備をととのえているヒッカム飛行場へ向かった。車内でどんなことが話されたにせよ、マッカーサーは自分が訴えに勝ったと結論づけたようだ。レイヒーは別れ際に彼にこういった。「わたしはきみについて行くよ[74]」

マッカーサーが待っている専用機に向かって駐機場を大股に横切っていくあいだ、パイロットのダスティ・ローズが彼の横をいっしょに歩いた。彼はボスに会議が成功だったかどうかたずねた。マッカーサーはあたりを見まわして、聞こえる範囲に誰もいないことをたしかめると、低い声で答えた。

「ああ、なにもかもね。われわれは進みつづけることになる」

「フィリピンへですか？」とローズはたずねた。

「そうだ。まだ数日は発表されないだろうが、われわれは出かけるんだ」

その九時間後、スカイマスター機が途中で燃料補給のためにタラワの飛行場に着陸したとき、ローズは日記にこのやりとりを記入した。彼はマッカーサーが「新しいおもちゃをもらった子供のように」幸せいっぱいの気分だったと書き留めている[75]。

大統領の励まし

マッカーサーがオーストラリアへ帰っていったので、人々はFDRがワイキキの大邸宅のベッドか、あるいはボルティモアの船室に引き揚げるだろうと思ったかもしれない。しかし、彼にはハワイ滞在がもう一日半残っており、オアフ島を時間の許すかぎり見物する覚悟だった。末期の心臓疾患をかかえた人間にしては、FDRは驚異的に思える回復力をしめしていた。これは過去にも見られた彼のパターンだった。深い休息のインターバルと（本土から航行中のボルティモア艦上でのように）、それにつづく驚異の活力のほとばしりが。「このひじょうに多忙な活動期間のあいだじゅう、大統領はあきらかな疲労も、いかなる種類の困難もなく、動きまわった」とブルーエン博士は臨床メモで述べている。[76]その印象はニュース映画の映像で裏づけられる。彼はやせ衰えて、弱々しく見え、目の下には大きな黒い隈ができている。しかし、おおぜいの高官や民間人ＶＩＰ、軍人にあいさつをするあいだ、ともかくもずっと陽気で生き生きとしている。金曜日の午後、大統領の車列は、けわしい東のコオラウ山脈を登って越え、島の風上海岸にあるカハナ湾周辺の原野で行なわれるジャングル戦闘訓練課程へと向かった。ＦＤＲは赤いツーリングカーの後部に座ったままで、帽子を額に押し上げ、一時間におよぶ実弾射撃のデモンストレーションを双眼鏡で見守った。緑の装束の歩兵が鉄条網の下を這い進み、それから立ち上がると、腰だめで機関銃と火炎放射器を放ちながら、横列で原野を前進した。フィナーレは、ベニヤ板で作った日本の村の実物大模型にたいする一体攻撃演習だった。そのあと車列は海岸道路を南へ向かい、カネオヘ湾の海軍航空基地に立ち寄って、（ホワイトハウスの日誌が書き留めているように）「カイルア、ワイマナロの水陸両用基地、ココ・ヘッド、ワイルペの沿岸警備隊基地、そしてダイヤモンド・ヘッド」を経由して、ワイキキに戻った。[77]

大統領の訪問の最終日は、主として最近マリアナ諸島の戦闘から戻った負傷兵を見舞うことにあてられた。車列はホノルルのダウンタウンに入っていった。狭い通りにそって、多数の見物人が押し合いへし合いし、準州兵がそれを押しとどめていた。大統領の車は陸軍の第一四七総合病院の外で止まり、その正面階段では軍医と看護婦たちが整列していた。患者たちは杖をついて立つか、あるいは車椅子に座り、カメラはギプス包帯を巻いた腕で大統領に敬礼するひとりの真剣な軍人の姿をとらえた。

病棟を一時間まわったあと、ＦＤＲは車に戻り、ホノルル海軍航空基地——現在のホノルル国際空港――へ出発し、それからヒッカム飛行場へ向かった。飛行場では大きな四発のダグラス〝空飛ぶ救急車〟の一機がちょうど滑走路に降り立ち、地上滑走をして止まったところだった。担架が飛行機から降ろされると、患者たちは大統領の車のところに直接運ばれてきた。たったいまグアムから医療後送されてきたばかりの負傷兵たちは、突然、フランクリン・デラノ・ローズヴェルトと対面して仰天した。大統領の日誌はこう書き留めている。「思いがけなくFDRと対面したあの兵士たちが見せた驚きとよろこびといったら[78]」

太平洋の軍人たちのあいだには、自分たちが「故郷の人たち」に忘れられているという意識が蔓延していた。新聞雑誌、ラジオ、ニュース映画の報道では、ナチ・ドイツとの戦いが大部分を占めていた――そして、連合軍がフランスになだれ込み、パリに向かって進撃していた、その一九四四年の夏には、これは二重に真実だった。開戦以来、彼らはFDRがアメリカ本土のすみずみの軍事基地や軍需工場を視察してまわるのを見てきたし、モロッコやエジプト、ペルシャといったエキゾチックな異国の地に立つ姿も見ていた。彼らはおそらくいままで、合衆国大統領の姿を太平洋で見るとは予想していなかった。大統領の訪問は、彼らが忘れられていないことを教えた。この点は強調にあたいする。なぜならFDRのハワイへの旅は、再選キャンペーンを後押しする宣伝行為としばしばでっち上げられてきたからだ。

海軍工廠では、水兵の長い列が経路にそってならび、車列が姿を現わすと、いっせいに敬礼をした。整列する兵士たちは、真正面を見つめるよう命じられていた――しかし、大統領の車がさっと通りすぎると、多くの兵士が目を丸くして、ぽかんと口を開け、もっとよく見ようと前に出るのをこらえきれなかった。何千という民間人の工廠労働者が経路ぞいに三列あるいは四列になって詰めかけていた。さらに多くが管理棟の二階と三階の窓から身を乗りだしていた。車列は洞窟のような工場をいくつか通り抜け、それから潜水艦桟橋でちょっと止まった。そこでは潜水艦の乗組員が気をつけの姿勢で立ち、いっせいに敬礼した。大統領は当時乾ドック入りしていた戦艦メリーランドの横で止まり、現在進行中の船体の修理にかんして短い説明を受けた。戦艦は五週間前、サイパン島沖で航空魚雷による損害を受けていた(79)。

その日の視察旅行の最後の立ち寄り先は、新しいアイエア海軍病院で、真珠湾の東にある山の上に建っていた。車列が三時少しすぎに到着すると、待ちわびた群衆が正面の階段に集まっていた。職員と五十名ほどの独歩患者と車椅子の患者が整列して大統領を迎え、上階の窓はこの光景をぜひとも見物したいらしい、さらに多くの軍医や看護婦、患者でいっぱいだった。松葉杖で立つ兵士たちの列がいっせいに敬礼した。大統領は、この三日間そうしてきたように、オープンのツーリングカーの後部席から直接訓示することになっていて、通信班が二本のマイクを準備するため前に進みでた。一本は拡声装置用で、もう一本はニュース映画用だと、大統領は説明された。二日前のショフィールドのときと同様、FDRの当惑した質問が拡声器で放送された。「どっちがどっちだ、あれかこれか?」群衆は忍び笑いをした。看護婦たちはとくにおもしろがっている様子だった。FDRのとなりに座っているニミッツは、むりもないというように笑った。「こういう新しい電気仕掛けにはどうしても慣れなくてね」と大統領は観衆にいった。「わたしは二度やります。一度は映画のために、そして一度はあなたたち、善良な人々のために」

それにつづく三分間の長ったらしくて、まとまりのない、台本なしの発言から判断して、FDRは事前になにを話すか一瞬たりとも考えていなかった。彼はくつろいだ会話口調で会衆とおしゃべりをした。みなさんに会えてうれしいと、彼はいった。わたしは故郷にいるみなさんの家族からのあいさつを運んできました(「すくなくとも理論的には」)。彼は、アイエア病院を着想し、設計するさいに、自分が個人的にはたした役割に、マッキンタイア博士の役割とともに、触れた。第一次世界大戦以降、戦場での負傷者の看護が大きく進歩したことを賞賛し、観衆に「国民全体がとても誇らしく思っています」と請け合った。[80] 健康状態がどうであれ、大統領の声は力強く、おなじみのなめらかな調子はまったく変わらなかった。彼はやさしく微笑むと、頭を上げ、マイクを置いた。群衆の拍手は心からのように思えた。

いつものようにカメラが止まってから、マイク・ライリーが大統領を車から持ち上げ、専用の車椅子に移した。大統領が五千床の病院をまわるあいだ、カメラマンと映画撮影班はあとについていくことを許されなかったが、何人かの証人がその印象を記録している。病室はサイパンとグアムの戦闘で重傷を負った若者たちでいっぱいだった。多くの者が手足を失ったり、手足が使えなくなったり、そのほかのけっして完全に回復することはない深い傷を負っていた。彼らにとって、障害を持つローズヴェルトは、功成り名を遂げる充実した人生の可能性を体現していた。マッキンタイア博士の回想によれば、大統領は「すべての病室を車椅子でまわって、ベッドわきで止まっておしゃべりをし、たぶん親しみをこめて背中をぽんぽんと叩いた。その声には、傷ついた陸海軍兵が自分の息子であるかのように、心からの愛情がこもっていた。希望を失ったうつろな目に、つねに新たな火が燃え上がった」[81]。ある病室では、マッキンタイアが先に行って、「無傷な骨が体に一本も残っていないような」海兵隊員と話をしていた。

苦痛でやつれた彼の顔には、完全な落胆の皺が刻まれていたが、彼があたりを見まわして、誰が近づいてくるか見たとき、若者の口はぱっと開き、わたしがかつて見たなかでもっともうれしそうな満面の笑みを浮かべた。「うわー！」と彼は叫んだ。「大統領だ！」あらゆる病室の長いべッドの列の端から端までが、こうだった。傷ついた兵士たちが目の前にただの大統領ではなく、かつて自分自身と同じように打ちのめされ、意志の力と揺るぎない精神力で身体障害を克服したべつの人間の姿を見たとき、病院を席巻した希望の波を感じないものは、本当に感じないものは、われわれのなかにひとりもいなかった。[82]

マッキンタイアとレイヒー、そしてローゼンマンはそれぞれ個々に、アイエア病院の光景に深く心を動かされたと証言している。大統領もまさにそうだった。「わたしは大統領が目に涙を浮かべるところを一度も見なかった」とローゼンマンは回想している。「あの日、車椅子で病院を出たとき、彼はその一歩手前だった[83]」

この戦争をどう終えるのか?

一行はその日の晩、重巡ボルティモアで真珠湾から出港することになっていたが、最後にひとつ、めんどうな仕事が大統領を待っていた。通信社の「三匹の悪鬼」は、さまざまな視察旅行に招かれていなかった——彼らは大統領に近づくことを許されていなかった——ので、ニミッツの報道担当官のウォルドー・ドレイクにしだいに激しく文句をいうようになっていた。とうとうスティーヴ・アーリーが（ワシントンの彼のオフィスから）記者会見の予定を決めることに同意した。会見はワイキキ・ビーチに面したホームズの大邸宅の刈り込まれた芝生で開かれ、FDRは籐のガーデン・カウチに腰掛け、ジャーナリストたちが半円状に彼をかこんだ。通信社の三人の記者に、太平洋艦隊司令部の承認を受けた二十数名の従軍記者がくわわった。頭上にそびえる椰子の木になったココナッツの実は、落ちてきて大統領にあたるといけないので、とりのぞかれた。

映画の映像では、ローズヴェルトは肉体的にくたびれているように見える。肩は目に見えて落ち、頭は話すあいだ垂れている。しかし、記者たちにあいさつして、何人かと握手したときには、おだやかな笑顔を見せる。レイヒーとニミッツがカウチの端に立ち、ニミッツは胸の前で腕組みをしている。両提督とも強い関心を持って耳をかたむけているように見える。(84)

ＦＤＲはすぐに話しはじめ、オアフ島の軍関係者と民間人にたいする賞賛を口にした。彼らは一九四一年十二月七日の殺戮からじつに劇的に立ち直っていた。彼はマッカーサーとニミッツとの会議を「われわれがここしばらくのあいだに開いたなかでもっとも重要なもののひとつ」と呼んだ。七年というへだたりのあとでマッカーサーと再会したことは、個人的に満足のいくものだった。前途に横たわる大きな戦略的決断の前に、マッカーサーとニミッツの経験にもとづく意見を聞くことは必要不可欠だった。会議はきわめて重要だったので、「それ抜きでやっていくことはおそろしく困難」だったろうと、ＦＤＲはいった。(85)

質問がつづいたが、大統領は取材記者たちにほとんど中身をあたえなかった。太平洋でつぎの大攻勢は計画されていますか？　ええ、と彼は答えたが、これはその時点までの戦争のパターンから推測できたので、ニュースと見なすべきではなかった。

太平洋の攻勢に新たな「重点あるいはスピードアップ」はあるでしょうか？

「いずれもありません」

マッカーサー将軍はそうすると誓ったとおりフィリピンを取り返すでしょうか？

「われわれはフィリピンを取り戻すでしょうし、疑いなくマッカーサー将軍はそのなかで役割をつとめるでしょう。将軍が直接行くのかどうかは、いえません」

記者会見の残り半分は、連合国の「無条件降伏」の基本外交政策に向けられた。ある記者（氏名不詳）がたずねた。「それをこの太平洋におけるわれわれのゴールにするのでしょうか？」[86]
「無条件降伏」の意味を明確にすることは、FDRが一九四三年一月のカサブランカにおける記者会見ではじめてこの賛否両論の基本原則を——多くの者には、いきなり早まって、と思えたが——明言して以来、しつこくつきまとう厄介な問題になっていた。この基本外交政策は連合国の会談で話し合われていたが、イギリスのウィンストン・チャーチル首相は、大統領が世界中の取材記者の聴衆の前でうっかり口走る以前には、これに賛成していなかった。しかし、大統領のおおやけの声明によってこれは既成事実になり、チャーチルにはイギリスの支持を認める以外に選択の余地はなくなった。FDRは第一次世界大戦後の平和の再現はすまいと決意していた。このときは、ドイツが「裏切られた」という神話がナチ党の勃興に火をつけたのである。しかし、連合国の多くの軍事指導者と文民指導者は、無条件降伏の要求を放送することは、高くつく大失敗だと個人的に考えていた——枢軸国はこの声明を連合国が自分たちを滅ぼして隷属させようとしている証拠と理解し、彼らの軍隊と民間人の徹底抗戦の決意を強化することになるだろうと。ナチ第三帝国にかんする歴史家のなかには、FDRの声明がドイツ軍内部の反ヒトラー派の陰謀の勢いを弱め、ヨーロッパの戦争を長引かせたのかもしれないと結論づけている者もいる。
「無条件降伏」の公式化は、ナチと日本の国内向けプロパガンダに即座の後押しをあたえた以外に、それがあいまいであるがゆえに、やっかいだった。これを抽象的に定義するのは、実際にどう適用するのかを説明するより、やさしかった。はっきりさせようとするこころみは、さらなる疑問を生むにすぎない傾向があった。公式にどのように答えようと、枢軸国のプロパガンダ製造機はそれに飛びついて、歪曲する可能性があった（実際、そうだった）。
FDRは、アメリカ南北戦争の終結時、ユリシーズ・S・グラント将軍とロバート・E・リー将軍がヴァージニア州のアポマトックス・コートハウスで行なった会談の、出典が疑わしい一説からインスピレーションを受けた。この基本外交方針は太平洋戦争の最終段階で大きな重要性を持つことになるので、ジャーナリストたちにたいするＦＤＲの答えは全文引用する価値がある。

「さかのぼること一八六五年」と彼は取材記者たちにいった。「リー将軍はリッチモンドの奥の隅、アポマトックス・コートハウスに追いこまれた。彼の軍隊は事実上、飢餓状態にあり、二、三日、眠っておらず、彼の武器は事実上、使いはたされていた」


そこで彼は、休戦旗を掲げてグラントのもとへ行った。リーは自分の部下たちのことを考えてグラントのところへ来ていた。彼はグラントに降伏条件をたずねた。

グラントはいった。「無条件降伏だ」

リーはそれはできないといった。なにかを手に入れなければならないと。一例をあげれば、彼には自分の軍隊のために一食分の食料しかなかった。

グラントはいった。「それはかなり厳しいな」

するとリーはいった。「わたしの騎兵隊の馬はわれわれのものではない。われわれの将校のものので、彼らは馬を家に連れかえる必要がある」

グラントはいった。「無条件降伏だ」

するとリーはいった。「いいだろう。降伏する」そして自分の剣をグラントに差しだした。

グラントはいった。「ボブ、そいつはひっこめてくれ。では、無条件で降伏するんだね？」

リーはいった。「ああ」

するとグラントはいった。「きみたちはいまや、わたしの捕虜だ。きみの部下たちのために食料がいるかね？」

リーはいった。「ああ。わたしにはあと一食分しかないのでね」

するとグラントはいった。「今度は、南軍将校のものであるあの馬たちのことだが。なぜそれが入り用なのだね？」

リーはいった。「春、犂（すき）を引かせるのに必要なのだ」

グラントはいった。「将校たちに馬を家に連れかえって、春の犂引きをするよういいたまえ」

こうして無条件降伏が得られるのです。わたしは新しい条件をあたえてはいない。われわれは人間です――普通の、考える人間です。われわれがいう無条件降伏とはこういうことです。


この説明は、南北戦争の歴史としては大間違いだった。グラント将軍は西部における初期の軍事作戦で二度、反乱軍に「無条件降伏」を要求したことがあったが、しかし、アポマトックスではない。いずれの場合でも（フォート・ドヌルスンとヴィクスバーグ）、グラントはその後、相手の指揮官と面と向かった交渉にのぞみ、条件付きの降伏に同意している。アポマトックスではグラントはリーに、たとえ形式的行為としても、無条件で降伏するように主張しなかったし、南軍の将軍の条件を降伏文書にふくめることにこころよく同意した。

しかし、事実の誤認は、ローズヴェルトがこのグラントとリーのたとえ話で強調しようとしたテーマほど重要ではない。彼は枢軸国が完全かつ永久に敗北したことを認めるべきだと強く考えていた。この点にかんする疑いあるいは迷いは、降伏の時点でも、あるいは歴史の長い目で見ても、手続きに入りこむことはいっさい許されなかった。したがって、無条件降伏の厳守を要求する必要があった。しかし、この厳守の裏には、寛大な平和の暗黙の約束があった。ＦＤＲのたとえ話の教訓は、もしドイツと日本がまず無条件で降伏することに同意したら、彼らはそのあと、あらゆる妥当な要求が認められると期待していいということだとさえいえる。しかし、どんな要求が妥当なのか？　そして、敗戦国は、交渉をもとめもせずに、どうやってそれを事前に知ることができるのか？　その点で、「無条件降伏」の策定には手に負えない問題があった。これはある意味、矛盾だった。無条件降伏とは、平たくいえば、勝者が敗者を、相手の希望や利益などおかまいなしに、自分の好きなようにあつかうということだ。しかし、ＦＤＲによれば、暗黙の意味は、ほぼその正反対に近かった。

ワイキキで、ある記者は、関連質問をしたとき、その問題に触れた。連合国は、グラント将軍のように、敗北した枢軸軍に食料をあたえると申しでるのですか？　ＦＤＲはその質問をかわした――筆記録から受ける印象では、かなりそっけなく。しかし、そうした質問はずっと投げかけられることになるし、その答えは連合国の指導者たちを困惑させつづけることになる。基本原則をはっきりさせようとするあらゆるこころみは、さらなる疑問を生じさせるだけだったし、このいらだたしい堂々めぐりは、ＦＤＲの死後もなお、文字どおり第二次世界大戦の最後の週までつづくことになる。

ボルティモアがその晩、真珠湾から海に出ると、レイヒー提督は考えをまとめて、日記にそれを書き留めた。彼の意見では、マッカーサー将軍は「おもにフィリピンの奪回に関心があるようで」、太平洋の終盤戦についてはまだあまりよく考えていなかった。マッカーサーもニミッツも、「日本本土に侵攻しなくても、海上戦力および航空戦力を使うだけで、日本にこちらの降伏条件を受け入れるよう強いることは可能だ」という原則に合意していた[87]。長い目で見れば、このふたりの戦域司令官の合意――日本侵攻は回避すべきである――は、先に攻撃するのはルソン島か台湾かという目下の問題より大きな重要性を持つことになると、レイヒーは信じていた。

原子爆弾を使用する可能性は、まだ計算に入っていなかった。ＦＤＲとレイヒーは、〈マンハッタン〉計画について完全な説明を受けたひと握りの連合国指導者に名をつらねていた。マッカーサーとニミッツはそれについてなにひとつ知らず、翌年まで教えられなかった。一九四四年夏には、原子爆弾がそもそも製造できるかどうかも、戦争の終幕に間に合うように用意できるかも、まだはっきりしていなかった。レイヒー提督はかつて海軍の爆発物専門家だったが、これが正常に作動するかはあやしいものだと思っていた。それでも彼は、海上封鎖と爆撃の部分的な組み合わせと、それにつづく停戦と連合軍による日本の平和的な占領によって、戦争に勝利することができる（そして勝利せねばならない）と絶対的に確信していた。

しかし、もし太平洋戦争が無血降伏で終わるのだとしたら、東京の誰かが日本の政権を代表して話す必要があるのではないか？　それは誰になるのだろう？　首相か、将軍か？　あるいは神聖とされる昭和天皇、裕仁になるのか？　勝利を目前にして、連合国政府の「日本専門家たち」は、きわめて重要な未知の問題を議論していた。天皇の地位は正確にどういうものなのか？　彼は傀儡（かいらい）、軍部にコントロールされる、あやつり人形なのか？　あるいは本当の権力を行使するのか？　FDRのグラント将軍にたいするリー将軍の役割を演じられるのか？　これらの疑問は、太平洋の戦いが終わるかなり以前に連合国指導者たちが直面しなければならないであろう、戦略的選択と外交的選択に重くのしかかっていた。

FDRと彼の名代たちはヨシフ・スターリンに、ソ連がナチ・ドイツ敗北後、対日戦争に参戦すると請け合うよう、くりかえしもとめてきた。一九四四年中期には、これがモスクワとの外交交渉におけるアメリカ政府の最大の目標だった。しかし、ソ連赤軍は日本にたいして本当に必要となるだろうか？　これはあきらかに太平洋とヨーロッパの軍事作戦の相対的な継続時間しだいだった。しかし、問題のその側面をわきに置いても、べつのきわめて重大な不確定要素が前途に立ちはだかった。東京の政権が降伏した場合、日本の膨大な外地軍――満州や朝鮮、中国本土、そのほかの場所の――もまた武器を置くだろうか？　あるいは、この戦争のあらゆる戦闘でそうしたように、最後の一兵まで戦うだろうか？　連合軍の多くの指揮官は、たとえ東京の政府が降伏しても、日本軍の地上部隊が進んで降伏することはぜったいにないときっぱりといい切った――そして、彼らが占領しているいかなる領土でも、徹底的に根絶しなければならないだろうと予測した。もしそれが本当だとしたら、アメリカ軍はぜひともソ連軍に満州に侵攻して、日本の兵力百万の関東軍を撃滅してもらいたかった。同じように、蔣介石の国民党軍に中国における戦闘（と戦死）のほとんどをやってもらいたかった。

そのいっぽうで、もし天皇を説得して、遠くまで広がった自分の軍隊に降伏を命じさせることができたなら、そしてその軍隊が遠くの現人神（あらひとがみ）の命令にしたがったなら、太平洋戦争は、悲観論者が予想していたよりも早く、より少ない流血で、勝利できるかもしれない。その場合、ソ連軍は対日戦に必要ないかもしれない。それはつまり、アメリカ側がスターリンの派兵をもとめて彼と政治取り引きをする必要がないということだった。その取り引きは、まだ〈冷戦〉とは呼ばれていない複雑な地球規模の戦いで、力のバランスを変えることになる。こうした考慮すべきいくつものこみいった要素は、来たるべき年に、きわめて重大な決断にのしかかることになった。

台湾作戦を捨てていなかった統合参謀本部

ボルティモアと護衛の駆逐艦隊は、オアフ島から北へ向かい、いったん安全に沖合を離れると（陸地から視認できないほど遠くまで）、速力二十二ノットで三五三度の基準針路をさだめた。FDRは自分の居室に引っこみ、翌週はほとんど見かけられることなく、長い時間眠り、ほとんど仕事をしていないようだった。彼らの目的地はアリューシャン列島で、ここで大統領はこの地域の海軍基地と航空基地を観閲することになっていた。

選挙戦の響きと怒りが最高潮の本国では、共和党員と反対派の新聞が、FDRとその取り巻きと愛犬が納税者の金で太平洋の遊覧航海に出ていると非難していた。レイヒー提督は日記のなかで、ハワイの会議は正当と認められるし、必要だったと書いたが、このアラスカへの寄り道の価値には懐疑的だった。彼は元海軍作戦部長として、アメリカの軍艦がとくに戦時中、大統領の慰めや娯楽のためだけに使われているというあてこすりに神経をとがらせた。しかし、彼がこの懸念を彼の友人であるボスにつたえたという証拠はない。

八月九日、艦がアラスカ沿岸のインサイド・パッセージ（内海航路）の豆スープのような霧につつまれるなか、FDRはマッカーサーに心のこもった個人的な礼状を書いて、「またお目にかかれて、このうえなく幸せでした」と強調した。フィリピンについて、大統領はこう書いている。「あの計画は全体的に理にかなっていて、実行できると確信しているので、戻りしだい、あの計画を推し進めるつもりです。いずれマニラに国旗が揚がるでしょう――疑いなく、わたしは貴君にそれをやっていただきたい[88]」

この手紙と、翌月のもう一通の「親愛なるダグラス」を根拠にして、多くの研究者や伝記作者たちは、大統領がマッカーサーのフィリピン解放の願いを聞き入れたと断固主張してきた。しかし、事実にはもっと微妙な陰影があり、話はもっと複雑だった。マッカーサーをルソン島に戻らせる最終的な決定は、ホノルル会議から二カ月以上もあとの、九月末まで承認されなかった。そのあいだ、台湾にたいする総攻撃のほうを選択して、ルソン島をすくなくとも一時的に迂回することは、関係者全員にとって、完全にありうるように思えたのである。

真珠湾を出港してから二日たった八月一日、フィリピンのケソン大統領がニューヨーク州サラナク湖の病院で亡くなったというニュースが重巡ボルティモアにとどいた。マッカーサーもローズヴェルトもケソンと彼の同国人に多くの約束をしてきた。マッカーサーの約束はより広く世に知られていたが、ＦＤＲの約束はそれよりも明確でなく、拘束力もなかった。長い目で見れば、ＦＤＲの約束も歴史的な記録のなかで明るみに出ることは、ふたりとも知っていた。マッカーサーの考えでは、ルソン島を迂回する決定は、恥ずべき裏切りと見なされるだろうし、そうなれば彼は後世の人々にＦＤＲを非難するよう説得するために最善をつくすつもりだった。熱心な歴史の研究者であるローズヴェルトが自分の死後の評判にたいするこの潜在的脅威に気づいたと推測するのは理にかなっている。「マニラに国旗が揚がる」のを支持すると手紙で誓ったとき、ＦＤＲは自分の秘書グレース・タリーが手紙のカーボンコピーを、差しだした手紙のファイルに入れることを知っていた。それは最終的に、（「マッカーサー」の表題で）ハイドパークの大統領図書館にたどりつき、将来の歴史家のために光る、ネオン広告の役目をはたす。

しかし、ローズヴェルトは正確になにを約束したのか？　ケソン大統領にあてた以前の手紙とまったく同じように、大統領は言葉を慎重に選んだので、慎重に言葉を分析しなければならない――なにをいっているかだけでなく、なにをいっていないかについて。「あの計画を推し進めるつもりです」最高司令官として、ＦＤＲには、統合参謀長たちがどう助言しようが、計画されている台湾侵攻の前でも、その代わりにでも、マッカーサーにルソン島へ進撃するよう命令する、当然の憲法上の権限があった。しかし、彼はその権限を保留した。「いずれマニラに国旗が揚がるでしょう」大統領はタイミングについてはなにもいっていなかったし、そうした約束は戦後の儀式でもはたすことができる。

ワイキキで記者たちに彼はこういった。「われわれはフィリピンを取り戻すでしょうし、疑いなくマッカーサー将軍はそのなかで役割をつとめるでしょう。将軍が直接行くのかどうかは、いえません」[89]新聞はこの声明を印刷することを止められたが、この声明は検討中のあらゆる選択肢に門戸を開いているようだった。彼は「フィリピン」を北部の本島のルソン島とぞんざいにひとまとめにして、抜け目なくどちらともとれるようにした。実際には、統合参謀本部はすでに（一九四四年三月に）、群島の南端に位置する大きな島、ミンダナオ島の占領を許可していたため、マッカーサーはすでにフィリピンの大きな部分を解放する命令を受け取っていた[90]。

ＦＤＲとレイヒーがハワイでいっしょだった最終日に、マッカーサーになにを話したのか、正確にはわかっていないが、南西太平洋戦域司令官は、Ｃ－54専用機のパイロットに自分が三つの口約束をもらったと語った。彼の部隊はアメリカ本国からの新しい補充部隊によって定数まで充足される。彼の第五航空軍は新しい戦闘機と爆撃機で増強される。そして、太平洋艦隊の空母機動部隊がフィリピンで彼の水陸両用上陸を支援するために派遣されることになる[91]（それがいつどこで起きても）。彼はオアフ島からブリスベーンまでの飛行中、活気にあふれていた。それから、南西太平洋戦域司令部に到着して、ワシントンからの新たな電文を目にしたときの彼の怒りは、想像することしかできない。その電文は、ルソン島を迂回して、「実現可能なもっとも早い日時に」台湾に部隊を上陸させる意図を確認するものだった。通信文は統合参謀本部の計画立案幕僚が送ったもので、ＦＤＲとマッカーサーがハワイではじめて会合したのと同じ日の七月二十七日の日付が入っていた。ワシントンの計画立案者は、「南西太平洋戦域（SoWesPac）の航空、地上、支援部隊の一部は、〈コーズウェイ〉（対台湾作戦）に必要になるかもしれない」と警告し、これらの資産はそののちマッカーサーに返還されることなく、「〈コーズウェイ〉後の作戦」のためにニミッツが保有することになるとつけくわえた。マッカーサーはルソン島と残りのフィリピンの「最終的な完全占領」を計画することになったが――ここで彼をさらに怒らせるように――「これらの作戦は太平洋艦隊の直接的支援なしで遂行されることになる[92]」。

これは計画立案レベルの通信文だった。つまり統合参謀本部の四人の長から許可を受けたものではないということだ。しかし、マッカーサーがハワイから持ち帰った結論を真っ向から否定していて、彼はきっと自分がだまされたのではないかと思ったにちがいない。彼は直接、マーシャル将軍に手紙を書いて、統合参謀本部の計画立案者の想定に「もっとも強い不同意」を表明し、フィリピン全土を解放することは、「国策のもっとも高い見地」から必要不可欠だと主張した。提案された台湾侵攻を、「大惨事の最大の危険性をはらんだ」道と非難した彼は、ローズヴェルト大統領がすでにフィリピンは奪回されるだろうと述べていると指摘した。さらに悪いことに、迂回の提案は「もっと不吉な意味合い」を持っていると、マッカーサーは書いた――それはフィリピンに完全な海上封鎖を押しつけ、何百万という無辜（むこ）のフィリピン人だけでなく、連合国の捕虜や被拘束者が餓死するかもしれない飢饉を引き起こすだろうし、そうした結果は、「残忍性において、われわれの敵が犯してきたいかなることをも凌駕するでしょう[93]」。

しかし、この恨み節はワシントンの計画立案者にほとんど印象をあたえなかった。彼らは純粋に軍事的要素を考慮するよう指示されていた。政治的あるいは外交的政策の主張は、彼らの権限の範囲外だった。統合参謀本部内の計画立案組織は、ほとんどの歴史で、取るに足りない注目しか引いてこなかったし、ほとんどのFDRとマッカーサーの伝記ではまったく無視されてきたが、太平洋の戦略的決定に大きな影響力を持っていた。このテーマはやや陰気で、研究者が委員会の覚書や計画調査の迷宮に降りていくことを要求する。関連資料の大半は一九七〇年代まで機密扱いを解除されず、そのころにはもっともよく読まれている戦史の何冊かはすでに刊行されていた。そのため、要点を強調しておく必要がある。ローズヴェルトとマッカーサーがハワイでどんなやりとりをしたにせよ、統合参謀本部の計画立案組織の歯車はワシントンで回りつづけ、影響力のある声（とくに統合戦略調査委員会（JSSC）

にたいして）は太平洋の戦いを北部の攻撃進路に集約すべきだと主張しつづけていた。マッカーサーはうんざりし、失望したが、これはハワイ会議のあとでも支配的な想定でありつづけた。

こうした統合参謀本部内の仕組みは、もしＦＤＲが、以前にすくなくとも十数回やったように、軍の長たちの意見を有無をいわさず却下したら、重要ではなかっただろう。憲法は彼に、地図を指で差して、将軍や提督たちに攻撃せよと命じる権限をあたえていた。大統領が軍の長たちの全員一致の抵抗を押し切って、一九四二年十一月の北アフリカ進攻〈トーチ〉作戦を支持する決定をくだしたのは、そのもっとも著しい例だった。しかし、そうした大統領の却下のほとんどは戦争の最初の年に起きており、一九四二年から一九四四年のあいだに多くのことが変わっていた。統合参謀本部内の計画立案および研究委員会は、一九四二年にはほとんど存在していなかった。一九四四年には、それがじゅうぶんに増員され、軍屈指の戦略家たちがくわわっていた。戦争の後半には、ＦＤＲはより多くの時間と関心を戦後の計画立案と外交に振り向け、戦略と軍事作戦の肝腎な事柄にはあまり割かなかった。彼はレイヒーを信頼して、統合参謀本部で自分の代理人をつとめさせ、レイヒーがマッカーサーの「ルソン島優先」政策を支持しても、進行中の〈コーズウェイ〉作戦の計画立案と準備を阻止するために動かなかった。八月二十二日の統合参謀本部の特別会合で、レイヒー提督は、ルソン島攻略が代替案より「人命と資源の犠牲が少なく、時間も犠牲にならない」と主張したが、台湾を除外すべきだとはいわなかったし、即座の決定を強くもとめもしなかった[94]。これはマッカーサーの立場の明確な支持とはとてもいえなかった。ほとんどの場合そうであるように、レイヒーとローズヴェルトの考えは一致していると仮定すれば、大統領は統合参謀本部の計画立案過程をじゃませずにつづけさせることを選んだように思える。*

それにたいして、現地の太平洋では、〈コーズウェイ〉作戦の実施がゆだねられることになる海軍と地上部隊の指揮官たちは、依然として作戦に懐疑的だった。台湾侵攻は検討すればするほど気に入らなくなった。ニミッツの参謀副長をつとめる四十七歳の神童、フォレスト・シャーマン提督――彼は一九四九年に米海軍史上もっとも若い海軍作戦部長になる――は同僚たちに、「ルソン島を、そのすべての飛行場と、手に入る物資と、あらゆるものとともに、側面に置いたまま」で、台湾に水陸両用上陸を提案するのは、「馬鹿げている」と語った。[95] シャーマンは、「あきらかにひどくて、彼らがその考えを取り消すような」作戦計画の草案を書いて、〈コーズウェイ〉作戦を妨害するつもりだといった。[96] 太平洋艦隊でいちばんの水陸両用作戦の専門家、リッチモンド・ケリー・ターナーは、作戦で水陸両用艦隊を指揮する任務をゆだねられることになるが、同様の見地から〈コーズウェイ〉作戦に反対の影響力をおよぼした。

陸軍の〈コーズウェイ〉作戦の計画は、書き直されるたびにさらに多くの部隊を要求した。統合参謀本部の計画立案者たちは、アメリカ軍が沿岸のひと握りの戦略的要港を占領し、防衛できると考えていたが、太平洋の指揮官たちは、たぶん島全体を征服して守備しなければならないだろうと結論づけた。台湾は大きくて起伏の激しい陸塊で、日本に忠実かもしれない人々が住んでいたので、仕事は長く、血なまぐさいものになるだろう。一九四四年八月十八日、ニミッツは、作戦が五十万五千名の陸軍将兵と十五万四千名の海兵隊員、そして六万一千名の海軍海岸要員を必要とするだろうと見積も

＊サミュエル・エリオット・モリソンは、長たちの幾人かに直接接触して、ホノルル会議についてこう結論づけた。「実際には、確固たる決定は下されなかった――それは統合参謀本部の役目だった――が、主要戦略については合意に達した。……統合参謀本部はこのトップレベルの合意にさほど感銘を受けなかったようだ。彼らはその後何カ月も、『ルソン島、台湾、それとも?』という問題を議論しつづけたからである」Morison, *Leyte*, vol.12, pp.10-11

った[97]。これは莫大な人数で、彼らを運ぶのは、とりわけヨーロッパの戦争が一九四五年に入るまでつづくことが明白になったために、困難だろう。〈コーズウェイ〉作戦は、ノルマンディー進攻（〈オーヴァーロード〉作戦）と同程度の規模になるだろうが、英国海峡を横断して作戦を実施するかわりに、艦隊と水陸両用戦部隊はマリアナ諸島から外洋を千海里横切って躍進しなければならないだろう。超人的な船舶輸送および兵站の努力は、サイパンとグアムのB－29基地の造成のような、ほかの優先事項から、乏しい資源を流用することになるだろう。タワーズ提督はこの問題にキングの注意を引いて、予定された飛行場造成計画について「陸軍航空軍はいかなる変更とも戦うでしょう」と指摘した[98]。こうして、一九四四年八月後半には、台湾作戦は統合参謀本部内に新たな敵を獲得した――陸軍航空軍のヘンリー・〝ハップ〟・アーノルド将軍で、彼は（中国ではなく）マリアナ諸島が日本本土爆撃の主要な発進基地になるだろうと見越していた。

たぶんもっとも重要だったのは、スプルーアンス提督が、台湾作戦に依然として断固反対し、自分が好む硫黄島＝沖縄ワンツーパンチをかわりに据えようと決意していたことだった。スプルーアンスは一九四四年八月、真珠湾に戻ると、〈コーズウェイ〉作戦に不利な証拠を集めはじめた。シャーマンと同じように、彼は台湾のデメリットがあまりにも明白なので計画は放棄されるだろうと思い、自分の幕僚にはそれに目もくれるなといった。

九月前半の計画立案会議で、陸軍のサイモン・ボリヴァー・バックナー将軍が、〈コーズウェイ〉作戦の準備についてニミッツと太平洋艦隊司令長官付き幕僚に説明した。スプルーアンスはバックナーの説明が時間のむだだと結論づけたようだった。彼は立ち上がると、話の腰を折ったことを詫びてから、ニミッツの執務室の奥へ歩いていき、西太平洋の壁掛け海図を引き下ろすと、しゃべりはじめた。ほかの士官たちは椅子をスプルーアンスのほうに向け、バックナーを怒りでかっかさせながら、提督が太平洋戦争の最終段階にたいする彼の壮大な構想を開陳するのに耳をかたむけた。グレイヴズ・B・アースカイン海兵隊少将は、それが「わたしがかつて聞いたなかでも屈指の専門的な即興の作戦状況評価」だったといった[99]。スプルーアンスは〈コーズウェイ〉作戦の根拠をなす前提をこき下ろし、沖縄があらゆる点でもっとよい目標だと主張した。来年の春以前に沖縄は攻略できない――必要な艦隊や航空、兵站能力を結集するには、さらに六カ月が必要だ――が、彼は一九四五年三月か四月にはそれが可能だと予測していた。この日程なら、マッカーサーがルソン島をふくむフィリピンを確保するのにじゅうぶんな時間がある。台湾は安全に迂回できる。

スプルーアンスは、ふだんはニミッツにこんなに強く話しかけたりしない控えめな人物だった。とくに他人がいる前では。いつもの冷静なスタイルからはずれたことで、彼はきっと強い印象をあたえたにちがいない。ニミッツは自分の指揮系統にいるどの士官よりもスプルーアンスを信頼していたし、作戦を実施する責任は彼にゆだねられることになるので、その意見は無類の影響力があった。

もしも〈コーズウェイ〉作戦が実施されていたら

それでも〈コーズウェイ〉作戦はなかなか息絶えなかった。一九四四年九月九日、統合参謀本部は、マッカーサーとニミッツにたいして、協力して、十二月二十日を完了日として、フィリピン中部のレイテ島を占領せよと命じた。しかし、参謀長たちは、その後のルソン島と台湾両方の上陸のための計画立案はつづけるよう指示し、「台湾の前にルソン島を占領するかどうかにかんする確固たる決定は、後日、行なわれるであろう」とした[100]。

マッカーサーは、三日後にブリスベーンの司令部で開かれた会議で、アイケルバーガーにこういった。「現時点では……わたしが勝ち取ったものは、われわれがレイテ島に進むという合意だけだ。攻撃進路がルソン経由か台湾経由かという問題は、まだワシントンで解決していない」[101] 六週間前、ハワイから戻ったマッカーサーは、自分がフィリピン全土を解放する大統領決定を手に入れたと幕僚たちに信じさせていた。あきらかに彼はFDRが問題を統合参謀本部の手にゆだねるつもりであることを理解していなかったのである。その週、マッカーサーは大統領からべつの書簡を受け取った。ケベックの連合国〈オクタゴン〉会議の場から書き送られたものだ。FDRは彼に、「状況はハワイのときとまったく同じですが、貴殿の気に入らないであろう迂回を行なうためのこころみがいくらかあるようです。わたしは依然として状況を掌握しています」[102] と書いていた。とらえどころのない言葉づかいはまたしても質問をはぐらかしていた。もしFDRがすでにマッカーサーに有利な決定を下しているのなら、大統領はなぜ単純にルソン島侵攻の命令を出さないのか？

そのいっぽうで、太平洋の出来事は、過去の計画立案の前提を急速に時代遅れにしつつあった。九月中旬、第三艦隊のフィリピンにおける空母航空攻撃によって、この地域全体の敵航空戦力が驚くほど貧弱であることがあきらかになった。九月十二日、一機の米軍戦闘機がセブ島近くで撃墜された。パイロットは乗機を海に不時着させ、岸にたどりつくと、地元の原住民から、セブ島には約一万五千名の日本兵しかおらず、レイテ島にはひとりもいないと聞かされた。ハルゼー提督はこの情報をニミッツに無線で送り、米軍部隊をできるだけ早くレイテ島に上陸させるよう具申した。ニミッツはこの通信文を指揮系統づたいに、FDRといっしょにケベックにいたキング提督と統合参謀本部に上げた。九月十六日が終わるころには、参謀長たちはレイテ島上陸の日付を優に二カ月くりあげて、一九四四年十月二十日にさだめていた。

その五日後、統合参謀本部への長い電文で、マッカーサーは太平洋戦争の今後の道筋について自分の全体的な展望をあきらかにした。彼はレイテ島から直接ルソン島に襲いかかり、十二月二十日までにリンガエン湾に四個水陸両用師団を上陸させるよう提案した。この作戦は「合衆国太平洋艦隊の全資源による支援」を必要とするだろうが、いったんルソン島に上陸したら、マッカーサーは二月末までにマニラとその湾を奪回するだろう。「これにより、予定されている北上作戦を、いまや（ルソン島の）基地と、陸上を基地とする航空支援という大きな利点をもって計画された日程で開始することが可能になるだろう。（台湾）作戦はその結果、不要になり、とくに（硫黄島）への事前攻撃とともに、直接行動が（九州）にたいして行なわれるかもしれない[103]」

マッカーサーの展望にはあきらかな利点があった。彼が提案した作戦の日程表は、すでに太平洋にある部隊で達成でき、ヨーロッパからの再展開を必要としなかった。マッカーサーとニミッツの部隊をたえず敵と交戦させながら、実質的には戦域の誰も気に入っていないひとつの作戦（台湾）を回避できる。その後の出来事は、これが、沖縄侵攻をのぞけば、戦争の実際の道筋とぴったりと一致していることをしめすことになる。マッカーサーが見積もった日付もほぼ正確だった。結局、彼は一九四五年一月九日にリンガエン湾に上陸し、三月上旬にマニラを確保した。したがって、一九四四年九月中旬に、マッカーサーとスプルーアンスは――おたがいに知らず、直接の接触もほとんどなしに――ともに太平洋戦争に勝利するための最終的な青写真を提供していたということができる。

いまや残るは、キング提督が負けを認めることだけだった。彼は九月の末、合衆国艦隊司令長官（COMINCH）と太平洋艦隊司令長官（CINCPAC）の定例会議のため、サンフランシスコでニミッツに会うことになっていた。真珠湾にいる〈コーズウェイ〉作戦の反対派は来たるべき会合に向けて自分たちの長官に準備をさせた。〈コーズウェイ〉作戦の予想される地上部隊司令官であるバックナー将軍は、作戦に割り当てられた支援部隊は「必要とされる部隊がはるかに不足している」と述べた書簡に署名し、陸軍は既存の資源で沖縄を攻略できるとつけくわえた[104]。フォレスト・シャーマンは、マッカーサーのフィリピンにたいする提言と、スプルーアンスの硫黄島と沖縄にたいする提言を統合参謀本部が承認するよう具申する文書を用意した。スプルーアンスは三分ほどその文書にざっと目を通したあと、シャーマンに返して、こういった。「ひと言も変えるつもりはないよ」[105]

スプルーアンスの回想によれば、サンフランシスコで、キングはひきつづき〈コーズウェイ〉作戦を弁護した「が、ついに折れて、ワシントンの統合参謀本部に〈ルソン＝硫黄島＝沖縄を〉提言しようといい、実際そうした」[106]。十月三日、統合参謀本部は、一九四四年十二月にマッカーサーをルソン島に、一九四五年一月に海兵隊を硫黄島に、一九四五年三月に陸海海兵隊協同部隊を沖縄に進ませる新たな命令を出した。これで太平洋戦争最後の年の主要な作戦の順序が決まった。

その時点まで、アーネスト・J・キング提督は、太平洋で自分の思いどおりにすることに慣れていた。一九四二年四月、彼はマーシャル将軍と交渉して、二重戦域司令部を手に入れることに成功し、太平洋の北半分を海軍の権限下に置いていた。彼は、太平洋の戦いを、ドイツが敗北するまで防御的な保衛作戦に格下げしたがっていたイギリスに抵抗した。ガダルカナルへの早期の侵攻を、それを実施する南太平洋の指揮官たちの反対を押し切って支持した。キングは、マッカーサーの猛烈な反対に抗して、一九四三年にギルバート諸島を、一九四四年前半にマーシャル諸島を、そして一九四四年中期にマリアナ諸島を占領する統合参謀本部の承認を勝ち取った。太平洋艦隊の指揮権と、全太平洋戦域の支配権を手に入れるマッカーサーの希望を打ち砕いた。しかし、台湾侵攻に賛成したとき、キングはついに困難にぶつかったのである。

のちに、一九四九年の中国内戦における毛沢東の共産軍の大勝利をふりかえって、キングは、ルソン島攻略を支持するマッカーサーの政治的主張に効果的に反論できなかったことを後悔した。中国は世界でもっとも人口の多い国で、アジアにおける支配的な勢力になる可能性があった。中国の政治的な未来は、アメリカと世界にとって重大な関心事だった。このことはフィリピンにはかならずしもあてはまらなかった。もしマッカーサーが「国策のもっとも高い見地」を引き合いに出してルソン島攻略支持の主張をするのがフェアなやりかたなら、同じ見地から台湾侵攻を支持するもっと強い主張ができたかもしれない。

太平洋戦争の最終段階の戦略が変わっていたら、アジア史の道筋が変わっていた可能性はあるだろうか？　後世の人間には推測することしかできない。悲しいかな、その機会は指先からするりと逃げてしまった、とキングは書いている。なぜなら「中国が困難を切り抜けるのを助けるためのお膳立てをするそれ以外の基本案については、ほとんど話されなかった。……ミスター・ローズヴェルトは『かわいそうな』フィリピン人を支持する決断を下す運命にあったが、長期的に見れば、彼は短期的な見地で判断をあやまったように、わたしには思える[107]」。

第二章
レイテ攻撃への道

太平洋に展開する史上最大、最速の機動部隊。
その新指揮官ハルゼーの具申をうけ、
ニミッツはミンダナオ島を迂回してレイテを
攻撃するという劇的な大転換を承認する。

アメリカ海軍の主力空母打撃部隊である第三十八機動部隊。「全艦がいっせいに舵を切ると、その白い航跡が海に同期する弧を描く。艦隊は一分半で九〇度変針して、新たな針路に乗ることができた」
U.S. Navy photograph, now in the collections of the U.S. National Archives

戦術理論を塗り替えた太平洋艦隊

アメリカが戦時動員の真っ最中だった一九四二年前半、アリグザンダー・P・ディ・セヴァスキーは、『空軍力による勝利』と題する宣言書を出版した。戦略爆撃が第二次大戦に勝利する作業のほとんどを行なうだろうというセヴァスキーの主張は、ヨーロッパでふたたび血なまぐさい地上戦に巻きこまれる恐怖におびえていたアメリカ人の心に訴えた。同書はベストセラー・リストの一位になり、五百万部を売った。翌年、ウォルト・ディズニーはこれを脚色して長編ドキュメンタリー・アニメーション映画を製作し、〈ダンボ〉と〈バンビ〉を作った同じ制作チームが、その才能を転じて、枢軸国の炎上し荒廃した都市の場面を手描きのテクニカラーで表現した。

セヴァスキーは熱狂的な信者で、伝道者だった。彼は有数の航空機製作者でもあり、アメリカ陸軍航空軍（ＵＳＡＡＦ）に何千機もの飛行機を売り、戦争に勝利する前にさらに数万機を売りたいと願う企業家だった。彼の本は彼に顧客との営業上の信用を山ほど獲得した。顧客たちはこれを不朽のバイブルとして採用した。しかし、セヴァスキー社は海軍と取り引きをしたことはなかった。その事実は、航空母艦にかんする著者の意見を説明しているかもしれない。「艦載航空兵力は敵の陸上基地航空兵力にたいして必然的に無力であり、『基地』自体が極度に脆弱である。海軍はかつてその本業のひとつだったものに不適格と見なされている。つまり、敵の海岸に先手を打って攻勢をかけることに」(1)

セヴァスキーの主張のその部分は、一九四四年には、太平洋艦隊の主力空母打撃部隊である第五十八機動部隊の功績によって誤りであることが証明されていた。かつて公海でこのような部隊が見られたことはなかったし、一九四五年以降、このような部隊が存在したこともない。そして、これほどの規模の戦闘艦隊が今後ふたたび編成されることはありそうにない。強力な大艦隊は通常、十二隻から十六隻の航空母艦と、戦艦、巡洋艦、駆逐艦の直衛部隊で構成された。その巨大な規模のおかげで、艦隊は大洋のどの部分にいても全能だった。第五十八機動部隊は三十分間で千機以上の軍用機を飛び立たせ、二百海里先の敵を攻撃するために送りだし、帰投したら安全に収容することができた。艦載機は爆弾や魚雷、ロケット弾、五〇口径機関銃の焼夷弾射撃、そしてナパーム弾で攻撃した。滑走路に穴を開け、寝ているパイロットと整備員を殺し、駐機中の飛行機に機銃掃射と爆弾をお見舞いして、飛行場の格納庫と機械工場を煙る瓦礫に変えた。

第五十八機動部隊指揮官のマーク・ミッチャー海軍中将は、同僚にこういった。「どの島にもじつに多くのジャップの飛行機がいる。われわれは襲いかかり、顎に一発食らう。やつらとパンチを応酬する。損害が出るのはわかっているが、わたしは連中より強い。……もう連中が見つけようがぜんぜん気にならない。わたしはどこにだって行けるし、誰も止められないからね。襲いかかって、飛行機を全部破壊してしまえば、やつらのいまいましい島はいずれにせよ用なしだ」(2)

この時期の標準的なアメリカの艦上戦闘機はグラマンＦ６Ｆヘルキャットだった。空虚重量九千ポンドで、強力な二千馬力のプラット＆ホイットニー・エンジンを動力とする飛行機だ。ヘルキャットは主要な対戦相手である、ずっと軽量の三菱零戦より速く飛べ、零戦と戦って勝つことができた。上昇速度は高度一万四千フィート以下では零戦に匹敵し、より高い高度では上回っていた。水平飛行と急降下時には、ずっと高速だった。「わたしはエンジンがいかに大きなパワーを生みだすかに驚かされた」と、先代のF4Fワイルドキャットを操縦していた古参パイロットはいった。「まるで飛行機が地面からそのまま飛び上がったようだった。ヘルキャットはワイルドキャットにくらべるとずっと短かった。そして、いったん飛び立つと、ヘルキャットはどんどん上昇したがっているように思えた」[3] 六門の五〇口径機関銃は、零戦を文字どおり主翼から主翼へ引き裂くことができた。防弾鋼板と自動漏洩防止式燃料タンクのおかげで、がっしりとしたグラマン機は空中戦でかなりの強打にも耐えることができた。ヘルキャットはしばしば、主翼と胴体を銃弾と砲弾の破片で蜂の巣にされた状態で母艦に無事、収容された。

典型的な「攻撃日」には、午前三時に起床ラッパが吹き鳴らされた。ラッパ手は艦内の拡声器で、発着艦配置につけ、を吹鳴し、掌帆兵曹が怒鳴る。「総員起こし！　総員起こし！　総員、吊床おさめ！」[4] 艦内中でハッチが緊締金物で閉鎖され、ドアが騒々しく閉められ、何百組もの足が鋼鉄の甲板を歩きまわる。格納庫甲板では、航空燃料と潤滑油の臭いがする暑苦しい空洞のなかで、兵器員たちが爆弾と魚雷を運搬車で爆撃機や雷撃機の機体下面へと運んでいった。飛行機はエレベーターに乗せられ、飛行甲板に上げられた。燃料が満タンにされ、爆弾に信管が取り付けられる。発進時刻が近づくと、拡声器の声が命じた。「パイロット、搭乗せよ！」

航空機搭乗員は、装備とパラシュートを身につけ、額に飛行眼鏡を押し上げて、各飛行隊の搭乗員待機室からラッタルを駆け上がった。フードをかぶった甲板要員が、駐機した飛行機の迷路を抜けて彼らをみちびき、各自を割り当てられた機体に誘導した。彼らは主翼によじ登り、操縦席にすべりこむと、肩のシートベルトのバックルをはめた。夜明け前の闇のなかで、操縦席はブラックホールのようで、計器のメーター類だけがぼんやりと光り、パイロットは触感を頼りに操縦桿とペダルを探った。「エンジン始動！」の命令で、火薬カートリッジが点火され、エンジンがぷすぷすといい、咳きこんで、バックファイアを起こし、轟音とともに息を吹き返した。プロペラが回り、空転して、それからぼやけた円盤に変わった。エンジンが野太いぶるぶるという音を響かせておちつき、青い排気煙が甲板にただよった。空母は船体を大きくかたむけながら艦を風に立てた。赤と白の〈フォックス〉旗が桁端に上がり、飛行作戦の開始を合図した。艦の前進する勢いが作りだす見かけの風に実際の風がくわわって、強力な突風が甲板上を艦尾方向へ吹きつけた。ライト付きの指揮棒を持った飛行甲板員は、足を踏ん張って、プロペラのなかに吹き飛ばされないように用心した。彼らは各機を前方の発艦位置まで押していった。

　指揮棒がぐるぐるまわった。パイロットはブレーキを全力で踏みながらスロットルを前に押して、エンジンが荒々しい震える咆吼をあげるまでパワーをふりしぼった。彼はマグネット発電機、燃料の混合比、プロペラのピッチを点検した。エンジン計器に目を走らせ、油温と油圧が正常であることを確認した。エンジンの回転数を毎分二千七百回転まで上げ、マニフォールド圧を見守った。青い炎の舌が排気管からのぞき、エンジンのカウリング上にかすかな光を投げかけた。飛行甲板士官はエンジン音に満足すると、指揮棒を下げ、甲板に向けた。パイロットはブレーキから足を離し、すぐさま背もたれに押しつけられた。空母の艦橋構造物の黒い輪郭が彼の右横を通りすぎた。尾部が甲板から持ち上がり、それから車輪が離れ、ヘルキャットは飛び立って上昇した。パイロットは油圧レバーを引いて降着装置を上げると、眼下の暗い海に墜落しないように、計器の針とボールから目を離さずに、左へバンクした。

攻撃は数十機あるいは数百機にもおよぶヘルキャット戦闘機隊による航空撃滅戦ではじまった。その目的は、ＳＢ２Ｃヘルダイヴァー急降下爆撃機とＴＢＭアヴェンジャー雷撃機の到着前に敵機を空から一掃することだった。往路の戦闘機は「グループ探し」を行なった。つまり飛行しながら合流して編隊を組むのである。優れた視力のパイロットたちは、前方を行く飛行機の唯一の目に見える痕跡である、かすかな青い排気炎を注視した。闇のなかの編隊飛行は、対気速度と針路と高度をたえず調節し、容易に墜落につながる空間識失調と方向感覚喪失を寄せ付けないようにずっと集中している必要があった。彼らは酸素マスクをつけて、高度二万から三万フィートに上昇した。じきに操縦席は冷凍庫のように寒くなった。彼らは手袋をした手を叩き、座席で飛び跳ねて、寒さをこらえた。夜が明けると少し緊張がやわらぎ、水平線と周囲の飛行機が見えるようになった。訓練の初期のころから、彼らは「頭をずっとまわしつづける」よう教わっていて、たえず視線を移し、空に敵機の姿をさがした——前方、上方、下方、左側、右側、また前方、そのくりかえし。

目標に近づくと、彼らは機首を下げ、対空砲火のなかを飛び抜けるために加速した。もし空に敵機がいたら、それは通常、より低い高度だった。第二次世界大戦で屈指の撃墜数を誇るＦ６Ｆの撃墜王、デイヴィッド・マッキャンベルは、彼らがほぼかならず日本の対戦相手を自分たちの下方で発見して、急降下で襲いかかることができたと指摘している。ヘルキャットは編隊を解くと、「急降下して、一機か二機を射撃した。……われわれは襲いかかって、引き起こし、高度の優位と速度を維持しながら、ふたたび降下した。これを何度も何度もくりかえした」[5]。

一九四四年にはヘルキャットは太平洋で最優秀の艦上戦闘機だったが、万能で爆撃機としても使うことができた。実験によってすぐにＦ６Ｆは専用の急降下爆撃機とほとんど同じぐらい効果的に爆弾を搭載して投下できることが証明された——しかも、急降下爆撃機とちがって、爆弾を投下したあと、ヘルキャットは空中戦でどんなライバルも打ち負かすことができた。ときには六発のＨＶＡＲ——航空機搭載高速ロケット弾、愛称〈ホーリー・モーゼズ〉——を搭載することもあった。これはある種の地上目標にたいして爆弾より効果的であることがわかった。ＨＶＡＲにはそれぞれ弾頭として五インチ砲弾がついていて、五インチ艦砲の破壊力に匹敵した。したがって、六発のロケット弾を一斉に発射する一機のヘルキャットは、駆逐艦の片舷斉射に匹敵するパンチ力を持っていた。やがてべつのロケット弾が採用された——長さ十フィートの〈タイニー・ティム〉で、十二インチ艦砲から発射される砲弾の破壊力に匹敵した。この空対地兵器は、戦争の後期、飛行士たちがそのあつかいに経験を積むにつれて、しだいに効果的になっていった。

戦いが西太平洋に移ると、Ｆ６Ｆはだんだんナパーム弾で日本軍の地上要塞を叩くようになった。ナパーム弾はゲル状の化学物質で濃くしたガソリンでできたシンプルな焼夷弾だった。この爆弾は落下した表面になんでもへばりつく——トーチカでも、対空砲陣地でも、駐機中の飛行機でも、人間の皮膚でも——傾向があり、燃料がつきるまで激しく燃焼した。ナパーム弾がコンクリートの掩蔽壕の上で燃えさかれば、なかにいる者たちは外に飛びだしてくるので、ナパーム弾を搭載した編隊長のすぐうしろを飛ぶ機銃掃射用のヘルキャットでなぎ倒すことができた。

Ｆ６Ｆは、その多用途性のおかげで、空母機動部隊でもっとも役立つ飛行機となり、指揮官たちは空母に載せるヘルキャットの割合をもっと増やすよう陳情した。これはめぐりめぐって急降下爆撃機と雷撃機の飛行隊の縮小につながった。終戦までに、典型的なエセックス級空母の艦載機定数九十六機には、十二機のＳＢ２Ｃヘルダイヴァーと十二機のＴＢＭアヴェンジャー、そして七十二機のヘルキャットがふくまれていた。

神出鬼没の超高速機動部隊

長く受け入れられてきた戦術的教理問答――セヴァスキーが彼のベストセラーのなかでくりかえした――では、空母は陸上を基地とする航空戦力に太刀打ちできないと考えられてきた。多くの古い正説と同様、この説もレーダーや対空砲術、通信技術の収束的進歩によってその座を奪われた。機動部隊はいまやもっとも激しい航空攻撃さえ自信たっぷりに撃退できたし、ミッチャーのような指揮官はしだいに大胆になって、敵占領下の島近くの沖合を遊弋していた。

ミッチャーに長く仕えた参謀長のアーレイ・バークによれば、作戦は「じょじょに一撃離脱戦術から、居座って決着がつくまで殴り合う戦術へと進化していた。居座って決着がつくまで殴り合う作戦とはつまり、われわれが敵の航空戦力を永久に取りのぞかねばならないということだった」(6)。機動部隊にたいする空からの反撃は避けられなかったが、大幅に改良されたレーダーは、来襲する敵機を百海里先から「見る」ことができ、高度も速度も針路も正確に測定できた。IFF(「敵味方（アイデンティフィケーション、）識別（フレンド・オア・フォー）」)技術はいまや、レーダー画面で友軍機と敵機を確実に識別できた。こうしたデータはすべて各空母の戦闘情報センター(CIC)に送られ、そこから戦闘機管制官(FDO)とその助手たちは、上空で待機するヘルキャットに無線で連絡し、接近する脅威を迎え撃つよう指示をあたえた。太平洋戦争の後期には、CICと上空直衛の戦闘機隊はほぼ完璧な迎撃を日常的に行なっていた。しばしば艦の乗組員たちは敵機を目にすることさえなかった。

もし侵入機が直衛のヘルキャット隊の猛攻撃をなんとかしのいで、機動部隊の中心部に入りこんだら、対空砲火の嵐に飛びこむことになった。直衛の戦艦と巡洋艦には、強力な長射程の五インチ/三十八口径砲から、もっと新しい四十ミリの四連装ボフォース機銃群、そしてストラップで銃とつながれたひとりの男が照準して撃つ、最後の頼みの綱の二十ミリ・エリコン機銃まで、各種の対空火器が林立していた。高角砲弾はＶＴ（可変爆発時）信管、別名、「近接」信管の登場でずっと破壊的になった。この信管は小型ドップラー・レーダーを使って目標の飛行機を探知し、至近距離で起爆した。一九四二年の空母同士の戦いでは、各艦は航空攻撃をかわすのに積極的な高速運動にたよっていた――〈スネーク・ダンス〉と呼ばれた――が、機動部隊の規模が大きくなり、衝突の危険が高まった一九四四年では、新しい戦術原則は、操舵により少なく、砲力により大きな重点を置いていた。針路を維持して、艦隊を恐るべき対空砲火の防護スクリーンで包ませるほうがいいと考えられたのである。

第五十八機動部隊は高速を目的として編成されていた。おとぎ話の「七里靴（セブン・リーグ・ブーツ）」をはいて、敵が動きを嗅ぎつける前に、あらゆる方向に何千海里も進むことができた。大型のエセックス級艦隊空母（ＣＶ）と、より小さなインディペンデンス級軽空母（ＣＶＬ）は速力を二十三ノット以下に落とすことなく大海の波に何日間も航跡を刻み、戦闘時にはベルを鳴らして三十ノット以上に増速できた。空母ヨークタウンは一九四三年の試験航海時に三十四・九ノットの最高速度を達成した――その時点までで空母史上もっとも速い、驚異的な高速だ。高速空母は新型のアイオワ級〝高速戦艦〟によって護衛された。この四万五千トンの巨艦は、空母に楽々とついていくことができた。ミッチャーの騎兵隊にも、のろまな馬はいなかった。旧式の速力の遅い艦級は、水陸両用艦隊あるいは補給艦隊にまわされていた。

第五十八機動部隊の高速は、太平洋の大海原では必要不可欠な要件である機動性と航続力に役立った。これは巨大な遊牧する航空基地で、大洋のある地点からある地点へと猪突猛進し、赤道を何度も越えて、緯度を上り下りした。水兵たちは、ある日はウールの帽子に毛皮裏の手袋、分厚いウォッチコートを着ていたかと思うと、翌日か翌々日には、情け容赦ない赤道の太陽の下で、ダンガリーを汗で濡らし、もろ肌を脱いでいた。大艦隊は、厳格な電波管制を実施して、お忍びで敵の水域深く侵入した。気象前線に身を隠し、熱帯性低気圧のあとを追って北へ急行した。闇にまぎれて水平線の向こうから気づかれずに忍び寄り、完璧な奇襲と圧倒的な兵力で襲いかかった。機動部隊はたぶんしばらくとどまって戦うだろう――あるいはたぶん果てしなくつづく大海原にまた消えて、そこから千海里先で突然ふたたび姿を現わし、敵のべつの標的を破壊するかもしれない。日本軍には推測することしかできなかった。

機動部隊は輪形陣を組んで航海した。三隻か四隻の空母が中心となり、護衛艦艇は大きさの順に同心円を描いて配置される。典型的な配置では、二隻の大型空母と二隻の軽空母が中心部で互い違いの隊形を組んで航行した。戦艦は右舷側と左舷側の近くに位置し、巡洋艦が東西南北に配置された。外側の円には駆逐艦が配された。このなんでも屋の小さな〝ブリキ艦〟たちは、レーダー哨戒艦や使者、対空プラットフォーム、パイロットの救難見張り、そして潜水艦ハンターと、さまざまな役割を演じた。艦隊は、敵の潜水艦を混乱させ、妨害する戦術として、ジグザグの針路をとり、正確に計画された間隔で突然急激に変針した。全艦がいっせいに舵を切ると、その白い航跡が海に同期する弧を描く。艦隊は一分半で九〇度変針して、新たな針路に乗ることができた。精巧に振り付けられた運動には、ちっぽけな駆逐艦あるいは補助艦艇にいたるまで、全艦の巧みな操船術が必要だった。哨戒長（カニング・オフィサー）は、前後左右の艦艇にたえず用心深く目を光らせ、針路と速力を微妙に調整して艦位をたもった。

昼間は、こうした変針は〝船乗りの目〟で行なうことができた――しかし、視程がゼロに落ちる暗い夜や、視界の悪い天候では、近くの艦艇の位置を見分ける唯一の方法は、レーダー室の丸いスコープを見張ることだった。半径線がアナログ時計の長針のようにスコープ内をぐるりと回り、薄れゆくライトグリーンの〝雪〟と、もっと濃いグリーンの〝輝点〟の痕跡を残す。これは艦が変針しているあいだ、隣接したこれらの輝点を見張って、画面の中央に近づいてこないように、たえず艦橋に操舵と速力の修正を送るという問題だった。こうした状況では、レーダー室はまさに圧力鍋だった。夜間には、光が漏れないように舷窓とハッチが閉められ、室内は風通しが悪く、うだるように暑い洞穴だった。煙草の煙がもうもうと立ちこめ、男たちは制服まで汗だくだった。

機動部隊が暗闇を三十ノットで猛進する攻撃前夜には、レーダー・スコープ操作員はスコープから一瞬たりとも目を離せなかった。多くの者が懸命に心を静めようとしていた。駆逐艦デイルのある水兵は、そうした夜のかろうじて回避された災難を回想している。もう一隻の駆逐艦が予想外の回頭を行なったとき、高速での衝突は避けられないように思えた。デイルの哨戒長は艦の行き脚を止めようと、両舷後進三分の一を命じた。プロペラが水を深々と噛んだ。船体がまるでリベットのところでばらばらになろうとしているかのようにきしみ、振動した。艦尾が航跡のなかに沈み、乗り手を振り落とそうとする野生の子馬のように、艦は海から艦首をもたげた。もう一隻の駆逐艦は九十メートルの間隔で艦首前方を横切った(7)。

かつてない大艦隊、かつてない機動力

第五十八機動部隊はじつに大規模で、新たに就役した艦艇が太平洋に到着するにつれてどんどん大きくなっていたので、ひとつの輪形陣で行動するのは手にあまった。そこで部隊は、それぞれがそれ自体小さな輪形陣艦隊である、隷下の「機動群」に分割された。各機動群は部隊として航行し、海軍少将の現地指揮下で半独立的に活動した。燃料補給あるいは航空作戦を実施するために離脱することもできた。あるいはミッチャー提督に派遣されて、数百海里先の目標を空襲するかもしれなかった。いくつかの機動群に所属する戦艦と巡洋艦が集まって通常の水上艦艇部隊を編成し、通常の砲戦で日

本軍の軍艦と交戦したり、敵の海岸要塞に艦砲射撃を浴びせたりすることも可能だった。しかし、通常、機動群（その数は三個から五個までさまざまだった）は、たがいを掩護しあえるように、十五海里から二十海里の間隔を置いて、隣接する位置に全兵力をしたがえてとどまった。

この巨大な〝艦隊のなかの艦隊〟がひとつの部隊として行動する場合は、ひと組の目ですべてを一度に見ることとは、たとえ上空高く飛ぶ飛行機からでも不可能だった。目撃者は輪形陣のひとつにいるある空母の艦橋からあらゆる方向を見て、大きさも艦種もさまざまな灰色の鋼鉄船が水平線の向こうまで広がっているのを見ることができた。となりの機動群の中心にいる空母の四角いシルエットが遠くに見えるかもしれなかったし、あるいはその上部構造物だけが水平線に顔をのぞかせているかもしれなかった。索敵機が半径二百海里か二百五十海里まで扇状に飛んで、艦隊が水平線の向こうをどちらの側面も「見る」ことを可能にした。晴れた日には、幅五百海里の帯状の青海原で、なにひとつ見逃すことはなかった。夜間には、強力なタービンが夜光虫を四方八方で何海里にもわたって刺激し、海は緑がかった燐光性の発光で照らしだされた――新聞が読めるほど明るかったという者もいる。対空火器の砲員たちはつねに武器につき、鉄製ヘルメットを頭に押し上げ、首のまわりに救命胴衣を巻きつけて、敵機をもとめて油断なく目を光らせた。ときおり点滅信号灯が静かにまたたいて、一隻の艦がほかの艦に伝言を送った。

艦隊のかつてない機動力は、一度に何週間も、いや何カ月でさえも、海上にとどまれる能力によって倍加された。第五十八機動部隊を支援し、物資を補給するのは、太平洋艦隊兵站部隊の仕事だった。同部隊は以前には思いもよらなかった規模で活動した。歴史研究者たちは、その前の従軍記者たちと同様、兵站を読者にとって興味深いものにすることにあまり成功してこなかった。しかし、兵站は圧倒的な軍事部隊を西太平洋の遠い区域へと進出させた原動力であり、連合国の勝利の基本要件だった。

兵站は（海軍の専門家が戦時中たえず従軍記者に、のちに歴史研究者に思いださせたように）太平洋の戦い全体の根本的な礎だった。

一九四四年春には、戦争はハワイのはるか西へと移動していて、真珠湾は太平洋艦隊の主作戦基地をつとめるには遠く離れすぎていた。艦隊は、ちゃんとした海軍のどの陸上施設からも何千海里も離れた、中部太平洋の辺鄙な環礁に避難することを余儀なくされた。マーシャル諸島のエニウェトク、クェゼリン、そしてマジュロは、低地の珊瑚砂でできた巨大な楕円形の環で、先史時代の火山の名残だった。環礁は何百隻もの艦船が投錨できるほどの大きな礁湖をかこんでいた。海抜三メートルから四・五メートルの長く狭い入り江は、天然の防波堤の役目をはたし、艦隊を太平洋の長いうねりから守った。しかし、強風をふせぐだけの陸塊を欠いていたので、環礁は暴風に見舞われると荒れ、船舶はしばしば停泊場所から流されて、風下の海岸に乗り上げた。

マーシャル諸島は、食料や真水、あるいは原材料についても、ほとんど提供してくれなかった。例外は珊瑚岩で、砕いて、飛行場や道路、岸壁用の高品質のコンクリートにすることができた。しかし、新しい建築物は陸上でほとんど必要がなかった。〝浮かぶ兵站〟が前進艦隊基地の必需品を供給したからである。停泊地では、油の条がついた輸送艦や油槽艦、補助艦艇のむさ苦しい小艦隊が、錆びついた錨の上で揺れ、戦闘艦隊に必要不可欠なあらゆる修理や補給業務を提供する体制をととのえていた。移動式の浮きドックでは、もっとも甚大な戦闘による損害をのぞけば、あらゆるものが修理できた。船舶輸送のへその緒が、これらの前哨基地と真珠湾、そして北米西海岸をつないでいた。巡回する〝艦隊補給段列〟には、貨物輸送艦や民間の油槽船、兵員輸送艦、艦隊給油艦、給弾艦、病院艦、機雷敷設艦、掃海艦、冷蔵艦、潜水母艦、水上機母艦、そして護衛の護衛空母、通称〈ジープ〉空母（ＣＶＥ）がふくまれていた。どの艦も、燃料や弾薬、物資、予備部品、補充の飛行機、そして訓練を終えたばかりの交代要員を満載してやってきた。
第五十八機動部隊の恐るべき航続距離と機動力は、こうしたミクロネシアの泊地の戦略的近さに多くを負っていたが、たぶんそれ以上に、洋上補給と呼ばれる作業のおかげだった。艦隊は海上で燃料を補給し、海上で食料を補給し、最後には海上で弾薬まで積みこんだ。一九四四年四月、アメリカが手中にした最西端の環礁であるエニウェトクに、〈海上兵站業務群〉が開業した。同群は、二万五千トンの艦隊給油艦三十四隻と、護衛空母十一隻、駆逐艦十九隻、護衛駆逐艦二十六隻で構成された。十隻以上の給油艦が駆逐艦に護衛されて定期的にエニウェトクを出港し、第五十八機動部隊と洋上で会合した。ある駆逐艦乗りは、水平線の向こうからやってきて、艦隊に給油する準備をととのえた給油艦の列が「橋の料金所」のように横一線に整列しているのを目にしたとふりかえっている。[8] 褐色のバンカー油の悪臭は一海里風下でも嗅ぎ取れた。
一九四二年には、荒れた海での燃料補給は空母運用の悩みの種で、しばしば高くつく遅延を引き起こした――しかし、二年以上の戦時の経験と訓練をへたいま、乗組員たちはかなり熟練していた。燃料の補給を受ける艦艇は、艦尾方向から給油艦と平行してゆっくりと近づき、九メートルの間隔をあけて、九ノットか十ノットで並行針路をとった。太綱と電話線が投げ渡され、お返しに給油ホースが引き寄せられて、給油バルブに接続されると、ポンプのスイッチが入れられ、燃料油が流れはじめた。大きなうねりのなかで、両艦は激しく縦揺れし、ホースがあちこちへぐいと引かれ、たえずはずれる恐れがあった。「艦から艦へホースを引っぱるのは、木から大蛇のボアをひっぱりだそうとするようなものだった」とある目撃者は書いている。「生きているみたいに抵抗して、身をよじり、しがみつき、ぐいっと引っぱって、給油パイプにしっかりとつながれたあとでも、必死にはずれようとした」[9]
両艦の操舵員は正確な並行針路を維持するために、たえず修正をくわえた。ふたつの艦首が漏斗(じょうご)の働きをして、両艦のあいだの隙間に荒波をどっと流れこませた。燃料補給中の艦のタンクがいっぱいになると、艦はホースを切り離して、しだいに速力を増しながら離れていき、べつの艦が艦尾方向から近づいた。この手順は全艦隊が腹いっぱいになるまでくりかえされた。

一九四三年の秋から一九四四年の春のあいだに、第五十八機動部隊は、アメリカから新たに就役した高速空母と護衛の艦艇が到着すると、どんどん大きくなった。急成長する部隊は前例のない戦術的機動性を発揮して、中部および南太平洋を縦横無尽に動きまわり、五千海里の前線全域で日本軍の目標に襲いかかった。空母の戦闘機と雷爆撃機は、ニミッツとマッカーサー両方の戦域をふくむ、当時の主要なすべての水陸両用上陸侵攻作戦で航空掩護にあたり、ときには同じ週に赤道の北と南の目標を攻撃した。

一九四三年十一月、一個機動群が南へ遠回りをして、ニューブリテン島のラバウルを叩き、部隊の残りはギルバート諸島のタラワとマキンの侵攻を掩護した。それから再集結した空母部隊はマーシャル諸島の心臓部を急襲し、一九四四年二月の〈フリントロック〉上陸作戦でクライマックスを迎える一連の激しい航空攻撃を実施した。その月はさらに、第五十八機動部隊のそれまでもっとも大胆な作戦が行なわれた――本土以外で最大の日本海軍基地であるトラック環礁への奇襲攻撃、〈ヘイルストーン〉作戦である。二日間の空襲で、アメリカの空母艦載機は、二百四十九機の日本軍機を（大部分、地上で）撃破し、約二十万トンの船舶を沈めた。部隊は北へ戻る途中で、機に乗じてマリアナ諸島のグアム島とロタ島を攻撃し、それからふたたび南へ針路をとって、トラック島のゆうに千二百海里西方に位置し、フィリピンの東方わずか五百七十五海里にあるパラオ島の目標を攻撃した。四月には、第五十八機動部隊の隷下部隊はふたたび赤道の南へ下り、ニューギニア北部沿岸のホーランディアにたいするマッカーサーの進撃を支援して、地域一帯の日本軍飛行場を叩き、これを無力化した。

部隊は北へ戻る途中、ふと思いついたように、西へ回り道をして、トラックとパラオ諸島にまた二日分の猛攻を浴びせた。

スプルーアンス提督という男

艦隊の大ボスであるレイモンド・スプルーアンス提督は、冷静沈着で少しはにかみ屋の、寡黙な人物だった。中背で、つねに健康でほっそりとして、アイロンがかかったカーキの制服と、磨き上げた靴を身につけていた。短く刈った金髪には白いものが混じり、水色の目をしていた。肌は、日差しの下で長い時間すごす人間の赤銅色だった。年齢は五十七歳だったが、四十七歳といっても通っただろう。亡きユーモア作家のウィル・ロジャーズにそっくりだと思う者もいた[10]。

開戦時、スプルーアンスは、ハルゼー提督の空母機動部隊で巡洋戦隊を指揮する無名の海軍少将だった。一九四二年六月、ふたつの重大な出来事が彼のキャリアを急激な上昇軌道に押し上げた。まず、彼は、ハルゼーが皮膚疾患で病床に伏しているとき、空母エンタープライズとホーネットを中心とする第十六機動部隊の臨時指揮官に抜擢された。その役割で、ミッドウェイ海戦（一九四二年六月四〜六日）を戦い、不朽の勝利の功績を認められた。そのすぐあとに、ニミッツの参謀長として陸上勤務に呼び戻され、その要職を一年以上つとめることになった。

一九四二年六月から一九四三年七月までのこの時期、彼は真珠湾のマカラパ・ヒルにあるニミッツ公邸の二階の質素な狭い寝室で暮らした。ふたりの提督は職業上も個人的にも緊密な関係になり、スプルーアンスの太平洋艦隊司令部勤務が終わりに近づくと、ニミッツは彼を、アメリカ海軍で最大かつもっとも重要な海上部隊である第五艦隊の司令長官に選んだ（これはどの国の海軍史上においても、断然最大の艦隊部隊だった）。ニミッツはスプルーアンスが自分の代理人をつとめると信頼していた

——ニミッツ自身が海上で艦隊を指揮していたら下すのと同じ決断を下すと。ある太平洋艦隊司令部参謀が述べているように、「提督はレイモンドをいま送りだしてもだいじょうぶだと考えている。彼はレイモンドを、ふたりがまったく同じように考え、話すといってもいいほどにした」[11]。

スプルーアンスは指揮系統上ではミッチャー提督の上に立っていたが、通常は、第五十八機動部隊の指揮官に艦隊の戦術指揮をとらせて満足していた。彼のつましい旗艦、重巡インディアナポリスは、エセックス級の大型空母レキシントン（CV－16）を中心とするミッチャーの第五十八・三機動群で、輪形の直衛陣の一隻として航行した。第五十八機動部隊が太平洋の広がりを高速で横切って航行するとき、スプルーアンスは一度に何日間も、ほとんどあるいはまったく働かず、なんの重要な決定も下さず、ミッチャーともまったく連絡を取らなかった。彼らの二隻の旗艦は四分の一海里しか離れていなかったというのに。

第五艦隊のチャールズ・〝カール〟・ムーア参謀長はのちに、ボスの一風変わった性格と仕事の習慣について率直に述べている。スプルーアンスは戦時下の艦隊指揮官の標準的な型にはあてはまらなかった。彼は超然として、内向的で、修道僧めいていた。彼はしばしば太平洋戦争を「興味深い」と形容した。体を鍛えることに取りつかれていたスプルーアンスは、すくなくとも一日八キロは歩かないと、はっきり考えることも、夜ちゃんと眠ることもできないといっていた。海上の平均的な一日には、スプルーアンスは派手なハワイ風の花柄の水着を着て、シャツなしで、白い靴下と彼の服装規定どおりの黒い革靴をはいた格好で、インディアナポリスの前甲板を三時間から四時間、ぐるぐる歩きまわった。

スプルーアンスは管理上の細部にはほとんど関心をはらわず、その心配は部下にさせるほうを好んだ。ムーアがなにかの懸案事項についてスプルーアンスの関心を引こうとしても、提督がそれは自分の注意に値しないと考えると、答えることをそっけなくこばんだ。司令艦橋から出ていって、いつもの甲板周回に戻るか、ペーパーバック本を持って自分の居室に閉じこもった。「彼はけっしていらだったり、興奮したりしないし、わたしが気むずかしくなったときも、けっして憤慨しない」とムーアは一九九四年前半の手紙のなかで妻に語っている。「仕事をしたくないときは、ただ聞こえないふりをして、ベッドに行くか、出ていって、答えない[12]」

スプルーアンスは睡眠を大まじめに考えていた。ひと晩に八時間か九時間を目標にし、しばしば八時には床についていた。インディアナポリスが三十ノットで敵海域に突入し、乗組員仲間が緊張して眠れないときも、提督はぐっすりと眠った。ある夜、ムーアは提督を揺り起こして、レーダーに未知の飛行機が捉えられているという知らせをつたえた。

「なるほど」とスプルーアンスは寝棚から起き上がりもせずにたずねた。「なにかわたしにできることはあるかね?」

「いえ」とムーアは答えた。

「ではなぜ起こした? わたしが真夜中に起こされるのを好まないのは知っているだろう」彼は寝返りを打つと、ふたたび眠りに落ちた[13]。

第五艦隊の幕僚は、彼らの司令長官の強迫症的な日常の習慣にかんする噂話に花を咲かせた。彼はそれを細部まで徹底的にこだわってくりかえした。スプルーアンスの毎日は冷たいシャワーからはじまった。朝のコーヒーを飲むまではひと言も口をきかなかったが、パイレックスのポットに入って食堂に置かれている海軍〝ジョー〟、つまりコーヒーは、鼻であしらった。彼は高品質のハワイアン・コナ豆を使った淹れたてのコーヒーにこだわった。食堂担当下士官が仕事をちゃんとやると信じていない提督は、自分でコーヒーを淹れた。私物の手回し豆挽き器で豆を挽いて、それからテーブルに置いたパーコレーターで淹れる。彼は朝食時に小さなカップで三杯飲んだが、あとの時間はそれ以上飲まなかった。彼は規律正しく腹八分目の食事を心がけていた。「彼はトースト数枚と、あればグレープフルーツを食べた」と提督付き副官のチャールズ・F・バーバーはいった。「昼食はボウル一杯のスープと山盛りのサラダだった。わたしはよく昼食前に来客に、それが出てくる食事のすべてだと注意した(14)」夕食はたっぷりだった。スプルーアンスは通常、艦をぐるぐる歩きまわって食欲を増進していたからだ。彼は牛肉と生のスライス・オニオンを食べたが、それは彼が健康にいいと信じていたからだった。

スプルーアンスは、とくに自分の個人的な空間では、整頓して清潔にすることにこだわった。一度彼は、司令官室で椅子に脚を上げたといってムーアを叱責した。

「甲板は完璧にきれいですよ」とムーアは答えた。「椅子と同じくらいきれいだ」

スプルーアンスは座る前に座面を手ではらう仕草をして、こういった。「わたしはきみが脚を置いた場所に座ってズボンをひどく汚したくないんだよ(15)」

個人的な会話では、提督は旧友のビル・ハルゼーを新聞記者に率直に話しすぎるといって責めた。ハルゼーが報道機関に「食い物にされる」のを許していると思ったスプルーアンスは、自分は同じ過ちをくりかえすまいと決心していた。一九四三年秋にはじめて第五艦隊の指揮をとったとき、彼は従軍記者をインディアナポリスに乗せることを拒否していた。しかし、艦隊司令官としての彼の任期は、海軍の広報活動を向上させるワシントンの新たな動きとぶつかっていた。とくにジム・フォレスタル海軍次官は、あらゆる主要海軍部隊にマスコミ報道の質と量とタイムリーさを向上させるよう圧力をかけていた。真珠湾を拠点とする記者団は、謎めいた四つ星の提督にしだいに興味をいだいてきた。インタビューの申し込みが殺到した。「彼は従軍記者にまるで会おうとしなかった」とムーアはいっている。「わたしがそれは彼の務めだと信じさせるのに成功するまでは[16]」

とうとう新聞記者に追いつめられたとき、スプルーアンスは冷静で事務的だった。彼らにはあまり関心のない話題である兵站の細かな点について長々と話をした。記者が引用しやすい印象的な言葉では話さなかった。彼らが自分の人柄や統率スタイルを描写するのに使えそうなネタはなにひとつあたえなかった。一部の記者は空白を埋めるために想像力を利用した。《コリアーズ・ウィークリー》誌の一九四四年一月号はスプルーアンスを人使いの荒い仕事中毒者として描いた。「スプルーアンス提督は、歩いていないときには、酷使している──自分自身を、部下を、自分の艦隊を、そして敵を酷使している。彼は仕事の鬼だ[17]」ムーアはインディアナポリスの艦橋でこの一節をくりかえして提督をからかった。仕事の鬼だ！　後年、戦後のインタビューで、ムーアは《コリアーズ》の記事を読み返して爆笑した。「これまで見たなかでいちばんのなまけ者ですよ！　彼は働くのが大嫌いだった。なにかを書くのが大嫌いだった。彼は酷使などしなかった──わかるでしょう、彼はわたしを酷使しなかった、わたしが働くのをやめさせようとしたし、ほかのみんなにも同じことをした。彼は艦隊を酷使しなかった。その点でいえば、敵は酷使したけれど、この誰かさんは、ここにタフで、非情な、人使いの荒い人間がいるような印象をあたえているが、彼はまったくそうじゃなかった[18]」

一九四四年六月、第五艦隊がマリアナ諸島攻略の先陣を切っているとき、スプルーアンスの赤銅色の顔が、「機械的な男」という見出しで《タイム》誌の表紙を飾った。《タイム》は彼を「冷静で、計算高い、機械的な男」で、戦士よりは技術者として描いた。同誌がインディアナポリスの司令艦橋にとどけられたとき、スプルーアンスはそれを隠そうとした。ごまかしは失敗した。ムーアがもう一部見つけて、艦内放送でその抜粋を読み上げたからである。のちに、もっと思慮深い気分のとき、ムーアは妻（夫と同様、レイモンド・スプルーアンスの親愛なる古い友人だった）に手紙を書き、《タイム》は第五艦隊司令長官の正体を完全にでっちあげたと結論づけた。「もし彼らがわたしのところにきていたら、わたしは彼のもっとずっとましなイメージをつたえられただろうが、国民とこの艦隊の何千という将兵が、彼を《タイム》が描いたように見なすのは、かえって好都合だと思う。彼には《タイム》が認めた優秀な軍事的資質があるが、非情というよりは、はにかみ屋で内気だ」[19]

もしスプルーアンスが、すくなくとも一通の戦後の手紙で率直に認めたように、意図的に仕事をさぼろうとしていたのだとしたら、彼は自分の怠け癖を長所に変える、なみはずれた偉業を達成した。[20]彼は権限を指揮系統の下のほうに無理やりゆだねたが、これは部下たちの長所を引きだす傾向があった。彼は大局に集中するために、こまかいことを頭から締めだしていた。大きな問題のために精神力を蓄えていたので、些細な問題を検討することをこばんだのである。毎日の八キロの甲板歩きは体を健康で強壮にたもった。運動は、敵海域における長期の作戦の重圧下でも、夜ぐっすり眠るのに役立った。艦隊のほかの者たちがだんだん疲れて短気になってきても、スプルーアンスは相変わらず溌剌として、じゅうぶんに休憩を取っていた。彼は洋上からの手紙で妻にこう書いた。「運動しないと同じように感じないし、いらいらして、精神的におちこむ……わたしは最高の状態で、自分の仕事をするためにそうありつづけるつもりだ。なんといっても、重要な仕事だからね」[21]

この信条の賢明さは明白だった。新たな遠洋航海能力のおかげで、艦隊の外洋航海の持続期間が長くなっていたからである。軍および衛生当局は、増加する「指揮疲労」の損失に直面していた。以前にも増して、海上指揮官は、その精神的および肉体的スタミナにしたがって評価された。一九四四年夏、ひとりの訪問者がインディアナポリスに乗艦したとき、第五艦隊の参謀たちが「くたくたに疲れていて、それが表に出ている」のに気づいた。彼らは陸で長期休暇をとる予定がのびのびになっているようだった。しかし、スプルーアンスは、幕僚の誰よりも年配だったが、しっかりと休んで、健康で、機敏そうに見えた[22]。

〝ツー・プラトーン〟指揮体制

ある同僚は、マリアナの戦いのはじめに、スプルーアンスにこういった。「どの指揮官もギャンブラーでなければならない」もしそうなら、自分は「プロのタイプ」のギャンブラーになるつもりだと、スプルーアンスはいい返した。なぜなら彼は「可能なすべてのことが自分に有利なように仕組まれる」のを望んでいたからだ[23]。彼は不要な危険を冒すことがよいとは思わなかった。とくにこの太平洋戦争の後期、アメリカ軍が大差をつけて優位に立ち、その差を広げつつあるときに。なによりも、彼はサイパンの上陸拠点と、沖に浮かぶ脆弱な水陸両用艦隊を守るつもりだった。

一九四四年六月十八日の夜、強力な日本艦隊が近づくと、ミッチャー提督はこれを迎え撃つために第五十八機動部隊を西進させる許可をもとめた。敵が機動部隊をかわして海岸の上陸拠点を攻撃する危険を（どんなにわずかでも）警戒したスプルーアンスは、この要請を却下した。六月十九日の午前、日本軍の空母は第五艦隊にたいして三次にわたる大規模な航空攻撃隊を発進させた。〈マリアナの大七面鳥撃ち〉とあだ名された終日の航空戦で、F6Fヘルキャット隊は攻撃隊と接触して、徹底的に叩き、三百機以上の日本機を炎上墜落させた。しかし、第五十八機動部隊は、はるか東にいたので、日本艦隊に反撃をお見舞いできなかった。二十四時間の追撃のすえ、ミッチャーの空母艦載機は、六月二十日の夜、ついに敵の艦隊油槽船二隻と空母一隻（訳註：飛鷹）を撃沈することに成功したが、日本艦隊の大部分は、また戦う日のために生きのびた。

この二日間の〈フィリピン海海戦〉（訳註：日本側呼称、マリアナ沖海戦）のあと、スプルーアンスの保守的な戦術は厳しい精査にかけられた。批判者は彼が空母戦の基本原則——先に攻撃せよ——

を忘れたか、無視したと非難した。この場合には、海軍の飛行機屋たちによれば、六月十八日の夜に西進することが二重に重要だった。この海域の卓越する貿易風は東から吹いており、したがって空母は飛行作戦を実施するために、昼の時間のあいだずっと東へ進むことを余儀なくされるからである。第五十八機動部隊をサイパンに張りつけることで、スプルーアンスは日本側に空から第一撃をお見舞いすることを許すと同時に、自分の空母を反撃の圏外に置く、計画的な決断を下していた。空母戦の（たしかに短い）歴史上、この決断は前代未聞だった。

スプルーアンスの批判者にとって、彼の戦術はまちがっているように思えるだけでなく、あきらかにまちがっており、したがって許しがたいものだった。ミッチャーの参謀長であるアーレイ・バークはのちに、自分と同僚たちがこの決断に「断腸の思い」だったとふりかえった。アメリカ側は日本海軍の全打撃部隊を一掃できる機会を手にしていたが、それを指のあいだからするりと逃がしたのである。この議論は、アメリカ海軍部内で主として戦艦などの水上艦艇に勤務してきた伝統的な海軍兵科将校（「ブラックシューズ」）と、反旗を翻す海軍職業飛行機乗りの幹部（「ブラウンシューズ」）とのあいだに横たわる亀裂をさらけ出した。ブラウンシューズ（訳註：海軍の飛行将校は作業用制服に茶色の革靴をはくことが服装規定で認められていたことから）は、スプルーアンスのようなブラックシューズに高速空母部隊を指揮する資格がないと主張した。母艦航空の新たな能力にたいする生来の感覚が欠けているからである。論議には偏見がこめられ、個人的な野心でゆがめられていたが、驚くほど敵意に満ちていた。勢力を増すブラウンシューズの大佐や少将の群れは、スプルーアンスは職を辞すべきだと主張し、彼らの長に批判の矛先を向けて、礼節の限界（あるいは反乱さえも）をためす覚悟だった。海戦におけるスプルーアンスの指揮ぶりは、キングとニミッツが翌月、マリアナ諸島を視察したとき、ふたりに支持され、彼から職を奪いかねなかった雑音を黙らせた。しかし、騒動は真珠湾とワシントンで騒がしく反響しつづけた。

一九四四年八月には、重要な指揮権の移行があった。一九四二年十月以来、南太平洋で卜級戦域司令長官（COMSOPAC）をつとめてきたハルゼー提督が、スプルーアンスと交代するために北に呼ばれた。交代はマリアナの戦いの終結時に行なわれることになった。スプルーアンスと彼の幕僚は、もらって当然の休暇をアメリカ本国で取って、それから将来の作戦を計画立案するために真珠湾に戻ることになる。ハルゼーは一九四五年一月まで艦隊を指揮し、それから同じくスプルーアンスと交代する。

このサイクルは終戦まで五カ月から六カ月ごとにくりかえされることになる。ひとりの提督とその幕僚が海上にあり、そのいっぽうでもうひとりは陸にいて、次回の侵攻と空母攻撃を計画した。いささかまぎらわしいが、第五艦隊はハルゼーが指揮するときには第三艦隊と改称され、第五十八機動部隊は第三十八機動部隊になった。スプルーアンスが帰任すると、ふたたび第五艦隊と第五十八機動部隊になった。番号は変わるが、ふたつの艦隊はまったく同じものだった。この策略は日本側をだまして、ふたつのべつの艦隊が太平洋を遊弋していると思いこませることを意図していた。すくなくとも最初はこれが成功した証拠がある。日本の民間のラジオ放送はときどき第五艦隊と第三艦隊の両方に言及し、それぞれの位置と任務を推測したからである[24]。

〝ツー・プラトーン〟指揮体制には、あきらかな長所があった。スプルーアンスはなみはずれたスタミナの持ち主だったかもしれないが、彼とそのチームが息抜きなしで無限に海上に留まるのを期待することはできなかった。戦争ははるか西方へ移っていたので、艦隊が一連の作戦が終わるたびに真珠湾に帰港するのはもはや現実的ではなかった。アメリカ軍が日本帝国の内側の防御線に侵入する場合、太平洋艦隊をたえず敵と交戦させることがもっとも重要だと考えられていた。空襲はたえまなく、攻撃は矢継ぎ早に。しかし、艦隊指揮官とその幕僚が新しい作戦の計画立案に直接たずさわる必要もあった。現実的な問題として、ひとつのチームが海上にあるあいだ、もうひとつのチームが陸上に置かれた司令部で働くことが必要とされた[25]。

この交代制の艦隊指揮の英知を疑う者もいた。この新しい取り決めを形容するのには、ふたつのたとえがぴったりだったし、両者は当時も戦後の記述でも広く使われるようになった。ひとつ目は、「御者がふたりで、馬がひと組」そしてふたつ目は、避けて通れないアメリカンフットボールのたとえだった。「後衛（バックス）がふたつで、オフェンスラインがひとつ」いずれの場合でも、馬あるいは前衛（ラインメン）には心配する理由があった。彼らが休む用意がなかったからだ。一九四五年に空母機動群のひとつを指揮したアーサー・ラドフォード少将によれば、「馬たちはときどき、以前の奮闘から休みを取って戻ってくる御者たちが、艦艇のひと組の乗組員は明けても暮れても神経をすり減らす月日をすごしていることを知っているのだろうかと考えた[26]」。

ハルゼーのチームに準備ができているのかという微妙な問題もあった。スプルーアンスとその一団は、苦労して得た一年間の経験のあいだに、しだいに仕事になじんでいった。ハルゼーとその結束の強い幕僚は二年近く、ニューカレドニアのヌメアの陸上司令部にいた。ハルゼーは一九四二年の比較的暗い時代以来、海上で指揮をとったことがなかった。そのあいだの時期には、大きな技術的および用兵的変化が起きていた。彼とそのチームには学ぶことがたくさんあったが、海戦はきびしく手加減しない学びの場だった。

南太平洋で指揮をとるあいだに、ハルゼーはカリスマ的で、尊大で、脚光を浴びるのが好きな戦士として名を上げていた。いわばジョージ・S・パットン将軍の海軍版である。兵士たちのあいだでは、彼のあだ名は「ブル」で、すぐさま新聞でも採用された。彼は記者に好意的で、いつもすぐに引用できるせりふで切り返した。日本軍にたいする彼の血の気の多い攻撃演説は、太平洋の連合軍将兵だけでなく、アメリカの市民にも熱狂的に受け止められた。多くの有名人と同様、彼には有名な決めぜりふがあった。「この戦争に勝つ方法は、ジャップを殺し、ジャップを殺し、それからもっとジャップを殺すことだ」と彼はいった[27]。彼は通信文を、「やつらを死なせつづけろ」で締めくくった。アメリカ軍捕虜にたいする残虐行為に言及して、彼は不吉な口調でこう宣言した。「やつらはしかるべき報いを受けるだろう」彼は記者団に、天皇裕仁の有名な白馬を東京の繁華街で乗りまわすつもりだと語り、直接、天皇に語りかけ、「あんたの時間は残り少ない」と宣言した[28]。

まずしゃべってからあとで考えるハルゼーの性向は、過去に当惑を引き起こしていた。もっとも顕著だったのは、連合軍が一九四三年末までに太平洋で完璧な勝利を達成すると早まって予言したときである。その三カ月後、彼は人騒がせな予想を撤回せざるを得なくなり、この撤回は日本の国家統制下にあるニュースメディアで大喜びで強調された。ハルゼーは新聞で「何度も自分自身を笑いものにした」ことを後悔し、過去のあやまちから学ぶと誓った[29]。しかし、スプルーアンスは「ハルゼーの知名度がじつのところ彼を傲慢にした」ことを恐れ、自分の厚かましい同僚が「最良の軍事的判断にみちびかれるよりも、美化された大衆イメージにしたがって行動する」圧力を感じているのではないかと（結果的には、予言のように）思った[30]。

一九四四年中期にハルゼーの幕僚の取り巻きグループを知るようになったある従軍記者は、この一団がいつも上機嫌なことに気づいた。「ハルゼーは、はやりの冗談を飛ばしつづけた。ハルゼーの部下たちはみんな、いつも陽気にすごしているようだった[31]」彼らのリーダーがその雰囲気を決定づけていた。彼は不敬で、騒々しく、楽しいことが好きな四つ星の提督で、自虐的な冗談で笑い、敵に挑発的な言葉の集中砲火を放った。ロバート・〝ミック〟・カーニーひきいる幕僚は、〝汚い手部門〟を自称していた。彼らはハルゼーに熱烈な忠誠を誓い、彼はその忠誠に報いた。当然ながら、彼らは全員、つぎの冒険で「ビル提督」に同行したがっていた。とくに第三艦隊司令部は野心的な士官にとって望ましい配置だったからである。そしてハルゼーも自分の一味が散り散りになることを望んではいなかった。

　そのことは疑いなく、彼が一九四四年六月十六日にヌメアを発って真珠湾へ向かったとき、南太平洋部隊(SOPAC)幕僚の大群をつれていく決断にかかわっていた。真珠湾の海軍工廠の暫定的な第三艦隊司令部に引っ越したとき、彼らは士官と下士官兵百名以上に達し、意図された八月の指揮引きつぎ前に、南太平洋からもっと到着することになっていた。前年のエセックス級高速空母の到着以来、艦隊で勤務した経験を持つ者はほとんどいなかった。ハルゼーの第三艦隊幕僚はスプルーアンスのチームの倍近い規模で、もしニミッツ提督が頭数を制限するよう主張していなかったら、もっと大きくなっていただろう。

太平洋の大人事異動

　人員の入れ替えは機動群レベルでも起きていた。ミッチャーは能力の劣る者を容赦なく粛清し、一九四四年一月に第五十八機動部隊の指揮を引き受けたとき以来、三名の機動群指揮官を馘(くび)にしていた。最近昇進した新世代の航空科提督たちはこの仕事を切望した。これは海軍でもっとも名誉ある仕事のひとつだった。出世の野心、個人的なライバル関係、そして進行中のブラウンシューズの乱が、垂涎(すいぜん)の配置を手に入れようと画策するさいにはかかわってきた。新しい機動群指揮官のほとんどは一九一六年から一九一九年のあいだに海軍兵学校を卒業していた。そのため彼らは艦隊で戦艦や巡洋艦を指揮するブラックシューズ提督たちよりずっと先任順位が下だった。戦艦部隊の管理指揮をとるウィリス・〝チン〟・リー中将は、スプルーアンスのわずか二年遅れの一九〇八年組で卒業していた。彼はいくつかの機動群を動かす者たちより十年先任だったが、リーと彼の戦艦の艦長たちは彼らにたいして責任を負わねばならなかった。この種の体制は戦前期にはほとんど知られていなかったが、ブラックシューズたちは空母の優勢を認めていて、戦争に勝たなければならない以上、彼らは卒業年度による序列の微妙な差に固執しなかった。

キング提督は、太平洋における最上層部の人事配置の管理をなんとしても維持するつもりだった。彼のやりかたは、士官を艦隊からワシントンの管理および計画立案職に配転し、司令部から艦隊に士官を送りこむことだった。この施策は理にかなない公正だったが、ワシントンで「机を飛ばして」いた人物が突然、艦隊勤務の経験が最近ないにもかかわらず、重要な海上部隊に押しつけられることを意味した。技術と用兵の進化のすさまじい速さを思えば、彼らには学んで吸収すべきことがたくさんあっただろう。

第五艦隊がマリアナ諸島攻略を支援する二カ月以上のたえまない戦闘行動のあとで、八月十日、エニウェトク環礁に寄港したとき、数名の新任機動群指揮官が飛来して、前任者と交代した。ごく最近にはキングの航空担当海軍作戦部長補をつとめていたジョン・S・〝スルー〟・マケイン中将が、第五十八・一機動群の指揮官としてジョゼフ・〝ジョッコ〟・クラークと交代した。彼の旗艦は空母ワスプの予定だった。フレデリック・〝テッド〟・シャーマンは、第五十八・三機動群を指揮するアルフレッド・モントゴメリーと交代して、空母エセックスに将旗を掲げた。ジェラルド・ボーガンは第五十八・二機動群の指揮官にとどまり、空母バンカー・ヒルを旗艦とした。ラルフ・デイヴィスンは第五十八・四機動群の指揮官として空母フランクリンに座乗した。全員が、八月二十六日正午に行なわれる、来るべき艦隊指揮の引きつぎについて説明を受けていた。スプルーアンスは重巡インディアナポリスを真珠湾につれもどし、戦艦ニュージャージーが九月の第一週にハルゼーを西太平洋につれてくることになっていた。

遅かれ早かれ、ミッチャー提督もひと休みが必要になるだろう。艦隊軍医長は、神経衰弱の明白な兆候に気づいていた。ミッチャーは六カ月で七キロ近くも体重を落としていたが、そもそも競馬の騎手とさほど変わらない体格だったので、そんな余裕はほとんどなかった。しかし、ミッチャーを交代させるのは難題だった。ワシントンと真珠湾で幾人かの野心的なブラウンシューズ提督がその仕事を手に入れようと運動していた。現役の海軍飛行機乗りでミッチャーの階級と先任順位を有するものはほとんどいなかったし、新型空母で航海の経験がある者は皆無だった。ミッチャーは既存の機動群指揮官のひとりを昇進させてその任務につけることに賛成した。彼はテッド・シャーマンを推薦した。しかし、シャーマンは開戦時には大佐で、こんな先任順位の低い提督を昇進させて、もっとも地位の高い指揮職につけたりしたら、嫉妬と恨みをかき立てることになるだろう。

キングは結局、この仕事にジョン・マケインを選んだ。マケインは先任順位がひじょうに高い提督で、一九〇六年にアナポリスを卒業していた（訳註：日本側の戦記ではマッケーンと表記されることが多い。米議会の重鎮だった故マケイン上院議員の祖父）。彼はキングがワシントンでもっとも信頼していた補佐役のひとりだった。ガダルカナル戦時には南太平洋で航空指揮官をつとめ、その後、海軍省で航空局を動かしていた。キングとハルゼーと同じように、彼は航空畑に入ったのが遅かった——三人とも、五十歳を超えた大佐時代に、空母を指揮するのに必要な資格を得るためだけに、飛行訓練をやっていた。飛行士として低い階級から昇進してきた〝本物の〟ブラウンシューズたちは、こうした〝新参者〟を彼らの組合の本物のメンバーとは見なさなかった。マケインが第三十八機動部隊の指揮官としてミッチャーの役割を引きつぐというニュースに、多くの者が面食らい、動揺さえした。

ミッチャーは十一月まで艦隊に留まる予定だった。そのあいだにマケインは第三十八機動部隊の四個機動群のひとつで、隷下の機動群指揮官の仕事につき、三カ月の慣らし期間を経験する。彼の前任者のジョッコ・クラークは空母ホーネットで海上に留まり、必要な場合にはいつでもホーネットからワスプへさっと飛んで、新しいボスと話し合う。ピジン英語に由来する言葉「メイキー・ラーニー」は、こうした実地訓練の手配を意味する海軍のニックネームだった。マケインはミッチャーの経験豊富な幕僚を受け継がないことになっていたので、彼は新たなチームを一から作り上げる困難な作業に直面した。しかし、必要不可欠なノウハウを持つ士官たちの多くは休暇を取ることになっているか、すでにほかの提督に配属されているか、あるいはその両方だった。

マケインは、自分がミッチャーより四年の差で先任であることに言及して、ジョン・タワーズに、誰かが「自分の喉をかき切ろうと」しているような感じがすると感想を漏らした[32]。アメリカ海軍史上のそれ以前の時代であれば、先任順位における四年の差はこうした論争をすべてマケインの有利なように解決していただろう。しかし、広大で血なまぐさい戦争の重圧によって、多くの古い伝統はわきに追いやられていた。現実的な解決がいまの風潮だった。ニミッツは敬意をはらって彼の言い分を聞いたあと、現状で最善をつくすよう彼に話した。

艦隊がエニウェトクで休養するあいだ、水兵と士官は上陸休暇を取った。二カ所の入り江が、ひとつは士官用、ひとつは下士官兵用の保養地区に指定されていた。ビールは配給制で、ひとり二缶だったが、闇酒も、とくに士官の保養用に指定された入り江では、たっぷり手に入った。八月中旬のある日、たっぷりきこしめしたホーネット所属の飛行機乗りの一団が、桟橋に立って、内火艇が母艦につれかえってくれるのを待っていた。そのあと馬鹿騒ぎがつづいた。ある少尉が礁湖に突き落とされた。彼は泳いで岸に戻ると、仕返ししてやろうと桟橋を突進した。さらに数十名が海中に落ちた。じきに乾いたカーキの制服を着た人間は誰でも格好の標的になった。ホーネットの航空群司令のハロルド・L・〝ハル〟・ビューエル中佐でさえ、脚と腕をつかまれて、礁湖に放りこまれた。彼は気にしなかった。「結局のところ、あれは健全な娯楽だったし、水は午後の大酒の効果をはらいのけるのに役立った」と彼は書いている[33]。

　ビューエルがびしょ濡れで桟橋に戻ると、白髪の小柄な男が礁湖に頭から投げこまれるのがちらりと見えた。犠牲者がすでに宙を舞ってから、ビューエルはそれがマケイン提督であることに気づいた。海軍のエチケットはある種の状況で自由裁量の余地をあたえているが、一般に、酔っぱらった飛行機乗りが三つ星の提督に手をかけて、海に投げこむことは許されていない。ビューエルは警告の叫びをあげたが、もう手遅れだった。彼とほか数名はあわててマケインのあとから飛びこんだ。

　われわれが彼をつかんで、立ち上がるのに手を貸すと、彼は息を切らして苦しそうに呼吸しながら、「わたしの帽子を取ってくれ、諸君、わたしの帽子を」といった。その帽子、潮風でほとんど全部緑色に変色した金モールの顎紐とスクランブルエッグがついた特製の野戦作業帽は、彼の幸運の帽子で、艦隊パイロットたちのあいだでよく知られていた。われわれは帽子を回収して、提督をふたたび桟橋につれもどし、われわれの行為に深甚なる謝意を表した。……彼は小柄な男で、か弱いといってもよく、強い風を受けたら吹き飛ばされそうに見えた。海水と海藻、珊瑚砂をしたたらせながら、彼はにこやかに笑ったまま、ひとりひとりと握手をし、そのあいだわれわれはあやまりつづけた。彼は乾いた煙草を所望し、火をつけると、自分の「戦う男たち」のところに戻れてどんなにうれしいか話しはじめた。りっぱなサイズの鼻と耳が特徴の、皺の寄った顔から青い瞳を輝かせたマケインは、アイルランド伝説の妖精レプレホーンそっくりだった。

艦載艇が到着しはじめると、最初の一隻はマケインの内火艇だった。真っ白で、染みひとつなく、真鍮はぴかぴかで、三つ星の青い将旗がはためいて、じつにすばらしい光景だった。提督はいまや部下の若者たちと楽しげに話をしていて、それを終わらせたくなかった。そこで彼はいっしょに艇に乗らないかとさそった。われわれひとりひとりをそれぞれの艦につれていくつもりだった。染みひとつない艇の乗組員をがっかりさせたことに、十数名の薄汚いびしょ濡れのパイロットたちが提督といっしょにどやどやと乗りこんできた。それからわれわれは港内に浮かぶ軍艦の集団のあいだをまわって、パイロットをひとりずつ乗艦に送りとどけたのだった。(34)

小笠原諸島の「不動産開発」

いまや第三十八機動部隊と改称された艦隊は、八月二十八日、エニウェトクから出撃した。いつもどおり、出港は、長く精緻(せいち)に振り付けられた手順だった。空母のすぐ前に、駆逐艦と巡洋艦が水深の大きな出口水路を抜けて出ていき、すぐさま敵潜水艦をもとめてソナー探知を開始した。全艦艇は高速を発揮して――日本の潜水艦が待ち伏せしているのがわかっている危険な近接水路から早く離れるのに如(し)くはない――ペースを乱すことなく巡航隊形を組んだ。ミッチャーの部隊は、エセックス級空母八隻、軽空母八隻からなる総兵力で、四つの機動群に分けられ、全部で千機以上の飛行機を搭載していた。この航海は高速空母機動部隊の一年の歴史上でもっとも長く大がかりなものになる予定だった。

太平洋の海図上では、長さ三千海里の群島の弧が、日本からのびて、小笠原諸島、マリアナ諸島、カロリン諸島、パラオ諸島を抜け、フィリピン南部で終わっている。マリアナ諸島を占領したアメリカ軍はいまや、その長い弧を南下して支配を拡大するつもりだった。第三十八機動部隊は、目前に迫ったカロリン諸島とパラオ諸島にたいする水陸両用上陸作戦、〈ステイルメイト〉作戦を掩護することになっていた。もしすべてが計画どおりに行けば、アメリカ軍は十一月には、北はマリアナ諸島から南はミンダナオ島まで、群島のなかの重要な島をすべて占領するか無力化しているだろう。来たるべき航海では、空母はフィリピンの正面玄関におもむき、十一月十五日に計画されているマッカーサーのミンダナオ島侵攻に先だって、この地域の日本軍航空兵力を粉砕するつもりだった。航空写真偵察によれば、フィリピンには六十三カ所もの日本軍の飛行場が確認されており、もっとも正確な情報見積もりによれば、約六百五十機の各種飛行機が配備されていた。

　この三日月状につらなる島々の上のほう、マリアナ諸島と日本のあいだには、小笠原群島と火山列島と呼ばれる小さな島々があり、日本人はまとめて「南方諸島」と呼んでいた。アメリカ軍はこれらに「島（ジマ）ズ」というあだ名をつけていた[35]。島々は、十週間前、アメリカ軍がサイパンに上陸して以来、戦略的な要地になっていた。硫黄島はとくに南方に向かう敵の航空増援部隊の中継地点として重要だった。

　エセックス級空母のホーネットとヨークタウンをふくむジョッコ・クラークの第五十八・一機動群は、六月十五日から八月五日のあいだに、五隻の大型空母をもって小笠原諸島に空襲を仕掛けた。アメリカの空母艦載機は何度も戻ってきて、飛行場や弾薬集積所、対空砲陣地、燃料タンク、地上施設を徹底的に叩いた。「ジマズ」上空で百機近い敵機を撃墜し、さらに百機を地上で撃破した。港では日本の船舶に急降下爆撃をくわえ、沖合では小さな漁船に機銃掃射を浴びせ、海上では日本の輸送船団に魚雷をお見舞いした。艦隊の兵員は知らなかったが、スプルーアンス提督は硫黄島の攻略を熱心に説いていて、執拗な空母空襲は島の日本軍の防衛状態について有益な情報をもたらしていた。

　クラークはのちに、自分が「これらの島々を自分専用の地所と見なしていた」と語り、部下の飛行士たちはこれに〈ジョッコのジマズ〉というあだ名をつけていた。前月、エニウェトクに戻ったとき、彼らは架空の不動産投資会社、〈ジョッコ・ジマ開発会社〉の株券を作成していた。この会社はその業務内容を「小笠原諸島の高級地所」の取得と開発と謳っていた。指定された〝株主〟は、色鮮やかな図版が入った株券を渡された。株券は所有者に「硫黄島、父島、母島、聟島（むこじま）のあらゆるタイプの一等地――東京の繁華街からわずか五百海里」の共有権をあたえた。クラークは、架空の会社の〝社長〟として、株券に一枚一枚、肉筆で署名した。株券番号一番は、ミッチャー提督に発行された。株券はすぐに珍重されるコレクターズ・アイテムとなり、太平洋全域とはるかかなたのワシントンでまで（なかには現金で）取り引きされた。

　第三十八機動部隊がふたたび海に出ると、いまや部隊は隷下の支隊に分割された。三個機動群はカロリン諸島とパラオ諸島の雑多な目標を攻撃するため南へ転じ、一個群（ラルフ・デイヴィスン麾下の第三十八・四機動群）はさらにもう一度、小笠原諸島をたずねるために北上した。三日間の攻撃で、デイヴィスンの艦載機搭乗員たちは諸島にたいして六百三十三回出撃し、四十六機の日本軍機を撃墜あるいは地上で撃破し、艦船六隻を撃沈する戦果をあげて帰投した[36]。ハルゼーとミッチャーにあてた報告書のなかで、デイヴィスンはこう述べている。「〈ジョッコＪＲＩＣ〉開発会社、飛行場と産業用地の活発な取り引きのあと、新高値をつける[37]」

　デイヴィスンの空母は作戦で五機しか失わなかった。撃墜された艦載機の一機は、未来のアメリカ大統領、ジョージ・Ｈ・Ｗ・ブッシュ海軍中尉が操縦するグラマンＴＢＭアヴェンジャーだった。彼の乗機は父島上空で対空砲火を食らって損傷した。ブッシュはパラシュートで脱出して海に落ち、のちに潜水艦フィンバックに救助された――しかし、ほかの二名の搭乗員と、撃墜されたほかの機の搭乗員六名は、島の日本軍関係者に捕らえられ、拷問を受けて、処刑された。捕虜のうち四名は、儀式的な食人行為によって、日本軍将校たちに遺体の一部を食べられた。これらのおぞましい出来事と、加害者の戦争犯罪裁判については、ジェイムズ・ブラッドリーが二〇〇三年の著書『フライボーイ』（未訳）で克明に記録している。

ハルゼー出撃す

ハルゼーと彼の幕僚は八月二十四日、戦艦ニュージャージーで真珠湾をあとにしていた。ハルゼーは、艦の乗組員の約一〇パーセントにあたる、将兵二百名近い膨大なスタッフをしたがえていた。四万五千トンの戦艦の上部構造物は、艦隊指揮センターをつとめるために大規模に改装されていた。艦長用艦橋の二層下は「司令部専用区画」が占めていた。そのなかには、最新の通信機器とレーダー技術が組みこまれた新しい司令部作戦室、両舷に張り出しがついた広い司令艦橋、士官と下士官兵用の居住区画、会議センターを兼ねる洞窟のような士官室がふくまれた[38]。艦のこの領域は、スプルーアンスのもっと小型の旗艦インディアナポリスの同様の配置よりかなり広かった。改装されたばかりの士官室と食堂設備は海軍の基準では豪華だった。情報参謀のカール・ソルバーグ大尉は、下級士官たちが自分たちの食堂で白いリンネル・クロスを敷いた食卓の上に出てくる食事の質に驚いて大よろこびしたと回想している――「焼きたてのステーキとチョップ、あえたサラダ、毎晩のアイスクリームだけでなく、毎日曜日にはベークト・アラスカ[39]」。

第三十八機動部隊に合流する前に、ハルゼーはマヌスでマッカーサーの主要な海軍指揮官および航空指揮官と協議したかった。ハワイからの十日間の航海中、ニュージャージーと護衛の三隻の駆逐艦は毎日、対空射撃の訓練を実施し、砲術科員は戦艦の艦載水上機が曳航（えいこう）する吹き流し標的を撃った。ニュージャージーの十六インチ砲も射撃訓練を行なった。第三艦隊の通信科員がほっとしたことに、巨砲の強烈な衝撃は、彼らの装備の機能をさまたげなかった。以前の旗艦は、この問題にずっと悩まされていた。ミック・カーニーは司令部作戦室の要員を、極度の緊張が要求される「模擬戦闘問題」と呼ばれる一連の演習にかけた[40]。この時点で、ハルゼーと彼の旗艦は、第三十八機動部隊と何千海里も離れていて、ミッチャーは依然として空母の戦術指揮をつづけていた——しかし、ハルゼーはニュージャージーのそびえ立つ無線アンテナから頻繁に指示を送った。旗艦が艦隊と合流する前のいまでさえ、ハルゼーが前任者よりもっと積極的に関与する姿勢を取ることは明白だった。

ハルゼーと彼の〝汚い手部門〟には、太平洋の戦いの戦いかたと勝ちかたについて自分たちなりの考えがあり、遠慮なく既存の計画を大きく改訂することを提案した。艦隊の指揮をとるまえの暫定期間に、ハルゼーは〈ステイルメイト〉計画の大半は必要ないと主張していた。彼の意見では、遠く離れたカロリン諸島とパラオ諸島の赤道群島は、迂回の最有力候補であり、彼はこれらの上陸に選ばれた部隊を、早められたフィリピン侵攻で使うため、マッカーサーの指揮下に移すよう提言した[41]。ニミッツはそれにたいして〈ステイルメイト〉作戦の主要な目標のひとつ（パラオ諸島のバベルダオブ島）の迂回を命じ、カロリン諸島のヤップ島の迂回を検討することに同意した——しかし、太平洋艦隊司令長官は、パラオ諸島西部（ペリリュー島とアンガウル島）の侵攻を計画どおりに実施することは頑として譲らなかった。ハルゼーの幕僚はまた、太平洋の潜水艦部隊の大規模な再配置を提案し、目標選択の優先順位を日本の商船と油槽船から日本の軍艦に移すことを目指した。この一手は太平洋潜水艦部隊司令官のチャールズ・A・ロックウッド提督によってきっぱりとはねつけられた。

真珠湾では、ハルゼーと彼の第三艦隊幕僚が、太平洋戦争に勝つための基本的な青写真を修正しようとすることに時間とエネルギーを費やしすぎているという印象があった。ニミッツの参謀副長のフォレスト・シャーマンは、八月中旬、ミック・カーニーと膝を交えて、率直なメッセージをつたえた。

第三艦隊の仕事は、統合参謀本部と太平洋艦隊司令部が計画した作戦を実施することである。「われわれは戦略的計画立案に関心を持つべきではないということがきわめて明白になった」とカーニーは回想した。「それは太平洋艦隊司令部の機能で、キング提督と統合参謀本部から指示を受けているということが。これはとくに戦術的艦隊指揮官の仕事ではない。いまや、このことがわれわれに、きわめて明確に、きわめて強力に、叩きこまれた[42]」しかし、海に出ても、ハルゼーはソルバーグ大尉がいう「彼の即興でやりたがる傾向」にふけりつづけ、頻繁に無線で大胆な提案をニミッツに送った――そのほとんどを太平洋艦隊司令長官は却下した[43]。同じ時期、ニミッツは権限を逸脱したり、以前の命令にしたがわなかったりしたことで、何度かハルゼーをやんわりと叱責した[44]。第五艦隊から第三艦隊への移行は、多難なスタートを切ったといっていい。

九月八日、ニュージャージーはカロリン諸島の北で第三十八機動部隊と合流した。ハルゼーと上級参謀数名がハイラインでミッチャーの旗艦レキシントンに移乗した。第三艦隊の戦時日誌によれば、ニュージャージーの乗組員たちは「四つ星が海上で舷側を越えるのを見てわくわくした[45]」。彼らはレキシントンの司令部専用区画で長時間、協議して、フィリピン攻撃の計画を詰めた。

ヤップ島、パラオ島、ミンダナオ島にたいする一週間分の空母航空攻撃によって、この地域の日本軍の航空戦力が驚くほど貧弱であることが判明した。母艦搭乗員たちは、多くの目標上空で、ほとんどか、あるいはまったく抵抗を受けなかった。彼らは飛行場に穴を開け、建物や貯蔵所、防御施設を破壊した。港で見つけた船舶や舟艇をかたっぱしから攻撃した。三個機動群の全兵力が九月六日から八日まで、三日間連続でパラオ諸島に猛攻をくわえ、「ペリリュー、アンガウル、ガドブス（ゲドブス）、バベルダオブの地上施設や、弾薬および物資集積場、無線局、兵舎、建物、倉庫に甚大な被害」をあたえたと報告した[46]。

西進して九月九日にミンダナオ島を攻撃した第三十八機動部隊は、もっと激しい歓迎を予想していたが、またしても貧弱で散発的な日本側の抵抗にしか遭わなかった。攻撃する艦載機は、迎え撃つひと握りの日本軍戦闘機にしか遭遇しなかったし、その全機をすばやく撃墜した。母艦搭乗員たちは地上で約六十機の日本軍機に損害をあたえ、あるいは撃破したと主張した。ダバオ湾とサランガニ湾で船舶と舟艇に爆撃と機銃掃射をくわえ、約四十隻を撃沈あるいは炎上させる戦果を上げて帰投した。これらの攻撃で失われたアメリカ軍機はわずか十二機だった――対空砲火で八機、事故で四機。一機のF6F戦闘機は、低空で河用艀（はしけ）を飛び越えたとき失われた。同機の五〇口径焼夷弾の機銃掃射が艀に隠されていた弾薬に引火し、弾薬が爆発して、飛行機を呑みこんだのである。

空母艦上では、航空情報参謀との飛行後の情報報告会で、搭乗員たちが、価値のある目標がろくに見つからないと不満を漏らした。空襲中と空襲後に撮影された航空写真では、ミンダナオ島の飛行場の多くはさびれて見え、地上施設は原始的で、最低限のものだった。第三艦隊の戦時日誌は気前よく、それ以前に島を爆撃したケニー将軍の第五航空軍のB-24爆撃機隊を賞賛している。「第五航空軍がすでにミンダナオ島の日本軍施設を徹底的に叩きのめす仕事をやっていた証拠が発見され、この地域への空母攻撃は全体的には必要でなかった[47]」

空母と護衛の艦艇はいまや、水平線を越えて東へ移動し、艦隊給油艦の小艦隊と会合した。各艦は燃料を満タンにし、到着した郵便物を受け取った。ハルゼーとミッチャーは低周波の短距離無線で協議して、これ以上ミンダナオ島に航空攻撃を行なうのは時間のむだであることで一致した。ハルゼーの幕僚部の情報分析員たちは、日本軍の航空戦力が完全な崩壊に近づいているのかもしれないと大胆に推測していた。九月九日に出された戦略見積もりは、日本艦隊が自殺的な海上バンザイ突撃でアメリカ艦隊に向かって出撃する可能性を検討した。分析員たちは、日本の指導者たちがわざと自分たちの艦隊を完全に破壊しようとさえするかもしれないと推測し、「早期に敗北したほうが、こちらが本土に部隊を上陸させる準備をととのえたときに艦隊が敗れるよりも、帝国の残滓のなかからより多くのものを救いだすことが可能になるだろう」と論じた[48]。これはとほうもない仮説だった――日本海軍の指導部内の一派がすでに敗北は避けがたいと結論づけていて、東京の政権に早期の降伏を強要しようとしているという。この推測はまちがいだったが、フィリピン南部で敵の抵抗が驚くほどなかったことはじつに奇妙で、不可解だったため、ありそうもない推測でさえ、公平に耳を貸してもらえたのである。

無抵抗なセブ島

ハルゼーはミンダナオ島攻撃を取り消して、艦隊の大部分をフィリピン中部へ北上させた。そこでレイテ島、セブ島、ネグロス島の目標を叩くつもりだった（デイヴィスンの第三十八・四機動群は、懸案のペリリュー島とアンガウル島への水陸両用上陸作戦で航空支援にあたるために、数百海里東のパラオ海域に留まった）。第三艦隊の航空および情報分析員は、さらにいっそう大胆な作戦を真剣に検討していた――ルソン島中部のマニラと日本軍の大規模な航空施設にたいする不意打ちの空母航空攻撃である。ハルゼーはマニラ近郊の大規模な燃料貯蔵タンク施設を破壊したがっていた。この一撃は、一帯を通過する日本の艦艇部隊の行動を妨害するかもしれないと、彼は考えていた[49]。

三個機動群は、夜を徹して高速で北上したのち、九月十二日の払暁、レイテ湾沖の海域に到着した。海はおだやかで、軽風が吹いていた。朝日が昇ると、甲板上の水兵たちは北西の水平線にサマール島の緑の山々を見ることができた。八つの飛行甲板が三百五十機以上の戦闘機と雷爆撃機を発進させた。彼らは西へ飛び去り、高度を上げながら、じょじょに集まって、大きな「ＶのＶ」編隊を組んだ。レイテ島上空を飛び越えたときもまだ上昇をつづけていた。島では一九四二年に囚われの身から逃げだしたひとりのアメリカ兵が、頭上のエンジンの轟音で目をさました。「三年分とっておいた鳥肌が立った」と彼はのちに書いた。「ああ、まさにこのときわたしの最大の身震いが来たのだと思う」フィリピンの村人とゲリラたちは、攻撃に向かう飛行機に荒っぽい声援を送った。「人々はしまいこんだアメリカ国旗を引っぱりだしてきて、それを振りながら叫んだ。『ジャップを殺せ！ ジャップを殺せ！』それが彼らに叫べた最高のことだった。それは彼らがこの世でいちばん望んでいたことだった」[50]

ホーネットの航空群司令ハル・ビューエルは、彼らの主目標のひとつであるセブ飛行場上空に最初に到着したひとりだった。高高度から、何十機もの日本軍機が誘導路と駐機場にならんでいるのが見えた。地面からほこりが上がって、男たちが飛行機のあいだを走っているのが見えた。日本軍は大急ぎで迎撃機を緊急発進させようとしているようだった。F6Fヘルキャットは飛行場上空を低く飛んで、駐機中の敵機や滑走中の敵機が離陸する前に機銃掃射を浴びせた。SB2Cヘルダイヴァーを飛ばすビューエルは、機首を下げて急降下に入り、滑走路の端に狙いをさだめた。二機の零戦がならんで離陸しようとしていた。照準点をそのあいだに選ぶと、ビューエルは千ポンド爆弾一発と二百五十ポンド爆弾二発からなる全搭載爆弾を投下した。「爆弾は二機の戦闘機がちょうど地面を離れようとしているときそのあいだに命中した。編隊長機は右に逸れ、燃える弧を描きながらジャングルにつっこんだ。もう一機は滑走路の端で爆発した」[51]

新米F6Fパイロットのビル・デイヴィスは、レキシントンの第十六戦闘飛行隊（VF－16）で飛んでいたが、その朝、セブ島上空で初撃墜を達成した。デイヴィスが上方から急降下すると、零戦は左へ急旋回して逃れた。彼は照準器に目標を捉えると、引き金を押した。すばやい一連射だけで、零戦をばらばらに引き裂くのにはじゅうぶんだった。「わたしは誰かが無線で叫んでいるのに気づいた」とデイヴィスは回想した。「ちょっと耳をかたむけたが、それはやんでいた。それからわたしは叫んでいたのが自分だと気づいた。零戦に向かって銃を発射しているとき、思わず声をかぎりに叫んでいたのだ。その叫び声はわたしの脳のどこか深いところから出ていた。わたしの脳の原初は蜥蜴だった部分から[52]」

その日、二度目の攻撃で、デイヴィスはセブ市近くの島にある石油精製所の上空を低く飛んだ。ほとんどいたずらで、彼は複合施設の中心に発砲した。数発の五〇口径弾では、タンクや塔やパイプラインの巨大な複合施設に最小限の損害しかあたえないだろうと思っていたデイヴィスは、爆発が乗機を揺さぶったときびっくり仰天した。彼はとっさに旋回して離れ、機首を引き起こした。旋回上昇して高度を取り戻すと、「精油所全体が炎上しているのが見えた。爆発が島全体で起き、精油所は巨大な火の玉になって炎上した」。

レキシントンに帰投すると、デイヴィスは自分がやったことについて語った。仲間のパイロットのひとりがいやな顔をした。「あの精油所は〈テキサコ石油〉の所有だった」と彼はいった。「あれが戦争を生きのびてくれたらいいと思っていたんだが。おれは〈テキサコ〉の株を持っているんでね[53]」

アメリカ軍の飛行士たちは九月十二日の空襲を、〈セブ・バーベキュー〉として記憶することになる。その日は千二百回以上の出撃飛行が実施された。二カ月前の〈マリアナの七面鳥撃ち〉以来最大の一方的な空中殺戮だった。

日本の上級航空指揮官の奥宮正武は、前の週の空襲で打ちのめされた飛行場を増援するために、約百五十機の零戦にルソン島からミンダナオ島への進出を命じていた。彼らはセブ島を経由して南へ向かう途中で、その日の朝、アメリカの空母艦載機の大編隊が東の水平線を越えて襲来したとき、大半が地上にあった。奥宮はちょうど航空攻撃がはじまったとき、たまたまセブ島へ飛来する輸送機に乗っていた。パイロットは急旋回して、襲いかかるヘルキャットを避け、奥宮はつぎのような眺めを上空から一望した。「急降下爆撃機が空からつっこみ、戦闘機が爆音をあげて飛行場上空を縦横に飛びまわり、主翼の機銃が駐機中の零戦に曳光弾を浴びせる。ものの何分かで、セブ島は完全な混乱状態におちいった。米軍パイロットは驚くほど精確で、炎上する零戦から立ち上る炎と黒煙は火葬場を思わせた……われわれの火葬場を」[54]奥宮はこの時期の第三艦隊の航空攻撃が、フィリピン侵攻を撃退できる戦闘機の防御線を築き上げる彼の努力に大打撃をあたえたといっている。

帰投したパイロットの誇張した戦果を割り引いて考えても、第三艦隊の航空情報参謀たちはこの攻撃で敵機七十五機を空中で、さらに百二十三機を地上で撃破したと考えた。すくなくとも五隻の艦船が沈み、さらに七隻が損傷した。機銃掃射を浴びたり、炎上したり、撃沈されたりした艀舟(サンパン)や小舟の数は多すぎて数えられなかったが、たぶん最低でも四、五十隻はあった。飛行場の地上施設は叩きつぶされ、炎上した。空母とその護衛艦艇はフィリピンの日本軍飛行場からの航空反撃に身構えていたが、ほんのひと握りの敵機がレーダーに映っただけで、戦闘空中哨戒で上空を周回するヘルキャットに挑みかかるのではなく、全機、即座に引き返していった。ハルゼーは九月十四日、ニミッツにこう報告した。「敵の非攻撃的な態度は信じがたく、現実離れしている。……空中の抵抗は皆無で、わずかばかりの対空砲火に遭遇したのみ。……沈める船舶は一隻も残っていない。……この地域は無防備である」[55]

損失した数少ない米軍機の一機は、ホーネットのトーマス・C・ティラー少尉が操縦していた。彼のヘルキャットは、レイテ湾上空で敵弾を食らい、激しく損傷した。ティラーは海上に不時着し、救命ゴムボートをふくらませた。フィリピンの現地部族民が、舷外浮材(アウトリガー)付きのカヌーで漕ぎよってきて、彼を陸に運んだ。部族民たちは彼を厚遇し、食料と避難所をあたえ、現地の親米ゲリラに連絡を取り、ゲリラは沖のアメリカ艦隊に無線で連絡を取ることに成功した。ティラーは巡洋艦ウィチタ所属の水上機に拾い上げられて、ホーネットに戻り、ジョッコ・クラーク提督に帰還後の報告をした。

レイテ攻撃作戦への大転換

レイテ島の現地民たちは、ティラーに驚くべき情報をいくつかあたえた。彼らの話では、レイテ島には日本軍部隊はおらず、むき出しの土の滑走路か草地滑走路以外には、航空基地もなかった。隣接するセブ島の敵守備隊には、約一万五千名の将兵しかいなかった。アメリカ軍の情報見積もりはひどくまちがっていたのである。レイテ島への水陸両用上陸作戦は、もしすばやく実施できれば、無抵抗あるいはわずかな抵抗しか受けないだろう。クラークはティラーの情報をハルゼーとミッチャーにつたえた。

ハルゼーは二カ月以上にわたってニミッツに、前倒しされたミンダナオ島侵攻作戦のために、当座の作戦を中止するようせっついていた。いまや彼はもっと大胆な提案を検討した。マッカーサーはたぶん、攻略部隊を組織できしだい、ミンダナオ島を迂回して、直接、レイテ島を攻撃すべきだ。カーニーをはじめとする第三艦隊の幕僚は賛成した。それでもハルゼーはためらった。彼はニュージャージーの艦橋の隅に座り、熟考した。ニミッツは以前のハルゼーの提案をほとんどはねつけていたし、「このような提案は、わたしの知ったことではないうえに、たぶん上はミスター・ローズヴェルトとミスター・チャーチルにいたる、ひじょうに多くの計画をひっくり返すことになるだろう[56]」。最終的に、彼は思いどおりにすることに決めた。至急の急送公文書が、マッカーサーとキングを共同名宛人にして、ニミッツ宛てに送られた。ハルゼーは懸案のヤップ島およびパラオ島の水陸両用上陸作戦を中止する提案をくりかえした。それが「〈ステイルメイト〉作戦にともなう遅延と努力に見合うだけの敵部隊撃滅の機会を提供しない」からである。これらの作戦に選ばれた部隊は、マッカーサーの指揮下に移されるべきである。そこで、「中間作戦抜きで、少ない損害で即座に」レイテ島を占領するために展開させることができる[57]。

ニミッツはそれにたいして、ヤップ島の上陸を中止し、キングに、自分はもしマッカーサーの反応が好意的ならば、より早期のレイテ島上陸を支持する用意があるとつたえた。しかし、ニミッツはひきつづき、アメリカ軍はパラオ諸島南部の島々を占領しなければならないと主張した。太平洋艦隊司令長官は、攻略艦隊がすでにパラオ島とアンガウル島へ向かっていることに触れ、これらの部隊は「計画どおりに航行させられるであろう」と裁定した[58]。同日つづいてキングに宛てたべつの電文で、ニミッツは、これらの島の占有は「もちろん必要不可欠であり、ハルゼーの130230番電がどうやら思い描いているように、パラオ攻撃および占領部隊の使用のための計画を新たな方面に向けることは、実現可能ではないでしょう」と書いた[59]。しかし――そしてここでニミッツは興味をかき立てる可能性を持ちだした――もしマッカーサーがレイテ作戦を早める提案に抵抗したら、「ヤップ部隊を使って十月中旬に硫黄島を占領することは実現可能かもしれません。……もし必要なら、この線にそって使用するための計画を準備します。いま述べたことは、実現するかどうかわからない構想ですが、可能性をすべてお知らせするために、いまここに提起いたします[60]」。

ペリリュー攻略は血なまぐさい島の戦いだったが、いまにして思えば、たぶん必要ではなかった。硫黄島の戦いではもっと多くの血が流されたが、日本軍が島に増援部隊を送って地下要塞のネットワークを掘る間もないほど、もっと早期に起きていれば、流血はこれほどではなかったかもしれない。もしニミッツがハルゼーの提案したとおり、ペリリュー上陸を進んで中止し、同じ部隊を使って十月に硫黄島への奇襲攻撃を許可していたら、このふたつの決定が相まって、何千というアメリカ人の命が救われていたかもしれない。

マッカーサーは、モロタイ島攻略部隊とともに巡洋艦ナッシュヴィルで海上にあった。彼は電波管制の必要性から、すぐさま返答できなかった。しかし、フィリピン侵攻の前倒しの可能性に「大よろこび」して、モロタイ島の上陸拠点が確保されるとすぐにホーランディアの司令部に飛び帰り、ハルゼーの提案に賛成の返答を書き、こう述べた。「小官は十月二十日の完了日で〈キング・ツー〉（レイテ）の遂行を開始する用意あり[61]」

統合参謀本部のメンバーは、ローズヴェルトとチャーチル、そしてイギリス各軍の長たちとともにケベックにいた。マッカーサーの通信文は九月十五日の晩、彼らがイギリスの同役たちと夕食をとっている最中にとどいた。マッカーサーの通信文は九月十五日の晩、彼らがイギリスの同役たちと夕食をとっている最中にとどいた。席をはずした長たちは、会食室を出て、近くの会議室で話し合った。異議を唱えるものは誰もいなかった。もしハルゼーとニミッツとマッカーサーが全員、同意しているのなら、彼らはそのことについてよく考える必要を感じなかった。マッカーサーの電文を受け取って九十分後、新たな命令が太平洋へ送り返された。「統合参謀本部はマッカーサーに十月二十日を完了日としてレイテ作戦を遂行する権限をあたえる。……マッカーサーとニミッツは必要な調整を手配せよ。……統合参謀本部に貴官らの計画をつたえられたし[62]」

第二次世界大戦のアメリカ軍指導部は、自分たちを既存の計画や作戦に縛りつける、忌まわしい惰性をはねつけようと決意していた。原則的に、彼らはつねに、進んで計画を廃棄して新しい計画を採用し、変化する状況を有効に活用するためにすばやく行動する心構えができていた。この原則を忠実に守るためには、指揮系統のトップからのたえまない圧力が必要だった。大きな組織は突然の方向転換に抵抗し、妨害工作さえする傾向があったからだ。太平洋を横断する戦いは、複数の軍種がかかわった史上最大でもっとも複雑な水陸両用戦だった。計画された作戦の大きな変更は、地理的に広範囲に展開した部隊全体で、それに応じた一連のより小さな変更を必要とした。だから、ふりかえってみると、これほど重大な戦略上の転換を土壇場で決断することができて、しかも、しばしば実際に決断されたというのは、驚くべきことだった。

ミンダナオ島を迂回して、一九四四年十月にレイテを攻撃するという、わずかひと晩の決定は、そうした変更のなかでもっとも劇的で、広範囲におよぶものだった。〝汚い手部門〟は鼻高々になる権利を手に入れ、戦時日誌の九月十四日の記載で実際にそうした。「第三艦隊の提案は承認され、太平洋戦争は三カ月前進した[63]」FDRは翌年一月の一般教書演説で当然の自慢話に少しふけり、議会にこう語った。「二十四時間以内に、ふたつのちがう戦域の陸海軍部隊がかかわる大きな計画の変更が成し遂げられました――フィリピンの解放と最終的な勝利の日を早める変更です――いまやわが軍の戦線のはるか後方で無力化されている島々の占領についやされたであろう人命を救う変更です[64]」

しかし、ニミッツは、ペリリュー侵攻を中止するよう訴えるハルゼーの執拗な要請を拒絶した。ペリリュー島は、パラオ諸島の南端にある日差しに焼かれた一片の土地で、マングローブの沼と石灰石の悪地からなり、地域でもっとも重要な日本軍の飛行場が置かれていた。もっともその地下施設の大半は、アメリカ軍部隊が島に上陸する前に、爆撃と艦砲射撃で破壊された。最初、太平洋艦隊司令長官は、ペリリュー島に割り当てられた攻略部隊は洋上にあるか、すでに上陸作戦にそなえて戦闘搭載をほとんど終えていると指摘したが、これはかなりお粗末な理由づけに思える。ニミッツは、将兵の命がかかっているときに、軍間あるいは戦域間のライバル意識に決定を左右させたりするたぐいの人間ではなかった。

とはいえ、この経緯の完全な説明には、以下の事実をふくめる必要がある。ペリリュー攻略に選ばれた主力部隊は、ガダルカナル戦で名高い第一海兵師団だった。太平洋艦隊司令部の幕僚は、この師団の指揮統制をめぐって、マッカーサーの幕僚と激しくやりあったことがあった。ハルゼーの提案では、同師団をマッカーサーの指揮下に戻すことが必要になる。パラオ諸島の作戦がなくなれば、一九四五年までニミッツの戦域で大規模な水陸両用侵攻作戦はないだろうし、ニミッツは仕事を失った彼の水陸両用艦艇、上陸用舟艇、そして将兵の大半を、フィリピン方面作戦で展開するためにマッカーサーに譲渡せざるをえないだろう。

ニミッツ提督は太平洋のどの主要指揮官よりも、すばやく機に乗じた意思決定の長所を説いてきた人物だった。彼は過去の大胆な迂回作戦を支持してきた——もっとも顕著なのは、前年の冬の〈フリントロック〉作戦中、海軍と地上部隊の指揮官たちの反対を押し切って、マーシャル環礁東部を迂回するよう主張したときだ。しかし、この場合には、彼は自分の決定にたいして説得力のある根拠もしめさずに、ペリリュー占領を主張した。ニミッツの最大の崇拝者のひとりであるサミュエル・エリオット・モリソンは、この点にかんしてやや批判的だった。ニミッツは生涯最後まで、パラオ諸島上陸作戦はぜったいに必要だったと主張しつづけた——たとえばスプルーアンスが一九四三年十一月のタラワ侵攻は必要なかったとぜったいに認めなかったのとまったく同じように。いずれの場合も、時間と経験が、もし島を迂回しても、より大きな攻勢の勢いを失うことはなかっただろうということをあきらかにした。

以下の法則は太平洋戦争の全期間を通じて、ほとんどの場合、あてはまった——アメリカ軍の指揮官が島を迂回する選択肢を検討し、議論して、結局、当初の計画どおり島を占領することを決断するたびに、彼らの決断はあとからふりかえると悲劇的にまちがっていたように思えることになる。しかし、彼らは当然ながら、歴史家たちにも、自分自身にも、ミスを認めるのに乗り気ではなかった。なぜならこれらの砂に流された血は、けっして元に戻ることはないし、誰も若者たちがあやまちのために死んだなどとは聞きたくないからである。

第三章 地獄のペリリュー攻防戦

誰も知らない小島ペリリューの攻防戦は
硫黄島、沖縄の序曲といえる地獄になった。
新たな泊地を確保した米海軍は沖縄、台湾を
奇襲、日本海軍の航空戦力に大打撃を与える。

1944年12月12日、ウルシー環礁の艦隊泊地に入港するアメリカ第三十八機動部隊の空母群。
National Archives

ペリリュー作戦はじまる

〝古い種族（オールド・ブリード）〟、別名、第一海兵師団（第一ＭａｒＤｉｖ）は、ガダルカナルの近くに戻っていた――彼らが二年前に侵攻して、守り抜き、名を上げた島の。いま彼らはガダルカナルの三十海里西方に浮かぶ五十平方マイルの島パヴヴに駐屯していた。強烈な臭いを発するジャングルの染みである。彼らはもっとも最近の戦いであるニューブリテン島のグロスター岬への上陸後に、休養と訓練をかねてこの島に送られた。

ガダルカナル戦の古参兵たちは、一九四四年九月には師団の約三分の一をしめていた。彼らは、季候はよく、女たちはやさしいオーストラリアのメルボルンの楽園に滞在した一九四三年の思い出にふけり、自分はなぜあそこに戻れないのかと疑問に思っていた。それ以外の者たちは、ガダルカナル戦のあとで、グロスター岬の戦いの前にくわわった補充兵か、訓練を終えたばかりの最近アメリカから船で到着した新兵で、思い出話に耳をかたむけながら、かわりにこの神に見捨てられた辺鄙な場所に送りこまれた自分の悪運を呪っていた。

〝オールド・ブリード〟がパヴヴの小さな木製の桟橋に降り立った日から、彼らはこの場所を罵った。生活環境は原始時代なみだった。島内の幹線〝道路〟は、泥だらけの小道で、対称的にならんだ見上げるような椰子の木立のあいだを空き地へとつづいていた。放棄されたイギリス人所有のココナッツ農園の最後の名残である。ここで彼らはキャンプを張るよう命じられた。藪を探しまわると、テントや折り畳み式ベッド、毛布が地面に積み上げられ、雨にぐっしょり濡れて汚れているのが見つかった。二年半、誰も農園で収穫していなかったので、地面は落ちて腐ったココナッツと椰子の葉で何層にもおおわれていた。野営地をきれいにするのは、地獄の亡者の労働だった。積み重なったごみは不快きわまりない悪臭を放ち、層を掘り返すにつれてどんどん強烈になっていった。腐ったココナッツはぼろぼろに崩れて、触れた者に悪臭を放つ果汁を浴びせた。掘っていくと、太った鼠の巣がむき出しになった。海兵隊員たちは、野営地からその生き物を追いはらおうと決意して、火炎放射器で襲いかかった。燃える齧歯（げっし）動物たちは四方八方に逃げまわり、鼠の毛が燃える酸っぱい臭いが、分解するココナッツの土のような臭いと混じり合った。

本格的に訓練をはじめる前に、海兵隊員たちは、気力を失わせる暑さと湿気のなかで、つるはしとシャベルを使った何週間もの作業を楽しみにすることができた。彼らは排水溝と便所を掘った。マングローブの沼地を抜ける木道を作った。山刀でジャングルを払って、古い車道を切り開き、拡張した。多くの地域では、地面が濡れて軟らかすぎて、トラックの重量に耐えられなかったので、砕いた珊瑚岩を手押し車で運んできて、路面に敷いた。毎日午後には、時計のような規則正しさで、短く激しい熱帯の土砂降りがやってきた。島にはシャワー設備がなかったので、海兵隊員たちは作業服を脱いで、体に石けんを塗りたくった。雨が上がる前に、汚れと石けんを落としたいので、みんな大あわてだった。

まともな食堂もないので、彼らは固形燃料の缶で温めたＣ携帯糧食（レーション）を食べた。空の弾薬箱とガソリンで作った間に合わせのカンテラで照らされた野営地で、六人用のピラミッド型テントで寝た。毎晩、陸生の蟹の大群が攻めてきて野営地を占領した。海兵隊員たちはすぐに、毎朝、ブーツをはく前に、ブーツを振って、青みがかった黒の小さな甲殻類を追いだすことを学んだ。ある兵士の回想によれば、数日おきに、「われわれはこの不潔な生き物にたいして怒り心頭に発し、箱やダッフルバッグ、折り畳み式ベッドの下から追いだした。そして棒や銃剣、携帯シャベルでやつらを殺した。戦闘が終わると、やつらをシャベルですくい上げ、埋める必要があった。さもないと、むかむかするような悪臭が蒸し暑い空気にたちまち広がるからだ[1]」。

　彼らは、時間と地形と不足する装備の限度内で、できるかぎりパヴヴで訓練した。毎朝、健康体操をやり、島をめぐる三マイルのコースを走った。射撃場を切り開くと、射撃術を練習し、ブローニング自動小銃（ＢＡＲ）やカービン、トンプソン短機関銃、バズーカ、火炎放射器、新型の六十ミリ肩撃ち式迫撃砲など、野戦兵器の使用法の技量をみがきなおした。

　島は小さく、鬱蒼たる下生えにおおわれていたので、大規模演習の余地はほとんどなく、野外演習は必然的に中隊レベルで行なわれた。しかし、島には百個中隊以上、一万五千名の海兵隊員がいた。隊列を組んで行進する兵士たちは、たえずおたがいにぶつかりあい、一方がわきによけて、相手を通さねばならなかった。最初、師団にはほとんど一輌の水陸両用上陸用車輌も手に入らなかったし、装軌（キャタピラ）式のＬＶＴ（通称〝アムトラック〟）は皆無だった。陸軍のＤＵＫＷや普通のヒギンズ・ボート（ＬＣＶＰ）など、どんな種類の上陸用舟艇でも借用するために、近くの島に緊急要請が送られた。小規模の水陸両用演習がつづき、各中隊はパヴヴの砂浜のひとつに実弾演習で上陸した。まず小銃分隊が上陸し、そのすぐあとに機関銃手、バズーカ手、迫撃砲分隊がつづいた。下士官たちは砂浜を駆け上がって、椰子の木立に隠れろと彼らに叫んだ。「いいか、できるだけ速く砂浜から離れて、内陸に移動しろ。日本兵（ニップス）どもはなんでも手に入ったもので撃ってくるから、内陸へ早く移動すればするほど、おまえたちのチャンスは大きくなるんだ(2)」

八月二十八日、彼らは上陸用舟艇で泊地へ往復して、パヴヴの沖に投錨した輸送艦と戦車揚陸艦（LST）に乗りこんだ。南太平洋を西へ向かう二週間の航海中、海兵隊員たちは暇つぶしに手紙を書いたり、カードゲームをしたり、本や雑誌を読んだり、装備を詰めなおしたりした。小銃を分解して、油を差し、また組み立てた。ケーバー・ナイフを研ぎ、バズーカと火炎放射器に迷彩パターンを塗装した。「わたしは手すりのところに立って、航跡で海豚（いるか）が遊び、飛び魚が波の峰をかすめて飛ぶのを見るのが好きだった」と第五海兵連隊の第三大隊K中隊に所属する迫撃砲手のR・V・バージンは回想している。「われわれはみな、ジグザグ運動をしながら航行し、十五分かそこらおきに針路を変えた(3)」艦内は、機関から上がってくる熱が赤道の太陽から照りつける熱と混ざり合って、息苦しかったが、海軍の乗組員は、新鮮な空気を吸いに甲板に上がってこられる海兵隊員の数を制限しようとしていた。

いつもどおり、下士官兵たちは海に出て進みはじめるまで、目的地をまったく知らなかった。行き先はペリリューだとつたえられると、彼らは肩をすくめた。誰もその名前を聞いたことがなかったが、それも不思議ではなかった――彼らのこれまでの戦争全体が、つぎからつぎへと現われる、どれも似かよっていて区別できない熱帯の島々のぼんやりとしたつらなりだった。気泡ゴムでできた島の縮尺模型が各艦に配布され、各小隊は、指示棒で地形の特徴や陸上の目印を指ししめす将校から状況説明を受けた。ペリリューの平坦な南半分には、二本の滑走路と一本の誘導路が「4」の字を描き、広い舗装路と駐機場がある飛行場があった。上陸海岸は島の南西岸に位置し、〈ホワイト海岸〉1と2、そして〈オレンジ海岸〉1、2、3と命名されていた。島の北部には、まばらなジャングルの低木におおわれた石灰岩の大山塊がそびえていた。師団は作戦開始日（Dデイ）に上陸拠点を確立し、作戦二日目（Dデイ・プラス1）に飛行場を奪取して、島を分断し、作戦三日目と四日目に丘陵地帯を北へ制圧する。それが計画だった。

第一海兵師団の師団長はウィリアム・H・ルーパータス少将だった。ガダルカナル戦では（アリグザンダー・ヴァンデグリフトの次席の）副師団長で、〈鉄底海峡〉の北側のツラギで分遣隊をひきいた。ルーパータスは、ペリリュー作戦が、ギルバート諸島のタラワやマーシャル諸島のロイ＝ナムルのような中部太平洋における過去の侵攻とまったく同じように、流血をともなうが、すばやく片づくと自信を持っていた。彼は大規模な侵攻準備爆撃と艦砲射撃が多くの日本守備隊員を殺して、陣地構築物を破壊し、おそらく生存者の戦意を奪うだろうと予想していた。もしすべてが望んだとおりにいけば、敵の歩兵は無謀なバンザイ突撃を仕掛けてきて、海兵隊が彼らを小銃と機関銃でなぎ倒すことが可能になるだろう。ルーパータスはパラオへの航海中、自信満々で、部下たちに、おまえたちの誰かが日本軍司令官の日本刀を持ってきてくれるのを期待しているぞと語った。

陸軍の第八十一歩兵師団（愛称〝ワイルドキャッツ〟）もまたパラオを目指していた。同師団は沖の輸送艦に予備兵力として取っておかれることになっていた。〈ステイルメイト〉作戦のための第三水陸両用軍団全体の指揮官はロイ・S・ガイガー少将で、一カ月前にホランド・スミスの後を継いでいた。ガイガーはペリリューに増援部隊を上陸させるかどうかを決定することになっていた。もし必要なければ、この部隊は数海里南西のもっと小さな島、アンガウルに振り向けられる。ルーパータスはペリリューに陸軍を上陸させたくなかったし、必要になるとも思っていなかった。彼は自分の指揮艦に同乗する従軍記者にこう語った。「短い作戦になるだろうな。激戦の〝短期戦（クイッキー）〟で、四日か、多くて五日つづくだろう[4]」

作戦開始前日の九月十四日夜、第一師団の海兵隊員たちは早めに床についた。しかし、ほとんどの者があまり眠れなかった。こうした狭苦しく暑苦しい状態では、ひと晩ぐっすり眠れる保証などなかったし、多くの者は神経が高ぶって、アドレナリンが流れ、目を閉じることさえできなかった。午前三時、下士官たちが寝台区画をまわって、海兵隊員たちを寝棚から起こした。彼らは起き上がり、Dデイのお浄めをはじめた――最後の髭剃り、洗面台で顔洗い、そして（きわめて重要な）排便。男たちは洗面台とトイレで順番を待って長い列を作った。水筒に水を満たし、三日分の野戦携帯糧食を受け取った。彼らは自分たちの戦闘服を取りだした――胸ポケットに黒い海兵隊の紋章がついた緑のダンガリーだ。艦の調理室は、ステーキと卵の伝統的な〝死刑囚の〟朝食を用意したが、多くの海兵隊員は食欲がなく、ひと口も食べなかった。彼らは身の回り品をキャンバスのダッフルバッグに詰めこみ、折りたたんでU字状の包みにした。海に向かって機関銃の試射が行なわれた。黒と緑の迷彩フェイス・ペイントが全員にまわされ、男たちは顔と手にそれを塗りつけた。

上陸、そして激烈な迎撃

夜明け前の闇につつまれて甲板に出てきた彼らは、艦砲のどかんどかんという音を聞き、北の水平線にまたたく光を目にした。バリトンの反響音は海を越えて遠距離までとどいたが、遠くの閃光と合っていなかった。艦隊が島に向かって突き進むにつれて、爆発はどんどん明るくなり、どかんどかんという音は大きくなり、両者の時間差はちぢまっていった。ある水兵は、「ロッキー山脈の夏の嵐」を連想した。(5)

東の方角で夜が明けると、雲ひとつ見当たらない、晴れた青空が広がっていた――しかし、ペリリューは雲と霞につつまれ、見えるのは、一方がかすかに盛り上がった、おぼろげな紫色の外形だけだった。煙の層の向こうと上は、オレンジとピンクの閃光につづいて黄色い煙が噴き上がる、ほとんど休む間のない光のショーだった。ときおり、切り刻まれた椰子の木や、島の中央高地にある象牙色の切り立った尾根が、ちらりと見えてきた。巡洋艦ポートランドの砲術長は、双眼鏡で石灰岩の尾根を観察していたが、鋼鉄の扉がスライドして開き、大砲が火を噴いて、扉がさっと閉じるのを見た。彼は艦の八インチ砲をその扉に向け、数発撃ちこんだが、目標を破壊できなかった。彼は「ピッツバーグの鋼鉄を全部あいつにお見舞いしたとしても叩きつぶせなかった」と述べている。[6]

海兵隊員たちは、彼らより以前の多くの水陸両用上陸部隊と同じように、この光景に畏怖した。戦艦と巡洋艦から半海里離れていても、彼らは巨砲が轟かせる雷鳴のなかで言葉が聞き取れるように叫ばなければならなかった。第一海兵師団は以前に二度、水陸両用上陸作戦を行なっていた――ガダルカナル島とニューブリテン島――が、いずれも無抵抗だった。三打数三安打となるだろうか？　彼らはタラワ、サイパン、グアムの上陸についてよく知っていたので、見かけはあてにならないことを心得ていたが、それでも彼らは、こんなすさまじい弾幕射撃を浴びてペリリューの誰がどうして生きのびられるだろうと思った。上陸前の数時間に、島には約千四百トン分の海軍兵器が投下された。破壊の壮観はまちがいなく彼らの気分をよくした。ひとりはこういっている。「なにかがどうやって生きていられるか想像もつかなかったので、われわれはかなり気分がよくなりはじめていた」[7]もうひとりは、「われわれが到着したときに島がまだあそこにあるだろうか」と思った。[8]

第一海兵連隊の隷下部隊を運ぶ一隻のＬＳＴ（戦車揚陸艦）では、拡声器の声が命じた。「全海兵隊員に告ぐ、各自上陸配置につけ！」[9]兵士たちは背嚢（はいのう）をバックルで留め、装備がゆったりとぶら下がっていることを手探りで確認した。彼らは一列になってラッタルを戦車甲板へ降りていった。ぎらぎらと照らされた閉鎖空間には、アムトラックがぎっしりとならんでいた。耳をつんざく轟音とともにエンジンが始動し、空気は青く渦巻く排気煙で満たされた。海兵隊員は割り当てられた車輛に乗りこむと、所定の位置についた。煙に目を閉じるが、煙を吸いこむことは避けられず、気分が悪くなる者もいた。「汗の玉が顔に噴きだしてきて、上衣はすでにぐしょ濡れで、肌にまとわりついた」と第一海兵連隊第三大隊K中隊の中隊長ジョージ・P・ハント大尉はふりかえった。「頭上で大きな換気扇が回っているのに、排気煙がわれわれに降りそそいでいた。わたしの掌は熱く、ぬるぬるしていた」(10)ハントは部下たちが戦う機会を得る前にガスでやられるのではないかと思ったが、やっと艦首の観音開き式の扉が開いて、鋼鉄の傾斜路が前にすべりだして下がり、アムトラックの一列目がいきなり揺れて前進した。アムトラックは傾斜路を走り降りて海に入り、便乗者たちは新鮮な空気を肺いっぱいに吸いこんだ。

ＬＳＴは長い横列に配置され、艦首の駐車区画を開いて、傾斜路を長い舌のように海につきだした。兵士を満載したアムトラックは潮流に乗ってもがくように進み、海岸に向かって前進する合図を待った。うねりが舷側で砕け、兵士たちをびしょ濡れにした。じきに数百輛のアムトラックが攻撃発起線の手前で周回していた。風がないので、青い排気煙が宙にもうもうと立ちこめた。海軍の哨戒艇が上陸用舟艇のあいだを忙しげに走りまわり、その乗組員はブイを設置して、メガホンで指示を叫んだ。戦艦は島に砲火を浴びせつづけ、砲口の下の海面に一時的な穴を開けた。舟艇上の海兵隊員はたえまなくつづく集中砲火のなかで言葉が聞き取れるように叫ばなければならなかった。予定どおり午前八時三十分、第一波を発進させる命令が下された。

アムトラックの運転手はスロットルを開き、艇は突進して、より高く海面に浮き上がった。エンジンは扇状の水しぶきを上げた。ほかの艇の海兵隊員は、第一波が攻撃発起線を離れると、拳を振って、激励の言葉を叫んだが、エンジンの爆音と砲声が彼らの声をかき消した。海軍の集中砲火は新たなレ

1944年9月15日、水陸両用強襲艇の第一波がペリリューの上陸海岸に押し寄せる。戦艦ペンシルヴェニア（BB-38）に所属する水上機から撮影された。National Archives

ベルに達した。ロケット弾が頭上を飛び、艦巨砲の衝撃は天界を引き裂いたようで、砲弾が貨物列車のように頭上でうなりを上げた。操縦手がギアをシフトすると、変速機が激しい振動とともに反応して車体を揺らした。彼らは七ノットの最高速度に達し、舵から雄鳥の尻尾のような水しぶきを上げた。艇首ごしにのぞく兵士たちにはほとんどなにも見えなかった――ペリリューは依然として煙とほこりにつつまれていた――が、砂浜上空を低空で飛んで、オレンジ色の曳光弾を浴びせるF6Fや、頭上から急降下して、見えない目標に爆弾を投下する艦上急降下爆撃機の姿をちらりと見たかもしれない。

彼らが珊瑚の線に近づくと、日本軍が応射しているのがあきらかになった。砲弾と迫撃砲弾が艇のまわりに落ちはじめ、みごとに大きな水柱を上げた。水柱は朝日を浴びて、一瞬虹の色に分かれた。敵にはそれが見えなかった。彼らは煙幕ごしに闇雲に撃っていた。撃たれた艇はほとんどなかったが、弾幕は敵が生きていて、戦意満々であることを裏づけた。砂浜は依然として炎と煙のカーテンに隠されていた。「まるで巨大な火山が海から噴火したようだった」と二十歳の一等兵だったユージン・B・スレッジは回想している。「われわれは島を目ざしているのではなく、燃える深淵の渦に引きずりこまれようとしていた[11]」

LVTは珊瑚礁の線に近づくと速度を落とした。どんとぶつかり、キャタピラが珊瑚を嚙むと、艇首が急激に上を向き、揺れながら珊瑚礁をがたがたと乗り越えはじめた。海兵隊員たちは投げだされた。彼らは尾骨を骨折せずに艇内に座っていることができそうになかったので、身をかがめ、たがいにしがみついて、ささえあった。「われわれはしがみつき、よろめき、悪態をついた[12]」LVTの多くは七十五ミリ駄載榴弾砲（パック・ハウザー）を装備しており、海岸に向けてやはり闇雲に撃ち返した。珊瑚礁の内側では、海は浅く、緑色で、砂地の底が舷側から見えた。折れて吹き飛ばされた椰子の木の列が、白い霧のなかから浮かび上がった。頭上の太陽は空をおおう雲のなかでかすみ、銀色の円盤のように見えたが、その暑さは容赦なく降りそそいでいた。

艦砲弾が起こす地震のような爆発は、最初の艇がオレンジ海岸に乗り上げると、内陸へと移動した。水陸両用トラクターの接地面が砂を嚙み、エンジンが空ぶかしされて、砂浜を少しの距離がたがたと登ると、それから急停止した。後部扉がどすんといって開くと、下士官たちが叫んだ。「行くぞ！」海兵隊員たちが後部から飛びだし、すばやくUターンすると、砂浜を駆け上がった。木立のなかの見えない位置から、かたかたという機関銃と小銃の射撃が浴びせられた。小銃弾が耳のまわりで音をたてて飛びかった。敵はもっと大口径の武器も発射していた——対舟艇砲と野砲だ。その第一波の海兵隊員は多くがさえぎるもののない砂浜で戦死した。ほかの者たちは椰子の木立に駆けこんで、身を隠す最初のチャンスを探した——木の陰、砲弾穴のなか、あるいは地面に這いつくばって。裂けて黒焦げになった椰子の木が彼らの頭上にそびえていた。彼らの目と口はほこりだらけだった。鼻の穴はコルダイト火薬のつんとくる臭いでいっぱいだった。地形は猛砲撃を浴びて、砲弾穴と、倒れた椰子の幹と、かたむいた土くれの無秩序な寄せ集めに変わっていた。荒れはてた景色は、前進する海兵隊員と、日本軍の狙撃手にも遮蔽物を提供した。

将校と下士官たちは前進せよと叫びつづけた。後続波の上陸用舟艇のために砂浜を空けなければならなかったのだ。彼らは鉄条網を切り開いた。物陰から、つぎの物陰へと前進した。多くが狙撃手の射撃にやられた。椰子の木立の向こう側には、機関銃陣地と射撃用の丸太の壁、そして長い対戦車壕があった。海兵隊は「インディアンの一団のように叫びながら」、全力疾走の正面突撃でこれを占領した——海兵隊版のバンザイ突撃である[13]。

ハントの中隊はホワイト海岸の北端に上陸した。ここでは岩だらけの岬が二百メートルほど海につきだしていた。強力なトーチカと巧妙に隠された銃眼がその岩の南面に築かれていた。近寄りがたい射撃陣地に据えられた四十七ミリ対戦車砲が、数輌の水陸両用車輌を砂浜に近づく前に撃破した。K中隊の海兵隊員たちは、自分たちが雨あられと飛んでくる縦射にさらされ、ろくな遮蔽物の選択肢もないことに気づいた。彼らはせいいっぱい塹壕を掘ろうとしたが、地面は堅い珊瑚岩だった。午前のなかばには、気温が上昇して、すさまじい暑さになった。誰もが汗びっしょりだった。日本軍の迫撃砲が弾着距離を測定すると、海兵隊の負傷者は倍増した。彼らは砂浜に散らばり、あまりにも数が多すぎて、後送できないように思えた。「衛生兵（コアマン）！」という叫び声がたえずあがった。担架手は敵の狙撃で倒された。ハント大尉は「包帯と血まみれでずたずたの皮膚がおぞましく混ざり合う。歯を食いしばり、自分の負傷に観念した者たち。苦痛にうめき、身をよじる者たち。死の姿勢で大の字になり、あるいはねじ曲がり、あるいはグロテスクに凍りついた者たち。はらわたがはみ出たり、体の大部分をもぎ取られたりした者たち」と記録している。

発煙手榴弾が、殺人的な銃撃からのつかのまの休息を提供した。ハントの海兵隊員たちは岩肌の裾にそれを数発投げて、日本軍の銃手の目をくらまし、敵は煙ごしに不規則に撃ってくるだけになった。一個分隊がトーチカの裏口を射程におさめるためにぐるりとまわって送りこまれた。肩撃ち式のロケット擲弾（てきだん）発射器を持った海兵隊員が、まぐれあたりをやってのけた。擲弾は四十七ミリ対戦車砲の砲口をかすめて、射撃用の窓から飛びこんだ。銃眼から黒煙が噴きだした。焼かれながら苦痛の叫びを上げる日本兵の声が、岩の内側から聞こえた。裏口から敵兵三名が逃げだし、それを狙うために配置された分隊員によって安らかに眠らされた。

その日の午前十時、三個歩兵連隊が、幅二千数百メートルの一連の海岸に上陸した。《ライフ》誌の画家で従軍記者のトム・リーは、オレンジ海岸に第二波とともに上陸した。日本軍の迫撃砲と火砲の弾幕射撃は、第一波が押し寄せた一時間前と変わらず激しいままだった。海岸と浅瀬には、炎上して動かなくなった水陸両用車輛が散乱し、海兵隊員たちは、「濡れた鼠のように身を寄せ合って」砂浜で伏せていた。リーが砲弾穴に隠れて、頭を低くしていると、迫撃砲弾の衝撃が砂浜を引き裂いた。彼は海のほうをふりかえり、海兵隊員たちが、小銃を頭の上に掲げて波打ち際を漕いで渡り、彼らのまわりで白い水柱が上がるのを見守った。数名が殺されるのが見えた。「ひとりはばらばらに飛び散ったように見えた。恐ろしくはっきりと、わたしは頭と片脚が宙を舞うのを見た」[14]

リーは島にスケッチ帳を持っていかなかったが、心の写真を撮り、その画像を記憶から取りだすために保存した。のちに彼は《ライフ》のために、いくつかの場面をペンや絵筆で描いた。そのなかのひとつ、〈代償〉と題した挑発的なほど生々しい絵画では、瀕死の重傷を負った海兵隊員が、倒れて

ペリリュー島

1944年9〜10月

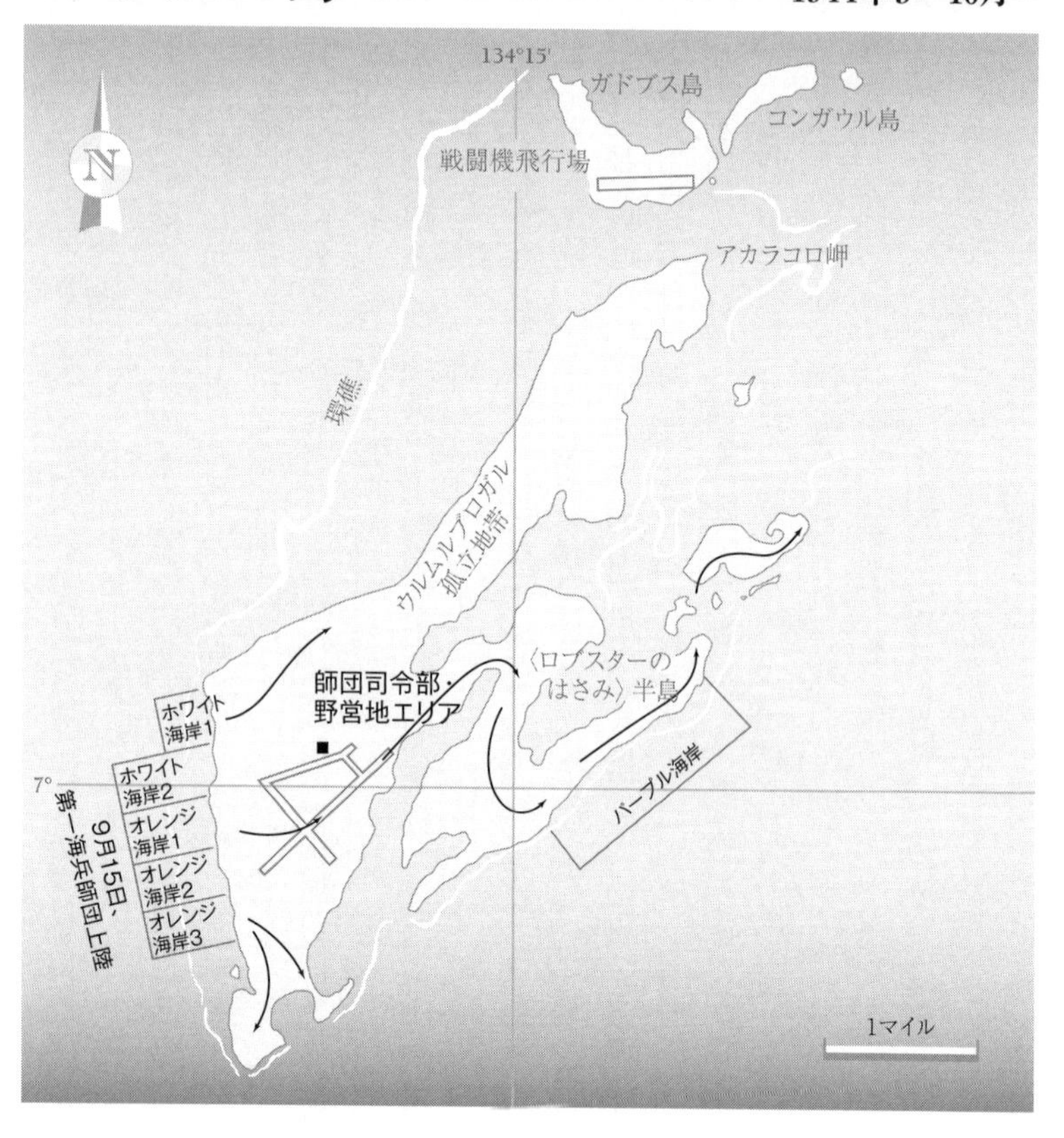

死ぬ直前に砂浜をよろめきながら登る姿が描かれていた。兵士の顔の左側は完全になくなり、「残された片腕のずたずたになった切れ端が棒のようにぶらさがったまま、彼は前かがみでよろめきながら、ショックで呆然と歩いていた。まだ人の形をしている顔の半分には、わたしがこれまで見たなかでもっとも恐ろしい絶望的な患者の表情が浮かんでいた。彼はわたしの背後で倒れた。白い砂の赤い血だまりのなかに」[15]。数カ月後、この肖像画を掲載したあと、《ライフ》は山のような苦情と定期購読の解約を受けた。なかにはリーがこの光景を潤色したと非難する者もいたが、彼はその非難を腹立たしげに否定した。自分は見たものを正確に描いた、それ以上でもそれ以下でもない、と彼はいった。

砂浜の内陸部にある椰子の木立で、リーは、一時的に野戦病院に徴発されている大きな砲弾穴を見つけた。担架一台につき四名の衛生兵がたえまなくやってきて、担架をならべていった。血漿の瓶が折れた木の幹から下がっていた。衛生兵はモルヒネ注射を打ち、止血帯を巻いた。従軍牧師は片手に水筒を、もういっぽうの手に聖書を持っていた。「彼は、はた目に見てもわかるほど、患者の苦痛と死に深く心を痛めていた」とリーは書いている。「彼はじつに孤独で、ほとんど神のように見え、故郷をはるか遠く離れ、傷ついた者たちに身をかがめていた。衛生兵はポンチョやシャツ、ぼろ切れなど、なんでも手元にあるものを死者の灰色の顔に掛けてやり、防水シートの下で墓が掘られるのを待っている、砂浜の列まで運んでいった」[16]

アメリカ軍はいまや、幅三・二キロの上陸拠点を占領していた。平均約四百五十メートルまで進出して、島の南西海岸を取りかこんでいた。地雷処分班が、起爆しなかった日本軍の砲弾を掘りだしていた。兵士たちは電話線のリールを運び、掘り返された地面と砂浜の向こうの焦げた下生えの上に電話線を手当たりしだいに敷いていた。戦闘の残滓がそこらじゅうに散らばっていた。乱雑に捨てられた背嚢、ヘルメット、小銃、箱、衣類、そしてゴム製救命ベルトが。日本軍が掘った長い対戦車壕は、第一師団の指揮所として徴発されていた。近くには第五海兵連隊の連隊指揮所と大隊指揮所があった。この地域はDデイのあいだじゅう迫撃砲の猛砲撃を浴びつづけた。大隊指揮所のひとつ（第五連隊第三大隊）は直撃を食らい、大隊長と幕僚数名が負傷した。

師団司令部は、島でなにが起きているのか、その正確な全体像を描くのにいまだに四苦八苦していた。通信兵は前方部隊との接触を確立できなかった。容赦ない砲撃は野戦電話網をずたずたにした。伝令は遮蔽物のない場所を走って横切らざるを得ず、多くが負傷するか戦死した。ルーパータス将軍は予備の大隊を投入し、それから幕僚に「持っているものはすべてつぎこんだ」と告げた。報告が入ってくると、彼の幕僚はDデイの死傷者を千百十一名、うち少なくとも二百九名が戦死と記録した。[17]

その晩、暗くなると、沖の海軍艦艇がパラシュート付きの照明弾や星弾を発射して、戦場を照らしつづけた。幽霊めいたオレンジと黄色の光が、破壊されつくした風景にこの世ならぬぞっとするような様相をあたえていた。影が舞い踊る。吹き飛ばされた木の節くれだった切り株が地面から背伸びをする。沖の水兵は、「月面の光景」、あるいは「わたしが見たことのある第一次世界大戦中の塹壕戦における無人地帯の写真」を連想した。[18]夜明けまで日本軍の火砲と迫撃砲が定期的に砲火を浴びせ、侵入者と小部隊による攻撃が断続的につづいた。上陸拠点の北側面に位置する岩だらけの地点を守るK中隊は、引き金に指をかけたまま、新たな攻撃の前兆かもしれないどんな音も聞き逃すまいと耳をそばだてた――「叫び声、衣類のこすれる音、聞き取れない早口の会話、岩を足がこする音」[19]。海兵隊員たちはこうした音めがけて闇雲に手榴弾を投げた。

ペリリューの日本軍戦闘員は、バンザイ突撃方式で向こう見ずに押し寄せてくるのではなく、物陰から物陰へと横切った。抜け目なく戦い、立場が逆なら海兵隊員たちがそうしたのとまったく同じやりかたで攻撃した。「ジャップはすばやく岩を出たり入ったりしていた」とハントはふりかえった。

「彼らの平らな褐色のヘルメットが見えた。ときにはわたしの部下と見分けるのがむずかしいほど、動きがすばやかった」[20]見えない狙撃手が高い椰子のてっぺんから撃ってきて、ずっと頭を低くして、射線に入っていないと思っていた海兵隊員たちに命中させた。K中隊の兵士たちには休みも息抜きもなかった。敵は三方向から一晩中やってきた。「戦闘は、無数の爆発、うなる銃弾、頭上をかすめ、あるいは岩で跳ね返る弾片、しわがれた叫び声、かん高く叫ぶ日本語で大混乱状態になった」[21]

灼熱の上陸二日目、誤算の上陸三日目

十六日の払暁一時間前、地面はまださわると温かく、気温は摂氏二十七度だった。低い霧が飛行場にたちこめていたが、日が昇るとすぐに消え、ゆらめく陽炎(かげろう)に取って代わられた。その日の気温は日陰で四十度以上に達することになるが、ペリリュー島で日陰のぜいたくにあずかれる海兵隊員はほとんどいなかった。空気はどんよりとして動かなかった。汗が顔をつたい、迷彩フェイス・ペイントに条を残した。珊瑚の灰色のほこりが汗とペイントにへばりつき、彼らをまるで象牙色の仮面をつけているように見せた。

大半の海兵隊員は飲料水の水筒二個を携行して上陸していた。二日目には、水筒は空か、ほぼそれに近くなった。飛行場の端にいたある小隊は、窪みの底にミルクのように見える水たまりを見つけた。砂粒だらけだったが、兵士たちは喉が渇いてそれどころではなく、その水を飲んだ。七時少しすぎ、運搬車が五ガロンの水缶を前線に運んできて、兵士たちはそれをブリキのコップですくった。水は褐色がかっていて、燃料の臭いがした。青い油膜が水の表面に浮いていた。R・V・バージンはこう回想している。「みんなひと口飲んで、吐きだした。飲みこんだやつも、数分後にげえげえ吐いた。そのうちの何人かは午前中ずっと、吐くものもないのにげえげえやっていた」[22]のちに彼らは、真水の備

蓄が五十五ガロン入りの燃料用ドラム缶で輸送艦に積みこまれ、そのドラム缶のいくつかはちゃんと洗って消毒していなかったことを知った。

　第五海兵連隊は飛行場をまっすぐ横切ってペリリューの東岸に達する仕事をあたえられていた。彼らは島を分断し、南部の日本軍戦闘員を孤立させることになる。彼らは前進の準備をしながら、飛行場の真北にそびえる切り立った岩肌を見上げた。その人を寄せつけない地形を、誰かが〈血まみれの鼻尾根（ブラディー・ノーズ・リッジ）〉と名づけていた。日本軍の火砲と迫撃砲の砲撃が、前日、彼らが上陸して以来、その尾根から降りそそいでいた。なかには、見えない敵兵の視線をそのそびえたつ見晴らしのいい地点から「感じ」ると断言する者もいて、彼らは無力感をおぼえた。

　攻撃開始の合図は十時数分すぎにきた。海兵隊員たちは立ち上がって、飛行場の中心に向かって駆けだした。訓練されたとおり、二メートル半から三メートルの間隔を開けて散開する。すばやく前進したが、頭は低くしたままだった。砲弾と迫撃砲弾が彼らのあいだに落ちたが、動かない目標は命中させやすいと知っていたので立ち止まらなかった。爆発が地面から土くれをえぐり取り、宙に舞い上げた。弾片と珊瑚の小石が、走る彼らにたえまなく雨あられと降ってくる。煙とほこりが目や鼻、口に入ってきた。バージン伍長はこう回想する。「あらゆるものがわれわれに向かってきた——迫撃砲、火砲、機関銃、そして小銃の銃砲火。弾片と銃弾の風を切る音がそこらじゅうで聞こえた。われわれは朝食のテーブルの虫みたいにむき出しだった。わたしは叫びつづけた。『足を止めるな！　動きつづけろ！[23]』」

　スレッジは目の隅で左右の兵士たちが倒れるのを見た。彼の視野は煙で部分的に隠されていて、そのことを彼はありがたく思った。地面は足の下でかたむいているようだった。耳はくりかえされる衝撃でじんじん鳴っていた。大きな爆発はどんどん近く、多くなっているように思えた。

まるでなにか非現実的な雷雨の渦の中をふわふわと前に進んでいるような気がした。日本軍の銃弾がバン、ピシッといい、曳光弾が腰の高さで両脇を飛びすぎる。この恐るべき小火器の銃火は、爆発する砲弾のなかではほとんど無意味に思えた。爆発と、ずーんという音、弾片のうなりが、空気を切り裂いた。吹き飛ばされた珊瑚の塊がわたしの顔や手を刺し、鋼鉄の弾片が街の通りに降る雹（ひょう）のようにばらばらと硬い岩に落ちてきた。そこらじゅうで砲弾が巨大な花火のようにまたたいている。……進めば進むほど、状況は悪くなった。騒音と衝撃がわたしの耳を万力のように締めつける。わたしは歯を食いしばり、いつなんどき襲ってくるかわからない衝撃を予期して身構えた。われわれの誰かが無事向こう側にたどりつけることなどありえないように思えた[24]。

飛行場は燃えつきたスクラップ置き場で、百機以上の日本軍機が黒焦げの残骸となって散らばっていた。建物はすべて爆撃で破壊されていたが、瓦礫の山とコンクリート壁の残骸は敵兵に遮蔽物を提供していた。彼らの計画がどうであれ、海兵隊員たちはそうした陣地に近づくと、立ち止まって物陰に隠れなければならなかった。走るのをやめるとすぐに、彼らは暑さがいかに大きな負担になるかに気づいた。彼らは野戦服まですっかり汗でぐっしょりで、軍靴は汗でいっぱいだった。顔はまだらで赤くほてり、ひどく寒いかのように震えていた。スレッジはあお向けになって、片方ずつ脚を上げた。

「どちらの軍靴からも水が文字どおり流れだした[25]」

飛行場での五時間の射撃戦ののち、第五海兵連隊の第一陣は午後三時、東の海岸に到達した。彼らは、砂浜に背を向けて、マングローブの沼に半円形の外辺防御線を築き、当然やって来る砲撃と歩兵攻撃、浸透戦術の長い一夜にそなえた。

作戦二日目の九月十六日の午後、オレンジ海岸は、船から陸へのいそがしい補給処の様相を呈していた。海岸作業隊の指揮官たちが引きついで、大量の貨物や装備、車輛が艀船の間断ないリレーで陸揚げされていた[26]。兵士たちは到着した貨物をどこへ下ろすかを指示する標識を地面に打ちこんでいた。オレンジ海岸の一部は、木箱や車輛であまりにも混雑していたので、歩行者通行止めにする必要があった。戦死した海兵隊員たちは砂浜にならべて横たえられ、まもなく埋葬班が認識票を集めて、彼らを長い溝に埋めることになっていた。数百名の日本軍戦死者もいて、ほとんどが野ざらしのままだった。彼らのポケットやそのほかの所持品は、徹底的に探され、貴重品や興味深い記念品はすべて分捕られた。ある海兵隊員は「裸の腹から飛びだしたどぎつい赤の胃袋。まだくっついている手脚は奇妙にねじ曲がっている。……眼球はしぼんで、乾燥し、落ちこんでいる」と回想した[27]。彼らの皮膚は褐色に変わり、蠅がそのまわりにたかっていた。死臭はじきに暑さのなかで強烈になり、海兵隊員たちは死者をできるだけ早く埋葬するためにブルドーザーを至急要請した。

ルーパータス将軍はDデイに上陸したかったが、訓練中の事故で負傷したため、足にギプスをつけて、杖をついて歩いていた。彼の幕僚は一日待つよう彼を説得した。作戦二日目、彼は上陸して、オレンジ海岸内陸部の師団指揮所で指揮をとった。彼は楽観的なムードだった。第五海兵連隊はペリリユーの唯一の戦略的資産である飛行場を奪取し、島の中央部を横切って前線を広げていた。戦闘の最悪の部分はすぎたと確信したルーパータスは、沖の指揮艦にいるガイガーに無線で連絡し、予備兵力は必要ないだろうといった。ガイガー将軍はつづいて第八十一歩兵師団を解き放ち、近くのアンガウル島に上陸させた。ルーパータスの進言と、ガイガーの決定はその後、厳重な精査と非難を招くことになる。

戦闘三日目、勝利は目前だと思いこんだルーパータスは、第一海兵連隊に飛行場北方の高地を取れと命じた。彼らが〈ブラディー・ノーズ・リッジ〉というあだ名をつけた石灰岩の大山塊である。ペリリューの古い地図では、これはウルムルブロガル山と命名されていた。攻撃ルートは、彼らが〈馬蹄形の鉢（ホースシュー・ボウル）〉と呼ぶ、岩だらけの狭い峡谷だった。飛行場からだと、〈ホースシュー〉に近づくには、瓦礫が散らばったコンクリートの防塞とトーチカの残骸を抜けて、曲がりくねった小道を進む必要があった。海兵隊員たちは、日本軍の機関銃手と狙撃手が隠れていた陣地構築物の破壊跡を迂回し、攻撃しながら、慎重に前進した。

これは時間を要する苦しい作業だった。高温と湿気はやわらぐ気配もなく、兵士たちはしばしば立ち止まって、前線まで五ガロン入りの水缶を運んでくる水運搬車を待たねばならなかった。戦車に道を開くため、障害物と瓦礫が取りのぞかれた。現場をおとずれたリーは、この小道を「ジャップの手押し車や、こわれた弾薬箱、錆びた鉄線、古い衣類、散乱する装備品が散らばった小道。仕掛け爆弾の危険があるので、なにひとつ手を触れてはならなかった。……死んだジャップが撃たれたその場所の地面に横たわり、わたしが見たトーチカのうちふたつでは、死体のいくつかは、赤い生肉と血がコンクリートの砂利のようなほこりと裂けた丸太と混ざり合ったものにすぎなかった」と描写している[28]。

その日の終わりには、第一海兵連隊の前進偵察隊は〈ホースシュー〉のふもとにたどりついた。彼らはそこで見た光景が気に入らなかった。岩がごろごろした峡谷はすみからすみまで、相互に掩護し合う日本軍の銃眼と砲門で制圧されていた。その一部は断崖の高いところにあって、すくなくとも見えたが、ほかの多くは低木の茂みにうまく隠されていた。こんな要塞をどうやって攻撃すればいいのか？　岩肌を登って、日本側の銃眼のひとつを攻撃すれば、海兵隊員たちはべつの銃眼からの致命的な銃火にさらされるだけだ。しかも、〈ホースシュー〉は、悪魔のように巧妙な陣地構築物が埋めこまれた荒れ地の迷宮のとっかかりにすぎなかった。その向こうには、けわしい峰がつぎからつぎへと待ちかまえている。岩だらけの地形は、以前にはジャングルの木の葉でおおわれ、空中偵察写真では、おだやかな丸みを帯びた丘陵地のような印象をあたえていた。しかし、爆撃と砲撃は、半分黒焦げになった尾根やこぶ、高峰、峡谷、小渓谷、陥没穴の不吉な光景をあらわにした。

海兵隊員たちはそれぞれの地形に名前をつけながら、自分たちで地図を描き、戦いの計画をひねりだした。〈ホースシュー〉を見おろしているのは、東の〈ウォルトの尾根(ウォルツ・リッジ)〉と西の〈五人姉妹(ファイヴ・シスターズ)〉で、そこに北側の〈五人兄弟(ファイヴ・ブラザーズ)〉がくわわった。〈ホースシュー〉と並行して、彼らが〈山猫の鉢(ワイルドキャット・ボウル)〉と名づけたべつの峡谷が走っていて、それを〈万里の長城(チャイナ・ウォール)〉と名づけられた切り立つ断崖が取りかこんでいた——そして、その向こう側には、彼らが〈死の谷(デス・ヴァレー)〉と呼ぶ、石がごろごろした回廊があった。戦闘地域はおよそ一・五キロ四方しかなかった——しかし、そこで戦う者たちにとって、ウルムルブロガル孤立地帯は、独立した惑星のようなものだった。果てしなくつづくように思えるカルスト地形の迷路で、これを攻め落とすことは不可能に思えた。

日本守備隊の周到な準備

兵力一万一千名の日本軍守備隊は、関東軍の精鋭第十四師団から選抜されていた。指揮官は中川州(くに)男(お)大佐だった。幾多の勲章を受けた〝花形〟将校で、師団隷下の第二連隊をひきいていた。部隊はその年、マーシャル諸島の突然の失陥を受けて、満州から到着していた。東京ではペリリュー守備隊が生きのびるとは期待しておらず、生存者を収容する計画を立てていなかった。この経験豊富な古強者たちは、この島と引き替えに敵にできるだけ高い代償を払わせ、そののち最後の一兵まで戦って死ぬことを期待されていた。

日本軍は五月に到着して以来、休むことなく働いて、ペリリューの地下要塞を改善し、拡大していた。中川大佐は、地下の掩蔽壕やトンネルに潜むのがたよりの防御的な〝複郭陣地〟（蜂の巣）戦術の第一の擁護者だった。敵が圧倒的な海上および航空優勢を手に入れ、地上のあらゆる陣地を粉砕すると見越した大佐は、将兵の大半を大山塊の奥深い洞窟に予備兵力として取っておいた。彼は島の内陸の高地で、アメリカ軍に向かってこさせるつもりだった。この〝縦深防御〟構想のおかげで、日本軍はより長い期間持ちこたえ、攻撃側により大きな犠牲を要求することになった。

ペリリューは太平洋のほかのどんな戦場よりもこうした戦術に適していた。島の中央の尾根とその下に広がる大きな蜂の巣状の洞窟は、何百年もの地理的プロセスの産物だった。薄い表土が象牙色の岩にへばりつき、洞窟の入り口や砲門を隠すまばらな緑の低木をささえるにはじゅうぶんだった――しかし、岩だらけの地面は、つるはしやシャベルでは歯が立たず、攻撃側は容易に個人壕を掘って身を隠せないことを意味した。

日本軍は自然の営為を拡大し、改良した。一九四四年九月、アメリカ軍上陸の直前、中川の守備隊の大部分は、五百以上の天然と人工の洞窟がつながった巨大な地下迷宮に住んでいた。入り口の一部には斜面と面一（つらいち）に作られた鋼鉄製の扉がついていて、擬装網あるいは植物でうまく隠されていた。なかには小さくて、人が四つん這いにならなければ入れないものもあったが、ひとつの大きな地下洞窟は一度に千名を収容できるほど広かった。トンネル網には木製の階段や電灯、電話線、倉庫、換気シャフト、室内デッキ、食堂調理施設、病院、指揮所、そして作り付けの寝棚がしつらえられていた。貯水槽には長期の籠城にも耐えられるだけの真水がたくわえられていた。トンネル網は何キロもつづいていた。中川は、増援部隊を高地のある場所からべつな場所へ、八百メートル以上も敵の砲火にさらさずに移動させることができた。岩の奥深くでは、気温は涼しくてすごしやすく、守備隊は溶鉱炉のような外の暑さからひと息つくことができた。

守備隊は武器も物資も豊富だった。中川は七十五ミリ砲、八十一ミリ迫撃砲、百四十一ミリ重迫撃砲、五〇口径機関銃、両用高射砲、ロケット弾発射機、そしてあらゆる種類の弾薬をたくさん、洞窟の深くに備蓄していた。多くの場合、洞窟の入り口は高台の銃眼をかねていた。より大口径の火砲はレールに載せられ、ある地点からある地点へと地下通路を移動させることができた。巻き上げ機と小さな気動車の独創的なシステムが弾薬庫から弾薬を運んできた。大きめの洞窟の入り口では、日本軍の工兵が爆薬でトンネルのわきに深い部屋を掘っていた。兵士たちは洞窟の入り口が砲撃を浴びたときに、そこに隠れることができた。隠し通路や銃眼はその場に残され、たとえ洞窟が敵に破壊されても、依然として脅威でありつづけるかもしれなかった。

九月前半、ペリリューは第三艦隊の空母艦載機と陸軍航空軍のB－24爆撃機からの激しい航空攻撃にくりかえしさらされた。攻撃側は、飛行場に隣接する建物すべてをふくむ、地上のほとんどすべての建築物を破壊した。九月六日の戦闘機による掃討では、搭乗員たちは「空中の飛行機も、船舶も、わずかな対空砲火もまったく」目にしなかった。「地上に可動状態の飛行機はほとんど見当たらなかった[29]」何十機という日本軍機が、地上の多くをふくめ、撃破された。空母攻撃は爆弾やロケット弾、ナパーム弾で飛行場と海岸の陣地構築物をくりかえし叩いた。九月十二日、アメリカの戦艦と巡洋艦が沖合に姿を現わし、島に榴弾の雨を降らせはじめた。艦砲射撃は上陸海岸の上と、とくに飛行場の周囲に残っていた建築物をほとんど破壊した。たびかさなる猛攻は、中央高地でジャングルの木の葉を燃やして裸にしはじめ、予想外のけわしい岩だらけの地形をむき出しにした。高地の頂には、べつの状況なら美しいと思えたかもしれない、珊瑚の尖峰と柱のそびえ立つ断崖が見えた。日本軍の火砲がいくつか撃ち返してきたが、それほど多くはなかった。

中川大佐は、これらの稜線の下にある指揮所で、北のコロル島の日本軍司令部と無線で接触をつづけていた。指揮所は快適で、効率がよく、しっかりと作られていた。壕には、入り組んだたくさんのデッキや階段、冷蔵倉庫、中川をはじめとする上級将校用の、隔壁で仕切られた快適な宿舎がそなわっていた。指揮所には机や会議用テーブル、ファイルキャビネット、壁掛け地図、そして通信装置がそなえつけられていた。地下深くの隠れ家からは、大きな艦砲弾の衝撃は遠く、くぐもって感じられた。爆撃と砲撃による損害は軽微で、兵力の大部分は彼らが選んだ場所で敵と対戦するために取っておかれた──つまり高地で。

太平洋で最悪の戦場

第一海兵連隊の四個大隊は〈ホースシュー・ボウル〉を登って最初の攻撃を開始した。地形のせいで、彼らは、両側を尾根で閉ざされた幅九百メートルほどの地区に集中させられ、高台の射撃陣地から縦射を浴びた。岩がごろごろころがった回廊を進む海兵隊員たちは、登ったり這ったりしなければならなかった。彼らはさまざまな方向から、種類も口径もさまざまな武器の銃砲火をたえず浴びた──小銃、機関銃、手榴弾、ロケット弾、迫撃砲、野砲で。携帯シャベルは岩だらけの地面に歯が立たなかったので、壕を掘って隠れることもできなかった。見えない敵は、ある銃眼から発砲し、海兵隊が撃ち返すと地下のトンネル網に引っこんで、べつの銃眼から撃ってきた。迫撃砲弾の雨は地面から珊瑚の砂と小石を吹き飛ばし、砲弾の弾片効果をいっそう高めた。戦車などの装甲車輛は石や岩の山に行く手をはばまれた。

連隊長のルイス・バーウェル・〝チェスティ〟・プラー大佐は、尾根をひとつずつ攻略して高地を取るつもりで、そうするためには大きな損害をこうむることもいとわなかった。しかし、尾根を奪取しても、それを死守できなければ、海兵隊にはなんにもならなかった。九月二十日、エヴェリット・

P・ポープ大尉ひきいる中隊（第一大隊B中隊）が、〈ホースシュー〉峡谷の端にある一五四高地の頂を占領したが、べつの高地の日本軍陣地からの圧倒的な十字砲火にさらされただけだった。中隊は地面に伏せて、夜暗くなるまで持ちこたえたが、闇とともに熾烈な歩兵の反撃が何波も襲いかかってきた。中隊員たちは小銃や機関銃、手榴弾だけでなく、銃剣やナイフ、岩、そして素手で陣地を防衛した。人数は減り、負傷者は増え、弾薬も残り少なくなった。夜が明けたとき、彼らはまだ尾根を死守していたが、健康で戦える者は八名だけだった。もはや撤収するほかに選択肢はなく、そうする許可を得た。しかし、中隊は負傷者を後送せねばならず、これはたやすいことではなかった。彼らはロープで負傷者を尾根から下ろした。戦死者はその場に放置され、遺体は移動して砂浜近くの墓地に埋葬できるまで、もう二週間、熱帯の暑さのなかで焼かれることになった。ポープの海兵隊員たちの試練は、アメリカ軍がさらに孤立地帯に攻めこむとおとずれる戦闘の悲惨な前触れだった。

太平洋の複数の島で戦った海兵隊員たちは、ペリリューが最悪の戦場だったとみとめている。情け容赦ない赤道の太陽は、生物のいない月面のような象牙色の珊瑚岩の風景に照りつけ、気温はいつも摂氏四十三度を超えた。前線で三日間すごした兵士は生霊のように見えた。唇には水ぶくれができ、髪はもじゃもじゃで、珊瑚のほこりが髭を剃っていない顔にこびりついていた。汗が、すでに太陽のまぶしさで痛い目に流れこむ。コルダイト火薬の鼻をつく臭いとひりひりする味が、鼻と喉を刺した。手は岩を這うせいですりむけていた。そこらじゅうにただよう腐敗した死体と腐った携行食糧、そして自分の排泄物の悪臭からは誰も逃れられなかった。

大きな青緑色の蠅の群れは、埋葬されていない死者を餌にし、生者を悩ませた。突然の集中豪雨が午後遅くに、ときには夜に襲ってきた。容赦ない火砲と迫撃砲の弾幕からは逃れられなかった。爆発で直接負傷しなかった者たちのあいだでも、蓄積する衝撃は体力と気力をむしばんだ。ときには火砲の砲声と地響きは夕暮れから夜明けまでつづき、うとうとすることさえ困難にした――しかし疲労困憊したある兵士は、百五十五ミリ榴弾砲の砲口の下でも眠ることができ、スレッジの小隊のもうひとりの兵士スターリング・メイスによれば、「両耳のあいだに地下鉄のトンネルを走らせるにひとしい」音を発したという[30]。火砲が一瞬沈黙すると、海兵隊員たちは、負傷して死にかけている日本兵が夜の闇のなかで泣き叫ぶ声を聞くことができた。しばしば彼らは母親をもとめて泣き叫んでいた。あらゆる人種の死にかけた男たちがそうするように。

島の南部の低地では、後方梯隊の工兵部隊と兵站部隊がすでに大車輪で働き、ペリリューを前進作戦基地に変えていた。三個海軍建設大隊（〝シービーズ〟）が、作戦の四日目に上陸していた。彼らは艀を使って即興で全長四百メートルの独創的な土手道を作り、車輛がＬＳＴから直接、珊瑚礁を越えて、オレンジ海岸に乗り入れられるようにした。作戦五日目には、飛行場と野営地にはトラックとブルドーザーがひしめいていた。砂浜の内陸の椰子の木立には、テントの野営地ができつつあった。シービーズは主滑走路を六千五百フィート（約二千メートル）まで延長して地ならしし、Ｂ－24爆撃機を受け入れられるようにしろと命じられていた[31]。ブルドーザーは日本軍機の残骸を滑走路の周辺に押しやった。トラックは瓦礫を運び去り、粉砕した珊瑚岩を運びこんで、コンクリートに変えた。ウムルブロガルの尾根の日本軍火砲と迫撃砲は依然として飛行場の北部を砲撃できたので、工兵たちは砲火のもとで作業せざるを得ず、滑走路には、彼らが古い砲弾穴を埋めているかたわらで、新しい穴が開けられた。空気は爆発と重機が上げるほこりでどんよりしていて、工兵たちは、ほこりで窒息しないようにマスクをしていた。「北の〈ブラディー・ノーズ・リッジ〉の上で、赤橙色のまばゆい炎が見え、とぎれない雷鳴のような、戦争の轟きが聞こえた」とシービーズのチャールズ・Ｓ・マッキャンドレス海軍大尉はいった。「景色全体が『地獄篇』の一場面のようだった[32]」

海兵隊のＦ４Ｕコルセア戦闘機の一個飛行隊が九月十九日、飛行場に飛来し、近くの稜線の日本軍陣地にたいして対地支援作戦を開始した。彼らは五百ポンド爆弾とナパーム弾を、しばしば超低空で投下した。これは太平洋戦争全体でもっとも短い爆撃航程だったかもしれない。コルセアは離陸して、すぐさま右へ翼をかたむけ、高地の敵が占領している地点上空を低く飛ぶ。搭載兵器を投下して、ふたたび右へ旋回し、着陸する。典型的な爆撃航程は二分もかからなかった。パイロットたちはわざわざ車輪を引きこみもしなかった。

通常の爆弾は日本軍の地下陣地にほとんど影響をおよぼさないようだったが、すくなくともナパーム弾は残っていた植物をはぎ取り、日本軍の銃眼をむき出しにした。ゼリー状ガソリンの焼夷剤はときには敵洞窟の口に入りこみ、日本軍を地下トンネル網のより深くに退却させた。

ルーパータス将軍は、自分の師団が直面している事態の全体像を理解できず、楽観的すぎる報告をガイガー将軍に送った。アメリカ軍はいまや上陸海岸と東部海岸、東部の〈ロブスターのはさみ〉半島、飛行場をしっかりと掌握していた。第五海兵連隊の隷下部隊は軽微で散漫な抵抗にたいして、西道路を攻め上っていた。第七海兵連隊は島の南端を制圧し、その地域のあらゆる日本軍敗残兵を組織的に狩りだして殺していた。島に残っている日本軍将兵のほとんどはウルムルブロガルの縮小する孤立地帯に囲いこまれていた。最後の大がかりな攻勢のひと押しが功を奏するはずだ。すくなくともルーパータスと師団幕僚部はそう確信していた。たえず前進しつづけることが、彼らの支配的な理念だった。ルーパータスは、プラー大佐に、「急いで」、膠着状態を打破するよう命じた。好戦的で有名な戦士のプラーは、発破をかけられる必要などなかったが、この激励の言葉を部下の中隊長たちに下達し、第一海兵連隊の本部要員数名を前線任務に派遣した。連隊は、歩兵が戦車の後ろを前進し、砲兵の弾幕に支援されて、何度もくりかえし〈ホースシュー〉に突撃した。そのたびに大きな損害を出して跳ね返された。連隊はペリリューの戦闘で最初の八日間に千七百四十九名の損害をこうむった。攻撃部隊は五六パーセントの死傷者を出し、なかでも第一大隊は七一パーセントという驚異的な損害をこうむった。彼らはこの恐るべき数字にたいして見るべき成果を上げることができず、敵が占領する荒れ地にほとんど前進していなかった。

　ガイガー将軍は九月二十一日、はじめてペリリュー島内を視察したとき、自分が見た光景に驚いた。ルーパータスと師団指揮幕僚は疲労と自信喪失の兆候をしめしていたが、まだ新しい戦術が必要であることを認める心構えができていなかった。〈ホースシュー・ボウル〉のふもとに置かれた第一海兵連隊の連隊指揮所では、部隊の指揮官の多くが、肉体的、感情的、精神的な疲労困憊の状態にあるようだった。彼らはやつれた顔をしていた。プラー大佐は、短い言葉でしか話さず、ほとんど表情がなかった。彼とその幕僚は増援部隊を投入して、より大人数で攻撃する以外に案を持っていなかった。ガイガーは第一海兵連隊はおしまいだという結論にいたった。彼らの損害はあまりにも大きく、連隊は前線から下げるべきだった。彼は軍団予備の一部を投入することを決定した――陸軍の第八十一歩兵師団麾下の一個連隊戦闘団である。ルーパータスは強硬に反対したが、ガイガーはすでに心を決めていた。彼はプラーの海兵隊員たちに船で島を離れる準備をするよう命じ、陸軍の連隊戦闘団をペリリュー島に上陸させるために招集した。

　ジーン・スレッジのK（キング）中隊（第五海兵連隊第三大隊）は、九月二十一日、西道路を前進しているとき、向こうからやってくる第一海兵連隊の隊列とすれ違った。すぐにスレッジには連隊の人数がひどく減っているのがわかった。「かつての第一海兵連隊の中隊が小隊のように見えた」と彼は書いている。「小隊は分隊のようだった」[33] スレッジとともに縦隊で行軍していたスターリング・メイスは、同じように考えていた。壊滅的な損害をこうむった連隊の兵士の顔をちらりと見ただけで、ペリリューではこれまで自分の部隊が出会ってきたよりさらにひどい状況が待っていることがわかった。〈ホースシュー〉から降りてくる戦友たちは、「どんよりとした、遠くを見るような目で」彼らを見つめ返した。「……彼らはひどい姿だった。ぼろぼろのダンガリーは汗で白く塩を吹き、髭も剃らず、火薬の火傷で薄汚れて、血まみれで、衰弱しかかっていた」自分の連隊があの同じ尾根に送りこまれそうだと気づいたメイスは、自分たちが「未来の自分自身の姿」を垣間見ているのかもしれないと思った[34]。《ライフ》の戦場画家であるトム・リーは、前線の戦闘のあとで、オレンジ海岸近くの野営地に戻ってきたばかりの海兵隊員の肖像画をスケッチしている。〝戦闘ノイローゼ〟という言葉は当時、衛生＝軍事用語集にちょうどくわわりつつあったところで、リーの絵画の兵士はその症状を呈していた。彼はやつれて、げっそりして、おびえたように見える。その瞳孔は開き、顎はだらりと垂れ、目に生気がない。それは悲惨で慰めようもない肖像で、エドヴァルド・ムンクの一八九三年の絵画〈叫び〉を思わせる。〈あの二千ヤード先を見るような目〉と題されたリーの絵画は、《ライフ》誌の一九四五年六月号に掲載された。これはいまもなお、第二次世界大戦でもっとも有名な（あるいは悪名高い）芸術作品のひとつである。

膠着状態、むしばまれる精神

ペリリューにおけるDデイの八日後、〈ステイルメイト〉作戦はその名のとおり膠着状態（ステイルメイト）におちいる兆しを見せていた。日本軍は高地の〝孤立地帯〟にたいする一斉攻撃をすべて撃退していた。高地を押さえている彼らは、たえまない迫撃砲と火砲の砲撃で飛行場を叩くことができ、実際そうしていた。海軍の哨戒部隊は、艀や小舟艇で運ばれた敵の増援部隊が島の北岸に上陸しているのを発見した。師団司令部はペリリュー北部の確保を主張したが、そのためには大挙して西道路を攻め上り、砲撃と狙撃を受けながらこれを確保する必要があった。陸軍と海兵隊の二個連隊が道路を進んで威力偵察を開始した。〈狙撃手小路（スナイパーズ・アレー）〉と命名された一画では、ウルムルブロガルのごつごつした断崖が海岸に向かってつきだし、アメリカ軍部隊はマングローブの沼と敵が占領する高地のあいだの狭い山道を通るほかなかった。狙撃手が右の尾根と左の沼から撃ってきて、何十名もの陸軍兵と海兵隊員が死傷した。道路には地雷が敷設され、仕掛け線などの装置を使った仕掛け爆弾が設置されていた。こうした障害は必然的に前進の速度を遅くしたが、西道路の支配権を握ることは必要不可欠と見なされ、ルーパータスはひきつづき彼らをせき立てた。彼は〈ホースシュー・ボウル〉の流血の膠着状態を考慮して、北側からウルムルブロガルに進撃するもっと有利なルートを見つけることを願っていた。

　九月二十三日、陸軍の第三二一連隊戦闘団が、ガレコル峡谷のすぐ南の前進攻撃準備地点から稜線に総攻撃を開始した。沖の軍艦からの艦砲射撃の近接支援を受けて、陸軍兵たちは最初、順調に前進した。[35]ジャングルの植物に隠れて千メートルほど内陸に侵入し、いくつかの洞窟とトーチカを掃討して、約三十名の敵兵を倒し、予想よりずっと多くの地域を占領した。日本軍は突然の前進に不意を打たれた。彼らは外辺防御線のその部分を防御するために強力な部隊を展開していなかったのである。しかし、夜暗くなると、激しい反撃が襲ってきて、九月二十四日の正午には、陸軍兵たちは自分たちが手にあまることに挑戦したのだろうかと思っていた。前線は尾根のはるか上まで押し上げられていたので、海岸からの補給線は、平坦ではない岩だらけの地形を通ってのび、長く不安定だった。弾薬や真水、携帯糧食は、急斜面を上り下りしながら深い峡谷をぬけてつづく、全長八百メートル以上のルートを、手で運ばねばならなかった。日本軍は果敢に反撃した。砲撃と迫撃砲火はおとろえずにつづいた。負傷兵が担架で運びだされたが、この骨が折れる作業は、傷ついた兵士に大きな苦痛を引き起こし、そして多くの担架手が狙撃手にやられた。アメリカ軍は負傷者を置き去りにしようとはしな

ペリリュー島のウルムルブロガル孤立地帯で破壊しつくされた風景のなかへ進んでいく海兵隊員たち。U.S. Marine Corps Archives

かった。彼らが拷問を受けて死ぬ恐れがあったからだ[36]。

いつものように日本軍は夜、単独あるいは少人数の班で襲ってきた。夜の静寂のなかでは、どんな音もいちじるしく拡大された。ハント大尉はペリリューにおけるこうした夜のほとんど耐えがたい緊張について書いている。「穴のなかで死の闇をじっとのぞき込み、耳をそばだて、臭いを嗅ぎ、予期して待ちかまえる自分の息づかいだけを耳にするとき、静寂は恐ろしいものになり、死んだ物体がゆっくりと立ち上がって命を得て、動かないものが動き、そよ風に揺れる木の葉の音が忍び寄る人間の足の動きとなり、味方が敵に、敵が味方となって、ついには、強い心で制御しないと、想像力が見えないもの、聞こえないものに取りつかれるかもしれない[37]」

なかには正気を失って、取り乱して叫びだす者もいた。彼らは即座に前線から下げられた。静かにしていられない海兵隊員は戦友たちを危険にさらすからだ。夜間に侵入してくる日本兵は、音を立てないように、爪先が割れたキャンバス製の地下足袋をはいて、ナイフや刀、銃剣で音もなく襲いかかってきた。バージン伍長によれば、ひとりの日本兵はある夜、尾根の頂の射撃陣地にしのびこみ、彼の分隊の海兵隊員の首を絞めはじめた。その隊員は、はっと目をさまして、日本兵の眼窩に指を突き立てると、断崖から投げ落とした。「ジャップがずっと落ちていくあいだ叫んでいるのが聞こえた。目玉をえぐり出された瞬間から、断崖の底に激突するまで」とバージンは書いている。「あんな血も凍るような声は、生まれてこのかた聞いたことがない」[38]

二カ月前のサイパンと同じように、丸々と太った金属的な青緑色の蠅の群れが、埋葬されていない腐敗した死体から湧いた。蠅は宙でぶんぶん騒がしかったが、飛ぶより這うほうが好きなようだった。連中は捨てられた食料の残りものや排泄物、血と死体を餌にした。兵士たちの水筒カップに這いこみ、携帯糧食の缶に舞い降りた。連中はのろのろして、一見強情だった。手ではらってもこわがらず、スプーンやフォークからふりはらうか、つまみ出さねばならなかった。

この蠅の蔓延は、太平洋のほかの戦場の経験から予期されていた。アメリカ農務省の専門家が、島内全域で駆除作戦を展開するため、飛行機でやって来た。沖の輸送艦隊の貨物室には何百本ものDDTのドラム缶が積まれていた。薬剤はディーゼル油と混ぜられ、島全土、とくに死体に散布された。混合液のタンクを背負った三百以上の衛生班が、死体や、よどんだ水たまり、「調理場や食堂、便所」の周囲にそれを散布した。[39]トラックに積まれた散布機が、砂浜周辺の地域のほとんどを薬剤の膜でおおった。衛生チームは尾根の戦闘地帯を対象にする方法さえ発見した。一機のTBMアヴェンジャーが、ガソリンを動力とする空中散布機を取り付けられ、飛行機の燃料補給用ポンプ装置が、胴体下のタンクから溶液を吸い上げるために使われた。この装置は一分間に約百ガロンを噴射することができた。この方法で、殺虫剤はウルムルブロガルに広く散布され、敵とアメリカ軍の別なく両方の陣地に降りそそいで、生者も死者も薬剤の膜でおおった。この努力で蠅の集団は減ったようだった――しかし、完全な駆除はできなかった[40]。

十月の第一週には、前線の歩兵のほとんどが持久力の限界に近づいていた。この三週間は三カ月、いや三年にも感じられた。スレッジはペリリューを「恐怖の地獄で、そこから逃げだすことは、損害が増え、戦闘が長引くにつれて、ますますありえないように思えた。時間は無意味だった。命は無意味だった。熾烈な戦闘はわれわれ全員を残忍にした」と回想している[41]。マッキャンドレス大尉はペリリューを、ここで従軍して戦ったほかの多くの者たちと同様、ダンテの『地獄篇』に出てくる地獄の光景にたとえている。しかし、創作の世界でそれよりもっとよく似たものは、J・R・R・トールキンの『指輪物語』のなかにあった。〝影の国〟モルドールのように、戦場は不快で悪臭を放つ荒れ地だった――緑をはぎ取られ、靄につつまれ、人を寄せつけない切り立った尾根で閉ざされていた。狡猾な穴居人の軍隊は、地下深く穴を掘り、トンネルと洞窟の複雑な地下網で山地の下を横切ることができた。相手にとって、この敵はトールキンの怪物オークと同じぐらい残酷で、それより人間らしいとはほとんどいえなかった。薄汚れた領域の名前、ウルムルブロガルでさえ、〝中つ国〟の地図から借りてきたといってもおかしくなかった――そして、トールキンの〝中つ国〟をめぐる創作上の戦いと同じように、これは敵を完全に抹殺することで勝つ戦争だった。

Dデイに、スレッジは、自分の中隊の古参兵が死んだ日本兵から貴重品と記念品を〝戦場ではぎ取る（フィールド・ストリッピング）〟のを見てぎょっとした（訳註：フィールド・ストリッピングとはもともと「銃の通常分解」という意味）。しかし、彼をはじめとする第一海兵師団の〝新兵（ブーツ）〟はじきに、はるかにぞっとする光景に慣れっこになった。ほとんどの戦場では、岩だらけの地面に墓を掘るのが不可能だった。死体は何週間もの暑さのなかで腐敗した。ふくれ上がり、黒ずんで、腐った果物のように裂けた。スレッジの部隊は見慣れた死体を目印にして地形を歩きまわった。「死体の腐敗の過程が、死んだばかりから、ふくれ上がり、蛆が湧いて腐り、骨が部分的にむき出しになった状態へと進行していくのを目にするのは、おぞましいものだった——まるで、なにかの生物学的時計が、止められない時の流れを刻んでいるように[42]」。スレッジは若い海兵隊員が暇つぶしに、雨水が溜まった日本軍戦死者の割れた頭蓋骨に石を投げこむのを見守った。「帰り道に小石を水たまりに投げる少年のようになにげなく。彼の行為に悪意はなにもなかった[43]」

アメリカ軍は命を危険にさらして戦場から自軍の死者を持ち去り、海岸近くに埋葬した。しかし、かならずしもすぐにそうできたわけではなかった。敵の死体を損壊するのは、両陣営で犯された罪だった。スレッジはむごたらしくばらばらにされた海兵隊戦死者たちの遺体を見つけたと回想している。彼らの頭と手は切り落とされ、ペニスは切断されて、口につっこまれていた。「わたしの感情は怒りに凝り固まり、日本人への憎悪はわたしがかつて経験したどんなものにもまさった」と彼は書いている。「その瞬間から、わたしはどんな状況でも、彼らにこれっぽっちの哀れみも同情も感じなかった[44]」当時の日本の歯科治療は、虫歯の穴を金で埋めていたので、敵兵の多くは金歯を持っていた。アメリカ兵のなかには、敵の死体からこれらの戦利品を〝収穫する〟習慣がある者もいた。スレッジが目撃したある光景では、海兵隊員が、敵の負傷兵の口から金歯をケーバー・ナイフで切り落として引っこ抜こうとしていた。

日本兵は彼の足を蹴り、のたうちまわっていたので、ナイフの切っ先が歯を逸れて、犠牲者の口に深々と刺さった。海兵隊員は相手を罵ると、腕のひと振りで相手の頬を両耳まで切り裂いた。

そして、苦しむ相手の下顎を片足で踏みつけ、もう一度こころみた。血が兵士の口からほとばしった。日本兵はごぼごぼという音を発して、激しくのたうちまわった。わたしは叫んだ。「そいつを楽にしてやれ」返ってきた答えは罵り声だけだった。べつの海兵隊員が駆け寄って、敵兵の脳味噌に銃弾をぶちこみ、彼の激しい苦しみを終わらせた。禿鷹野郎はぶつぶついうと、おかまいなしに戦利品を引っこ抜きつづけた。[45]

戦利品集めと敵の死体の損壊は、服務規程で禁止されていた。しかし、この無秩序な状況では、こうしたたえまない残虐さのただなかで、道徳的見地から直接異議をとなえるのは的はずれに思えた。戦友がこうした行為に手を染めないように説得したいと思った歩兵は、現実的な異議を呈した。彼はたとえば戦場の衛生水準や、見つかって罰を受ける危険、腐敗する肉の悪臭を寄せつけたくない気持ちなどに訴えた。日本兵の死体から歯をひっこ抜いたら危険な細菌にさらされるかもしれないぞ、と彼は警告した。最後の手段として、故郷の人たちはぜったいにわかってくれないぞ、と指摘するかもしれなかった。スレッジの小隊のべつの海兵隊員は、しばらく日本兵の手を持ち歩いていた。蠟紙で包んで、背嚢にしまっていた。彼は島を離れるとき、それをいっしょに故郷に持ち帰るつもりだった。スレッジとほか数名は反対した。将校連中がおまえを告発するぞ、と彼らはいった。船内が手の悪臭で満たされるぞ。彼らはぞっとした。結局、男はしぶしぶその記念品を投げ捨てた。「戦争はわたしの友人をむしばんでいた」とスレッジはふりかえった。「彼はいまや二十世紀の野蛮人だった。依然として温厚だったが。わたしは、もし戦争がずっとつづいていたら、自分も同じことをしたかもしれないと思って身ぶるいした[46]」

「攻撃段階終了」

ルーパータスは遅ればせながら、自分が期待していた短期間の激戦は実現しないことをみとめた。ウルムルブロガル孤立地帯は、精緻な要塞で、地形を巧妙に利用して、攻撃側に最大の損害をあたえるようにできていた。敵の複雑な洞窟トンネル網は、鉱山労働者と鉱山技師の助けをかりて、長年かけて築かれたものだった。忍耐力と新たな戦術が必要だった。

戦闘の最終段階は、つらい消耗戦になった。防御側にたいする前進は、ゆっくりと間欠的にもたらされた。領土は一メートルずつ占領されることになった。装甲車輛が稜線に向かって前進し、日本軍の陣地に撃ち返した。彼らの主目的は、日本軍の全火砲と銃眼の位置をつきとめ、残っている植物をはぎ取ることだった。アメリカ軍は戦場全体を、判明しているあらゆる敵の銃眼の位置をふくめ、細部にいたるまで地図にした。毎日の前進は、五メートル、あるいは十メートル単位で計られるかもしれなかった。海兵隊員たちはたぶん、滑車装置に通した鋼鉄製のケーブルを使って、どこかの新しい崖に重砲を運び上げるかもしれなかった。新たに据えつけられた重砲はそれから、やっかいな洞窟の入り口や高い尾根の砲門に直撃弾をお見舞いするのに成功するかもしれなかった。百五十五ミリ榴弾砲は、尾根をひと塊ずつ吹き飛ばすだけの威力があった——そして、こうした武器を使って、彼らは洞窟の入り口を破壊し、叩きつぶしはじめた。

十月十二日、師団司令部は戦いの「攻撃段階」の終了を宣言した。この発表は、まだ尾根で敵と戦っている将兵に嘲笑をもって迎えられた。日本軍が片づいたとはとうていいえなかったからだ。彼らにはまだ戦意がたっぷり残っていたし、アメリカ兵は依然として死んでいた。ある海兵隊員はこう漏らした。「師団指揮所から誰かここに来て、ニップどもに攻撃段階は終わったと教えてやらなきゃな」[47]しかし、残っている日本兵たちは、狭まっていく外辺防御線に囲いこまれて、戦線の向こう側にはほとんど脅威とならなかったことは事実だった。ペリリュー南部の平地は前進作戦基地として機能した。アメリカ陸軍航空軍の爆撃機が飛行場から飛び立ち、フィリピン攻略を支援していた。貨物輸送艦は定期的に物資を島に運びこんでいた。

十月の第二週には、孤立地帯は約三百六十メートル掛ける七百二十メートルほどの地域に縮小していて、負傷していない日本軍戦闘員は千名ほどしか残っていなかった。誰かがちょっと冗談半分に、海兵隊はその地域を有刺鉄線で囲って、戦時捕虜の露天収容所と呼んだらいいと提案した。飛行機は戦場一帯にビラを撒き、日本語の専門家が拡声器で降伏勧告を流しはじめた。応じる者はほとんどいなかった。中川の司令部は洞窟のどこかに印刷機を持っていたにちがいない。「哀れな向こう見ずのヤンキー・ドゥードル」にあてた自前のビラで応酬してきたからだ。そのビラは、日本語を翻訳した英語の奇妙な調子で、アメリカ兵に、彼らがペリリューに送りこまれたのは、FDRが再選運動を決定づけるために太平洋の勝利が必要だからだといっていた。アメリカ軍の戦いかたは卑怯だと非難し、しかし、日本軍はそれでも最後に勝つと誓った。そのビラをここに、もとの綴りと語法のまちがいといっしょに引用する。

大統領選が鼻先にぶら下がったペテン師ローズヴェルトは、政治的野心から、哀れなニミットだけでなく、マッカサーもロボットのように動かした。こういうのは、なんと哀れなことか。きっとおまえたちが払う犠牲だ。降伏の勧告通知に感謝する。だが、こちらには数日後に撃滅される運命の者たちに降参する理由はひとつもない。おまえたちにつけくわえるが、人道をかえりみないおまえたちの攻撃の手口にたいして、おまえたちの神は日本軍をして、おまえたちに報復攻撃をくわえさせるであろう。くりかえす、共通の軍人精神に反する、人道をかえりみない攻撃にたいして、おまえたちはきわめて手厳しい攻撃を受けるであろう。つまり容赦ない攻撃だ。日本軍[48]。

海兵隊員たちはじょじょに前線から下げられ、陸軍の第八十一歩兵師団（愛称〝ワイルドキャッツ〟）と交代した。十月十五日、彼らをパヴヴへ送り返す命令を受け取ったとき、第五海兵連隊はペリリューに残っていた最後の海兵連隊だった。彼らは島の北端へトラックで運ばれた。そこには新たな野営地域が用意されていた。彼らは古い軍服と軍靴を燃やして、新しいのを支給されると、シャワーや就寝用のテント、温かい食事が出るまともなかまぼこ兵舎の食堂のささやかな喜びを味わった。その数日後、彼らは隊列を組んで砂浜に降りていき、そこで上陸用舟艇に乗りこんで、待ち受ける輸送艦へと運ばれていった。ペリリューは三個海兵連隊を使いものにならなくしていた。彼らはゆっくり時間をかけて、大部分を補充兵で再編成しなければならなかった。

その数日後、ガイガーは島に残っている全部隊の指揮を〝ワイルドキャッツ〟師団の師団長ポール・J・ミューラー少将にゆだねた。第一海兵師団は六千七百八十六名の損害をこうむり、そのうちの千三百名以上が戦死した。多くの生存者は長期の心的外傷後ストレス障害の影響に悩まされることになる。ただしこの症状はまだその名称では知られていなかったが。彼の努力と犠牲はハルゼー提督からの電文で賞された。「高地を破壊し、洞窟を叩きつぶして、一万一千の吊り目のちんぴらを抹殺したことにたいし、諸君らに全第三艦隊より心からの賛辞を贈る。困難な仕事だったが、じつにみごとにやってのけた[49]」

太平洋の多くの戦場では――もっとも悪名高いのはサイパンで――陸軍と海兵隊の戦術思想のちが

いが、軍間の深刻な摩擦を引き起こしてきた。ガイガーとルーパータスは島を陸軍に引き渡す前に日本軍の抵抗を鎮圧したいと思っていて、それができなかったことを悔やんだ。しかし、敵を洞窟から引きずり出すには、さらに七週間の激戦が必要になった。ウルムルブロガルの荒れ地をめぐる戦いのこの最終段階では、〝ワイルドキャッツ〟は、時間をかけた攻囲戦術の長所をまざまざとしめした。彼らは戦車やトラック、装甲ブルドーザー、そして重砲を前線に持っていくために、よくならした広い道路を〈ホースシュー・ボウル〉まで必要としていたので、それを建設した。日本軍の外辺防御線にたえず激しい砲撃と航空攻撃を浴びせつづけ、毎日、何トン分ものナパーム弾を投下した。歩兵に遮蔽物を提供するために、巨大な土嚢の堤を築いた。土嚢は砂浜で詰められ、アムトラックなどの装甲車輛で前線に運ばれた。最終的に陸軍は、原始的なスキーリフトに見かけも機能もよく似た空中索道を作って、土嚢を砂浜から直接、高地に運んだ。この土嚢の壁は内陸へと押し上げられ、日本軍の射撃陣地にどんどん近づいていった。兵士たちはときには、棒で土嚢を前に押しながら、匍匐(ほふく)前進することもあった。洞窟の開口部や銃眼はふさがれた。

日本兵はいつもの技量と抜け目なさ、そして戦意で応酬した。〝ワイルドキャッツ〟が彼らの頭上の頂や稜線を占領しても、日本軍はまだ高地の内陸部を押さえているかもしれなかった。アメリカ兵たちはときどき、自分たちの下の岩壁で日本兵の声を聞いたり、隠れた通気口から立ち上る日本軍の料理の匂いを嗅いだりすることもあった。砲撃でふさがれた洞窟の開口部は、のちに内側から爆薬によって開かれ、日本軍戦闘員の一団が予想外の方向から攻撃するためにこっそりしのび出るかもしれなかった。小部隊による攻撃は夜間がもっとも多く、そのため陸軍の工兵は投光照明を設置して、戦場を煌々(こうこう)と照らしつづけた。土嚢は孤立地帯の中心に向かって容赦なく進んでいった。パイプラインが建設され、ディーゼル燃料が海岸からポンプで送られ、洞窟の入り口に注がれた。「パイプラインの端の増圧ポンプとノズルの助けで、庭のホースのような効果が得られた。当該地域の岩山や裂け目にそそがれた燃料に火をつけるのには、黄燐（おうりん）手榴弾が使用された」[50]

一九四四年十一月二十四日、中川大佐は、コロルの師団司令部に最後の報告を無線で送った。彼は連隊旗を燃やした。彼の手元には百名ほどしか残っていなかった。彼らは少人数の切り込み隊を編成し、最後の夜襲をかけるつもりだった。中川はどうやら切腹したようだったが、それを目撃した者は誰ひとり生きのびて証言することができなかった。アメリカ軍は最後の突撃に気づくこともなかった──実際には、少人数の日本兵は何カ月も戦いつづけ、何十名もの敗残兵が終戦以降も洞窟でひきつづき暮らしていた。一九四七年三月、対日戦勝記念日のゆうに十八カ月後、少尉指揮下の三十三名の日本軍敗残兵の一団が発見され、説得を受けて投降した。

ペリリューの戦いはアメリカではほとんど注目されずに終わった。短い記事がいくつか新聞の裏面に出た。これらの週間には、ヨーロッパからのニュースのほうが感動的で、世間の注目を集めた。連合軍はパリを解放して、フランス国内をドイツに向けて進撃していた。太平洋では、フィリピンを目ざすマッカーサーの進撃のほうにより関心が向けられた。パラオ諸島は遠く離れ、太平洋の基準でも無名で、この戦いがほかの何百という島の戦いとどうちがうのかつたえづらかった。ペリリューは進行中の世界的な大殺戮の規模では、とくに大きな戦いでもなかった。しかし、一種の画期的な出来事で、太平洋でこれからおとずれるものの兆候でもあった。とくにのちの硫黄島と沖縄におけるもっと有名な島の戦いで。アメリカの視点からは、ペリリューは、比率の面では太平洋の戦いでもっとも高くついた戦いだった。島で戦った二万八千名の海兵隊員と陸軍将兵のうち、死傷者は四〇パーセント近くにのぼり、うち戦死者はおよそ千八百名、負傷者は八千名だった。一万一千名の日本軍守備隊はほぼ全員が命を落とした。実際に殺された人数との差──日本軍将兵のいつもの降伏拒否を考えると避けられないことだが――を考慮に入れても、これらの結果から、死傷率はほぼ一対一になった。

中川は地下網を効果的に利用して、沖合の火力と制空権におけるアメリカ軍の優位を低下させた。彼の部隊は戦術的に無益なバンザイ突撃を大部分ひかえていた。地形を巧みに利用して、自分たちが選んだ場所で戦った。こうした戦術は一九四五年におとずれる戦闘において、日本本土により近い島々でより大規模にくりかえされることになる。

アメリカ軍歩兵は彼らの敵を、ほとんど人間味のない、残忍でサディスティックな生き物で、地面から根こそぎにして駆除する必要があると考えるようになっていた。それと同時に、彼らは、敵を心の底から嫌っていても、敵の頑強さと抜け目のなさ、スタミナ、そして確実な敗北と死に直面してもくじけない勇気には一目置かざるを得なかった。

ウルシー環礁を停泊基地に

ペリリューとアンガウルにつづく〈ステイルメイト〉作戦第三の目標は、ペリリューの三百四十五海里北東のウルシー環礁だった。この椰子で飾られた砂嘴（さし）の楕円形をした輪っかは、グアムとパラオ諸島のほぼ中間にあり、新たな艦隊の泊地をつとめることになる。面積二百九平方マイルの礁湖を持つウルシーは、第三艦隊全部とそれを支援する機動兵站部隊を庇護できる広さがあった。その前の六カ月間、同様の機能をはたしてきたエニウェトク環礁は、真珠湾とマリアナ諸島をむすぶ中継地点の地位に格下げになる。

日本軍は数カ月前にウルシーを放棄していたので、この大きな環礁は無血で占領された。九月二十一日、掃海艦が礁湖の表玄関を掃海して、ブイを設置し、陸軍の〝ワイルドキャッツ〟の偵察部隊が、外郭部の大きめの小島のひとつに上陸した。彼らはおずおずしたポリネシアの現地民に迎えられた。

現地民たちは闖入者が日本軍の敵と知った瞬間、友好的になった。先遣隊はゴムボートで小島から小島へといそがしく渡りながら、環礁全体に散らばった。遺棄された日本軍の装備がいくらか見つかったが、敵の部隊はいなかった。第八十一師団の報告書によれば、彼らが見つけたのは「日本兵二名、いずれも死亡」だけだった。[51]ウルシーは九月二十三日の日没時、確保と宣言された。

土着のウルシー人は、〝ウエグ王〟と呼ばれる親切な麻痺患者の首長にひきいられていた。ワシントンにいるアメリカの大首長と同じように、ウエグはポリオのせいで脚が不自由だった。彼の臣民たちは椰子の丸太と手織りの繊維でできた椅子駕籠で彼を運んでいた。ウルシー人は六つか七つの小島に広がる質素な自然の村に住み、縦に割った椰子の丸太と、やわらかな椰子の繊維を敷きつめた高床でできた優雅な高床式住居で暮らしていた。小屋にはタコノキの葉で葺いた急勾配の屋根がそびえていた。男たちと少年たちは腰巻き姿で、女たちと少女たちは草のスカートを身につけていた。全員が髪に花を飾り、体には油を塗っていた。ポルトガルとスペインの探検家たちが四百年以上前にはじめてウルシー人と接触し、十八世紀前半にはイエズス会の宣教師がおとずれていた。そのとき以来、現地民は、切り離された異国版のキリスト教を信奉し、イエズス会士が持ちこんだ教義や礼拝はしだいに彼ら自身の古代神話や宗教的伝統と混ざり合った。一九四四年でも彼らは先祖たちが千年間暮らしてきたのとまったく同じ暮らしをして、礁湖で魚を釣り、タロ芋の小さな畑を耕作していた。彼らは舷外浮材付きの丸木舟で旅をし、漁をした――打ち寄せる波のなかに櫂でこぎ出し、織った繊維の三角帆を張ると、「礁湖の信じられないほど青い水面をかすめ飛ぶ鷗の群れのように」ぐんぐん遠ざかっていった。[52]

海軍の民生部将校はウエグ王を説得して、臣民のすべてを環礁南部のひとつの島に引っ越させようとした。見返りに、占領軍は戦争が終わるまで食料や医療など望みのものを提供する。ウエグは最初、迷ったが、承諾した。無許可離隊者を見張る憲兵の巡察路が島を警備するために敷かれ、アメリカ兵が許可なく島に近づけないようにした。「こうした措置は、わが軍将兵による現地民への性的いたずらをなくすうえで効果的とわかった[53]」

時間はかなり切迫していた。第三艦隊は月末前にこの泊地に避難する必要があった。レイテ作戦の新たな十月の日程表を考慮すると、エニウェトクに戻っている時間はなかった。第五十一海軍建設大隊の第一陣が上陸して、十二時間交代勤務で四六時中、作業をはじめた。海岸作業隊の隊長たちは上陸地域と補給処を設置した。艀に砂と珊瑚岩が詰められて沈められ、海底にしっかりと固定されて、岸壁がすばやく築かれた。

三日間で工兵は、三千トン分以上の水や携帯糧食、燃料、医療用品、弾薬、そしてトラックやブルドーザー、半装軌車輌（ハーフトラック）をふくむ約三百輛の車輛を陸揚げした。彼らはガソリン駆動の動力鋸で椰子の木を切り倒した。切り株と根は爆薬で吹き飛ばされ、残骸は飛行場と道路わきの片づけられた区域にウィンチで運ばれた。トラックは砕いた珊瑚岩を運んで、セメントミキサーにかけた。排気煙を吐きだすディーゼル・ブルドーザーの一隊がファラロップ島の既存の日本軍飛行場で作業をはじめた。飛行場は延長され、拡張されて、再舗装されることになっていた。プレハブの鋼鉄製燃料タンク集合地域は、五本のパイプラインで燃料補給埠頭とむすばれた。砂浜は急遽、コンクリート製の水上機滑走台に取って代わられた。航空交通管制塔が椰子のあいだに建てられた。そして、珊瑚の誘導路と駐機場、舗装駐機場が飛行場の端からのばされた。

ひとつの島、モグモグ島は艦隊保養地区として取っておかれた。やがて島は野球のダイヤモンド、バスケットボール・コート、バーベキュー場、野外劇場、そして食堂のネットワークを擁するようになる。支援および兵站艦隊は、エニウェトクから自力で航海しなければならないだろう。千五百海里

ウルシー環礁

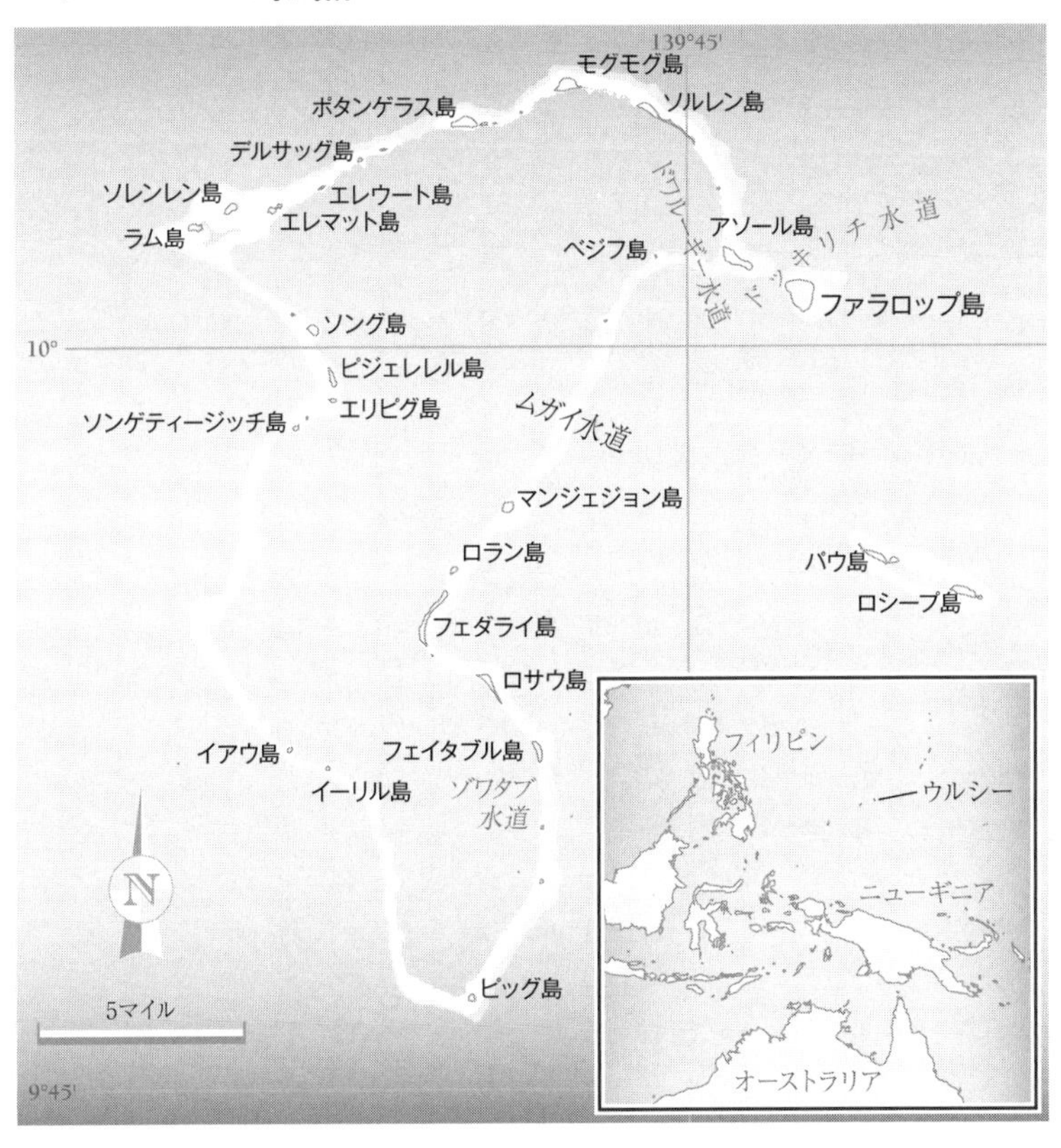

139°45'
モグモグ島
ソルレン島
ポタンゲラス島
デルサッグ島
ソレンレン島
エレウート島
エレマット島
ラム島
ドワルーギー水道
アソール島
ドッキリチ水道
ベジフ島
ファラロップ島
ソング島
10°
ピジェレレル島
エリピグ島
ソンゲティージッチ島
ムガイ水道
マンジェジョン島
ロラン島
パウ島
ロシープ島
フェダライ島
ロサウ島
イアウ島
フェイタブル島
イーリル島
ゾワタブ
水道
N
ピッグ島
5マイル
9°45'
フィリピン
ウルシー
ニューギニア
オーストラリア

以上の航海である。それは長くて危険な旅路だった。支援艦艇は海上で十二ノットか十四ノットしか出せないし、艀と浮きドックは六ノットで曳航する必要があったからだ。

十月一日の夜明け前、二個空母機動群が礁湖に列をなして入ってきて、北の泊地に錨を下ろした。ボーガン提督の第三十八・二群（ハルゼーの旗艦ニュージャージーをふくむ）と、シャーマン提督の第三十八・三群である。これは第三十八機動部隊の約半分にあたった。ブルーグレーの迷彩パターンとそびえ立つマストが目を引く六十隻の鋼鉄艦の無敵艦隊だ。彼らは隣接する小島をちっぽけに見せるようだった。海軍建設大隊のマッキャンドレス大尉は、その朝、目ざめて、砂浜まで歩いていった。「椰子の木立から出て、礁湖を見わたしたとき、わたしは自分の目がほとんど信じられなかった。軍艦だらけだった——あらゆる大きさと種類の。空母、戦艦、巡洋艦、油槽艦、駆逐艦、十隻か十二隻の潜水艦など、すべてが平和に錨を下ろしている。夜のあいだに入ってきたのだ。どうしてそれがこんなに静かにできたのか見当もつかないが、そのときわたしは自分たちがウルシーにいることに気づいた。ここは、強力なアメリカの大機動部隊が会合できる、保護された広い隠れ家だった[54]」

艦隊は投錨して数日間の休養と補充をあてにしていたが、そうはいかなかった。ウルシーに到着して二日目の十月二日、海は礁湖の保護された水域でも荒れて、積載は困難だった。気圧計はぐんぐん下がり、艦隊の気象員は台風の接近を警告した。中部太平洋のほかの環礁同様、低い島は暴風にたいしてあまり保護を提供してくれなかった。ハルゼー提督は台風を乗り切るために、しぶしぶ艦隊をひきいてふたたび海に出た。十月三日、二個の機動群は高波と五十ノットの風に打ちのめされた。十月四日の朝、ムガイ水道から環礁にふたたび入った彼らは、嵐で六十五隻のヒギンズ・ボートと十四隻のＬＣＭが砂浜に叩きつけられたことを知った。そのほとんどは修理不能と判定された。しかし、休んでいる時間はなかった。艦隊は目前に迫ったレイテ侵攻を支援して再度の空母攻撃を仕掛けるために海に戻らねばならなかった。第三艦隊には守らねばならない約束がたくさんあった[55]。

沖縄と台湾を奇襲する

ふたつの機動群は十月六日の午後、ふたたび海上にあり、台風の尻尾のなかをゆっくり北上していた。彼らは第三十八機動部隊の残りと海上で会合して、それから日本本土と台湾のあいだにある琉球群島を目ざし、そこで沖縄本島と隣接する島々の目標を叩くつもりだった。空母十七隻の部隊は、合計で艦艇百隻と十万名近い海軍将兵を擁し、一九四二年四月のドゥーリットル空襲以来、（潜水艦をのぞく）ほかのどんな連合軍艦艇よりも日本に接近することになる。

千三百海里の航海は大荒れで、強風と波が甲板に押し寄せた[56]。戦艦ニュージャージーの司令部作戦室では、カーニーと幕僚が台風を〝ゼロ任務部隊〟と命名した。台風は機動部隊の前方を北上していたので、日本軍航空部隊の活動を制限し、敵の長距離哨戒機を寄せつけない有益な働きをした。第三十八機動部隊麾下の四個群は十月七日、サイパンの約三百七十五海里西方の海上で会合し、ストレスの溜まる燃料補給の長い一日を開始した。各艦は気分が悪くなるような具合に前後左右に揺れ、青波が甲板に押し寄せて、熟練の船乗りでさえ多くが船酔いにかかった。第三艦隊日誌によれば、「艦隊の操艦術に過酷な試練が課された。燃料補給は一九一五時に打ち切られ、燃料割り当ての全量を受け取っていない大部隊の数隻をのぞいて完了した[57]」。

十月九日正午、艦隊は夜を徹して沖縄へ急行するため全速力をふりしぼった。各艦は機関を轟かせて夜通し進んだが、哨戒機は一機もレーダーに現われなかった。日本側は彼らがやって来ると思っていなかった。カーニーは「われわれは完全に沖縄の連中の虚を突いた。正気の人間なら誰もこんなとき海に出たりはしないと思ったからだろう。われわれは予告なしに全兵力でやってきた」と述べている[58]。十月十日の払暁、沖縄北東の予定された発進地点に到着すると、艦隊は風に艦を立てて、艦載機を発進させはじめた。最初の制空戦闘機隊は、空中では敵機をほとんど発見しなかったが、地上に多くが駐機していた。沖縄最大の読谷（よみたん）飛行場では、戦闘機隊は駐機中の飛行機に機銃掃射を浴びせ、十数機を炎上させた。そのあと四波の爆撃隊が、爆弾とロケット弾を搭載した追加の戦闘機隊に護衛されてつづき、琉球全土の飛行場や兵舎、弾薬集積所、燃料タンク、防衛施設を標的にした。その日の最後の攻撃では、彼らは先の空襲でまだ激しく燃えている目標を徹底的に叩いた。火災は沖縄の県都、那覇の古い中心地区をつつみこみ、約六百名の民間人を殺し、街の五分の四を灰にした。火災は古い琉球王朝の芸術品や建築物、文化遺産の多くを破壊した。年配の沖縄県民はいまでも、この大惨事をそれが起きた日付で記憶している。十・十と。

ミッチャーの飛行士たちはその日、沖縄と近隣の島々にたいして合計で千三百九十六回の飛行任務を行なった。二十一機の米軍機が失われたが、墜落した飛行士のほとんどは救命任務の潜水艦に救助された[59]。

第三十八機動部隊は南に針路を変えて、台湾を目ざした。日本軍の偵察機は、夜通し、翌日の午前に入っても、アメリカ艦隊をつけまわした。戦闘空中哨戒（CAP）につく米軍戦闘機がかかっていくと、神出鬼没の日本軍哨戒機は機首をめぐらせて逃げ、しばしば雲に逃げこんだ[60]。しかし、彼らはあきらかに第三十八機動部隊の位置をたどっていて、来たるべき台湾への航空攻撃で奇襲を成功させる公算はあまり高くなさそうだった。駆逐艦はすでに燃料が残り少なくなっていた――高速運動の必然的な結果だ――ので、十月十一日、艦隊が南下をつづけるなかで、駆逐艦はニュージャージーをふくむ戦艦のタンクから直接、燃料を補給した。ハルゼーは、フェイントをかけて台湾の敵をあざむこうとして、戦闘機六十一機にルソン島北部のアパリ飛行場の敵機撃滅任務を命じた。しかし、この策略はうまくいかなかった――レーダー画面は、台湾から扇状の索敵線にそって発進する多くの日本軍偵察機を映しだした。搭乗員たちは、日本軍が準備して待ちかまえる台湾空域に戦いながら進入しなければならないだろう。ハルゼーは先に沖縄を攻撃したのは失敗だったと気づいた。第一撃は台湾に向けるべきだった。

十月十一日の日没後、第三十八機動部隊はふたたび燃料を補給すると、針路を北北西に向け、夜間の高速接近を開始した。十月十二日の明け方、台湾東部の雪をいただく峰々が西方に見えた。太陽が東の水平線に顔を出すと、最初の制空戦闘機隊が飛び立った。出撃する二百機以上のヘルキャットは山地を越えて上昇し、彼らの目標である島西部の平原にある大きな航空基地にたどりついた。雲のあいだから降下したグラマンは、高度二万五千フィートで旋回する日本軍戦闘機約四十機を発見した。いちばん未熟なヘルキャットのパイロットでも、とくにこの高度では、日本の零戦を恐れることはほとんどなかった。それにつづく空中戦で、防空戦闘機は全機、撃墜されるか、急降下して雲に逃げこんだ。

この空の乱闘を現地の航空指揮官である第二航空艦隊司令長官、福留繁提督が目撃していた。提督は台湾南部の高雄航空基地にある司令部の建物から見守っていた。最初、首をのばしてはるか頭上の黒点を見た彼は、米軍機と日本軍機を見分けられなかった。飛行機が炎につつまれて落ちはじめると、彼はそれをヘルキャットとまちがえ、自分のパイロットたちが攻撃側を負かしつつあると判断した。彼は手を叩き、歓喜の叫びをあげた。「いいぞ！　いいぞ！　大戦果だ！」少したって、落ちてくる飛行機が全部、日本軍機であることに気づくと、彼の心は沈んだ。「わが軍の戦闘機は不屈の敵編隊の石垣に投げつけられたたくさんの卵にすぎなかった」[61]福留は海岸のレーダーが来襲する米軍艦載機の波を捉えると、手持ちの全機（全部で約二百三十機）を緊急発進させていた。その約半数がその日の終わりには撃墜されることになる。島の主要な航空基地は後続の航空攻撃で大打撃を受け、多くの飛行機が地上で撃破された。福留の司令部の建物は瓦礫と化した。彼は朝一番の敵戦闘機襲来後、用心して第二航空艦隊の全要員に地下壕へ入れと命じていたので、負傷あるいは戦死した者は誰もいなかった。

その日の損失を計算した福留は、百五十機の作戦機しか台湾に残っていないと判断した。しかし、彼の第二航空艦隊司令部は、琉球諸島と九州の航空基地も指揮下に置いていた。そこにはさらに四百機の飛行機があった。さらに彼はいつでも東京に増援を要請することができた。持てるすべてを沖の米艦隊にぶつけるべきか、それとも再戦を期して兵力を温存すべきか？　福留は一九四四年六月にこの部隊の指揮をまかされたとき、自分の飛行士たちの大半が「訓練段階に」あることを知った[62]。それから四カ月たったが、状況はわずかに改善されただけで、福留は最精鋭の飛行士たち以外はほとんど信頼していなかった。爆撃機と雷撃機の飛行隊はベテラン搭乗員がひきいていたが、これらの部隊の搭乗員の大半は洋上航法の経験をほとんど持たず、海上の敵艦を攻撃した経験もなかった。彼は、防空にあたるヘルキャットの直衛戦闘機隊と、第三艦隊の艦艇が自衛のために撃ち上げてくる対空砲火の壁を、彼らが突破する成算が気に入らなかった。

連合艦隊司令長官の豊田副武(そえむ)大将は、たまたまそのとき視察旅行で台湾にいた。彼は参謀長の草鹿龍之介少将に、もし米軍がまた西太平洋へ一斉攻撃を仕掛けようとしている兆候があれば、航空部隊に出動を命じるよう指示を残していた。十月十日、艦載機が沖縄を攻撃すると、草鹿は全軍に警戒を命じた。豊田は〝決戦〟が近いと結論づけ、台湾の一時前方司令部から作戦を指揮することを決意した。こうして問題は福留の手を離れた。

日本航空隊の反撃

日本軍の最高司令部が見るところでは、この問題で彼らに選択の余地はほとんどなかった。台湾への空母攻撃は侵攻の前ぶれかもしれない。あるいはもしかすると、つぎの大がかりな水陸両用上陸作戦は、南方のフィリピンで起きるかもしれない。いずれの場合でも、大規模な戦闘が彼らにふりかかってくる。悪化する兵站状況と、敵の意図が不明であることを考慮すれば、彼らは、勝つことはいうまでもなく、そもそも戦う機会を確実に得るためだけにでも、すぐさま行動に出なければならなかった。ずっと以前に主導権を失っていた日本軍は、いまもう一度、敵の動きに対応することを余儀なくされていた。東京時間の十月十二日、午前九時四十五分、草鹿提督は、フィリピンもしくは台湾にたいする敵の攻撃に対処する帝国海軍の不測事態対応計画、〈捷一号〉作戦と〈捷二号〉作戦の実施命令を下達した。

航空部隊の悲惨な状態を考慮した福留は、「可能なかぎりもっとも強力な戦闘機の護衛をつけて、多数の雷撃機と爆撃機で目標に接近し、この大編隊で同時攻撃を仕掛ける」という命令を出した。いいかえれば、日本軍の急降下爆撃機と雷撃機は、訓練のようにいっしょに編隊を組んで飛行しないし、振り付けられた攻撃を実施しようとすることもない。彼らはただ、完全な数の力で敵の防御を圧倒することを期待して、無秩序に集合した空の無敵艦隊となって、第三艦隊目がけて一直線に飛ぶことになる。福留はのちに、「われわれは大編隊による攻撃の枠組みをどうにか作り上げたことに期待して満足しなければなりませんでした」と説明した[63]。

ミック・カーニーはニュージャージーのレーダー画面で来襲する攻撃隊を監視した。それは大きな輝点で、約七十五機から百機をふくんでいた。戦闘空中哨戒中の戦闘機は、迎撃のため飛行進路を指示された。ヘルキャットのパイロットたちが来襲する編隊を視認すると、「彼らはじつに多くの種類の飛行機を報告しはじめた。いいかえれば、これはよく統一が取れた均質の戦術部隊ではなく、あらゆる種類のがらくたでできた、混成の空の暴徒も同然の連中がやってくるということだった」[64]。

カーニーと同僚たちは、このめちゃくちゃな航空攻撃は日本の航空戦力がほとんど息の根を止められた印なのだろうかと思った。攻撃隊のほとんどは撃墜され、ほかの機は対空砲火にやられ、一部は身をかわして、台湾に引き返した。しかし、暗くなってから、もっと小規模な編隊が、ほとんどたえまなく、波頭をかすめるほど低い高度でやってきた[65]。第三艦隊の情報参謀ソルバーグ大尉は、敵機が一機また一機と、赤い曳光弾射撃の光に照らしだされるのを見た。「われわれの目の前で、彼らはつぎからつぎへと炎の弧を描いてくるくる回り、煙と海水の黒い水柱を上げて壮大に爆発した[66]」

第三十八機動部隊は、味方の対空砲火で軽く損傷した駆逐艦プリチェット一隻をのぞけば、無傷で夜を乗り切った。その夜、アメリカ艦隊を攻撃した約百機の日本軍機のうち、二十五機が無事、台湾に帰投した。帰還した者たちは、空母一隻をふくむ米艦二隻を沈め、さらに二隻に損害をあたえたと、楽観的にあやまって報告した[67]。

しかし、アメリカ軍はまだ台湾に用があった。十月十三日の午前六時十四分、夜明けの灰色の光が東に昇るころ、第三十八機動部隊の各空母は、島の飛行場をはじめとする施設にたいして、四回にわたる大がかりな戦闘機による敵機撃滅および航空攻撃の一回目を発進させた。攻撃隊は台湾東部の大部分で高度二千フィートまでの分厚い雲に遭遇し、地表には霧と霞がしがみついていた。爆撃機は敵にとって軍事的に役立ちそうなものはなんでも——滑走路、格納庫、埠頭、兵舎、倉庫、燃料タンク、船舶——叩きつぶせと命じられていたが、橋や鉄道の末端、発電所、ダム、さらには砂糖精製所など、島の基本的な社会基盤も標的にした[68]。空母エセックスの第十五戦闘飛行隊(VF-15)のヘルキャット・パイロット、ケント・リーは雲の底を抜けて、交戦を待ち受ける日本軍の零戦の群れを発見した。混乱した大空戦となり、米軍機も日本軍機も雲の堤を出たり入ったりした。空中の敵をふりはらうと、ヘルキャット隊は地上の目標に機銃掃射を浴びせた。リーの回想では、「われわれの任務は飛行場で動けるものを片っ端から破壊することだった――タンクローリー、車輛、人、飛行機。われわれはそれをやった[69]」。

　空母レキシントンの第十六戦闘飛行隊(VF-16)に所属するビル・デイヴィスは、高度一万二千フィートから降下して、自分が一機の零戦と高速で反航戦に入っていることに気づいた。デイヴィスは向きを変えるべきだとわかっていた。零戦の二十ミリ機関砲には彼のF6Fヘルキャットを撃墜できる威力があるからだ。しかし、彼の血はたぎり、零戦の機関砲がストロボライトのようにまたたきはじめても突き進みつづけた。「ついに、永遠と思えるほど長い時間のあと、わたしは機首をかすかに上げ、六門の機銃をすべて発射した。すぐさま大きな塊が零戦から飛び散るのが見えた。相手はそのままさらにもうちょっと向かってきたが、それからこちらの左翼の下をすり抜けて、爆発した」と彼は書いている[70]。デイヴィスの飛行隊のべつのパイロットは、「翼に食いこんだ五平方フィート分の零戦の主翼」をふくむ、日本軍機の破片の塊が、F6Fにめりこんだ状態で、レキシントンに戻ってきた[71]。

　アメリカ軍はその日、合計で九百四十七回の飛行任務を行ない、戦闘と事故で四十五機という少なからぬ損害をこうむった。あきらかに日本側は一夜のうちに航空増援部隊を呼び寄せていたが、新参者の平均的な技量はいちじるしく低かった。アメリカ軍の搭乗員はまた、任務説明用の地図に載っておらず、前日見落とした日本軍の飛行場を多数発見した。第三十八・三機動群の搭乗員たちは、割り当てられた地区で、事前の説明では四カ所しかないはずだといわれたのに、十五カ所の飛行場を発見したと報告した[72]。

予想どおり、航空反撃は、戦闘空中哨戒の最後の機が着艦した日没直前にはじまった。日没時（午後六時二十六分）、レーダーが数方向から低空で同時に接近する敵機を表示した。最後の光が西の空に薄れゆくなかで、ヘルキャット隊は侵入機数機を屠ったが、暗くなると、さらに多くの双発雷撃機が低空飛行で現われた。各編隊長機は空中照明弾を投下して、後続機に進路をしめした。「敵機はかなり戦意旺盛なようで、こちらを見つけるたびに襲ってきた」と第三十八・三機動群の日誌は記している。「戦区には約四十機から五十機の敵機がおり、水平線上の銃砲火から判断して、ほかの機動群も見すごされてはいなかった[73]」

指揮艦の艦上で、航空参謀たちは、自軍のパイロットたちがあきらかに台湾の多くの飛行場を稼動状態のまま放置していたことを嘆いた。実際には、この最後の攻撃隊のほとんどは、はるか九州から飛来していた。彼らは三菱一式陸上攻撃機Ｇ４Ｍ（連合軍のコード名「ベティ」）で、夜間雷撃機としてしばしばその真価を証明してきた。彼らは〈Ｔ攻撃部隊〉と呼ばれる日本の精鋭海陸混成飛行隊の隷下部隊だった。編隊長のなかには、日本軍に残っている指折りの経験豊富な熟練搭乗員たちがいた。台湾の一時前方司令部からまだ指揮をとっていた豊田提督は、みずからＴ攻撃部隊に出撃命令を発していて、彼らが米艦隊に大打撃をあたえることを期待していた。

第三十八機動部隊の乗組員たちは、その夜を、戦争屈指のぞっとする夜として記憶することになった。航空攻撃は何時間もつづいた。緑の燐光を放つ雷跡が機動群の輪形陣のどまんなかを通り抜け、狙った目標をわずかにはずれた。対空砲火は、敵機が魚雷を投下する地点に近づくと同時に撃墜した。空母レキシントンの格納庫にいたひとりの士官は、暗くなった直後のある瞬間をふりかえった。「地獄が全部解き放たれた。艦隊の全対空砲が射撃を開始した。格納庫甲板側面の開いた扉から外を見ると、そこらじゅうに日本軍機が見えた[74]」彼は大小さまざまな口径の銃砲火の耳をつんざくすさまじい音を聞いた。海と空は曳光弾と炸裂する高角砲弾で照らしだされた。敵機がばらばらになり、炎を上げながら海につっこんだ。

四機の一式陸攻が第三十八・四機動群の中心部に突入し、空母フランクリンを攻撃した。二機は魚雷を投下する前に炎につつまれて墜落したが、二機は実際にみごとな投下を行ない、フランクリンの乗組員たちは艦がやられなかったのは奇跡だと思った。一本の魚雷は、ひとえに艦長が機関に後進いっぱいを命じたおかげで、艦首をかすめた。もう一本は艦の真下を通過して、反対側で浮かび上がるのが見えた。一式陸攻はフランクリンの飛行甲板を低空で飛び越え、離脱をこころみる途中で撃墜された。もう一機は対空砲火で炎上したが、パイロットは艦の艦橋構造物に自爆をこころみた。しかし、的をはずし、キャットウォークにつっこんだ。燃える残骸は甲板をすべっていき、勢いあまって反対側から海に落ちた。

損傷艦キャンベラを救い出せ

その夜、やられた米艦は一隻だけだった。日没直後にマケインの第三十八・一機動群を攻撃した一機の一式陸攻は、空母ワスプに魚雷の狙いをさだめた。魚雷は間一髪ではずれたが、そのまま直進をつづけて、重巡キャンベラに命中し、マストのてっぺんまで炎を噴き上げた。爆発は巡洋艦の艦首の装甲帯下に大きなぎざぎざの破孔を開けた。四千五百トン分の海水が艦内に流れこみ、機械室と缶室(かましつ)を浸水させ、乗組員二十三名の命を奪った。機関科員たちは、キャンベラが自力で航行できる可能性はまったくないと判断した。

ハルゼーはいまや、一か八かの決断に直面した。キャンベラの乗組員に総員退去を命じ、大破した艦を自沈させるべきか？　あるいは戦闘海域の外へ曳航していくべきか？　より保守的な最初の選択肢を選んでも彼を責める者は誰もいなかっただろう。第三艦隊は巡洋艦一隻失っても耐えられるし、彼女を安全なところまで引っぱっていこうとすれば、ほかの艦を危険にさらすかもしれない。しかし、ハルゼーは強情で、彼女を救うことを選んだ。彼は巡洋艦ウィチタにキャンベラの曳航を命じた。じきに二隻は航行をはじめたが、速力四ノットという哀れなペースだった。ウルシーまでの距離は千三百海里もあった。避退する二隻の艦は、一週間以上にわたって、三方向の百カ所以上の日本軍飛行場から発進する航空攻撃に毎日毎晩さらされることになった。

確実につづく航空攻撃を制圧するために、ハルゼーは十月十四日の午前、ふたたび台湾にたいして戦闘機隊による敵機撃滅を命じた。第三十八・四機動群は、ルソン島北岸の日本軍飛行場を叩くために派遣された。この予防策は、マッカーサーも安心させるだろう。真珠湾の司令部から、ニミッツは太平洋全域の基地航空部隊を招集して、台湾、ルソン島、琉球諸島にたいする作戦にくわわらせた。陸軍航空軍は中国大陸の飛行場から百機のB－29を発進させて、台湾の高雄基地を叩いた。〈第一損傷戦隊〉という辛辣なあだ名をつけられた巡洋艦三隻と駆逐艦八隻の部隊が、避退する大破したキャンベラにつきそうために配属された。軽空母カウペンスとカボットを中心に編成された機動群が、上空直衛にあたるために配属された。日本軍機は十月十四日の日中ずっと、この新しい〈損傷戦隊〉につきまとった。大破した巡洋艦を護衛する各艦は、航空魚雷をかわし、機銃掃射攻撃を撃退した[75]。

浸水したキャンベラを曳航するのは、操艦術のなかなかの快挙だった。ウィチタはまず、突然急激に動いても張力を吸収して、絡車（リール）が破損したり、引きちぎられたりしないように、マニラ麻の係船索と索制動装置、擦れ止めを艤装（ぎそう）した、太さ約三センチのプロー鋼の曳索で彼女を曳航した。両艦は危険な螺旋運動をしながら風と海と格闘し、その結果、あやうく衝突しかけたり、水兵たちが索で甲板に押さえつけられて負傷したりした。十月十四日の早い時刻には、大破した艦は正しい方角（南東）を向いて進んでいた。部分的に浸水した艦を曳航しているため、救難群は格好の標的となった。雨スコールと低い雲底は、上空を旋回するヘルキャットから隠れることを可能にし、日本軍機の有利に働いた。攻撃隊は低空でレーダーをかいくぐり、多方向から同時に襲ってきた。先導機はパラシュート付きの照明弾を投下して、あとから来襲する友軍機のために進路の目印をつけた。前日、前々日と同様、日本軍は飛行機を多数失ったが、それでもものすごい数でアメリカ軍を圧倒する恐れがあった。のろのろ進むウィチタ＝キャンベラ組の周囲をその約四倍の速力で回る護衛の各艦は、ほとんど身動きの取れない二隻の巡洋艦を守るため、対空砲火の弾幕を撃ち上げた[76]。

十月十四日の夕暮れ、この日最悪の攻撃が襲ってきた。午後六時四十五分、新しい軽巡洋艦のヒューストンが、船体中央部に壊滅的な雷撃を受けた。機関区画が浸水し、動力を喪失して、艦は沈みそうに思えた。主甲板は水没し、「波は十四フィートの高さがあった」と乗組員のひとりはいっている[77]。艦が右舷に激しくかたむくと、艦長は総員退去を命じ、駆逐艦が泳ぐ者たちを拾い上げはじめた。しかし、その一時間後、艦長は考えなおして、乗組員を艦上に呼び戻し、曳航を要請した[78]。

数百海里東では、ハルゼーがニュージャージーの司令艦橋で煙草をつぎからつぎへとふかしながら甲板を行ったり来たりして、自分は正しい判断を下したのだろうかと思っていた。この日の航空攻撃は予想よりずっと激しかった。いまや彼には大破して曳航中の巡洋艦が二隻いた。海軍は一九四二年のソロモン諸島以来、これほど激しい打撃を受けたことがなかった。無線情報（〈ウルトラ・シークレット〉を縮めて、〈ウルトラ〉と非公式に呼ばれていた）は、日本軍が台湾に航空増援部隊を投入していることを確認していた。十五分かそこらおきに、ハルゼーは救難群を表わす海図台のピンを見て、それがほとんど進んでいないことを確認した。ヒューストンの大破は、「艦を救いだそうとするこころみが、結果的に、負けを取り戻そうとしていたずらに艦をつぎこむことになるのではないかという、わたしの不安を再燃させた」と彼はのちに書いている[79]。

「沈めてずらかる」保守的な決断を下しても、誰もハルゼーを責められなかっただろう——つまり、大破した二隻を海底に送りこんで、無傷の各艦をその海域から離脱させても。しかし、〝汚い手部門〟は〈ラジオトウキョウ〉のニュース放送を傍聴していて、その放送内容に興味をそそられた。日本人たちは自国民と世界に向かって、台湾を基地とする彼らの航空部隊がアメリカ艦隊に圧倒的な勝利をおさめたと報じていた。ニュースキャスターは、興奮した口調で、あきらかに真剣に、日本軍機が八隻から十一隻の米空母を撃沈したと主張した。一連のニュース速報は妄想的な戦果を増大させ、十月十五日の午前早く、ついに〈ラジオトウキョウ〉は十七隻もの米空母を海底に沈めたと宣言した。アメリカ軍は全部で三十六隻の艦艇を沈められ、さらに十七隻が「大破した」と放送は断言した[80]。放送には帰還した日本軍搭乗員との面談から抜粋されたなまなましい証言もふくまれていた。軍事専門家が色を添えるコメントを提供した。この驚くべき戦果はほかの証拠で裏づけられていると彼らはいった——この地域のアメリカ空母空襲の激しさがやわらいだことや、筏(いかだ)に乗ったたくさんの漂流者が目撃されている〝事実〟、戦いの結果にかんするニミッツ司令部の沈黙、そして中国を基地とするB－29の台湾来襲。これは米軍側の自暴自棄の行為と解釈された。台湾沖の赫々たる勝利は、「日本軍がこの地域でまぎれもない覇権を握っている」ことを証明したと、ある専門家はいった。「……過去数日間の戦闘は、敵が日本本土と日本の強力な国防圏に近づけば近づくほど、敵の損害は大きくなるという事実をつたえるものだ[81]」〈ラジオトウキョウ〉は、マーク・ミッチャー中将の旗艦がすでに撃沈され、よって「いまごろアメリカ機動部隊の司令官はほぼまちがいなく、指揮下のほかの多くの者たちとともに、水中の墓場で永遠の休息を楽しんでいることだろう」と報じた[82]。

ハルゼーもいくらか個人的な嘲りを受けた。《毎日新聞》のコメントは、日本人に復讐するという ハルゼーの過去の大言壮語と脅しを要約した。社説は、彼の艦隊の撃沈は「あくなき世界制覇の野望を満さんとする人面獣心のヤンキーどもの頂門に下された一大天誅である」といった[83]。ハルゼーは、東京の上野動物園の飼育員がモンキーハウスに提督用の檻を用意しているとラジオで知っておもしろがった。「ジャップどもは現実を把握できなくなりつつあるな」と彼は幕僚にいった。「やつらにたとえ尻尾があっても[84]」

日本軍の航空機搭乗員はなぜこんなに滑稽なほど水増しした戦果を報告したのか？　Ｔ攻撃部隊の搭乗員たちは十月十三日夜、戦果をしっかりと観測できない暗闇のなかで攻撃していた。見かけの魚雷命中を二重、三重に数えるのは、昼間でも問題だった。夜間では、それが蔓延した。十数名のパイロットが同じ〝火柱〟を見て、それを魚雷の命中と見なすかもしれなかった。対空砲火の大渦に向かって飛ぶ搭乗員は、色とりどりの爆発で一時的に目が見えなくなった。撃墜されてアメリカ機動部隊の艦艇のあいだに落ちた多くの日本軍機は、沈む前にしばらく浮かんだまま燃えていた。この炎は炎上する艦艇と容易にまちがえられた。現地の航空部隊指揮官たちは、彼らの報告を額面どおりに受け止め、それを東京の大本営（ＩＧＨＱ）に伝達した。福留は戦後にこう書いている。「功名心にはやる飛行士たちは、成果を誇張しやすかった。夜襲は結果的に全般的な水増しをまねいた[85]」

ハルゼーと幕僚たちにとってもっとも興味深かったのは、掃討作戦への言及だった。〈ラジオトウキョウ〉は、日本艦隊が、撃破されて退却する米艦隊の残余を追撃し、安全な場所にたどりつく前に撃沈するつもりだと報じた。「日本空軍は水上部隊と密接に協力して、いまや命運尽きた敵機動部隊を攻撃しています。……残る敵艦はいまやすべて太平洋の底で朽ち果てる運命にあるのです[86]」この大騒ぎはすべてプロパガンダにすぎないのかもしれない。しかし、ラジオの声は自分の報道が事実であると確信しているようだった。さらに、真珠湾からの新たな〈ウルトラ〉情報は、水上艦艇の艦隊が豊後(ぶんご)水道から出撃して、第三艦隊の残る艦艇を追撃して掃討する準備をしていることを確認した。

キャンベラがもたらした意外な作戦

ハルゼーと幕僚たちは、自分たちが敵のあやまった楽観主義につけこむ機会を得たのかもしれないと気づいた。カーニーは大破したキャンベラについてこう語った。「彼女はじつのところ、わたしの意見では、水面に浮く毛針だった。彼女は格好の浮かぶルアーだった」[87] 彼と艦隊作戦参謀のラルフ・ウィルスン大佐は、計画を立案し、ハルゼーに売りこんだ。大破した二隻は餌としてぶら下げられる。少々の幸運があれば、米空母は追撃する日本の水上部隊を罠にかけ、マッカーサーがレイテ島の海岸に上陸する前に完全な勝利をおさめられるかもしれない。

ハルゼーは同意して、新たな命令がニュージャージーのそびえ立つ無線マストから艦隊に打電された。第三十八・二機動群と第三十八・三機動群は、損傷した二隻の約百海里東方に配置された。台湾あるいは沖縄を基地とする索敵機の発見をまぬがれるほど遠いが、日本の水上部隊が攻撃圏内に入ったら待ち伏せできるほど近くに。第三艦隊の残りは、安全な距離まで避退して、艦隊給油艦から燃料の補給を受けた。ハルゼーはニミッツに自分の計画をつたえ、太平洋艦隊司令長官はこの地域で手に入る全哨戒機に敵艦を探すよう命じた。「敵水上部隊が、台湾攻撃から避退するブルー（アメリカ）損傷艦を掃討するために帝国地域を出発した疑いあり。豊後水道からおおよその位置への想定される敵の接近を索敵圏内におさめるように、捜索を延長せよ」[88] ハルゼーは、日本海軍の大部分と正面から激突する準備をしていることをマッカーサーにも知らせて、この不測の事態に鑑みて、「フィリピンへのあらゆる攻撃は、追って通知があるまで、取りやめとなる」とつたえた。[89] ハルゼーは巡洋艦ウィチタのデュボース提督に、一連の偽の救難信号を送るよう命じた。〈第一損傷戦隊〉は、よりいっそうわかりやすいニックネーム、〈第一餌戦隊〉をあたえられた。

海上で行動不能におちいった二隻の浸水した巡洋艦を救うことは、たとえ敵機の波状攻撃が何時間も降ってこなくても、難題をつきつけただろう。〈第一餌戦隊〉の将兵は、自分たちが消耗品であることを知っていた。曳航される艦のナマケモノのようなペースを見守る戦隊のある艦長はこう感想を漏らした。「釣り針の虫がきっとどんな気持ちか、いまはわかるな[90]」曳航する艦にとって、長いうねりで前後左右に揺れる一万六千トンの衝撃を吸収するのには、曳航用の導索器とペリカン・ストッパーの複雑な艤装と、「昔ながらの、船乗りのロープワーク(マーリンスパイク・シーマンシップ)」の精通が要求された[91]。作業は危険で、数名の乗組員が重傷を負った。巡洋艦ボストンがまず夜間にヒューストンを曳航しはじめたが、あまりにも暗くて、曳航中もボストンの艦尾からヒューストンが見えないほどだった。航洋曳船のポーニーが十月十五日、群と会合し、ヒューストンを曳航する役目を引きついだ。救難群の乗組員たちにとっては奇跡に思えたが、その日、そしてその夜も、日本軍機は一機も彼らをわずらわさなかった。しかし、十六日、彼らの幸運は尽き、台湾からの戦爆連合百七機が正午に攻撃してきた。

上空直衛にあたるカボットとカウペンス所属のＦ６Ｆが敵機約五十機を撃墜したが、数機は直衛幕を突破することに成功した。一機がヒューストンを狙って航空魚雷を投下した。魚雷は彼女の航跡を追って、両舵柱のほぼどまんなかに命中し、格納庫のハッチを瓶のキャップのように空高く舞い上げた。水兵二十名が足をすくわれ、海に投げだされた。格納庫隔壁の航空燃料タンクが引火して、火災が艦尾部分で猛威をふるった。曳船のポーニーは攻撃のあいだもそのあとも曳航をつづけ、索がぴんと張り切ることはなかった。ヒューストンの艦長は艦の命を守るために戦いつづけることを選んだ。一万二千トンの艦に約六千三百トン分の海水が浸水していたが、艦はウルシーに向かってよろよろと進みつづけた。乗組員のうち百名をのぞく全員が退去していた。船体は水中に深く沈みこみ、喫水は三十二フィートで、右舷に八度かたむいていた[92]。船酔いするほど横揺れして、ほとんど転覆しかけ、青波が甲板を洗った。

豊田提督は当初、志摩清英中将指揮下の巡洋艦と駆逐艦の一個戦隊を瀬戸内海から出撃させて、アメリカの損傷艦を追撃する命令をあたえていた。しかし、結局、海軍の最高司令部は自分たち自身のほら話を鵜呑みにしないことにした。十月十四日の午前、索敵機が台湾東方と南方の海域をしらみつぶしにすると、無傷の米艦が多数、付近に残っていることが報告で確認された。さらに、その日、ルソン島に向かって発進した激しい空母航空攻撃が、アメリカ艦隊が大部分無傷にちがいないことを証明した。罠に気づいた豊田は、志摩部隊を沖縄北方の奄美諸島に呼び戻し、部隊はそこで燃料を補給し、十月十八日、ふたたび出撃して、フィリピンを防衛する懸案の〈捷一号〉作戦で役割を演じることになった。

これで四日間の〈台湾沖航空戦〉は終了した。福留提督の数字によれば、彼は台湾を基地とする飛行機三百二十九機を失った。このうち百七十九機は米艦隊を攻撃するため出撃し、戻ってこなかった。それ以外は、地上あるいは台湾上空で撃破された。島の主要な航空施設である高雄基地では、まだ立っている建物はほとんど一棟もなく、無傷の飛行機はほとんど一機も残っていなかった。さらに九州、沖縄、ルソン島を基地とする飛行機がすくなくとも二百機、撃破され、十月十日から十月十七日のあいだに、合計で五百機以上の日本軍機が失われた。六週間前にハルゼーの第三艦隊が作戦を開始して以来、日本軍はこの地域で約千二百機の飛行機を失った。

過酷な十日間の航海のすえ、キャンベラとヒューストンとその救難群は、十月二十七日の午前、よろよろとウルシー環礁に入った。両巡洋艦は大修理のためにアメリカに戻り、いずれも戻ってきて、戦後の海軍で務めをはたすことになる。

台湾沖航空戦最終日の翌日、レイテ沖にマッカーサーの攻略艦隊の第一陣が到着した。十月十七日の払暁、レイテ湾口にあるスルアン灯台の見張り員が目撃報告を打電した。掃海艦の戦隊がスリガオ海峡に入ってきた。約一時間後に報告が豊田司令長官にとどくと、彼は全部隊に〈捷一号作戦警戒〉の号令をかけた。日本からマレー半島までの数千海里の軸にそって投入された日本艦隊のさまざまな部隊が、あわただしく海に出る準備をはじめた。

〈捷〉作戦計画は、窮余の策として考案されていたが、東京の大本営でもっとも悲観的な計画立案者でさえも、アメリカ軍の侵攻艦隊が到着する直前に、これほど多くの日本航空兵力が失われることは予期していなかった。補充の飛行機と搭乗員が日本と中国大陸からフィリピンにつぎこまれていたが、最近殺戮された彼らの戦友たちの運命を思えば、米空母の航空機搭乗員たちにたいして、彼らにどれほどの勝ち目があるだろうか？　日本海軍の提督たちは、部下たちあるいは自分自身にも認めるわけにはいかなかったが、太平洋戦争で最後の大海戦が近づいていることを知っていた。彼らはそれを有効な航空支援なしで戦い、それゆえに敗れることになる——しかし、いずれにせよ、彼らの本当の使命は、勝つことではまったくなく、栄光の最後の輝きにつつまれながら、斃(たお)れるまで戦うことだった。

第四章 大和魂という「戦略」

連戦連勝の虚報の一方で失われる国民の士気。
だが敗北は不可避でも降伏はできない。
海軍の自殺攻撃ともいえる〈捷一号作戦〉、
そして神風特攻隊の悲劇がはじまる。

最後の任務に備える神風特攻隊員。若い飛行士が同僚に日の丸の鉢巻を締めてやっている。Naval History and Heritage Command

すさみゆく銃後の生活

一九四四年の夏、東京は暑く、薄汚れ、不満が広がっていた。かつてはにぎやかだった商業地区はさびれ、活気を失い、ほとんど人気（ひとけ）がなかった。戦時中は教鞭を執り、のちに日本屈指の有名作家になる竹山道雄は、「息苦しい風が街を吹いて、灰のような埃が屋根を覆っていた。渋谷あたりも店は軒並に閉じていて、道路は掘りかえされ、人影もすくなく、ただところどころの食料店の前に長い列が立っていた」と回想している(1)。

食料は人々の共通の関心事になっていた。飢えはまだ国民におよんでいなかったが、一般市民にとって、じゅうぶんな食べ物を手に入れるには計画と努力が必要だった。隣人の顔を見ればそれがわかった。多くの日本人は目に見えて痩せ衰えていた。竹山は勤務先の学校の校長が週を追うごとに痩せ細っていくようで、ほとんど同じ人間には見えないことに気づいた。「頤（あご）は尖り咽（のど）は細って、いたいたしいほどであり、乱れた白髪、目蓋がたれて光っている目、皺だたんだ膚は、古い木彫の面のように見えることがよくあった(2)」人々は疲れやすく、一日を乗り切る元気を失っていた。しかし、同時に、食料を手に入れるのに必要な日々の努力は、だんだんほかの関心事を押しのけはじめた。

ある情報源は、平均的な日本人一家が一日に平均で五時間を、食料を買い求めたり、配給の列に並ぶのについやしていたと見積もっている。商店は配給の食料がときどきとどくまでは、週のあいだずっと店を閉じたままだった――そして、商品が全部なくなるまでのあいだだけ店を開けるのである。人々はしばしば何時間も並んで待ったあげく手ぶらで追い返された。物乞いの習慣は戦前の日本ではほとんど知られていなかったが、いまや身なりのいい人々ですら、同じ市民に少し分けてくれないかと懇願する姿が見受けられた。家族の食卓にのせる食料を手に入れる苦労は、とくに女性たちの時間と気力に大きな負担をかけた――そして、そうした女性たちの多くは、子供や夫に食べさせるために自分の食べる分を減らし、その結果、商店や配給の列に立ち向かう気力を奪われるのだった。

都会に住む女性たちは、農家から直接食料を買い求めることを願って田舎に出かけていった。しかし、列車は戦時下で大幅に増えた利用者で鮨詰め状態で、旅はつねに体力を消耗する大仕事だった。汽車に乗るために何時間も待った。いったん乗車すると、ごった返す人ごみのなかに押しこまれた。あばら骨が折れるのは日常茶飯事で、広く報じられたいくつかの例では、赤ん坊が押しつぶされて死んだ。鉄道駅は難民キャンプのようだった。人々は、おそらくは駅員に賄賂を払って切符を手に入れ、汽車に乗るために何時間も待った。

客室はぼろぼろで汚く、座席のクッションはすり切れ、破れていた。頭上の手すりからはつり革が消え、窓は割れ、床材は引きはがされていた。超満員の列車は、ホームで待っている人々が客車にむりやり乗ろうとするのではないかと恐れて、駅を止まらずに通過した。

この試練に立ち向かい、田舎にたどりついた都会の女性は、山々と、のんびりとした集落のまわりにジグソーパズルのように配置された棚田という牧歌的な風景に足を踏み入れた。このおだやかで絵のような光景には、この国が生存のための戦いをくりひろげている形跡はなにひとつ見いだせなかった。しかし、彼女は農民たちが横柄（おうへい）で厚かましいことを知った。彼らは法外な値段をふっかけ、購入者が大げさな感謝の態度をしめすことを期待した。そのあとは鉄道のホームに一直線で戻って、都会に帰るための必死で屈辱的な大仕事が待っていた。

米は大昔の時代から日本人の食生活の基本だったが、いまや大枚をはたいてもめったに手に入らなかった。戦時下の配給米は、乾麺や大麦、大豆、あるいは薩摩芋で混ぜ物をされ、戦争が長引くにつれて、こうした二級の代用物が割り当ての一部としてじょじょに増えていった。[3]この米もどきの寄せ集めを水増しするために、人々は米ぬかと小麦粉、水を混ぜ、フライパンで焼いて、大いに嫌われた〝ぬかパン〟という料理を作った。精肉や鮮魚は配給簿から消え、豆腐や野菜、〝煮干し〟というからからに干した鰯に取って代わられた。

食事に変化をつけるために、人々はなんでもその日市場で見つけたもので間に合わせた——食卓の尺度で行くと上から順に、茄子、大根、切り干し大根、もやし、南瓜、筍、菊の葉。生卵はほぼ見つからなかった。東京下町のあるカステラ屋では、かわりに、粉末の〝上海卵〟に水を混ぜて、生卵のようなどろどろの粥状にした。ハムは、〝鯨ハム〟と呼ばれるものに代わり、パンが手に入らなくなるとかわりに生地を練って、餡子（あんこ）をつつんだ「切りあん」を製造した。こうして、食パンとハムをきれいに四角く切った、日本で人気のお昼のサンドウィッチは、ハムもパンも使わない代用品に取って代わられた。

配給食料の質と量が低下すると、闇市が日本の庶民の生活をささえるのに欠かせなくなった。戦争の最終年には、〝闇市（ミスター・ブラック）〟は、おそらく国家の小売売上高の約半分をしめていた。公定価格と闇値の差は、一九四四年中期にはかなり拡大し、ほぼすべての分野の食品は公定価格の十倍の値で売られていた。一九四四年三月、闇米は公定価格の十四倍の値をつけていたが、一九四四年十一月には公定価のじつに四十四倍で売られていた。[4] ある種の貴重品に付けられた値段は天文学的数字だったので、人々は仲間の市民のなかに買える者がいるのだろうかといぶかった。東京では、一九四四年七月後半、トマトが以前には想像もつかなかった一個五十銭という値段で売られ、桃は一個一円二十銭という驚きの値段を付けていた。[5]

天井知らずの価格は当然ながら階級間のねたみを生じさせた。金持ち、あるいはいいコネのある日本人が、貧しい隣人たちよりよい食事をしているのは、傍目にもわかった。顔と体についた余分な肉の量は、彼の特権と、おそらくは腐敗の尺度だった。京都に住む七十四歳の田村恒次郎は、日記でこぼしている。「金のある者は金にものを言わせて、下級者の物資や食料を買占め闇に流す。……弱肉強食時代だ[6]」

全能の警察国家に厳しく監視されていた日本人は、戦時中、組織的な抵抗をすることもできなかったし、いかなる種類のささやかな異議もおもてだって唱えることができなかった。それどころか、彼らは戦争とその目的を相変わらず支持する様子を見せていた。一九三一年に日本が満州に侵攻して以来、日本人の大多数は、自然で、ある意味永続的な状態として、戦争に慣れきっていた。多くの者は、外国人を征服して従属させることをおかしいとも、不道徳とも考えなかったし、日本軍の海外での大勝利を熱烈に自慢していた。

しかし、一九四四年の晩夏、彼らは太平洋戦争が根本的にちがっていることを理解しはじめていた。連合軍が太平洋を西へ進撃しはじめると、地図を読める人間なら誰でも、日本が領土を失いつつあることがわかった。ひとつまたひとつと、島の守備隊がまるごと玉砕、つまり〝玉と砕けて〟、全滅した。これは中国大陸の戦争とはまるでちがっていた。これは日本を占領して武装解除する決意を固めた敵との総力戦だった。そうするための力と意志を持った敵との――そして、完全な壊滅にたいする唯一の選択肢は、征服者の慈悲に訴えることかもしれなかった。このことが国民の心に理解されると、敗北主義的な感情が広まった。この過程は一九四四年七月、サイパンの陥落とそれにともなう東條英機首相の退陣によって、転換点を迎えた。

庶民は低い声や秘密の日記で、公式発表の信頼性に厳しい疑問を投げかけていた。プロパガンダと事実を分けるために、彼らは当然のように噂を交換した。警察はあらゆる手を使って噂を広めるのをやめさせようとしたが、彼らの努力はほとんどむだだった。なぜなら警察にはいまや、自分たちの安全と国家の未来を心配するもっともな理由があったからだ。あからさまな反抗的態度はまれだったが、体制にたいする消極的抵抗の兆候は増えていた。庶民は役人の腐敗や闇市の強欲さについてより不満を漏らすようになっていた。彼らは強制的な民間防衛や防空の演習中に地元当局をあざ笑い、必要最低限の努力しか提供しなかった。遅刻や常習的欠席、義務逃れ、〝病欠〟は、職場と隣組の行事の両方で共通する症状だった。日本の経済雑誌《ダイヤモンド》によれば、軍需工場の毎日の欠勤率は一九四三年に一〇パーセントだったものが、一九四四年には一五パーセントに上昇したという。[7]

犯罪や公共物破壊、少年非行は増加していた。多くの日本人は、基本的なマナーや親切さ、誠実な対応が失われていくことに気づいて嘆いた。ある意味義務だった愛国的な集会や行進、入営者の送別会では、熱意が失われた。戦争で息子が死んだある母親は、国家の戦死者の魂が祭られた東京の靖国神社に足を運ぶのを拒否した。「大切な息子を失なったものが、靖国神社に行くと、乞食のように白砂利の上に据らされて、いつまでも頭を下げている」と彼女はいった。「そんな馬鹿なところに行くもんか」[8]

台湾沖海戦の大虚報

七月に東條と交代した小磯國昭首相は、日本人のもろい士気に内輪で懸念を表明した。彼の内閣では、薄れゆく体制の信頼度を回復することを願って、検閲制度を緩和することが話し合われた。情報局は意気揚々と、報道放送メディアで「報道の自由」と「世論の啓蒙」の政策を発表した[9]。一九四四年十月十三日、日本放送協会のラジオ・コメンテーターは、新たな方策が「人々が考えていることをおおやけに表明する道を開く」だろうと説明した。「もはや自分たちの考えを小さな声でひそかに交換する必要はないのです」率直で誠実な戦争報道は、日本人の士気を高揚させ、彼らを「明朗化する」ことを意図していた[10]。

まさにその翌日、台湾沖における幻の海戦勝利の第一報がもたらされた。東京の大本営では、報道連絡将校が一升瓶をかかえて記者室に飛びこんできた。「魚雷のお出ましだ」と彼は叫ぶと、米艦の船体目がけて突進する航空魚雷よろしく瓶を持ち上げた。「待ちに待ったときがおとずれたぞ！　神風だ！」[11]彼によれば、報告はまだ入っている途中だが、帰還した搭乗員は異口同音にいっている――彼らは驚くべき勝利をあげた、この戦争で最大の勝利だ。一升瓶が開けられ、記者と将校たちは祝杯を交わした。

十七日の《朝日新聞》の大見出しは「史上稀な大戦果」とつたえた。同紙はアメリカ軍が艦艇五十万トンを失い、将兵二万六千名が戦死したと報じた[12]。日本放送協会のニュースキャスターの勝ち誇った声が東京の住宅密集地の通りや路地に響き渡った。推定される戦果は一日中、どんどん増え、午後三時、大本営は最終的に日本軍機が空母十隻、戦艦十一隻、巡洋艦三隻、駆逐艦一隻を撃沈し、さらに空母三隻、戦艦一隻、巡洋艦四隻、その他、艦種不詳の十一隻を撃破したと述べた[13]。

専門知識のない民間人でも、これがとてつもない主張であることは理解できたが、当局は自信があるようだったし、報告は戦闘に参加した日本軍パイロットの引用された証言でも裏づけられていた。

台湾沖の戦いは戦争最大の勝利として歴史に残るだろう、と彼らはいった——日本海海戦の東郷提督のロシア艦隊にたいする大勝利を上回り、おそらく歴史上もっとも圧倒的な海戦の勝利だろう。ラジオ記者が街頭インタビューで市民の声を集めるために送りだされた。数時間おきに、公式発表が新しいわくわくする詳細をつけくわえた。新聞は夕方の号外を出し、市民は新聞販売店に長い列を作った。

小磯國昭首相は、この大勝利は一年以上前におおやけに話し合われた「引きよせ」戦略が正しかったことをしめすものだと強調した。ドイツのカール・デーニッツ元帥はアドルフ・ヒトラーの代理として祝電を送った。昭和天皇は「みごとな勝利」を記念して祝日を宣言し、国内の全家庭に〝祝いの〟酒が特別に配給されるだろうと発表した。日本国民は戦争初期のうきうきした気分の一部をふたたび味わう機会をあたえられた——目の覚めるような勝利の知らせが週に一回か二回はとびこんできた一九四二年の春がまたやって来たかのように、浮かれ騒ぐ機会を[14]（訳註：十月十七日は神嘗(かんなめ)祭の休日だった。大蔵省は、台湾東方海上の戦果を祝し追撃の意欲を増進するため、十八日から三日間、全国各家庭と増産工場に「追撃酒」を特配すると発表した）。

台湾沖の勝利の第一報から二十四時間もたたないうちに、軍指導部の高官たちは主張が（控えめにいっても）大幅に水増しされていたことを知った。完全な事実——米艦二隻が魚雷を食らったが、一隻も沈まなかった——は、戦後まで知らなかったが、十月十四日の航空偵察報告は、第三艦隊がほとんど無傷であることを確認した。福留によれば、彼はその日の終わりには、「敵にあたえた損害は軽微で、フィリピンの大規模な侵攻はじきに開始されるだろうと確信した[15]」。宇垣纏(まとめ)提督は、日記にこう書いている。「士氣昂揚には大袈裟も可なる時あるも、作戦指導の任に在る者徒(いたず)らに戦果を過大視して有頂天に陥るは大に警戒を要す[16]」大本営では十月十八日、海軍の計画立案者たちが陸軍の同役たちに、日本艦隊がアメリカ軍との再度の本格的な海戦を（勝つことはおろか）生きのびることはありえないとおおっぴらに認めた――しかし、彼らはいずれにせよ戦いたかった。連合艦隊が「名誉の死を遂げる」ことができるように[17]。

しかし、日本国民にかんするかぎり、秘密はばれていた。政府と報道機関はすでに自分たちの筋書きを選んでいて、いまやそれに固執していた。天皇は勝利の発表に裁可をあたえていて、現人神(あらひとがみ)の御璽(ぎょじ)が押された公式発表はきわめて神聖だった。さらに、憎むべき米艦隊が一掃されたという想像は、どんな種類の吉報でも必要とする日本国民共通の感情的欲求を満足させた。当事者全員が――軍指導者も、記者も、編集者も、一般国民も――このわくわくする報告を信じたがっていたのだ。少なくとも当座は、このニュースは、有力で潜在的に有毒な国内の圧力をやわらげ、国民の士気の状態についての懸念を静めた。大本営を担当していたあるジャーナリストは、このエピソードを戦後の視点でふりかえって、こう結論づけた。「彼らの嘘は意図的なものではなく、むしろ強い懸念の印であり、誰もが感じていた、なにかよいことが起きてもらいたいという願いだった[18]」

十月二十日、小磯は、東京の中心部に近い日比谷公園の四階建てのテラコッタ建築、〈日比谷公会堂〉で、祝賀大会をひきいた。おそらく十万人以上のとてつもない群衆が公園と隣接する通りを埋め、拳を振り上げ、帽子を宙に投げて、賛意をしめした。首相の演説はラジオで生放送された。彼はアメリカ軍にたいする攻撃的な長い演説を行ない、米軍機による民間人の爆撃と機銃掃射、戦場における日本軍戦死者の損壊に言及した。アメリカ人は文明的な戦争の見せかけをすべてかなぐり捨てていて、「ただの獣のような殺人者にほかなりません」と非難した。「敵にはきっと痛烈なる天罰が下されることでしょう[19]」

三カ月前に政権を発足させた小磯は、それ以前、朝鮮総督をつとめていた。頭は禿げ、猫のような好戦的な物腰をしていて、その堂々とした風貌から、〝朝鮮の虎〟と異名を取っていた。小磯は目下の戦争において野戦で部隊を指揮したことがなく、その手に敗北の汚点はついていなかった。二年間、東京を離れていたので、前任者の東條英機将軍を退陣させた政治的陰謀や派閥争いにはかかわっていなかった。小磯は老政治家たちのグループから首相に選ばれていたが、その理由は彼がとくに有望な指導者であると考えられたからではなく、ほかの候補者全員に異議が申し立てられたからだった。

彼の首相就任は、崩れやすい合意の産物だった。彼は名目上のリーダーにすぎなかった。一九三八年に現役をしりぞいたが、陸軍大臣の地位につくには適任ではなく、軍事戦略の話し合いからはほとんど除外されていた。のちに小磯は、自分の九カ月の在職中に起きたほとんどの事柄に関与すらしていなかったと主張した。「軍内部の真相がわからなかった[20]」

むなしく外交的出口を探る

東條を追いだしても、日本の戦時政体の根本的な欠陥は正されていなかった。明治憲法の形式と儀礼は表向き維持されていたが、議会政党はわきに追いやられ、本当の権力は軍部と官僚組織内の数少ない幹部と省が分け合っていた。陸軍と海軍の指導者はおたがいに不信感をいだき、しばしば相容れない戦略を支持した。内閣とさまざまな連絡組織が意見交換のために会議を開いたが、誰も政権全体で一貫した政策を施行する権限を持っていなかった。

東條のもとでは、最高意思決定機関は〈大本営政府連絡会議〉と呼ばれていた。小磯が後継者となると、この委員会は解体され、〈最高戦争指導会議〉と呼ばれる六名の委員会に代わった。そのメンバーは、首相、外相、陸相、海相、そして陸海それぞれの参謀本部の総長である。のちに歴史論文のなかでは、この重要閣僚たちは〈六巨頭〉とあだ名されることになった――そして、人の入れ替えはあったものの、この委員会が、終戦まで主要な決定を下すことになる。

大きな政策の転換は、この六名の全員一致の支持によってのみ行なうことができた――そして、その場合にも、彼らが重臣と宮中グループ、そして天皇自身の支持を得ているかぎりにおいてだった。いつものように、決定にいたるまでには、〝根回し〟という地道で骨の折れる作業が必要だった。行き詰まった場合には、どうすることもできなかった。そうした場合にはしばしば、陸海軍は自分たちの活動方針をつらぬき、体面上は、自分たちが大戦略の協調する要素であるふりをした。元首相で、小磯内閣の海軍大臣兼副首相格として政府に戻った米内光政は、会議の評決も行き詰まりを打破できなかったと説明した。「それは多数決の問題ではありません」と彼は戦後、質問者にいっている。「ある問題について、一致を見ることができないとすれば、それは協調和合に欠けていることを意味することになります[21]」合意が存在しないときには、惰性が勝利をおさめた。以前の方向がなんであれ、日本はその方向に進みつづけることになった。

四十三歳の昭和天皇、裕仁は、東條将軍を個人的に支持していて、彼を権力の座から追い落とす動きにずっと反対していた。東條の在職期間の最後近くには、天皇の弟の高松宮が、皇室内で裕仁を批判しはじめ、国事が統制を失ってただようことを許していると示唆していた。政府内での天皇の役割は、一般的な憲法解釈で制限されていたが、彼が実際には神でないことを知っている者たちにも、触れることのできない大権を振るっていた。

彼が戦争とその惨禍にどの程度責任があったかについては、学者や歴史家のあいだでいまだに活発な論議の対象となっている。一九四一年十二月の日米開戦以前には、裕仁は、戦争へと進む流れに抵抗し、国内と国際問題の両方の安定を維持するよううながしていた。彼は陸軍の過激派や叛徒を鎮圧し、罰するよう要求していた。しかし、そうした忠告は実際の憲法上の影響力をまったく持たず、行き詰まった内閣が「ご聖断」をもとめるまれな場合をのぞけば拘束力を持たなかった。

一九四四年四月、やっと東條の追い落としに不承不承同意した裕仁は、新政権に戦争を終わらせる外交戦略の基礎を築くよう強調した。しかし、休戦をもとめるために連合国政府との直接的な接触を確立するようには提案しなかった。彼は、外交の機が熟す前に、日本がまずアメリカにたいして大勝利を、たぶん目前に迫ったフィリピンの戦いでおさめなければならないと信じていた。戦後の『昭和天皇独白録』で、裕仁は、日本の残る軍事力のすべてをレイテ島の防衛につぎこむことを望んでいたと述べている。「米がひるんだならば、妥協の余地を発見出来るのではないか」と期待して。(22)

政府内では誰も降伏の話をあえてしなかった。日本が一九四一年以前に占領した海外の領土を手放すことになる条約調定すらも。最低でも連合国は無条件降伏の要求を捨てて、交渉のテーブルにつくことに同意しなければならないだろう。それでも、日本を統治する者たちは、戦争の終幕では外交が役割を演じなければならないことを理解していたし、重光葵(まもる)外務大臣はいくつかの工作を手がけていた。試験的な和平の使者が、スウェーデンやポルトガル、スイスといったヨーロッパの中立国の日本大使館から送りだされた。中国大陸の戦争を終わらせたい重光の使節は、南京の汪兆銘の傀儡政権に働きかけ、もし蔣介石が連合軍との関係を断って、「好意的中立」を誓ったら、日本軍は国内から撤兵すると提案した。この提案は実を結ばなかった。その理由は、一部は日本政府が働きかけた仲介者が蔣介石にあまり影響力を持たなかったためで、一部は日本が太平洋で敗北しつつあることが中国側にわかっていたからだった。(23)

外交的な〝出口ランプ〟計画の要は、ソ連政府に東京とワシントンとの橋渡し役をつとめてもらうよう協力をもとめるというものだった。この構想はそれほど現実的ではなかったが、真珠湾攻撃以前に詳細に話し合われていて、重光はいまやこれが実を結ぶことを願っていた。モスクワ駐在大使は、クレムリンと対話をはじめ、ソ連とドイツとの和平交渉をお膳立てすると申しでた。ヨーロッパの東部戦線で平和が回復したら、モスクワはそれから太平洋戦争の交渉による解決を仲介してくれるかもしれない。

しかし、この提案が一九四四年九月、ソ連のヴャチェスラフ・モロトフ外相に提示されると、外相はきっぱりと拒絶した。この構想はナチ＝ソ連戦争のどの時点においても現実離れしていただろう——しかし、連合軍が東西からナチ・ドイツに向かって進撃しているこの遅い時期では、まったくお話にならなかった。日本が日ソ中立条約を、予定されている一九四六年春の期限切れよりもさらに先に延長することを提案すると、モロトフは、その問題はそのうち取り組めるだろうと答えた。重光と彼の同僚たちは、ヨシフ・スターリンがFDRに、ドイツが敗北ししだい自分の軍隊を日本にたいして解き放つつもりだと露骨にほのめかしていたことも、彼が一九四五年二月のヤルタ会談でその約束を明確にすることも、まったく知らなかった。日本の外交官たちは、戦争の最後の週にソ連が突然、日本に宣戦布告して、赤軍が満州に攻めこんでくるまで、スターリンの手を借りた休戦のむなしい希望をはぐくみつづけた。

実際、日本国内の政治状況は、外交によって戦争を終わらせる挙国一致の努力を許さないだろうし、政府内外の大物もそれを知っていた。東條を追いだすことは外交的出口に向けた必要な第一歩だったが、一九四四年秋に突然、和平に方針転換すれば、陸軍強硬派の激しい反発を招くだろう。憲兵は、裏ルートで平和交渉をくわだてる可能性を警戒して、閣僚をはじめとする要人を監視下に置いていた。東條は、権力の座を降りてからも、この国家保安組織にひきつづき影響力を行使していて、この退陣させられた指導者がクーデターの素地を作っているのではないかと、多くの者が疑っていた。もっともな話だが、統治集団は、一九三〇年代の軍内部の派閥争いや謀反の暴力、狙いすました暗殺への回帰を恐れていた。内戦もあながちあり得ない話ではないように思えた。

戦前最後の駐米大使だった野村吉三郎提督によれば、いつわりの勝利を祝う政府の慣習は、自己破壊的だった。なぜなら日本の世論は交渉による決着の心構えがまったくできなかったからだ。「もし、われわれがもっと早い時機に戦争をやめていたら国民が承服しなかったでしょう。国民は戦況について真実を知らされていなかったから、日本国内では内乱が起こっていたかも知れませんね、多分……私はこのまことに無分別な戦争を、それも最後の土壇場まで続けねばならなかったということは、日本の悲しむべき宿命であったように思いますね[24]」

本土決戦と食糧窮乏の可能性

小磯の公式声明は最初から、彼の前任者のそれとまったく同じだった。調子に認められる変化はなく、彼の内閣が戦争を終わらせる選択肢を検討するという示唆はまったくなかった。新首相は戦いが新たな激烈なる段階に近づきつつあり、そのときは日本国民一致団結し、熾烈なる闘魂を奮い起こして防衛に邁進しなければならないと宣言した。新政権が権力を握った週、東京の新聞はアメリカの「獣」とか「虐殺者」とか「鬼」への言及でいっぱいだった。《ライフ》誌に掲載された、戦場土産として収集された日本兵の頭蓋骨を眺めるアメリカ人女性を捉えた写真が、大々的に宣伝された。

アメリカは刑務所を空にして、軍隊を補充していると報じられた。「驚きと嫌悪感をおぼえずにはいられません」と一九四四年八月、日本放送協会のラジオ・コメンテーターは述べた。「犯罪者の野蛮な心を利用しなければ、アメリカ人は普通の勇敢な戦士と戦えないのです。これで彼らが野獣の集団にすぎないことがわかります[25]」一九四四年九月七日の国会演説で、小磯は、「敵の本土上陸をも考慮すべき」と警告した[26]。内務省は日本全国の民間人に白兵戦の訓練を計画していると発表した。女性も子供も老人も、本土防衛部隊の隊列にくわわることになる。彼らは、憎むべき蛮人が日本の神聖な海岸を汚れた蛮人の軍靴で踏んだらいつでも、手製の武器や竹槍で抵抗することになる。

マリアナ諸島をアメリカが征服したために、本土への大規模な爆撃が予想されることになり、政府は新たな民間防衛対策を命じた。一九四四年八月十六日、運輸通信省は「空襲、艦砲射撃等の敵攻撃による混乱状態を阻止する」一連の手段を発表した。そのなかには、「応急手当、生活必需品の緊急配布、見回り、疎開、伝染病の予防、給水、瓦礫の撤去、常態への緊急復旧」がふくまれる[27]。家や建物が長い帯状に取り壊され、市街地に防火帯が作られた。学童が〝風船爆弾〟と呼ばれる空想的な兵器を製造する作業に駆りだされた。この兵器はジェット気流まで打ち上げられ、北太平洋を横断して約五千海里運ばれて、アメリカ本土の無作為な目標を攻撃する。

演説や新聞記事、ラジオ放送はあからさまに宗教的あるいは神話的なテーマを長々と論じた。小磯は神道の熱心な信者で、就任後すぐに伊勢大神宮を公式参宮し、新しい国家スローガン、「国家の責務は最高司令官に返さねばならない（訳註：日本語原文は「国務は統帥に帰存せねばならぬ」）」を宣言した[28]。このわざとぼかした言及は、預言と解釈すべきだった。最大の危機がおとずれたとき、昭和天皇は古代の神々を呼び寄せ、祖国を守るという。

アメリカ軍のつぎの大攻勢は、フィリピンに向けられるにせよ、台湾あるいは琉球諸島に向けられるにせよ、おそらく日本と旧オランダ領東インドの油田をはじめとする天然資源との経済上の命綱を断つことになるだろう。それは艦隊を動けなくさせ、日本の島々の守備隊を海上支援から切り離すと同時に、日本経済を崩壊させる可能性がある。二年以上にわたる手の込んだ嘘が、あるがままの姿で暴露されることになる。それと同時に、日本の唯一本当の同盟国が、ヨーロッパで戦争に負けつつあるようだった。世界大戦について初歩的な知識を持った市民なら誰でも、日本が太平洋で戦争を始めることで、ナチ・ドイツの優勢に莫大な賭け金をつぎこんだことを知っていた。もしこの流れがつづけば、じきにチップの大きな山がテーブルからさらわれることになるだろう。

これまでの戦争の不吉な展開はすべて、日本国民が空腹だがまだ飢えていないときに起きていた。一九四四年秋には、食糧事情はずっと深刻になる寸前にあるように見えた。国内の米の生産量は、本土がまだ激しい爆撃にさらされていないのに、開戦以来一〇パーセント以上も減少していた。食糧の輸入量は減少し、日本の商船隊がアメリカの航空戦力と潜水艦の猛威に圧倒されるにつれて、さらに縮小するだろう。一九四四年七月の政府の内部報告書は、ほとんどすべての分野の食糧生産が減少の一途をたどり、「一九四四年の国家生活水準は前年と比較して大幅に厳しくなるだろう」と警告した(29)。おかげで悪天候にたいする余裕は少なくなり、一九四四年の米の収穫は、長引く豪雨で危機にさらされた。さらに国内の食糧生産は、予想される船舶の損失とエネルギー危機、そして爆撃による道路と鉄道の寸断の組み合わせによって、一九四五年には壊滅的に減少するかもしれなかった。

空腹と飢餓は別物だった。日本の指導者たちは、飢餓が市民秩序の崩壊を引き起こし、その権威の基盤をおびやかすかもしれないと恐れた。日本人は、海外への帝国主義的侵略を、それが国内の生活水準の向上を約束するという理解のもとで、支持してきた。しかし、真珠湾攻撃以来、暮らしはずっと厳しくなっていたし、彼らがどれだけ欠乏を耐え忍ぶことになるのかは、いまのところまだわからなかった。戦前期には、陸軍の青年将校が日本国民の経済的な苦しみをやわらげるために直接行動に訴えるとおどし、一九三六年にはクーデターを成功させかけていた。指導部のなかには、一九一七年のボルシェヴィキ革命の例を指摘する者もいた。この革命は同じように、空腹と壊滅的な対外戦争による混乱によって焚きつけられていた。国内の緊張を抑えることは、一九四五年八月の降伏の数時間前まで、日本のあらゆる政策決定――国内、政治、外交、そして戦略――のもっとも重要な問題になった。

壮大なる悲劇〈捷一号〉作戦

一九四四年九月、天皇は戦争の次の段階の軍事計画に目を通し、これを承認した。これは勝利を意味する古い漢字をとって、〈捷〉と命名された。〈捷号〉作戦計画は四通りあり、アメリカ軍のマリアナ諸島占領後、もっとも可能性が高いと考えられた四つの起こりうる事態をもとにしていた。〈捷一号〉から〈捷四号〉は、南から北へ弧を描いて広がる四つの地域、フィリピン、台湾および琉球諸島、本州、そして北海道の目標にたいする水陸両用上陸作戦を迎え撃つというものだった。しかし、最初から日本の計画立案者たちは、フィリピンがつぎの主要な作戦のもっとも可能性が高い目標と見なしていて、〈捷一号〉作戦をもっともよく考え抜いて計画していた。この問題にかんする彼らの思考には、マッカーサーの有名なフィリピンに戻ってくるという誓いが影響をおよぼしていた[30]。

〈捷一号〉作戦には、日本海軍の過去の作戦でおなじみの特徴があった。精緻に振り付けられ、広く分散した部隊が数方向から敵に接近するのである。各艦艇部隊間の正確なタイミングがたよりで、したがって妨害に弱かった。日本軍の過去の会戦計画の多くには、陽動作戦や囮(おとり)作戦などの欺瞞行為がふくまれていた。同じように、〈捷一号〉作戦が成功する唯一本当の希望は、詭計にかかっていた。

連合艦隊の水上部隊の大半からなる、栗田健男提督の〈第一遊撃部隊〉は、ボルネオの北から発進する。フィリピン南西部のパラワン島沖で、艦隊の一部は分かれ、西村祥治提督指揮下で南東を目指し、いっぽう主隊は栗田指揮下で北上をつづける。ふたつに分かれた艦艇部隊はべつのふたつの海峡、南方のスリガオ海峡、北方のサン・ベルナルディノ海峡経由でフィリピン群島を通り抜ける。そのいっぽうで、日本に残された全空母からなる小沢治三郎提督の〈第一機動部隊〉は、瀬戸内海から出撃し、ハルゼーの第三艦隊の大部分を海岸の上陸拠点からおびき寄せることを願って、北方から戦場に南下する。すべてが望みどおりにいけば、栗田艦隊と西村艦隊は海峡から出て、海上挟撃作戦でマッカーサーの攻略艦隊を攻撃する。この部隊には、敵将兵十万名と、侵攻を支援する武器や装備、物資を満載した数百隻の輸送船がふくまれていることを、日本側は知っていた。日本側の作戦計画のもっとも重要な点は、侵攻海岸の沖に停泊するこの水陸両用艦隊に、栗田提督の戦艦、巡洋艦、駆逐艦が近距離で襲いかかることだった。

これは壮大ですばらしい構想だった。しかし、海軍上層部の誰もが知っていたように、〈捷一号〉作戦がこのような形になったのは、実際には、厳しい燃料事情によって機動力および航続距離に制約が課せられていたせいと、艦隊に適切な補給をつづけるのが困難だったせいだった。燃料の供給源は、はるか南方のボルネオとスマトラの油田にあった――しかし、造船所と修理施設は日本本土にあった。艦隊を戦闘態勢に置きつづけるために必要な多種多様の物資、兵器、弾薬、そして補充人員もまた。

燃料を湯水のように消費する艦隊の需要に見合うだけの燃料を日本本土に運ぶことはもはや不可能で、アメリカの潜水艦と飛行機が日本に残された油槽船を探しだして沈めるにつれて、燃料不足はどんどん悪化していった。よって艦隊の大部分は、帝国の燃料補給の源泉である、はるか南方の泊地に留まらざるを得なかった。しかし、小沢の空母は〈フィリピン海海戦〉（一九四四年六月十九日～二十日）（訳註：日本側呼称、マリアナ沖海戦）で飛行機と訓練を受けた搭乗員を完全に失っていて、補充の飛行機隊を受け取って、訓練する必要があった。日本の飛行訓練供給ルートと飛行機製造工場の悲惨な状態を思えば、小沢提督は自分の空母を日本の領海にしばらく、たぶんすくなくとも三カ月か四カ月は留めておく必要があるだろう。

これらの艦隊は何千海里も離れる必要があるので、栗田提督は小沢提督の指揮系統から切り離されて、連合艦隊司令長官、豊田副武提督の直轄下に置かれた。豊田長官は最近、司令部を東京湾に停泊する旗艦から、横浜の慶応大学日吉キャンパスの地下壕に移していた。小沢と栗田はいまや、日吉から長距離無線放送でべつべつに命令を受け取ることになった。日本の主要な艦艇部隊がこのように分散して展開しているのは、理想とはほど遠かった。しかし、悪化する兵站状況を思えば、これは避けられなかった。

もしかりにマッカーサーの水陸両用部隊を攻撃できるとしたら、水上艦艇と基地航空隊によって行なわなければならないだろう。誰も小沢の去勢された空母、あるいはずいぶん減少した日本の潜水艦隊にあまり期待していなかったからだ。〈捷一号〉作戦のおもな関心事は、広く分散した日本の水上部隊と航空部隊を攻撃位置に移動させることだった。栗田艦隊に燃料を補給するために十二隻の艦隊油槽船が配属されていた。この燃料補給群はこの十月に洋上補給訓練を実施する計画だったが、その演習は中止されていた。いまや残っている油槽船一隻一隻が重要だった。燃料事情の管理に誤りの余地はなかった。戦闘が終わったとき、栗田の各艦に安全なところへ避退できるだけの燃料が残っているかさえ、さだかではなかった。

小沢が海戦に貢献できるかどうかは、それがいつであろうとアメリカ軍がつぎの動きに出ると決めたときの、母艦航空隊の状態しだいだった。日本の空母部隊が相手に対等に立ち向かえるとは誰も思っていなかったし、小沢は自分がたぶんまたしても手痛い打撃をこうむって、その見返りにわずかばかりのパンチをお見舞いすることになるだろうとわかっていた。この悲観的な見通しを考慮して、かつては強力だった日本の空母打撃部隊は、囮になって、栗田艦隊に敵攻略艦隊を攻撃する好機を提供すべきだという結論が下された。小沢はこの格下の役割を進んでつとめた。「囮、それがわれわれの第一の主要任務でした、囮となることが」と彼はいった。「おもな任務はすべて犠牲でした。あまりにも少ない微力な航空戦隊をもって出撃するのは、飛行機と艦艇の犠牲の部類に入ります[31]」

七月の政治変動のあと、陸海軍の指導者たちはもっと密接に協力すると誓っていた。しかし、マッカーサーの攻略艦隊がレイテ島を目ざしていた十月の第三週になっても、ふたつの軍隊はべつの戦略にしたがっていた。日本陸軍の指揮官たちは島に増援部隊を送るべきかどうかをいまだに決めかねていた。一部の者は、たとえレイテ島をアメリカ軍に明け渡すことになっても、軍の兵力をルソン島に集中させたがった。

十月十八日、東京の陸海軍将校集会所で四者（陸軍省と海軍省から一名ずつと、陸軍参謀本部と海軍軍令部から一名ずつ）が会談し、フィリピン防衛の合同戦略に同意した。〈捷一号〉作戦を検討した陸軍省の佐藤賢了（けんりょう）将軍（訳註：軍務局長）は、土壇場の異議を申し立てた。日本国民は艦隊が敵と戦うことを「切望」していることを認めた佐藤は、最高統帥部が「冷静さ」をたもって、世論を静めるために拙速な行動に出てはならないと主張した。もしいま連合艦隊が戦えば、壊滅的な敗北を喫する公算が高いと、彼はいった。小沢提督の艦艇は港に留めておいたほうがいい。そうすれば、単純に敵を本土に近づけなくさせる、いくらかの抑止的価値があるだろう。さらに、艦隊は戦いにおもむくだけでも貴重な燃料を大量に消費しなければならないと、佐藤は指摘した。目下、約六万トンの石油を積んだ油槽船六隻の縦隊が南方から向かっている。この燃料は日本経済を動かしつづけるために必要だ。佐藤は海軍の同役に頼んだ。「今ごろ連合艦隊が出撃したからといって、なにもできやしません。それよりも六万トンが大切です。ぜひ出撃をやめさせてもらいたいんです[32]」（訳註：佐藤の『大東亜戦争回顧録』によれば、これは十八日の会談以前に、陸軍の真田穣一郎作戦部長が佐藤にいった言葉である。佐藤はこの言葉を受けて、十八日の四者会談での決着を提案したという）

この演説に、部屋にいた人間全員が、佐藤もふくめて涙しかけた。彼の言葉は日本の窮状を容赦なく浮き彫りにした。かつて強力だった帝国日本海軍の名誉はいまや、六隻の油槽船とそれが運ぶ石油より小さな問題だったのだ。一将軍ですら、艦隊の落ちぶれた状態は、破滅の前兆だとわかった。「限りない哀愁を感ずる」と彼は書いている。

海軍軍令部の中澤佑少将（訳註：軍令部第一部長）は、目に涙を浮かべながら、海軍のために答えた。彼は将軍の心遣いに感謝したが、「しかし帝国連合艦隊に死に場所を与えてもらいたい」と述べた。石油の不足と増大する敵の航空優勢のせいで、〈捷一号〉作戦計画は、艦隊が「死に場所を得」る、「最後の機会」だった。中澤はこう結んだ。「これが海軍の切なる願いだ[33]」

息詰まる沈黙のあと、佐藤は感動し涙ぐみながら、六万トンの石油を海軍への「はなむけ」として提供すべきだと認めた。会議が終わると、外の通りで空襲警報のサイレンが鳴り響き、彼は「連合艦隊の最期の華々しさ」を無言で祈った[34]。

この胸を打つ場面は、〈レイテ湾海戦〉（訳註：日本側呼称、比島沖海戦あるいはレイテ沖海戦）にかんする欧米の歴史でしばしば無視されている点を強調するものだ。〈捷号〉作戦は事実上、海軍の〝バンザイ〟突撃だった。その語られざる目的は、日本艦隊が戦争の終わる前に最後にもう一度、りっぱに戦うことだった。連合艦隊参謀だった高田利種少将によれば、「マリアナやビアクなど、南方でつぎつぎに拠点を失っているのに、海軍はなにをしているのかという声が内地で聞かれはじめました[35]」。

日本の水上艦艇は前年のソロモン諸島での戦闘以来、ほとんど戦っていなかった。その戦艦のみごとな戦列は、ゆうに二年前の〈ガダルカナル海戦〉（訳註：日本側呼称、第三次ソロモン海戦）以降、まったく水上戦闘を経験していなかった。超戦艦大和と武蔵は、敵艦の射程圏内に入ったこともなかった。この巨艦姉妹はとてつもない費用をかけて、呉と長崎で建造されていた。世界最大の軍艦であり、日本は二隻の戦争に勝つ能力に大きな期待をかけていた。しかし、彼女たちは、主として海上で行動するのに多大の燃料を必要とするために、戦争の大半を停泊してすごしていた。いずれの艦も、艦隊司令長官とその幕僚のための豪華な浮かぶ司令部をつとめてきた。両艦ともでんと動かず、実戦も未経験だったせいで、艦隊の兵隊たちは不満の声を上げ、馬鹿にして〝大和ホテル〟と〝武蔵御殿〟というレッテルを貼った。敵艦に向かって一度も四十六センチ主砲を発射することなく、錨を下ろしたままその生涯を終えることは、耐えがたい恥辱だった。巨艦を二隻とも指揮下におさめる栗田提督は、フィリピンの戦いの前夜、士官たちにこう訓示した。「国破れて艦隊残るも恥さらしであろう[36]」

戦後の事情聴取で、海軍の指導者たちは、本気でフィリピンを救う望みはいだいていなかったし、壊滅的な損害をこうむり、もしかすると全滅の憂き目にさえあうかもしれないと予想していたと認めた。いずれにせよ彼らは戦うことを選択した。なぜなら再戦を期して艦隊を温存してもなにも得るとはないと判断したからだ。もしアメリカ軍がフィリピンを攻略したら、彼らは日本と石油の供給源を結ぶ海上交通路を締め上げるだろう。その場合、高田によれば、「艦隊は残っても、南方への海上交通路は完全に遮断され、艦隊は、もし日本の領海に戻ろうとしても、燃料の補給を得られない。南方海域に留まろうとしても、弾薬と兵器の補給を得られない」。

満足な選択肢がない以上、彼らは「最悪の事態が起きたら、全艦隊を失う可能性がある」ことがわかっていながら、「賭に出る」ことを決意した[37]。栗田提督は、「レイテ湾のそちらの全艦艇の半分に損害をあたえる」のと引き替えに、自分の艦隊の半分を失う覚悟だったと述べた。その結果も、マッカーサーの侵攻を挫折させることはなく、「上陸を二日か三日、遅らせる」にすぎなかったろう、と彼はつけくわえた。「だから、その特定の上陸を二日か三日、遅らせるという、限定的な目標でした。それにつづく上陸はどうすることもできなかった、じゅうぶんな戦力がなかったので[38]」その牙を抜かれた空母が餌としてハルゼーに差しだされることになった小沢にかんしては、「われわれは完全に壊滅すると予想していました[39]」。

神風特攻隊のはじまり

台湾沖航空戦中のある出来事が、日本のニュースメディアで特別な注目を引くために選びだされた。その出来事は十月十五日、ハルゼーが東方へ引き揚げ、損傷したキャンベラとヒューストンがゆっくりと避退しているときに起きた。ルソン島の第二十六航空戦隊の司令官、有馬正文少将が階級章をはずして、三菱一式陸攻Ｇ４Ｍの操縦室に乗りこみ、敵艦隊にたいして片道の自爆攻撃をひきいたのである。彼の乗機は海上で失われたか、あるいは空母フランクリンにたいする失敗に終わった攻撃で撃破された。いずれにせよ、基地には帰還しなかった。しかし、東京は〝軍神〟有馬が米空母に意図的につっこんで、目標は撃沈されたと報じた。メディアがこの飛行を過剰に報道したのは、体制が大規模な自殺戦術を開始する準備をしている前兆だった。太平洋航空戦の終段の幕はすでに上がり、日本軍機は、火の玉となって死ぬ覚悟を決めた人間が操縦する死のミサイルとなった。

〈神風(カミカゼ)〉という言葉はまだ、自爆機と結びつけられていなかった――それはまだ七世紀前に蒙古の侵攻艦隊を破壊した神話的な天与の台風をさす言葉だった。かわりに日本人は〈必中兵器〉と、〈特別攻撃〉（特攻）隊による〈肉弾〉戦術について語った。この特攻作戦には、飛行士と飛行機だけでなく、それ以外にも高速艇やスクーバダイバー、有人ロケット、そして豆潜水艇といった各種の専用自殺兵器がふくまれることになる。

太平洋戦争の歴史では、この組織的な自殺戦術の採用が日本国内だけでなく軍内部でも論議を巻き起こしたことが軽視される傾向がある。多くの日本人はこれに強く抵抗し、伝統的な侍の理想（武士道）を曲解していると主張した。海軍士官の一部は、この構想を日本陸軍で幅をきかせる病的な〝死の礼賛〟と結びつけ、海軍にはふさわしくないと主張した。古参の搭乗員たちは、戦争初期に空で上げた勝利をふりかえって、神風攻撃を基本的に敗北主義と見なす傾向があった。

日本軍のパイロットはときとして連合軍の艦艇につっこんだり、あるいは飛行中の連合軍爆撃機に体当たりしたりした――しかし、一九四四年秋以前には、そうした攻撃は散発的で、機に乗じたもので、しばしば飛行機が損傷して基地に戻れないときに発生した。はじめて部隊の指揮官に自殺任務を命ぜられたとき、偉大な戦闘機エースの坂井三郎は言葉を失った。「大きなうなりが耳のなかで響いた」と彼はふりかえる。「なにをいっているのだろう？ わたしは混乱状態だった。頭のなかに嫌悪の寒々しい虚脱感があった[40]」パイロットはつねに戦って死ぬ覚悟でいなければならないが、そこに「理不尽な命の浪費」はふくまれない、と坂井はいった[41]。

戦後、日本の軍事指導者たちには、痛烈な非難が浴びせられた。彼らは虚偽の表示で何千という若者を飛行訓練に誘い入れたと非難された。一九四四年前半には、軍部はひそかに新米パイロットのほとんどを特攻隊員として訓練する計画を立てていたが、訓練生が後に引くには手遅れになるまでその事実を隠していたといわれた。強力なタブーがこの問題の議論を抑えた（そしていまだに抑えている）。歴史的な記録は断片的だが――とくに誰がなにを、いつ知ったかという問題にかんして――しかし、この非難を支持するかなりの証拠は存在するように思える。特攻隊員募集計画の初期段階では、自殺戦術への言及が文書の形で現われることはいっさい許されなかった。口頭での命令だけがあたえられた。海軍予備少尉だった神津直次は、有人魚雷計画に志願することに同意してから、それが自殺兵器だということを知った。彼と仲間の応募者たちは、「進んで危険な仕事につき」、「進んで特殊兵器に乗」らなければならないとしか聞かされなかった。戦後、この出来事をふりかえった神津は、こう結論づけた。「いまでは、彼らがわたしたちをあざむいたことがわかります！　心の底からわかっています！」[42]

戦後の事情聴取で、数名の海軍上級将校は、カミカゼ戦法が最初に前線の戦闘機隊のパイロットたちによって提案され、支持されたと嘘の主張をした。第一航空艦隊の首席参謀だった猪口力平大佐は、その発想がフィリピンを基地とする航空兵たちのあいだで自然発生的に生まれたもので、「純粋にその基地だけの方針でした」と述べた[43]。特攻作戦がマッカーサーのレイテ上陸のかなり以前に東京で計画されていた証拠をつきつけられても、猪口は譲らなかった。「この種のことは下から上がって来なければならないもので、こうしたことを命令はできません。カミカゼ戦法が命じられたことは一度たりともなかった……最初、カミカゼ構想は現地の状況に対処するための手段で、大本営からいい渡された全体方針ではなかった[44]」記録はこうした主張が嘘であることをしめしている。

同様に、豊田提督はアメリカの質問者に、最初の神風編隊について、「第二艦隊をレイテ湾に突入させることに決したことに伴って、一つの予期しない結果が生れました。それが、いわゆる『神風特別攻撃隊』の出現です」と述べた[45]。彼はその思いつきがフィリピンの現地航空指揮官のせいだとして、「水上部隊がそんな無謀に近いような死物狂いの手段を取るというのなら陸上基地航空部隊も同じような捨身の方法に訴えねばならないというのです。そこで、いわゆる最初の特攻作戦が発動されることになりました[46]」といった。これは嘘だった。豊田の連合艦隊幕僚は〈レイテ湾海戦〉のずっと前から自爆作戦を議論し、計画していた。

小沢提督の証言も同じように責任逃れをしている。最初、彼は「わたしがはじめて神風攻撃のことを聞いたのは、栗田艦隊がサン・ベルナルディノ海峡を通過するときでした」と主張した。相反する証拠をつきつけられた彼は突然、思いだし、一九四四年六月に「豊田に提言がありました。豊田はまだ機が熟していない、これを使うには早すぎるといいました」といった[47]。

実際には、特攻作戦は太平洋にはじめて登場する一年以上前に研究され、議論され、計画されていた。以前、天皇裕仁の海軍侍従武官をつとめ、ワシントンの大使館で海軍武官もつとめた空母指揮官、城英一郎（じょうえいいちろう）大佐は、一九四三年六月に回覧されたある計画で〈特別攻撃隊〉を提案した[48]。一九四四年三月、東條英機首相は、失脚する前に、専門の自爆部隊の予備計画を承認した。一九四四年後半に海軍軍令部長をつとめた及川古志郎提督は、こうした戦術を海軍航空隊全体で制度化するのを推進した[49]。〝必勝兵器〟や〝肉弾精神〟への言及は、一九四四年七月のサイパン陥落以後、新聞やラジオの放送では日常的だった。フィリピンで最初の自爆飛行隊が編成される数週間前の十月六日、日本海軍のある提督はラジオのインタビュアーに、海軍航空隊がじきに「敵機あるいは敵艦に体当たり」する「肉弾」攻撃を開始するだろうと語った。彼はそうした攻撃が戦争の流れを変えることを期待していた。「この戦法が無効になることはけっしてないと、確信するものであります。それどころか、その可能性はつきることがありません――どんどんよくなるのです[50]」

一九四四年秋には、各種の専用自爆兵器が本格的に生産されていた。そのなかには、大型機から投下され、音速に近い速度で敵艦にダイブする有人ロケット、〈桜花〉も含まれていた。〈回天〉というひとり乗りの自爆潜水艇は、大きな〝母〟潜水艦から発進する。その操縦者はそれを魚雷のように敵艦の船体につっこませるのである。〈震洋〉と呼ばれる木製の小型高速艇は、三百キロの弾頭を積み、二十数ノットで敵艦隊のどまんなかに突っこむことができた。〈伏龍〉は水中で機雷を携行するスクーバダイバー隊で、その機雷を米艦の船体に直接取りつける。そのほかに、山頂から発進できるグライダーや、もっと最近の時代を思わせる爆薬ベストなどもあった。こうした兵器や乗り物の一部は、戦闘でほかのものより有効であることが証明される。しかし、こうした計画にあてられた時間や資源は、特攻時代が一九四四年十月に自然発生的な草の根運動としてはじまったという神話が誤りであることをしめしている。

日本と欧米両方の学者の一部は、特攻という現象が、武士道や国家神道、禅仏教、恥を雪ぐためにみずから命を絶つ習慣など、日本人の価値体系と伝統の本質的な表現であると主張してきた。それに対抗する見解では、特攻は、日本人の理想のグロテスクな悪用で、軍国主義体制とその布教者たちが、途方に暮れ、打ちひしがれた国民に押しつけたものだった。

真実の要素はたぶんどちらの見解にも見つかるだろう。神道と仏教は、おのれとは幻想であり、したがって死を恐れてはならないと主張した。神道の八百万の神は、天皇のまわりを回っていて、日本人ひとりひとりが天皇と本質的には一体だといわれた。戦闘で死ぬことは、現世で蓄積された塵芥や堕落を滅却する清めの儀式だった。穢れた戦士の汚れない精髄だけが残り、それは天皇の神聖な精髄に統合される。仏教の禅宗などの宗派の信者は、生と死は本質的に同一だという教えに根づいた調和的な神学理論を提示した。瞑想は自我を消し去ることにつながった。陸軍将校で影響力のある著者の杉本五郎によれば、「此の無我と滅私とは決して別々の境地ではない。全く一致してゐることに気がつくのである[51]」。仏教徒のある学者は、特攻戦法を禅の明かされた真実と結びつけた。「特攻精神の根源は、個我の否定によって、ともに歴史を担う魂の復活に存する。この心の転換を、禅は古来大悟徹底と呼んだのである[52]」

自分の手で死ぬことは、長いこと、侍の名誉と忠義の理想と結びついてきた。自殺は面目を失ったことへの解決策を提供した。これは日本の国民的叙事詩である四十七士の物語の主題だった。一九四四年後半、敗北が迫ってくると、国民全体が、社会を激変させるような面目の失墜をこうむることを覚悟した。日本の若者の精華である特攻機パイロットの戦いによる自殺は、国家の名誉の一部を取り戻す、儀式的な集団犠牲と捉えることができた。

それは武士道だったのか？

一九三〇年代前半に日本人が〝暗い谷間〟と呼ぶ時代がはじまると、しだいに抑圧を強める国粋主義体制は、反対意見を押さえつけ、あらゆる情報源を統制した。この暗愚な環境で、いかさま学者たちは、帝国主義的軍国主義者が掲げる国内外の政治課題の優先事項に合致した、ご都合主義的で、神話まがいの歴史を考えだすことを奨励された。日本の歴史では何世紀にもわたって侍が国と民を支配してきた。中世のヨーロッパやそれ以外の封建的な社会よりもさらに、エリートの武士階級は国の文化を支配し、形づくってきた。明治維新後、とくに第二次世界大戦前の数十年間には、侍の理想が国家の発展の枠組みになるかもしれないと考えられ、国民全体が支配階級である武士に変わった——かくして、日本に各国のあいだで支配的な力をあたえた。ちょうど武士が仲間の日本人たちに、争えない権力を行使したように。

しかし、武士道はエリートの階級に縛られた信条であり、国民全体がこぞって身につけるのにはかならずしも適していなかった。移行するさいに、武士道は微妙だが重要な歪曲を経験した。古代の刀を持った侍の武士道は、天皇ではなく、地元の封建君主への忠義を強調していた——天皇は明治時代以前は、影が薄く、ほとんど顧みられない人物だった。武士道は、人のふるまいにおける禁欲主義、自制心、そして威厳を意味した。長い訓練と練習による武道の熟達に重きを置いた。死を少しも恐れることなく、職務につくして命を投げだすことを賞賛した。日々の生活に、安楽さや食欲、贅沢を顧みることなく、禁欲主義と質素さをもとめた。武士は「すでに死んだ心持ちで生きる」こととされていた。仏教と一致する態度である。根本的には幻想である生に執着することなく、宿命論的な無頓着さで死を眺める。恥辱あるいは不名誉は、それを雪ぐために自死を必要とするかもしれなかった——そして、侍が自決するときには、短刀で腸(はらわた)を掻きだすことでそれを行なった。

しかし、伝統的な武士道は、戦いが絶望的になったときでも退却あるいは降伏を拒絶する義務を課してはいなかったし、失われつつある大義で本分をつくした昔の侍は、名誉を傷つけられることなく、武器を置くことができた。これは二十世代の日本の戦士が学んできた中国の古典、『兵法三十六計』の最後だった。「敵に圧倒されたら、戦ってはならない。降参するか、和解するか、逃げるのである。……敗れないかぎり、勝機はまたある」[53] 日本の過去の戦争において、自殺戦法が重要な役割を演じたこともない。

日露戦争（一九〇四～一九〇五年）後、日本陸軍はその文化と教義に全面的な変更を行なった。歩兵の教本は書き直されて、技術や機械力といった要素を上回る〝敢闘精神〟の重要性が強調され、密集した〝バンザイ〟銃剣突撃が近接戦で好ましい戦術として採用された。〝降伏せず〟の精神は第一次世界大戦後に成文化され、のちに一九四一年制定の日本陸軍野戦教範『戦陣訓』の絶対的な強制命令で敷衍(ふえん)された。

陸軍とその広報係たちは、一九三二年の上海市内とその周辺の戦闘まで、自殺戦法をおおっぴらに賛美しなかった。このとき、〝人間爆弾〟や〝肉弾〟の報道が日本の新聞でトップニュースのあつかいを受けた。太平洋戦争の中期には、これが敗北の死の賞賛へと発展し、〝玉砕〟という表現で具体化された。国歌同然になっていた〈海行(ゆ)かば〉の歌詞は、勝敗の問題はさておいて、死をそれ自体のために賞賛しているようにさえ思えた。

海行かば水漬(みづ)く屍(かばね)

山行かば草生す屍
大君の辺にこそ死なめ
かえりみはせじ(54)

ラジオや愛国的な集会で頻繁にくりかえされるせいで、とくに若い日本人は、〈海行かば〉とそこにこめられた感情に古い由来があるような印象を受けたかもしれない。実際には、歌詞は八世紀の和歌にさかのぼるが、その和歌はそれまでずっと無名で、一九三七年にやっと曲がつけられていた。戦いにおける死を——本来の命の終わりとしての死を——おおっぴらに賛美するのは、〝降伏せず〟の原則や、集団自殺攻撃、帝国武士道の支配者民族思想と同様、日本の文化では最近の現象だった。こうした考えはいずれも侍の伝統にささえられていなかった。明治以前の侍は、同じ日本人としか戦ったことがなかった。人種的優越心にふける機会はなかったし、外国を征服することなどまったく考えなかった。自分やほかの日本人がなんらかの形で天皇と一体だといわれても戸惑ったことだろう。伝統的な武士道は謙虚さや、おのれの敵を知り、敵に敬意をはらうことの美徳を称えた。頑なな好戦的態度と、天与の勝利を願う気持ちを説きはしなかった。しかし、そうした昔の武士の行動規範の要素は、国粋主義者の軍事政権の目的には役立たなかったので、歴史や教育、市民向けの講話からあっさりと消されてしまった。

一九四四年には、航空自爆戦法を支持する単純で現実的な論拠があった。新米の日本軍飛行士たちは単純に、通常の爆撃法や雷撃法を使って敵艦隊に命中させるだけの腕を持っていなかった。沖の米艦を叩くために送りだされた飛行編隊は、壊滅的な損害をこうむっていて、敵の空母艦載機はフィリピン上空をわがもの顔で飛びまわっていた。日本軍は十月だけで千機近い飛行機を失い、フィリピン空域に飛んでくる補充の飛行士は初歩的な技量しか持っていなかった。飛行練習生は短縮された訓練課程を大急ぎで終えさせられ、わずか数十時間の飛行時間しか経験せずに前線部隊に送りだされていた。ほとんどは正式の射撃あるいは航法の訓練をいっさい受けていなかった。もしこれらの新米飛行士たちが、避けがたく思われたように、いずれにせよ操縦席で死ぬことになるのなら、おそらく自爆戦法は敵に別れの一撃をお見舞いする唯一の現実的な希望をあたえた。

神風攻撃のために新米飛行士を訓練する責任者だった猪口大佐（訳註：最終階級）は、問題は根本的に精神的なものだといった——それを実行する意志を叩きこむことだと。戦術にかんしては、彼はこういった。「通常のパイロットの技量でじゅうぶんでした。特別な訓練法は必要ありませんでした」急降下爆撃や雷撃、空中戦にくらべれば、飛行機を船につっこませるのは、比較的簡単な空中機動だった。基本的な飛行技術しか持たないパイロットでもやってのけられるはずだった。したがって、「短い訓練を受け、最低限の飛行経験を持った」飛行士を使うことができると、猪口はいった[55]。さらに、改訂版の〈捷一号〉作戦計画書が戦域全体の指揮官たちに配布されると、もし日本軍にマッカーサーの上陸を撃退する見こみが少しでもあるとしたら、彼らの航空部隊はすくなくとも米艦隊の一部を叩きつぶさねばならないことがあきらかになった。彼らは目前に迫った戦いで結果を出す強烈なプレッシャーにさらされた。

特攻の本質はプロパガンダだった

神風部隊は一九四四年十月二十日、マッカーサー将軍が水陸両用侵攻部隊のあとからレイテ島に水を漕いで上陸したのと同じ日に（ほとんど同じ時刻に）、結成された。このきわめて重大な出来事のきっかけとなったのは、大西瀧治郎中将で、十月十九日、日本から飛来して、第一航空艦隊の指揮を引きついでいた。大西は恐ろしげな外見の人物だった——丸顔で、髪を短く刈り、運動選手のような屈強な体格をしていた。威圧的な人物で、同僚たちのあいだでは突然怒りくるうという評判があった。もっと若いころ、彼はよく、とくに酒を飲んだあとで、同僚やほかの者を激しく非難した廉で叱責された。兵庫県のしがない田舎の家柄から身を起こし、その地方の関西弁のよく響く母音で話した。

彼の亡き友人で、よき師だった山本五十六と同じように、大西は海軍歴の最初のころに自分の運を海軍航空に賭けていた。一九二〇年代前半の草創期以来、陸と海で航空分野の一連の重職につき、一九四一年十二月に六千海里の前線を横断する空の電撃戦を仕掛けて成功させた海軍航空隊を作り上げたのは彼の功績によるところ大だった。大西は（山本と同様）アメリカを攻撃する決定に反対したが、真珠湾攻撃を計画するのを手伝い、戦争の一週目にフィリピンのアメリカ軍航空兵力を全滅させた台湾基地の航空群をみずから指揮した。

一九四三年にはじめて自爆戦法が提案されたとき、大西はその構想に猛反対して、一年以上もこの「邪道」に反対の立場を守りつづけた[56]。うたがいなく、この問題は大西にとって個人的に耐えがたいものだった。彼の航空機搭乗員たちの精鋭チームは、わずか二年半前、数多くの驚くべき勝利の栄冠に輝いていた。しかし、一九四四年十月、第一航空艦隊の指揮を引きついだとき、彼は自分が新たに指揮する部隊の由々しき現実を認めざるを得なかった。フィリピンの航空基地は飛行可能な状態の飛行機を約五十機しかかき集められなかった。増援部隊がじきに中国大陸と本土から投入されることになっていたが、敵艦隊はすでに沖合にいた。ひと握りのベテランをのぞけば、彼のパイロットたちは新米ばかりだった。通常の爆撃戦術は効果がなく、そうした任務に送りだされた飛行機はほとんどが基地に帰還しなかった。

十月十九日、マニラに到着した日の夜、大西は黒いパッカードのリムジンに乗ってルソン島の主航空基地マバラカット飛行場——アメリカ軍はクラーク飛行場と呼んでいた——へ向かった。アメリカ軍の戦闘機がときどき車道に機銃掃射攻撃を仕掛けるので、暗くなってから二時間、車を走らせるほうが安全だと考えられた。そのいっぽうで、夜間の運転は危険にもなり得た。抗日ゲリラがときどき沿道から攻撃をくわだてるからである。米軍がまだフィリピンに部隊を上陸させていないいまでさえ、日本軍はすでに島々の支配権を失いつつあることをひしひしと感じていたにちがいない。

マバラカットに到着すると、大西は、穴だらけの滑走路とおんぼろの飛行機の列のかたわらに立つ指揮テントで、第二〇一航空隊の現地飛行幹部を見つけた。飛行機は地上整備員の努力でかろうじて飛行可能な状態にたもたれていた。交換部品は、飛行場の端に散らかった使用不能機からあさってきたものだった。現地の参謀と飛行隊指揮官たちが招集され、町の司令部に集められた。そこにいたある飛行将校によれば、大西の口調は簡潔かつ冷静で、淡々としていた。小兵力をもって敵空母制圧の難事業を敢行するには、「そのためには、零戦に二五〇キロの爆弾を抱かせて体当たりをやるほかに、確実な攻撃法はないと思うが……、どんなものだろうか？」[57]。

最初は誰もなにひとつ返事をしなかった。内心の動揺と困惑は想像することしかできない。しかし、誰も異議を唱えなかったし、唯一の疑問は零戦を有人誘導ミサイルに変えることの戦術的細部に関連していた。飛行士たちとその上官たちは、自爆機が高度約五千五百メートルの高高度で敵艦隊に接近すべきだということに同意した。アメリカ側のレーダーに発見されたら、レーダー画面の下にすべりこむことを願って、およそ六十メートルから九十メートルの高度まですばやく降下する。彼らはレーダー操作員を妨害するために、〝ウィンドウ〟——アルミニウムの細片——を投下する（訳註：日本では「電探欺瞞紙」と呼ばれ、錫箔が用いられた）。目標への最終進入では、パイロットは機首を下げ、四十五度で急降下する[58]。

集まりが分かれると、各飛行隊は車座になって、自分たちで話し合った。ひとりまたひとりと指揮官が戻ってきて、うちの搭乗員は全員一致だと報告した。自分たちはやると。多くの者は、最近戦死した彼らの基地司令官、有馬提督の例に触発されていた。有馬がわが身を犠牲にしたのはほんの四日前だった。彼らは全日本海軍が全滅の危険を覚悟でレイテ湾に突入するという知らせを聞いて、同じように行動に駆り立てられていた。彼らの全体的な雰囲気は、決然として、有頂天とさえいえるほどだった。「あのときは、それがわれわれの持つ唯一の選択肢に思えた」と、あるパイロットは残念そうに述べている[59]。新しい隊の指揮官には、海軍兵学校の卒業生を指名するのがふさわしいと考えられた。幕僚と指揮官たちのあいだで少し話し合われたあとで、関行男（ゆきお）大尉がその職に推薦された。その考えがしめされると、関は躊躇することなく答えた。「ぜひ、私にやらせてください[60]」

新たに編成された自爆飛行隊は、わずか二十六機の零戦からなり、四隊に分けられた。三隊はマバラカットを基地とした。残りの一隊は南方のセブ島に置かれた。飛行機の半分は護衛機兼観測機に指定され、残りが敵に体当たりする。したがって、この最初の神風部隊は、実際に体当たりして自爆する予定の飛行機がわずか十三機ということになる。司令部の参謀（訳註：第一航空艦隊首席参謀の猪口力平中佐）はこの隊を「神風（しんぷう）」と命名した。「神（ゴッド）」と「風（ウインド）」を表わす漢字の音読みである。同じ言葉を訓読みすると「カミカゼ」だが、この言葉が一般的に使われるようになるのはのちのことである。自爆部隊のもともとの名称は、〈神風（しんぷう）〉特攻隊だった*。

この十三機の自爆機に、日本の最高司令部は大きな期待をかけていた。全機が戦果を上げ、もしかすると十三隻もの空母を撃沈するかもしれないとさえ考えられていた。来たるべきフィリピン侵攻を撃退するほど壊滅的な打撃である。このように、この新しい神風部隊は、小さいながらも、迫り来る対決に大きく貢献することを願っていた。

しかし、この組織化された自爆機戦法の初採用には、しかるべき注目をかならずしも浴びていない、もうひとつの側面があった。特攻構想は、日本の戦闘部隊と同時に日本の国民を狙った、広報およびプロパガンダ・キャンペーンの核心だった。十月二十一日と、それにつづく日々にふたたび、大西提督は沈痛な見送り式を主催した。出撃する自爆パイロットたちが気をつけをするなか、彼は別れを告げ、それから日本酒の杯を上げ、最後の乾杯をした。パイロットたちは〈海行かば〉を歌い、提督に敬礼をすると、操縦席に乗りこんだ。式には従軍記者やカメラマン、記録映画班の一団も出席し、新しい特攻戦術が祖国でも広く周知されることになるのは疑いの余地がなかった。この広報攻勢の目的は、前週の台湾沖のいつわりの大勝利とほとんど同じだった。航空隊自体の自信を強化することを狙ったプロパガンダである。彼らはなんとしてでもアメリカの航空優勢と戦おうとするのを、あきらめはじめていた――猪口が述べたように、「敵の優勢を知ることほど士気を損なうものはない」からである[61]。

これはまた銃後を狙ったプロパガンダでもあった。日本国民の戦争疲れという亡霊に取り憑かれた東京の政権は、全体的なムードにカンフル剤をあたえたかった。戦いで身を投げだす若き戦士たちの光景は、国民を駆り立て、いっそう勤勉に働かせ、より多くの犠牲をはらわせ、国家が生き残るための戦いのクライマックス場面にそなえて結束させるかもしれない。こうしたテーマはすでに日本のニュースメディアに取り入れられていた。有馬提督は、最近のアメリカ艦隊にたいする自爆攻撃のあと、

＊〈カミカゼ〉という言葉は、連合軍の翻訳ミスに由来していたのかもしれない。いずれにせよ、〈カミカゼ〉は戦争の最終年、連合軍のあいだで広まり、以来、日本でも広く認められている言葉となっている。Sheftall, *Blossoms in the Wind*, pp. 59-60, footnote 参照。

〝軍神〟に祭り上げられ、日本の市民は彼の例に触発され、戦争遂行により貢献するよう提唱された。記事論評のほとんどでは、民間人は戦闘部隊の犠牲に恥じ入って、みずからを奮い立たせ、より勤勉に働き、より少なく食べ、戦争遂行により身を捧げるべきだという暗黙の示唆さえあった。有馬の同僚の野村吉三郎提督は、ラジオに出て、日本の労働者に、「〝体当たり〟精神をもって生産分野で奮戦する」よう呼びかけた[62]。

最後に、そしてたぶんもっとも重要なことに、特攻隊は、敵を狙ったプロパガンダ兵器だった。それは太平洋戦争にかんする日本の〝論理〟と呼べるかもしれないものの頂点だった——アメリカを攻撃するという一九四一年十二月の無謀にも思える決定の裏にあった一連の論法である。この決定は、アメリカの産業規模が日本の約十倍だということに完全に気づきながら下されていた。日本人が共有する独特の〝敢闘精神〟——しばしば〝大和魂〟と呼ばれた——は、日本人が一度も征服されず、一度も戦争に負けたことがない理由を説明している。戦後、河辺虎四郎将軍は、アメリカの質問者にこう語った。「あなた方には理解しがたいことですが、ちょっとつけ加えたいのです。日本人は最後の最後まで、あなた方と精神的手段によって、対等に戦えると信じていました。われわれはその精神的信念は、勝利という点で科学的利点と差し引きできるものと考え、戦闘を中止する意志は全くありませんでした[63]」

これは宗教的ドグマであり、天皇と（彼を通じた）日本民族の神性に根ざしていた。もしアメリカ軍が一九四四年にもまだ戦っていて、まだ無条件降伏を要求していたら、それは敵がこの精神の秘められた力をまだ完全に理解していないからだった。そして、どうして敵にそんなことができるだろう？　敵は雑種国民で、救いようのないほど退廃し利己的で、真の精神あるいは決意の団結もまったく持たない。日本の考えでは、敵の物質的な豊かさや産業基盤、技術的能力は、彼らが最後まで戦い抜く意志を奮い起こすことができなければ、なんの役にも立たない。FDRとデューイ知事がおたがいの喉笛を狙い合い、アメリカの政治的不調和が全世界の注目にさらされているアメリカ大統領選の最終週に、特攻隊が世界に披露されたのは偶然ではなかった。宇垣提督は典型的な見解を表明して、日記の十月二十一日の記載に、新しい神風隊についてこう述べている。

　嗚呼尊き哉此の精神！　百萬の敵、千隻の空母尚恐るゝに足らず、全軍齊（ひと）しく其心一なればなり。……眞に一億此の犠牲的精神を堅持して増産に防衛に當らば誰か帝國の前途を憂ふるものあらん。米國は目下大統領選擧に夢中にしてデューウイ稍々（やや）優勢と云ふ。戰爭目的も作戰指導も私慾に源する彼等物の數かは。[64]

　これからおとずれる戦争の残りの九カ月間、これが日本をみちびく戦略構想になる。アメリカ軍に大和魂の完全な力と猛威を見せつけることが。自国の若者を進んで誘導ミサイルに変える国家は、男も女も子供も最後のひとりまで戦うつもりの国家だった――そんな条件で進んで戦う国家を征服することはできなかった。もし日本人が賭け金を吊り上げたら、アメリカ人はひるむだろう。彼らの指導者は、アメリカの有権者の恩義を受けているので、文明が滅びるまで戦う度胸はない。

　たぶん太平洋戦争はすでに負けていた。軍事政権の指導者たちは、自分たちのあいだの私的な協議で、しだいにそれを認める覚悟ができつつあった。しかし、敗北と降伏のあいだにはちがいがあった。海外の帝国を失うことと、祖国が野蛮な軍隊に蹂躙されるのを見ることのあいだには。有人誘導ミサイルはけっして現実的な勝利への努力ではなく、むしろ完全な敗北の恐怖を払いのけるお守りだった。公式のプロパガンダがまだ認めようとしなくても、日本の神聖な島々をめぐる戦いはすでにはじまっていて、特攻隊はその最初の防衛線だった。

第五章 レイテの戦いの幕開け

レイテ湾で上陸・侵攻する米軍を叩くべく、三方向から迫る日本海軍。栗田艦隊は武蔵を失いながらレイテ湾を目指すが、ハルゼーはなぜかそこから離れ北方の囮に食いつく。

レイテ島のタクロバンに近い海岸で車輌や装備を荷揚げする二隻の戦車揚陸艦。National Archives

史上最大の水陸両用軍事作戦

レイテ島侵攻は、四カ月前のノルマンディー侵攻ほど大規模ではなかったが、艦隊はずっと広い大洋を横断することを余儀なくされた。ニューギニア北部にあるマッカーサーの主要な船積み港であるホーランディアと、レイテ湾の上陸海岸のあいだには、千三百海里が横たわっていた。しかし、攻略艦隊は七百隻以上に達し、ホーランディアに押しこむには多すぎた――したがって、部隊の主要部分は、さらに五百海里東に横たわる、アドミラルティ諸島のマヌスから出港した。大無敵艦隊のさまざまな構成部隊が途中、海上で合流することになっていた。いまではこれはありふれた話だった。何百隻という上陸用舟艇が太平洋艦隊から借り受けられたが、これもまたありふれた話だった――ふたつの戦域は一九四三年以来、こうした専門艦艇とその乗組員を分け合ってきた。

水陸両用上陸作戦を二年以上やってきた結果、アメリカ軍はこの仕事を自分のものにしていた。彼らは赤道の南と北で約三十回の上陸を行ない、苦労してその技術に磨きをかけてきた。典型的な土壇場のあわただしい部隊の準備や、分厚い計画書の配布、土壇場のいそがしい燃料と物資の補給、艦艇を時間どおりに出航させるのに必要な全員総出の突発的な努力があった――そしてそのすべてもまた、いまや、この史上最大の水陸両用軍事作戦の何千というベテランたちにとっては、おなじみのありふれた話だった。

上空を哨戒飛行する空母ガンビア・ベイのパイロットはこれを、「わたしがかつて集合しているのを見たなかで最大の部隊だった。艦艇は水平線までずっとつづいていた」といった。[1] 半分自立した各種の機動部隊は、円形の巡航隊形で航行し、いちばんのろい船艇でも位置を保てるように、九ノットか十ノットしか出さなかった――攻撃輸送艦や通常の輸送艦、上陸用艦艇、哨戒艇、掃海艦、給弾艦、油槽艦、そのほかの各種支援艦艇が、にぎやかに隊列を組んでいた。輸送艦は十七万四千名の将兵を乗せていた。各種の上陸用艦艇は〝上陸(ランディング)〟を意味する「L」の文字ではじまる略号で命名されていた――LST、LSD、LCI、LCT、さらにもう五、六種。駆逐艦が、グレイハウンドのように優雅に、牧羊犬のように警戒して、隊列のあいだを高速で走り抜けていく。この部隊の十隻中九隻は、日本が一九四二年にフィリピンを占領したとき、存在すらしていなかった。実際、多くが最近、太平洋に到着したばかりで、訓練を終えたばかりで実戦経験のない乗組員が配置されていた。

戦後、あるインタビュアーが第七艦隊司令長官のトーマス・キンケイド中将に、この何百隻という艦艇の動きをどう調整していたのかとたずねた。「わたしが自分の小指でやったわけじゃない」と彼は答えた。「組織の問題だ、それが重要だった」[2] 複雑な時間割が、各艦艇がレイテ湾で必要とされる時間から逆算して立案された。いちばん遅い艦艇がいちばん先で、一部はまだ作戦計画書が書かれている最中の十月四日に早くも出発した。その後、各艦艇は時間をずらして出発し、何百海里、ときには何千海里も離れたさまざまな船積み港から海に出た。艦隊はその長い航行距離を考えれば、航行中に燃料を補給しなければならず、艦隊給油艦が所定の時刻、所定の座標で待っていた。

マッカーサーは冗談めかして〝わたしの三人のK〟に言及した——彼の陸海空上級指揮官の三羽烏(トロイカ)である。その全員が、たまたまその文字ではじまる名字を持っていた。キンケイドは、俗に〝マッカーサーの海軍〟と呼ばれた第七艦隊をひきいた。アメリカ陸軍航空軍のジョージ・C・ケニー中将は一九四二年七月以来、南西太平洋航空部隊指揮官をつとめていた。レイテ作戦の主力地上部隊である第六軍は、ウォルター・クルーガー中将にひきいられていた。侵攻の第一段階を掩護する航空支援には第三艦隊があたることになっていた。ハルゼーは、彼が（スプルーアンスとともに）以前の合同作戦でやったように、ニミッツの指揮系統に留まる。統合参謀本部はどう指揮がかみ合うのか決めようとせず、ニミッツとマッカーサーに「相互支援の調整を手配する」よう指示しただけだった。[3]

　第三艦隊とその第三十八機動部隊の搭乗員たちは、西太平洋全域で前例のない空母航空攻撃作戦を展開したあと、港での長期休養がのびのびになっていた。パイロットの疲労はどの空母航空群でも顕著で、その代償はより頻繁な作戦中の事故という形で計上されはじめていた。航空医官たちは心神を衰弱させるこの恐ろしい症候群の影響を指摘している——パイロットのやつれた表情、神経過敏、急激な体重の減少。ハルゼーは八月に艦隊の指揮を引きついだばかりだったが、部下の将兵の多くは十カ月間、海上にあり、辺鄙な太平洋の環礁で短い上陸休暇を取っただけだった。ミック・カーニーが気づいていたように、ハルゼーでさえ疲れていた。艦隊には、ウルシー礁湖でのんびり停泊しながらの、長期の休養と補給が必要だった。

　悲しいかな、フィリピン侵攻ははじまったばかりで、第三艦隊の高速空母はその主役の座をあたえられていた。マッカーサーの地上部隊は、はじめてアメリカ陸軍航空軍の戦闘機の掩護半径外で長期戦を行なうことになる。レイテでは、アメリカ軍はタクロバン飛行場を占領してすばやく改修し、できるだけ早くケニーの迎撃機を受け入れられるようにすることが期待されていた。しかしそれが実現するまでは、ハルゼーの搭乗員たちは日本軍の航空反撃を撃退する仕事の大半をやらねばならないだろう。ハルゼーが十月二十一日に問い合わせ、第三十八機動部隊がウルシーに引き揚げられる見通しをたずねたとき、マッカーサー南西太平洋戦域司令官はきっぱりと答えた。「小官がはじめて陸上を基地とする自分の航空掩護の外に出るこの作戦の基本計画は、第三艦隊の完全なる支援にもとづいている。……この作戦を掩護する貴官の任務は必要不可欠で、もっとも重要だと小官は考えている」[4]

懸案の作戦の差し迫った〝既知の未知数〟のひとつは、日本軍航空部隊の抵抗の規模と深さだった。もうひとつは、日本艦隊が上陸に対抗するかという問題だった。ハルゼーの最近の大暴れが、日本の航空戦力のもろさを暴露したのは事実だった――しかし、フィリピンには敵の飛行場や補助滑走路が何百とあり、その地理的位置関係のおかげで、中国大陸や台湾、日本本土からすばやい増援を受けることができる。

レイテ作戦は、敵が航空増援の深さと分散をあてにできるという点で、これまでの太平洋におけるあらゆる水陸両用上陸作戦とことなっていた。悲観的なシナリオでは、アメリカ軍は、西南北から来襲する敵機の波状攻撃を撃退する、長期の過酷な航空戦に巻きこまれるかもしれない。これは、すでに航空機搭乗員の疲労が重大な問題になっている空母部隊にとって、ぞっとするような見通しだった。ハルゼーはレイテ侵攻が自分の大胆な提案で二カ月くりあげられたことを思い起こして、後悔したかもしれない。彼は自分がやったことに、いまや自分で責任を取らざるを得なくなっていた。

敵艦隊にかんしては、暗号解読情報と視認報告によって、栗田の水上艦隊の位置がシンガポール近くのリンガ水道で、小沢の空母部隊の位置は瀬戸内海と、正確にわかっていた。マッカーサーの司令部と、第三艦隊および真珠湾でも、優勢な意見は日本艦隊が戦いに出てくることはないというものだった。しかし、この見解に反対する者もいて、大規模な艦隊戦闘がすくなくとも起こりうることには全員、賛成できた。栗田の水上艦艇がアメリカ軍に向かってくるとしたら、フィリピン中央部の島の障壁をつらぬく航行可能な海峡のひとつ――レイテ島南部のスリガオ海峡か、サマール島北部のサン・ベルナルディノ海峡――を通り抜けるか、あるいはミンダナオ島の南を通過するか、あるいはルソン島の北岸を遠回りする必要があるだろう。そのすべてが検討されたが、十月二十日の期日に間に合わせようと急ぐあまりに、第三艦隊と第七艦隊の指揮官と計画立案者たちは、各シナリオの詳細な不測事態対応計画についてまったく合意していなかった。

キンケイドの第七艦隊は無防備とはほど遠く、敵のいかなる襲撃にたいしても身を守る仕事の大半をこなすことができた。艦砲射撃および火力支援群には、旧式で速力の遅い戦艦六隻――そのなかには真珠湾攻撃で損傷した巨艦数隻もふくまれていた――と、多数の巡洋艦、駆逐艦がふくまれていた。この部隊は第七十七・二機動群と命名され、過去にいくつかの水陸両用上陸作戦を経験したジェシー・オルデンドーフ少将が指揮官だった。キンケイドの艦隊には小型の護衛空母十六隻もふくまれていた。その艦載機は主として、上陸海岸の地上目標を銃爆撃し、水陸両用艦隊の上空直衛にあたる任務にもちいられることになる。これが第七十七・四機動群で、指揮官はトーマス・スプレイグ少将だった。彼の小さくて遅い空母とその護衛駆逐艦の小艦隊は、三つの分隊に分けられ、その無線呼び出し符号〈タフィー1〉、〈タフィー2〉、〈タフィー3〉で歴史に記憶された。

第三艦隊の参謀長ミック・カーニーは、ハルゼーが以下の見解を彼の指揮系統の全員に叩きこんでいたと回想している――「もし大規模な戦闘が生起しうるのなら、その決戦をもたらすこと、それはつねに全員の第一の目的だった。……そして、彼の意思は、われわれが突撃して、殴り合う相手がいれば、どんな手を使っても、相手と殴り合うことだった。このことはわれわれ全員の頭にしっかりと植えつけられた。彼みずからの指示と、われわれが作戦にいたるまで行なったあらゆる議論の結論にもとづいて」[5]。

たやすい上陸とマッカーサーの演説

十月十七日、艦隊の先遣隊が、湾口を守る小さな三つの島にアメリカ陸軍レインジャー部隊の奇襲隊を上陸させた。レインジャー隊員は日本軍守備隊を迅速に制圧し、それから水陸両用上陸船団の目印となる航海灯を設置した。掃海艦が約二百個の浮遊機雷と係維機雷を見つけ、掃海して、上陸海岸への広い水路を啓開する、骨の折れる作業に取りかかった。〝水中処分隊〟――こんにちの海軍特殊部隊ＳＥＡＬｓの先祖である――の精鋭水中工作員が水中の障害物を探したが、なにも見つからなかった。十月十九日の夜明け前、オルデンドーフ提督の火力支援艦が湾にぞくぞくと入って、海岸に向かって火蓋を切り、三十六時間の艦砲射撃を開始した。日本軍の海岸砲台が応射して、米艦に数発命中させた。しかし、射撃することで、彼らは自分の位置をさらけだし、そのすべてが艦隊の優勢な火力ですぐさま沈黙させられた。

十月二十日、暗く月のない夜に、輸送船団と水陸両用艦隊が、幽霊船のように、気づかれずに湾に列をなして入り、所定の位置に移動した。オルデンドーフ提督の艦砲射撃群はひきつづき海岸に破壊の雨を降らせた。午前六時、東の水平線に新しい陽が昇ると、砲撃は量も激しさも増して、雷鳴のように響いた。

巡洋艦ナッシュヴィルの艦橋からこの光景を見ていたマッカーサーは、自分が畏怖の念に打たれていることを隠そうともしなかった。弾幕は海岸線の地形をミンチのように切り刻み、レイテの海岸地形図を文字どおり作りなおした。大口径弾は貨物列車のような音を立て、空に長く赤い弧を描きながら、すさまじい速さで海岸に飛んでいった。ロケット弾はまばゆい白の水蒸気雲を引き、それは空に格子模様を描いていつまでもくっきりと残った。煙の渦が砂浜と、砂浜の上の高地から立ち上った。沖合の輸送艦上のある目撃者は、双眼鏡ごしに、駆逐艦が高い岬の日本軍トーチカに五インチ砲の斉射を向けるのを見守った。「トーチカは胡桃(くるみ)の実のように割れた。数名が這いでようとするのが見えたとき、第二の斉射が命中した。それでおしまいだった。かつては頑丈だった陣地構築物だったものは、いまや山腹の白い傷跡にすぎなかった(6)」

午前中ずっと、艦砲はくりかえしちょっと沈黙しては、そのあとで艦載機が海岸線上空を掃飛して、爆弾とロケット弾と五〇口径曳光弾を浴びせた。砂浜自体はたえまない攻撃に隠れてまったく見えなかった。黄色と茶色の煙の層が、湿った空気に重苦しくただよっていた。その朝は、それを運んでいく風もほとんど皆無だった。オルデンドーフの艦艇のはるか後方にいる輸送艦の甲板でも、将兵は叫ばなければおたがいの言葉が聞き取れなかった。彼らのカーキ色の制服シャツが胸元ではためき、すさまじい衝撃を腸(はらわた)の底で感じ取ることができた。遠く離れた高地の爆発は、耳をつんざいて響き渡る音を立てた。ドーン、ドーン、ドーン。南と西の水平線全体は、ストロボのような閃光の輪だった。

午前十時ちょうどに、上陸艇の第一波が砂浜に向かって発進した。弾幕が新たなレベルに達した。空も、地上も、艦艇の甲板も、ハープの弦のように振動している感じがした。沖合で見ていたひとりは、日誌にこう記している。「ひとつひとつの爆発は区別できない。ただのうなりだ(7)」LCVPとLCTは、たえまなく撃ちまくるロケット弾搭載艇——ロケット弾はシュッ、シュッという音を上げて打ち上げられた——の前衛にひきいられていて、その恐ろしい小さな飛翔体は砂浜と、木立の前端周辺に降りそそいだ。タイミングと調整は、戦争のこの段階では高度に磨きをかけられていたので、艇の舷縁ごしにのぞきこんだ強襲部隊員たちは、誰ひとり忘れようのない光景を目撃した。最初の艇が砂浜をこすって上陸する数秒前、破壊のカーテンが突然、大平原を吹き抜ける雷雨のように、八百メートルほど内陸側に移動し、上陸海岸の上の安全な位置におちついたのである。

強襲部隊員は艇を飛び降り、砂浜を駆け上がって、砂に身を投げだし、あるいは大爆発でできた砲弾穴に飛びこんだ。孤立した数名の日本軍狙撃手が、椰子の木の燃えて吹き飛ばされた残骸のあいだに残っていて、あちこちでまだ残っているトーチカから機関銃射撃の銃声が響いたが、それ以外には抵抗は取るに足らなかった。島の敵将兵の大半は西の山地に後退したようだった。第一波はすばやく内陸に進撃して、土地を占領し、後続の舟艇のために海岸を片づけた。一時間もたたないうちに、攻撃側はその正面のほとんどで、約三百メートルの深さまで上陸拠点を確保した。そもそも彼らが足止めを食らう度合としては、敵の抵抗によるものより、ぬかるんだ地形によるものが多かった。

多数の将兵が――全体で四個師団が――そのあとすぐに上陸して、じきに海岸線は急激に拡大する補給処に変わって、車輌が泥道を走りまわり、木箱が列をなして積み上げられ、兵士たちは背筋を伸ばして立ったり歩きまわったりした。さらに内陸側では、歩兵が個人壕や塹壕を掘っていた。地域に兵力があまりにも集中していたので、壕はおたがいじかに隣接していた。多くの者は枕にするため艇から救命胴衣を持ってきていて、椰子の葉を個人壕に広げて雨をふせいでいた。第三水陸両用部隊の戦時日誌はこう記している。「部隊はおおむね九百メートルから千三百メートル内陸に進出。抵抗はかなり軽微。部隊は敵が壕にこもって、迫撃砲を使っている場所をのぞけば依然として前進中。上陸海岸の損害は軽微。敵の動きの証拠はほとんどない」(8) 敵の示し合わせた抵抗がまったくないので、北部地区の部隊は北に旋回して、島で最重要の戦略資産をすばやく手に入れた。島の北東岸に面した同名の町にほど近いタクロバン飛行場である。

ナッシュヴィルの艦橋で、マッカーサーは双眼鏡を、長い弧の南端に位置するドゥラグ近くのホワイト海岸から、北端のタクロバンに近いレッド海岸にぐるりと向けた。ナッシュヴィルと侵攻海岸のあいだにはあまりにも多くの艦艇がひしめいていたため、海岸をひと目でも見るのは実際、困難だった。彼はしばしば立ち止まってコーンパイプに火をつけなおし、艦に配属された従軍記者たちと愛想よくおしゃべりをした。ウェストポイントを出たばかりの新米将校時代、はじめてタクロバンに配属されたときの思い出話で記者たちを楽しませた。

午後一時を少しすぎたとき、マッカーサーはラッタルを降りて、上陸作戦用特殊平底船に乗りこんだ。そのあとには彼の幕僚、航空指揮官のケニー将軍、そしてお気に入りのひと握りの従軍記者がつづいた。特殊平底船はべつの輸送艦に立ち寄って、故マヌエル・ケソンの後任のフィリピン大統領セルヒオ・オスメニャと、米下院議員カルロス・P・ロムロ准将を乗せた。船がレッド海岸に向かって走っていくあいだ、マッカーサーは船尾近くの座席に背筋を伸ばして座っていた。彼はディック・サザーランドの膝をぴしゃりと叩くと、「信じられるかい、ディック、わたしたちは戻ってきたんだ!」[9]といった。二年半のあと、この場面は夢のように思えた。彼はロムロの両手を握り、このフィリピンの友人にもいった。「さあ、ついたぞ!」彼らは全員、そういっていた、とロムロはふりかえっている。「全員がちがった抑揚で、何度もくりかえしいっていた。まるでそれがもっとも新しく、もっとも深遠な表現であるかのように。われわれにはそれがありふれた言い回しには聞こえなかった。ジョージ・ワシントンの〝辞任あいさつ〟あるいは、ゲティスバーグのリンカーン演説のように聞こえた。いくら聞いても聞きたりなかった」[10]

短艇長はどすんという衝撃とともに特殊平底船を静かに砂浜に乗り上げ、船首扉を下ろした。岸辺からは約五十メートルだった。通信隊所属の写真員二名が船首扉から足を踏みだして、水を漕いで上陸し、この場面をフィルムに収められるようにした。サザーランドはマッカーサーのかたわらで「ついたぞ!」とくりかえし、そしてマッカーサーは同意した。「そう、信じようが信じまいが、ついたんだ[11]」一行は写真員がカメラの準備を終えるまで辛抱強く待った。それからマッカーサーは、金モール付きの制帽の下に飛行士のサングラスをかけて、膝までの深さの水に足を踏み入れ、岸辺まで水を漕いで歩きだした。そのうしろを少し離れてオスメニャが、それから一行のほかの者たちがつづいた。この場面を撮影した写真は世界中の新聞に掲載された。

　波打ち際を漕ぎ進んで、物資が山積した砂浜に上がると、マッカーサーはコルダイト火薬と燃える椰子の木の臭いが鼻をつくなか、せかせかと内陸へ歩いていった。彼の警護をまかされた一個中隊の兵士たちは、突然、不安に駆られて、あわてて前進した。一瞬、南西太平洋戦域司令官が、日本軍の狙撃手がまだひそんでいるかもしれない木立の端にまっすぐ向かって歩いていくつもりであるように思えたからだ。それから彼はまわれ右をして戻ってくると、またオスメニャと握手した。「大統領閣下、わが家に戻った気分はいかがですかな？」オスメニャは目に涙がこみ上げてきて、声にならなかった[12]。空母艦載機が頭上を低空で飛んでいた。それほど遠くない火砲と小銃の射撃の轟きが彼らの耳のなかで鳴っていた。痩せ衰えたフィリピンの民間人たちがこの光景を遠巻きにしていた。多くは日本の占領時代には隠しておいたアメリカ国旗を振っていた。彼らは満面の笑みを浮かべてアメリカ兵を歓迎し、「すばらしいアメリカ兵たち！」といった。

　べつの通信隊の班が、ラジオ放送設備を準備し、送信機の用意をしていた。マッカーサーとオスメニャは倒れた椰子の丸太にいっしょに腰を下ろした。近くの木では、アメリカと自治領フィリピンの旗がならんではためいていた。ラジオ班は放送チームの準備ができたことを知らせた。

　マッカーサーは、少し遅れて、手持ちマイクを取った。彼が口を開くと、小雨が降り出した。放送はアメリカで生中継された。当時としては驚くべき芸当である。移動式送信機でフィリピン全土にも放送されたが、その最初の放送を聞いたフィリピン人はごく少数だったようだ。

マッカーサーはいつものやりかたで、一人称単数代名詞を使って、自分の指揮下の部隊に言及した。「フィリピンのみなさん」と彼は宣言した。「わたしは帰ってきました！　全能の神の御恵みで、われわれの部隊はふたたびフィリピンの地に立っているのです」彼はフィリピンの人々に決起して敵を叩くよう命じた。そして「わたしのもとに集まるのです！」[13]。

彼の指揮下の部隊では、多くの将兵がこの演説を聞いて、あきれ顔になった。これもまたマッカーサー的なスタンドプレーの一例だと思ったのである。彼ら全員が帰ってきたのではないのか？　しかし、フィリピンの人々におよぼした電撃的な効果に反論の余地はなかった。ラジオで演説を聞いていなかったとしても、ほとんどの者がじきにビラや口コミでそのことを知った。翌日、タクロバンの州議会議事堂の階段で、マッカーサーはオスメニャ大統領とともに、もっと公式の式典を主催した——象徴的なフィリピンへの主権の委譲である。彼は、アメリカ国務省にも、フィリピンに自治領としての権限を有する内務省にも、この宣言の承認を得ていなかった。マッカーサーはアジアで彼独自のアメリカ外交政策を築きつつあった——それははじめてのことではなく、そしてまちがいなくこれが最後でもなかった。

レイテ湾海戦の火蓋

十月二十日遅く、栗田提督の強力な戦艦、巡洋艦、駆逐艦の縦隊が北ボルネオのブルネイ湾に入った。二隻の油槽船が待ちかまえていて、全艦が燃料を満タンにすることになっていた。翌日の午後、艦隊中から来た内火艇が、栗田の旗艦である重巡洋艦愛宕(あたご)に艦長と上級将校たちを運んできた。そこで彼らは日吉の連合艦隊司令部からとどいたばかりの〈捷一号〉作戦命令について説明を受けた。彼らの表情は説明を要しなかった。将校たちは計画に動揺し、あえて単刀直入な質問をする者もいた。

もし戦況が最高司令部の考えているほど切迫しているのなら、司令長官みずからが彼らをひきいて戦いにおもむくべきではないか？　豊田提督はなぜ横浜の安全な地下壕にこもっているのか？　もしこの出撃が海上バンザイ突撃を意味するとしたら、レイテ湾の輸送船団ではなく、アメリカの戦艦と巡洋艦を狙うべきではないのか？　そして、夜戦を徹底的に訓練してきたというのに、なぜ昼間に攻撃することになるのか？

栗田は最後に立ち上がり、こうした異議に短い訓示で答えた。輸送艦隊への奇襲攻撃は、侵攻に深刻な打撃をあたえる最大の希望となると、彼はいった。組織的な艦隊戦闘はこれが最後の機会になるかもしれない。いま戦わなければ、機会はもう二度とおとずれないかもしれない。やるならいまだ。さらに、と彼はいった。命令は命令だ。将校たちは立ち上がり、万歳三唱した。それから冷や酒で祝杯をあげ、それぞれの艦に戻っていった[14]。

軍艦三十一隻からなる栗田艦隊は十月二十二日、〇八〇〇時、ブルネイから出撃し、北寄りの針路を取ってパラワン諸島を目ざした。海図を検討し、あらゆる要素を考慮した栗田は、中間のルートを取って、パラワン水道を抜け、それからシブヤン海とサン・ベルナルディノ海峡を目ざすことにした。栗田艦隊の七時間後、〈第三〉（セクションC）部隊（訳註：第二戦隊主力、いわゆる西村艦隊）の先頭に立つ西村提督がそのあとを追った。西村艦隊は、もっと直接的な南寄りのルートを取って、バラバク海峡、スールー海、スリガオ海峡を経由し、レイテ湾を目ざした。ずっと北方では、志摩提督の〈第二遊撃部隊〉がペスカドレス諸島のマコ港から出撃し、西村艦隊につづいてスリガオ海峡を抜けるという漠然とした命令によって南下をはじめた。小沢のぼろぼろの空母艦隊はすでに瀬戸内海の海底の泥から錨を上げて、豊後水道での会合を目ざして、十月二十日午後に海に出ていた。十月二十二日の夕暮れには、〈捷一号〉作戦の各部隊はすべて動きだしていた*。

海戦前、アメリカ軍は四十四隻の潜水艦を航行させ、その多くがフィリピン東部沖の海域を目ざす日本海軍部隊を捕捉して、監視するために配置されていた。十隻以上がレイテ湾の海上近接路を監視し、守るために展開していた。この地域の複雑な島嶼地形のせいで、喫水の深い船は、フィリピン中央部の島々が作りだす障壁を通り抜けるのに使えるルートを限定される傾向があった。潜水艦はさまざまな航海上の難所に配置された。バラバク海峡、ミンドロ海峡、ベルデ島水路、パラワン水道、そしてルソン島西方の海域。

栗田と彼の幕僚は、海図を検討し、あらゆる要素を考慮した結果、パラワン水道を横断することにした。パラワン島と〈デンジャーズ・グラウンド〉（危険堆——新南群島）のあいだを北西に走る、航行可能な回廊である。後者は、南シナ海の海図が整備されていない海域で、浅瀬や岩礁、暗礁がひしめいており——四百年前から難破船の墓場だった。栗田とその幕僚は、このルートを選べばたぶんアメリカ潜水艦の潜望鏡の十字線に入ることになるだろうとわかっていたが、厳格な命令と、厳しい燃料予算によって課される制限を考えると、ほかに選択肢はなかった[15]。

十月二十二日から二十三日の午前零時、アメリカのガトー級潜水艦二隻がパラワン島の南西端近くで待機していた。ダーター（デイヴィッド・マクリントック艦長）とデイス（ブレイデン・クラゲット艦長）は浮上し、わずか六十メートルほどの間隔でならんで、機関を動かしたまま海上で停止していた。午前一時十六分、ダーターのSJレーダーのスコープに輝点が現われはじめた。南東の方向で、距離は約十七海里だった。最初、操作員は気象前線にちがいないと思ったが、すぐに輝点の数が増え、いっしょにスコープを横切ってきた。これはパラワン水道を目ざして北上する大型軍艦でしかありえなかった。マクリントックは手持ちのメガホンで、海面ごしにデイスの艦橋に呼びかけた。「レーダーに接触あり。行くぞ！」[16] 二隻の潜水艦はエンジン四基の最大速力で水上航走に移り、約十九ノットをしぼり出して、敵部隊に先んじて迎撃地点にたどりつけることを願った。

闇につつまれた二隻の潜水艦は、日本艦隊がパラワン水道を北上中との報告を無線で送ったが、艦隊にはすくなくとも三隻の戦艦がふくまれると正しく推定した[17]。ダーターの最初の速報はオーストラリアのクリスティ提督にとどき、彼はそれを即座にハルゼーとほかの司令部にまわした。ダーターの触接報告の続報が入るたびに、推定される縦隊の艦艇数は増えていった。潜航に移る前の最後の報告で、マクリントックはこうつたえた。「最低十一隻。針路、速力同じ[18]」

敵艦隊が二十二ノットで航走中と推定したダーターの追跡班は、射点につける可能性について悲観的だった。しかし、距離がちぢまると、艦隊は十六ノット程度しか出していないことが判明した。しかも、狭い水路に入りつつあるため、対潜防御のジグザグ運動は制限されるだろう。「ついにやつらをつかまえたぞ！」とダーターの日誌は叫んでいる[19]。ジャングルにおおわれたパラワンの山地に青白い夜明けの光が差すと、二隻のアメリカ潜水艦は潜航に移った。

日本艦隊の大型艦は二列縦陣を組み、数隻の駆逐艦が側面についていた。愛宕が左の縦陣の先頭に立っていた。ダーターはそのグループを攻撃する位置についた。デイスは数海里、北東に進み、右の

＊日本の戦闘序列は、混乱するような各種の名称で識別されている。栗田の以前の第二艦隊はいまや第一遊撃部隊と命名され、第一部隊(セクションA)（栗田）と第三部隊(セクションC)（西村）に分けられた。小沢の空母艦隊は第二機動部隊となり、いまや日本側はこれを本隊と呼んでいた。志摩艦隊は第二遊撃部隊と命名されたが、以前は第五艦隊で、資料によってはこちらの名称を使っているものもある。欧米のほとんどの史書の慣例にしたがい、本書ではそれぞれを南方部隊（西村）、中央部隊（栗田）、北方部隊（小沢）と呼び、場合によっては、指揮官の名前を代わりに使うことにする。志摩の十隻の艦隊は、単純に〈志摩艦隊〉と呼ぶ（訳註：訳書では日本の読者にわかりやすいように名称を適宜おぎなっている）。

レイテ湾海戦（レイテ沖海戦）　1944年10月23～26日

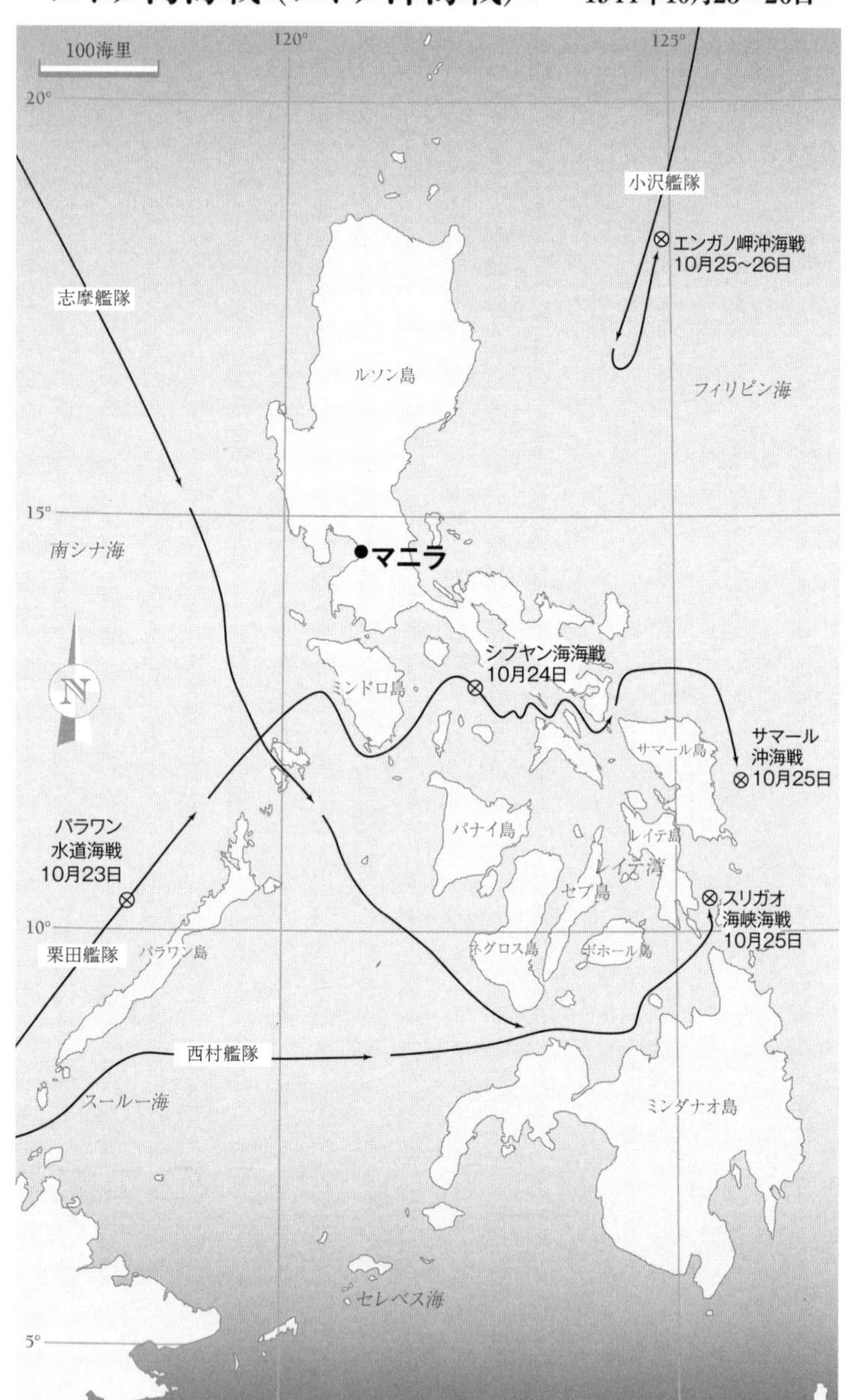

縦陣に待ち伏せ攻撃を仕掛ける態勢を取った。乗組員が戦闘配置についた。

ダーターの司令塔では、マクリントック艦長が潜望鏡をのぞきこみ、鏡筒のふたつの把手をつかんで潜望鏡をまわした。敵艦隊がレンズごしに霧のなかからぬっと姿を現わした。灰色の大聖堂のような姿が等間隔で二列にならんで現われた。ダーターは左の縦隊のほぼ真正面にいた。マクリントックが見守っていると、愛宕は距離を詰め、ついに十字線のなかであまりにも大きくなって、円形の視野では艦の全長が捉えられなくなった。午前六時三十二分、彼は艦首発射管の魚雷六本を九百八十ヤード（約八百九十六メートル）の〝はずしようのない〟射距離で発射し、それから左舷に急回頭して、後続の巡洋艦高雄に艦尾発射管の魚雷四本を発射した。

愛宕の見張り員が近づいてくる雷跡を発見したのは、魚雷が命中する直前だった。いずれにせよ、旗艦に回避の望みはなかった。四本の火柱と水柱が艦の右舷全体で上がった。乗組員数百名が、おそらくなにが起きつつあるのかを知る前に即死した。艦首が下がり、艦は右舷側に大きくかたむいた。ダーターの潜望鏡で、マクリントックはオレンジ色をした灼熱の炎の塊から黒煙が立ち上るのを見た。打ちのめされた巡洋艦の上部構造物は油煙で完全に隠れた。日本軍の水兵が甲板に集まって、艦から退去する準備をしているのが見えた。

愛宕の艦橋では、栗田提督がすぐに自分の旗艦はおしまいだと知った。彼は躊躇しなかった。彼は艦長に、「行くぞ」といった。[20] それから靴を脱ぎ、海に飛びこんで、いちばん近くにいた駆逐艦岸波のほうへ泳ぎだした。自身の話によれば、栗田は艦を離れた最初の人間だった。

高雄はその約一分後、艦尾甲板近くに魚雷を二本食らった。爆発で推進器軸二本が折れ、缶室が浸水して、艦は海上で停止した。乗組員が応急処置に奔走するなか、縦隊の残りの艦は彼女に追いつき、追い越していった。

艦隊全体がいまや右に急回頭して、見えない敵潜水艦から離れた。しかし、パラワン島の海岸は右舷のそう遠くではなく、回避運動の余地はほとんどなかった。愛宕がやられたので、指揮権は一時的に戦艦大和に座乗する宇垣提督にゆだねられた。両縦隊とも速力を上げ、ふたたび四〇度の基準針路におちついたが、そのせいでデイスの照準のどまんなかに入ることになった。クラゲット艦長は右側の縦隊が近づいてくるのを見守った。デイスは魚雷が残り少なく、彼は対象をしぼる必要があった。彼は最初の二隻を見逃して行かせることにして、記憶に残る命令を発した。「やつらを行かせるんだ――あれはただの重巡洋艦だ[21]」彼はあやまって縦隊の三隻目を金剛級戦艦と特定した。実際には彼女はやはり重巡洋艦の摩耶だった。彼女が距離千八百ヤード（約千六百四十六メートル）で横腹を見せたとき、彼は六本の魚雷を一斉に発射した。

その数分後、デイスの乗組員は、四本の魚雷が命中するまちがいようのない音を聞いた。その数秒後、水測員が「海の底が爆発している」のかと思ったほど低く恐ろしい爆発音がつづいた。それから大きな船がリベットからリベットへとばらばらになっていく音が聞こえた。クラゲットはそれを「わたしが聞いたなかでもっとも身の毛のよだつ音」と呼んだ[22]。彼は摩耶の弾薬庫が爆発したと正しく推量した。艦は白く泡立つ水と炎の見上げるような柱を上げて爆発した。残骸が四方八方に降りそそぎ、一分近く降りつづけた。大和の艦橋から失望して見守っていた宇垣提督は、摩耶の最後の位置に黄色い煙の帳（とばり）がただよっているのを目にし、そして「水煙爆煙の消へたる跡にはほとんど影なし[23]」。

ほかの大型艦はあえてペースを乱さず、北へ進みつづけた。しかし、護衛の駆逐艦は海域全体に爆雷をばらまき、二隻の潜水艦が数時間、潜航をつづけざるを得ないようにした。日本の駆逐艦は愛宕と摩耶の何百という生存者も救助した。栗田提督はねっとりとした油膜でおおわれた海水をかき分けてなんとか岸波に泳ぎつき、艦上に引き揚げられて、一杯のウィスキーと、置いてきた靴の代わりに白いズック靴を一足、あたえられた。愛宕の最後の位置を見わたした彼は、彼女がすでに沈んだことに気づいた——愛宕は十九分間で沈んだ。栗田は宇垣に信号を送って、大和に移乗し、これを新しい旗艦とするつもりだとつたえた。しかし、彼とその幕僚たちが戦艦に移乗できたのは九時間後だった。残った各艦はいそいでパラワン水道を通過する必要があったからである。

愛宕と摩耶は沈んだ。高雄は大破したが、まだ速力を落として進むことはできたので、二隻の駆逐艦を護衛につけて、シンガポールに送り返された（高雄はのちに修理不能と判定され、二度と戦うことはなかった）。結果的に、この〈レイテ湾海戦〉の幕開けとなる一撃で、栗田の三十一隻の艦隊から五隻が姿を消した。

ダーターとデイスは避退する高雄をつけまわしたが、ダーターが海図に載っていない浅瀬に激しく座礁したため、狩りをあきらめざるを得なくなった。艦を離礁させるためにあらゆる手がつくされたが、むだだった。デイスはダーターの全乗組員を乗せると、座礁した潜水艦の発令所と司令塔に爆薬を仕掛けて放棄し、フリーマントルに戻った。いまでも難破したダーターの錆びた残骸はパラワン島沖の暗礁に乗っかっていて、航海の目印や観光名所となっている。

マクリントックとクラゲットの無線による触接報告は、栗田艦隊にたいする彼らの攻撃よりさらに貴重だったかもしれない。日本海軍がレイテ侵攻に対抗しようとしていることがはじめて決定的にしめされたからだ。そのいっぽうで、愛宕の沈没により、五十五歳の栗田提督は海に飛びこみ、命がけで泳がねばならなかった。彼の中央部隊の全幕僚も同じ思いをした。彼らは、午後遅くに大和に乗艦するまで、駆逐艦の狭苦しい艦橋で九時間すごすことになる——このあいだ、艦はたえずまぼろしの潜水艦の探知を回避し、乗組員たちはずっと雷撃を受けることを予期していた。『兵法』で、孫子はこう書いている。「敵が休んでいたら、せいいっぱい働かせよ」（訳註：虚実篇一、「故敵佚能労之」

より）戦後、アメリカの質問者に話を聞かれたとき、栗田はプライドがじゃまをして、自分はこの経験で体力を消耗したとか、士気をくじかれたとはいわなかった。しかし、同僚たちには内輪で、肉体的ストレスや睡眠不足、高度の緊張のせいで、その後の戦いで本来の働きができなかったことを認めている。

「攻撃開始、くりかえす、攻撃開始！」

ハルゼー提督は日本艦隊がレイテ侵攻に対抗することはないと思っていたが、十月二十三日の終わりには、自分がまちがっていたと判断せざるを得なくなった。一日のあいだに集まってきた視認報告や、極秘無線傍受（〈ウルトラ〉情報）から得た手がかりは、敵の〝激しい反応〟を指ししめしていた。ダーターとデイスは大規模な水上艦隊がビサヤン海の航路に向かって進みつつあることをあきらかにし、その後の潜水艦ギターロからの速報は、同じ部隊の位置をミンドロ海峡の入り口近くとしていた。誰も日本の空母を視認していなかったが、ニミッツの司令部は、小沢提督の第一機動艦隊が瀬戸内海から出撃していて、北から近づいているのかもしれない兆候があると警告されていた（これらの情報見積もりは、無線交信のパターンや、偶然傍受した、艦隊油槽船を日本とフィリピンのあいだの会合地点に移動させる件を話し合う無電にもとづいていた）。

夜がおとずれると、ハルゼーの三個空母機動群のいちばん北にいる第三十八・三機動群が、おそらくルソン島の飛行場から来た日本の夜間哨戒機に低空であとをつけられた。戦闘機隊は、夜襲を撃退するために暗闇のなかで発艦することを予期して、ほとんど眠れない緊張の一夜をすごした。そうした攻撃はやってこなかったが、しつこい夜間偵察機は翌朝の大規模な航空攻撃の前ぶれのように思え、実際、そのとおりだった。

ハルゼーは短期間の猶予を希望していた。そうすれば空母群を休養と補給のためにウルシーに交代で連れ戻すことができるからだ。彼はすでに第三十八・一機動群（マケイン）を八百海里東にある環礁へ派遣していて、翌日には第三十八・四機動群（デイヴィスン）も送りたいと思っていた。しかし、疲れた者たちに休息はあたえられないことになった。彼はマケインに止まって、燃料を補給し、さらなる命令を待てと命じると、ほかの三個空母群を招集し、ルソン島南部とサン・ベルナルディノ海峡の沖の海域で、海岸のより近くに集結させ、缶をいつでも最大速力を出せるような状態にたもたせた。

二十一日の夜明け、第三十八機動部隊は大規模な空の〝威力偵察〟隊を発進させた。ヘルキャット一機とヘルダイヴァー一機からなる各二機編隊はそれぞれ、三百海里の距離まで中心角一〇度の〝パイの一片〟を索敵する。高高度に上昇すると、彼らは、南西から北西のあいだの、それぞれ異なる方位で、大きな弧を描いて広がり、ビサヤン海やシブヤン海、ミンドロ海峡など、フィリピン群島中部の無数の海や海峡、入り江、湾すべての上空を飛行する。さらに十数機のヘルキャットが〝中継機〟として派遣され、機動部隊の約百海里西方で高度をたもって周回した。その目的は、索敵範囲の西の端かその近辺にきた飛行機との無線リンク役をつとめることだった。いざというときには、西から接近する敵航空攻撃隊から機動部隊を守ることもできた。

朝の空は快晴で、まばらな高空の雲と、高度千五百フィート（約四百六十メートル）に切れ切れの積雲の薄い層がかかっていた。索敵機は地上八千フィート（約二千四百三十八メートル）から、どの方角も百海里近く見とおすことができた。彼らの眼下には、壮大な熱帯のパノラマが広がっていた。青い浅瀬と白い砂州、ジャングルにおおわれた山がちの島々の反復模様だ。白く広い砂浜が青々としたココ椰子の木立に溶けこみ、明るい緑色は内陸部に行くにしたがって濃さを増す。急な斜面が高さ六、七千フィート（約千八百〜二千百メートル）の褐色の山頂、あるいは、ぽっかりと口を開けて噴煙を上げるカルデラをそなえた黒い火山円錐丘へとつづく。海は深さも底も光の角度もさまざまで、ここは明るく、あちらは暗く、海岸ぞいにはもっと明るい空色の帯が走っていた。浅瀬には何マイルもつづく珊瑚の暗礁がちらばり、海は島々のあいだの海峡で深さを増すと暗くなり、その海面は朝日に輝いていた。空母の搭乗員たちは地上の目標物や海峡を操縦席に持ちこんだ航空図と照らし合わせるのに苦労しなかった。過去六週間、フィリピン上空の任務で何度も飛んできたので、この地域はよく知っていた――そして、彼らは、複雑な群島を抜ける比較的数少ない航行可能な水路のどこで日本の軍艦を探せばいいか、正確に心得ていた。

午前七時四十六分、ミンドロ島に接近した空母イントレピッド所属のSB2Cのパイロットが、機上レーダーの輝点の塊に気づいた。それは島の約十海里西方にいた。彼は探知のほうへ旋回し、じきに平行する白い航跡を発見した。行動する大艦隊の最初の兆候である。つぎの一分で、彼は艦隊の構成を推定できた。駆逐艦十三隻、巡洋艦八隻、戦艦四隻だ。触接報告は午前八時十分、戦艦ニュージャージーで受信された。司令部作戦室でVHF通信系を傍聴していたハルゼーとそのチームは確認を待ち、すぐにそれを得た。空母カボット所属のパイロットが報告した。「見えます。大きな船です」その二分後、イントレピッドの第十八爆撃飛行隊の飛行隊長がはっきりとした声で通信系に入ってきた。「戦艦四隻、重巡八隻、駆逐艦十三隻、針路東、ミンドロ島南端沖(24)」

これで疑いの余地はなくなった。これはミンドロ島の南の岬をまわってタブラス海峡に入ろうとする栗田提督の中央部隊でしかあり得ない。栗田の大艦隊はダーターとデイスのせいで、水路を横断する前より少し小さくなっていたが、依然としてどう見ても手強かった。その位置と針路から判断して、栗田がサン・ベルナルディノ海峡を強行突破して、北からレイテ湾を急襲するつもりであることは、ほぼまちがいなかった。ハルゼーが栗田艦隊への航空攻撃を命じる準備をしているとき、べつの触接報告が入ってきた。今度は、約二百海里南方の空母エンタープライズ索敵群からだった。ネグロス島南西のスールー海に、戦艦二隻をふくむ水上艦七隻の縦隊あり。これは西村提督の南方部隊だった。その位置と北東よりのコースからみて、スリガオ海峡を目ざしていることは容易に推定できた。

　触接報告から解放され、隣接する索敵区から増援機を呼び寄せたエンタープライズの飛行機隊は、西村の南方部隊を攻撃する準備に入った。彼らはＳＢ２Ｃヘルダイヴァーの理想的な急降下開始高度である一万二千フィート（約三千六百五十八メートル）まで上昇した。二隻の日本戦艦の三十六センチ砲が最大仰角をかけて、対空砲弾を打ち上げ、砲弾は壮大に炸裂した。これにはアメリカ軍飛行士たちも関心を向けざるを得なかったが、彼らをわずらわすほど近いものは一発もなかった。

　まずヘルキャットが急降下して、高度二千フィート（約六百十メートル）で五インチ・ロケット弾を発射すると、急降下から引き起こして、敵艦に機銃掃射を浴びせた。そのあとがヘルダイヴァーの出番で、七〇度の降下角度でつっこみ、五百ポンド爆弾を投下した。数発が戦艦山城をわずかにはずれて、至近距離で爆発した。至近弾の一発は船体右舷をかすかに歪ませ、亀裂から何トンもの海水が艦内に押し寄せて、艦を右舷側にかたむかせた。旗艦の前檣楼構造物はＦ６Ｆのロケット弾と機銃掃射で蜂の巣にされ、約二十名の乗組員が戦死した。戦艦扶桑は爆弾二発を食らった。一発目は二番砲塔近くに命中し、二層下の甲板で爆発した。もう一発は艦尾近くに命中し、装甲甲板を貫通して、士官室で爆発した。航空燃料タンクが発火して、猛烈な火の手が上がり、カタパルト上の水上機を呑みこんだ。一時は、扶桑が生きのびるのは不可能かと思われたが、乗組員は損害を食い止め、彼女は隊形中の所定の位置に復帰した。駆逐艦時雨も五百ポンド爆弾を食らったが、爆弾は前部砲塔をかすって、艦側面の海で爆発した。

　この短いが残忍な攻撃のあいだ、西村提督は山城の艦橋から平然と見守っていた。乗組員仲間のひとりはのちにこう回想している。「彼はおちつきはらって見え、まったくうろたえていなかった。恐れをまったく知らず、ずぶとい神経の持ち主だった。こうした指揮官は部下におちつきと勇気を植えつけた」[25] 彼の部隊は先制を許したが、引き返さざるを得なくなった艦は一隻もなく、全艦が速力を落とすことなく縦隊に留まっていた。

ハルゼーは、西村の南方部隊の規模が小さく、キンケイドにまかせられると判断して、栗田の中央部隊に集中することに決めた。彼は第三十八機動部隊の指揮官ミッチャーを飛び越えて、低出力のTBS（艦艇間通話（トーク・ビトウィーン・シップス））通信系を使って、自分の声で命令をあたえた。「攻撃（ストライク）開始、くりかえす、攻撃開始！　幸運を祈る！」[26] これこそまさに、戦いに自分の個人的なスタンプを押して、注目を集めたがる役者としてのハルゼーだった。彼は、控えめな前任者が築いた指揮系統を迂回して、艦隊の全員が二年前のサンタ・クルーズ諸島海戦における自分の感動的な命令「攻撃（アタック）せよ、くりかえす、攻撃せよ！」の再来だと気がつく言い回しを選んだ。

ちょうどそのとき――午前八時二十七分、来襲する飛行機の一群が第三十八機動部隊のレーダー・スコープに現われ、ルソン島の飛行場の方向から近づいてきた。予想どおり、米空母は午前中ずっと、航空攻撃を撃退しなければならなくなった。その結果、ボーガン提督の第三十八・二機動群だけが、なんとか攻撃隊を発進させることができた。空母イントレピッドとカボット所属の急降下爆撃機と雷撃機と戦闘機、合計四十五機の編隊だ。

攻撃隊指揮官のビル・エリスは、やや遠回りになる北西よりのコースに編隊を誘導し、日本軍の航空基地が増強されていると思われたセブ島を避けて、それから南のタブラス海峡のほうへ旋回した。一時間にも満たない飛行のあと、アメリカ側は晴天のなかで獲物を発見した。空からは全艦隊が見えた――シブヤン海上空の視界はずっと良好だった――が、搭乗員全員の視線は、二隻の超戦艦に引き寄せられた。世界最大の軍艦で、もっと小さな戦艦と巡洋艦、駆逐艦の輪形陣の中心近くを高速で疾走している。

近くに日本軍の飛行機はいなかったので、アメリカ軍の搭乗員たちは上空で旋回して、時間をかけて攻撃を準備した。魚雷を積んだＴＢＭアヴェンジャーは、ＳＢ２Ｃヘルダイヴァーの急降下爆撃とタイミングをぴったり合わせて、目標の艦首両舷に〝鉄床(かなとこ)〟攻撃を仕掛けるつもりだった。戦争初期には、アメリカ軍はこの振り付けをちゃんとやってのけるのに悪戦苦闘していたが、一九四四年には、攻撃をコンマ一秒のタイミングで調整できるようになっていた。

日本の軍艦では、総員配置につけのラッパが鳴り響き、乗組員が持ち場にいそいだ。日本側は自分たちに航空掩護がないことを呪ったが、すくなくとも彼らの艦は何十という新しい対空火器で強化されていた。大和と武蔵はそれぞれ約百五十梃の高射機銃を持ち、それぞれの艦の高角砲、機銃は、一分間に合わせて一万二千発の銃砲弾を打ち上げることができた。より小型の戦艦は高射機銃約百二十梃を、巡洋艦は九十梃を、駆逐艦は三十梃から四十梃を有していた。彼らはリンガ道で照準と発射速度を向上させるために徹底的に訓練していた。新型の三式弾、散弾銃タイプの〝蜂の巣〟対空砲弾が、二隻の超戦艦の四十六センチ主砲用に設計されていた。米軍機が降下して、攻撃態勢に入ると、栗田は全艦に電文を送った。「敵機来襲近シ、天佑ヲ信ジ、最善ヲツクセ[27]」

ビル・エリスは、自分が見たなかで最大量の対空砲火だったといっている。戦艦の巨大な主砲は最大仰角をかけていた。ＳＢ２Ｃとヘルキャットが急降下に移ると、巨大な艦砲が火を噴いた。対空砲弾の炸裂は不気味なほどあざやかだったと、エリスはふりかえる――「吹き流しのついたピンク色、白い曳光弾つきの紫、そして大量の黄燐と、一発は炸裂して銀色の子弾を発射した[28]」。ヘルダイヴァーは太陽を背にして東から急降下した。垂直に近い角度でつっこむと、対空砲火の炸裂を飛び抜け、日本艦が旋回すると旋回して、爆撃照準器に目標を捉えつづけ、約二千フィートの高度で千ポンド爆弾を投下した。大和も武蔵も至近弾が上げる水しぶきのカーテンにつつまれて一瞬、見えなくなった。武蔵は一番主砲塔に命中弾を受けたが、爆弾は塗料を丸く剝がしただけで、重装甲の砲にはほとんど損害をあたえなかった。至近弾は船体の甲鈑(こうはん)の継ぎ目をかすかに緩ませたらしく、突然、水漏れが発生したが、水しぶきが消えると、武蔵は変わらぬ速力で進みつづけているのがわかった。

アヴェンジャー隊は高度千五百フィートから海面上約二百フィートまでフルパワーで降下し、その航程で速度を増すと、約三百ノットで水平飛行に入った。この高速で両舷から同時に武蔵に向かって突き進んだ。「あのいまいましい檣楼が見えた」と、雷撃隊の指揮官はいった。「だが、わたしを興奮させたのは艦の大きさだった。じつに長大で、的をはずしようがなかった[29]」九百ヤードの距離からTBMは魚雷を投下し、旋回して逃れた。武蔵は回避運動を行ない、二本の雷跡はかろうじて艦首前方を通過したが、三本目は右舷中央部に命中し、高さ二百フィートの白い水柱を上げた。爆発の衝撃で数百名の乗組員が足をすくわれた。艦はかすかに右舷側にかたむいたが、反対舷に注水すると、すぐに左右水平に戻った。

米軍機が東へ去って行くと、武蔵は依然、二十四ノット出せると報告した。彼女と姉妹艦の大和は、魚雷が二十本以上命中しても耐えられるように設計されていた。一本などピンで刺されたようなものだ。しかし、アヴェンジャー隊は重巡妙高にも一本魚雷を命中させていて、こちらはもっと深刻な一撃だった。彼女は縦隊を離れて、ブルネイ湾に引き返さざるを得なかった。

息詰まる航空戦

ひるがえって、米機動部隊では、上空直衛で周回するヘルキャット隊がその朝早くからずっと日本軍機を撃退していた。ルソン島の飛行場から発進した飛行機は、それぞれ五十機から六十機からなる三波の集団で、第三艦隊の空母部隊のいちばん北に位置するシャーマン提督の第三十八・三機動群につづけざまに押し寄せた。直衛機は朝のあいだずっと、一連の一方的な空中戦でなんとか勝利をおさめていた。ヘルキャット隊はほかでも必要とされていた——接近する日本艦隊にたいする航空攻撃隊に随伴したり、敵飛行場に機銃掃射を行なったりするために——が、攻撃群は数が多く、執拗で、危険だった。一機でも侵入機が戦闘機の直衛幕をすり抜けたら、空母に幸運な命中を記録するかもしれないし、米艦隊は味方のどの港からも遠く離れていた。「きょう一日、敵機は早くにやって来て、遅くまで残った」とシャーマンの戦時日誌は記している。[30]

空母エセックス所属の第十五航空群司令デイヴィッド・マッキャンベルは、彼の飛行隊が緊急発進の非常呼集を受けたとき、航空攻撃隊に随伴する準備をしていた。マッキャンベルは搭乗員待機室から飛びだして、カタパルトで燃料補給中だった自分のF6Fヘルキャットに乗りこんだ。タンクが半分ほどいっぱいになるとホースがはずされ、マッキャンベルは飛行甲板からカタパルトで打ちだされた。彼は飛行隊の残りと会合するため旋回したりしなかった。そのまま機首を西に向けて上昇した。さらに七機のF6Fが彼のあとを追って一万四千フィートまで上昇し、じょじょに「走りながらの会合」を行なって、戦闘にじゅうぶんな飛行編隊を組んだ。

まもなく彼らは相手を発見した。雷撃機と急降下爆撃機、そして零戦の混成群で、全部で約五十機が、わずかに低い高度を逆方向に飛んでいる。マッキャンベルは敵機を確認したときの合図を無線で送った。「タリー・ホー（敵機発見）！」それから約一万八千フィートまで上昇し、編隊僚機のロイ・ラッシングもいっしょに上昇した。彼らは敵に急降下で襲いかかる用意をしたが、日本軍機はいまや、〈ラフベリー・サークル〉と呼ばれる伝統的な防御機動に入っていた。メリーゴーランドのような飛行パターンで、各機が前の飛行機を守る仕組みだ。

　マッキャンベルとラッシングはこの敵機の渦巻きの約二千フィート上空で旋回しながら、辛抱強く待ち、「誰かがこの〈ラフベリー・サークル〉から外に出そうになったら、つづいて彼らを相手にできると考えていた[31]」。膠着状態はほぼ一時間つづいた。ふたりのパイロットは待っているあいだ、操縦席で煙草までふかしていた。ときどき日本側の一機が愚かにも編隊から抜けだしたり、高空へ上昇しようとした。「これはたんに、隙を見つけて、彼らを叩き落とし、急降下で得た速度を利用して高度を取り戻し、それからまた数機が隙を見せるのを待つという問題だった[32]」ついに円形編隊は崩れはじめ、日本軍機は西へ旋回して、その場から逃げだした。ヘルキャットは追撃して、撃墜をつづけた。勘定がわからなくなるのを心配したマッキャンベルは、一機ごとに計器盤に鉛筆で印をつけた。「五機になったら×印をつけて、そうやってスコアを記録した[33]」ラッシングの弾薬がつきて、マッキャンベルの燃料計の針が空に近づくと、彼らは引き揚げた。マッキャンベルの計器盤には鉛筆の印が十一あった。彼がエセックスに着艦すると同時にエンジンが停止して、飛行甲板員は彼の飛行機を滑走制止装置（クラッシュバリア）の前まで押していかなければならなかった。

　飛行はどうだったと聞かれたマッキャンベルは、答えるのが「ほとんど照れくさかった」。自分が九機か、もしかすると最大で十一機、撃墜したことには自信があった。ガンカメラの映像から、彼は九機の撃墜を認められた。一回の飛行における撃墜記録だ。彼といっしょに出撃したエセックスのヘルキャット七機は、全体で二十四機の撃墜を認められた。この驚くべき飛行にたいして、マッキャンベルは名誉勲章を授与された。

　しかし、さらに多くの敵機が午前中ずっと来襲しつづけた。マニラ北方の日本軍の〈かつてはアメリカ軍の〉飛行場網は、空の豊饒の角（つの）となっていて、中国大陸や台湾のほかの航空基地から多くの増援を受けていた。日本軍は南方にもう二個空母機動群が存在することに気づいていなかったにちがいない。この日の航空攻撃の全勢力が、ルソン島東岸沖のテッド・シャーマンの飛行甲板四つに向けられたからだ――大型空母のエセックス（彼の旗艦）とレキシントン、そして軽空母のプリンストンとラングレーに。シャーマンは日本軍がついには数にまかせて自分の酷使された上空直衛隊を屈服させるのではないかと恐れた。

午前なかばには、夜明けの晴天が一時的な気象前線と雨スコールに変わった。海水面での視界の悪さは、予測がつかないもので、どちらの側にも有利に働く可能性のある気まぐれな要素だった。午前九時少しすぎの大混戦では、生き残った五、六機の日本軍機が空低くかかった雲の堤にくりかえし急降下して、防御の米軍戦闘機をかわした。この敵のはぐれ者たちは、レーダーで追跡できたが、F6Fのパイロットたちは、見えないものは撃てなかった。侵入機はあたりにとどまり、低空で機動部隊の周囲を旋回して、つねにどこにでもいる脅威となった。これは息詰まる戦いで、運はどの方向にも突然やみくもに向く可能性があった。操舵員たちは、スコールが通りかかるたびに舵をそちらに切った。スコールは船だけでなく飛行機も隠す可能性があった。対空火器につく砲員たちは、雲の切れ間に敵機が姿を現わすたびに猛烈な一斉射撃を浴びせ、落ちる薬莢（やっきょう）が鉄の雹嵐のように海を騒がせた。

空母プリンストンの運命

午前九時四十九分、軽空母プリンストンの命運が尽きた。飛行収容作業のために艦を風に立てていたとき、一機の彗星急降下爆撃機D4Y（連合軍のコード名「ジュディ」）が頭上の雲底から飛びだしてきた。機体はすでに高速急降下に入っていて、艦の中心線にぴたりと照準を合わせていた。ウィリアム・H・ビューラッカー艦長は取り舵いっぱいを命じたが、回避する時間はなかった。二百五十キロ爆弾は高度千五百フィート（約四百五十七メートル）からミサイルのように降下して、船体中央部のどまんなかに命中した。爆弾は飛行甲板と格納庫甲板を貫通し、第二甲板のパン焼き室と隣接する食器洗い場で爆発し、そこに配置されていた乗組員を戦死させた[34]。

最初、ビューラッカーは楽観的だった。「わたしはあまり心配していなかった」と彼はいった。「小さな爆弾で、損傷はすぐに修理できると思っていた[35]」しかし、格納庫甲板後部の火災は、破壊されたTBMアヴェンジャーから漏れた航空燃料を餌にした。消火隊と応急隊が仕事に取りかかり、艦長はプリンストンをあやつって、艦首左舷側から風を受けるようにして、艦後部の火災を食い止めようとした。消防本管の水圧はすぐに失われ、消防班員は炎にホースを向けつづけられなくなった。火炎地獄が格納庫甲板でさらに五機のTBMアヴェンジャーを呑みこんだ。一機また一機と燃料タンクが引火して、午前十時十分、各爆弾倉の魚雷がいっせいに爆発した。すさまじい爆発で、前部と後部のエレベーターがエレベーター室からはずれ、後部格納庫区画と飛行甲板から黒煙が上がった。煙が艦橋構造物と搭乗員待機室の通気孔から噴きだした。マスクと酸素タンクなしには、誰ひとり、格納庫に残れなかった。何百人という乗組員がラッタルをよじ登って、飛行甲板にあふれ出した。その手と衣服は煙で黒ずんでいた。彼らは飛行甲板の前端から左舷のキャットウォークへと詰めかけて、格納庫が発する熱と炎と煙から逃れようとした。

プリンストンは風に舷側を向けて漂流していて、火災を食い止めるすべはないように思えた。艦長は応急隊をのぞく総員に退去を命じた。忠実な護衛艦たち――軽巡洋艦バーミングハムと駆逐艦モリソンならびにアーウィン――は近づいて、乗組員たちを艦から下ろしはじめた。バーミングハムの消火ホースは水と泡消火剤（フォーマイト）をプリンストンの火災に浴びせ、奔流が艦から艦へと高いアーチを描いた――さらに、バーミングハム消火隊の勇気ある志願者数十名がプリンストンに乗りこみ、彼女を救う戦いにくわわった。アーウィンはプリンストンの艦首に鼻面を寄せ、彼女の飛行甲板から乗組員を直接下ろしはじめた。重傷者は、ふたつの甲板の上下のタイミングをはかって、いっぽうの艦からもういっぽうの艦の待ちかまえる手に投げ渡された。ほかの者たちはロープをつたい下り、モリソンとアーウィンの貨物ネットまで泳いで渡ったが、三角波がだんだん高くなっていて、数十名が溺死した。一時、モリソンの上部構造物がプリンストンの横に張りだした煙突二本にはさまれ、その位置で引っかかって、離れなくなった。プリンストンの気化した航空燃料の爆発で、飛行機牽引用トラクターの一台が宙に放りだされた――車はくるくるまわりながら落下し、モリソンの艦橋をかすって、それから駆逐艦の前甲板で止まった。のちに彼女の艦長は、自分の海軍生活でこんなものを目にするとは予想だにしていなかったと、皮肉っぽく漏らした。

ビューラッカーは、プリンストンの艦橋に残り、周囲の熱が耐えがたくなると、露天甲板に出た。彼の後任になる予定で乗艦していたもうひとりの大佐、ジョン・ホスキンズが彼といっしょだった。ビューラッカーにはひとつ深刻な関心事があり、ホスキンズもそれに同感だった。格納庫後部下の即応弾薬庫区画に大量の百ポンド航空爆弾が保管されていた。その区画はいま炎で焼かれている。爆発するだろうか？　断言するすべはなかったが、ビューラッカーは、もし爆弾が誘爆するなら、もっとまえの爆発のときにそうなっていただろうと推測した。彼はまだ火災を鎮圧して、空母を救うことを願っていた。

正午から午後一時のあいだに、状況は好転したかに思えた。炎はふたたび艦の後部で包囲され、数隻の護衛艦が消火の支援にあたっている。しかし、午後一時半、一連の間の悪い潜水艦ソナー接触と対空警報の第一陣がやってきて、全艦は離れて回避運動を取るよう命じられた。プリンストンは一時間ほど、護衛艦のホースの恩恵を失った。彼らが戻ってきたとき、風は二十ノットに強まっていて、炎は勢いを増していた。バーミングハムはプリンストンの風上（左舷）後方四五度からそろそろと近づき、両艦をしっかりと結びつける斜係船索を投げ渡した。巡洋艦のホースはふたたび空母の火災を相手にしはじめ、プリンストン艦上の担架が慎重に移された。バーミングハムの上甲板はいまや、消火隊員やら、索をさばく水兵やら、衛生兵やら、対空火器の砲員やら、こうしたさまざまな作業を指示する将校やらであふれていた。

これが三時二十三分の光景だった。そのとき、プリンストンの即応弾薬庫の爆弾が、ビューラッカーが恐れていたとおりに爆発した。戦争損害報告書によれば、巨大な爆発は、「四百発の百ポンドGP爆弾の一斉爆発」によって引き起こされたもので、「第百二十フレーム後方の艦尾全体とその上の構造物を吹き飛ばした」[36]。プリンストンの最後部四分の一は跡形もなく吹き飛んだ。鋼鉄の破片や塊が、なかにはひじょうに大きなものもあったが、高いアーチ状の放物線を描いて艦の上空に舞い上がった。死体やその一部が四方八方に降りそそいだ。「わたしはあの爆発を見て、十か十五の死体が空を飛ぶのが見えたのをおぼえている」と駆逐艦ポーターフィールドの一水兵だったジョン・シーアンはふりかえる。なかには駆逐艦カッシン・ヤングの上空に舞い上がり、反対側の海に水しぶきを上げて落ちたものもあった。「われわれは生存者がいるか見にいったが、誰ひとり見つからなかった。彼らはただ粉々に吹き飛ばされたのだろう[37]」

のちに、《クリーヴランド・プレイン・ディーラー》紙の記者に話をしたとき、ビューラッカーは言葉を詰まらせた。「驚くと同時に恐ろしかった、あの爆発は」と彼はいった。「人生で聞いたもっともひどいものだった。それをあなたに説明することはできない[38]」

破片はバーミングハムのむき出しの前甲板を大鎌のように薙ぎはらい、乗組員二百二十九名を死傷させた。艦の戦時日誌によれば、「人の目に映った光景は、見るも無惨なものだった。……死んだ者、死にかけている者、傷ついた者が甲板を覆いつくし、その多くはひどい重傷だった」。生き残ったある士官は、「血が排水溝を大量に流れ落ちていた」と回想している。艦の乗組員の多くはひどい火傷を負っていたので、生きのびることはおろか、生きのびたいと願うことさえ、ありえないように思えた。なかには治療をこばんで、その手当はもっと生きのびる可能性が高い仲間の乗組員にまわしてくれという者もいた。ある兵曹はバーミンガムの副長にこういった。「自分なんかでモルヒネをむだにせんでください、中佐。この頭を一発ぶん殴ってくれりゃそれでいいんです[39]」

爆発が起きたとき艦内にいたリー・ロビンスンは、負傷した仲間の乗組員を助けるために二日間ぶっとおしで働いた。「わたしはあの話をするとたちまち涙が止まらなくなることがあるんです」と彼は数十年後に記録された口述史で語った。「あまりにもたくさんの人間があまりにも早く死んでいき、血は艦の舷側をとめどなく流れ落ちていった。わたしたちはそれで足をすべらせないように甲板に砂を撒かなければならなかったんです」彼と負傷しなかった仲間たちは、負傷者に清潔な包帯を供給するために何日間も休まずに艦の洗濯機を動かしつづけた。ロビンスンはバーミングハムの医療室のことをこう回想する。「誰もひとりではあそこに入りませんでした。入ったときに見なければならないもののせいで、ふたりひと組で入ったんです[40]」

ビューラッカーとホスキンズ両大佐は、爆弾区画が誘爆したとき、プリンストンの飛行甲板にいた。ビューラッカーは爆発で軽い傷を負っただけだったが、ホスキンズは破片が脚にあたり、膝から下がほぼ完全に切断された。彼はビューラッカーにほかの負傷者を看護するようにいった。艦長が数分後に戻ってみると、ホスキンズは自分のナイフで残っていた肉を切り取り、自己切断手術を終えて、自分で止血帯を巻いていた。プリンストンを救う自分の粘り強い努力が恐ろしく高くついたことを理解したビューラッカーは、総員退去を命じた。午後四時四十分、彼はロープをつたい下りた彼女の最後の乗組員だった。

武蔵、猛攻を受ける

栗田はフィリピン中央部の航路を通過するあいだは上空掩護を期待するようにといわれていたが、彼と部下たちは三日間の海戦全体で五、六機の日本軍機しか見ていなかった。彼はフィリピンの航空部隊指揮官にくりかえし悲痛な無電を送ったが、むだだった。戦後、質問を受けた福留提督は、自分が「こうした要請に耳を貸さず、栗田部隊にあたえうる最大の防御は、わが全航空兵力を集中して、海峡のその先で待ち受けているそちらの機動部隊を攻撃することであると確信していました」と認めた[41]。

栗田の中央部隊は十月二十四日の午後ずっと、米空母の爆撃機と雷撃機の攻撃をたえまなく受けていた。乗組員はこの猛攻に彼らが使える唯一の武器——高角砲と高射機銃——で反撃し、近づくにつれて攻撃がどんどん激しくなることを予期しながら、シブヤン海を前進した。第三十八機動部隊は栗田艦隊にたいして合計で二百五十九回の出撃飛行を行なったが、そこには七隻もの空母、イントレピッド、エセックス、レキシントン、フランクリン、エンタープライズ、サンジャシント、ベローウッドの艦載機がふくまれていた。アメリカ側はこの〈シブヤン海海戦〉で十八機しか失わなかった。日本艦の打ち上げる対空砲火の量を考慮すれば、幸いなほど少ない損害だった。

第二波の攻撃隊は正午少しすぎにやってきた。イントレピッド所属の爆装F6Fと雷装のTBM、約百機である。アヴェンジャーはまたしても武蔵に命中させ、左舷に魚雷三本（もしかすると四本）をお見舞いした。同時に、急降下爆撃機をつとめるヘルキャットが爆弾二発を命中させた。一発は一番主砲塔を使用不能にし、もう一発は左舷内側の機関室まで貫通して、蒸気管を破壊し、缶一基を使えなくした。四基の推進器のひとつを失い、左舷の水中防御用の突出部に穴をうがたれた武蔵は、二十二ノットしか出せなかった。彼女は、水線下の触雷による損傷のせいで、その速力では不自然なほど大きな艦首波を左舷側に上げた。栗田は損傷した超戦艦が遅れずについてこられるよう、艦隊の残りの艦に減速を命じたが、速力の低下によって、彼女は急降下爆撃機と、とりわけ雷撃機にたいして、より脆弱になった。

第三波は圧倒的だった。エセックスとレキシントン所属の艦載機は、ふたたび武蔵を狙い、三番砲塔近くに爆弾二発を命中させ、さらに四本の魚雷を右舷側にお見舞いした。爆弾は対空火器の砲員をはじめとする上甲板の乗組員に殺戮をくりひろげ、魚雷はきわめて重要な電路を切断し、機関区画の多くを浸水させた。衝撃は巨艦を艦首から艦尾まで激しく震わせた。水兵たちは足をすくわれ、滝のような海水がスカッパー（ダストシュート）から戦死者や負傷者を舷外に押し流した。

艦内では、治療室は血を流して火傷をした兵士たちで満杯で、隣接する通路の隔壁には担架がずらりとならんでいた。爆弾による損傷で、その部分に有毒なガスが流れだし、衛生班と負傷者を緊急に移さなければならなくなった。応急作業は、人員の戦死や負傷、艦の重要部分の浸水、そして新たな攻撃の頻繁な来襲によって妨害された。艦の注排水装置をおさめる区画が浸水あるいは爆弾で損傷すると、だんだんと艦を水平にたもつのがむずかしくなった。午後一時五十分にレキシントンとエセックスの所属機が東の空へ消えるころには、武蔵は左舷に大きくかたむきつつあり、その日最初の攻撃前より四メートルも喫水が深くなっていた。海水を艦内いっぱいに注水して、中央部隊のほかの艦についていけなくなった彼女は、重巡利根一隻につきそわれて落伍した。

午後二時五十五分、最後の攻撃隊が中央部隊に近づいたとき、エンタープライズとフランクリンの航空機搭乗員たちは、武蔵が長い油膜を引いていて、約八ノットしか出していないのに気づいた。攻撃隊は上空高く、戦艦の四十六センチ三式弾、ショットガン・タイプの〝蜂の巣〟対空弾の射程さえもゆうに超える高度を、無抵抗で旋回した。雷撃隊は辛抱強く待って、攻撃を計画した。彼らは全機、武蔵が傾斜している側の左舷を狙うつもりだった。

　利根以外の艦隊の残りから切り離され、艦内は海水で満たされ、艦首が下がった状態でよろよろと進む大戦艦は、文字どおりいいカモだった。生き残っている乗組員は、頭に日の丸の鉢巻きを巻いて、死にものぐるいで奮戦した。戦死者や死にかけの戦友たちを踏み越え、かわして、彼らは残っている高射機銃に取りついた。四十六センチ主砲は三式弾の色とりどりの炸裂で空を満たした。アメリカ軍飛行士たちは巨砲が放つ衝撃波を感じた。第十三雷撃飛行隊（VT-13）所属のアヴェンジャー・パイロット、ジャック・ロートンはこう回想する。「遠く離れていても、砲が火を噴くたびに、砲口衝風を感じた。あのでかい衝撃波がわれわれを襲うたびに、わたしは主翼がいまにも折りたたまれそうになったと断言できる」[42] 対空砲弾にはさまざまな明るい色の染料マーカーが仕込まれていた。日本の砲手が炎を認めて、狙いを修正するのを助ける手段だった。色とりどりに花開く弾幕が飛行機を揺らすと、パイロットたちは天界の花屋のなかを飛んでいるような奇妙な印象を受けた。「爆発のいくつかは青で、いくつかは赤、いくつかはピンクで、いくつかは黄色だった」とロートンはいっている。VT-13のべつのパイロット、ボブ・フレーリーは、「故郷ミシガン州エイドリアンのレナウィー・カウンティフェアの独立記念日祝典で見た光景と音」を連想した[43]。

　雷撃機乗りたちは、スロットルを防火壁まで押しこみ、対気速度計の針を文字盤のレッドラインに張りつかせたまま、フルパワーの降下で波の高さまで高度を落とした。対空砲火にたいする最大の防御は速度だった。ロートンは自分の乗機が「砲弾の衝撃のたびに揺れ、震動する」のを感じた。赤い曳光弾が彼の風防ガラスに向かってきた。彼はグラマン雷撃機をあやつって、行く手で上がる水柱の列を避けた。なぜなら「あの間欠泉のひとつにつっこむのは、山につっこむようなものだろう」[44]。主砲と副砲がＴＢＭの行く手の海に向かって火を噴き、高さ二百フィートの色つきの水柱を上げた。日本軍は太平洋戦争初期からこの手を使ってきた――低空飛行する雷撃機の進路に砲弾の水しぶきを上げて、撃墜するか、すくなくとも彼らを攻撃航程から逸れさせることを期待するのだ。ロートンは距離六百ヤードで魚雷を投下すると、急旋回して武蔵の艦首を横切り、無事離脱した。フレーリーもみごとな投下を行なったが、「敵艦の銃砲火を避けるために回避運動をしているとき、曳光弾につっこんで、燃料系統をやられた。オイルが風防ガラス一面に噴きだしはじめた」。フレーリーは近くの島の沖で乗機を不時着水させると、ふたりの搭乗員とともに岸にたどりついた。友好的なフィリピン人に受け入れられ、その数週間後、救出された[45]。

武蔵は、速力が低下し、沈みかけていたので、楽な標的だった。ＴＢＭはすくなくとも七本の魚雷を彼女に命中させ、そのすべてが脆弱な左舷を襲った。それと同時に、ＳＢ２Ｃとヘルキャットによる、よく同期された急降下攻撃がやってきて、艦首から艦尾まで徹甲爆弾の雨を降らせた。五百ポンド爆弾一発が艦の上部構造物に命中し、艦橋を破壊した。もう一発が檣楼のもっと下に命中し、炎上させた。この打撃で艦の上級士官の多くが戦死した。艦長の猪口敏平（いのぐちとしひら）少将は、右肩を負傷したが、まだ自分の足で歩けた。彼と副長は新たな指揮所を第二艦橋に設置したが、艦を救うために彼らができることはあまりなかった。艦全体が炎上し、左舷への傾斜は増しつつあり、三角波が艦首に押し寄せていた。すくなくとも一本、もしかすると二本の魚雷が、先の攻撃が残した破孔から防御用の船体外殻を貫通し、船体内殻で爆発して、第四主機械室を浸水させた。副長によれば、「上部のたび重なる爆弾被害のせいで排水がじゃまされたため、浸水を食い止めることができませんでした[46]」。

「天佑を確信し全軍突撃せよ」

栗田の中央部隊の残りは、武蔵より約三十海里先に進んでいて、サン・ベルナルディノ海峡の西側の接近路に入りつつあった。栗田はさらに何度か無電で航空掩護と第三十八機動部隊にたいする航空攻撃を至急要請したが、芳しい答えは得られなかった。[47] 昨日午前のパラワン水道における失態のあと、彼とその幕僚は、海峡が作りだす隘路(あいろ)で潜水艦に壊滅的な待ち伏せ攻撃を受ける危険を意識していた。彼らは、駆逐艦十五隻とともにブルネイを発っていたが、護衛に残っている駆逐艦は十一隻だけだった。作戦参謀の大谷藤之助(とうのすけ)中佐は、夜になる前に大規模な航空攻撃をさらに三回撃退しなければならないだろうと予測し、栗田に、回避運動がむずかしくなる狭い海域に入りこまないよう進言した。海峡を強行突破するのは、暗くなってからのほうが安全だ。彼は一時的に西方へ避退するよう進言した。さらに、遅延によって米空母にたいする航空攻撃の時間がさらに稼げるかもしれない、と彼は考えた。さらに、敵の目をくらませて、中央部隊は退却したとあやまって思いこませる手段となるかもしれない。

あきらかに大和の艦橋にいた多くの者が大谷の論法に同意した。彼らは行方不明の日本軍航空部隊を呪い、司令部の同僚たちに皮肉たっぷりに文句をいった。のちに数名の士官にインタビューしたある日本のジャーナリストは、「(栗田)艦隊将兵の怒号が渦巻いていた」と言及している。「……まさしく全艦隊を敵に献上し、その雷爆の実験に供するに等しいではないか」[48] その日の午後、連合艦隊は警告を打電した。敵潜水艦がおそらくサン・ベルナルディノ海峡にひそんでいる。よって、「いっそう厳重警戒を要すべし」。この電文を見て、艦橋では冷ややかなつぶやき声が漏れた。警告は、「ご注意まことにありがとう。当方とっくに血眼になってます」と切り捨てられた。[49] 中央部隊はすでに潜水艦攻撃によって二隻の巡洋艦を失っていて、過去四十八時間を潜望鏡の目視報告に対応することについやしてきた。司令部の間抜けどもは自分たちが警戒すらしていないと思っているのだろうか？

栗田は午後三時三十分、命令を下し、艦隊は一八〇度の反転を行なった。さらに三十分が経過したとき、彼は司令部に通知した。栗田は豊田提督にこうつたえた。「成る程斯く(か)も頻繁に空襲せられては」、基地航空部隊が米空母に打撃をあたえる時間を得られるように、進軍を一時中止するつもりだ。「出る迄に勢力を消耗し盡す様に見えたるも退るに退れぬ破目なり」[50]「よって一時」、西方へ避退して、「再挙するを可と認めたり」と彼はいった[51]。

部隊は一時間、西方へ航行し、大破した武蔵が見えるところまで戻ってきた。日本軍はさらに数回の激しい航空攻撃を予想していたので、なにもやってこなかったのは、うれしい驚きだった。一機の偵察機が高空を旋回して、あきらかに艦隊の西進に注意をはらっているのが見えたが、午後四時二十分以降、敵機はもう現われなかった。

五時十五分、栗田は、先の電文にたいする豊田からの返信がなかったので、自分の務めはサン・ベルナルディノ海峡の向こう側にあると決意した。「いいんだ、行くんだ」と彼は簡潔にいった[52]。命令を聞いて、幕僚のある者たちはあきらかに驚き、仰天した。大和と、陣形を組むその護衛たちは、九〇度の変針を二度行ない、東向きの針路に戻った。いまや予定より六、七時間遅れていた。このことは、レイテ湾の敵水陸両用艦隊にたいする相呼応した挟撃が、西村の南方部隊もまた同じように遅れないかぎり、できないことを意味した。

連合艦隊の返事が遅れたのは、輻輳(ふくそう)した無線通信のせいとされた（この問題はアメリカ側でも同じように深刻だった）。午後七時十五分、栗田は豊田提督から連絡を受けた。これは絶対命令で、なかば宗教的なニュアンスもあった。「天のみちびきを信じて、全軍、攻撃を再開せよ」この電文、電令作第三百七十二号のもともとの日本文は「天佑を確信し全軍突撃せよ」だった。文字どおり訳せば、

「天の助けを信じて、全軍、突撃！」となる。[53] しかし、これには簡単に英語に訳せない行間の意味があった。起案者は連合艦隊参謀副長の高田利種で、豊田提督の署名をもらうためにこれを起草した。高田はのちに連合軍の質問者に、この命令には日本軍士官なら誰もが理解する含みがあると語った。「引き返したところで損害が限定されることも、少なくなることもありえない。だからたとえ艦隊が完全に失われても前進せよ。これがこの命令を送ったときに、わたしが感じたことです。よって第二艦隊は、その損害についていっさいの制限を受けていなかったといっていい[54]」

栗田は、アメリカ艦隊にお返しのパンチをいくらかお見舞いしようとするいっぽうで、自分とその艦隊を全滅させるように命じられていた。日本海軍部隊の生き残りは、彼の予測においては、まったく計算してはならなかった。たとえば駆逐艦が燃料切れになって、米軍の反撃にたいして無防備になるかもしれないと考えてはならなかった。彼は帝国海軍の敗北の名誉を獲得するための海上バンザイ突撃をひきいることになっていた。

この青天の霹靂は、栗田がすでに海峡に向かって引き返してから一時間以上たっておとずれた。海軍記者の伊藤正徳（まさのり）によれば、この命令は大和の艦橋では「皮肉や冗談」で迎えられたという。栗田の幕僚は、祖国の安全な地下壕にこもって、「あの空襲を知らンから」こうした命令を書き上げる、この高級士官たちの厚かましさをからかった。この記述は、艦橋の全体的なムードが辛辣で、軽蔑的で、おそらくやや反抗的ですらあったという印象をあたえる。ある士官は、「戦闘の実際はこっちに任せておきなさい。陸の上から海上の実戦を指揮するのは、神様でも無理ですワイ」といった。もうひとりは豊田の命令の意味をこう解釈した。「天佑という字を全滅という字に書き換えたらどんなものだ――[55]」

ふたたび東へ航行する栗田の中央部隊は、煙を上げてかたむき、沈みつつある武蔵の船体の数海里南を通過した。彼女は世界一重装甲の軍艦二隻のうちの一隻として、大量の強打を受け止めることができ、実際そうした――二十発以上の爆弾が上甲板に命中し、水線下には、左舷の十五本をふくめて、十九本から二十本の魚雷が命中していた。史上かつてこれほどの強打を受け、生きのびた軍艦はなかった。大和の艦橋からは、この光景が双眼鏡をのぞく宇垣の目のすぐ近くに見えた――七万二千トンの巨艦は、左舷に大きくかたむき、見上げるような上部構造物は爆弾の被害で叩きつぶされ、黒ずんでいた。黒煙の柱が何千フィートもの高さに立ち上っていた。長くほっそりとした艦首は水没し、露天甲板は前部主砲塔まで水に洗われていて、海が艦首の金色の菊花紋章をひたひたと叩いていた。陽はほとんど沈んでいたので、この痛ましい光景は低い角度の光で満たされ、菫色の海に長い影を落としていた。宇垣は日記に、武蔵の「損傷の姿いたましき限りなり」と記している[56]。

武蔵の運命は大和にとって凶兆だった。二隻の巨艦は姉妹艦で、同様に建造されていた。いずれもが不沈と謳われていた。日本はその設計と建造に資金と人的資源、原材料、工業技術のとほうもない貯えをついやしていた。海軍省のある士官は、二隻の超戦艦の費用で、日本海軍は二千機の最新鋭戦闘機を生産し、それを飛ばす一流パイロットを養成できただろうと見積もっていた[57]。計画には彼女たちが誕生する、長崎（武蔵）と呉（大和）、ふたつの造船所の大拡張が必要だった。二千七百名の乗組員は精鋭ぞろいで、艦長から下っ端の三等水兵まで、指揮系統のあらゆるレベルで海軍の成績優秀者のなかから厳選された。彼女たちは艦隊の女王姉妹で、その象徴的な重要性は兵器としての実際の価値をはるかに上回っていた。両艦とも連合艦隊司令長官の旗艦をつとめた。宇垣は以前に故山本五十六提督の参謀長として両艦で寝起きしたことがあった。専門家の目を持つ宇垣は、完全な報告書などなくても、武蔵の右舷側「注水可能」部分がすべて満水状態で、傾斜を修正するためにできることはほとんどないことがわかった。彼が瀕死の武蔵をしげしげと見たとき、その意味するところは明白だった——もしあの艦が不沈でないなら、自分が立っている艦もまた同じであると。

宇垣は点滅信号灯で命令を送った。コロン湾にたどりつく望みがないときは、猪口提督は近くの港にたどりつくよう努力すべきである。それができなければ、手近の島に艦を乗り上げさせるべきだ。しかし、宇垣は実際には武蔵が生き残ると思っていなかったし、日記に、彼女が「大和の身代りとなれるものなり」と書いている。彼は大和が明日は同じ運命にあうことを予期しているとつけくわえた。「宜しく豫て大和を死所と思ひ定めたる如く、潔く艦と運命を共にすべしと堅く決心せり[58]」

武蔵の左舷傾斜はじょじょに増し、ついには乗組員たちは足場を確保するために隔壁に寄りかからなければならなくなった。艦橋では猪口が副長の加藤憲吉大佐に艦に残るつもりであることをつたえた。彼は連合艦隊司令長官の豊田提督にすばやくメモを書き、大艦巨砲の威力に信を置きすぎた自分はまちがっていたと断言し、海軍航空の優越性を認めた。彼はメモ帳を加藤に渡し、自分より若い加藤に生き残るよう命じた。天皇のご真影が長官室からはずされ、下士官が背負って海に飛びこんだ。ラッパ手が国歌〈君が代〉を吹奏するなか、横二十フィート、縦十フィートもある巨大な「旭日旗」の戦闘旗が降下され、折りたたまれた。

そのいっぽうで、残っている乗組員は艦の激しくなる傾斜を止めようと死にものぐるいで作業していた。動かせるものは、負傷者も遺体もふくめ、すべて艦の右舷側に移された。彼らの努力はむだだった。七時半、武蔵は二次復原点を超えて三〇度以上横転し、転覆した。艦が横転するなか、多数の乗組員が右舷手すりを越えて、牡蠣殻におおわれた船腹の湾曲部と竜骨をよじ登った。武蔵の艦首が沈み、艦尾が水面から持ち上げられる。巨大な四基の推進器からは水が豪雨のように降りそそいだ。艦が沈むにつれて、水兵たちは後部へ移動し、手すりや甲板の金具をよじ登ったが、後甲板が垂直近く立ち上がると、幾人かが落ちていった。海がついに艦尾をすっかり呑みこむと、巨大な渦が残骸や泳いでいる者たちを吸いこんだ。救命胴衣を着ている者たちは海面にふたたび押し上げられ、ほっとして肺いっぱいに息を吸いこんだが、多くはこの執念深い吸引力にまたしても急激に引きずりこまれて、それからまた浮上した――まるで死んだ仲間の乗組員が手をのばして足首をつかんでいるかのように、こういったことが何度もくりかえされた。沈む巨艦から遠くへ泳げば泳ぐほど、生存の勝算は高くなった。少数の者は勝利をおさめ、生きのびてこの恐ろしい体験を物語った。ほかの多くの者は命を落とし、彼らの愛する武蔵が三千フィート下のシブヤン海の底へと航海するとき、いっしょに深淵に引きずりこまれた。

小沢艦隊、発見さる

ニュージャージーの上部構造物の一甲板を占める司令部作戦室は、混雑して、空気がぴんと張り詰め、騒々しかった。飛行中のパイロットの空中無線電話が拡声器で室内に流されていた。多くのさまざまな情報源から、新しいデータがこの第三艦隊のごったがえした脳中枢にたえず流れこんでくる。そのすべてを理解するのは〝汚い手部門〟の仕事だった。

戦況は流動的で、きわめて複雑だった。ふたつの敵海軍任務部隊がフィリピン中央部の島の障壁を縫うように進んで、あきらかにそれぞれスリガオ海峡とサン・ベルナルディノ海峡を目ざしている。部隊を分割するのは日本軍のおなじみの戦術だ。ハルゼーは一九四二年の幾度かの海戦で見たことがあった。敵がふたつの海峡を強行突破して、レイテ湾の水陸両用艦隊を挟み撃ちにしようとしていることは、鋭敏な推理を要しなくてもわかった。

栗田の中央部隊にたいする午後最後の大規模な航空攻撃が引き揚げると、無線で入ってくる彼らの報告は楽観的だった。帰投するパイロットたちは、大和級戦艦の両方と、長門（ながと）級および金剛級のもっと小型の戦艦二隻を大破させたと確信していた。彼らはまた、魚雷と爆弾で二、三隻の重巡洋艦をこなごなにしたと主張した。さらに偵察飛行は、中央部隊の残余が西寄りのコースを取っているのを視認していた。もしかすると、彼らは戦いをあきらめて、これを最後に引き返したのかもしれない。いずれにせよ、ハルゼーは栗田の生き残った艦が徹底的に叩かれていて、「キンケイドの深刻な脅威にはならない」と見なした[59]。たとえ中央部隊が海峡を走り抜けるのに成功しても、「その戦闘力は、判定勝ちもできないほど、いちじるしく損なわれていると考えられた[60]」。

浮かび上がったモザイク画は、日本軍がレイテ侵攻に全力で対抗しようとしていることをしめしていた。しかし、もしそうなら、彼らの空母はどこにいるのか？　ワシントンと真珠湾の情報屋たちは全員一致で、小沢の空母部隊がすくなくとも十月中旬までは日本領海にいたことを認めていた。過去二日間、暗号解読された無線傍受〈ウルトラ〉情報）は、小沢が日本を出航して、現在、ルソン島北方のフィリピン海のどこかにいるという状況証拠をあたえていた。彼が北から接近していて、彼の到着がほかの敵任務部隊と同時になるよう調整されていることは、ほぼまちがいなかった。ハルゼーと主要な部下たちは、小沢がルソン島の飛行場と連繋することで、〝反復爆撃〟戦術を使おうとしているのではないかという可能性を警戒した。彼らは日本の空母が海戦に参加する前にこれを発見して攻撃する決意を固めた。

その日の朝早く、ハルゼーはミッチャーに、増強された空中索敵隊を北方へ発進させるよう命じていた。しかし、無線系統がひどく輻輳していたので、その指示が空母レキシントンの艦橋にとどいたのは午前十一時三十分だった。その時間、第三十八機動部隊はルソン島からの波状航空攻撃を撃退するのでいそがしかった。そのため、索敵機がやっと送りだされたのは午後二時五分で、それから二時間たっても、まだ小沢を発見していなかった。

そのあいだに、ハルゼーは午後三時十二分、翌日の出来事で大きすぎる役割を演じる運命にある、ある管理命令を伝達した。〈戦闘計画〉と名づけられたこの命令は、現在、各空母群全体で護衛艦として使われている六隻の戦艦、五隻の巡洋艦、十四隻の駆逐艦が、「戦列（戦艦部隊）司令官、リー中将の指揮下で第三十四機動部隊として編成されるものとする」と指示していた。* その目的は「長距離で決戦を行なう」ことだった。[61] この通信文は麾下の第三艦隊の全指揮官にあてられ、ニミッツとキングにも同文が送られた。ハルゼーはこれを、もし水上戦闘の機会が生起したときに遂行される「予備急送公文書」、あるいは準備命令として考えていた。要点を理解させるために、彼はその後、TBSで自分の部隊にこうつたえた。「もし敵が〔サン・ベルナルディノ海峡を通って〕出撃してきたら、第三十四機動部隊（TF34）はわたしが指示したときに編成される」[62]

ハルゼーはのちに、最初の通信文は自分の第三艦隊以外の誰かに向けたものではないと強調した。しかし、米海軍指揮官は全員、無線交信を傍受できたし、同じ暗号に通じていたから、ほかの者がこうした電文のやりとりを傍聴していた可能性はある。それどころか、そうするのがいつものやりかただった。ハルゼーの通信文は第七艦隊通信班に受信され、ワサッチ艦上のキンケイド提督に送られた。その後の短距離音声無線による要点説明は、キンケイドにも、ニミッツあるいはキングにも、受信されなかった（受信できたはずがなかった）。軍隊の急送公文書に共通する堅苦しい言い回しを考慮すれば、「編成されるものとする（ウィル・ビー・フォームド）」という言葉は、とくに、要点を明確にする第二のメッセージの助け

＊ウィリス・〝チン〟・リーはベテランの戦艦部隊司令官で、その役目を数年間つとめていた。リーは太平洋戦争のこの時点以前では唯一の戦艦同士の撃ち合いであるガダルカナル海戦（訳註：日本側呼称、第三次ソロモン海戦）の第二段階（一九四二年十一月十四〜十五日）で米軍部隊をひきいた。

がなければ、意味があいまいだった。現在時制の命令と取ることもできた。つまり、ハルゼーが、計画された海戦にそなえて、部下にすぐさま新しい機動部隊を編成せよと命じていると。あるいは、彼が未来時制のwill（ウイル）を使ったのは、たんに広範囲にちらばった三個空母機動群で展開しているさまざまな艦をリー提督のもとで会合させるには、数時間必要になるだろう、ということを意味しているのかもしれなかった。キンケイドはそういう意味だとハルゼーの命令を理解したし、真珠湾とワシントンでも同じようにまちがって解釈された。

午後四時四十分、北へ飛んだ索敵機の一機から知らせがもたらされた。敵空母の大部隊がルソン島北東岸のエンガノ岬約百九十海里沖で視認された[63]。これは小沢艦隊でしかありえなかったし、こちらに向かってくるようだった。遅い時刻を考慮すると、艦隊は航空攻撃の範囲のはるか外だった。

ニュージャージーの司令部作戦室では、ハルゼーと幕僚が海図を検討し、位置を分析していた。敵海軍部隊三個は、三方向からそれぞれレイテ湾に集合しつつあった（あるいは集合するつもりだった）。重要なことに、あるいはハルゼーとそのチームにはそう思えたように、三つの部隊はすべて、彼らの最大巡航速力をかなり下回る約十五ノットの〝意図的な〟速力で進んでいた。第三艦隊の戦闘報告書がいうように、「あらかじめ決められた地理上の位置と時刻の焦点があると推測された。この動きは、慎重に考え抜かれた日本軍の協同計画が、十月二十五日を相呼応する攻撃の最短期日として、進行中であることをしめしていた[64]」。西村の南方部隊はレイテ湾南方のスリガオ海峡を目ざしていた。比較的兵力は少なく、キンケイドに安心してまかせることができる。中央部隊は、第三十八機動部隊航空群の猛打を一日中受けて、退却中のようだった。新たに発見された小沢の北方部隊は、空母を持つ唯一の敵海上任務部隊だった。この部隊は到着したばかりで、無傷で、その打撃力は損なわれていない。小沢はおそらくアメリカ艦隊に反復爆撃を行なうつもりだろう――つまり、彼の爆撃機は夜明けに第三十八機動部隊を攻撃し、燃料と弾薬の補給のためルソン島に飛び、それから空母に戻る前にまた攻撃するのだ。

ハルゼーは、戦争のこの段階でアメリカ空母航空兵力が安心できるほど優勢に立っていることを考えれば、航空戦に勝てるとかなり自信が持てた――しかし、彼は北方部隊を撃滅し、複数の攻撃で行動不能にして、水上部隊で始末したかった。完全な殲滅を期すには、接近する必要があるだろう。ガダルカナル戦以来、ハルゼーに仕えてきて、結束の強い〝ヌメア・ギャング〟の幾人かの士官は、全艦隊を北へ持っていくことを進言した。[65] ハルゼーは海図に人差し指を置き、小沢艦隊の報告された位置をしめすと、カーニーにこういった。「わたしが向かうのはここだ。ミック、艦隊を北へ進ませろ」[66]

十月四日の午後八時二十二分、ニュージャージーの無線送信機がボーガン提督とデイヴィスン提督に、機関出力を上げて、二十五ノットで北へ向かい、シャーマンの第三十八・三機動群と合流するよう指示した。全焼して、全乗組員が退去したプリンストンは、自沈を命じられた。この仕事は護衛艦の一隻が放つ魚雷の斉射によって行なわれた。重要なことに、手元にある三個空母群のすべてが、高速戦艦をはじめとする水上艦をふくめ、北上にくわわることになった。これらの水上艦は、そうでなければ第三十四機動部隊として分遣され、サン・ベルナルディノ海峡の東の入り口を守る役目をまかされていただろう。合計六十五隻の大艦隊全体が北上する追撃にくわわることになった。栗田のかなり弱体化した中央部隊は、もし冷静さを取り戻して海峡を横断した場合、キンケイド提督の第七艦隊の艦砲と護衛空母にまかされることになる。

ハルゼーはキンケイドに、自分は「三個群をもって北上し、払暁に空母部隊を攻撃する」とつたえた。[67] 多くのことがこの文書からははぶかれていて、その結果生じた空白に危険な誤解が入りこんだ。ハルゼーは第三十四機動部隊にはひと言も触れていなかった。彼は四つ目の空母機動群がすでに東方に送られていて、遠すぎて直接支援に当たれないことを同僚たちにつたえなかった。キンケイドの注意は、第三艦隊のどの部隊もサン・ベルナルディノ海峡を守っていない（それどころか見張ってもいない）というきわめて重要な事実に向けられなかった。

ハルゼーの不可解な決断

命令をあたえると、ハルゼーは居室に下りていって、寝棚に転がりこんだ。彼はそれまでの四十八時間ほとんど眠っていなくて、くたくただった。ひと眠りが必要だったし、いまそれをできるときに取るつもりだった。

彼の情報スタッフのあるメンバーたちのあいだと、第三艦隊全体の司令艦橋で、いっせいに憶測がはじまった。麾下のかなりの部隊をサン・ベルナルディノ海峡を守るためにひとつも残さないというハルゼーの決定は、奇妙に思えたし、不可解ですらあった。彼はほかの人間が知らないなにかを知っているのだろうか?

ハルゼーが選んだ戦闘計画が実行に移されようとしているとき、新たな視認報告が栗田艦隊は退却中という前提に疑問を投げかけた。ボーガン提督の第三十八・二機動群に所属する軽空母インディペンデンスは、夜間飛行隊を有していた。夜間哨戒飛行がいくつか、サン・ベルナルディノ海峡の西の近接路上空に送りだされていた。彼らの報告のいくつかは要領を得ず、混乱していたが、総合すると、中央部隊が高速で東へ向かっていることを示唆していた。六時三十五分、敵縦隊は以前の位置から約六海里北を、見たところ北東へ向かっているのが目撃された。べつのインディペンデンス艦載機は敵がブリアス島の中心部のすぐ近くだと報告した。これは以前の触接地点よりさらに二十五海里北東にあたる。それから日本艦艇がブリアス島とマスバテ島のあいだにいるという報告が来た。それはつまり、栗田艦隊が東へ変針して、二十四ノットとされる速力を出しているということだった。もし栗田がそのペースで巡航できるのなら、彼の部隊は以前考えられたより良好な状態にあるにちがいない。最後に、サン・ベルナルディノ海峡の水路をしめす航海灯が点灯されているという報告が入ってきた。

ボーガン提督は無線電話に出ると、インディペンデンスの艦長と直接話した。艦長は日本艦隊が高速で北東の針路を進んでいるといった。じきに航海灯が点灯しているサン・ベルナルディノ海峡の西の近接路に達するだろう。ボーガンはそれから戦艦ニュージャージーに直接呼びかけ、司令部作戦室の未確認の士官につながれた。ボーガンは自分が聞いたことを伝達し、第三十四機動部隊と一個空母群（自分自身の）に海峡を担当させるよう提案した。相手は「かなりいらいらした声で」ボーガンの話をさえぎり、「はい、はい、その情報はこちらでもつかんでいます」といった。[68]

ボーガンはのちにいった。「ハルゼー提督はひどいまちがいを犯そうとしていると思った[69]」彼はリーの戦艦隊が栗田の戦艦に立ち向かわないのを残念がった。彼はアメリカ側がその戦いにやすやすと勝つと信じていた。「その場で日本の海軍力の終わりを意味したかもしれない」とボーガンは推論している。「完膚なきまでに。じつにいらだたしかった[70]」

リー提督も同じように考えていた。彼は最初、点滅信号灯で、つぎにTBSでニュージャージーに連絡しようとした。彼は第三艦隊指導部が最新の視認報告に留意しているかとたずね、簡潔に「了解（ラジャー）」と応答された[71]。ボーガンと同様、彼もこれ以上できることはないと判断した。

第三十八・四機動群の指揮官、ラルフ・デイヴィスン提督は、参謀長のジェイムズ・ラッセルにこういった。「ジム、われわれはレイテ湾の輸送艦隊にずいぶん汚い手を使おうとしているな」ラッセルは同意し、ミッチャー提督に連絡して、べつの行動方針を意見具申したいかと、デイヴィスンにたずねた。デイヴィスンはことわって、こう指摘した。「彼はきっとわれわれより多くの情報を得ているにちがいないさ[72]」

空母レキシントン艦上では、第三十八機動部隊の幕僚が、ハルゼーは空母の戦術指揮を直接とっているのかとたずね、確認を得た。八月以来、ミッチャー提督はこういうやりかたでサイドカーに乗るのに慣れてきていた。彼は一九四四年はじめ以来ずっと勤務してきて、肉体的にも精神的にもあきらかにひどく疲れていた。いま彼はハルゼーとその一味がなにをたくらんでいようがあきらめていたようだった。ミッチャーが寝棚に這いこんでいたとき、参謀長のアーレイ・バークが提督の居室に首をつっこんだ。彼はニュージャージーに無線で連絡して、北方部隊が囮であることを警告したがっていた。「きみが正しいとは思うが」とミッチャーは答えた。「きみが正しいかはわからない。ハルゼー提督を煩わせるべきではないと思うよ。彼はいまでも忙しいんだ。頭のなかにたくさんのことをかかえているからね[73]」

のちに、バークは第三十八機動部隊の作戦参謀ジム・フラットリーといっしょに戻ってきた。ふたりはミッチャーを起こして、サン・ベルナルディノ海峡の航海灯が点灯されているというニュースを挙げて、要請をくりかえした。ミッチャーはたずねた。「ハルゼー提督はその報告を得ているのか?」フラットリーは、彼が得ていると認めた。だったら、艦隊のボスの判断をあれこれいうのは自分たちの仕事ではない、とミッチャーはいった。「わたしの助言がほしいのなら、彼のほうからいってくるだろう」

第三艦隊情報参謀の何名かは、北方の空母部隊がルアーだと信じていて、ハルゼーがそれを呑みこもうとしていると心配していた。彼らは北上するという決定を事前に相談されていなかった。艦隊情報参謀のマイク・チークは、ハルゼーの取り巻きの古株である航空作戦参謀のダグ・モールトンと「激しく」議論した。チークはめったにないことだが声を張り上げ、自分は栗田艦隊がサン・ベルナルディノ海峡を抜けてくると知っていると宣言した。モールトンは動じなかった。チークは敗れて引き下がったが、彼の部下のふたりがのちに彼の主張を指揮系統の上のミック・カーニーまで持っていくよう説き伏せた。カーニーは、もしチークがハルゼーを起こして、自分の言い分を述べたいのなら、自分（カーニー）はじゃましないといった。しかし、ハルゼーがチークの論法に動かされるかは疑問だと、カーニーはいい、ハルゼーは「過去四十八時間、ほとんどかまったく寝ていない」とつけくわえた。[74] チークは提督を起こす気になれず、話はそれでおしまいだった。

ハルゼーと彼の取り巻きは、先の六月にマリアナ諸島沖の海戦でスプルーアンスがしでかしたと彼らが考えている大失敗をくりかえすまいと決意していた。このときスプルーアンスは第三十八機動部隊（当時は第五十八と命名されていた）に小沢部隊を西へと追撃させるのを拒否していた。いいかえれば、彼らは日本空母部隊を追いつめて撃破する気満々で、その目標を達成するために大きな賭けに出る気だった。戦争の二十年後にインタビューに応じたミック・カーニーによれば、「ハルゼーとモールトンはとくに強く感じていて、早いうちから、もし日本艦隊がその戦術航空部隊を奪われたら、将来の計画がどういうものであれ、その艦隊の有効性は永遠に骨抜きにされるという見解を表明していた。なぜならわれわれは彼らがなにひとつ補充できないと確信していたからだ。

こうした討論のなかから、あの夜、ハルゼーの旗艦で、主たる目標は母艦航空とすべしという決意が生まれた。あれは実質的には――そう、あれはほとんど強迫観念だったと思う」。[75]

日本空母を撃破することは、ハルゼーの「強迫観念」だった。これが彼に長く仕えた忠実な参謀長、〝汚い手部門〟の執事長の判断だった。彼はのちに海軍の指揮系統という梯子の最上段（一九五三～一九五四年、海軍作戦部長）に登りつめた。カーニーの告白は、ハルゼーだけでなく彼自身にとってもひじょうに不利なものだったが、あの夜、第三艦隊では戦術的意思決定の仕組みが崩壊していたことをあきらかにした。

ハルゼーと彼のチームは長期の精神的肉体的疲労の影響を感じていたようだ。司令部作戦室の多くの者が最近のインフルエンザの流行から回復しつつあった。六週間ほぼ休みなしの空母戦闘活動中、彼らはほとんど休みを取っていなかった。

しかし、疲労とインフルエンザがすべてを物語るわけではない。八月にハルゼーがレイモンド・スプルーアンスから艦隊の指揮を引きついで以来、基本的な手順に混乱や杜撰（ずさん）さ、衝動性が広まっていた。第三艦隊幕僚は第五艦隊幕僚よりかなり大所帯だったが、はるかに能率がよくない印象をあたえた。新しいチームは概して、スプルーアンスの幕僚がやったような詳細な作戦計画を作成しなかった。彼らは艦隊への頻繁な急送公文書によって作戦を行なうほうを好んだ。しかし、通信文はしばしば遅く、あいまいで、瀬戸際の変更で撤回された。空母機動群の指揮官たちはつぎの行動にずっとはらはらしていた。艦隊の新ボスのいいかげんな習慣は、真珠湾でも頭痛を引き起こした。ニミッツは、権限を逸脱したり、明確な報告書を適宜作成しないことで、頻繁にハルゼーを叱責した。十月前半のそうした不手際では、ハルゼーは太平洋艦隊司令長官にこう許しを請うた。「このたびの混乱を心よりお詫び申し上げます。たしかに小官の意図はすばらしかったが、小官の遂行はひどいものでした[76]」

ハルゼーは南太平洋部隊（ＳＯＰＡＣ）からつれてきた士官たちによる習慣があった。たとえ誰ひとり、空母作戦の経験が最近なくても、自分が個人的に知っている者たちに。空母提督で、将来の統合参謀本部議長のアーサー・ラドフォード提督によれば、ハルゼーは「空母航空作戦に関連するお粗末な助言に悩まされていたか、あるいは自分で決定を下すことを強く主張したが、これはいっそうひどいことになりかねなかった[77]」。同様の意見は、ハルゼーの海軍歴でもっとも物議を醸したエピソード以前にも、艦隊内で広く聞かれた。ミッチャーの参謀のクラーク・レナルズが見たところでは、ハルゼーは、たとえ指導者として「心から愛されて」いたとしても、スプルーアンスが勝ち得た「深い職業上の敬意を受けていなかった」[78]。ローランド・スムートは彼を「完全完璧な道化役」と呼んだ。「……だが、もし彼が『いっしょに地獄へ行こう』といえば、人は彼といっしょに地獄へ行くだろう」[79]

レイテ湾部隊はそれを知らなかった

三百海里南方のレイテ湾では、キンケイド提督の第七艦隊が、スリガオ海峡を抜けてくる西村提督の南方部隊を迎え撃ち、撃退する準備をととのえていた。キンケイドは艦砲射撃火力支援群の指揮官であるオルデンドーフ提督に信号を送った。「敵、今夜、レイテ湾に到着する可能性あり。夜間の交戦にそなえてあらゆる準備をされたし」[80]

オルデンドーフの部隊にはアメリカ海軍の旧型戦艦の大半と支援の巡洋艦、駆逐艦がふくまれていた。そのなかには、日本の真珠湾攻撃で行動不能になった戦艦五隻もいた。その生存艦五隻のうちウエストヴァージニアとカリフォルニアの二隻は、日本の航空魚雷で大破炎上し、港の底に着底していた。超人的なサルベージ作業のおかげで、彼女たちは引き揚げられ、修理された。真珠湾の乾ドックに入っているあいだに、竜骨からマストのてっぺんまで造りなおされ、最新の火器や射撃指揮装置、レーダー装置が装備された。乗組員も新しかった。とくにウェストヴァージニアにはよく訓練された新米たちが乗り組んでいたが、そのほとんどが六月に乗艦するまで海に出たことがなかった。艦の戦闘報告書によれば、「以前に海上勤務の経験があった者は下士官兵十二名のみ。砲台長のうち二名は以前、海に出た経験がなく、三人目は潜水艦勤務からの転科で、四人目は小型艇からの転科だった。それでも、短い三カ月間、過酷な試運転期間を修了して、戦闘部隊として艦隊に合流した」[81]。

オルデンドーフはこの復活した戦艦たちをスリガオ海峡の北の入り口を横切って単縦陣で展開させ

た。その両側面では、各巡洋艦戦隊が二海里南側を斜めに航行して、予想される敵の前進路に向かって、大口径砲による半円形の包囲陣を敷くことになっていた。これは単純かつ伝統的な配置で、何世紀もつづく海軍の〝戦列〟の概念を忠実に守っていた。オルデンドーフは駆逐艦をさらに南側の海峡内に展開させ、海岸から離れるなと命じた。彼らはパナオン島とディナガット島の海岸にそった高地や断崖が作りだすレーダーの影になる部分に隠れることになる。彼らは、ときがくれば、海峡を近づいてくる西村の南方部隊に雷撃を仕掛ける。

オルデンドーフは第七艦隊の四十五隻の高速哨戒魚雷艇（PTボート）もすべて利用した。彼はこれを海峡の南部分と、その西側の近接路に配置した。魚雷艇は主として早期警戒役をつとめることになる。触接報告を無線で報告したあとは、自由に雷撃をこころみてよかった(82)。

西村艦隊の総〝斉射重量〟の数倍を有するオルデンドーフの部隊は、相手をノックアウトするのにじゅうぶんすぎるほどだった。西村の南方部隊はスリガオ海峡を進むあいだ、長く破壊的な夜間雷撃の試練を切り抜けることになる。もし海峡の末端までたどり着ければ、そこで日本艦隊は、六隻の戦艦と八隻の巡洋艦の集中艦砲射撃に遭遇するだろう。オルデンドーフの巨艦たちは東西の軸にそって配置され、いっぽう西村の縦隊は北を向いて近づかなければならない。これはアメリカ艦隊が日本艦隊にたいして〝T字戦法〟を取る機会を得られることを意味する——つまり、前部の砲塔からしか撃ち返せない敵艦にたいして、全艦が片舷斉射を浴びせる機会を。これは昔から尊ばれてきた戦術概念で、その起源は船にはじめて大砲が積みこまれたころにさかのぼる。実質的に、この海戦の布陣によって、オルデンドーフ艦隊の（すでに決定的に）優勢な火力差はさらに拡大することが約束されていた。

アメリカ軍は自分たちが強いカードを持っていることを知っていたので、勝利を確信していた。それでも接近する日本艦隊の構成にかんするいくらかの不確かさと、オルデンドーフの艦が積んでいる弾薬の種類にかんする軽い懸念は残っていた。偵察機の目視報告は、日本艦隊の戦艦の数について一致していなかった。二隻と報告した者もいたが、すくなくとも一名のパイロットは四隻見たと思った。アメリカ側は日本の戦艦四隻が相手でも優位に立てるだろうが、より互角に近い戦いとなるだろう。火力支援群はレイテ湾上陸の前に、対陸上射撃に適した榴弾（ＨＥ）を高い割合で積んでいたので、徹甲弾（ＡＰ）のたくわえは比較的限られていた。長期戦にならないかぎり、これは重要な要素にはならないだろうが、オルデンドーフは無茶な冒険をしたくなかった。彼は徹甲弾を節約するために、各戦艦に敵が、「命中精度と射撃の効果がいずれも高い」一万七千ヤード（約一万五千五百四十四メートル）から二万ヤード（一万八千二百八十八メートル）の中距離に接近するまで射撃をひかえるよう命じた[83]。

この最終準備のあいだに、キンケイド提督はマッカーサーと気をつかう交渉にあたっていた。通常の状況では、オルデンドーフ提督に配属された戦闘群には、巡洋艦ナッシュヴィルもふくまれていた。しかし、ナッシュヴィルはホーランディアからマッカーサー将軍を運んできていて、当座、いまだに彼の指揮艦をつとめていた。将軍は侵攻以来、毎日、上陸していたが、毎晩、艦に戻っていた。陸上の状況はじゅうぶん統制下にあるようで、マッカーサーはレイテ島の陸上に司令部を移すこともできただろう。実際、彼は翌日そうするつもりだった。

キンケイドはナッシュヴィルをスリガオ海峡に送りたかったし、彼女の士官と乗組員もまちがいなく海戦に参加したがっていた。しかし、マッカーサーはまだ艦に乗っていて、冒険に同行したがっていた。彼はキンケイドにこういった。「わたしがそうした重大な戦闘に立ち会うべきあらゆる理由がある。それに、わたしは大海戦を経験したことがないので、どうしても見てみたいのだ[84]」しかし、キンケイドには、南西太平洋戦域司令官を海戦に送りこんで危険にさらす理由が見あたらなかった。彼はマッカーサーにべつの非戦闘用艦艇を司令部として使うことを提案し、それから自分の指揮艦ワサッチに移乗するよう勧めた。マッカーサーがいずれの提案も拒否すると、キンケイドはナッシュヴィルを戦闘群からはずして、タクロバン泊地に置いていった。

オルデンドーフ麾下の各艦は日没前に配置についた。戦艦と巡洋艦は、砲塔の射界が制限されないように、カタパルトで艦載水上偵察機を射出して、レイテ島の飛行場に下りるために送りだした。各戦艦は午後六時半に縦隊に合流した。その一時間後、艦隊は総員配置につき、「待機態勢ワン・イージー」に入った。[85]

レイテ湾では、あらゆる目、耳、頭、そして心が南へ、迫り来るスリガオ海峡の戦いへと向けられていた。第七艦隊の誰ひとり、ハルゼーが彼の強大な部隊を全部、北へ持っていったのではないかと、彼が警報を発する警戒駆逐艦一隻さえ置かずに、サン・ベルナルディノ海峡の門を大きく開けっ放しにしているのではないかなどとは、思わなかった。キンケイドは、南方の西村艦隊を待ち伏せする準備をしているあいだに、自分が北方から待ち伏せされようとしていた。そして、彼は栗田艦隊の巨砲が夜明けの数分後に火蓋を切るまで、その恐ろしい事実を知らなかった。

第六章

ハルゼーの誤算、栗田の失策

南方の西村艦隊が防御艦隊と戦い、
ハルゼー艦隊は北方の小沢艦隊を追っている。
栗田艦隊の前に奇跡的な勝機が訪れた。
ついに大和の巨砲が火を噴く。しかし——。

（右）五つ星の海軍元帥への昇進にともなって、終戦後すぐに撮影されたウィリアム・ハルゼー・ジュニア提督の公式ポートレート。U.S. Navy photograph, now in the collections of the U.S. National Archives
（左）1942年頃撮影された栗田健男中将の公式ポートレート。U.S. Naval History and Heritage Command

西村艦隊の使命

十月二十四日の午後じゅうずっと、西村の南方部隊は、依然としてスリガオ海峡を目ざしてミンダナオ海をひたすら突き進んでいた。その日の午前中には米第三艦隊の哨戒機との短く激しい遭遇戦があったが、それ以降、艦隊はずっと攻撃を受けていなかった。戦艦山城の損害は食い止められ、右舷への傾斜は復旧していた。

スリガオ海峡の近接路に多数のアメリカ軍高速魚雷艇ありとの偵察機の報告が気になった西村は、二隻の戦艦をスリガオ海峡に進める前に、駆逐艦四隻をつけて巡洋艦最上(もがみ)を前方に送り、この海域を偵察させることにした。午後六時三十分、最上を中心とする偵察部隊は、戦艦部隊と分かれて、ミンダナオ海の北部を嗅ぎまわるために突き進んだ。偵察部隊が出ていった直後、西村は豊田の無電を受信した。日本軍の全指揮官にあてたものだったが、暗に栗田に向けられていた。「天のみちびきを信じて、全軍、攻撃を再開せよ」(訳註:日本語原文は「天佑を確信し全軍突撃せよ」)

この奇妙な言い回しの電文は、きっと西村を困惑させたにちがいない。彼はまだ栗田艦隊が西へ変針したことを知らなかったからだ。それから三時間後、彼は栗田提督から直接、中央部隊が遅れていて、明朝午前十一時ごろまでレイテ湾には到着できないという知らせを受けた。このかんばしくない知らせにひるむことなく、西村はもとの時刻表に合わせて攻撃するつもりで、速力を落とさずに進撃をつづけた。彼はきっとレイテ湾内に突入する公算はけっして高くないと知っていたにちがいないが、いまや自分が、計画された挟み撃ち攻撃の北側の腕に妨害されない、全アメリカ艦隊の集中砲火に出会うことを確信できた。進撃をつづけるという彼の決定によって、巡洋艦二隻と駆逐艦数隻からなる継子艦隊である志摩提督の〈第二遊撃部隊〉が、西村艦隊と合流する時間がなくなることが確実になった。約四十五海里遅れてついてくる志摩艦隊は、事前に西村艦隊と作戦あるいは戦術のタイミングを調整する計画を立てることなく、そのまま乱戦に突入することになる。

日本海軍の上級士官のうち、生き残って、あの夜、スリガオ海峡で起きたことを物語れた者はごくわずかだったので、歴史研究者は必然的に推論や憶測にたよってきた。旗艦山城が見こみのない戦いに突入するとき、西村がなにを考えていたのかは誰にもわからない。彼はきっと自分が七隻の艦隊を待ち伏せにみちびいているのではないかと思っていたにちがいない。たぶん日本側には、夜間水上戦闘における卓越した技量がいくらか残っていると思っていただろう。彼らが戦前徹底的に訓練し、ソロモン諸島における幾度かの夜戦で見せつけた技量が。夜陰にまぎれた艦砲同士の撃ち合いは、航空攻撃の危険も排除した。

しかし、こうした戦術的考察は、西村の任務のもっと重要な点を見落としている。彼の部隊は一部でも生き残ることを期待されていなかった。西村は自分が海上バンザイ突撃をひきいていることを知っていたし、あきらかに死を覚悟していた。ある意味で、南方部隊は囮であり、北側の栗田部隊の勝算を高めるために、米軍部隊の一部を引きつけることを意図していた。もっと深い意味では、彼の小艦隊は戦いの神々への生け贄の供物となることになっていた。西村の本当のつとめは、最後の一弾まで撃ちつくして、栄光ある全滅をこうむり、よって日本海軍の敗北の名誉を守ることだった。

そうした使命は平易な言葉で説明できなかったし、〈捷一号〉作戦計画の文言、あるいはのちの豊田の命令では、明確に表現されていない。伊藤正徳はこの海戦にかんする戦後の記述で、欧米の批評家は、こうした「〔西村の〕その置かれた立場と心情」を理解していないと強調している。しかし、生き残った士官や乗組員の話からは、自分たちの役割についてのこうした理解を確認できる。駆逐艦満潮の田中知生艦長は、「この部隊の士官は全員、自分たちが自殺任務についていることを知っていたし、誰ひとり帰るとは思っていなかった」と語っている。[1] 戦艦扶桑のある運用士官は、自分の分隊の水兵たちに、自分たちはタクロバン泊地に突入し、米艦隊の優勢な砲火のもと、沈みかけても主砲を撃ちつづけられるように、海岸にのし上げると告げた。「われわれは海上特別攻撃にくわわることになる」と彼は部下たちにいった。[2] この文脈では、〝特別攻撃〟（特攻）とは、片道の自殺攻撃を指していた。ある証言者によれば、海戦前の説明で、西村提督は「戦闘準備と同じぐらい精神の準備が必要だと強調した。西村は死地に臨む武人の覚悟だった。その態度は艦隊の全員に浸透し、西村の部下たちはこの切腹作戦で一同莞爾として彼についていった」。[3]

アメリカ軍の高速魚雷艇隊は、西村の前進路ぞいで待ちかまえていた。三十九隻の魚雷艇は十三個隊で展開し、ボホール海とスリガオ海峡の南方近接路に浮かぶ島々の海岸にそって進んでいた。彼らは波ひとつないおだやかな海に艇を止めた。暖機運転中のパッカード・エンジンが低くうなり、排気煙がそよ風に乗って流れていき、波が木製の船体を気怠く叩く。夜気は蒸し暑く、ほとんど澄みきっていた。半月が西の空に低くかかり、ぎらぎら光る黄色の痕跡を海に投げかけている。

前衛隊は、海峡の南の入り口から約六十海里、ボホール島とカミギン島の沿岸近くに配置されていた。午後十時三十六分、魚雷艇PT－131がふたつの大きな輝点をレーダー・スコープに捉えた。約二十ノットで西から接近してくる。夜間双眼鏡で水平線を見わたしたピーター・ガッド少尉はすぐに敵を発見した。二列縦陣が、四隻の駆逐艦にひきいられ、そのあとには特徴のあるそびえたつ前檣楼をそなえた戦艦二隻と、最後に巡洋艦最上がつづいている。

ガッドが触接報告を打電しているあいだに、日本側も同様にPTボートを視認し、彼らの方角に照明弾を打ち上げた。頭上で星弾が炸裂し、燃えるように赤い光であたりを照らしだした。ガッドの三隻のPTボートはスロットルを開いた。エンジンが轟き、船体が海面から浮き上がって、長く白い航跡が後方へとのびていく。駆逐艦時雨が探照灯で彼らを捉え、十二・七センチ砲が火蓋を切った。小さな木製の舟艇のまわりに水柱が上がるなか、彼らは速力三十ノット以上で接近した。「最初にわかったのは、艇がぶっ飛ばしていることだった」とPT－152のある乗組員はいった。「われわれは探照灯に捕まっていた。騒音は信じがたいほどだった[4]」

PT－152の四十ミリ機銃員たちは時雨を撃って、探照灯を破壊しようとしたが、むだだった。時雨と日本艦隊のほか数隻は、攻撃側に艦首を向けて、標的の輪郭を小さくし、魚雷の〝あいだをすり抜ける〟かまえだった。魚雷艇隊は魚雷を発射し、向きを変えて離脱した。魚雷はすべてはずれた――おそらく大はずれだった。日本側の見張り員は一本も雷跡を見なかったからだ。

煙幕を張り、ジグザグ運動をしながら、高速で避退する途中、PT－152は艇尾に直撃弾を食らった。艇の三十七ミリ機銃が破壊され、砲手は即死し、艇内の後部区画で炎が上がった。PT－130にも、おそらく山城の副砲の一門が放った十五・二センチ砲弾が命中したが、徹甲弾は艇の合板とマホガニー材を「完全にすっぽり」貫通して、爆発しなかった。不安な一瞬、損傷したPT－152は時雨に追いつかれ、海面から吹き飛ばされるかに思われたが、駆逐艦は縦隊に戻っていき、追跡をあきらめた。日本側にはもっと大事な仕事があったのだ。

ついていないことに、ガッド隊の艇は三隻とも無線機が使えなくなっているのを発見した。PT－130とPT－131は南東に変針して、カミギン島へ向かい、そこでべつの隊と合流した。PT－127に乗りこんだガッドは、海峡の末端にいるオルデンドーフ提督に、触接ならびに戦闘報告を打電した。いまやオルデンドーフは西村艦隊がボホール島のすぐ南、自分の位置の約九十海里南西にいることを知った。彼は晩のあいだずっと最新の位置情報を受け取りつづけることになる。連合軍の戦艦と巡洋艦は、砲を南に向けながら、海峡を五ノットで行きつ戻りつしつづけ、敵が射程内に入ってくるのを待った。

日本軍部隊はリマサワ島を通りすぎると、二列縦陣を組み直し、駆逐艦が側面についた。彼らは、ドワイト・H・オーウェン大尉ひきいる第十二魚雷艇隊の三隻によって、最初はレーダーで、それから目視で、監視されていた。西村がパナオン島の南端に近づくと、オーウェン隊の魚雷艇が沿岸の暗闇から殺到して、攻撃を仕掛けた。PT－151とPT－146は、探照灯の光のなかにつっこんで、周囲に水柱があがるなかで、射程千八百ヤードから魚雷を発射した。両艇とも大きくはずした。魚雷艇はくるりと向きを変えて、命からがらジグザグ運動をしながら避退した。この混戦による混乱で、戦艦扶桑が巡洋艦最上を敵とまちがって、短時間射撃したが、深刻な被害はあたえなかった。

日本軍部隊は、パナオン島をまわって、北へ変針し、スリガオ海峡に入ると、突然、全方向から攻撃隊の群れに襲われた。ロバート・リースン少佐のPTボート三隻（PT－134、132、そして137）は、日本軍縦陣の中央に突撃し、山城とおぼしき戦艦の目もくらむような探照灯を浴びた。千五百ヤードまで肉薄し、魚雷七本を放つと、急回頭して避退した。不規則なジグザグ運動をする彼らは、山城の巨砲と機銃の銃撃の嵐に追いまくられた。「敵艦の四十ミリ機銃と十四インチ主砲は夜を昼間に変えた」と、この戦闘を生きのびて運がよかったと感じるある水兵はいった。「かなりの五インチ砲の射撃もあった。きっと駆逐艦も射撃を開始していたにちがいなく、曳光砲弾と煙、炸裂する砲弾、炎がそこらじゅうにあった」[5]

日本側の砲銃がリースンの避退する三隻に手をのばしているとき、べつのトリオが南東の闇のなかからつっこんできた。ＰＴ－５２５とＰＴ－５２４、ＰＴ－５２６は、目標が自身の砲口炎と星弾で完璧な輪郭を浮かび上がらせているのを発見した。彼らは魚雷を放ち、それから高速で遠ざかって、スミロン島の影に逃げこんだ。しかし、日本側がこの右舷の攻撃隊を見たかさえさだかではない。ほぼ同時に、ＰＴ－４９０、ＰＴ－４９１、ＰＴ－４９３が、北から事実上の正面攻撃でつっこんできたからだ。

この隊はスコールの隠れ蓑から抜けだして、自分たちが手近の敵駆逐艦からわずか七百ヤードの位置にいることに気づいた。敵艦隊は反対側の魚雷艇と交戦中で、そのため一時的に不注意だった。このトリオの魚雷艇は、この夜もっとも大胆な魚雷攻撃を仕掛け、四百ヤード以内に接近したところで探照灯に照らしだされた。彼らは魚雷を発射し、急回頭して、水柱に追いかけられた。三艇ともジグザグ運動をしながら北へ避退する途中に敵の射撃を食らった。ＰＴ－４９３はその夜、どの艇よりもひどい打撃をこうむった。十二・七センチ砲弾一発が艇尾に命中し、二発目は水線下の船体に穴を開け、三発目は海図室の直後に命中して、二名を即死させ、さらに七名を負傷させた。舵輪を握る者が誰も残っていなかったので、ＰＴ－４９３はでたらめに針路を変え、敵のほうへ戻っていく恐れがあったが、やっと生存者のひとりが舵輪にたどりつき、正しい針路に戻した。艇は通りかかったスコールに逃げこんだが、大破して沈みかけた状態で、乗組員の大半は負傷で動けなかった。生存者たちは艇をパナオン島に乗り上げさせて、負傷者を陸に上げ、そこで翌朝、救助された。

これまでのところ、魚雷艇の攻撃は日本軍にとって迷惑以上のものではなかった。二十本以上の魚雷が発射されたが、一本もあたっていなかった。のちに認められたように、魚雷艇の乗組員にはもっと魚雷戦術の訓練が必要だった。疑いなく彼らは砲火を浴びてろくに狙いもつけずに魚雷を発射したか、あるいは直射距離までつっこんで自分たちの全滅を招くことを拒否していた。魚雷の一部はおそらく正常に機能していなかった。なかには目標に命中したが、爆発しなかったものもあったかもしれない。それでも魚雷艇隊はもっとも重要な任務を遂行し、敵の接近の早期警戒警報を提供した。日本艦隊は、〝デヴィル・ボート〟のしつこい群れを撃退するとき、銃砲火と照明弾で夜を照らしだし、それはひじょうに遠くからでも見えた。午前二時六分、戦艦ウェストヴァージニアの日誌はこう記している。「南東遠方に星弾認む」その二分後に、「方位一八〇度ちょうどに砲火視認[6]」。西村はこの移動花火ショーで自分の位置をあかしていた。

しかし、西村はこれで止まらなかったし、進撃のペースも落ちなかった。西村艦隊は海峡の中心部に針路を変えると、方位零度の真北の針路で、待ち受けるアメリカ艦隊に向かって突き進んだ。月は午後十一時に沈み、夜はひじょうに暗かった。海はおだやかなままだったが、雨スコールがたびたび海域を横切り、視界をさえぎった。日本軍の見張り員は左舷のパナオン島と右舷のディナガット島のおぼろげな島影さえほとんど見分けられなかった。木が鬱蒼と生い茂る、見上げるようなその稜線は、はるか遠くの幕電光の散発的な閃光に照らされるとき以外は、まったく見えなかった。おおぐま座、北斗七星の見慣れた形が北の空低くに見えた。

「我、レイテ湾に向け突撃、玉砕す」

ジェシー・カワード大佐の第五十四駆逐隊は、北から急速に接近していた。カワードは指揮下の駆逐艦を平行する二列の縦陣に配置して、両側面で日本軍縦隊をつつみこむつもりだった。カワードの駆逐隊は二十ノットで南下し、西村の駆逐艦は同速で北上して、四十ノットの合成速力で距離を詰めるふたつの敵は、約五海里まで近づいたとき同時に相手を視認した。カワードの東側の縦隊は、先頭の日本艦から見ると、艦首右方向わずか一〇度のほぼ真正面から接近していた。彼らは近づきながら煙幕を張り、視界をいっそうさえぎった――しかし、夜目のきく日本軍の見張り員は彼らの煙突の特徴ある形が、ディナガット島のおぼろげな姿を背景にして動いているのを見分けることができた。

日本軍は遠距離で火蓋を切ったが、その初弾は大きくはずれ、水しぶきは目標に約二千ヤードほどとどかなかった。[7] カワードの各艦はスリガオ海峡の海岸線にそって進んでいるので、山がちの島の地形が作りだす〝レーダーの影〟のなかにとどまっていた。駆逐艦時雨の艦長、西野繁少佐によると、この戦術は功を奏した。いらだった日本の砲術科員たちは、レーダー・スコープをのぞきこんでも、「敵艦と陸地を区別できませんでした。画面にはまざりあったひとつの反応しか得られませんでした。われわれはかまわずに撃ちましたが、あまり効果的ではなかったと思います」[8]。

アメリカ艦隊は、砲口炎が敵の照準点になるといけないので、撃ち返さなかった。カワードは自分の戦隊に魚雷のみで攻撃せよと命じていた。午前三時、東側の隊の駆逐艦三隻が二十七本の魚雷を発射して、それから左舷に急回頭し、各種口径の砲弾に追いまくられた。日本艦の見張り員は接近する雷跡とそれがかき立てる緑色の燐光を発見した――そして、日本軍の縦隊は回避のため舵を切った。扶桑の三十六センチ砲が避退する三隻の駆逐艦に向かって火蓋を切り、マクゴーワンを夾叉(きょうさ)したが、命中弾をあたえなかった。しかし、ほぼ同時に、扶桑が魚雷二本、もしかすると三本を右舷中央部に受けた。缶室が浸水し、右舷側に大きくかたむくと、唐突に出力を失った。彼女は隊列から脱落した。うしろにつづく巡洋艦最上は舵をいっぱいに切って、衝突を避けなければならなかった。

カワードの駆逐艦部隊の残り半分——モンセンとマクダーマットからなる西側グループ——は、射距離八千から九千ヤードのあいだで二十本の魚雷を扇状に発射した。この魚雷はちょうど西村部隊が真北の基準針路にもどりつつあるときやってきた。その結果は壊滅的だった。縦隊の駆逐艦四隻のうち三隻が三分間のあいだに魚雷を食らった。山雲は艦中央部に二本の魚雷を同時に受けた。爆発により、発射管内に装塡されていた山雲自身の魚雷二本が誘爆した。複合爆発は彼女をほとんどばらばらに吹き飛ばし、山雲は約二分で沈んだ。西野少佐は、彼女が「赤く焼けた巨大なアイロンを水につけたような」じゅっという音とともに沈んだと回想している。[9] 満潮は左舷機関部を襲った一撃で航行不能になった。彼女は航進の自由を奪われて、沈みはじめ、生き残った乗組員の英雄的な努力だけが彼女を浮かせつづけていた。三隻目の朝雲は、前部に魚雷を食らった。艦首全体が引きちぎられたが、乗組員はなんとか損傷を封じこめることに成功した。[10] 彼女はぐるりと向きを変えて、よろよろと南へ向かった。

傷ついた扶桑は、ほとんど進めなかった。彼女は「喫水線からマストのてっぺんまで完全に炎につつまれて」、命がけで戦っていた。[11] それから一時間、艦は潮流のなかをなすすべもなく漂った。艦長は総員退去を命じ、乗組員はスリガオ海峡の暖かな海水に飛びこみはじめた。午前四時ごろ、艦は右舷側に転覆し、巨大な上部構造物が大きな水しぶきとともに水面を叩いた。艦首が水面下に没し、艦尾が五十メートル近い高さまで水上につきだして、まだスクリューがまわったまま、彼女はすべるように沈んでいった。油が海面に広がり、炎が安全な場所をもとめて泳ごうとする多くの者を呑みこんだ。この沈没で何名の人間が生き残ったのかはわかっていないが、海上で漂流者としてすごす時間を生きのびた者はほとんどいなかった。海戦後、日本に戻った扶桑の生存者は、わずか十名ほどだった。

いまや西村艦隊は大混乱状態だった。なかには縦隊が魚雷艇にかこまれていると思った者もいた。

西野少佐は扶桑ではなく旗艦山城がやられたという印象を受けた。山城は二十五ノットで北上をつづけたが、西村提督と士官たちは、扶桑と駆逐艦三隻が被弾し、縦隊の合計トン数の半分以上が行動不能か撃破されていることを知らなかった。最上だけが旗艦といっしょだった。残る唯一の航行可能な日本駆逐艦である時雨は、速力を上げて魚雷を回避したが、その後、部隊の残りとの接触を失っていた。当座、西野は味方のどの艦も無線で呼びだせなかった。彼は南へ転じて、「山城になにがあったのかをつきとめ、可能なら指示を受けようとしました。それから二度目の反転を行ない、ふたたび北上しました(12)」。

そのいっぽうで、海峡の北の端では、オルデンドーフの戦艦と巡洋艦が、近づいてくる日本艦隊をレーダーで追尾していた。彼らは低出力の無線周波数で日本語のおしゃべりの断片を傍受していた。見張り員は遠くの星弾と砲火を目にし、はるかかなたの爆発の轟音を聞いていた。オルデンドーフ提督は敵の探照灯の光条が水平線を横切るのを見て、それを「なにに触れているのかは見えないが、一晩中振られている盲人の杖」にたとえた(13)。駆逐艦山雲が吹き飛ぶと、その爆発は海峡の末端からでもはっきりと見えた——そして、その数秒後、対応する〝輝点〟がレーダー・スコープから消えた。

砲員たちは目標に集中して、火蓋を切る準備をととのえていたが、先のオルデンドーフの指示にしたがって思いとどまっていた。まずいちばん北方に位置する駆逐艦群——第五十六駆逐隊——が敵を攻撃する機会を得なければならなかった。午前三時三十四分、オルデンドーフは、「大物を始末する」ために、彼らに前進を命じた(14)。

この駆逐艦部隊による最後の攻撃をひきいたのは、駆逐艦ニューカムに座乗するローランド・スムート大佐だった。彼の第五十六駆逐隊麾下の各駆逐艦は、三隊に分けられ、各縦隊はフレッチャー級駆逐艦三隻で構成されていた——一隊は西村艦隊の左側面から攻撃し、一隊は右側面から、一隊は正面から攻撃する。彼らは速力二十五ノットで海峡を突き進んだ。オルデンドーフの巨砲がいまにも火蓋を切ろうとしていて、もしそうなったときには自分の駆逐艦たちを射線の外に出しておいたほうがよいことをおぼえていた中央縦隊の指揮官は、無線でこう指示した。「こいつはすばやくやらねばならんぞ。魚雷戦用意[15]」距離が六千ヤードまで近づくと、各縦隊は敵に片舷を向けて、魚雷を発射した――各艦五本ずつ、合計で四十五本の魚雷を。それから最大速力で海峡の端に向かって進みつづけ、煙突から大量の煙を吐きながら、いそいで射界から出た。

北の水平線近くの巨砲は、スムート隊の最後の魚雷が発射管から放たれ、海面に落ちたちょうどそのとき、火を噴いた。右側面の巡洋艦の六インチ砲と八インチ砲が最初で、戦艦の十四インチ主砲と十六インチ主砲の斉射がそのすぐあとにつづいた。赤い曳光砲弾がゆったりとした長い弧を描いて頭上に舞い上がった。巨大な飛翔体は目標までの十二海里の旅のあいだ、辛抱強く宙に浮いているように見えた。スムート大佐はこれを「わたしがかつて目撃したなかでもっともすばらしい光景」と呼んだ。闇のなかで曳光砲弾が描く弓なりの線は、つぎつぎと丘を越えていく明かりのついた鉄道列車のように見えた[16]。

午前三時五十三分、ウェストヴァージニアの最初の斉射が命中した。砲術長が艦内通信系で静かに笑い、「初弾命中」と発表した。双眼鏡で目標を観察していたハーバート・V・ワイリー艦長は、二度目の斉射が着弾すると、目標が燃え上がるのを見た[17]。彼はまだ知らなかったが、目標は西村の旗艦、山城で、すぐにすくなくとも十数隻のアメリカ巡洋艦および戦艦の集中砲火を浴びた。デンヴァーの戦闘報告書はこう述べている。「ほとんど〇三五〇時の撃ちかたはじめの時点から、本艦の観測者たちには、敵の各艦がたえまない炎と爆発の塊に見えた[18]」

山城はこの嵐に断固として向かっていった。それからの七分間、連合軍艦隊全体の艦砲射撃がすべてこの一隻に集中された。垂直の白い水柱が右舷と左舷の舷側近くに上がった。彼女の重装甲の甲板は徹甲弾の雨の下で震えた。負傷者が士官室に運び下ろされ、テーブルに寝かされたが、直撃でその区画は跡形もなくなり、そこにいた衛生班をふくむ全員が戦死した。艦内通信系がすべて途絶し、砲塔の砲員が艦橋から切り離されたのちも、彼らは主砲と副砲から斉射を放ちつづけ、右側面のアメリカ駆逐艦と巡洋艦の周囲で水しぶきが上がった。[19] 射撃管制用レーダーがないため、山城の射撃は相手方より不正確だったが、数発は連合軍巡洋艦の不安なほど近くに落ちた。一斉射はオーストラリアの巡洋艦シュロップシャーを大きくはずれて着弾したが、つぎの斉射はもっと近づき、三度目は上を飛び越えて、反対側に大きな水しぶきを上げた。フィーニクスとオルデンドーフの旗艦ルイヴィルのまわりに水柱が上がった。提督は巡洋艦の戦列に回避運動のため速力を上げるよう命じた。

山城の約四分の一海里後方をついてくる最上の艦上では、ある乗組員が、飛来する砲弾のかん高い音は「おそろしく身の毛のよだつ音で、左から右へ通りすぎた」と回想している。最初の斉射が艦を夾叉すると、「そびえ立つ白い水の壁が突然、闇に現われた」[20]。六インチ砲弾と八インチ砲弾が上甲板に命中して、砲塔一基を使用不能にし、機関室を浸水させた。艦長は面舵を命じ、敵に舷側を向けた。最上は海峡の先の砲口炎におおまかに狙いをさだめて、魚雷を四本発射した。魚雷は高速で駛走するよう調定してあったので、射程は限定されることになった。

変針すると、最上の主砲が、避退する三隻のアメリカ駆逐艦、デイリー、ハッチンズ、そしてバッチのほうを向くようになった。最上は片舷斉射を放った。デイリーの艦長は、赤い曳光砲弾が自分の艦のほうにのびてくるのを暗澹たる思いで見守った。斉射は目標をとらえているようだった。「苗頭はまちがいなくぴったりだった。なぜならセンターに立って、フライがグローブに落ちてくるのを待っているような感じがしたからだ」と艦長はのちに語っている。「さいわいこの斉射は頭上を通過して、二、三百ヤード以上先に着弾した[21]」

山城は右舷に魚雷をさらに二本食らった。おそらく駆逐艦ニューカムとベニオンが放ったものだ。これで合計四本になった。山城は左舷側に傾斜し、速力は六ノットに低下した。艦首から艦尾まで炎が燃えさかり、前檣楼は松明(たいまつ)のように燃えていた。しかし、西村とその幹部たちは上部構造物の高所にある艦橋で装甲鈑に守られて生存していた。彼は先任参謀にいった。「本隊指揮官に報告。我、レイテ湾に向け突撃、玉砕す[22]」(訳註：山城主計長の江崎寿人主計大尉の証言によれば、報告の宛先は「機動部隊指揮官」で、これは栗田提督を指していた)

最上は右変針をつづけ、ついに南を向いて、敵艦砲から遠ざかりはじめた。艦橋では士官たちのあいだに議論が起きていた。何名かは、この戦いは負けだと考え、このまま海峡を引き返したがった。ほかの者たちは最後まで戦う決意だった。艦長は、強硬派に負けて、艦をふたたび乱闘につっこませるよう命じた。しかし、回頭が実施される前に、巡洋艦ポートランドが放った八インチ砲弾二発が最上の艦橋を直撃して、議論を終わらせた。しばらく艦はそのままの針路を進みつづけた。舵につく者も、命令を出す者もいなかったからだ。乗組員の生き残りがやっとラッタルを昇って、艦橋が遺体安置所になっているのを発見した。この突然の幹部全滅により、砲術長が指揮官となった。たえまなく砲火を浴びる最上は、戦える状態ではなかった。新指揮官は艦を救うことを願って、南下する決意をかためた。

山城との接触を失って久しい時雨は、六インチ砲弾と八インチ砲弾の夾叉を受けた。くりかえされる至近弾は、軽く造られた艦に大きな損害をもたらした。西野少佐によれば、近くで爆発が起きると、船体がすくなくとも一メートルは水から飛びだしたという。「わたしは猛砲撃を受けていました」と彼はいった。「至近弾があまりに多くて、ジャイロコンパスがやられました。艦は至近弾の威力でたえず震動し、無線機も使えなくなりました[23]」無線で交信ができないため、西野には進めばいいのか退けばいいのかわからなかった。彼は山城に信号が送れる距離まで近づくことを願って、艦首を東に向けたが、山城の姿も、最上の姿も見当たらず、両艦はまだ浮かんでいるのだろうかと思った。最上と同様、艦の士官のあいだでは反乱まがいの民主主義の勃発があった。何名かは時雨が南方部隊の最後の生き残りだと確信していた。砲術長は「いたずらに犬死にする」のが自分たちの務めなのかどうか疑問に思った。午前三時十五分、西野は山城と最上がおそらく沈んだと判断して、「誰からも命令を受けずに反転することにしました[24]」。

アメリカの駆逐艦グラントは、射界から出ることができずに、二方向から激しい砲火を浴びた。山城は、約三海里の距離から砲撃し、グラントの周囲に砲弾を降らせた。しかし、もっとも激しい砲火は味方である右側面の巡洋艦戦列からだった。グラントは命中弾約二十発を受けて粉砕された。撃ったのは巡洋艦デンヴァーである可能性がもっとも高い。乗組員のうち三十四名が戦死し、九十四名が負傷した。右側面の巡洋艦隊の指揮官であるラッセル・S・バーキー提督は、隊内通信系に出て、駆逐艦一隻が航行不能におちいり、友軍の砲火を浴びていると警報を発した。午前四時九分、オルデンドーフは全軍に警報を発した。「グラントが撃たれ、航行不能におちいっている。全艦、特別の安全策をとれ[25]」

アメリカ艦隊が指示にしたがうと、艦砲は沈黙し、海峡は突然、不気味なほど静まりかえった。この中休みは、アメリカ戦艦が最上の放った魚雷を回避するために北へ変針するとさらにつづいた。

西村は敵に突撃をつづけると勇敢に誓ったが、航進の自由を奪われ、炎上する山城は、連合軍の艦砲が射撃を中止してからすぐに艦首を南に向けた。たぶん彼は志摩艦隊と合流するつもりだったのかもしれないし、安全なところまで避退するつもりだったのかもしれない。誰にもわからない。彼も、

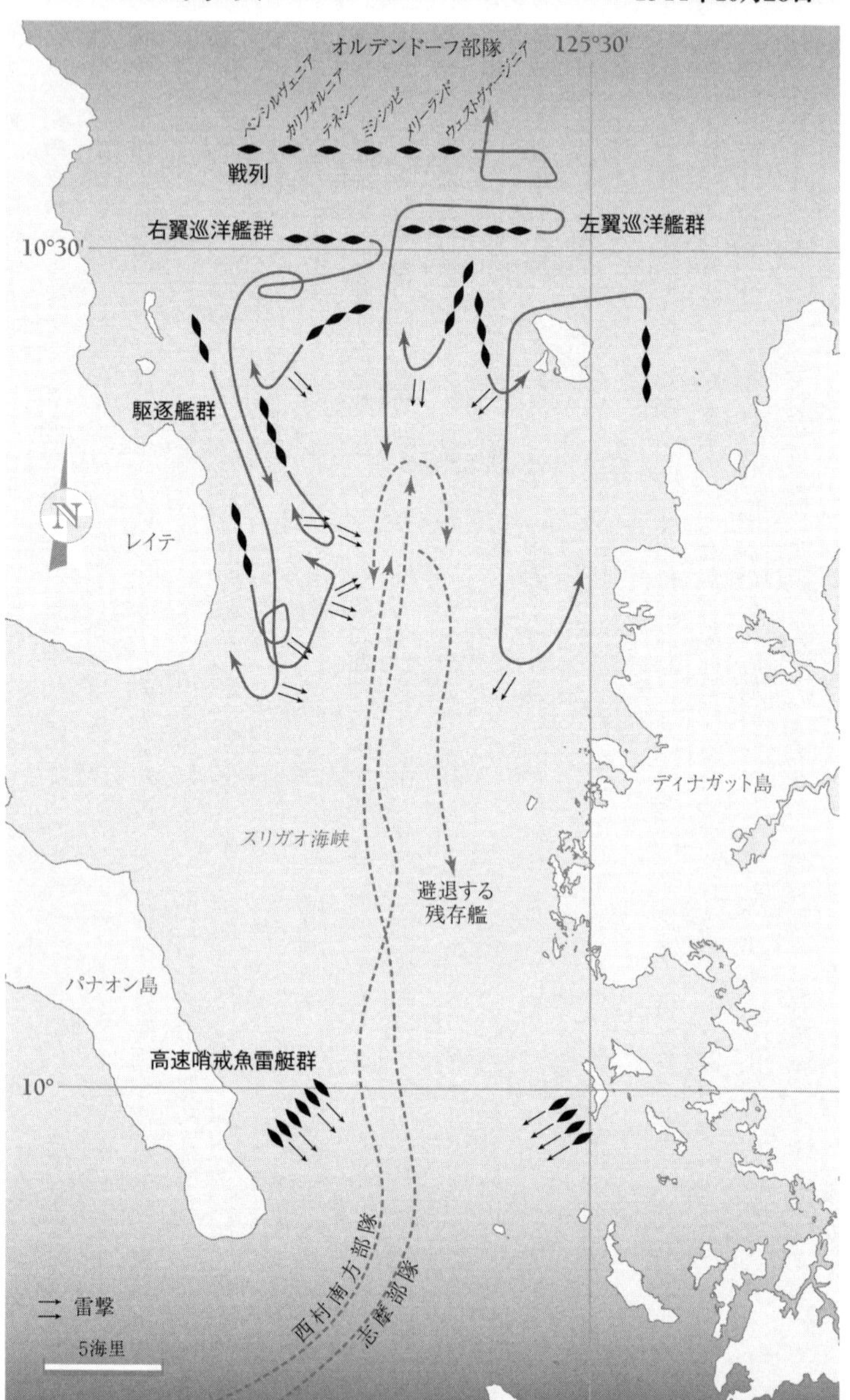
スリガオ海峡
1944年10月25日
オルデンドーフ部隊
125°30'
ペンシルヴェニア
カリフォルニア
テネシー
ミシシッピ
メリーランド
ウェストヴァージニア
戦列
右翼巡洋艦群
左翼巡洋艦群
10°30'
駆逐艦群
レイテ
ディナガット島
スリガオ海峡
避退する
残存艦
パナオン島
高速哨戒魚雷艇群
10°
西村南方部隊
志摩部隊
雷撃
5海里

艦橋にいたほかの士官も誰ひとり、生き残って体験談を物語れなかったからだ。機関科員たちはなんとか山城の速力を十二ノットまで取り戻させたが、これは船体の傷口から入りこむ水の圧力を増したにすぎなかった。午前四時十九分、山城は左舷側に転覆しはじめ、西村の先任参謀は総員退去を命じた。それから彼女は完全に転覆し、巨大な前檣楼が海に横たわった。彼女は艦尾から急激に沈み、数名をのぞく乗組員を全員、道連れにした。

スリガオ海峡海戦、終結

そのころ、南方では、視界がいっそう悪くなっていた。雨スコールがミンダナオ海と海峡の南側の部分を通過した。悪天候のなかを二十五ノットで東進する志摩提督の小艦隊は、あやうくパナオン島に座礁しかけていた。艦隊は、島の山の稜線が突然、霧のなかからぬっと現われたとき、すんでのところで急回頭していた。(26) 志摩艦隊がこの緊急回頭をしているあいだに、魚雷艇PT－137が駆逐艦潮(うしお)に魚雷を一本発射した。魚雷は目標の下をくぐったが、そのまま駛走(しそう)をつづけ、三千ヤード先でもっと喫水の深い巡洋艦阿武隈(あぶくま)に命中した。これはこの海戦でPTボートが発射して命中した唯一の魚雷だった。大きな被害を受けた阿武隈は、縦隊から脱落して、十ノットでよろよろと進んだ。

スリガオ海峡に入って、二十八ノットで暗闇のなかを北上する志摩艦隊の見張り員が、沈みかけた扶桑を遠くでちらりと目にした。雨と靄(もや)にくわえて煙がいっそう視界を悪くして、志摩の部下たちはあやまって、炎上する戦艦を一隻ではなく二隻見たと思った。これは扶桑の艦首が船体からちぎれて、まだ浮かんでいたせいだったのかもしれない。見張り員が大きな油火災をもう一隻の艦と見まちがえた可能性もある。いずれにせよ、新参者たちは立ち止まるどころか、高速でスリガオ海峡を北上しつづけた。

午前四時二十二分、志摩の縦隊は右に回頭し、魚雷を発射しはじめた。魚雷は四十九ノットでぐんぐん遠ざかっていた。ちょうど旗艦那智の魚雷が放たれたとき、見張り員が最上を発見した。彼らの目には、最上は行き脚を止めて、まだ炎上しているように見えた。しかし、距離が詰まると、艦橋の士官たちには艦が急速に収束する針路で進んでいるのに気づいた。那智の艦長は後進いっぱいを命じたが、正面衝突を避けるには手遅れだった。最上の操舵室は浸水し、速力は半減した。那智も激しく損傷し、最大有効速力は十九ノットに低下した。那智は南へ変針し、乗組員たちは損害を調査した。

この幕間に、第五艦隊水雷主務参謀の森幸吉は那智の艦橋で志摩と話し合った。艦の損傷、西村部隊の全滅に近い損害、そして海水面での悪化する視界を考慮すると、森は突撃をつづけるのは自殺行為であると進言した。罠は彼らを待ちかまえている。「提督、敵はこの先で両手を広げてこちらを待っているにちがいありません」と彼はいった[27]。志摩は進言を受け入れ、今夜はここまでにすることにした。彼は豊田提督に打電した。「当隊攻撃終了、一応戦場ヲ離脱、後図ヲ策ス」[28]サミュエル・エリオット・モリソンは志摩のこの決断を、「海戦全体で日本軍のどの指揮官よりも賢明な行為」と評している[29]。

午前五時、薄灰色の夜明けが東の方角にきざすと、ふたつの日本艦隊の残存艦は、スリガオ海峡をよろよろと南下していった。オルデンドーフ提督は、戦艦を持ち場に残すと、追撃して「傷ついた敵艦を平らげる」ために、巡洋艦と駆逐艦の一隊（旗艦ルイヴィルをふくむ）を南へひきいた。

オルデンドーフは、魚雷攻撃にうっかりはまることを警戒して、速力を用心深く十五ノットに抑えた。海水面の視界はいぜんとして悪く、スコールや霧、炎上する艦や浮かぶ油火災からのしつこい煙でじゃまされた。海はあふれたバンカー油で汚染され、残骸やただよう死体が散乱していた。何百という日本海軍兵が漂流物のあいだで、立ち泳ぎをしたり、残骸にしがみついたりしているのが見えた。

いつものように、ほぼ全員が救助の誘いをことわり、アメリカ艦が近づくと、自分から溺れようとさえした。追撃隊は沈みかけた状態の日本艦四隻とおぼしきものの浮かぶ残骸に出くわしたが、これらの艦は「それらをつつみこむ激しい油煙と炎のせいで、識別できなかった[30]」。扶桑の一部、おそらく艦首はまだ浮かんでいた。通りかかったルイヴィルはこの残骸に数斉射を放ち、どうやら沈めたようだった。

最初、損傷した那智と最上、そして時雨は、オルデンドーフに追いつかれないだけの速力をしぼりだしていた。しかし、カニアン島の沖で、うるさい魚雷艇の群れによって速力を低下させられた。まだ燃えていて、ほとんど変針できない最上は、小さな攻撃隊とパンチを応酬した。魚雷艇のまわりに二十センチ砲弾をばらまいて相手を追いはらい、ＰＴ－１９４に直撃弾さえ浴びせた。直撃弾は艇のエンジンのうち三基を破壊し、四十ミリ機銃員一名を戦死させた。オルデンドーフの巡洋艦は午前五時二十九分、遠くの最上を視認し、長距離で射撃を開始して、約十発を命中させた。目標を双眼鏡で見ていた軽巡コロンビアの艦長は、最上が「完全に燃え上がり、真珠湾で炎上したアリゾナよりひどく炎上した」と報告した[31]。志摩提督は進みつづける無情な決断をして、最上をあとに残し、アメリカの追撃隊の注意をそらした。那智と時雨、そして第二遊撃部隊の残余は、ひっそりと海峡を出て、パナオン島をまわった。

しかし、信じがたいことに、最上はこの絶望的な状況で取り残されたときも、死ぬことを拒否した。勇敢な機関科員たちは彼女をふたたび十二ノットで走らせ、彼女はミンダナオ海に脱出した。

スリガオ海峡で最後に浮かんでいた日本艦は、航行の自由を奪われた駆逐艦朝雲だった。朝雲は先に、カワードの魚雷で艦首を失っていた。艦は航行不能で、前甲板は波に洗われていた。一基の砲塔はいまだに生きていて、魚雷で彼女を沈めようとする魚雷艇の群れに勇敢に撃ち返していた。艦長は午前七時以前に総員退去を命じていて、乗組員たちは追撃するアメリカ艦隊が射程圏内に入ったとき、艦載艇に乗り移っていたところだった。朝雲は午前七時四分、まず駆逐艦一隻から砲撃を受け、その数分後、さらに多くの巡洋艦と駆逐艦があとにつづいた。合計で十隻のアメリカ艦が、死にかけた駆逐艦の最後の打撃にくわわった。朝雲は喫水線部分に大穴を開けられ、すべてのハッチから炎を噴き上げながら、転覆して、艦首から沈んでいった。艦橋の誰かが豊田提督と栗田提督に告別の報告を打電した。「我、攻撃を受け沈没す」[32]いくつかの話では、彼女の唯一使えた砲塔は艦が沈むときもまだ撃ちつづけていたという。駆逐艦ベニオンの砲術長ジェイムズ・L・ホロウェイ三世は、この勇気ある小さな戦士の最期を見た。「約二千ヤードまで接近したとき、日本の駆逐艦は灰色の波立つ海に艦首から沈んでいった。彼女のスクリューはわれわれが舷側近くを通りすぎたときまだゆっくりと回っていた」[33]

艦載機の攻撃隊が逃げる艦を追撃することになり、九つの命を持つ最上も、その日の午後遅く、ついに航空攻撃に屈することになる。西村提督の南方部隊唯一の生き残りである時雨は、十月二十七日、ブルネイに到着する。空からの追撃と掃討作戦はその後もつづき、最終的に志摩艦隊をマニラ湾までずっと追いかけ、そこで彼の旗艦那智は、十一月五日、航空攻撃で撃沈される。

しかし、海戦のオルデンドーフの役目は終わった。十月二十四日、午前七時二十五分、彼は自分を北方に呼び寄せる何通かの至急救難連絡の第一報を受け取った。レイテ湾北部に配置された第七艦隊の護衛空母が、どこからともなく出現したように思える強力な日本水上艦隊の攻撃を受けていた。

栗田艦隊の僥倖

サン・ベルナルディノ海峡は狭くて危険な水路なので、栗田の中央部隊は単縦陣形で通過せざるを得なかった。パラワン水道での壊滅的な潜水艦攻撃の再現を恐れて、十三海里の長さにつらなった各艦は、二十ノットの高速で走り抜けた。八ノットの潮流が流れ、座礁の危険は高く思えた。しかし、夜空は晴れて、視界は良好だった——そして、ハルゼーの夜間偵察機が以前に気づいたように、海峡のブイと灯台には明かりがついていた。艦隊はなにごともなく海峡を出て、午前零時半、フィリピン海に出た。予定より六時間遅れていたが、乗組員たちはまだ西村艦隊の運命について知らされていなかった。

レーダーや夜間偵察機、そしてフィリピン人の沿岸監視員に追尾されていると考えていた栗田と部下の士官たちは、自分たちの幸運をほとんど信じられなかった。彼らをわずらわす敵潜水艦もいなかった。彼らは自分たちが海峡を出るのを阻止しようとするアメリカ戦艦の集中砲火に出会うと予想していた——三百海里南方で西村艦隊を打ちのめしたばかりのT字戦法伏撃と同じ種類の。大谷藤之助作戦参謀はのちに、そうしたシナリオは中央部隊に「困難」をあたえていただろうし、その予想は大和艦橋で「深刻な懸念」を引き起こしたと語った[34]。しかし、彼らは無事海峡を通り抜けて到着し、彼らの行く手に立ちふさがるものはなにもなかった。

部隊は二時間、海上をまっすぐに東進した。単縦陣は夜間索敵陣形に組み直され、幅二十海里近い海面を六つの縦隊がおおった。日本軍にはハルゼーの所在にかんする情報はまったくなかった。彼らは前日の午後、アメリカ軍空母艦載機が飛んでいった方向を手がかりに、どこでハルゼーを発見できるかを推測していたにすぎなかった。午前三時、大和が針路を南東のレイテ湾の方向に変える命令を発光信号で送った。それから三時間、艦隊は、サマール島の遠い山々を右舷に見ながら、南へ突進した[35]。

午前五時半、大和は、山城と扶桑が沈没し、最上が炎上、残る全日本軍部隊はスリガオ海峡から避退中という志摩提督の報告を受信した。この暗い知らせは大きな驚きではなかったはずだが、想定された挟み撃ち攻撃が実現しないことが確実になった。中央部隊がレイテ湾にたどりつくことに成功したとしても、単独で戦うことになる。午前六時十四分、熱帯特有のあざやかな日の出とともに、新たな一日がはじまった。北東の風はおだやかで、海は静かだったが、切れ切れの積雲の灰色の底が上空をただよい、暗い雨スコールが海面低く通りすぎた。

栗田艦隊と彼の目標のあいだには、第七艦隊の護衛空母部隊が立ちはだかっていた。この部隊は十六隻の小型空母と直衛の駆逐艦および護衛駆逐艦（DE）二十二隻からなっていた。彼らは全体で第七十七・四機動群と命名され、トーマス・L・スプレイグ少将の指揮下にあった。同群は〈タフィー1〉、〈タフィー2〉、〈タフィー3〉の三つの任務隊に分割されていた。いちばん北側の隊、〈タフィー3〉は、クリフトン・A・F・〝ジギー〟・スプレイグ少将が指揮していた。

ふたりのスプレイグは親戚同士ではなかった。信じられない偶然で、このふたりは海軍兵学校の同期生（一九一七年卒）だったうえに、比較的めずらしい名字だけでなく血液型もいっしょで、第七艦隊の同じ小部隊に海軍少将としていっしょに職を得ていた。

護衛空母、艦種略号〈CVE〉は、ときにそのニックネームの〝ジープ空母（キャリアー）〟あるいは〝ベビー空母（フラットトップ）〟とも呼ばれる小型の補助空母だった。全長はエセックス級艦隊空母の約半分、トン数は三分の一で、二十五機から三十機の飛行機しか積んでいなかった。その最大の利点は、海軍の視点からすると、早く安く建造して就役させられることだった。護衛空母は限定的な任務でもちいられた。たとえば、護送船団や輸送艦隊の上空直衛にあたり、水陸両用上陸作戦を支援し、太平洋を横断して補充機を運搬することに。第三十八機動部隊の大きな戦闘空母についていくには速力が遅すぎた。大半は十八ノットしか出せなかった。脆弱で、集中した航空攻撃や潜水艦攻撃には耐えられないと考えられていた。薄い鋼鉄製の外板は爆弾や魚雷にたやすく貫通されるからである。乗組員は〈ＣＶＥ〉とは「燃えやすく（コンバステブル）、脆弱で（ヴァルネラブル）、替えがきく（イクスペンダブル）」の略だと冗談を飛ばしたが、彼らの辛辣な評価は三つとも正鵠（せいこく）を射ていた。

　最初期の護衛空母は貨物船あるいは油槽船の船体に飛行甲板を載せて急造されていたが、その後の世代は、ヘンリー・カイザーによって、彼の〈ヴァンクーヴァー、ワシントン造船所〉で専用に建造された。カイザー製の艦（艦番号五十五から百四）は〝カイザーの棺桶〟と蔑まれた。第七十七・四機動群の十六隻の護衛空母のうち十三隻がカイザー建造だった。

　これまでのところ、レイテ作戦は各タフィー隊にとってはきわめて平穏無事だった。各艦は一週間近くサマール島とレイテ島の沖で持ち場についていた。航空群は、輸送艦隊上空の戦闘空中哨戒や、フィリピン中部上空の偵察飛行、海岸の地上目標の攻撃でいそがしく飛んでいた。しかし、艦の乗組員はめったに敵機を目にしていなかった。何度か潜水艦の恐怖はあったが、日本の軍艦の影はなかった。駆逐艦は忠実に直衛任務にあたり、外周部で侵入する潜水艦を探したり、海に落ちた飛行士を救助したりしていた。タフィー隊は南方と東方と、そして（将来）北方で戦われる海戦に参加することは期待されていなかった。したがって、その朝、七時少し前、栗田艦隊の巨大な戦艦と巡洋艦の前檣楼が北西の水平線にはじめて顔をのぞかせたときには、これは激しい驚きだった。

　侵入者がいる痕跡がはじめてもたらされたのは、三十分前、〈タフィー３〉の対潜哨戒機が飛行甲板からカタパルトで射出されたときだった。短距離の低出力無線系で日本語の声が耳に入ってきた。いちばん近い敵艦は百五十海里以上離れていると考えられていたが、送信は近くのフィリピンの島から出ている可能性もあった。未確認のＳＧレーダーの探知は、なにかが北から近づいてくることをしめしているようだったが、輝点は艦隊らしきものには変化しなかった。これはハルゼー部隊の一部、あるいはただの気象前線の可能性があった。午前六時四十六分、〈タフィー3〉の見張り員が北西の水平線上に遠くの対空砲火の炸裂を認めた。これはまちがいなく奇妙であり、ジギー・スプレイグが上空を周回する飛行機に調査を命じようとしたそのとき、パイロットが無線で報告した。「敵水上部隊……そちらの機動群の北西二十海里を二十ノットで接近中」

「どこかの頭のイカれた若い飛行機乗り」が第三艦隊の隷下部隊をおろかにも誤認したのだと思ったスプレイグ提督は、かっとなった。彼はスピーカーにどなった。「航空作戦室、やつに識別を確認しろといえ」

答えが一分後に返ってきた。「敵部隊の識別を確認」とパイロットはいった。「艦には前檣楼(パゴダ・マスト)があります[36]」

スプレイグと部下の士官たちは、信じられないという目で北西の水平線を見まわした。対空砲火の炸裂がさらに空に染みをつけた。日本軍のトップマストの黒い形が水平線上に姿を現わした。いちばん近い追撃艦は十七海里先で、急速に接近していた。

近くの〈タフィー2〉直衛群の駆逐艦フランクスでは、朝食が、ぞっとするような総員配置につけの号令で中断された。「われわれは戦闘部署に走った」と水兵だったマイクル・バク・ジュニアは回想した。「艦橋に駆け寄って、外を見ると、水平線にずらりとならんだ爪楊枝(つまようじ)のようなものが見えた――すごい数の船だった[37]」

突然の非常事態に不意を打たれたスプレイグはすばやく反応した。彼は触接報告を放送し、近くの各タフィー群に航空支援を要請した。それから自分の各空母に東の風上へ変針して、最大速力をしぼりだすよう命じた。飛行甲板に置かれていた飛行機は、対艦兵器を搭載していなくても、即座に全機発艦させられた。駆逐艦は逃げる護衛空母の艦尾をジグザグ運動して、可能なかぎり濃い煙幕を張るよう命じられた。空母もまた煙突からできるだけ多くの煙を噴きだし、通常は飛行機で使用される化学煙霧装置を使うよう指示された。

日本側もアメリカ側とほとんど同じぐらい驚いた。見張り員は相手に視認されるほんの数分前に、〈タフィー3〉の姿を地球の丸さが許す最大限の距離で捉えていた。アメリカ側が煙幕を張りだす前でも、視界は理想的とはいえなかった。空は雲でおおわれ、海水面では灰色の霧がたちこめていた。未知の船は南東にマストしか見えず、最初は空母であることがよくわからなかった。大和の艦橋では、きっと日本艦にちがいないという者さえいた。小沢の北方部隊に出くわしたのだろうか？　じきに第二の護衛空母群〈タフィー2〉のマストが南方の海の縁に顔をのぞかせた。距離が近づくと、見張り員には飛行機が発進するのが見え、護衛空母の角張った艦影が水平線上に浮かび上がった。あれはまちがいなく空母で、しかも小沢部隊のではない。だが、どういう型の空母だ？　日本軍はアメリカ海軍が太平洋に小型の補助空母の大部隊を展開させているのを知らなかった。大和艦橋の士官たちは自分たちがきっと第三十八機動部隊の一部に遭遇したにちがいないと結論づけた。

大和、砲撃開始

いずれにせよ、勝利は彼らの手中にあるように思われた。「これは実際、奇跡的だった」と栗田の参謀長小柳冨次（とみじ）はいっている。「水上艦隊が敵空母群に接近しているところを想像してもらいたい。われわれはこの天佑的戦機を利用すべく進んだ[38]」彼らの第一の目標は、相手が追撃隊を攻撃するために艦載機を発進させる前に、空母の飛行甲板に追いついて、これを破壊することだった。戦術的状況から見て、総力を挙げての追撃が必要だった——さらに、もし可能なら、獲物の風上側にまわりこんで、彼らが逃げながら飛行作戦を実施できないようにすることが。

栗田は「全軍突撃セヨ」と命じた。つまり、日本軍の各艦は、艦隊巡航隊形を維持することにこだわらず、それぞれの最大速力で追撃するということだ。午前六時五十九分、栗田は命じた。「対水上戦闘用意」（訳註：戦闘詳報によれば「近迫敵空母ヲ攻撃セヨ」[39]）習慣と伝統にしたがって、ほかの艦は旗艦が最初の斉射を放つのを待った。大和の十五・五センチ副砲がまず火蓋を切り、前部の二基の四十六センチ主砲塔がすばやくつづいた。

この大射程では、大和の巨大な主砲は前方に向けられ、二十三度の仰角をかけられた。噴きだす六本の巨大な炎と煙に押しだされ、徹甲弾六発は旋回しながら砲口から飛びだし、遠くの目標に向かって上昇をはじめた。砲弾はそれぞれ約一・五トンの重量があった。二十五秒の飛翔のあと、砲弾は、着弾までの中間地点で、その弾道の頂点である海抜約六千メートルに達した。それから秒速約四百六十メートルの終末速度で落下しはじめた――砲口初速よりかなり遅いが、それでも音速よりずっと速い。したがって、アメリカ側の視点では、すすり泣くような音も、風を切る音も、飛来する斉射を予告しなかった。彼らは、空母ホワイト・プレインズの右舷正横に六本の水柱が突然、上がるまで、砲撃を受けていることを知らなかった。その一本一本が二十階建てのビルの高さに匹敵した。水柱はゆっくりとしか消えず、水しぶきの瀑布が風下に降りそそいだ。着弾から三十秒たってもまだ、幽霊のような水滴の柱六本は、巨大な砲弾が落下した地点にただよっていた。

〈タフィー3〉所属の艦は一隻も、五インチ以上の口径の火器を装備していなかった。したがって、アメリカ側はこの距離では応射できなかった。できたのは命からがら逃げることだけだ。しかし、とくに速く逃げられたわけでもなかった。群の護衛空母の一部は、すべての缶の圧力を最大限にしても、十七ノット出すのがやっとだった。スプレイグはのちに、「こっちは十五分ももたないと思った」と認めている。[40]

最初の斉射から一分もたたないうちに放たれた大和の二度目の斉射は、ホワイト・プレインズを至近距離で夾叉した。小型空母は一瞬、水柱の壁で見えなくなった。空母は見たところ無傷で飛びだしてきたが、大和の至近弾は軽量に造られた艦に破壊的な衝撃波を走らせた。リベットが引きちぎられ、溶接の接合部が口を開け、電力が断たれて、艦内の明かりが消えた。無線送受信機は故障し、レーダー画面は消え、艦橋のテーブルは脚の一本が折れてひっくり返った。

水しぶきのシーツがホワイト・プレインズの飛行甲板に広がったとき、大和の三度目の斉射が飛来した。六発の射弾散布は、デニス・J・サリヴァン艦長によれば、「顕微鏡的至近距離に」着弾した。艦長はこうつけくわえた。「艦は激しく揺さぶられ、ねじり上げられて、艦の一部では乗組員が足をすくわれ、大半の装備が通常の水平の保管場所から甲板に投げだされた[41]」一発の砲弾は海にもぐって、艦の下、竜骨に近い左舷側で起爆した。戦闘後報告書によれば、「艦はねじられ、持ち上げられ、左舷と右舷の百一番フレームと百四十六番フレームのエクスパンション・ジョイントがぶつかってちぎれた[42]」。

爆発の衝撃で、喫水線下の船体外板がばらばらにちぎれ、操舵リードが切れ、艦内の甲板と隔壁がゆがみ、艦内中でオイルと航空ガソリンの漏れを発生させた。飛行甲板では、発艦準備中のワイルドキャット戦闘機一機が車輪止めを飛び越えて急前進し、そのプロペラが前方の飛行機の主翼を一部、かじり取った。艦の四基の缶のうち二基は蒸気圧が急激に低下した。もし水中にもぐった砲弾が数フィート後方で爆発していたら、機関区画を浸水させ、ホワイト・プレインズは航行不能におちいっていたかもしれない。その場合、艦は急接近する敵の慈悲にゆだねられたことだろう。

大和が発射した一式徹甲弾は、目標の手前の海に着弾したとき、意図的に艦の下にもぐるように設計されていた。この砲弾は意図したとおりに機能して、直線水中弾道を維持し、海面着弾から〇・四秒後に起爆した。艦に物理的に接触しなかったが、その衝撃力は上方の船体の脆弱な部分に向けられた。この点で、一式弾は機雷あるいは、磁気起爆装置を装着したアメリカ軍の魚雷と同じように機能した。この磁気起爆装置は、魚雷が船の真下に来たとき実用頭部を起爆させるように設計されていた。サマール沖海戦の詳細な分析、『ザ・ワールド・ワンダード（世界中が不思議に思っている）』（二〇一四年、未訳）のなかで、著者のロバート・ランドグレインは、大和の三度目の斉射はホワイト・プレインズへの命中弾として認められるべきだと提案している。[43] もしこの主張が受け入れられたら、大和は史上最長の艦砲による命中を記録したという一艦だけの名誉を得る――射距離三万四千五百八十七ヤード（約三万一千六百二十六メートル）、あるいはほぼ二十マイルという。

空母ガンビア・ベイの航空指揮官エドワード・J・ハクスタブルは、拡声器から総員配置につけの衝撃的な警報が鳴り響いたとき、仲間の搭乗員たちと士官室で朝食をとっていた。彼は突然の出来事を知らずに、飛行甲板へ駆け上がった。彼の乗機のTBMアヴェンジャーはまだ爆弾も魚雷も搭載していなかったが、機付長（きづきちょう）は彼をすぐさま発進させたがっているようだった。ハクスタブルは面食らいながら操縦席にすべりこみ、なぜ武装していない飛行機で飛ばされるのだろうと不思議に思った。突然、「左の耳元で小銃の銃声のようなものが聞こえた。目をやると、大口径弾の斉射がホワイト・プレインズの横で水しぶきを上げるのが見えた。その瞬間まで、わたしは敵がこんなに近くにいるとは知らなかった。わたしはいますぐあのカタパルトに乗りたくていてもたってもいられなかった！」[44]。

ハクスタブルはカタパルトで打ちだされて上昇し、さらに数機のアヴェンジャーがつづいた。彼らは高度千二百フィートで空をおおう灰色の雲の層を抜けた。スプレイグ提督が通信系に入ってきて、彼らに命じた。「ただちに攻撃せよ」空からの視界はひじょうに悪く、陰鬱な薄暗がりのなかで、敵艦隊がかろうじて見分けられた。彼は日本軍の巡洋艦四隻が〈タフィー3〉の左舷後方四五度から接近しているのを認め、彼らの追撃を遅らせることを願って、機銃掃射をかけることを決心した。ハクスタブルは敵の前進軸にそって低空で飛び、各艦の上をつぎつぎに航過した。対空砲火の炸裂が機体を揺さぶったが、彼は引き金のボタンを押しつづけ、敵艦の甲板に五〇口径曳光弾の条を浴びせた。それからもう一度、低空航過を行なうために旋回し、今回はグラマンの細長い爆弾倉の扉を開いた。爆弾倉に魚雷はなかったが、日本軍は開いた扉を見るだろう。もしかすると、雷撃のふりにひっかかって、回避運動を取り、逃げる空母のために時間を稼ぐことになるかもしれない[45]。

ほかの何十という搭乗員たちも同じように考えていた。多くの飛行隊の飛行機が日本艦隊のまわりをぐるぐるまわり、空をおおう雲から降下して、栗田艦隊を機銃掃射や爆撃、雷撃し、あるいは非武装の〝偽攻撃〟で機銃掃射や爆撃、雷撃するふりをした。空母サン・ロー、ファンショー・ベイ、キトカン・ベイの対潜哨戒機と上空直衛機は、海戦の初期段階で効果的な攻撃を行ない、戦艦金剛と重巡洋艦羽黒、鳥海、筑摩に、上甲板の命中弾あるいは損傷をあたえる至近弾を記録した。対空砲火は激しく、多くの米軍機は対空砲弾の炸裂で損傷した。しかし、対空砲火で撃墜された機はほとんどなく、ある日本艦の艦長は自分の砲員たちが「空砲を撃っていた」としてもたいしてちがいはなかっただろうと嘆いた[46]。七時二十七分、重巡洋艦鈴谷がTBMの群れの同時爆撃にさらされた。爆弾の一発は左舷後方すれすれに落下して、その爆発で左舷外側の推進器軸がずれた。鈴谷の最大速力は二十ノットに低下した。彼女は落伍して、追撃を断念した。

「やつらは総天然色で撃ってきやがる！」

午前早くの戦闘で、〈タフィー3〉の空母が東の風を真正面に受けて進んでいるときは、何機かの飛行機が空母に収容されていた。しかし、午前七時十五分、スプレイグは通りかかった雨スコールに隠れるために南へ変針した。そのため〈タフィー3〉の飛行甲板では飛行作戦が中止された。はるか南の〈タフィー1〉と〈タフィー2〉の姉妹空母たちが、艦載機の一部を引き受け、一部の飛行機は燃料と弾薬を補給するために手近なレイテ島のタクロバン飛行場を目指した。さらに多くの米軍機が、しばしば適切な武器も持たずに、日本艦隊に群がり、敵をだまして、逃走する空母からそらそうとせいいっぱい奮闘した。

　視界は雨天にさまたげられた。ときおり太陽が雲間からのぞいて、海戦に照りつけたが、水平線はしばしば、低くかかる雲や雨スコール、ジープ空母の艦尾を横切ってジグザグ運動する駆逐艦が展張する大量の黒い煙突の煙と淡い黄色の化学煙幕の塊のせいで、見えなくなった。海は陰鬱な鈍色（にびいろ）で、おだやかなさざ波に白い波頭が散っている。日本軍の見張り員はたえず敵艦のサイズを過大評価し、駆逐艦を巡洋艦と、護衛空母をエセックス級空母と誤認した。死のいたちごっこで、獲物が一瞬見えたかと思うと、つぎの瞬間には、煙と靄に姿を消した。射撃のチャンスはつかの間で、日本軍の砲員はめったに砲弾が落ちるところを見られず、そのため連続した斉射で照準の修正ができなかった。

　空母の後方について、煙幕を張っていたアメリカ軍駆逐艦は、日本軍の戦艦と巡洋艦から激しい砲撃を浴びた。着色された水しぶきが色彩の万華鏡を作りだした。黄色、赤、青、ピンク、そして緑。ある水兵は叫んだ。「やつらは総天然色（テクニカラー）で撃ってきやがる！」[47] 駆逐艦ジョンストンは、幅半マイルの正面に煙幕を張りひろげていたが、自艦が危険なほど殿（しんがり）の位置にいることに気づいた。彼女はどの米艦よりも敵に近く、したがって敵砲員の特別な注意を引いた。ジョンストンは三十六センチ砲と二十センチ砲の斉射でくりかえし夾叉された。「赤、緑、紫、黄色の色は、ほかの状況であればきれいだったかもしれないが」とジョンストンの砲術長ボブ・ヘイゲンはいった。「このときは配色が好きになれなかった[48]」日本軍巡洋艦の右側の部隊が一万八千ヤード以内に接近すると、ジョンストンは五インチ主砲で撃ち返した。

午前七時十六分、スプレイグは、追撃をやめさせることを願って、駆逐艦と護衛駆逐艦に敵に向かって反転して、魚雷で反撃するよう命じた。ジョンストンの艦長アーネスト・E・エヴァンズ中佐は、命令を受ける前からそうした攻撃の準備を始めていた。「魚雷戦用意」と彼は命じた。「取り舵いっぱい」二千七百トンのフレッチャー級駆逐艦は反転して、追撃する戦艦と巡洋艦に単艦で正面突撃を開始した。

オクラホマ州ポーニーで生まれ育ったエヴァンズは、スリークオーターのアメリカ先住民だった。母親は生粋のチェロキーで、父親は半分クリークだった。一九二六年に十八歳の下士官兵としてはじめて海軍に入ったが、翌年、海軍兵学校への入校資格を得て、一九三一年組とともに卒業した。十四年間の軍務の大半は、駆逐艦の艦上勤務だった。エヴァンズは海軍の上級職への昇進を運命づけられているタイプの士官ではなかった。彼はその働きぶりが堅実で、たよりになる男と見なされていた。〈タフィー3〉のほかのみんなと同様、彼はその日がはじまったとき、艦砲のとどく距離で圧倒的多数の敵艦隊と生死をかけた死闘をくりひろげるとは予想していなかった。しかし、いま彼はここにいて、駆逐艦ジョンストンはここにいた。「いまでも彼の姿が見える」とヘイゲンはふりかえった。「背が低く、がっしりした胸をして、両手を腰に当てて艦橋に立ち、雄牛が吠えるような声で矢継ぎ早に命令を飛ばす姿が[49]」

小さな二本煙突の艦は急激にかたむきながら敵に向かって反転し、それからグレイハウンドのように突進した。三十ノット以上の猛スピードを出していた。色とりどりの水しぶきが周囲に上がり、エヴァンズは「斉射を追いかけて」操舵を修正するよう命じた――つまり、砲手の照準修正を避けるために、着弾地点に向かって舵を切るのである。五インチ砲塔は撃ち返して、二百発以上を発射し、距離が縮まると命中弾を記録しはじめた。

　七時二十分、ジョンストンが日本軍の先頭の巡洋艦、熊野から九千ヤードの地点にきたとき、彼女は魚雷を十本、扇状に発射した。魚雷は駛走距離をのばすため低速に調定され、それぞれ一度ずつ角度をつけて広がるように発射された。魚雷は扇状に広がりながら敵に向かって駛走し、すべて「まっすぐ、正常に、熱走」した。それからエヴァンズは右舷に急回頭を命じ、艦は旋回しながら左舷側に激しくかたむき、自分の煙幕の隠れ蓑に姿を消した。乗組員は煙にさえぎられて結果が見えなかった。ずっとあとになって、生存者たちは魚雷が一本、熊野に真正面から命中し、艦首に恐ろしい破孔をうがち、隊形から脱落することを余儀なくさせたと知ることになる。熊野は傷口を舐めながら、よろよろと北へ遠ざかった。彼女は海戦でこれ以上、役割を演じることはなかった。

　それから数分間、ジョンストンは自分の煙幕に安全におおわれて、東へ避退した。七時二十五分、ジョンストンがちょっと顔を出したとき、大和の砲員が超戦艦の主砲と副砲から斉射を放った。射距離は二万三百十三ヤード（約一万八千五百七十四メートル）で、空母ホワイト・プレインズの「顕微鏡的至近距離に」着弾した以前の斉射よりずっと短かった。今度は大和の砲員もはずさなかった。三発の四十六センチ砲弾はジョンストンの左舷主甲板中央部に命中した。「子犬がトラックにぶつけられたようなものだった」とボブ・ヘイゲンは回想している。*強大な爆発は小さな艦を右舷側に押し倒し、下層甲板まで貫通して、左舷機械室の内部を破壊した。後部缶室の缶一基が破裂して、超高温の水蒸気で室内を満たし、数名を火傷で絶命させた。

　その数秒後、大和の十五・五センチ副砲が放った斉射がジョンストンの前部煙突と艦橋の左舷側に命中し、艦橋にいた上級士官たちは放りだされて、隔壁に叩きつけられた。ヘイゲンのヘルメットと電話、双眼鏡は頭と首から吹き飛ばされた。彼が座っていた丸椅子が折れて、彼は甲板に投げだされ、膝を負傷した。しかし、砲術長は幸運だった。配置が近かったほかの二名は即死し、さらに二名が弾片にやられて内臓が飛びだした。エヴァンズ中佐はヘイゲンから数フィート離れた甲板に叩きつけられ、突然、上半身裸になった——彼の制服のカーキ・シャツは爆発の衝撃で体からはぎ取られていた。艦長の髪の毛は焦げ、顔は真っ黒で出血し、左手の指二本を失っていた。その状態で彼は立ち上がると、まるでなにごともなかったかのように、命令をがなりつづけた。彼は切断された指の根元にハンカチを巻いた。軍医長が近づいてくると、エヴァンズは治療をこばんで、こういった。「いまはじゃませんでくれ[50]」

この時点では、ジョンストンと〈タフィー3〉の残りにとって、雲行きは悪いように思えた。しかし、タイミングよく雨スコールが東から近づいてきて、突然、艦をつつみこんだ。ジギー・スプレイグ提督はこのスコールに向かって直行していたので、彼の小型空母六隻も、日本軍の高速巡洋艦の縦隊が左舷後方から近づいてきたちょうどそのとき、同じように視界から隠された。これが、驚くほど精確な敵の艦砲射撃からの、幸運な中休みとなってくれた。スコールのなかでは視程は数百フィートに低下したが、日本軍はそれでもなお射撃をつづけ、アメリカ軍の乗組員たちは、彼らのどまんなか

＊ヘイゲンは自分の艦が金剛級戦艦の三十六センチ砲の斉射で撃たれたと信じていた。ほとんどの記述はこの見解を支持して、金剛の戦果と認めている。ロバート・ランドグレインは、日本軍の戦闘詳報と、大和の戦闘詳報の、巡洋艦への致命弾を主張する〇七二五時の記述の分析をもとに、大和がこの斉射を放ったという説得力のある論を展開している（Lundgren, *The World Wonder'd*, pp. 69-74.）。一九四四年には、アメリカ軍は大和が四十六センチ砲を搭載していたことはおろか、そうした兵器が存在することさえ知らなかった。もしヘイゲンが知っていたら、子犬はトラックではなく列車に轢かれたと断言していたかもしれない。

の海におなじみの密集した色とりどりの間欠泉が上がるのに気づいた。ジョンストンは修正したレーダー射撃管制だけをたよりに、見えない敵に応射した——そして、砲員は自分たちが目標に命中させていることを目で確認できなかったが、この幕間に日本軍の巡洋艦数隻が五インチ砲弾を受けていた。

スプレイグは自分の勝算が気に入らなかった。スコールはすぐに通りすぎ、自分の艦隊をふたたび白日のもとにさらすだろう。敵の巡洋艦と戦艦は二十五ノット以上の最大速力を出せるが、自分の護衛空母は十七ノットがやっとだ。敵の視界から隠れているあいだに、スプレイグは針路を南西に変更した。彼は追撃者たちを南へ、レイテ湾とオルデンドーフ隊の巨砲のほうへ引き寄せたかった。彼はまた、もし敵艦隊をサン・ベルナルディノ海峡から遠くへおびき寄せれば、ほかの連合軍の航空部隊と海軍部隊による反撃から敵が逃げる可能性は低くなると判断した。〈タフィー3〉にかんしては、「遭遇戦の予想される結末はひとつしかないように思われた——完全な全滅しか」[51]。

小沢艦隊への痛撃

ハルゼーの六十五隻の大艦隊は、夜明けに小沢部隊を待ち伏せしようと、夜を徹して北へ突進した。戦術指揮はミッチャーに返され、彼は三個の空母群をわずかにちがう方角と速度で進ませ、明るくなったとき、最適な発進位置につけるようにした。全空母は攻撃機に武器と燃料を満載し、甲板に配置するよう指示された。攻撃隊は、敵の位置が特定されていようがいまいが、最初の戦闘空中哨戒のＦ６Ｆ隊につづいてすぐさま発進することになっていた。第三十四機動部隊はチン・リー提督のもとで編成され、約十海里前方へ、三個空母群の前衛に送りだされていた。夜明けの最初のかすかな光が東の空に差すと、飛行機が甲板を走りだして、空に上昇をはじめた。大幅に増強された索敵隊は、北と東の分散する飛行方向で艦隊をあとにした。急降下爆撃機と雷撃機にヘルキャットの直掩機がついた攻撃隊は、アメリカ艦隊の約五十海里北方を旋回し、敵の正確な所在がはっきりするのを待つよう命じられた。

三百海里南方のワサッチ艦上では、キンケイド提督と部下の士官たちがスリガオ海峡におけるオルデンドーフ提督の圧勝を祝い、南方部隊の退却する残余をどう積極的に追撃するかを話し合っていた。作戦参謀はキンケイドに、自分たちはまだハルゼーがサン・ベルナルディノ海峡を守るために彼の大型艦を残しているという明白な確認を受けていないことを思いださせた。確認をもとめるのが賢明なように思われた。そこで午前四時十二分、キンケイドはハルゼーに直接たずねた。「質問。第三十四機動部隊（TF34）はサン・ベルナルディノ海峡を守っているか？[52]」

この地域で進行中の作戦の規模を考えれば、海軍の無線通信網はひどく輻輳していた。キンケイドの至急電は、発信されてから二時間半以上たった六時四十八分まで、ニュージャージーにとどかなかった。電文はハルゼーを戸惑わせた。彼はこれを、「わたしが前日、自分の艦隊に送った予備急送公文書をキンケイドが傍受して、あやまって解釈しているという最初の通告」と呼んだ[53]。彼は否定の返事を送り、第三十四機動部隊は第三艦隊の空母とともにはるか北のエンガノ岬沖にいて、日本の空母部隊を追っているとつたえた。

索敵機が小沢艦隊を見つけるのにさして時間はかからなかった。空母エセックスの戦闘空中哨戒の一分隊が北東に即席の偵察飛行に送りだされ、そこでハルゼーがキンケイドの電文を受け取って数分後に、敵空母を発見した。百三十海里遠方の、第三十八機動部隊からは真方位一五度の位置にあった。小沢艦隊は北上し、見たところ逃走しているようだった。しかし、これは四カ月前の〈マリアナの七面鳥撃ち〉の再現にはならないだろう。いまやアメリカ軍は強いカードを持っていた。距離はなんとかなる。視界は良好だった。そして、さわやかな微風が艦首右前方、約四五度から吹いていた。これはつまり、敵との距離を詰めながら、艦載機を発進させ、収容できるということだ。最初の攻撃隊はすでに空中にあり、アメリカ艦隊の北方で旋回しているので、短い距離を飛べばいいだけだった。[54]

悲しいほど少数の戦闘機が、来襲する敵機の波から日本艦隊を守るために飛び立ち、全機がたちまち撃墜された。これ以降、一日中ずっと、小沢艦隊には上空に一機の戦闘機もいなかった。攻撃隊は時間をかけて、敵艦隊の上空を、日本軍の対空砲火がとどかない安全な高度で、ハゲタカのように旋回した。指定された攻撃統制者たちは高空にとどまり、攻撃を組織して指示をあたえ、攻撃が大きな艦だけに不均等に集中しないようにした。アメリカ空母は小沢艦隊にたいし、一日をつうじて、五百二十七回の出撃を送りだした。

空母フランクリン所属のカーティスSB2Cを飛ばすエドウィン・ジョン・ワイル大尉は、軽空母瑞鳳（ずいほう）に向かって急降下した。高度一万四千フィートで機首をつっこませた彼は、「信じられないほどの」対空砲火のなかを降下した。高度計の針が反時計回りに回転し、飛行甲板の赤い丸（ディスク）が爆撃照準器の中心からそれないようにするために、操縦桿と格闘した。彼は、通常の投弾高度よりかなり低い、目標上空六百フィートで爆弾を投下した。急降下から引き起こすと、後方銃手が機内通話装置ごしに叫び声をあげて、直撃を確認した。カーティス機は海面上百フィートの低空まで降下した。四方八方で対空砲火が炸裂し、ワイルは機をかわして、大型艦の真横を飛び抜け、「その檣楼と各種の火力は恐ろしかった」と記している。[55]

小沢艦隊が打ち上げる対空砲火はアメリカ軍パイロットがかつて見たなかでもっとも激しいものだった。レキシントン所属のヘルキャットを操縦するビル・デイヴィスは、眼下の海が見えないほど濃密な対空砲火の嵐のなかを急降下した。「一万フィートには四十ミリ機銃と五インチ砲の炸裂する砲弾の黒雲があった……四千フィートにはもうひとつの恐ろしい雲が炸裂する二十ミリ機銃弾によってできつつあった」[56]速度が味方だと知っていたデイヴィスは、スロットルを防火壁までいっぱいに押しこんだ。急降下から引き起こしたとき、彼は自分がグラマン社の推奨する最高速度をかなり上回る時速五百マイル（約八百五キロ）以上で飛んでいたと目算した。彼は海面すれすれまで降りていて、日本軍重巡洋艦が頭上にそびえていた。それが彼の風防ガラスのなかでぐんぐん大きくなる。かわす余裕はなかった。彼は引き起こして、右に激しく翼を振り、上部構造物と前部砲塔のあいだをすり抜けた。「わたしはたぶん艦橋の窓から三フィートのところにいて、日本軍の士官と下士官兵が艦を指揮しているのが見えた」と彼はいった。「刀まで帯びた白い軍装姿の提督がいた。ほかの士官と下士官兵も白い服装だった。わたしは時速五百三十マイルで進んでいて、ちらりとしか見えなかったが、あの場面はわたしの心に永遠に刻みこまれている[57]」

攻撃隊の第一波は空母千歳（ちとせ）、千代田、瑞鳳、瑞鶴に命中弾をあたえた。小沢の旗艦、瑞鶴は一九四一年に真珠湾を攻撃した六隻の空母中、唯一の生き残りで、アメリカ軍は彼女を海底送りにしようととくに決意していた。瑞鶴は第一波によって行動の自由を奪われ、小沢は将旗を巡洋艦大淀（おおよど）に移さざるを得なくなった[58]。千歳は魚雷三本と千ポンド爆弾数発を受けて大破した。彼女は手のつけられないほど炎上して、海上で動けなくなり、午前九時三十七分に沈没した[59]。

ハルゼーの誤算と動揺

ハルゼーはサマール島沖の状況を午前八時二十二分まで知らなかった。このとき彼はキンケイドから最初の至急電を受け取った。「CTU七十七・四・三［ジギー・スプレイグ隊］が、部隊後方十五海里に敵戦艦および巡洋艦複数、砲撃を受けていると報告[60]」

ハルゼーはのちに、自分はこの知らせに「動揺しなかった」と書いている。護衛空母はオルデンドーフの大型艦がやってきて海戦にくわわるまで敵を寄せつけずにいられると思ったからだ[61]。しかし、この言葉にはまぎれもない虚勢の臭いがある。情報参謀のカール・ソルバーグは、ハルゼーの顔が「蒼白」で、彼は「ひどく打ちのめされた」ようだったと、書き記している[62]。〈タフィー3〉の勝算についてどう思っていたにせよ、ハルゼーは栗田の突然の出現が自分のこれまでの決断の賢明さに疑問を投げかけたことを理解していたにちがいない。すくなくとも、これは彼が前日、自分の艦載機がシブヤン海であたえた損害を過大評価していたことを意味した。

その八分後、キンケイドのつぎの斉射が飛んできた。それは遠慮のない要求だった。「レイテ湾でただちに高速戦艦が至急必要とされている[63]」ハルゼーはこの提案に「驚いた」と主張している。自分の作戦命令についてのハルゼーの解釈では、キンケイドの艦隊を守るのは自分の仕事ではなかった。キンケイドの艦隊を守るのはキンケイドの仕事だった。しかし、彼は、フィリピン東方海域で燃料補給中だった第一機動群のマケイン提督に、「実施できるかぎり攻撃する」よう打電した[64]。

ジギー・スプレイグはいまや、キンケイドへのいくつかの至急電の共同名宛て人に〈COM3RD FLEET〉（ハルゼー）と〈CINCPAC〉（ニミッツ）を追加して、会話に直接口を出した[65]。厳密にいえば、これは手続き違反だった。ハルゼーとニミッツはスプレイグの指揮系統の外にいたからである。酌量すべき状況に鑑みて、誰も異議を唱えなかった。

キンケイドのつぎの至急電は三十分後の午前九時にニュージャージーにとどいた。いまや第七艦隊のボスは同じことを何度も言っていたが、その調子はもっと動揺していた。「小官の状況は危機的。高速戦艦と航空攻撃による支援は、敵が護衛空母群を撃破して、レイテ湾に突入するのを阻止できる可能性あり[66]」しかし、ハルゼーは自分ができることはもうやりつくしたと確信していた。彼はふたたびマケインに打電し、今度は最大限の速力を出して、栗田艦隊を迎え撃つよう命じた。それからキンケイドに、マケインが向かっていることを知らせた[67]。

その二十二分後、キンケイドからの電文は、敵艦隊が「あきらかに夜のあいだにサン・ベルナルディノ海峡を通過した。即座の航空攻撃を要請する。さらに大型艦の支援も要請する。わが旧式戦艦は弾薬が残り少ない」と報告した[68]。

この最後の情報の断片は、新たな要素だった、とハルゼーはいった。「じつに驚くべき話で、わたしにはとうてい受け入れられなかった」彼はなぜキンケイドがもっと早くいわなかったのだろうと思った。それから日時のスタンプを読み取って、キンケイドの至急電を順序がばらばらで受け取っていることに気づいた。最後の電文はキンケイドが送った三通目だったが、受け取ったのは六番目だった。二時間近く前の午前七時二十五分に送られたものだった。その二時間の合間に、ニュージャージーはサマール沖の海戦の現場からさらに約四十海里も進んでいた。混みすぎた無線網がふたつの艦隊間の交信に大混乱を引き起こしていた。ある暗号士官はのちに、あらゆる電文はオアフ島をもとにした〈フォックス放送予定表〉で送信され、送信量の急増は「その予定表にひどい負担をかけた。なぜなら一分あたりの送信語数がかなり少なく、艦隊の全艦艇が通信文の大半を受信する、あるいはすくなくとも受信できることをもとめられたからだ」と説明した[69]。さまざまな発信者が無線系の渋滞にいらだって、通常の通信文に〝最優先〟の指定をつけて送る手段に訴えた。この慣行は伝染病のように広まり、必然的に本当に至急の無線交信のペースを遅れさせた。

ハルゼーは応答した。「われ現在、敵機動部隊と交戦中。TG三十八・一が空母五隻、巡洋艦四隻をもって貴官を即時支援するよう命じられている[70]」彼は自分の位置の経緯度をつけくわえ、この問題が論じても無意味であることをしめした。第三艦隊は約四百海里離れていて、たとえハルゼーがそうしたいと思っても、第七艦隊に手を貸すにはあまりにも北方にいた。

〝ブル〟・ハルゼーの突進
(エンガノ岬沖海戦)

1944年10月25日

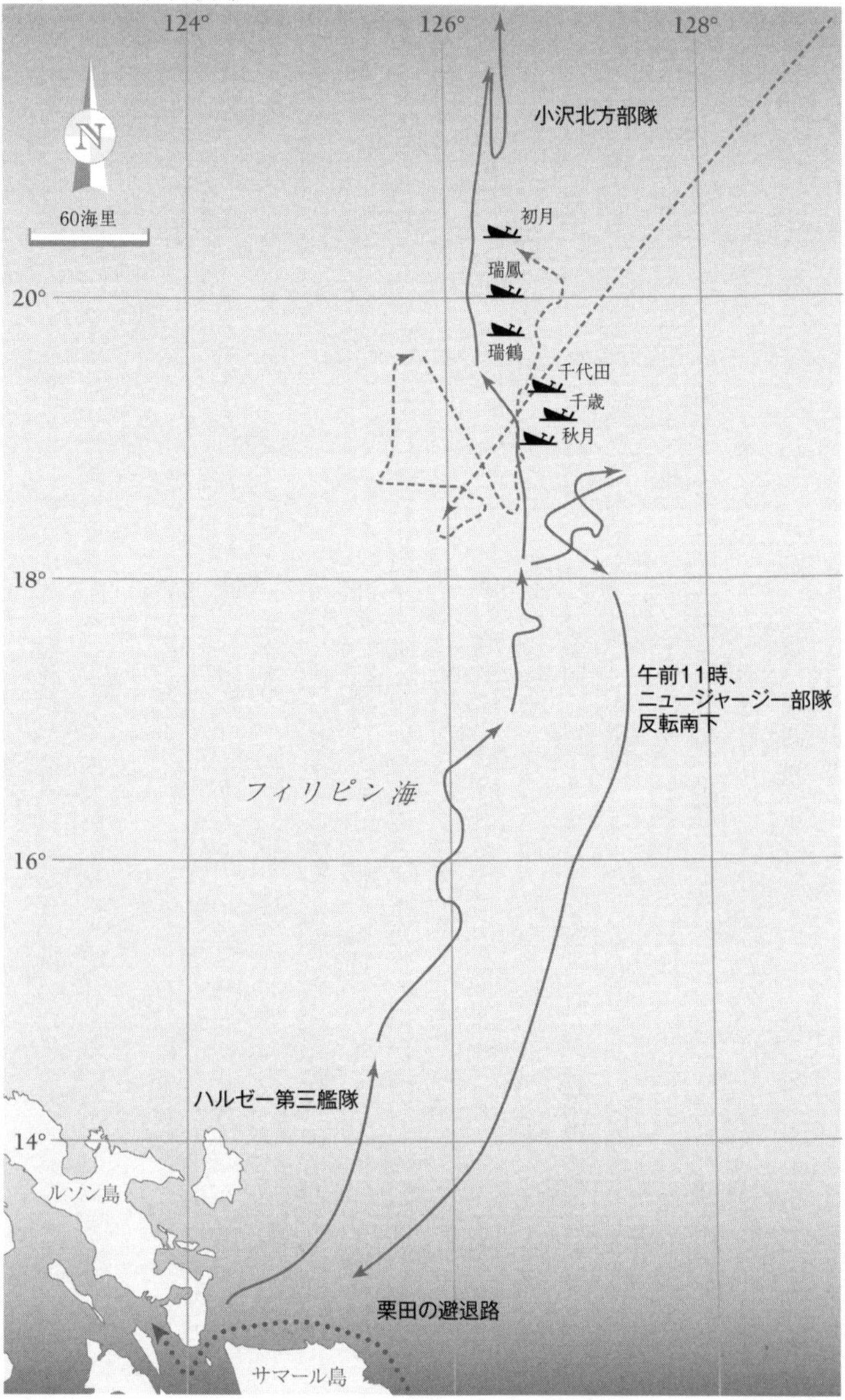

124°
126°
128°
20°
18°
16°
14°
N
60海里
小沢北方部隊
初月
瑞鳳
瑞鶴
千代田
千歳
秋月
午前11時、
ニュージャージー部隊
反転南下
フィリピン海
ハルゼー第三艦隊
ルソン島
栗田の避退路
サマール島

キンケイドの以前の電文のうち何通かは〝平文で〟送信されていた——つまり、暗号化されていない、普通の言葉で。これは敵の傍受に無防備だったが、暗号室をいそいで通り抜け、受取人により早く到着する傾向もあった。この場合、いずれにせよ送信は遅れたが、キンケイドは同僚に、べつの理由から平文で送信しているのだと語った——「電撃的な効果をあたえるために。たしかにその効果はあった[71]」。

ニュージャージーの艦橋にいたすくなくともひとりの部下の目には、ハルゼーの有名な空威張りは勢いを失いつつあるように思えた。提督は革張りの横材にひとりで腰掛け、無言で考えごとをしていた。彼がこうつぶやいているのが耳に入った。「おれはなにかに食らいついたら、離したくないんだ[72]」

キンケイドとハルゼーのやりとりは、太平洋中の軍司令部でリアルタイムで傍聴されていたし、アメリカ本土でも聞かれていた。キング提督とニミッツ提督は一連のやりとりのいくつかの電文で「情報名宛て人」としてコピーを送られていた。そうでなくても、彼らは一般的にあらゆる送信に通じていた。彼らの通信部門は無線網を傍受していたからである。下士官兵はテーブルに広げられた海図に各艦の最新の経緯位置を図示し、提督たちがさまざまな艦隊部隊の位置をひと目で見られるようにしていた。したがって、ハルゼーのふたりだけの直属上司は、真珠湾とワシントンで、展開するドラマに最新の注意をはらい、彼のあらゆる動きにその場の判定をあたえていた。ふたりとも満足してはいなかった。

かつてと未来の空母機動群指揮官ジョッコ・クラークは、ワシントンのコンスティテューション大通りに面した海軍省をおとずれていた。キング提督の執務室に足を踏み入れた彼は、海軍作戦部長が猛烈に怒っているのを知った。キングは「虎のように」床を行き来して、サン・ベルナルディノ海峡を無防備なままにしていたハルゼーを呪った。「アーネスト・キングがあれ以上に怒ったのは生涯に一度も見たことがない」とクラークは回想した。「そして、わたしは彼が怒るのをいやというほど見てきたし、恐ろしく怒ったのも見たことがあるが、これはまさにおとぎ話の本に出てくるようなやつだった。彼は行ったり来たりして、ハルゼーについていっておかねばならないことを口汚い言葉でまくしたてていた[73]」

「世界中が不思議に思っている」

そのころ、ハワイの太平洋艦隊司令部では、ニミッツが彼の執務室の床を行ったり来たりしていた。これはめずらしいことだった、と参謀副長のバーナード・オースティンはいった。「ニミッツ提督は床を行ったり来たりする人間ではなかった。彼は多くの問題に冷静に直面し、心のなかで状況に立ち向かうのに困難を感じていたとしても、表にはいっさい見せなかった。しかし、このときには、彼は行ったり来たりしていた。だから、わたしはこれが元帥の側のきわめて大きな動揺をしめす証拠だとわかった[74]」

ニミッツはのちに、自分はこの時期のほとんどを、マカラパ・ヒルの家の裏手にある蹄鉄投げ場ですごしたといっている。「わたしはひやひやしていたが、表には出せなかった。そこで宿舎へ蹄鉄を投げにいって、幕僚には、『知らせが入ったら、むこうにいるから連絡してくれ』といっておいた。日本艦隊が撃破された大海戦の至急電は、ほとんどが蹄鉄投げ場でわたしのもとにとどいた[75]」これは疑いなく事実だろうが、数名の参謀将校によれば、ニミッツはハルゼーがエンガノ岬へ北上している重大な数時間、ずっと司令部にいた。彼はくりかえしブザーを押してオースティンを執務室に呼び、そのたびに、ハルゼーが戦艦を残してサン・ベルナルディノ海峡を守らせているかどうかがわかる至急電はなにか入っていないかとたずねた。オースティンは至急電をあさったが、その質問に光を投げかけるものはなにひとつ見つからなかった。彼はニミッツ提督に、海峡が守られているという確認を単純にもとめてはどうかと進言した。ニミッツはその提案をこばんで、こう明言した。「責任戦術指揮官に、自分の部隊の戦術的使用について、直接間接に影響をおよぼすような至急電は送りたくない」[76]

この幕間に、フォレスト・シャーマンやトルーマン・ヘディングをはじめとする、ほか数名の上級参謀将校がニミッツの執務室を出入りした。〈タフィー3〉が砲撃を受けているとキンケイドが報告してきたとき、彼らはふたたびその問題を持ちだした。ニミッツは第三十四機動部隊の位置をたずねるべきではないか？

これは微妙な問題だった。開戦からほぼ三年、ニミッツは情報を要求したり、艦隊指揮官をつついて行動させたりして、海戦に参加したことは一度もなかった。しばしば彼はそうする誘惑に駆られたり、あるいは幕僚からそうするよう働きかけられたこともあった――珊瑚海海戦やミッドウェイ海戦、一九四二年後半のガダルカナル島周辺のいくつかの海戦や、いちばん最近では先の六月のフィリピン海海戦において。そのときどきに、ニミッツは自分の艦隊指揮官を悩ますのを控えて、彼らの戦術判断を信用するほうを選んだ。

真珠湾は、戦艦隊が第三艦隊の残りといっしょに北上しているとつたえるキンケイド宛てのハルゼーの電文を受信していなかった。したがって、その問題は三度目に、シャーマンとヘディングとオースティンから長官にふたたび持ちだされた。なぜ第三十四機動部隊の位置をハルゼーに単純にたずねないのですか？　とうとうニミッツは折れた。

簡潔な至急電がシャーマンかオースティン――証言はまちまちだ――によって作成され、ニミッツの送信許可を得た。「第三十四機動部隊はどこにいる？」[77]キングとキンケイドは「参考用」の名宛て人としてコピーを送られた。

通信文が気送管のしゅっという音とともに太平洋艦隊司令部地下の暗号室に下っていくと、暗号無線通信史上もっとも悪名高い大混乱が起きた。送信される至急電が暗号化されるときには、文章の最初と最後にいくつかの意味のない言葉をつけくわえるのが通常の手順だった。この無意味な言葉は〝詰め物（埋め草）〟と呼ばれ、その目的は敵の暗号解読員を混乱させることにあった。詰め物は二文字の〝空値〟で通信文の本文から分けられ、受信した通信士官は受取人にまわすまえにそれを取りのぞくことになっていた。短い通信文は敵の暗号解読員により解読されやすいと考えられたので、たんに長さをのばすために、本文の一部がくりかえされるのが一般的な慣行だった。この場合には、送信される至急電は以下のように打電された。

七面鳥は水辺に歩いていくGG発CINCPAC〔ニミッツ〕第三艦隊戦闘通信〔ハルゼー〕COMINCH情報〔キング〕七十七CTF〔キンケイド〕X第三十四機動部隊はどこにいるくりかえすどこにいるRR世界中が不思議に思っている。[78]

太平洋の反対側では、トンとツーが、ニュージャージーの見上げるような無線マストによって大気から集められた。下の暗号室では、テレプリンターが解読された文章の短いテープを吐きだした。通常の状況では、通信要員が通信文を急送公文書の書式に写し取ることになる。しかし、通信文が至急の場合は、あきらかにこの場合がそうだったが、彼らは詰め物をちぎり捨てて、生の解読テープを直接、司令部作戦室に持っていった。通信長のチャールズ・フォックス大尉は、最初の詰め物をあきらかに無意味な言葉だと認めてちぎり捨てた。しかし、最後の一節は難問だった。これは前の本文と二文字の空値で分けられていたが、〝RR〟が文字化けである可能性もすくなくともあった。不明瞭あるいは、あいまいな場合には、その一節が詰め物であるのか通信文の本文であるのかが少しでも疑わしかったら、それをテープに残して、受取人にそれがどちらかを判断させるのが通常の手順だった。[79]

フォックスは解読されたテープを部下に手渡し、彼はそれをチューブに入れて、気送管に差しこんだ。気送管はふたたびしゅっという音とともにそれを三層上の甲板の司令部作戦室に送った。通信士官はそれを管から取りだすと、ニミッツからであるのを見て、ハルゼーに直接手渡した。彼はそれにさっと目を走らせ、彼が皮肉っぽい形式的な疑問文ととったものを読み上げた。「第三十四機動部隊はどこにいる、くりかえす、どこにいる、世界中が不思議に思っている？」

ハルゼーは怒りを爆発させた。さまざまな目撃証人によれば、彼は怒りで真っ赤になり、帽子を甲板に投げつけ、至急電を握りつぶし、それを投げ捨てて、足で踏みつぶした。いくつかの証言では、目に涙があふれ、すすり泣きに近い悲痛な泣き声を漏らしたという。「まるで顔を殴られたように言葉を失った」と彼はのちに書いている。[80] 彼はどなった。「チェスターにこんなひどい通信文をわたしに送るどんな権利があるというんだ？」[81]

第三艦隊の幕僚がまじまじと見ている前で四つ星の将官がメルトダウンするのではないかと恐れたミック・カーニーは、すばやく動いてハルゼーに相対した。「やめてください！　いったいどうしたんですか？　しっかりしてください！」[82]

ハルゼーは艦橋から飛びだすと、居室に降りていき、カーニーがそれを追いかけた。ふたりはそこで一時間近く、閉ざされた扉の向こうに引きこもっていた。そのあいだも第三艦隊は高速で北へ、小沢の打ちのめされた艦隊のほうへ進みつづけ、サマール沖の死闘から遠ざかっていった。

チャールズ・フォックスによれば、通信文は数回、解読しなおされ、見せかけの「世界中が不思議に思っている」の追加はすぐに訂正された。[83] その重要性を考えれば、ミスと訂正はすぐにハルゼーに知らされたことだろう。したがって、最初のショックの後、ハルゼーは――カーニーと居室にいるあいだでなければ、司令部作戦室に戻ったときすぐに――通信文の最後の部分を自分があやまって解釈していたことを知った。

ハルゼーもカーニーも一時間の内輪の話し合いを詳細にあきらかにしてはいないが、古株の船乗りとして、「どこにいる、くりかえす、どこにいる？」という言葉づかいは暗号化の慣習で、通信文に横柄な調子をあたえることを意図したものではないと推測できた。ハルゼーはニミッツをよく知っていたので、太平洋艦隊司令長官が、とくにこんな文脈で、嫌みなどいえる人物ではないことを確信できた。「わたしは侮辱的に思えた通信文で激怒した」と彼は後年、ある歴史家に語った。「怒りがおさまって、考える時間ができてから、わたしはなにかおかしいと気づいた。わたしはニミッツ提督がわたしにこんな通信文をとても送れるはずがないことにも気づいた(84)」したがって、最初の誤解は長続きしなかったと推測しても無理はない*。

この最後の点は強調しておく価値がある。なぜならしばしばあいまいにされているからだ。言葉づかいがどんなに平凡でも、あやまった詰め物を取り去った後でも、ニミッツの問い合わせは、ハルゼーの権威をないがしろにする侮辱的な叱責に等しかった。海戦が進行しているあいだに、太平洋艦隊司令長官が介入したことはこれまで一度もなかった。たとえ「第三十四機動部隊はどこにいる？」を、行動への催促ではなく、単純な質問と取ったとしても、これはハルゼーが自分の行動を明確に、あいまいさを残さずに報告するのをおこたったと暗に責めていた。もしニミッツがハルゼーの以前の至急電を理解できなかったとしたら、どうしてキンケイドに理解できると期待できるだろう？　実質的に、ニミッツは、日本艦隊が第七艦隊に忍び寄るのを許した件について、ハルゼーに責任を負わせようとしていた。キングとキンケイドを名宛て人にふくめたのは、その念押しだった。

このような状況では、ニミッツの至急電は、実際には問い合わせではまったくなかった。これは礼儀正しい問い合わせの言葉を使った命令だった。太平洋艦隊司令長官はもはや第三十四機動部隊の所在を疑問に思っていなかった。彼はそれが第三艦隊の残りといっしょに北上していることを容易に推測できた。ハルゼーの旗艦ニュージャージー自体が第三十四機動部隊の一部だった。いいかえれば、機動部隊はどこでもハルゼーのいるところにいた――そして提督はキンケイドへのいくつかの通信文で、「われ三群をもって北へ前進中」あるいは「われ現在、敵空母部隊と交戦中」のように一人称を使っていた。ハルゼーは戦艦に航空掩護をつけずにおくつもりはなかったが、彼はあきらかに三個空母群がすべて北へ行ったといっていた。したがって、戦艦もまた行ったにちがいなかった。もっと直接的に的を射ているのは、栗田艦隊がいまやサン・ベルナルディノ海峡を通過して、はるか南方へ進み、第七艦隊を砲撃していることがわかっていることだった。第三十四機動部隊はそこで栗田艦隊を迎え撃っていなかったし、理にかなう第三の選択肢は存在しなかったので、きっと北へ行ったにちがいなかった。戦後何年かたって、ニミッツは彼の伝記作者にこう語った。「第三十四機動部隊がどこにいるかは完璧にわかっていた[85]」

午前十一時少し前、司令部作戦室に戻ったハルゼーとカーニーは、勇ましい顔をしていた。カーニーは命令を下しはじめた。第三十四機動部隊は反転して、最大速力で南下し、第七艦隊を救援する。一個空母群、ボーガンの第三十八・二機動群が随伴する。ほかの二個機動群はあとに残って、小沢の北方部隊を片づける。巨艦が回頭をはじめたとき、彼らはもっとも近い小沢艦隊の損傷艦と四十二海

＊ハルゼーは回想録で、自分は「事実を数週間、知らなかった」といい張っている。彼は十二月後半にニミッツが艦隊をおとずれるまで、自分を侮辱するつもりはなかったというニミッツ本人の言質（げんち）を得られなかったといっていたのかもしれない。

里しか離れていなかった。ほとんど水平線に相手が見える距離である。これは期待はずれの悲しい結末だった。ハルゼーはのちに「わたしは兵学校生徒時代から夢見てきた機会に背を向けた」と書いている。[86] しかし、ニミッツがむりやり彼にそうさせていた。彼はキンケイドに通知した。「われ第三十八・二機動群と戦艦六隻をもってレイテ湾に向け前進中[87]」彼は翌朝八時以前の到着は見こめないとつけくわえた。

サマール沖航走戦

「正尾追撃は長い追撃」とは、船乗りの古い金言だった——そしてその朝のサマール沖の航走戦では、その原則が生きていた。栗田の中央部隊の戦艦と巡洋艦は〈タフィー3〉の護衛空母より約十ノット速かったが、スプレイグは麾下の各艦をたくみに動かして、追撃側をつねに後方に置くように針路を変え、煙幕と雨天をうまく利用した。六隻の豆空母を暴風雨のなかに二十分隠れさせ、そうやって隠れているあいだに南へ、つぎに南西へ変針した。日本軍はスプレイグが恐れたように彼の旋回の円弧を横切ることなく、彼の後方で変針をつづけ、より長い距離を航走した。栗田のゆるい梯陣は〈タフィー3〉自体の艦載機と、南方の隣接する各タフィー隊の艦載機によって、たえず空から攻撃された。いちばん忘れてならないのは、〈タフィー3〉直衛隊の小さな〝ブリキ艦たち〟——ひと握りの駆逐艦と護衛駆逐艦——が激しく必死の後衛戦を展開し、日本艦隊に魚雷を回避させて、空母のために貴重な時間稼ぎをしたことだ。

午前七時五十分、駆逐艦ホーエル、ヒーアマン、そしてレイモンドが全速力で右に急回頭し、敵に突撃した。駆逐艦は三十ノットをしぼりだし、スクリューが海に食いこむと艦尾が沈んで、艦首が持ち上がり、日本艦隊の中央の縦隊に向かってまっすぐ舵を切った——戦艦隊に向かって。損傷した駆逐艦ジョンストンは攻撃する駆逐艦隊に応急操舵でなんとかついていきはじめ、手近の日本巡洋艦隊に五インチ主砲を発射した。日本軍も三十ノット近く出していたので、彼我の距離は急速に近づいた。先頭の駆逐艦ホーエルが一万八千ヤードの射程をすぎると、魚雷員たちは発射の準備をした。彼らは魚雷を中速に調定した。斉射の半分は戦艦隊を真正面から狙った。ホーエルは射距離九千ヤードで魚雷を発射し、それから避退するため右に急回頭した[88]。

日本軍はこの勇ましい小さな駆逐艦にその向こう見ずの代償をはらわせた。ホーエルが敵に横腹を見せたとき、砲弾の雨がその左舷側を突き抜け、艦橋を破壊した。操舵員と士官数名が戦死し、無線電話はすべて遮断された。後部缶室と後部タービンが直撃を受け、左舷主機械が破壊された。艦尾に命中した一弾は舵を動かなくし、ホーエルを時計回りの旋回状態で固定した。すばやく応急人力操舵に切り替えると、彼女はそのままの針路を取りつづけ、敵から離れた[89]。

そのあいだにホーエルの魚雷は扇状に散開しながら北へ駛走した。七時五十四分、大和の見張りが声を上げて、艦首右舷前方に近づく雷跡を指さし、巨大戦艦は脅威を回避するため左舷に急回頭した。いまや大和は敵から離れて、北へ進んでいた。四本の雷跡は右舷側をほぼ平行して走り、左舷側にもさらに二本が見えた。大和は魚雷とほぼ同じ速力の二十六ノットで航行していた。彼女は魚雷が息切れを起こして沈むまでこのコースにつかまっていた。宇垣提督は大和が約十分間北へ進まされたが、「一月もかゝる様の思せり。やつと雷跡の消滅を待ち面舵に反転追撃に全力を注ぐ」と記録している[90]。

ホーエルはまだ発射管に使える魚雷を残していたが、発射管員が砲撃で壊滅していた。前部発射管の一門についていた士官が後部発射管にたどりつき、照準器で発射管の狙いをさだめ、左舷後方を距離六千ヤードで接近する日本の重巡洋艦の縦隊に魚雷五本を発射した。「魚雷を十本とも発射すると、われわれはあそこからずらかるときだと決めた」と、ホーエルの生き残った乗組員のひとりはいった[91]。

しかし、主機械が一基だめになったので、速力は十七ノットに低下した。戦艦隊が右舷後方から接近し、巡洋艦隊が左舷後方から近づいている以上、ホーエルには選択肢がなかった。艦は艦尾を振って、「斉射を追いかけた」が、飛来する砲火は両舷後方と、やがて両舷でも激しかった。ホーエルは艦首から艦尾まで命中弾の雨でぼろぼろだった。魚雷発射管室、信号艦橋、医療室、そして二基の二十ミリ高射機銃台が破壊された。左舷の喫水線と水線下に何発か命中弾を浴び、下甲板は急激に浸水した。船体は左舷に激しくかたむき、炎は手がつけられないほど燃え上がった。

艦橋は総員退去を命じ、伝令が下甲板で配置につく乗組員に命令をつたえるため送られた。乗組員は咳きこみ、煙に目を閉じながら、ラッタルを昇った。彼らは死んだり死にかけたりしている仲間の体につまずき、それから海に飛びこんだ。ホーエルの前部砲塔は艦尾が波に洗われても勇敢に撃ちつづけていたが、伝令が前に送られ、砲手たちに射撃を中止して、安全な場所に逃げるようつたえた。[92]八時五十五分、ホーエルは転覆して、艦尾が水面下に没した。艦首が持ち上がり、それからじょじょに海中にすべりこんで、乗組員三百名のうち二百五十三名を道連れにした。

生存者は立ち泳ぎをして、浮き付きの網にしがみつき、できるかぎり負傷者に手を貸した。日本艦隊は拳銃の射程内を通りすぎたが、海中の人間を撃つものは誰もいなかった。アメリカ兵たちは見上げ、通過する軍艦の手すりから無言で見つめる日本軍水兵と目を合わせた。四隻の戦艦、八隻の巡洋艦が通りすぎた。つぎつぎと通りかかった巨艦は、いずれも赤と白の旭日の戦闘旗をひるがえらせていた。大和の艦橋からホーエルの漂流者を見おろした宇垣提督は、「彼等は我艦隊の堂々たる追撃を如何に見たらん」と思った。[93]アメリカ軍の水兵たちは巨大な大和とそのそびえ立つ灰色の前檣楼を見て畏怖の念に打たれた。ひとりは、「たまげたな、あれを見ろ！」と叫んだ。彼らは一機のアメリカ軍戦闘機が雲底を抜けて降下し、通りすぎる艦隊に機銃掃射を浴びせると、さらに魅了された。「わ

サマール沖海戦　1944年10月25日

れわれは艦隊のすぐそばにいたので、五〇口径弾がハードウッド製の甲板に命中する音が聞こえた」とホーエルの生存者、グレン・パーキンは語った。「日本軍は持っているほとんどすべての軽火器をぶっ放していた。F6Fは降りてきて、機銃を掃射し、三十秒もたたないうちにまた雲に入った。まったくなんという見ものだ――しかも最前列の席で」[94]

いまや〈タフィー3〉の空母隊は雨スコールから出て、南南西の針路で逃げていた。スプレイグの旗艦ファンショー・ベイが陣形の先頭に立ち、ホワイト・プレインズとカリニン・ベイが後方につづき、サン・ローが右舷に、キトカン・ベイとガンビア・ベイが左舷についた。

日本軍の巡洋艦四隻――筑摩、鳥海、羽黒、利根――は、〈タフィー3〉の左舷後方からじょじょに追いつきつつあった。これらの強力な軍艦は三十ノット以上の最大速力を発揮することができた。レースが二時間目に入ると、彼らは距離を約一万四千ヤードにつめ、空母は六インチ砲と八インチ砲の斉射にたびたび夾叉された（訳註：この四隻はいずれも二十センチ主砲、つまり八インチ砲装備艦である）。脆弱な小型艦は至近弾の衝撃で激しく震えた――乗組員は投げだされ、電気系統はショートし、船体外板の亀裂が広がった。ファンショー・ベイは直撃弾を四発食らい、軽量構造のおかげで命拾いをしたかもしれなかった。すくなくとも二発の徹甲弾は複数の甲板と隔壁を「完全にすっぽり」貫通して、艦外で爆発したからである。

駆逐艦はひきつづき後方でジグザグ運動をつづけ、ありったけの煙幕を広げていた。駆逐艦フランクスのマイクル・バク・ジュニアは、「われわれは面舵いっぱい、取り舵いっぱい、面舵いっぱい、取り舵いっぱいをくりかえし、砲弾はあたり一面に飛んできました」と回想した。[95]追撃側が近づくと、けばけばしい色とりどりの水しぶきがしだいにフランクスに近づいてきた。とくに近い弾幕では、バクは海図台の下にもぐりこんで、頭を低くした。彼はどうやって敵が空中哨戒に見つからずにアメリカ艦隊に忍び寄れたのだろうと思った。「あの艦隊がこんなに近くに見えるのが信じられませんでした。一隻に掲げられた旗が見分けられました。それぐらい近かったのです。敵がこちらの提督たちに知られずにこんなに接近しているのが信じられませんでした。そしてこれは戦時中、誰もが明後日を向いていて、敵が後ろから近づいてくるという、こうした出来事のひとつにすぎなかったのです」[96]

　スプレイグはくりかえし迅速な追撃側に背を向けることを余儀なくされ、じょじょに針路を南西に変えて、ついにはほとんど真西の、サマール島の緑の山地に向かって舵を切った。長い変針でアメリカ側の隊形はばらばらになり、六隻の空母は乱れた長い列をなすようになった。カリニン・ベイとガンビア・ベイは姉妹艦たちに後れを取り、敵の艦砲にもっともさらされることになった。二隻は、いまや左舷正横に忍び寄る、いちばん近い日本軍巡洋艦に向かって五インチ〝豆鉄砲〟を撃ち返した。カリニン・ベイは十発以上命中弾を食らい、おそらくその倍の数の至近弾を受けた。艦長は艦が追いつかれて撃破されないのは奇跡だと思った。

　ほかの空母の後方でついていくガンビア・ベイは、やられた。一時間近く、空母は〝斉射を追いかけて〟、直撃を回避していた。しかし、八時二十分、左舷中央の喫水線部分に不運な一発を食らった。何トンもの海水が艦内に押し寄せ、左舷前部主機械室を浸水させた。主機械一基を失って、速力は十一ノットに落ちた。日本軍はすでにすぐそばまで追い上げていたので、逃げる望みはなかった。艦長のウォルター・V・R・ヴューウェグ大佐はスプレイグ提督に艦が隊形から脱落しつつあることをつたえた。空母はたちまち日本軍巡洋艦隊に追いつかれ、巡洋艦は至近距離で彼女に砲火を浴びせはじめた。同時に、戦艦大和と金剛が後方から射距離をつかんで、不幸なガンビア・ベイに大口径弾の斉射の雨を降らせた。

　ジョンストンはすでに大和の四十六センチ砲の怒りを経験していたが、依然として低下した速力で航行していた。舵取り機は修理不能なまでに破壊されていたので、舵は力自慢の水兵四名が（昔のように）人力で動かしていたが、彼らも十分ごとに勤務を交代させなければならなかった。エヴァンズは最初、針路変更を電話で指示していたが、じきに瓦礫と化した艦橋を放棄して、艦尾部分に下がることを余儀なくされた。そこならば直接、下の操舵員に指示を叫ぶことができた。艦の方位盤射撃指揮装置は使用不能で、砲は〝砲側管制で〟しか撃てなかったが、ジョンストンはできるかぎり戦いつづけた。

八時十分、ジョンストンは濃密な煙幕から顔を出して、姉妹艦のヒーアマンがわずか二百ヤード先を衝突針路でこちらに向かってくるのに気づいた。両艦の艦長とも「両舷後進いっぱい」を命じたが、ジョンストンの場合、これは片舷機だけを意味した。ボブ・ディールは、ジョンストンの艦尾の爆雷投下軌条近くに立っていたが、投げだされた。「艦尾が海中に深くもぐり、海が後甲板で渦巻いた[97]」ヒーアマンは両舷機で全速後進したので、完全に停止し、それから十五ノットで後退して遠ざかった。それでも、二隻の姉妹艦はわずか十フィート（約三メートル）の差で相手をかわしていた。両艦の乗組員は誰いうともなく歓声を上げた。それからエヴァンズは動いている一基の主機械に前進を命じ、ヒーアマンから離れて、戦闘に復帰した[98]。

八時二十分、金剛がジョンストンの左舷正横七千ヤードの煙幕からぬっと姿を現わした。ジョンストンは自分より大きな艦に向かって約四十発の五インチ砲弾を発射して、前檣楼構造物に数発の命中を観測した。「なにか決定的なことを成し遂げたかといえば、これは鉄製ヘルメットに紙つぶてをぶつけるようなものだった」とヘイゲンは認め、金剛の三十六センチ砲がジョンストンに向けられ、応射しはじめると、アメリカ艦はふたたび自分の煙幕に逃げこんだ。その十分後、煙幕が晴れると、数海里先にガンビア・ベイが見えた。空母は行き脚を止め、一隻の日本の巡洋艦、おそらく筑摩から激しい砲火を浴びていた。ヘイゲンはこう回想する。「エヴァンズ中佐はそれからわたしがかつて聞いたなかでもっとも勇気ある命令をあたえた。『あの巡洋艦にたいし撃ちかたはじめ、ヘイゲン』と彼はいった。『彼女の射撃をこっちに引きつけ、ガンビア・ベイからそらすんだ』[99]」

ジョンストンはいまや巡洋艦矢矧と斉射を応酬し、数発の十五センチ砲弾を受けて損傷した。敵駆逐艦五隻の縦隊が反対舷から接近し、どうやら傷ついたガンビア・ベイのほうへ向かっているようだった。当座、ジョンストンはあたりにいる唯一のアメリカ軍駆逐艦だったので、敵艦が射程に入ると一隻また一隻と艦砲をめぐらせ、すべての敵艦につぎつぎと砲火を浴びせた。いまやジョンストンは片舷からは五インチ砲、もう片舷からは八インチ砲の砲撃を浴びていた。前部砲塔は沈黙し、艦全体で火の手が上がっていた。四十ミリ弾の銃側弾庫が炎につつまれた。そして対空機銃弾が誘爆して、破裂しはじめた。機関区画には煙が充満し、乗組員は主甲板に上がることを余儀なくされた。甲板は血で赤く染まり、死んだ仲間の乗組員がごろごろころがっていた。

二海里南方では、ガンビア・ベイが見捨てられて、海上で動きを止め、大きく傾斜して、いまにも転覆しそうだった。格納庫甲板のアヴェンジャー一機が爆発し、火災はこぼれた航空燃料で焚きつけられた。黒煙が下層甲板から噴きだし、乗組員はラッタルを昇って飛行甲板に出るしかなかった。爆発でエレベーターがエレベーター室から吹き飛ばされた。砲弾の嵐が艦を引き裂き、彼女の腸を引きちぎって、何十という乗組員を殺した。砲弾の多くは完全にすっぽり貫通し、艦の左舷側から入って、右舷側から飛びだした。すると日本艦の一部は、船体に接触した瞬間に起爆する着発信管のついた榴弾に切り替えた。午前八時四十五分、艦長は暗号書などすべての機密書類を処分するよう指示し、それから部下たちに退去を命じた。午前九時少しすぎ、ガンビア・ベイは転覆して、たちまち沈んだ。彼女はかつて艦砲射撃で撃破された唯一のアメリカ空母だった。

日本軍の駆逐艦部隊はいまやジョンストンに肉薄し、燃える損傷艦に斉射を浴びせた。損傷艦のまだ唯一生きている砲塔は頑強に撃ち返した。午前九時四十五分、三時間の容赦ない戦闘のあと、エヴァンズ中佐は総員退去の命令を伝達した。生存者が海に飛びこむか、救命筏に乗りこんでいると、敵駆逐艦が直射距離まで接近して、ジョンストンが波間に沈むまで砲火を浴びせた。

日本軍駆逐艦の一隻に乗り組む二十五歳の水兵、奥野正は、この場面を回想している。「海面には浮き沈みする者、短艇いっぱいに半裸の乗員がかいをこいで逃走しつつありました。ひげぼうぼうで腕の入れ墨が見えるほどの至近距離。敵愾心にあふれていたのでしょう、わが機銃員で思わず引き金を引いたものがおりましたが、艦橋より『逃げる者を撃ってはならぬ。撃ち方やめ、やめ』と大声で制止され、敵兵に危害を加えることはありませんでした」[100]アメリカ軍の生存者たちは日本軍が射撃を中止したのを確認しているし、ひとりはジョンストンが沈没するとき日本軍の艦長が敬礼をするのを目撃している（訳註：この駆逐艦は雪風だった）。

そのころには、栗田艦隊の隊形はほぼ完全にばらばらになっていた。視界は依然として悪く、低くかかる雲や雨スコール、戦術的煙幕でさえぎられていた。日本軍の各艦はおたがいの姿を見失い、指揮官たちは故障や重要な要員の損失のせいで、無線連絡を維持するのに苦戦していた。さまざまな速力で航行し、べつべつの敵艦を追撃するためべつべつの針路に分散し、魚雷をかわし、航空攻撃を撃退するうちに、日本艦隊はそのまとまりと目的の一貫性を失いつつあった。もはや〈タフィー3〉の生き残りの護衛空母五隻に目に見えるほど追いついてもいなかった。「われわれは之字運動をするそちらの艦を正尾追撃していて、そのため射距離を測定するのが困難になりました」と栗田はのちにいっている。「また、主力部隊はそちらの駆逐艦の雷撃のせいで常時、遠く切り離されていました」[101]日本軍の見張り員は追撃している敵艦を識別するのに苦労していて、それが速力三十ノットのエセックス級空母だと思っていた。それなら一日中、追撃されても、日本軍の艦砲の先にずっといられた。小柳参謀長は「追撃は際限のないシーソーごっこで、決定打をあたえることはできないだろう。しかも、高速を出しているので、燃料をどんどん消費している」と判断した。[102] こうしたあらゆる理由から、栗田提督は艦隊に追撃を中止して、自分について北上するよう信号を送った。

ファンショー・ベイがまだ追いつかれて撃破されていないことに驚いたジギー・スプレイグは、自分の部隊の一部は逃げられるかもしれないと希望をいだきはじめた。八時十五分、敵から一時間逃げたあとで、彼は操舵員長のほうを向いて、こういった。「よかった、われわれにもチャンスはあるかもしれないぞ」それからガンビア・ベイが追いつかれて砲撃で沈められると、状況はさらに暗くなった。日本軍の艦砲がやっと沈黙し、敵が北へ向きを変えると、アメリカ軍は自分たちの幸運を信じられなかった。ファンショー・ベイの信号員は嘆くふりをして叫んだ。「なんてこったい、みんな、やつらが逃げていくぞ！」[103]

特攻隊の初戦果

この日の午前まで、大西提督の新しい神風特攻隊は失望と失敗しか経験していなかった。十月二十一日にはじまって、三日連続で、関大尉はルソン島のマバラカット飛行場から出撃隊をひきいていた。そのたびに飛行機はふさわしい敵艦隊の目標を発見できず、おめおめと基地に戻っていた。二十四日、飛行場上空の天候は飛行に適さず、飛行機は飛行場を飛び立つこともできなかった。特攻隊の観測機は悪天候でも飛べると信頼できる経験豊富なパイロットが乗っていたが、自爆攻撃に指定されたパイロットのほとんどは基本的な操縦技量しか持っていなかった（訳註：この最初の特攻隊にかんしては、全員が腕のたしかな搭乗員だった）。大西は彼らが方向を見失ったり、作戦上の事故で命を落としたりするのを望んでいなかった。もっと晴れた日を待ったほうがいい。そのときはすくなくとも、一撃で相手を沈めるチャンスがあるだろう。

日本軍のパイロットは戦争初期からときどき、個人で自発的に自分の乗機を有人誘導ミサイルに変えることを決心してきた。レイテ湾の連合軍艦隊は侵攻の初期にそうした〝非公式の〟自爆攻撃を幾度か受けていた。その最悪の例が、十月二十一日、英国海軍の巡洋艦オーストラリアを見舞っている。このときは一機の愛知九九式艦上爆撃機Ｄ３Ａ１が波頭すれすれの高度で艦首右舷に接近し、それから突然、艦の上部構造物のほうへ翼をかたむけた。その機銃は接近しながら激しく掃射を浴びせた。爆撃機はオーストラリアの主檣(メンマスト)の見張り台すぐ下につっこみ、オレンジ色の火の玉になって飛び散った。上部構造物内の空間に、燃える航空燃料があふれ、破片が艦橋をざっくりと切り裂いて、艦の上級士官の多くを殺し、重傷を負わせた。火災は制圧され、オーストラリアは中程度の損傷だけで生きのびたが、この攻撃は、日本軍が組織的な規模で自爆機戦術をもちいたときなにをなしうるかの、ぞっとする一例となった。

最初の集中自爆攻撃は、サマール沖の航走戦が最高潮のときに、三個護衛空母群のいちばん南にいたトーマス・スプレイグの〈タフィー１〉を襲った。〈タフィー１〉の空母隊が艦載機――北へ飛んで栗田艦隊を攻撃することになっていた――を発進させるために艦を風に立てているとき、日本の零戦四機が上空の雲から降下して、空母サンティーとスワニーに向かって急降下した。一機はサンティーの飛行甲板の、後部エレベーターの少し前に激突した。その爆弾は格納庫甲板まで貫通した。乗組員が火災を制圧したとき、不運なサンティーは日本軍の潜水艦、伊号第五十六が発射した魚雷一本を食らった。サンティーの士官たちは混乱のなかで、艦が、応急隊が投棄処分した自艦の爆雷の一個で損傷したのだと思いこんだ。一カ月後、乾ドックに入るまで、アメリカ軍は彼女に日本軍の魚雷が命中していたことを知らなかった。そのいっぽうで、彼女の姉妹艦の何隻かは、自爆して神の風を吹かせようとする搭乗員たちが舷側近くの海につっこんで、すんでのところで直撃をまぬがれた。スワニーには二十四分間に特攻機二機がつっこみ、二機目は格納庫甲板をめちゃめちゃにして、スワニーの飛行作戦を午後いっぱい中断させた。

その三時間後、栗田の中央部隊が追撃を中止して北へ変針した直後に、さらに一波の特攻機が襲来した。まるでジギー・スプレイグの空母群がすでにじゅうぶん荒っぽい朝を迎えていなかったかのように、この恐るべき群れは〈タフィー3〉に直接つっこんできた。多くの敵機がレーダー・スコープに出現して、北から近づいてきたとき、乗組員たちはちょうど総員配置を解かれたばかりで、思いがけない死刑執行猶予を祝っていた。午前十時四十分、六機の日本軍機が艦尾方向から飛来すると、空一面に対空砲火が打ち上げられた。二機はカリニン・ベイにつっこみ、炎の花を開かせた。爆発と火災で乗組員のうち五名が戦死し、五十名が負傷した。もう一機はファンショー・ベイを狙ったが、対空砲火を食らい、艦の横に墜落した。ホワイト・プレインズの砲員は同じように直射距離で攻撃機を撃破したが、敵機の爆弾が艦の至近距離で爆発し、飛行甲板に降りそそぐ弾片で乗組員が負傷した。一機の零戦はキトカン・ベイの艦橋をかすめて、左舷前部のキャットウォークに激突した。炎が上がったが、すばやく消し止められた。

損傷した空母のうち一隻以外では、応急隊が火災を制圧することに成功し、艦隊はすくなくとも自力で戦闘から避退できた。例外はサン・ローで、午前十時五十三分、特攻機が命中した。一機の零戦がホワイト・プレインズの打ち上げる対空砲火の壁を急旋回してかわし、サン・ローの艦首上空に飛来した。特攻機は飛行甲板の真上で機首を下げ、艦中央部の中心線に激突した。攻撃機の二百五十キロ爆弾が格納庫で爆発して、猛然たる炎が上がり、爆弾と魚雷の即応弾薬庫をつつみこんだ。一連の爆発で引き裂かれた軽量構造の艦は、右舷にかたむきはじめた。サン・ローは依然として通常の両舷機による推進が可能だったが、艦長は機関停止を指示して、総員退去を命じ、乗組員は逃げだしはじめた。左舷側に大きく傾斜していた艦は、突然、左右水平になり、それから今度はどんどん右舷側にかたむいていった。彼女は十一時二十五分、転覆して沈没した。栗田艦隊の戦艦と巡洋艦相手の勇敢な戦闘を終えたばかりの直衛艦たちが、生存者を救助するために接近した。乗組員八百名のうち大半の七百五十四名が救助された。

この攻撃は関行男大尉によってひきいられていた。大西提督からルソン島のマバラカットを基地とする最初の専門〝神風(しんぷう)〟特別攻撃隊を指揮するために選ばれたパイロットである。観測機は、日本海軍屈指の有名な零戦エースである西沢広義飛行兵曹長にひきいられていた。西沢は胸躍る報告とともに帰投した。関の自爆機のうち四機が命中し、空母一隻、軽巡洋艦一隻を撃沈、もう一隻の空母に損害をあたえた――この知らせは東京に打電され、公式発表はこれと同じ戦果を報じた。

今回にかぎり、公式報告書は水増しされていなかった。あたりに巡洋艦はいなかったが、関の特攻機は空母二隻ではなく三隻に命中し、一隻を撃沈、ほか二隻を大修理のため後方基地へ引き揚げざるを得なくなるほど大破させた。

この小規模な自爆機の基幹隊による攻撃は、ちょうど終わりを迎えようとしている大海戦のいわば付録として襲来したが、彼らはこれからやってくるものの不吉な前ぶれだった。その教訓は両陣営の心に深く刻まれた。もし日本軍のパイロットが進んでその命を連合軍艦艇への確実な命中とひきかえにしたら、彼らは流血を強いることができると。

史上最大の海戦の結末

ハルゼーの分遣艦隊は、夜を徹して南へ突進したが、避退する栗田艦隊を捕捉するのには遅すぎた。提督とその幕僚は固唾を呑んで、敵艦隊がレイテ湾に突入したという知らせを待ち受けたが、当座、キンケイドの至急電は矛盾した指示をあたえていた。ニュージャージーの司令部作戦室には混乱するような一連の無線最新情報が流れこんできた。トミー・スプレイグは最初、「状況はよくなったようだ」と考えたが、その四十五分後には「敵水上艦隊が護衛空母を攻撃しに戻ってきた」とつけくわえた。[104]栗田艦隊が攻撃を本当に中止したことが明白になると、ハルゼーは、関門で立ちふさがることを願って、サン・ベルナルディノ海峡の入り口に全速力で急行することを決意した。彼は部隊を再度分割すると、もっとも高速の艦を先に行かせた。追撃群には、自身の旗艦ニュージャージーと、姉妹艦アイオワに、軽巡洋艦と駆逐艦がふくまれた。彼らは三十ノットまで増速し、サン・ベルナルディノ海峡に針路をさだめた。

栗田艦隊は先にそこに到着し、ハルゼーの部隊が午前一時少しすぎに到着する二時間前に無事海峡を通過して反対側へ出た。一隻の落伍艦がアメリカ艦隊の艦砲の射程内に入った。損傷した駆逐艦野分である。損傷艦はニュージャージーの十六インチ砲にはあまりにも取るに足らない標的だったので、ハルゼーは駆逐艦の一隻を送って、野分を始末させた。これが海戦を通じて、第三艦隊幹部がじかに目にした唯一の戦闘だった。強力なニュージャージーは北へ三百海里追撃し、反転して、南へ三百海里追撃していた。海戦における彼女の役割は終わり、艦砲は静まりかえった。「そして、鼠は猫がそこにつく前に穴に戻り」とカーニーは残念そうに結論づけた。「われわれにできたのは、穴をくぐり抜けるとき尻尾をちょっとひっかくことだけだった」[105]

エンガノ岬沖では、残された第三艦隊の二個空母機動群（第三十八・三と第三十八・四）が、小沢艦隊の避退する残余にたいして攻撃隊を発進させつづけていた。一九四一年十二月に真珠湾を攻撃した空母の六隻目で最後の生き残り、瑞鶴をふくむ日本軍の空母四隻が沈没した。友好的な競争精神にのっとり、さまざまな航空部隊が瑞鶴を特別な配慮の対象に選んだ。全員がとどめの一撃をあたえたという名誉をほしがっていた。フレデリック・C・シャーマン提督が回想したように、彼の第三十八・三機動群の飛行甲板から発進した第三次攻撃隊は「千ポンド爆弾と二千ポンド爆弾九発の直撃で、瑞鶴に最後の仕上げをほどこした」。それ以前に彼女は推定七本の航空魚雷を食らっていた。燃える損傷艦は左舷に大きくかたむき、それから横転して、二時十四分、艦首から沈んでいった。高空から見守っていた標的統制官は、「じつに満足のいく光景」だと口にした[106]。

その日の午後、ローレンス・T・デュボース少将麾下の巡洋艦＝駆逐艦戦隊が、敵の損傷艦を艦砲で撃沈するために前方に送りだされた。デュボース麾下の各艦は空母千代田に追いつき、沈没するまで砲火を浴びせた。上空のパイロットが機動部隊に報告を伝達した。「軽空母(CVL)一を撃沈——沈没四、残りはなし[107]」その三時間後、同じ部隊が駆逐艦初月を撃沈した。しかし、夜になったので、デュボースは呼び戻され、二個空母群は翌朝ハルゼーと合流するために南へ反転した。

いまや残っている日本海軍部隊はすべて一目散に避退していた。空母艦載機は逃げる敵艦をミンダナオ海やスールー海、シブヤン海に追いこんだ。タフィー隊の空母は西村と志摩の避退する艦隊の名残に追撃の航空攻撃隊を発進させ、二十五日の午後、ついに最上に引導を渡した。阿武隈は推進力が不足してうまく回避運動ができなかったので、陸軍のB－24リベレーターが投下した五百ポンド爆弾の密集パターンが命中した。彼女はネグロス島沖で沈没した。

栗田艦隊の避退する生き残りは十月二十五日の日中ずっと空からくりかえし攻撃を受けた。長門や榛名(はるな)、熊野、そして大和など、多くの艦が重大な追加の損害をこうむった。巡洋艦能代(のしろ)は午前十一時三十七分、タブラス海峡で沈んだ。西村の南方部隊では、駆逐艦時雨だけが生き残った。彼女は単艦

1944年10月25日、エンガノ岬沖海戦で沈没する空母瑞鶴に別れの「万歳」を叫ぶ乗組員たち。1970年、半藤一利氏提供。U.S. Naval History and Heritage Command

でブルネイ湾に帰投し、艦長はこの部隊で唯一生き残った指揮官だった。アメリカ潜水艦ジャラオは、元小沢部隊の避退する巡洋艦多摩をルソン島北東で撃沈した。自隊の損傷艦を超える速度で進んだ志摩提督は、巡洋艦那智でなんとかスリガオ海峡を抜けだすことに成功した——しかし、のちにマニラ湾で第三十八機動部隊の艦載機の攻撃を受けて、撃沈された。艦載機は海上の生存者に機銃掃射を浴びせた。那智の乗組員のうち八百七名が命を落とした。

こうしたのちの掃討戦の一部は、レイテ湾海戦（訳註：日本側呼称、比島沖海戦あるいはレイテ沖海戦）に区切りをつけるために歴史家がさだめた時間枠におさまらなかった。しかし、たとえそのように縮小されても、この広範囲に広がった戦いは、史上最大の海戦だった。総トン数約三百万トンに達する三百隻近い艦艇が参加した。対決する艦隊には約二十万人が乗り組んでいたが、これは中規模の都市の人口に相当する。損害の合計は、艦艇三十四隻、飛行機五百機以上、死傷者は一万六千人を超える。対決には、あらゆる種類の艦船による、考えうるあらゆる種類の海戦がふくまれていた——空母攻撃、水上艦同士の砲戦と雷撃の対決、潜水艦攻撃、群がる魚雷艇の攻撃、そして自爆航空攻撃。海戦にはスリガオ海峡における史上最後の〝戦列〟、サマール沖の〝ブリキ艦〟乗りたちのじつにみごとなダビデとゴリアテの戦い、そして特攻作戦の公式な試合開始の一発がふくまれていた。四日間つづいた〝海戦〟は、実際には十万平方海里におよぶ戦場全体で戦われた、一連の遠く離れた戦闘だった。四つは独自に主要海戦と見なされるほど大規模で、それに応じて命名されている。シブヤン海海戦、スリガオ海峡海戦、エンガノ岬沖海戦、サマール沖海戦。レイテ湾では戦闘は生起しなかった（航空攻撃をのぞけば）ので、その名前を海戦全体に冠するのは実際にはあやまった名称である。最初、米海軍は〝第二次フィリピン海海戦〟と呼び、初期の歴史家の一部は実際にその名称を使っている。マッカーサーは、彼の上陸拠点が敵の意図する収束点だったことを強調する「レイテ湾」という名称を好み、この名が定着した（どちらかがフィリピン海戦と呼ばれるよりは混乱しなくてすんだが、この問題は大昔に解決している）。

この海戦は太平洋戦争の海戦を実質上、終わらせた。海戦前の日本帝国海軍のずいぶん弱体化した状態を思えば、レイテ湾海戦の損失は壊滅的だった。空母四隻、戦艦三隻、巡洋艦十隻、駆逐艦十二隻。飛行機の損害は海戦までの数週間ですでに重大だったが、日本軍はさらに約五百機を失ってしまった。海軍将兵の損失を数え上げるのには何週間もかかったが、最終的に一万二千名を超えることになった。日本艦隊の生きのびた残部は、よろよろと遠ざかっていったが、二度と大挙して出撃することはなかった。両陣営が見越していたように、フィリピンにおけるアメリカ軍の足がかりは、日本の南北海上交通路を維持できなくした。そのため、残っている大型軍艦は燃料不足におちいり、おかげでほとんど身動きが取れなくなった。小沢提督によれば、艦隊の残存艦は「まさしく予備艦となりました……一部の特務艦をのぞけば、もはや水上艦艇の使い道はありませんでした」[108]。わずかに残った母艦航空隊は陸上基地に展開して、残っている搭乗員や飛行機の多くは特攻隊にまわされた。

アメリカ軍と連合軍側も同じように損害を受けた。アメリカ軍は軽空母一隻（プリンストン）と護衛空母二隻（ガンビア・ベイとサン・ロー）、駆逐艦二隻、護衛駆逐艦一隻を失った。ほかに多くの艦艇が甚大な損害を受け、大修理のためにマヌスやハワイ、北米へ送り返さなければならなかった。アメリカ軍の死傷者は戦死または行方不明約千五百名、負傷者はその倍だった。これらの損害は勝利の規模にくらべて法外ではなかったが、勝者の口に苦い後味を残した。第三艦隊と第七艦隊間の電文にはおたがいを非難し合う調子が感じ取れた。

サマール沖のかろうじて避けられた総崩れは、空海協同救難活動の不手際によっていっそう悲惨になった。おかげで〈タフィー3〉の千名以上の生存者は、日本艦隊が現場を離れてからほぼ二日間も海を漂流することになった。位置の報告があやまっていた結果、最初の救助活動がはるか南方に向けられたからである。十月二十六日遅く、LCI上陸用舟艇の一隊がガンビア・ベイの生存者七百名を収容したあと、翌朝、ジョンストンとロバーツとホーエルの最後の生存者たちを発見した。彼らの仲間の多くは溺れ、厳しい自然にさらされて力つき、あるいは鮫にやられた。ジョンストンのエヴァンズ中佐は長い遅延のあいだに命を落としたひとりだった。彼は死後、名誉勲章を受章した。

勝利の直後には、勝者たちはいらだち、苦い思いをし、くたびれはてていたようだった。サン・ベルナルディノ海峡沖に到着して、栗田艦隊がすでに逃げたと知ったハルゼーは、全指揮官に勝利の叫びを打電した。「日本艦隊は[109]第三および第七艦隊によって叩きのめされ、敗走させられ、撃破されたと、自信を持って宣言できる」それは事実だったが、これは化膿した傷をやわらげる、ささやかな虚勢だった。十月二十六日の夜更けに作成され、その朝、キングとニミッツ、マッカーサー、そしてキンケイドに打電された、熱烈で弁解的な四百八十語の通信文で、第三艦隊司令長官は、全艦隊を北へつれていくという自分の決断を説明し、正当化しようとこころみた。熱弁には、実際の精神的感情的疲労の産物としか説明しようのないいくつかのくだりもふくまれていた。「敵の水上攻撃および空母航空攻撃が連繋しあうまで、サン・ベルナルディノ海峡を静的に守るのは、子供じみていたでしょう」とハルゼーは書いている。栗田の中央部隊は十月二十四日にシブヤン海で彼の空母航空攻撃を受けて「機能を失って」いて、「ひどい損害を受けていたので、キンケイドへの深刻な脅威にはならなかった」。エンガノ岬沖の海戦に背を向けることで、自分は敵の北方空母部隊を殲滅する「小官の絶好の機会」を失ったと、彼は不平を漏らした。(110)

これは、レイテ湾海戦における自分の決定を事後に正当化する、ハルゼーの最初の弁明だった。それは一九五九年に彼が亡くなるまで、頑として譲らずにつづくことになった。通信文は三日間の熾烈な戦闘の終わりにいそいで書き上げられたものなので、稚拙な言葉づかいは大目に見るべきだ。しかし、「子供じみた」という言葉は、とくに不適切で、ハルゼーの同僚たちのあいだに懸念を起こさせた。戦艦をサン・ベルナルディノ海峡に派遣するのは、「静的」ではなく、ましてや「子供じみて」もなく、むしろ積極的で、男らしかった。栗田部隊がシブヤン海で「機能を失って」いて、キンケイド艦隊の脅威にはならないという見解は、すでにその朝のサマール沖海戦でまちがいであることがはっきりと証明されていた。「小官の絶好の機会」もしっくりこなかった。それは海軍のチームプレー優先の精神にさからっていて、歴史における自分の立場を確保しようとするハルゼーの側のマッカーサー的熱望をうかがわせた。

栗田はなぜ反転を決意したのか

史上最後にして最大の、もっとも詳細に研究された海戦であるレイテ湾海戦は、独自のサブジャンルルである。何世代もの研究者が自分の意見を述べてきたが、新しい先駆的な寄稿論文が毎年登場し、さまざまな論議はいまも活発な討論の対象となっている。これはとくに、ハルゼーと栗田の論議を呼ぶふたつの決断にあてはまる――全部隊を北へ持っていくという十月二十四日夜のハルゼーの決断と、攻撃を中止するという十月二十五日朝の栗田の決断に。はじめてこの海戦の重要な歴史書を著したC・ヴァン・ウッドワードは、「レイテ湾海戦におけるふたつの重大な失敗は、アメリカの短気者と日本のハムレットのものであると正当に考えられる」と断じている。[111] アメリカ側から見ると、反転するという栗田の決断は幸運にも、サン・ベルナルディノ海峡を守らなかったハルゼーの失敗を帳消しにした。代数方程式の対立項のように、ふたつの失態はおたがいに打ち消しあったのである。

午前九時二十五分に護衛空母の追撃を中止したあと、栗田は各艦を呼び寄せ、輪形陣の戦闘隊形に再集合させた。これは命ずるのはやさしかったが、実施はそう簡単ではなかった。視界は依然として嘆かわしく、無線通信は不安定で、容赦ない航空攻撃は中央部隊を襲いつづけていた。艦隊の隊形を組み直すのにはゆうに二時間かかり、そのあいだにも、新たな触接報告や無線傍受が殺到して、混沌とした印象をいっそう強めた。北方にもう一隊のアメリカ機動部隊がいるという執拗な報告は、自分たちが包囲されているという感覚を日本軍にあたえたが、敵艦はその方角に現われなかった。

十一時二十分、栗田は南西に針路をさだめ、一時的にレイテ湾に突入しようとした。その三十分後、見張り員が南方の推定距離三十九キロの水平線にペンシルヴェニア級戦艦とほか四隻のマストが見えると報告した。これはオルデンドーフ艦隊ではありえなかった。オルデンドーフはまだレイテ湾の南方にいて、あたりにはほかに戦艦はいなかった――あきらかに、これはまたしても幻影だったにちがいない（栗田は大和の水上機を調査のために送ったが、どうやら撃墜されたようだ）。

午後一時十三分、栗田はまたしても気を変えて、北へ針路を戻した。今回はべつのアメリカ空母群を発見するのを願って、サマール島の沿岸を進むつもりだった。その存在は、キンケイドの平文の送信を傍受することで推測されていた。栗田の中央部隊は、航行中さらに数次の航空攻撃を撃退しながら、数時間、北上した。栗田は二時間以内に敵機動部隊と触接すると予期していたが、マストトップの見張り員があらゆる方角の水平線を見まわしても、敵艦の姿はなかった。燃料の配慮が彼の心に重くのしかかりはじめた。じきに燃料がたりなくなって、コロン湾にたどりつくことはおろか、アメリカ軍の航空攻撃にたいして回避運動をすることさえできなくなるだろう。もし引き揚げるなら、いまが最後の機会だ。午後六時三十分、夕暮れが迫るなか、栗田は戦闘を切り上げ、サン・ベルナルディノ海峡を目ざすことを決断した。

栗田はレイテ湾に突入してアメリカ輸送艦隊と上陸拠点を攻撃せよと、直接、はっきりと命じられていた。一隻残らず全滅する危険を冒してでも進みつづけるよう明白に指示されていた。彼はなぜそうしないことを選んだのか？　栗田提督自身と彼の支持者たちがあたえるさまざまな説明や言い訳は、はじめから混乱し、矛盾していた。彼は自分の艦隊にたいする航空攻撃がしだいに激しさと有効性を増していて、「レイテ湾の狭い水域では、艦隊が展開する余地がありません。それと比べて外海では、同じ攻撃を受けるにしても、進退の柔軟性をもった強力な戦闘部隊になることができると思います」と語った。[112]

彼の通信班は航空支援を要請するアメリカ軍の無線送信を傍受していたので、彼は航空攻撃がもっと激しく、もっと多くなると予期していた。さらに、帰国するための燃料を割り当てていなかった。「したがって、燃料はもっとも重要な問題でした。基本的な問題でした」[113]栗田はアメリカ水陸両用艦隊の大部分がおそらくもう湾から引き揚げていると思っていたので、「だから以前ほど重要ではないと思いました」とつけくわえた。[114]大和はアメリカの機動部隊がスルアン灯台の北方百十三海里にあるとする謎めいた報告を受け取っていた。栗田は、この触接が第三艦隊のべつの空母群にちがいないと思い、それが自分に向けて航空攻撃隊を発進させる前に砲撃の射程圏内にとらえることを願って、この触接のほうへ向かったほうがいいと考えた。

海戦にかんする欧米の歴史は、栗田と彼の上級参謀にたいする戦後の聴取記録に大きく依存している。降伏後の数カ月間に、アメリカ戦略爆撃調査団は、アメリカ海軍と協力して、日本の軍高官を集め、この海戦をはじめとする戦いにおける彼らの主要な決断について詳細に問いただした。その結果は、歴史家にとってかけがえのない情報源となった。しかし、驚くまでもなく、日本人全員が質問下で同じように率直であったわけではない。微妙な題材や、やっかいな問題になる可能性のある題材が持ちだされると、言い逃れや、はぐらかし、完全な嘘はあたりまえだった。当然ながら、これらの誇り高き男たちは、征服者の面前で自分の恥をさらけだしたいとは思わなかった。一九四五年十一月、栗田に長いインタビューをしたあとで、戦略爆撃調査団の質問者たちは、提督が「やや受け身で、最小限の答えしか返さなかった。……いくつかの場合には、時刻や航行陣形配備などの細部にかんする彼の記憶は不正確に思われた[115]」と記録している。

栗田は、十月二十五日の北へ変針する決断を説明するようもとめられると、やや活気づいた。彼はいくつかの理由を挙げたが、その一部は矛盾していた。壊滅的な航空攻撃を避けるために北へ変針したのかとたずねられると、彼はこう答えた。「それは攻撃を受けるという問題ではありません。やられるのはどこにいても同じことです。問題は湾内でいかに戦果をあげうるかということであります。私は、艦と陸上からの両方の猛攻のもとでは、戦果はおさめえないと結論したのです。そこで自分の判断で、北上して、小沢部隊と合同するのが最善の方策だと判断したのです」

しかし、小沢部隊との合流は現実的な判断ではなく、すぐに栗田は矛盾したことを口にした。「私の意図は、最初は単に、小沢部隊と合同することではなくて、敵をもとめて北上することでありました。もし敵を発見できなければ、ここへ到達したのですから（海図で北緯一三度二〇分の辺を指して）なおも北上して敵をさがしもとめ、夜暗に乗じてサン・ベルナルジノ海峡を通って避退するつもりでした」栗田は、サン・ベルナルディノ海峡という脱出ハッチに手がとどくところにとどまりたかったが、それは敵を発見できなかった場合の最後の手段としてだったと、いっているようだった。しかし、彼は、自分のいちばんの意図はつねにその夜、離脱することだったと示唆する、脈絡のない発言をつけくわえた。なぜなら「もし夜までに海峡に入れなければ、翌日は、陸上機と〔ハルゼー〕部隊の攻撃を受ける可能性があるので、お手上げでした」からである。[116]

栗田の中央部隊の参謀長（小柳冨次）と作戦参謀（大谷藤之助）の聴聞と、宇垣提督の日記を総合すると、北方変針の決断を正当化するために、さまざまな理由のとほうもない結びつきが提示された。小柳だけで一つ一つ数え上げて、六つもの理由を列挙した（第一に、彼らは〈タフィー3〉の空母に追いつけなかった。第二に、彼らは西村艦隊と攻撃を協同するための予定表にはるかに遅れていた。第三に、キンケイドの平文の送信にもとづいて、激しい航空攻撃を予期していた。第四に、狭い水域で激しい航空攻撃を受けたくなかった。第五に、北方でハルゼー艦隊との決戦を望んでいた。そして第六に、燃料が心細くなってきていた）。[117]

浮かび上がってくるのは、モザイク画だ。大きな重圧下でくだされ、いくつかの相関した要素によって動かされた決断である。小柳も大谷も、北方変針の決断は幕僚から全員一致の支持を受けたと確認している。宇垣は日記のなかで、こう述べている。「大體に闘志と機敏性に不充分の點ありと同一艦橋に在りて相當やきもきもしたり」しかし、宇垣は北方の幻のアメリカ空母部隊が本物だと信じていて、二〇度の方向に「水平線の彼方に飛行機の發着運動を」見たとさえ書き残している。その位置にそうした空母部隊はいなかったので、宇垣が書き残した幻影は、その朝の大和司令艦橋における混乱と困惑の印象を強めるばかりである。(118)

おそらくことの顚末がわかることはないだろうが、これだけはあきらかだ。栗田は疲れ切っていた。三日前、ブルネイを発って以来、彼は一睡もしていなかった。旗艦愛宕はパラワン水道で彼が座乗中に撃沈され、五十五歳の海軍中将を海に浸からせ、命がけで泳がざるを得なくした。彼の麾下の各艦は、艦隊がかつて海上で遭遇したなかでもっともたえまない航空攻撃を受け、味方の航空掩護は皆無だった。栗田は、アメリカ人やジャーナリストたち、その他部外者たちに、自分の疲労が、急に向きを変えて逃げるという自分の決断になんらかの役割をはたしたと認めるのをいやがった。同僚たちとの内輪の会話では、彼はもっと率直だった。彼は古参の駆逐艦長、原為一(ためいち)に、「疲労困憊していたせいであの重大な失敗を犯した」と語った。(119) 幕僚も同じように疲れていたにちがいない。彼らも長い試練をわかちあい、決断に異議を唱えなかったからだ。

日本海軍は〈捷一号〉作戦に賛成してはいなかった

栗田は大勝利を手中におさめていたが、それを指のあいだからすべり落とさせた。これは、はなはだしい指揮統率の誤りであり、のちに持ちだされた一連の論拠ではけっして納得のいくように正当化されなかった。一部の人間は彼を臆病だと非難した。ほかの多くの者はそれをほのめかしている。控えめにいっても、彼の心はどうやら戦いにはなかったようだった。

〈捷一号〉作戦計画は、最初から艦隊内部で抵抗に遭っていた。ブルネイでの指揮官会議では反対の声が上がっていた。レイテ湾の輸送船と兵員輸送船を攻撃する計画は、多くの日本軍士官の感性にさからっていた。軍艦は軍艦と戦うものだと考えるように訓練されていたからだ。ほかの者は、作戦を命じながらそれを直率しない豊田提督を責めた。約束された航空支援は影も形もなく、容赦ない航空攻撃を受けながらシブヤン海を進む大和艦橋の士官たちは、連合艦隊司令部の愚かさと硬直性について反乱まがいの感想を漏らした。栗田は一度ならず二度までも戦闘に背を向けた。二十四日は一時的に、そして二十五日は永久に——そして、一度目では、彼の幕僚の一部は敵から遠ざかりつづけることを好んでいた。

そして、この点はしばしば忘れられるが、栗田の仲間の指揮官数名もまた、早まって反転していた。小沢は十月二十四日の午後、彼の北方部隊がハルゼーの索敵機に視認されたあと、いっとき北へ変針し、日吉の連合艦隊司令部壕からの至急電によってふたたび南へ変針するよう指示された。志摩提督は十月二十五日の午前、魚雷を一斉射、放ったあとでスリガオ海峡からいそいで立ち去った。彼は豊田に無電で、この避退は一時的なものにすぎないと報告したが、アメリカ軍機は志摩艦隊をずっとマニラ湾まで追いはらった。サムライ西村祥治は、仲間の艦隊司令官の誰よりも忠実に海上バンザイ突撃を遂行した。そうはいっても、彼の南方部隊の全艦は、大義が失われたことがあきらかになると、引き返したか、あるいは引き返そうとした。西村の旗艦山城でさえ、単艦で連合軍艦隊の集中砲火に向かってむなしく突撃しようとしたのち、土壇場で引き返した。

実際には、日本艦隊に乗り組んでいた将兵は、本気で〈捷一号〉作戦に賛成してはいなかった。現実的な成功の見こみがなかったからである。彼らは作戦計画を起草した参謀将校たちが実際には、勝つことではなく、彼らが日本海軍の歴史の掉尾を飾る、最後の栄光の一戦をまじえることを期待しているとわかっていた。彼らはいまだに強力な連合艦隊を生け贄の子羊として捧げることをもとめられていた。

しかし、日本海軍はつぎの点で陸軍とはことなっていた。海軍の文化と訓練、伝統には、愚かで向こう見ずなバンザイ突撃の先例がなかった。海軍航空隊は最終的には神風特攻戦術に託されるが、その開発は最後の手段であり、隊内の反対によって大きく遅れた。それは飛行機と、操縦技量に欠け、通常戦術を使って戦えない新米パイロットを犠牲にするというものだった。しかし、天皇陛下の軍艦は重要な資本資産であり、最新鋭の武器、愛される国民的象徴で、とてつもない費用をかけて何十年も建造され、運用されてきた。名誉という抽象的な対価のためにみずからを犠牲にすることはまったく意図されていなかった。

日本海軍はその歴史をとおして、つねに勝とうとしてきた。勝つことがその第一の目的だった。「りっぱに死ぬこと」は、付随的な美徳だった。もし海戦で撃沈されるのが艦の運命なら、最後まで射撃を続けながら沈むことを期待されていた。もし海戦で戦死するのが人の運命なら、よろこんで死ぬことが期待され、そしてその後、彼の魂は靖国神社で永遠の眠りにつくことになっていた。しかし、もっとも重要な目的はつねに勝利だった。いま、一九四四年十月、皮肉にも〈勝利計画〉と命名された作戦が、その優先順位を逆転させた。

東京の提督連中は、もしアメリカ軍がフィリピンを手中におさめたら、燃料補給の問題は解決不能になるだろうと見越していた。その場合、艦隊は身動きがとれなくなり、投錨したまま放置されて戦争を終えるか、あるいは敵の爆弾の雨を浴びて港で沈むだろう。〈捷一号〉作戦を動かす目的は、そんな不名誉な結末を避けて、日本海軍がまちがいなく、消え入るようにではなく、華々しく敗れるようにすることだった。もし勝てれば、それに越したことはないが、海戦はどんなに勝ち目がなくても、戦われなければならなかった。

この点は欧米のレイテ湾海戦史ではしばしばあいまいにされてきた。その理由の一部は、東京の作戦命令書とその後の至急電のあいだの〝行間〟の意味が、英訳で失われたせいと、一部は日本軍の士官たちが戦後の戦略爆撃調査団の質問者にたいしてこの問題に慎重だったせいである。しかし、真実は当時の情報源や戦後の証言からつたわってくる。栗田はブルネイで士官たちを集めてこういった。「しかし、世の中には奇蹟もある」[120]小柳は戦後、筆を執って、艦隊は、敵潜水艦がうようよしているとわかっている海域を抜けて、敵機がわがもの顔で飛びまわる空の下を、戦場まで千海里近く進まざるを得なかったと指摘した。「これは戦争の基本概念を無視した、完全に捨て身で無謀な前例のない計画だった」と彼は結論づけた。「わたしはいまだに栗田艦隊の自殺命令としか解釈できない」[121]

おそらく栗田のあいまいな言葉と退却をもっともよく説明するものは、臆病ではなく、士気の低下だったのだろう。彼と仲間の士官たちは、戦争がすでに敗北していて、最高司令部が真実を嘘の束で隠そうとしていることを、民間の日本人よりもよく知っていた。おおっぴらには認められなかったが、敗北主義の夢魔は将兵たちのあいだに広まりつつあった。そして、それ以外にどうすることができただろう。滑稽にも〈勝利計画〉と名づけられた作戦自体が、体制の敗北主義の印であるというときに。

ハルゼーはなぜ全艦隊追撃を決意したのか

ハルゼーは、自分が一九四四年十月二十四日の夜、サン・ベルナルディノ海峡を無防備のままにしたことでまちがいを犯したと認めることなく墓場へ行った。自分の唯一のあやまちは、小沢の空母群がもう少しで射程圏内に入るというときに反転したことだ、と彼は聞く耳を持つ人間には誰にでもそう語った。カーニーと第三艦隊幕僚はこの公式見解に立ちつづけたが、事実上すべての空母群および機動部隊指揮官は自分たちの長が大失敗をしたと確信していたし、彼らのささやき声は後方のグアムやウルシー、マヌス、真珠湾、そしてワシントンでたちまち広まった。

さらに、めざとい観測筋は〝汚い手部門〟のなかでも意見の不一致があるのに気づいた。じきに機動群の指揮をとることになるアーサー・ラドフォード少将は、ちょうど戦域に到着したばかりの十一月十七日に、ニュージャージー艦上に出頭した。彼は最近の海戦について旧友で海軍兵学校の同期生のミック・カーニーと話し合いたかった。「驚いたことに」とラドフォードはいった。「いつもはおしゃべりなミックがむしろ言葉をにごし、ハルゼーとほかの幕僚数名も同じだった。残された印象は明確だった。彼らは十月のあの日々の話をしたくないのだ。全員が自分たちの働きぶりに不満だったが、まだその理由について意見の一致を見ていないのがはっきりと感じられた」(122)

ハルゼーは、なんらかの理由で、多くの場合ツキにめぐまれずに、太平洋戦争におけるそれ以前の空母同士の海戦をすべて逃していた。一九四二年五月には、空母エンタープライズを中心とする機動部隊は、ドゥーリットルの日本本土空襲を掩護するため北へ派遣されたせいで、珊瑚海海戦に間に合わなかった。翌月、彼は皮膚疾患で病床に伏せり、ニミッツから病院行きを命じられて、ミッドウェイ海戦を逃した（彼の信頼できる代役のレイモンド・スプルーアンスがハルゼーの後釜に座り、不朽の勝利をあげた）。ハルゼーは一九四二年八月のガダルカナル上陸時にも、あるいはその同じ月の東ソロモン海戦（訳註：日本側呼称、第二次ソロモン海戦）における空母同士の激突時にも、南太平洋にいなかった。一九四二年十月のサンタ・クルーズ諸島海戦（訳註：日本側呼称、南太平洋海戦）では、彼はニューカレドニアの自分の南太平洋部隊（ＳＯＰＡＣ）司令部で陸上勤務中だった。それから十八カ月間の空白がつづき、このあいだ日本軍の空母は戦いに出てこなかった。彼らが一九四四年六月、フィリピン海海戦（訳註：日本側呼称、マリアナ沖海戦）でついにふたたび出現したとき、スプルーアンスが第五艦隊をひきいていた。

南太平洋では、ハルゼーは〝粗い筆(ラフ・ブラッシュ)〟という評判を取っていた――つまり、細く精確な線を引く製図工ではなく、大きな筆づかいで絵を描く画家である。戦術的な繊細さには彼はあまり関心がなかった。彼はただ部隊を集め、武運を信じて敵にぶつけた。彼のもっとも有名なニックネーム、〝ブル（雄牛）〟は、同様の特徴を意味していた。一九四四年八月に第三艦隊を引きついで以来、ハルゼーの主たる野心は敵の空母機動部隊を撃滅することだった——たんに海戦で対決するだけではなく、打ち負かすだけでもなく、全滅させ、一掃して、自分の飛行機と直衛艦のすべてで、残っている日本の空母を一隻残らず炎上させ、撃沈することだった。

彼はみずからをホレーショ・ネルソンの伝統につらなる海軍の混戦派と誇らしげに称していた。ネルソンはナポレオン戦争中、イングランドの敵にたいしてそうしたいくつかの完勝を飾っていた。ハルゼーは回想録でトラファルガル海戦前のネルソンの訓示を引用している。「いかなる艦長も、自艦を敵艦の舷側に持ってくれば、そうまちがったことはやりようがない」ハルゼーはこうつけくわえた。「もしなにかの海上戦闘の原則がわたしの脳裏に焼きついていたとしたら、それは最大の防御は強力な攻勢であるということだ[123]」

彼の友人のスプルーアンスは、四カ月前のマリアナ沖海戦のあと、日本艦隊のほとんどが逃げることを許していた。第五十八機動部隊の指揮官マーク・ミッチャーは、六月十八日の夜、敵に向かって西進して、翌朝、航空攻撃隊を発進させる位置につきたがっていた。しかし、スプルーアンスは、サイパン島の上陸拠点にたいする敵の迂回攻撃（エンドラン）を恐れて却下した。この保守的な決断を、海軍の多くの有力なブラウンシューズ（飛行機屋）たちは非難し、ブラックシューズ（非飛行機屋）のスプルーアンスは現代の空母航空力の能力を根本的に知らないと不満の声を上げた。

この期間、ハルゼーは真珠湾にこもって、艦隊の指揮をひきつぐ準備をしていた。彼とその幕僚は飛行機屋たちにいろいろな情報を聞かされ、彼らからもう二度とこんながっかりする思いはさせないでくれと懇願されていた。第五艦隊でミック・カーニーと同じ役職をつとめるカール・ムーアは、ハルゼーが「この最初の数日間、たむろしてスプルーアンスを酷評していた連中のひとりだった。そして、自分はぜったいにこの種の立場には追いこまれまいという考えが、彼の頭に入りこんだのだと思う。……まあ、わたしにその確証はない。カーニーは否定するだろう。そして、ハルゼーはまちがいなく、後知恵ですべてを説明して、それを否定した。だが、このとおりだ」といった。[124]

いつもどおり、ニミッツは自分の海上指揮官に、戦術的状況に応じて自分の部隊を好きなようにあつかう広い自由裁量権をあたえた。彼の作戦計画はハルゼーに「レイテ湾＝スリガオ作戦を掩護し、支援する」任務をあたえていた。しかし、こうも明記していた。「もし敵艦隊の主要部分撃滅の機会がおとずれた場合、もしくはそれを作りだせる場合には、そうした撃滅は第一の任務となる」[125]このふたつの条項の境目には、きわめて重要なあいまいさがある。策略や陽動、誘致は日本軍の戦略ではおなじみの特徴だった。マリアナ沖海戦に先立つ四度の空母同士の対決をはじめとする、以前のいくつかの海戦では、日本軍は部隊を分割し、べつべつのルートから戦場に近づいてきた。レイテ湾で彼らがやったように、もし敵艦隊のいくつかの「主要部分」がべつべつの方向から進んできたらどうなるのか？　敵艦隊の一部を追撃して殲滅する衝動と、第七艦隊と上陸拠点を「掩護し、支援する」という矛盾する命令をどう秤にかければいいのか？　こうした緊急事態対策はハルゼーの判断にまかされていた。

「敵艦隊の主要部分殲滅」にかんする条項は、決まり文句だった。その変種は一九四三年十一月のギルバート諸島侵攻の〈ギャルヴェニック〉作戦以来、水陸両用侵攻作戦の作戦命令書にふくまれてきた。それでも命令はあくまで命令であり、そうした殲滅が「第一の任務」と指定されている以上、ハルゼーの積極的な考えかたは正当化されるように思えただろう。四カ月前のマリアナ諸島の状況に匹敵するジレンマに直面したハルゼーの直感は、優先順位をひっくり返すことだった。スプルーアンスは、たとえそれが敵空母を逃すことを意味したとしても、上陸拠点にたいする迂回攻撃の危険を冒すことをこばんだ。ハルゼーは、上陸拠点にたいする迂回攻撃を許す危険を冒しても、敵空母を逃すことをこばんだのである。

小沢の北方部隊がエンガノ岬沖に出現したとき、ハルゼーは一か八かの決断に直面した。おおまかにいえば、彼には三つの選択肢があった。現在地に留まることもできたし、部隊を分割することもできた。あるいは全艦隊をもって北方へ追撃することもできた。彼は正当な理由で最初の選択肢を却下し、全部隊をサン・ベルナルディノ海峡沖に留まらせてはおかなかった。彼は敵空母がルソン島の基地と連繋して「反復爆撃」を自分にくわえる前に、敵空母を撃沈したかったのだ。しかし、第三の選択肢（全艦隊を北へ持っていき、海峡を無防備なままにする）を選んで、第二の選択肢（第三十四機動部隊をサン・ベルナルディノ海峡沖に置いていく）を却下した彼の言い訳は、決断にかかわったひと握りの忠実な幕僚以外、ほとんど誰ひとり納得させせなかった。

第三艦隊の戦闘報告書でしめされた理由は、あまりにも漠然として説得力がなかった。報告書の主張によれば、全艦隊を北へ持っていくことは、「ブルー〔アメリカ〕打撃艦隊の全体性を維持した。敵空母部隊の奇襲と撃滅の最大の可能性をあたえたのである」。(126) 決断が艦隊の「全体性を維持した」というのは、艦隊が分割されずに全体としてともに行動していたので事実だが、これは説明も正当化もせずに決断をいいかえたにすぎない。これは言葉をすり替えてごまかしただけの、同語反復だった。艦隊の戦力集中それ自体は海軍史家マハン派の正説で、ハルゼーの世代が海軍兵学校を修了したときには、絶対的に信奉されていた。しかし一九四四年には、無線やレーダー、航空の進歩によって状況は一変し、戦力集中の古い慣習は、帆船と同じぐらい時代遅れになっていた。

それでも名声を得たハルゼー

ハルゼーには、十九隻の敵空母部隊にたいして六十五隻の全艦隊を北へ集中させる説得力のある理由はなかったが、海峡を守る差し迫った理由はあった。さらに、彼には選択肢を選ぶ必要がなかった。なぜなら栗田艦隊と小沢艦隊を同時に相手にしても釣りが来るほどの戦力を有していたからだ。彼の戦闘報告書は小沢の北方部隊を、第三艦隊の全力の対応にあたいする「新しい強力な脅威」と呼んでいる。まだ攻撃を受けていないという意味ではたしかに新しく、いっぽうで栗田の中央部隊はすでに空からの猛攻撃を受けていた。しかし、日本軍の空母部隊はすでにトップクラスの搭乗員の損失で弱体化していたし、その事実は、レイテ湾海戦以前でもアメリカの航空機搭乗員たちや情報関係者内で広く知られ、理解されていた。「われわれはみな、当時、日本軍にはごくわずかの母艦航空しかないことを知っていた」と、いまやニミッツの太平洋艦隊司令部に配属されていた元第五十八機動部隊参謀長のトルーマン・ヘディングは語った。「事実上、皆無だった……こちらの空母機動群が一個あれば彼らを圧倒できただろう」[127]ヘディングの判断は、当時と戦後の、ほかの多くの情報源が裏づけている。

栗田の中央部隊にかんしては、ハルゼーは「その戦闘力は魚雷や爆弾の命中、上甲板の損傷、火災、死傷者によっていちじるしく損なわれ……甚大な損害をこうむって、判定勝ちもできない」と見なしていた。[128]しかし、その評価は、その日のシブヤン海の攻撃から戻ってきた第三十八機動部隊のパイロットの報告だけにもとづいていた。戦争の三年間で、そうした報告が一般的に誇張され、しばしば過剰に水増しされることがあきらかになっていた。機動群のさまざまな指揮官たちは、ハルゼーがその精確さにこれほど多くのものを賭けようとしていることに驚いた。とりわけ、新たな空中哨戒が栗田の中央部隊はふたたびサン・ベルナルディノ海峡を目ざしていることを確認したあとで。海峡では航海灯が点灯されていた。この時点で、ハルゼーは自分自身のペンか、あるいは事務係下士官のタイプライターで、自分を納得させた。彼は巨大な艦隊を全部、北へもっていくことが必要不可欠だと考えていたので、栗田の戦艦隊にレイテ湾の輸送船団を好きなようにさせる危険を冒すつもりだった。

ジャップの粘り強さは認められており、第三艦隊司令長官は、中央部隊がサン・ベルナルディノ海峡をくぐり抜けて、レイテ部隊をガダルカナル風に攻撃する可能性を認めたが、第三艦隊司令長官は、中央部隊が甚大な損害を受けていて、判定勝ちもできないと確信した。……最終的に、第三艦隊部隊は時間内に戻ってきて、中央部隊が得るかもしれないいかなる優位も逆転できると予測された。……決断を下すのは困難であったが、いったん決断すると、第三艦隊司令長官は、中央部隊が第七艦隊護衛空母群（CVE）の勇猛なる働きに直面して断念したという報告を受けるまで、深く憂慮していた。[129]

驚くまでもなく、マッカーサー将軍はこの問題をまったくべつの視点から見た。彼が第三艦隊戦闘報告書からいま引用した一節を読んだかどうかはわかっていないが、以下は彼が同じシナリオをどのように想像したかである。

もし海軍の掩護部隊が、突進する強力な日本軍の攻撃のいずれかにレイテ湾への突入を許せば、フィリピン侵攻全体が重大な危機的状況に置かれるだろう。……これは大惨事をはらんだ劇的な状況だった。……もし敵がレイテ湾に入ったなら、その強力な艦砲はあたりにいる卵の殻のようにもろい輸送船をどれでも粉砕し、海岸拠点のぜったいに必要な物資を破壊できただろう。上陸した何千何万というアメリカ軍将兵が孤立し、地上と海からの敵の砲火のあいだになすすべもなく釘付けになる。また、補給の強化の予定表が完全に狂わされるだけでなく、侵攻の成功自体も危機的状況に置かれることになる。……いまやわたしは部隊を固めて、前線を強化し、差し迫った海戦の結果を待つことしかできなかった。[130]

もし栗田がもっと断固としていたら、まさにこうした惨事が発生していたかもしれない。長期的な結果はマッカーサーが予測したほど悲惨ではなかったかもしれない――日本の航空兵力および地上兵力の状態を考えると、侵攻がどのように失敗する可能性があったかを想像するのはむずかしい。しかし、反響はワシントンまでとどいたことだろう。太平洋のジャーナリストたちはみな、このニュースに飛びついていただろうし、マッカーサーの検閲組織はそれをつたえさせたことだろう。検閲に関係なく、事実は本国のニュース編集室に広まり、ニュースは熾烈な大統領選挙戦の最後の二週間に報じられていただろう――新人候補がすでに太平洋戦線をふたつの指揮系統に分割していると現職を批判している選挙戦の。太平洋戦線の指揮統率の不一致について激しい論争がある連邦議会議事堂では、議員たちが聴聞会を予定したことだろう。ハルゼーと海軍は当然、大惨事を引き起こしたと非難されただろう。マッカーサーの輸送艦隊の殺戮は、太平洋戦線の統一指揮をもとめる彼の主張の〈証拠A〉として提出されたことだろう。統合参謀本部は国民の厳しい精査の視線を浴びて、つねに口論の対象となってきた問題を再検討せざるを得なくなっただろう。

ハルゼーは、当時は内輪で、戦後はおおやけに、キンケイドとの解釈のちがいを、欠陥のある指揮統率体制のせいにした。彼は海戦の一週間後にしたためた「親愛なるチェスター」宛ての私信でニミッツに、「ふたつの自立した艦隊指揮系統は、海軍の視点からは正当化し得ません。協力は海戦においてはけっして指揮の代用品たりえませんし、第七艦隊をこれ以上、太平洋艦隊とともに、しかしべつべつに独立してもちいることには、大惨事ではなくても、混乱のあらゆる要素があります[131]」と伝えた。

ニミッツはこれらの意見に回答しなかったし、いずれにせよ、なにひとつ見つけることはできない。しかし、彼が考えたにちがいないことは想像できる。十月二十四日のハルゼーのあやまちはどれも、直接、指揮体制のせいにはできなかった。南太平洋部隊（ＳＯＰＡＣ）司令官としての十八カ月の勤務期間中、しばしばマッカーサーと小競り合いを演じたハルゼーは、太平洋統合指揮への障害を知っていた。状況はまさに、海軍作戦部長のキング提督と陸軍参謀総長のマーシャル将軍が二戦域方式を取り決めた一九四二年四月当時のままだった。マッカーサーは海軍の将官の部下になる前に辞任するだろうし、海軍の将官たちも同じように、マッカーサーには太平洋艦隊を指揮する資格がないと考えて、彼の部下になるのは気が進まなかった。

二重指揮協定は洗練さを欠き、むだも多かったが、二年半じゅうぶん機能してきたし、依然として手詰まり状態にたいする「いちばんましな」解決策であるように思えた。ハルゼーは将校クラスだった――四つ星の海将クラスだった――つまり、彼は海軍の組織的権益の後見人をつとめ、ほかの軍種や戦域との競合関係をたくみに処理して、政治的な危害のつけいる隙を残さないことを期待されていた。その観点からすると、レイテ湾におけるハルゼーの失策のより高度な重要性はあきらかだ――彼は、海軍がそのもっとも重要な宝である太平洋艦隊をまちがいなく指揮統率できるようにしていた合意を、あやうく台無しにするところだったのだ。

もちろん、そうした危機は結局、起こらなかった。栗田の退却が窮地を救ったからだ。第七艦隊内と、第三艦隊内でさえ、ハルゼーにたいする不満はいくらかあった――しかし、そうした辛辣な声は、連合軍の歴史的勝利を祝う、より大きな声にかき消された。マッカーサーは十月二十六日、勝ち誇った公式発表を出した。海軍が翌朝の新聞の大見出しを分け合うべきだと決意したフォレスタル海軍長官（訳註：一九四四年五月、ノックス長官の死により、長官に就任）は、日本艦隊が「第三および第七艦隊によって叩きのめされ、敗走させられ、撃破された」と宣言した、同日早くのハルゼーの通信文を公表した。(132) ホワイトハウスの記者会見で、FDRはハルゼーの通信文を読み上げ、これは翌日、アメリカの何百という新聞で使われた。アメリカ国民の目には、ハルゼーはいまや以前にもまして大きく映るようになった。

誰もおおやけの確執にこの瞬間を台無しにさせることに関心はなかった。キンケイドは自分の戦闘報告書からハルゼーに直接向けられた批判をすべて抹消した。ニミッツの部下のひとりがハルゼーの決断に批判的な報告書を書くと、ニミッツはそっけなくその男に「調子を和らげろ」と指示した。南西太平洋戦域の幾人かの士官がその週の会議でハルゼーの働きを過小評価すると、マッカーサー将軍は彼らをさえぎった。「もういい。ブルのことは放っておけ。彼はまだわたしの基準では戦う提督だ」(133)

多くの人間は、ハルゼーが職を失わなかったのは、その名声と人気が海軍にとって貴重だったからだと主張してきた。この主張を支持する直接の証拠は、ニミッツとキングとのやりとりや、彼らのちのインタビューや書いたものには見つけられない。知られているかぎり、フォレスタル長官やレイヒー提督、あるいは統合参謀本部のほかのメンバーも言及していない。にもかかわらず、これはもっともらしく思われる。レイテの海戦とその余波は、海軍の広報を向上させるフォレスタルの運動と同じ時期に起きていた。戦争の残りの期間、ハルゼーの怒鳴りちらす流儀と、彼の「もっとジャップを殺せ」式のスローガンは、メディアの報道やニュース映画で広く取り上げられた。一九四五年二月のワシントンの記者会見で、ハルゼーは第三艦隊が「野蛮な猿ども」から制海権をもぎ取ったと豪語した。彼はこうつけくわえた。「われわれはやつらの飛行機を叩き落とし、やつらを火あぶりにし、やつらを溺れ死にさせた。しかも、やつらは、火あぶりにするのも、溺れさせるのと同じぐらい楽しい」[134]

ハルゼーは同僚と上司たちのたくさんの厚意をつなぎ止めていた。彼らにとって開戦当初の一九四二年の大惨事と非常事態は依然として記憶に新しかった。ハルゼーの大胆不敵で人を奮起させる統率力は、過去にはしばしば無鉄砲にも思えたが、成功をおさめてきた。彼はいくつかのミスを犯す権利を勝ち得ていた。彼を指揮官職から解任することは、レイテ湾のあと一歩の大惨事にありがたくない注目を集めることにしかならないだろう。それに、誰が彼の後任になるというのか？　必要な先任順位を持ち、この仕事に適格な四つ星の将官は、皆無に近かった。ミッチャーを同部隊内（フリート）でそのまま昇格（アップ）させることもできたが、彼は長期休暇がのびのびになっていたし、彼の後任（ジョン・マケイン）はまだやりかたをおぼえている途中だった。キングとニミッツはすくなくとも一時的にハルゼーを解任する可能性を話し合ったようだが、すぐにその考えを放棄した。数カ月ごとにハルゼーとスプルーアンスを交代させるツー・プラトーン交代勤務方式は、終戦まで残ることになった——そして、（スプルーアンスではなく）ハルゼーは最終的に元帥の五つ目の星を受けることになった。

「ブル」というあだ名の皮肉

レイテ湾海戦の指揮統率をめぐる論議には、長い拷問のような戦後の余生があった。ハルゼーは、日本軍が意図的に自分を北へおびき出そうとこころみたこと、そして小沢の北方部隊は囮にほかならなかったことを、完全には認める気になれなかった。その自分勝手な信念は、〈捷一号〉作戦計画書の写しが回収され翻訳されたあとも、さらに小沢や栗田、豊田をはじめとする者たちが、戦後、アメリカ軍の質問者に一部始終を話したあとでさえ、揺るがなかった。

日本軍の空母の役目は完全に限定されていた、と小沢はアメリカ戦略爆撃調査団に語った。「囮、それがわが艦隊の全使命でした。……何よりも大きな関心事は、すこしでも北方に敵艦隊を引き寄せることにありました。この期に及んで助かろうなぞとは考えませんでした。われわれは、もともと全滅を期していましたから」[135]この重要な告白から六年以上たっても、ハルゼーはまだ小沢の空母部隊がもっと善戦しなかったことに戸惑っていると主張した。アメリカの海軍協会誌《プロシーディングズ》への寄稿で、彼はこう書いた。「この交戦の興味深い特徴は、空の対決がついに生起しなかったことである。こちらの攻撃隊は敵空母の甲板にかろうじてひと握りの飛行機と、飛行中のわずか十五機を発見した[136]」

ささやかな謙遜は、ハルゼーの有名なキャリアのこの後期では大いに役立ったことだろう。彼は史上四人しかいない五つ星の海軍元帥のひとりで、その地位は彼に、満額の給与が支払われる現役勤務の待遇と、執務室、住居手当、運転手付きの専用車を一生涯もたらした。回想録の売り上げと、実入りのいい講演会の全国行脚で、彼は大金持ちになった。取締役会の椅子もまた、大きな収入源をつけくわえた。〝ブル〟・ハルゼーは熱烈な大衆が信奉する大物有名人で、一九五〇年代にはたびたびテレビに出演した。彼は歴史家の判断にも超然としていられたはずだ。レイテ湾のミスを認めても失うものはほとんどなかったことだろう――それどころか、彼の歴史的遺産をたぶんおとしめるよりも高めたことだろう。彼はかつて内輪で認めたことをおおやけにいってもよかった――スプルーアンスがレイテ湾海戦の指揮をとり、自分（ハルゼー）がマリアナ沖海戦の指揮をとっていたのならよかったのにと[137]。しかし、一九五九年に亡くなるまで、誇り高き老海軍元帥は、厳しさを増す歴史の判定にたいして、勝ち目のない後衛戦をくりひろげた。

戦時中、ハルゼーはサミュエル・エリオット・モリソンを友と見なしていた。しかし、一九五〇年、モリソンは海軍士官に講義を行ない、そのなかでサン・ベルナルディノ海峡を無防備にするハルゼーの決断を「大失敗」と呼んだ。ハルゼーはこの発言を人づてに聞いて、モリソンに怒りの手紙を叩きつけた。歴史家は「大失敗」という言葉をもう使わないことに同意したが、自分の主張は引っこめなかった。将来の講演では、代わりに「判断の誤り」という言葉を使うと、彼はハルゼーに語った。この答えを不十分だと思った提督は、モリソンを「じつにすばらしい月曜の朝のクオーターバック」(訳註：結果論でとやかくいう人のたとえ)と呼んだ。[138]

冷ややかな沈黙は、『レイテ』――モリソンの第二次世界大戦海軍作戦史シリーズの十二巻目――が出版される一九五八年までつづいた。そのなかでモリソンは、ハルゼーは彼を北へおびき寄せる日本軍の策略にひっかかったのであって、サマール海のかろうじて避けられた総崩れは彼にいちばんの責任があると、はっきりと断じた。激怒した提督は、昔の第三艦隊の士官たちを集めて反撃を仕掛けようとした。「考えているのは、あん畜生の金玉を万力ではさんで、ぶちのめすことだ」と彼は〝汚い手部門〟のひとりに書いた。「参加してくれることを願っている」[139]何名かはこうした活動によろこんでくわわったが、ミック・カーニー(その後、海軍のいちばん上の梯子段である海軍作戦部長に登りつめていた)は、この計画に冷や水を浴びせた。モリソンの評判は難攻不落だ、と彼は警告した。「あなたのどんな一撃も、どんなに筋がとおっていようと、あの建造物を破壊することはないでしょう。それよりブーメランとなる可能性のほうがはるかに高い」[140]彼はハルゼーに、反論の陳述書を海軍歴史局にかわりに提出するよう提案した。

老海軍元帥は自分の元参謀長の助言を受け入れたようだった。しかし、その数カ月後、彼はもうひとりの著名な研究者をブラックリストにくわえた。海軍兵学校の教授、E・B・ポッターは、近々刊行される自著の草稿に目を通してもらえないかとハルゼーに依頼した。レイテ湾海戦にかんする教授の記述が気に入らなかった提督は、こういう不機嫌で威嚇的ですらある答えを送ってきた。「小官は、貴殿にご迷惑をおかけすることなく、兵学校生徒の教育に使われる書籍に、小官の考えにかんする大間違いの意見が入りこむことを許すつもりはありません[141]」

　ハルゼーの晩年には、〝雄牛（ブル）〟というニックネームがより広く使われるようになっていた。ハルゼーはこのニックネームがあまり好きではなかった。一九四二年に熱狂的なマスコミと大衆が彼に押しつけたときでさえも。彼のヌーメアの司令部でも、第三艦隊の幕僚のあいだでも、まったく広まらなかった。マッカーサーはその噂を知らなかったにちがいない。彼はハルゼーに言及するときほとんどつねにニックネームを使っていたし、ハルゼーに直接話しかけるときも同じだったからだ。提督はそのままにしておいた。おそらくマッカーサーが心からの敬意と親愛の情をこめていっていたように思えたからだろう。しかし、晩年のいま、ハルゼーは「いんちきでこれ見よがしの」ニックネームに返事をすることを拒否した[142]。彼は友人にいった。「わたしを知らない人間だけがわたしを〝ブル〟と呼ぶのさ[143]」

　ハルゼーがこのニックネームを拒絶したのも不思議ではなかった。これはあきらかに諸刃の剣で、よく考えてみると、その感はいっそう強くなった。雄牛が一目置かれるのは、その大きさ、力強さ、そして攻撃性のせいで、戦術的な洞察力のせいではない。雄牛は強情で、無分別で、〝頑固（ブル＝ヘッデッド）〟である。雄牛は無頓着に「猛烈なスピードで（ライク・ア・ブル・アット・ザ・ゲート）」仕事に取りかかる。ほかの大型獣も狭苦しい場所では不器用だが、世界中の陶器店の店主がもっとも恐れているのは雄牛である（訳註：「陶器店の雄牛」は、「はた迷惑な乱暴者」の比喩）。哺乳類はみな地面に糞を残すが、アメリカのスラングで崇拝される地位を占めているのは、「たわ言、嘘、あるいは誇張」を意味する雄牛の糞（ブルシット）である。

雄牛は闘牛士のケープを追いかけるが、彼の剣には気づかない。赤い色を見ると、雄牛は、この弱々しい相手を打ち倒してやろうと自信満々で、角を下げ、突進する。しかし、結局、闘牛場から引きずりだされるのは、ほぼきまって雄牛の血まみれの死骸で、闘牛士は歩いて立ち去るのである。

第七章

海と空から本土に迫る

日本の戦争遂行能力を削り取れ——。米潜水艦は補助的役割を離れ、新戦術で日本の近海を脅かす。そしてついに本土を直接攻撃できる超空要塞B－29が飛びたつ。

黄海で沈む日本の貨物船。のちに日通丸と特定された。まさに彼女を雷撃したばかりの潜水艦ワフー（SS-238）からの潜望鏡写真。U.S. Navy photograph, now in the collections of the U.S. National Archives

日本の戦争遂行能力をいかに弱めるか

戦後出版されたアメリカ海軍協会向けの受賞論文で、J・C・ワイリー・ジュニア大佐は、日本が「連続的」作戦戦略と「累積的」作戦戦略のシナジー的組み合わせによって打ち負かされたと主張した。前者は、西へ向かう海上・水陸両用攻勢に代表される。連合軍をより日本へ近づかせる一連の海戦と侵攻である。連続的な軍事作戦は、艦隊と陸軍部隊の地域獲得をしめす地図上の矢印で図示することができた。これは通常の時系列の物語に向いている。正式な軍事訓練あるいは教育を受けていない素人にも直感的に理解できる。新聞で戦況をたどっていたり、大戦初期の戦史を読んでいる人間には、「連続的」な軍事作戦は、太平洋戦争の物語そのものだった。

ワイリーによれば、それにたいして、累積的な作戦戦略がかかわるのは、地域的攻勢や会戦ではなく、「もっと見えづらい小さな事象の些細な蓄積で、それらの事象はひとつずつ積み重なっていき、ついには計算された活動の集合が、ある未知の段階で、決定的に重要な意味を持つほど大きくなるかもしれない」のだった。[1] これは罪人の肉を少しずつ切り落としていく「凌遅刑(りょうち)」の論理を兵器化したものだった。太平洋戦争では、累積的な戦略は日本帝国の経済的および政治的礎を少しずつ崩していった。その一例が、ときに「心理戦」とも呼ばれるプロパガンダで、日本占領下の外国人や日本の民間人、日本軍の兵隊、そして最終的には東京の上級指導者層までを対象にしていた。

もうひとつが戦略爆撃である。一九四四年十一月にはじまった連続爆撃作戦は、主要な軍需産業を麻痺させることを狙って、日本の産業の中心地にたいして行なわれた。最終的に、これは国内の都市部の大半を荒廃させた。もっとも有効だったのは、アメリカの航空兵力と海軍力（とくに潜水艦）が日本の国外の船舶航路にたいしてもちいられたことで、この作戦は、積もり積もって日本の戦争遂行能力の息の根を止めた。一九四五年には、マッカーサーとニミッツの二重攻勢による相次ぐ領土の獲得を抜きにしても、日本経済はガス欠寸前で、最終的なエンストに向かってプスプス音を立てながら進んでいた。

日本は、どの工業国家よりも、そしてまちがいなく第二次世界大戦のどの主要参戦国よりも、原材料の自給自足が欠けていた。本土には天然資源がほとんどなかった。石油や鉄鉱石、ボーキサイトといった有用な鉱物はほとんどどか、まったく採れず、木材と低質の石炭のわずかな備蓄があるだけだった。日本がはじめてアジアの先進国になることを目ざした明治時代以降、外交政策の主眼はこうした基本的な鉱物の入手を確実にすることにあった。一九二〇年代をつうじて、外国貿易はその要求に応え、日本の外交政策はこの貿易を保護し、維持する必要性によって形づくられた。しかし、一九三〇年代、日本の〝暗い谷間〟の時代、日の出の勢いの軍国主義・帝国主義体制は、産業経済と軍事機構に必要な材料を供給できる海外の領土を手に入れ、植民地化しようと決心した。

一九三一年、日本が資源豊富な満州に侵攻すると、その結果、日本の製鉄工場への鉄鉱石とコークス用炭の外国からの大量供給はストップされた。しかし、日本は依然として原油やゴム、ボーキサイト、銅、亜鉛などの合金鉄や非鉄金属の輸入を、アメリカと、東南アジアのいくつかの欧州植民地に、どうしようもなく依存していた。日本のもっとも重要な海外供給源――アメリカ、イギリス、そしてオランダ――は、ナチ・ドイツに対抗して緊密に協力していた。それなのに、東京は一九四〇年九月にベルリンとローマと手を結び、枢軸同盟を結成した。この急な決断は、貿易制裁の猛威の引き金を引いた。

一九四〇年以前には、アメリカは日本の屑鉄輸入の七四パーセント、銅輸入の九三パーセント、そして（もっとも重要なことに）石油輸入の八〇パーセントを供給していた。一九四〇年、ローズヴェルト政権はこれらの物品に禁輸措置を課しはじめた。この措置はじょじょに対象を広げ、厳しさを増していった。一九四一年八月、ウェストテキサス原油の蛇口が完全に閉められた。ほかに見こみのある石油の供給源はなかったので、日本は、減りつつある国内の限られた備蓄を引きだささるを得なくなった。この危機は、ほかのどんな要素よりも、運命的な東條内閣の太平洋戦争開戦の決断を招いたのである。

戦争の開始段階では、日本は、南方の連合国植民地に電撃戦（ブリッツクリーク）的攻勢を仕掛けて、資源の問題を解決していた。真珠湾攻撃のわずか四カ月後の一九四二年四月には、征服軍はなかでもマレー半島や東インド、フィリピンといった資源豊富な戦利品を呑みこみつつあった。なによりも、日本はボルネオとスマトラの支配権を握っていた。このオランダおよびイギリスのかつての植民地には、この地域でもっとも生産量の多い油田と精油所があった。

しかし、占領した油田が祖国から遠く離れているというやっかいな事実は如何ともしがたかった。日本経済の血液は、細長い海上交通路を流れていた。長さ三千海里の大動脈である。もしこの動脈が切断されれば、日本の軍事機構はすぐに血を失って、敗戦は不可避になるだろう。この脅威は、日本が勝ち目のない戦争に無謀にも突入する前にすでに、東京でもはっきりと予見されていたが、権力の座にある軍事政権は、勝利を達成するまで海上交通路を安全に守れるとみずからを納得させていた。

そうはいっても、彼らは余裕が紙一重であることを知っていた。日本の商船隊は酷使され、一〇〇パーセント近く利用されていた。一九三八年末には、日本の商船隊のうち予備で係船されているのはわずか〇・三パーセントだったのにたいし、イギリスとアメリカの商船隊ではそれぞれ三パーセントと一〇パーセントだった(2)。船舶輸送は原材料の輸入だけでなく、外地の軍隊や艦隊、基地への補給のためにも必要だった。さらに日本の領土のうち耕作に適した土地はわずか三パーセントで、食糧の輸入は飢餓を食い止めるために必要だった。船舶輸送は日本の国内輸送網にとっても不可欠だった。国内の鉄道網は概して重い貨物を運ぶのには能力が低すぎて、大半の工業交易品は沿岸航行船で港から港へと運ばれた。

一九三〇年代後半に、集中的な造船奨励策が取られた結果、商船隊（最低五百総トンの鋼鉄船で構成される）は総トン数約六百万トンにまで成長した。この総量のうち、約四百十万トンは陸軍と海軍が自分たちの徴用船枠に要求したので、民間と産業用には百九十万トンしか残らなかった(3)。内閣企画院は、日本経済を回しつづけるためには、すくなくとも三百万トンの船舶輸送が必要だと主張したが、軍部はこれ以上の船舶を民間用に割り当てるのをこばんだ。政権は、戦争一年目には船舶輸送に八十万トンから百十万トンの損失が出るが、その後の二年間には、毎年七十万トンから八十万トンに減少すると見ていた。これらの損失は、すくなくとも一部は、戦時下の建造でおぎなえると考えられた。日本の戦時中の造船努力は壮大な規模で、一九四一年には進水した新たな貨物船が二十三万八千トンだったのが、一九四四年には百六十万トン(4)が進水していた。しかし、損失は予測よりずっと多く、戦時下の純損失は毎年、危機的なままだった。

日本の陸海軍は、おたがいに協力し合うことを、あるいは民間の商船隊と協力することを、大部分おこたっていた。軍用貨物船は将兵や兵器、補給品を外地の基地へ運び、それから空荷で日本に戻ってきた。最寄りの港に立ち寄らせ、帰路に貨物を積ませれば、船舶輸送の効率は向上したかもしれなかった。しかし、日本の体制には、対立する陸海軍にそうした手配を強要する単一の監督官庁がなかった。

日本の国外の海上輸送路が空と潜水艦からの攻撃に脆弱だとしたら、国内の都市部と工業地帯は戦略爆撃にたいして事実上、無防備だった。日本の産業基盤は新しくできたばかりで、ほとんどなにもないところから三十年か四十年で急速に作り上げられていた。官僚と資本家は連繫して、製鉄、造船、自動車、飛行機、戦車、そして工作機械工業に重点を置いた軍需生産中心の産業経済を独力で起こすことに着手していた。その結果はじつに驚くべきもので、史上類を見ないとさえいえた。真珠湾攻撃の前年の一九四〇年、重工業生産は十二年間で五倍に増加していた。日本経済の一七パーセントは軍需生産にあてられていたが、対照的に、アメリカ経済の場合これは二・六パーセントだった[5]。

軍需生産は一九四一年以降、日本のGDPに占める割合を急激に増やし、一九四四年には五〇パーセントに達した。この時点で、日本の一般市民は多かれ少なかれ困窮し、経済の残る（非軍需の）シェアの大半は、農業と食糧生産にかかわるものだった。軍需産業にさらなる成長の余地はいっさいなかった。組織のたるみはすべて引きしめられていた。工場設備の利用率は戦時中、必要不可欠な材料が不足して生産ラインがストップした場合以外は、一〇〇パーセントをわずかに切るだけだった。産業は、熟練の機械工と技師の精鋭集団に依存していたが、彼らは容易に交換がきかなかった。生産は比較的旧式な物流にささえられたいくつかの大工場に集中していた。たとえば、日本の経済全体をささえる鉄鋼生産の大半は、主要な六カ所の製鉄所に集中しており、その場所は連合軍に知られていた。

供給は、製鉄所そのものか、それをささえる輸送インフラを狙った、数回のよく考えられた空襲によって分断されるかもしれなかった。その効果は、たよれる予備の工場設備能力がないため、たちまち経済全体に波及するだろう。

したがって、日本の戦争遂行能力は、商船の船腹（総トン数）と軍需産業にたいする海と空からの攻撃によって、おそらく致命的に弱体化させられうることは明白だった。しかし、広大で複雑な戦争で、対立しあう連合軍の優先事項をどうやって秤にかけるのだろうか？（いってみれば）「連続主義者」と「累積主義者」との争いは、太平洋戦争の戦略のあらゆる段階に影響をあたえた。野戦あるいは海上の連合軍指揮官は、本能的にまず目下の戦術的問題について考え、敵国経済にたいする長期の「累積的」作戦の価値に疑問を投げかける傾向があった。「丸（マル）」たち——日本の貨物船——は、陸軍と海軍の航空機搭乗員から二次的な目標、あるいは残念賞と見なされた。戦域指揮官は航空攻撃を最新の紛争地帯に向ける傾向があり、遠く離れた敵の祖国にたいする無期限の戦略爆撃の価値を疑問に思った。潜水艦は、しばしば全体的な戦略上の理由もなしに、さまざまな役目や任務にもちいられた。彼らが日本の商船の船腹を壊滅させることをただひとつの目的とする大攻勢にもちいられたのは、一九四三年後半になってからである。

「累積的」任務をめぐる綱引き

一九四四年八月にハルゼー提督が第三艦隊の指揮をとると、彼とその〝汚い手部門〟は太平洋艦隊に所属する潜水艦の展開を基本的に変えることを提案した。彼らはそれを〈動物園計画（ズー・プラン）〉と呼んだ。ミック・カーニーとロロ・ウィルスンが細部を立案した。フィリピンと台湾、琉球諸島に隣接する海で、二十数区域がそれぞれ動物の名前をつけられた（それゆえ「動物園」と呼ばれた）。潜水艦の狼群は、主要な艦隊戦闘のあとで、日本の軍艦を迎撃して撃沈せよとの命令を受けて、各区域の海上交通路を横切って展開することになる。予想される海戦の結果がどうであれ、日本艦隊はそのあと「避退して燃料を補給し、基地へ戻るし、そのさいに、彼らは避退線にたいして展開する潜水艦隊の緊密な線を通過することを余儀なくされるだろう」と、カーニーはのちに説明した。(6)

一九四四年九月二十八日――レイテ湾海戦の一カ月弱前――のニミッツへの私信で、ハルゼーは〈動物園計画〉を支持する主張をした。商船の船腹を沈める価値を認めながらも、彼は「万一、敵艦隊が出撃した場合には、太平洋のあらゆる兵器が向けられねばなりません」と主張した。(7)ハルゼーは、すくなくとも目前に迫った海上決戦までは、潜水艦を自分の直接戦術指揮下に置いて、第三艦隊と適切に協力できるようにするよう提案した。

ニミッツは、この提案を「徹底的に検討」したのち、却下した。彼は十月八日付けの「親愛なるビル」私信で、友人をたくみに諭した。潜水艦は機会があればつねに敵軍艦を攻撃するが、彼らのもっとも重要な命令は、依然として通商破壊作戦である、と彼はいった。ニミッツと彼の潜水艦部隊司令官チャールズ・A・ロックウッド中将は、潜水艦の直接戦術指揮をとりつづける。彼はハルゼーに、「通常、貴官が得られる以上の情報に照らし、つねにより広い小官の責任を背景に、関連するあらゆる要素を完全に検討した結果として、小官の決定を受け入れる」ようもとめた。(8)

皮肉な展開で、ニミッツは、新しいB－29〈スーパーフォートレス〉爆撃機にかんする類似の議論で、逆側に立つことになった。B－29は、マリアナ諸島の飛行場に多数が展開しつつあり、翌月には日本への爆撃任務を開始することになっていた。この巨大なボーイング機の重量と航続距離は前例がないものだった――一万ポンドの最大積載量を半径千六百マイルの距離まで運ぶことができた。

アーノルド将軍にひきいられたアメリカ陸軍航空軍の高官たちは、スーパーフォートレスの全機を対日戦略爆撃作戦に展開させるべきだと考えていた。しかし、戦域指揮官たちは新型爆撃機に目をつけていて、戦術任務の使い道にかんするアイディアであふれんばかりだった。ニミッツの司令部は、その長距離偵察や捜索救難活動、日本内水面への機雷敷設の能力に関心を持っていた。マッカーサーはB－29の全機が南西太平洋戦域に送られることを期待していて、ジョージ・マーシャルに「このまだ検証されていない飛行機をまずマリアナ諸島から配備するのは、この飛行機を、その初の戦闘配備にとってもっとも困難な運用条件にさらすことになるでしょう」と警告した。[9]

しかし、ハップ・アーノルドはニミッツとマッカーサーの両方を出し抜いた。彼は仲間の統合参謀たちを説得して、日本本土にたいする戦略爆撃作戦に特化した新しい統合航空軍である第二十航空軍を創設した。ほかの航空軍とちがって、第二十航空軍はワシントンの統合参謀本部から直接指揮統制されていた。命令は、仲間の参謀長たちの「代理人」をつとめるアーノルドがあたえることになる。航空軍にはそれぞれインド＝中国とマリアナ諸島を基地とする第二十および第二十一爆撃機兵団がふくまれることになる。第二十一爆撃機兵団はニミッツの戦域に置かれるが、太平洋艦隊司令長官は、緊急時以外、同隊にいっさいの権限を持たなかった。スーパーフォートレスが日本の産業目標を叩くという第一の任務に専念できるようにするには、異例の指揮体制が必要だと、アーノルド将軍は主張した。

ニミッツはこの新展開を知ったとき、こころよく思わなかった。マリアナ諸島最初のB－29隊航空司令官のヘイウッド・S・〝ポッサム〟・ハンスル・ジュニア准将は、一九四四年十月五日、太平洋艦隊司令部を訪問した。ニミッツは彼にあけすけにこういった。「わたしはこうした手配に強く反対しているといわねばなりません。……これは指揮系統を無効にするものだ」しかし、統合参謀本部がすでに動いていたので、彼にはどうすることもできず、彼はハンスルに最大限の支援をあたえると誓った。「可能なあらゆる援助と協力をあたえましょう。成功を心より祈っています[10]」

ニミッツが〈動物園計画〉をめぐってハルゼーに反対した件との類似点に気づいたかどうかは、記録ではわからない。太平洋艦隊司令長官がその計画を拒否したのはその三日後だ。ニミッツはハルゼーが潜水艦部隊に手を出さないようにして、日本の外地海上交通路を遮断する彼らの「累積的」任務を守った。統合参謀本部はニミッツがB－29に手を出さないようにして、日本を爆撃する彼らの「累積的」任務を守ったのである。

潜水艦の新戦術

潜水艦は、まれな例外をのぞいて、つねに大衆の目から隠されてきた。報道はとくに太平洋戦争の初期には最小限だった。潜水艦部隊にあたえられたあだ名、〈サイレント・サーヴィス〉は、自分の力で勝ち得たものだった。潜水艦戦士は、海軍の他部門の同僚たちがいる席でも、本能的に口が堅かった。真珠湾の基地は謎めいて、不吉にさえ思えた。低く、ほっそりとして、真っ黒の潜水艦は、東入り江の桟橋の影に隠れ、艦橋構造物にステンシルを使って描かれた艦番号でしか識別できなかった。桟橋のすぐ向こうの海軍工廠内に、質素な三階建てのコンクリート製オフィス・ビルがあった。目立たない一階の標識は、それが〈ＣｏｍＳｕｂＰａｃ〉（太平洋艦隊潜水艦部隊司令官）の司令部であることをしめしていた。

そのまれな例外のひとつが、一九四三年二月七日朝のガトー級潜水艦ワフーの真珠湾到着だった。太平洋艦隊司令部の誰かが、潜水艦部隊も一度国民の賞賛を受けるべきだと判断したのである。ワフーは護衛されて水路を進んできた。潜望鏡架台に箒（ほうき）を（逆さまに）つけ、「あん畜生どもを撃て」というモットーが書かれた長い旗をひるがえらせて。従軍記者やカメラマン、ニュース映画班をはじめとする何百という群衆が波止場で待っていた。ワフーがしずしずと停泊位置に近づいてくると、軍楽隊が曲を演奏しはじめた。金モールをつけた軍高官の代表団が、写真を撮って乗組員にインタビューする許可を得ているニュース記者の一団をしたがえて、道板を渡ってきた。秘密保持に慣れていたワフーの水兵たちは、一様にびっくり仰天した。ひとりは日記に驚きをつづっている。「後部機関室で写真を撮られた。《タイム》誌に載るだろう」(11)

1943年2月7日、歴史的な三度目の戦闘哨戒から真珠湾に帰投した潜水艦ワフー（SS-238）。「一掃」を象徴する箒を潜望鏡架台につけ、「あん畜生どもを撃て」というモットーが書かれた旗をひるがえらせている。右中央にはダドリー・W・"マッシュ"・モートン艦長の姿がブリッジに見える。左側で手すり柱に足をのせて立っているのがリチャード・オケイン先任将校。U.S. Navy photograph, now in the collections of the U.S. National Archives

この突発的な宣伝は、世間をあっといわせたワフーの三度目の戦闘哨戒が原因だった。この哨戒で同潜水艦は、合計三万二千トンの船舶五隻を撃沈する戦果を挙げた（前記の箒は、「一掃（スウィープ）」の象徴だった）。攻撃的で一風変わったダドリー・W・〝マッシュマウス〟・モートン艦長のもと、ワフーは、潜水艦が以前は無分別と見なされた危険を冒して、昼でも長時間、海上に留まり、たとえ日本軍の護衛艦がいても、夜間に浮上して損害を受けずに狩りをすることができることを証明していた。信頼できる代役のリチャード・オケイン先任将校とともに、モートンは目標に接近して攻撃する新しい手順を開発していた。オケインは、〝共同接近指揮官〟に指定され、魚雷攻撃中、潜望鏡による観測を一手に引き受けて、モートンが決定を下すあいだ、入ってくるそれ以外のあらゆるデータ源を自由に検討できるようにした。ワフーの航海のもっとも華々しい功績は、ニューギニアのウェワク港で打ち立てられた。このとき彼女は突進してくる日本の駆逐艦を前例のない「真正面」からの雷撃で撃退したのである。この緊迫する対決の最中、どう感じていたかと聞かれたモートンは、こう答えた。「わたしがなぜオケインに〔駆逐艦を〕見張らせていたと思う？　彼はわたしが知るもっとも勇敢な男だ！」[12]

　モートンは大柄で、不遜で、威張りくさったケンタッキー人で、言葉にはその証拠のなまりがあった。みっともない赤のバスローブ姿で艦内を歩きまわり、驚く仲間の乗組員相手に自分からレスリングの試合をふっかけた。哨戒報告書を、潜水艦乗りの仕事とは関係があまりないか無関係の皮肉っぽい感想で脚色した。敵にたいする彼の態度は容赦なかった。モートンは浮かんでいる日本の船を一隻残らず沈めることが自分の個人的なつとめだと思っているようで、その乗組員を殺戮することにまったく良心の呵責をおぼえなかった。平時の海軍ならさえないキャリアを送っていたかもしれないタイプの人物だった——しかし、戦争特有の重圧のもとで、彼の冒険的な態度と、危険をもとめる戦術は、彼をスターにした。

　ワフーの三度目の哨戒はわずか二十四日間で、最短記録のひとつだった（魚雷を全部使いつくしたので帰投したからにすぎないが）。潜水艦の哨戒の間隔は通例、二週間で、そのあいだに乗組員は——士官も下士官兵も同じように——ワイキキ・ビーチの女王、〈ロイヤル・ハワイアン・ホテル〉

でしゃれた休暇（R&R）を楽しんだ。しかし、ワフーは短期間で帰投したので、ロックウッド提督は一週間の上陸休暇でじゅうぶんだと判断した。

潜水艦は艦首から艦尾まで徹底的にオーバーホールされた。乾ドックに入れられ、船底は削られ、再塗装された。清掃され、食料が補充され、新しい魚雷が積みこまれた。四インチ甲板砲は前部に移設され、三基目の二十ミリ機銃が後部に据えつけられた。アメリカ軍の潜水艦はすべて、甲板上の火力を増加するために改修された。経験によって、「浮上して撃破する」戦術が結果を出しつつあることが証明されていたからだ。

二月十七日、乗組員が乗艦し、代表団が彼女を見送るために待機するなか、ワフーの出港準備はととのった。エンジンはアイドリング音を響かせている。水兵たちが係船索を解き、桟橋に放った。潜水艦は自分の排気の青い煙を周囲にただよわせながら、半ノットの速力で水路へしずしずと進んだ。水先人の案内で、こみあった港をゆっくりと出ると、正午少し前に、真珠湾の細長い入り口水路を通過した。

ワフーは四度目の哨戒でアメリカ軍潜水艦がまだ侵入していない海域へ向かうことになっていた――中国本土と朝鮮半島の沿岸に近い東シナ海と黄海である。モートンはこの任務を要請し、ロックウッドはそれを承認していた。モートンは青年士官だった時分の一九三〇年代中期にこの地域を通過したことがあったので、この海域をよく知っていた。この海域には、青島と大連、黄河河口、下関海峡（九州と本州にはさまれた、瀬戸内海への西の入り口）とむすぶ航路など、世界有数の混雑する航路がいくつかあった。モートンはオケインと乗組員たちに、ワフーは「処女地」を目ざし、来たるべき航海で「がっぽりかせぐ」と話した[13]。

ワフー猛威をふるう

潜水艦は、たちの悪い向かい波を来る日も来る日も乗り越えながら、灰色の寒い大海原をゆっくりと進んだ。通常の日課の訓練潜航以外は、洋上を航走した。一隻の哨戒艇も一機の哨戒機も見あたらなかった。ワフーは燃料補給のためちょっとミッドウェイに立ち寄り、そこで自家製のモロトフ・カクテル（訳註：火炎瓶）をひと箱、積みこんだ。島の海兵守備隊からの贈り物だ（サンパンなどの小艇との接近遭遇時に役立つかもしれないと考えられた）。三月の第一週は海が荒れていたので、ワフーは燃料を節約するために、エンジン一基の速力に減速した。

三月十日の午前、潜望鏡を高く上げて観測すると、九州南方の島、屋久島のけわしい緑の山地が見えた。南西諸島のほかの島々もたくさん視界に入ってきた。そのうちの一部は火山などの地形上の特徴で容易に識別できた。ワフーは十一日の夜、南西諸島を抜ける主要な水路であるコロネット海峡を進んだ。翌朝の夜明け前、彼女は割り当てられた哨戒水域である東シナ海に戦闘浮上した。

それからの数日間、ワフーは昼のあいだずっと潜航して、台湾と九州のあいだの航路にそって、大物の目標を探した。この海域は「雑魚」でいっぱいだった——五百トン以下の漁船やジャンク船、トロール船で、しばしば夜間に明かりをつけているので、軍用船でないことがわかった。艦長と先任将校（XO）は交代で潜望鏡をのぞき、さまざまな目標が雷撃にあたいするかを議論した。三月十三日、彼らは大きめのトロール船に、積んでいる二十四本の魚雷の一本目を発射した。しかし、魚雷は目標の船尾下を通過し、モートンは魚雷をもう一本むだにする危険を冒すつもりはなかった。彼はさらに北で見つかると期待しているもっと大きな獲物のために万一にそなえるほうを選んだ。それから四日間、ワフーは数百隻のサンパンの近くを通過し、乗組員はこの海域に〝サンパン小路〟というあだ名をつけた。三月十七日の哨戒報告書は、ワフーが「視認されるのを避けるために、ジャンク船とトロール船をすべてかわすのに少々苦労した」と書き留めている[14]。

ワフーは北上して黄海——中国本土と満州と朝鮮半島に三方をかこまれた太平洋沿岸域の浅い突出部——の交通量の多い海域に入った。北の卓越風が北極圏の寒冷前線をこの海域に運んできて、夜間に艦橋で当直に立つ乗組員は、分厚いウールのコートと帽子、手袋を着用した。月明かりのなかで自分の吐く息が見える。彼らは寒さをまぎらすために足を踏みならし、手を叩いた。顔の皮膚は赤くなり、ひりひりした。彼らはひんぱんに仲間と交代させられた。

モートンは戦前、この海域を航海したことがあり、海図と情報報告を研究していた。青島および大連と長崎および下関をむすぶ航路で獲物の宝庫が見つかると期待していたが、その予想はまちがっていなかった。三月十九日と三月二十五日のあいだの五日間の大勝で、ワフーは二千トン以上の貨物船五隻を撃沈した。新型のトーペックス実用頭部は、おそるべき打撃力を持っていた。目標の数隻は、命中するとそのままばらばらに吹き飛ぶのが観測された。残骸は数百フィート宙に舞い上がり、残った船体の無傷部分は通常、二分以下で沈んだ。

生存者はしばしば残骸にしがみついているのが見受けられた。水温は氷点より数度しか高くなかったので、漂流者はほとんど生きのびられなかっただろう。しかし、モートンは、「われわれを密告する」ことができる目撃者を残すまいと決意していた[15]。三月二十一日、山東半島沖で貨物船、日通丸を撃沈したあと、モートンはワフーに浮上して、砲員は甲板砲につくよう命じた。彼は艦をあやつって救命艇の一隻を押しつぶし、生存者を凍える海に投げだした。二十ミリ機銃が泳ぐ者たちをすばやく殺した。ワフーのある水兵は日記にこう書き記している。「だから日通丸とその全積荷と乗組員はいま、ジャップ海軍の残りの船がじきに行く場所にいる[16]」

ワフーが黄海で発射した全魚雷のうち約三分の一は、意図したように機能しなかった。これは太平洋戦争の最初の二年間ずっと、固有の問題だった――アメリカ軍の魚雷はコースをはずれたり、目標の下を通過したり、爆発しないで敵艦の船体ではねかえされたり、過早に爆発したり、沈んだり、発射した潜水艦のほうにぐるりと戻ってきたりした。

三月二十五日の夜明け、ワフーは、モートンが正常に機能しない魚雷にいらだったせいもあって、浮上して、潜水艦の四インチ甲板砲で小型貨物船と対決した。モートンはこういうふうに甲板砲を使うのを楽しんでいたし、まちがいなく魚雷よりずっとたよりになった。しかし、この火器は千五百トンの潜水艦に搭載するにはほぼまちがいなくちょっと大きすぎ、発射時に砲口から出る衝風は上甲板の艤装を破壊した。ある水兵はその衝撃で甲板の板張りが引きちぎられるのを見たのをおぼえている。にもかかわらず、砲は二千五百トンの貨物船を、それが沈んで見えなくなるまで、整然と引き裂いていった。ワフーの一部の乗組員は、船の残骸にしがみつく日本の生き残りの船員をこう叫んであざけった。「ほんとにごめんなさい(ソーリー)、おねがいします(プリーズ)!」[17]

ワフーの哨戒報告書はこの遭遇戦についてこう述べている。「さわやかな晴天のおだやかな海で、朝の薄明かりのなか、潜水艦が三梃の二十ミリ機銃と一門の四インチ砲で水上戦闘を実施するのを目撃したことがない者は、生きる甲斐ってものがない……じつに壮観だった[18]」

ワフーは、東の空が明るくなっても海上にとどまり、もう一隻の貨物船ともっと小型の船舶数隻を追いつめて撃破した。速力を上げて南へ遠ざかり、潜航すると、七千トンの海軍補助艦艇を追跡し、魚雷三本を発射した。一本が艦首近くに命中し、航行の自由を奪ったが、沈めることはできなかった。[19]モートンは撃沈を主張しなかったが、戦後の調査で、この犠牲者が北へ逃げたあとで実際に沈没したことがわかった。

ワフーの猛威は東京で警報を鳴らした。大本営はアメリカ軍の狼群が黄海で活動中にちがいないと思った。哨戒艇が最近の沈没現場に集中し、偵察機が上空を縦横に飛んだ。モートンは虚勢は張ってもカウボーイのような無鉄砲ではなかった。オケインは理性の声で、この哨戒につきものの危険をふまえて、慎重に行動するよう訴えた。黄海は実際には浸水した大陸棚にすぎず、爆雷攻撃にたいする潜水艦最大の防御策である深深度潜水回避運動を使うには浅すぎた。モートンはこの海を「子供用プール」と呼び、彼の哨戒報告書は、「海底につっこまないようにするために、潜入時の傾斜角に気をつける必要あり」と書き留めている。[20]どこにでもいるサンパンやジャンク船の一部は、おそらく軍の哨戒艇だった。いくつかは漁船についているとは思えない大きなレーダー・アンテナと無線送信機をそなえているのが観測された。浮上して撃破するのはうまくいけばすばらしい戦術だったし、これまでは実際にうまくいっていた——しかし、一見無害に思えるトロール船が防水布の下に甲板砲を隠しているかもしれなかったし、中口径砲弾の直撃は潜水艦を撃破するのにじゅうぶんかもしれなかった。

正常に機能しない魚雷あるいは不発の魚雷を発射するのは、潜水艦の存在を告げることにしかならなかった。三月二十五日の午後、ワフーが午前中に一連の目標を撃沈したあとで、一隻の日本軍駆逐艦が潜水艦に迫ってきた。目標方位角（アングル・オン・ザ・バウ）は程よく、ワフーは敵にみごとな雷撃を仕掛けるため水中で機動していてもおかしくなかった。魚雷は二本残っていた。二カ月前のウェワクでは、ワフーは大胆な「真正面」からの雷撃で敵駆逐艦を撃破していた。

この場合には、モートンとオケインは安全策をとることで一致した。ワフーは深さ百五十フィートまで急速潜航して、爆雷攻撃にそなえた。駆逐艦はあきらかに潜水艦の存在に気づかず、射程外に遠ざかった。哨戒報告書によれば、ワフーは「過去の経験からおそらく過早爆発するであろう、残るわずか二本の魚雷で、この野郎にあえてタックルしはしなかった。殻に隠れて這って逃げざるを得ず、われわれの誇りは傷つけられた」[21]。

翌日、さらに南方で、ワフーは、おそらく九州の製鋼所を目ざす、石炭を満載した四千トンの貨物船に、魚雷一本を発射した。魚雷は船体中央部に命中して、船はすさまじい轟音とともに炎上し、石炭のほこりのきのこ雲を噴き上げて、空気は数分間、呼吸できなくなった。ワフーは南下をつづけて、南方領土への主要航路に忍び寄り、三月二十八日、貨物船に最後の魚雷を発射した。貨物船は二分で沈んだ。

魚雷をすべて撃ちつくしたので、モートンはワフーに浮上を命じた。彼女はふたたびサンパン小路に突進して、甲板砲で小型船舶を恐怖におとしいれた。三月二十七日の午前、ワフーは、モートンが日本軍の哨戒艇ではないかと思った大きなレーダー・アンテナを持つトロール船を追跡して撃沈した。三基の甲板砲と機銃が火を噴いて、トロール船は沈みはじめた。二十ミリ機銃が過熱し、その銃身は海水の樽に漬けられた。ある乗組員は機銃があまりにも熱くなっていたので、樽の水が沸騰したと書き留めている。潜水員の〝コマンドー班〟が、文書を探すため、沈みゆく損傷船に派遣されたが、なにも見つからなかった。彼らはミッドウェイで海兵隊員に寄付してもらったモロトフ・カクテル数本でトロール船を始末した。

その夜、ワフーがコロネット海峡に向かって避退しているあいだ、乗組員は〈ラジオトウキョウ〉に耳をかたむけ、アナウンサーが、日本の領海に近づこうとするアメリカ軍潜水艦はいないと宣言するのを聞いておもしろがった。

ワフーの四度目の哨戒は、またしても大成功だった。黄海の十九日間で、彼女はしばしば浮上したまま、船舶九隻、トロール船一隻、小型漁船二隻を撃沈した。日本人が以前は安全だと思っていた海域に侵入して、奇襲の利点をフルに利用した。モートンは八隻の戦果を主張し、八隻とも認められた。

戦後の見積もりでは、戦果は九隻に増え、撃破された敵艦船の数で判断すれば、一度の航海では戦時中最高の戦果となった。黄海を荒らしまわったモートンは、太平洋潜水艦部隊の〝最優秀選手〟としての地位を確たるものにした。

魚雷の性能不良と官僚主義

ワフーは総本数の四分の一にあたるすくなくとも六本の魚雷が正常に機能しなかったのにもかかわらず、恐るべき戦果を挙げていた。三月二十四日に大物の油槽船を撃沈できなかったのは、とりわけ腹立たしかった。この高価値目標にモートンは魚雷四本を発射したが、一本も意図したようには機能しなかった。二本は過早に爆発した。三本目は、この二本が近くでタイミング悪く爆発したため、コースをそらされ、四本目は「ポーポイズ運動」――単一波動パターンで潜ったり海面から飛びだしたりをくりかえすこと――をはじめて、コースをはずれていった。モートンはこの問題についてロックウッド提督にきつい文句をいい、ロックウッドはそれをひと言も疑わなかった。一九四三年夏には、彼はマーク14湿式熱走魚雷が欠陥品であると確信していて、この問題についてワシントンで騒ぎを起こしているところだった。六月二十四日、彼は、さらなる調査を待つあいだ、全魚雷の磁気起爆装置を不作動にするニミッツの許可を得た。その同じ週、ロックウッドはキング提督に、魚雷の不具合は、戦争の最初の十八カ月間、おそらく彼の太平洋潜水艦部隊の有効性をすくなくとも五〇パーセント減少させただろうといった。

この問題は、海軍の兵器局の恥ずかしいほど遅い反応によっていっそう悪くなった。同局はマーク14を設計し、製造していた。この魚雷は、じゅうぶんな資金がなかったせいもあって、戦前、しっかりとテストされていなかった。ロードアイランド州ニューポートの海軍魚雷基地のある有力な士官と技師たちが、魚雷にかんする苦情を個人的に一手に引き受けているらしく、いかなる不具合も真珠湾と潜水艦自体の乗組員の取り扱いミスとお粗末な整備作業によるものにちがいないと主張した。こうした応対を受けた潜水艦乗りたちは、魚雷にかける手間を倍増し、哨戒中は魚雷を〝赤ん坊のようにあつかい〟、理想的な条件のときだけ発射した。多くの潜水艦が、発射の直前まで発射管前扉を閉めたままにして、魚雷が海水に早まってさらされないようにしはじめた。

しかし、不具合はつづいた。原因は数多く、ひとつの原因はほかの原因を隠す傾向があり、それが原因を認識して修正するのをいっそうむずかしくするきらいがあった。多くは〝磁気感応〟起爆装置に関連していた。目標の艦船の磁場を探知して、魚雷の実用頭部を起爆させるよう意図された装置だ。この技術は、当時、きわめて高度なもので、戦前期のアメリカで屈指の極秘兵器開発計画の産物だった。この装置は、ほとんどの大型軍艦の一般的な特徴だった船体の〝ふくらみ（ブリスター）〟への対抗手段として考案された（ふくらみは、喫水線に出っ張った二重船体で、表面で起爆した通常魚雷から内側の船体を保護する働きをする）。魚雷は艦船の下を航走し、竜骨の真下で起爆する仕組みだった。そうした爆発の衝撃は、真上の無防備な船底に向けられ、目標にずっと大きな損害をあたえる。しかし、磁気起爆装置はしばしば戦闘中におかしくなり、高い割合で不発と過早爆発を引き起こすことになった。最終的には、設計者が世界のさまざまな地域の地磁気のちがいを考慮に入れておらず、この技術には緯度と経度の微調整が必要であることが判明した。

さらにマーク14は、調定より約十フィートから十一フィート深く駛走する傾向があることも判明した。この問題は比較的簡単に是正できたが、やっとつきとめられたのは戦争に入って六カ月後の一九四二年六月で、そのときにはすでに八百本以上の魚雷が戦闘で発射されていた。さらに、問題は多くの苦情にもかかわらず、兵器局ではあきらかにされなかった――キング・ジョージ湾で一連のテストを行なうのは、当時ウェスタン・オーストラリア州で潜水艦部隊司令官だったロックウッド自身にゆだねられた。テストの結果、魚雷は調定より（平均して）十一フィート深く駛走することがわかった。最初、兵器局はロックウッドのテストが許可を受けておらず、結果は不正確であると考えた。その二カ月後、キング提督が局の下で「ブロートーチに火をつけた」あとでやっと、同局は（ニューポートで実施されたテストにもとづき）マーク14が実際に深く駛走し、戦前に機構のテストがふじゅうぶんだったと認めた。

しかし、第三の問題は、ほかの欠陥によって一年以上も隠されていた。マーク14の衝撃起爆装置は、磁気起爆装置の従来型の代替手段だったが、発動ピン（撃針）の強度が低すぎて、しばしば命中時に破損し、実用頭部を起爆させられなかった。この問題は一九四三年、ロックウッドが大半の艦で磁気起爆装置を不作動にするよう命じるまで、判明しなかった。

じきに、魚雷が目標の船の船体を直撃し、もっとも理想的な九〇度の角度で命中したのに、起爆することなくそのまま船体に跳ね返されたという報告が複数寄せられた。戦時中もっとも悪名高い事件は、一九四三年七月二十四日、潜水艦ティノサのダン・ダスピット艦長がパラオ西方で日本の貨物船を攻撃したときに起きた。ダスピットが潜望鏡で見守るなか、ティノサはほぼ完璧な条件で至近距離から魚雷十一本を連続して発射した。魚雷はつぎつぎに船に命中して、それから沈んで視界から消えた。一本は船体に跳ね返されて、針にかかった魚のように海から飛び上がり、それから針を口から吐きだした魚のように水中に飛びこんで姿を消した。魚雷は一本しか残っていなかったので、ダスピットは目標を沈めようとするのを断念した。彼はその最後の魚雷を真珠湾に持ち帰って、くわしく調べてもらうことにした。

ロックウッドは一年前、オーストラリアのテストで、兵器局の仕事を代行した。いま彼は真珠湾における一連のテストでそれをくりかえした。欠陥のある衝撃起爆装置はすぐに特定され、問題はじょうぶなアルミ合金で発動ピンを設計しなおすことで簡単に是正された。「これでついに魚雷官僚も腰砕けになった」と、当時、潜水艦士官だったエドワード・ビーチはいっている。「いまやすすんで、魚雷を何本か余分に実験室のテストで消費するほうが、戦闘でむだに消費するよりいいと認めた」[22]

一九四三年九月、太平洋潜水艦部隊はマーク14がついに〝修理され〟たとつたえられ、それ以降の月の総計値は、性能が改善されたことをしめした。しかし、おかしな動きをする魚雷の報告は終戦までつづいた。もっとも恐れられた作動不良は〝サーキュラー・ラン（逆走）〟で、魚雷の舵がひっかかってしまい、魚雷を完全に起爆可能状態のままで、発射した潜水艦自身に向かって反転させる状態である。数隻のアメリカ軍潜水艦がこの恐るべき不運を経験し、潜航あるいは水上で回避運動をすることで、かろうじて窮地を脱していた。二隻は自分の魚雷で撃沈されたことがわかっていた。乗組員の誰かが生き残って体験談を話せたからである。そのほかに同じように撃沈されて、乗組員全員が失われた艦があってもおかしくないが、後世の人間は首をひねることしかできない。

次世代のマーク18ウェスティングハウス電気推進式魚雷は、目に見える泡や煙の航跡を残さなかったが、ちょうどその一九四三年秋に、部隊に配備されつつあるところだった。この魚雷は審査と試験のためにニューポートの海軍魚雷基地（NTS）に送られた――しかし、〝ニューポートの連中〟は、ある潜水艦乗りが述べたように、ほとんど非協力的だった。マーク14を設計製造したNTSの技術者は、ウェスティングハウスの製品を簒奪（さんだつ）者と見てこころよく思わなかった。ゴート・アイランド（NTSが置かれていたニューポート港の島）は、〝ここの発明ではない〟症候群に取りつかれていた。ニューポートで試験を監督する潜水艦ラポン乗り組みの士官たちは、自分たちが出会った態度に幻滅した。「妨害行為というのはいいすぎかもしれないが」とラポンの先任将校イーライ・ライクはいった。「彼らはこれっぽっちも手伝おうとしなかった」[23]ライクは真珠湾でロックウッドの補佐役にこういった。
「あの連中に戦争する気があるとは思えませんね」[24]

ワフー最後の哨戒

ワフーは五度目の哨戒から戻ってきた。今回の哨戒で彼女は北上して、一九四三年五月二十一日に日本の千島列島の氷におおわれた北方地域に入っていた。彼女は三隻を撃沈したが、その任務の性質を思えばりっぱな戦果だった——しかし、モートンはロックウッドに、自分は六隻は沈められただろうし、もし魚雷がちゃんと機能していたら、そうしていただろうと語った。ワフーは本格的な修理がのびのびになっていたので、カリフォルニア州メア・アイランドに戻るよう命じられた。彼女が十八カ月前に誕生した場所に。ディック・オケインは昇進して、自分の艦を指揮することになった。タングという名前のバラオ級潜水艦だ。彼女は、やはりワフーの係留場所から川岸をほんのちょっと下ったところにあるメア・アイランドで建造中だった。タングは一九四三年八月に進水する予定だった。オケインと基幹要員は、建造の最終段階と艤装を監督することになっていた。いっぽうワフーはかなり造りなおされ、その艦影は一九四三年七月に真珠湾をあとにしたときとがらりと変わった。モートンは新ワフーに数名の新しい士官と大部分新しい乗組員を迎えた。七月二十一日、彼女がナパ川に入っていくとき、艦長は友人である長年の先任将校に別れを告げた。ふたりが会ったのはこれが最後だった。

モートンはワフーを、日本とアジア大陸を分ける水域で、周囲をほぼ陸地に囲まれている日本海に入らせたかった。ロックウッドは自分の花形艦長の要請を許可した。これはある意味、水中の戦いの「最後の一マイル」だった。アメリカ軍の潜水艦がまだ侵入していない唯一の主要海域である。そこは日本とアジアのその領土を行き来する船舶であふれていた。日本海は外にたいしてしっかりと閉ざされていたので、日本軍はこれまでここで特別な対潜水艦防御策をまったく取ってこなかった。黄海が〝処女地〟だとすれば、日本海は日本の聖なる国土そのものとほとんど同じくらい神聖だった。

日本海に出入りする現実的なルートは三つしかなかった。九州と朝鮮半島のあいだの対馬海峡。本州と北海道のあいだの津軽海峡。そして、北海道と樺太（サハリン）のあいだの宗谷海峡だ。すべてが潜在的に危険な隘路だった。いずれも機雷が敷設され、沿岸砲兵に守られている。そして、いずれも対潜哨戒艇と哨戒機で厳重に見張られていた。侵入するのが危険なら、脱出するのはもっと危険だろう――日本海に敵潜水艦がいると知ったら、日本軍は出口の対潜水艦防御策を倍増させるだろうからだ。問題を検討した結果、ロックウッドとモートンは宗谷海峡が侵入にも脱出にも最良の選択肢だということで合意した。

ワフーは一九四三年八月十四日、宗谷海峡を進んだ。闇夜に約十八ノットで浮上したまま侵入した。レーダーで追尾され、灯台が識別信号を点滅させたが、適切な符丁を知らなかったので、応答できなかった。しかし、ワフーは日本軍が反応する前に通り抜け、幽霊のように日本海に姿を消した。

予想どおり、海は高価値船舶がうようよしていて、モートンはふたたび暴れ回るのが楽しみだった。しかし、魚雷がワフーを裏切った。八月十五日から八月二十二日のあいだに、ワフーは十数隻の貨物船に忍び寄って攻撃したが、不発や、深く走りすぎたり、過早爆発したり、コースをはずれて姿を消す魚雷に悩まされた。モートンはいそいで真珠湾にとって返し、この問題の対処を要求しようと決意した。この短期間の成果が上がらない航海の哨戒報告書で、モートンは、南北戦争中にデイヴィッド・ファラガット提督がはじめて作った有名な海軍の古いスローガンを、皮肉っぽいひねりをくわえて、引用した。「魚雷なんか糞食らえ」

八月二十八日、すでにロックウッドから基地へ帰投する許可を得ていたワフーは、浮上して、日本の木造平底船の船首ごしに砲撃をくわえた。相手が止まらなかったので、ワフーの艦砲はそれをばらばらに吹き飛ばした。日本の漁師六名が降参し、戦時捕虜として艦内につれてこられた。彼らは乾いた清潔な衣服と、一杯のブランデーをあたえられ、それを堪能したようだった。それから後部発射管室に監禁され、そこで甲板にマットを敷いて眠った。ワフーの乗組員と捕虜との関係は心のこもったもので、友好的とさえいえた。捕虜たちは自分たちで食事を料理し、毎日の清掃作業を進んで手伝った。[25]

真珠湾では、ワフーはすばやく折り返しの準備を終えた。モートンは一直線で日本海に戻りたがっていて、ロックウッドは同意した。もう一隻の潜水艦ソーフィッシュが同航することになった。ワフーは新型のマーク18魚雷を積みこむと、二隻の潜水艦は九月十日、出航した。

その朝の太平洋潜水艦部隊司令部での記録に残る任務完了後報告会で、モートンは、打ち解けた長いインタビューを受けた。筆記録では、彼一流の陽気さと不遜さが紙面から飛びだしてくる。午前十一時五十分、彼はインタビューを中断し、自分の艦は午後一時に〝漕ぎだす〟ことになっていると説明した。モートンはつぎの哨戒が終わったらつづきをやると約束した――「そして彼が戻ったときとインタビュアーは筆記録の最後でいっている。「われわれはワフーの冒険の物語をさらに聞かせてもらうことになるでしょう[26]」

しかし、マッシュ・モートンが真珠湾に戻ることはなく、ワフーの物語の残りが語られることはないだろう。彼女の七度目の航海は、最後の航海になった。彼女はいまも、潜水艦乗りがいうように、「永遠の哨戒活動中」である。

1943年2〜10月

170°
180°
170°
160°

4：1943年2〜4月
5：1943年4〜5月
6：1943年8月
7：1943年9〜10月

太平洋
ミッドウェイ
オアフ島
N
600海里

潜水艦ワフー（SS-238）の最後の4度の哨戒

ワフーの最後の哨戒でなにがあったかは、日本側の情報と、経験にもとづく推測からある程度、再現できる。彼女はその日の午後、ソーフィッシュとともに、真珠湾を発った。その二日後、ミッドウェイ環礁に入り、燃料を満載した。七日間の航海でワフーは宗谷海峡に戻った。そしてふたたび夜間に、おそらく浮上して海峡を通過した。ソーフィッシュがその二日後につづいた。モートンは日本海南部の海盆で、下関海峡への西の近接路あたりの船舶を餌食にするつもりだといっていた。下関海峡は瀬戸内海の西側の大きな玄関口である。十月五日、東京の《同盟》のニュースサービスが、その日、アメリカ軍の潜水艦によって〝汽船〟一隻が撃沈され、五百四十四名が命を落としたと報じた。ワフーはこの海域で唯一のアメリカ軍潜水艦だった。《同盟》の報道は船名も、死者が民間人なのか軍人なのかもあきらかにしていなかった。戦後の記録で、これが陸軍に兵員輸送船として徴用されていた八千トンの客船、崑崙丸であることが判明した。彼女の損失によって、日本軍は日本と朝鮮半島との連絡船の夜間運行をただちに停止した。

戦後の分析は、ワフーが翌週、すくなくとも千トンの敵船舶をさらに三隻撃破したと結論づけた。その三隻は当該の日時にワフーだけが到達できる位置で沈んでいた。

ソーフィッシュは、十月九日、ワフーの通過予定日の二日前に、宗谷海峡を抜けて脱出した。艦長は日本軍の対潜水艦防御策がかなり強化されていることに気づいた。ソーフィッシュは数隻の哨戒艇と一機の飛行機に追跡され、捜索された。二百フィートまで潜水した彼女は、音響測距によって数時間、潜水をつづけた。数発の爆弾と爆雷が投下されたが、近いものはなかった。彼女は潜航したまま海峡を通過し、翌朝、無事に通り抜けた。

その二晩後につづいたワフーは、北海道北部の沿岸砲台から砲撃を受けた。彼女は至近弾で損傷を受けたのかもしれない。急速潜航したが、旋回する大湊航空隊の水上機を回避できるほど迅速には潜れなかった。水上機は彼女の位置に爆雷三個を投下した。哨戒艇隊、おそらくソーフィッシュを追いかけたのと同じものが、海峡に急行して、あたりに爆雷をばらまいた。日本軍の艦艇でワフーの位置をソナーで確定できたものはなかったが、彼らはその海域に四時間、留まった。宗谷海峡のその部分は深深度潜水には浅すぎた。長さ三海里の広大な油膜が、水深二百十三フィートしかない海底へのワフー最後の沈降を印していた。彼女の残骸は二〇〇八年、その位置を突きとめられ、確認された。

アメリカ軍は戦後までワフー終焉の状況をなにひとつ知らなかった。宗谷海峡で爆雷攻撃を受けて消息を絶ったのかもしれなかったが、事故、機雷、あるいは欠陥魚雷でやられた可能性もあった。一九四三年十一月九日、太平洋潜水艦部隊司令部はワフーが「帰投予定日を過ぎ、おそらく失われた」と宣言した。このニュースを受けて、潜水艦部隊には嘆きのさざ波が広がった。モートンは艦隊でもっとも崇拝される潜水艦長で、彼の同僚たちはモートンの大胆な手法を研究し、採用するよう奨励されていた。いまや彼らはワフーの損失を、彼が向こう見ずだったという警告のサインと解釈すべきなのだろうか？　その可能性は心を騒がせたが、簡単に片づけられるものではなかった。とはいえ、彼らはみんな、潜水艦戦が危険の多い仕事で、どの潜水艦も、戦術に関係なく、いついかなるとき失われるかもしれないことを知っていた。当面、ロックウッドは日本海への侵入をすべてやめさせて、この攻撃進路は戦争末期まで再開されることはなかった。

戦後の分析で統計データが積み重ねられ、改訂されると、モートンとワフーは潜水艦部隊の〝成績表〟のトップ近くに立った。彼の戦時中の記録は、敵艦船十七隻撃沈とされていた。戦後の計算で、この数字は二十隻に増え、もっと最近の評価は、数字が二十四隻に達していたかもしれないと結論づけている。戦争中期に戦死したうえに、欠陥品の魚雷というハンディキャップがあった（彼の死後、問題は大いに緩和された）にもかかわらず、モートンは撃沈数のランキングで二位を分け合い、一回の戦闘哨戒における最大戦果のランキングでもやはり二位を分け合った。おそらく、彼のかつての先任将校ディック・オケインが最終的に両分野で彼を上回ったことは、モートンの指揮統率力へのさらなる賛辞といえるだろう。

モートン艦長の後継者たち

一九四三年の秋、潜水艦の展開にかんするアメリカ軍の考えかたが変化した。それまでオーストラリアのロックウッドと潜水艦提督たちは、艦隊潜水艦の多くに、カロリン諸島のトラック環礁への海上近接路を常時哨戒させていた。トラック環礁は日本海軍の海外における最大の艦隊泊地となっていた。潜水艦隊は主要な艦艇部隊の動静にかんする貴重な視認報告や警報を提供し、機会を捉えて、環礁に出入りする敵艦艇を攻撃した。潜水艦はソロモン諸島と南太平洋にも配置され、この地域におけるハルゼーとマッカーサーの攻勢を支援した。さらにいつものように、偵察や飛行士の海難救助、フィリピンへの工作員や情報機関員の潜入脱出といった各種の特殊任務であちこちに送りだされた。一九四三年十月から十二月のあいだに、さらに多くの潜水艦が、ワフーの開拓した水域である東シナ海と黄海をふくむ太平洋西部で、日本の内地航路を攻撃するために送りだされた。このころには、アメリカ軍の潜水艦は毎月十万トン以上の日本の船舶を常時撃沈していた。

フリーマントルを基地とするラルフ・クリスティ提督のウェスタン・オーストラリア部隊は、ボルネオとトラックのあいだの海域を往復する日本の油槽船を探して沈めることにほぼすべての戦力を振り向けていた。この航路の油槽船の多くは船体が二重構造で、沈めるのがむずかしかった。しかし、軍艦よりは遅いので、命中させるのはもっと簡単だった。新型のトーペックス実用頭部は強力な破壊力があり、油槽船はしばしば比較的爆発しやすい未精製の原油を満載していたので、破壊的な誘爆と火災を起こしやすかった。一九四三年の最後の四半期に、フリーマントルを基地として活動する潜水艦は、十数隻の油槽船を海底に送ったが、これは供給線を寸断し、燃料不足で艦隊が行動不能になるのではないかという深刻な懸念を東京で引き起こした。

一九四四年、潜水艦隊は総トン数の競争で最大の戦果を達成した。商船の総撃沈トン数（軍艦は含まず）は一九四三年の百二十万トンから一九四四年には二百五十万トンと、二倍以上になった[27]。新型のバラオ級潜水艦が就役すると、太平洋潜水艦隊の規模は一九四三年二月の四十七隻から一九四四年六月には百隻以上に拡大した。ロックウッドとそのチームは狼群戦術をためしはじめ、一名の指揮官のもとで三隻から六隻の潜水艦を展開した。潜水艦には、より高性能のソナーやレーダー、光学機器、通信システム、より強力な甲板砲、そしてやっと設計どおりに機能する魚雷が搭載された。マーク14はマーク18に取って代わられ、マーク18は不具合が修正されると破壊的な兵器となった。より若くて大胆な新種の艦長たちは、マッシュ・モートンの例にならって、哨戒中ほとんど潜水艦を浮上させたままにした。彼らはアジア本土と日本沖の沿岸水域に送りだされ、敵のもっとも交通量の多い航路を餌食にした。夜間は、大幅に改良されたＳＪレーダーを使って、獲物の位置や速力、針路を正確につきとめ、それから、しばしば二十ノットに達するエンジン四基の最高速力で、射点に突進した。真珠湾の暗号解読員たちは、日本の船舶用暗号を解読し、日本の輸送船団の位置やルートを正確に予測できた。この貴重な〈ウルトラ〉情報のデータは哨戒の場所を割り当てるのに使われ、長距離無線で、すでに洋上にある潜水艦に定期的に送信された。

ディック・オケインと彼の新しいバラオ級潜水艦タングは、一九四四年一月、メア・アイランドから真珠湾への処女航海を行なった。オケインを艦長とするこの恐るべき潜水艦の九カ月の経歴のなかで、タングは潜水艦部隊の撃沈総トン数の成績表でトップに浮上し、ワフーのモートンの記録さえ追い抜くことになる。統合陸海査定委員会（ＪＡＮＡＣ）の戦後の結論によれば、タングは二十四隻を撃沈した。彼女の艦長とほかの者たちは、総数が実際にはもっと多く、たぶん三十三隻に達すると主張している。いずれにせよ、タングが第二次世界大戦中、サイレント・サーヴィスでもっとも成果を上げた三隻のうちの一隻であることは疑いない。

オケインは、マッシュ・モートンと宗谷海峡でワフーとともに沈んだ八十名の死の報復をすることを個人的な使命としているようだった。ワフーの先任将校としての三度の哨戒は、この仕事における、望みうる最高の教育の場となった。オケインはモートンと同じように、夜間水上攻撃の支持者だった。彼は急速潜航を最後の手段と考え、緊急の場合にしか使わなかった。夜間に水上で行動すれば、ＳＪレーダーだけでなく、潜望鏡架台のてっぺんに強力な双眼鏡を持った目のいい若い水兵を立たせることで、なみはずれた視界が得られた。各攻撃手順の前に、オケインは勝算を計算した。もしそれが気に入ったら、彼は大胆で容赦ない攻撃を開始した。タングは何度も日本軍の駆逐艦を回避して、敵輸送船団の内陣に侵入し、しばしば一回の斉射で複数の船を沈めた。

タングは、カロリン諸島とマリアナ諸島のあいだの海域への初哨戒で、雨スコールのなかを二日間、大輸送船団をつけまわして、大型船三隻を撃沈した。その二晩後、レーダーが北上するべつの船団を捉え、二日間の追いつ追われつのゲームで、海軍の大型輸送船、越前丸をふくむ貴重な目標をさらに二隻沈めた。この特筆すべき哨戒のあと、タングはトラック島にたいする第五艦隊初の空母空襲（一九四四年二月十七〜十八日、〈ヘイルストーン作戦〉）で、海難救助潜水艦をつとめ、作戦に参加したどの潜水艦よりも多い、七名の墜落した母艦搭乗員を救助する目覚ましい活躍をした。

三回目と四回目の哨戒では、東シナ海――一年前、ワフーで哨戒したことがあるので、オケインがよく知っている海域――へおもむき、そこでタングは一隻だけの狼群のように行動した。一九四四年六月二十四日の夜、長崎からそう遠くない海上で、タングは護衛付きの大型貨物船六隻の縦隊を待ち伏せして、魚雷六本を散開発射した。オケインは二本の魚雷が目標を捉え、二隻を沈めたと確信し、そう主張した。しかし、戦後の報告によれば、斉射は大型貨物船四隻、合計トン数一万六千トンを撃沈していた。散開発射された魚雷六本で四隻撃沈は、戦時中もっとも多くの船を撃沈した潜水艦の魚雷斉射となった。タングはこの働きにつづいて、一九四四年八月、日本の本島である本州の南方を荒らし回り、日本一人口の多い海岸線沖の浅い沿岸水域に大胆に侵入して、(すくなくとも)さらに合計トン数一万一千五百トンの大型商船二隻を撃沈した。

この年は、ほかにもいくつかの卓越した潜水艦と艦長が名を上げつつあった。元海軍兵学校一九三五年組アメリカン・フットボール・チームの花形選手で、スレイド・カッターというすばらしい名前の男は、マッシュ・モートン・タイプの大胆で危険をいとわない艦長だった。一九四四年六月のルソン海峡の大暴れで終わる四回のすばらしい哨戒で、カッター艦長の潜水艦シーホースは、合計で七万二千トンの敵艦船十九隻を撃沈した。終戦時には、彼は合計撃沈トン数の一覧表でマッシュ・モートンと二位を分け合った(オケインが一位だった)。サム・ディーリーは、潜水艦ハーダーの艦長として戦闘哨戒を六回行ない、合計で五万四千二トンの日本艦船十六隻を沈めた。ハーダーの戦争にたいするもっとも有名な貢献は、一九四四年六月、マリアナ沖海戦の直前のことだった。スールー海南部のタウイタウイの泊地で日本の主戦闘艦隊に忍び寄ったハーダーは、三日間で三隻の日本軍駆逐艦を撃沈した。

ルーベン・ホウィティカーは、潜水艦フラッシャーの艦長で、チェスター・ニミッツ・ジュニアが次席将校(サード・オフィサー)だった。フィリピン周辺と南シナ海の四回の哨戒で、フラッシャーは六万八百四十六トンの艦船十五隻を沈めた。潜水艦バーブの艦長ジーン・フラッキーは、ルソン海峡と東シナ海の七回の戦闘哨戒で、合計九万六千六百二十八トンの艦船十七隻を撃沈し、なみはずれた記録を樹立した。バーブの経歴のクライマックスは一九四五年七月で、当時日本の領土だった樺太島（サハリン島）海岸に奇襲隊を上陸させた。攻撃隊員たちは鉄道列車を爆破した。これはこの種の作戦としては太平洋戦争中唯一のもので、日本本土における唯一の連合軍地上作戦だった。

しかし、太平洋の総トン数戦争はアメリカ軍潜水艦部隊のチャンピオン選手だけに頼っていたわけではなかった。「凌遅刑」では小さな切断のひとつひとつが対象を殺す役目をはたしている。ほとんどの艦長と潜水艦はスコア表のかなり下に位置していた。しかし、その名前がほとんど忘れられている中くらいのプレイヤーでさえ、彼らのつとめをはたしていた。日本軍にとって、彼らの残っている貴重な油槽船が、ワフーやタング、シーホースのようなスーパースターに海底に送りこまれようが、（無作為に数隻の名を挙げれば）コッドやキングフィッシュ、バーベロのような縁の下の力持ち的潜水艦に沈められようが、ほとんど関係なかった。太平洋で哨戒中のアメリカ軍潜水艦の総数は一九四四年に倍増し、一九四三年六月の平均二十四隻から一九四四年六月には四十八隻に達した。[28] 東京の大本営では、日本からシンガポールまでアメリカ軍潜水艦の潜望鏡の上を歩いて行けるといわれた。結局、重要だったのは、彼らの努力の累積的な結果だった。

一九四四年後半には、潜水艦は毎月、二十五万トン以上の日本商船を沈めていた。撃沈トン数は一九四四年十月、世界の目がマッカーサーのフィリピン帰還と〈レイテ湾海戦〉の大海戦に向けられていたとき、頂点に達した。その月、水中の捕食獣たちは、十万三千九百三トン分の油槽船をふくむ三十二万八千八百四十三トンもの日本商船を撃沈した。[29] これ以降、毎月の総計は減少したが、それは目標が比較的少なくなったからにすぎなかった。もっとも交通量の多い航路を哨戒するアメリカ軍の潜水艦は、海に油膜と過去の撃沈の漂流物が散らばっているのを発見した。多くの艦長は甲板砲でジャンクやトロール船を沈めることにしだいに関心を向けるようになった。

タングは一九四四年九月最終週にはじまった最後の哨戒で、台湾海峡におもむいた。この航海は、この海域におけるハルゼーの第三艦隊の空母攻撃と〈レイテ湾海戦〉の最初の動きと同じ時期だった。オケイン艦長は二日間にわたって、南下する志摩提督の任務部隊をつけまわした（同艦隊はスリガオ海峡海戦に遅れて到着することになる）。志摩艦隊の巡洋艦の一隻から二十センチ砲の砲撃を受けたタングは、急速潜航して逃れた。オケインの視認報告は真珠湾で受信され、ハルゼーとキンケイドに伝達された。十月二十三日、タングは、駆逐艦に厳重に守られ、二隻の貨物船が側面についた、三隻の油槽船の北航船団を迎え撃った。オケインは駆逐艦を回避して、自分の艦を直射距離の夜間魚雷攻撃の位置につけると、至近距離からの一斉射で油槽船を三隻とも撃沈した。爆発は一瞬、タングを照らしだし、残る貨物船はまっすぐ潜水艦のほうへ変針して、あきらかに潜水艦に体当たりしようとした。オケインは「両舷前進緊急出力」を命じ、潜水艦はいきなり突進して、両舷から迫っていた二隻の前に飛びだした。二隻の日本船は同じ方向に回頭して、自分たちが衝突針路を進んでいることに気づいた。二隻は衝突し、つぎの瞬間、二隻ともタングの後部発射管から放たれた魚雷の斉射が命中した。二隻は壮大な二重爆発を起こして炎上した。タングは潜航しようともしなかった。彼女はわずか十分のあいだに、貴重な五隻の船を撃沈していた。戦時中屈指の驚嘆すべき功績である。

オケインにはまだ魚雷が十一本残っていて、彼はそれにものをいわせるつもりだった。十月二十四日、レイテ湾海戦が南方で荒れくるっているとき、タングのＳＪレーダーがべつの北航船団を捕捉した。大船団で、たぶん護衛艦をふくめて十隻もの艦船がいた。さらなる殺戮が起きた。オケインはタングを接近させ、魚雷六本を斉射した。二本の魚雷はべつべつの目標を捉え、両方ともたちまち沈没した。後部発射管から放たれた魚雷四本は油槽船一隻に命中し、油槽船は航行の自由を失ってよろよろと遠ざかった。一隻の駆逐艦が突然、タングの左舷側にぬっと姿を現わすと、オケインは急速潜航して、深く静かに現場から逃げだした。のちに彼は艦をふたたび浮上させ、損傷船を追いかけた。タングにはその目的のために魚雷が二本残っていた。オケインは艦橋に立って、前部発射管の魚雷二本の発射準備を命じ、ほぼ身動きできない炎上中の油槽船に狙いをさだめた。一本目は、まっすぐ、正常に、熱走し、目標の船首付近に命中して、さらなる火柱を空に噴き上げた。たぶんこれで彼女に念を入れるにはじゅうぶんだったが、タングにはまだ魚雷が一本残っていて、オケインはそれをとどめの一撃として発射することにした。

たしかにとどめの一撃にはちがいなかったが、ちがう意味においてだった。その最後の魚雷は、放たれるとすぐに、突発的にポーポイズ運動をはじめ、左へ曲がった。その航跡が、泡だって夜光虫の輝きで照らしだされた長いなめらかな水面が、大きな反時計回りの弧を描いてタングのほうへ向かってきた。オケインはハッチから艦内に「両舷前進緊急出力」そして「面舵いっぱい」とどなったが、時間がたりなかった。魚雷の舵が引っかかっていたか、あるいは縦舵機が誤作動していた。いずれにせよ魚雷は、タングの船体のどまんなかに命中する方向に向かっていた。オケインとほか八名が立っている艦橋の真下に。潜水艦のエンジンがうなりを上げると、艦は前に飛びだし、接近する雷跡から艦尾を振って旋回しながら遠ざかりはじめたが、魚雷は命中して起爆し、後部発射管室近くでタングの船体を引き裂いた。後部区画がたちまち浸水して、艦尾が沈み、艦首が海から持ち上がった。オケインは下の司令塔に向かってハッチを閉めろと命じたが、すべてはあまりにもすばやく起きた。海水が艦橋からあふれて、ハッチ内に押し寄せた。オケインとほかの者たちは海に押し流された。そしてタングはなすすべもなくもがき、艦尾が沈んで、艦首が天を指した。いまや艦内に残された八十名にとって最良のシナリオは、彼らに脱出の機会をあたえるほど長くタングが浮かんでいることだった。

その場合には、彼らは戦争の残りを日本軍の捕虜としてすごすのを楽しみに待つことができる。

立ち泳ぎをする乗組員たち——オケインと、司令塔のハッチを抜けて艦橋に上がってきていた一名をふくむほか八名——は、潜水艦が水面下に沈むのを見守った。艦は約百八十フィートの深さまで沈んでから、前後水平になった。前部発射管室の約三十名は生存していて、なんとかハッチを閉鎖していた。彼らは機密文書を全部焼却処分したが、煙で空気が汚れ、彼らの窮地はいっそう緊迫の度を増した。四班の全部で十三名が前部脱出筒を使って潜水艦からなんとか脱出し、〈モンセンの肺〉と呼ばれる原始的な呼吸装置を使って海面まで浮上した。八名が浮上中、あるいは海面にたどりついたあとで、おそらく減圧症（いわゆる〝ベンズ〟）によって亡くなった。海面を漂流する長い夜のあとで、オケインをふくめて合計で十名のタングの乗組員は、日本軍の駆逐艦に拾い上げられた[30]。彼らは戦争の残りを戦時捕虜としてすごし、本州のさまざまな収容所を行ったり来たりした。終戦で帰国したのは四名だけだった。生存者のひとり、オケインは議会名誉勲章を授与された。

B－29の誕生

一九三二年、陸軍の退役飛行機乗りで、空軍力について先見の明があったビリー・ミッチェルは、飛行距離五千マイル、爆弾搭載能力一万ポンド、実用上昇限度三万五千フィートの重爆撃機を開発するようもとめていた。当時、この思いつきは、ジュール・ヴェルヌかH・G・ウェルズの想像力のなかで作りだされた機械のように、未来的かつ空想的に思えた。しかし、一九三〇年代は航空機製造が長足の進歩を遂げた十年だった。ヒトラーの軍隊がヨーロッパを荒らし回っていた一九四〇年には、航空技術者たちは、超長距離飛行が可能な与圧式の超重爆撃機が実現可能になったと確信していた。陸軍航空隊の指導者たちは、FDRの後ろ盾で、議会を説得して、納税者のポケットに深々と手を突っこみ、航続距離も爆弾搭載能力もB－17〝空の要塞（フライング・フォートレス）〟の倍を誇る〈ボーイング〉社設計の爆撃機に資金を提供させた。一九四〇年当時の金額で三十億ドルをつぎこんだ結果、B－29は誕生した。開発計画の支持者たちは、当時の政治状況に敏感だったので、この飛行機を戦略爆撃の道具とは宣伝しなかった。超重爆撃機あるいは超長距離爆撃機（〝VHB〟と〝VLR〟が略称で、おおむね同じように使われた）は、戦前の孤立主義者があたためていた〝半球防衛〟戦略の要となることになっていた。B－29はそのすばらしい航続距離で、大西洋の海上交通路を監視し、敵（おそらくはドイツ）の船舶の接近を探知する。この飛行機はこの大西洋のどまんなかの空域では空をわがもの顔で支配し、敵の侵略軍が北米あるいは南米大陸に足がかりを得る前にこれを迎え撃ち、撃退できる。もしナチが南米に上陸拠点を確保するのに成功したら、B－29はフロリダあるいはカリブ海の基地から敵を叩くことができる。こうして巨人機は〝アメリカ要塞〟の番犬兼警備犬の役目をはたす。そういわれていた。

　世界大戦の不安が一九四一年に迫ってくると、陸軍省は〈ボーイング〉社に開発の期限を早めて、新型爆撃機をちゃんとテストして改修する前に生産に入らせるように圧力をかけた。〈ボーイング〉社は真珠湾攻撃の六カ月前の一九四一年五月に、二百五十機の第一次発注を受けた。その一年後、同社は千六百四十四機を納入する契約を結んだが、まだ一機の飛行機も飛行していなかった。[31]〈ボーイング〉社はワシントン州レントンとカンザス州ウィチタの大工場二カ所をB－29専用にした。ほかにも〈ベル〉や〈フィッシャー〉、〈マーティン〉、〈ライト〉といった多くの大手航空機製造会社が、構成部品やエンジンを製造するために協力をもとめられた。

　陸軍航空軍（訳註：一九四一年六月二十日に陸軍航空隊等の航空関係部門を統合して誕生した）は、まだひと握りの試作機しか存在していないときに、この飛行機の将来の納入にもとづいて新しい主要指揮管理組織を設置した。パイロットと搭乗員たちが募集され、Ｂ－17とＢ－26で訓練を受けた。大半は、こうしたもっと小型の爆撃機にすでに習熟するまで、スーパーフォートレスを飛ばすことは（見ることさえ）なかった。Ｂ－29の初期試作機は、一九四三年二月、テスト飛行中に墜落し、シアトル繁華街の精肉工場を破壊して、地上の民間人二十一名のほかに、開発計画でもっとも熟練したテスト搭乗員と技術者の命を奪った。しかし、開発計画のペースは落ちなかった。一九四三年七月に最初のＢ－29が納入されたとき、同機には多くの欠陥があり、全国の組み立てラインが手はずを整えているときも、無数の改修が機体にくわえられた。

これはかつて量産されたなかで段違いに最大の飛行機だった。全長は九十九フィートで、翼長は百四十二フィートあった。空虚重量は七万四千五百ポンドだったが、戦闘装備の離陸重量は通常、最低でも十二万ポンドで、十四万ポンドを超えることもざらだった。スーパーフォートレスを地上から飛び立たせるのに必要な膨大な推力は、出力二千二百馬力のライトＲ－３３５０星形エンジン四基が提供した。

はじめて新型機に引き合わされると、パイロットと搭乗員はぽかんと口を開けて見とれた。彼らは長い流線型の胴体、巨大なプレキシガラス製の〝温室状〟機首、広大な主翼とフラップ、三階建てのビルと同じ高さにそびえる、見上げるような尾部に驚嘆した。爆撃機は〝三輪車式〟の降着装置で、アスファルトの上に堂々と水平にたたずんでいた。機体は沈頭鋲で接合したアルミ合金製で、磨き上げた銀器のように、日差しのなかでまばゆく輝いていた。ほとんどの新搭乗員はＢ－17で訓練を受けていて、あの飛行機を大型の重爆撃機だと思っていた。スーパーフォートレスはあらゆる寸法がはるかに大きく、およそ倍の重量があった。搭乗員たちは自分たちの命がこの四基の強力な十八気筒エンジンと、端から端までの長さが十六フィートあるカヌー・サイズのプロペラにかかっていることを知っていた。

機内に乗りこむと、彼らは自分たちの新しい飛行機の好ましい点をたくさん発見した。ふたつの広い搭乗区画は、爆弾倉上部のチューブ状の這って進める機内通路でつながれ、十一名の搭乗員に腕を動かす余裕をたっぷり提供した。搭乗員室は暖房付きで、与圧されていた。機外の気温が氷点下四十度になるかもしれない高度三万フィートでも、彼らはシャツ姿で心地よく座っていることができた。巡航飛行中は酸素マスクをつけずに、自由に煙草を吸えた。胴部および尾部銃手は良好な視界を提供するプレキシガラス製の水滴風防のなかに座って、そこから複数の五〇口径機関銃の銃塔を電気式遠隔装置で操作する。エンジンの騒音は心地よく弱められ、機関銃は与圧されていないB－17とちがって耳元でうなりを上げなかった。前方の円錐形のプレキシガラス製機首におさまった操縦室は、全方向、とくに上方と下方の視界がすばらしかった。パイロットと副パイロットは、ほとんど長い胴体よりも先の空間に押しだされているような奇妙な感覚をおぼえた。ひとりは、スーパーフォートレスを操縦するのは「家の正面のポーチに座って、家を飛ばす」ようなものだと感想を漏らした[32]。

重力にさからって七十トンの飛行機を浮かせるために奮闘するライトR－３３５０エンジンは、オーバーヒートしたり、オイルが漏れたり、シリンダーヘッドを吹き飛ばしたり、自身のバルブを呑みこんだり、ひじょうに可燃性が高いマグネシウム製のクランクケースに溶けた破片をぶちまけたりしやすかった。もともとの空冷システムは数百機のB－29が組み立てラインを離れたあとで、設計しなおさねばならなかった。燃えるエンジンは大気圏に突入した小惑星のように炎と煙の尾を引いた――しかし、この小惑星は飛行機の主翼にボルトで取りつけられていて、主翼自体のアルミニウム製の外板と翼桁に炎が燃え移る恐れがあった。調子がおかしいエンジンはできれば炎上する前にすばやく停止する必要があった。これはプロペラを〝フェザリング〟させることで行なわれた。操縦室から操作される油圧系が、四枚のプロペラ羽根を、それが停止して逆方向に回転をはじめ、エンジンの回転を止めるまで〝フェザリング〟させる、つまり羽根角を変える。もし搭乗員の対応が遅すぎたり、フェザリング機構が故障したら、プロペラは〝風車のようにまわり〟はじめ、激しい抵抗を生じる。数分以内にプロペラ軸を焼け付かせ、エンジンからはずれて、ときには主翼の一部をもぎ取ることもあった。

もしエンジンが故障して、適切に停止されれば、残る三基がたとえ長距離でもB－29を基地につれもどす。しかし、動いている三基のエンジンは、以前より多くの燃料を消費するので、停止したエンジン用のタンクと配管から燃料が供給されるようにするのが必要不可欠だった。これには搭載するすべての燃料の複雑な再配分が必要かもしれなかった。誤差の許容範囲は狭く、なにかへまをすれば、飛行は惨事に終わる可能性が高かった。

もっとも経験豊富なB－17のパイロットでさえ、B－29を点検飛行で飛ばす前に、何週間もの座学が必要だった。飛行任務のあらゆる段階で、長いチェックリストに細心の注意をはらうことが要求された。離陸には一マイル（約一・六キロ）以上の長い滑走が必要で、エンジンは地上から巨大な機械を懸命に持ち上げようとしているのが音でもわかった。しかし、いったん飛び立つと、B－29は驚くほど敏捷だった。「これはわたしがかつて飛ばしたなかでも最大で、もっとも重く、もっとも強力な飛行機だった」とあるアメリカ陸軍航空軍のパイロットはB－29の初飛行について回想している。「しかし、操縦装置をやさしく正確に操作すると、すばらしい反応を見せた(33)」しかも、高速で、対地速度は時速三百マイル（約時速四百八十三キロ）を楽に超えた。速力と高度、そしてたくみに配置された五〇口径機関銃の銃塔の組み合わせは、この爆撃機の名前にふさわしかった。超空の要塞（スーパーフォートレス）は、敵の戦闘機にとっても、高射砲にとっても、難敵となった。

Ｂ－29をむりやり早く就役させるために、政府は前例のない手段に出た。陸軍省は一千機以上を調達する契約を、それがちゃんとテストされる前に結んだのである。いったん飛行列線に並んだら、必要に応じて改修するつもりだった。設計、テスト、製造のサイクルは、平時のペースのおよそ二倍に加速された。このやりかたは危険で、きわめてむだが多かったが、ほかならぬローズヴェルト大統領その人が厳命した一九四四年の春までにＢ－29を実戦に投入するための唯一の手段だった。ある意味で、Ｂ－29の就役は、アメリカが第二次世界大戦のために近代化していく物語全体の縮図だった。指導者たちは、ことあるごとに、効率や節約、安全、さらには慎重さよりも、生産の速さを選んだ。

Ｂ－29の第一陣は、アジアへの長距離飛行に出発する前に、その搭乗員の操縦でウィチタの〈ボーイング〉工場に隣接する飛行場まで飛び、数百もの改修を受けた。アメリカ陸軍航空軍の指導者たちは、この作戦に〈カンザスの戦い〉あるいは〈カンザス・ブリッツ〉というあだ名をつけた。ほかに数カ所の〝モッド・ショップ〟つまり改修センターがアメリカのあらゆる地方の航空基地に設置された。新米のパイロットと搭乗員は、あたえられたばかりの自分たちのＢ－29を改修のためにセンターに飛ばした。こうした飛行は彼らの訓練計画に組みこまれ、海外派遣前に飛行時間をかせぐ機会を提供した。

しかし、それで終わりではなかった。多くの飛行機がアメリカを発ったあとでさえ、何百という新たな改修が命じられた。そうした場合には、改修および補修〝キット〟が、必要な部品と技術者とともに、遠く離れた外国のエジプトやインドの飛行場に空輸された。改修が行なわれたのは、プロペラのフェザリング機構や火器管制装置、電気系統、そしてもっとも重要だったのは、問題児の〈ライト〉社製エンジンだった。

最大のＢ－29海外改修センターのうち二カ所は、カイロとカラチに設立された。中国と（のちに）

マリアナ諸島で大規模な作戦が開始されて以降も、地上整備員はたえず定期整備だけでなく、スーパーフォートレスのもともとの欠陥を修正するのに従事した。アメリカ陸軍航空軍のカーティス・E・ルメイ将軍は、部下の飛行士たちが実戦の戦闘任務で飛行しながら、テスト・プログラムを実施することを余儀なくされていると述べた。それは困難で危険な仕事だった。なぜならB－29には「スミソニアン協会の昆虫学部門と同じぐらい多くの虫（バグ）があった。彼らはすばやくバグを退治したけれど、新しいやつがエンジンのカウリングの下から這いだしてきた」からだ。[34]

いきなりの作戦失敗

エジプトのカイロにおける連合国の戦争指導会議（〈セクスタント〉、一九四三年十一月）で、FDRは蔣介石総統に、数百機のB－29が中国を基地として、日本本土にたいして持続的な爆撃作戦を開始すると明言した。蔣介石は連合国からの支援がじゅうぶんではないと感じていて、そのことに大いに不満を漏らし、日本との休戦をもとめると（少しだけ遠回しのいいかたで）脅していた。FDRはしばしば軍の長たちに、中国の飛行場からの日本爆撃は中国の士気を刺激し、活性化させるだろうといっていた。その仕事をするためにはB－17もB－24も航続距離が足りなかった。したがって、最初からB－29の中国＝ビルマ＝インド（CBI）戦域への展開は政治的な一手であり、国民党政権をなだめて、戦争に留まらせることを意図していた。この作戦は〈マッターホーン〉というコード名をあたえられた。

しかし、最初から〈マッターホーン〉作戦は、悲惨な兵站問題のせいでつまずいた。巨大なエンジンを積んだ新型のスーパーフォートレスは、最近訓練を受けたばかりの搭乗員によって戦域に空輸された。その世界一周の大旅行は、フロリダ州モリスン飛行場ではじまり、カリブ海からブラジル、アセンション島（大西洋のどまんなか）、リベリア、カイロ、バグダッド、カラチ、インドのカラグプール（カルカッタの近く）とつづく燃料補給の中継地を経由してつづいた。途中で〈ライト〉社製エンジンはしばしばオーバーヒートし、墜落や飛行禁止措置をもたらした。何十機もがカイロとカラチで立ち往生し、摂氏四十三度を超える地上の気温が離陸時にエンジンの故障を引き起こすことが判明した。〈ライト〉社製エンジンの空冷装置はアメリカから空路呼び寄せられた技術者たちの手で修復しなければならなかった。

一九四四年四月、B－29はカラグプールの恒久後方基地に到着しはじめた。そこから四川省の成都にある中国の前進飛行場に集合する予定だった。そのためには、世界最高峰のヒマラヤ山脈という〝瘤（ハンプ）を越える〟、過酷で危険な飛行が必要だった。スーパーフォートレスは、人を寄せつけないぎざぎざの山頂と急落する山峡の地形を飛び越え、時速百六十キロを越える風と、しばしばゼロになる視程のなかを、たちの悪い乱気流と突然の下降気流に翻弄された。ときおり空の晴れ間から、搭乗員たちは、彼らの飛行経路のわずか百五十マイル北方に、エヴェレスト山の山頂を垣間見ることもあった。

千二百マイルの飛行の果てにある彼らの目的地は、成都南方の四つの新飛行場のひとつだった。飛行場の建設作業は進行中だった。二十五万人以上の中国の農民が、ほとんど手作業で八千フィートの滑走路を建設するために動員されていた。ニュース映画の映像は、とほうもない数の労働者を映しだしている。その多くが裸足で、円錐形の帽子をかぶり、籠や手押し車で土と砂利を運んでいる。八歳か九歳ぐらいの少年たちがハンマーで岩を砕き、砂利にしている。近くの川からは岩が袋に詰められ、労働者がかつぐ竿で、現場に運ばれている。岩は滑走路の路床に隙間なく敷きつめられ、それから砂利と土で舗装されて、五十名の人間がひっぱる大きな石のローラーで踏み固められる。進入するB－29が着陸態勢に入ると、大きな警笛が鳴り響き、労働者たちは滑走路の縁へ駆け寄る。飛行機が着陸すると、人群れはいっせいに滑走路に戻り、労働を再開する。

〈マッターホーン〉作戦の初期の計画では、成都にＢ－29の実戦航空団二個（爆撃機百五十機ずつ）を配備する予定だった。しかし、Ｂ－29の初期不良とインド経由の非経済的な補給線のせいで、一個爆撃航空団規模に縮小をもとめられた。第二十爆撃機兵団は、兵站面では自給自足の組織ということになっていた。つまり部品や消耗品、爆弾、航空燃料をインドから運びこむということだ。その目的のために、同兵団にはＣ－１０９航空燃料輸送機とＣ－87輸送機の一隊が配属された。スーパーフォートレスは、機関銃や無関係の装備をはずし、爆弾倉に燃料タンクを増設して、自前の輸送機も兼務した。

しかし、ヒマラヤの〝ハンプ〟を越えて運ばねばならない燃料と軍需物資の純粋なトン数は気が遠くなるほどの量だった。〈マッターホーン〉作戦で行なわれる爆撃作戦一回につき、平均してインドへの十二回の往復輸送飛行が必要だった。カラグプールから成都に空輸される航空燃料八バーレルにつき七バーレルが往復飛行で消費された。第二十爆撃機兵団が自分の必要な燃料と消耗品をとうてい自給できないことはすぐにあきらかになり、既存の航空輸送軍団が不足をおぎなわねばならなかった。それは、貴重な燃料などの資源を、中国内の中国軍およびアメリカ軍地上部隊と、クレア・リー・シェンノート（訳註：正しい発音は「シェノールト」）将軍の第十四航空軍から再配分することを意味した。

Ｂ－29の実戦デビューは一九四四年六月五日にやってきた。九十八機が千マイル離れたバンコクの日本軍が支配する鉄道の末端を叩くために、カラグプールを飛び立った。空襲で目標に三百六十八トン分の爆弾が投下され、幸先のよい結果をもたらした。その十日後には、スーパーフォートレスは日本本土をはじめて訪問した。アメリカ軍水陸両用部隊が〈フォリジャー〉作戦でサイパンの海岸を急襲しているころ、五十機のＢ－29が成都を飛び立ち、九州の八幡の官営製鐵所を爆撃した。これは一九四二年四月のドゥーリットル空襲以来初の日本本土空襲で、アメリカ、中国、日本でトップニュースのあつかいを受けた。マーシャル将軍は作戦が日本本土にたいする「新しいタイプの攻勢」を導入したと発表する戦時公式発表を出した。東京の大本営は八幡空襲を無視して、日本軍の戦闘機と対空砲火によって何十機もの爆撃機が撃墜されたと虚偽の主張をした。しかし、いつものように、日本の国土上空に敵機が出現したことは、国民のあいだにパニックを引き起こした。空襲が取るに足りない損害しかあたえなかったことはほとんど重要ではないように思われた。

それからの数週間、〈マッターホーン〉作戦のＢ－29は、中国戦域の外周部全域の敵目標を叩いた。満州と朝鮮半島のコークス炉、旧オランダ領東インドの油田、中国北東部の製鋼所と港湾施設、上海の埠頭と倉庫、台湾の航空基地、香港の船舶、ビルマの鉄道と倉庫。最終的に、第二十爆撃機兵団は九州の軍事目標および工業目標にさらに八回の空襲を仕掛けた。しかし、燃料や爆弾などの軍需物資を補充するために、任務のあいだには長い合間が必要だった。爆撃の結果はしばしば失望するようなもので、作戦上の損失は大きかった。Ｂ－29は成都から千五百マイル離れた九州に（ぎりぎり）たどりつけた――しかし、東京などの本州の優先順位の高い目標には到達できなかった。日本にたいして本格的な戦略爆撃作戦を仕掛けるには、中国東部にもっと航空基地が必要だった。しかし、連合軍は中国沿岸部の海港をひとつも支配していなかった。それはつまり、インドからの貨物空輸ルートをさらに遠くまで延長しなければならないということだった。

さらに、中国東部の飛行場を日本陸軍から守れる自信は誰にもなかった。日本陸軍は、〈一号〉作戦（訳註：いわゆる〈大陸打通作戦〉）と呼ばれる圧倒的な成功をおさめた地上攻勢で、中国本土にその足跡を広げつつあった。実際、〈一号〉作戦は成都と昆明周辺の連合軍航空基地をおびやかしてさえいた。在中国アメリカ陸軍司令官のジョゼフ・〝ヴィネガー・ジョー〟・スティルウェル将軍は、飛行場の安全を保証するには、訓練を受けた中国軍歩兵師団五十個が必要だという意見を表明した。しかし、誰も蔣介石がそれだけの部隊を用意できるとは（スティルウェルもふくめて）思っていなかった。

こうしたあらゆる理由から、〈マッターホーン〉作戦がその約束をはたすことはなかった。この作戦は最初から、CBI戦域における連合軍の同盟を維持し、中国の底なしの人的資源を最終的な日本本土侵攻で利用する可能性を維持するというFDRの狙いによって推進されてきた。一九四四年中期には、〈マッターホーン〉作戦が直面する兵站上と安全上の課題は、克服できないほど大きなものであることが明白になりつつあった。そのいっぽうで、もっといい選択肢が出現していた。アメリカ軍がその年の六月から八月のあいだに占領したマリアナ諸島である。サイパンとグアムとテニアンは、B－29の大航空基地に適した地形、敵の地上攻撃にたいする安全、そして（もっとも重要なことに）空からではなく海からの補給線を提供した。島々は東京から千五百マイルの飛行半径内にあった。一九四四年七月、統合参謀本部は、マリアナ諸島の新しい第二十一爆撃機兵団が新しいスーパーフォートレスと支援軍需物資の優先的な配分を受け、そして同年十一月以降、新しいB－29はインドにも中国にも送られないことを確認した。〈マッターホーン〉作戦は一九四五年一月に店じまいをした。

中国における失敗をふりかえったルメイは、こう結論づけた。「うまくいかなかった。誰もこれをうまくいかせることができなかった。これはまったく馬鹿げた兵站上の基盤にもとづいていた。……作戦の構想は〈オズの魔法使い〉から出てきたなにかのようにひねりだされていた[35]」

サイパンの悲惨な発進基地

とはいえ、マリアナ諸島が提示する困難もまた、気力を失わせるようなものだった。燃料と消耗品は海路で運びこまれるが、海上の臍（へそ）の緒は長く——サンフランシスコ湾から五千八百海里——そしてB－29部隊は貴重な船舶などの資源をほかの何百という連合軍部隊と争わねばならなかった。重装備の爆撃機は、まだ敵の生存者が山地で戦っている島の、まだ建設されていない基地から活動することになる。

サイパンやテニアン、あるいは（とりわけ）グアムからは、日本の目標はB－29の作戦半径の限界近くにあった。比較的経験の浅い搭乗員は、十五時間かそれ以上つづく往復任務で、道なき海を三千海里以上、その一部は夜間に洋上航法しなければならない。そうした任務が可能な航続力を持つ戦闘機は世界にはなかったし、連合軍は日本にもっと近い飛行場を持っていなかった。したがって、B－29のあらゆる飛行任務は戦闘機の護衛がつかないことになる。その名前に反して、スーパーフォートレスはかなり軽量に作られ（軽量化の要求のせいで）、ひじょうに大きな空中目標となった。アメリカ陸軍航空軍の計画立案者のなかには、日本上空での法外なほど大きな損害を警告する者もいた。

〝ポッサム〟・ハンスルは、ハップ・アーノルドから第二十一爆撃機兵団の最初の司令官に指名された。ハンスルはワシントンに置かれているアーノルドの計画立案スタッフ内で頭角を現わし、もっと最近では第十二航空軍の参謀長をつとめていた（なぜ夫君が〝ポッサム〟というあだ名をつけられたのかとたずねられたハンスル夫人は、その動物に似ているからだと答えた。証拠写真にもとづけば、彼女の言葉は的を射ている）。アメリカ陸軍航空軍の大半の第一線指揮官と同様、彼は比較的若く（四十一歳）、彼自身も熟練した飛行機乗りだった。彼は機長席で操縦桿を握って、最初のB－29をサイパンへ飛ばした。〈ジョルティン・ジョージー〉と名づけられたこのB－29は、カリフォルニア州メザー飛行場を飛び立ち、ホノルル、クェゼリン、そしてサイパンへの三回の飛行で、一九四四年十月十二日にアイスリー飛行場（訳註：日本側呼称、アスリート飛行場）に着陸した。軍人たちの群れが滑走路ぞいに集まってきた。彼らのほとんどはスーパーフォートレスを見たことがなかった。ある目撃者の回想によれば、〈ジョルティン・ジョージー〉が進入すると、「大歓声が上がり、作業は全部ストップして、人々は目に手をかざして、飛行機が通過するのを見守った。……全員をつらぬいた興奮は、ほとんど電気のような効果があった[36]」。

ハンスルはサイパン島で出くわした状況に失望した。計画ではいずれも長さ八千五百フィートの平行滑走路二本と、舗装駐機場（誘導路に隣接する舗装した駐機エリア）八十カ所が要求されていた。彼が見たものは、長さ七千フィートで、一部しか舗装していない滑走路一本と、切り開いてならしてあるが、まだまったく舗装されていない平行な細長い土地だけだった。舗装駐機場は四十カ所しか完成しておらず、その月の遅くに第七十三爆撃航空団のB－29が飛来すると、二重駐機しなければならなかった。航空ガソリンは近くの駐車場にならんだタンクトレーラーで貯蔵されていた。基地は年末までに百八十機の飛行機と一万二千名の将兵を受け入れる計画だったが、兵舎も管理事務所も倉庫もなかった。第二十一爆撃機兵団の先遣隊が到着すると、彼らは飛行場の縁をぐるりとかこんだテント都市に入居した。ハンスル将軍でさえ、東の海を見おろす断崖にちょこんとのったキャンバスのテントで寝起きした。食堂はかまぼこ兵舎で、お偉方も食事の配給を待つ行列にならんだ。「テント以外には店も施設もなかった」とハンスルはのちにふりかえった。「爆弾の臨時集積場に、駐車場とガソリン貯蔵所はあったが、これ以外はわたしがこれまで見たなかでもっともみじめな混乱状態だった[37]」

作業の遅れは努力が足りなかったせいではなかった。ブルドーザーは、戦闘がまだ猛威をふるい、日本軍の前線がわずか一・五キロ北にあった六月二十四日に、アイスリー飛行場で作業を開始していた。航空工作大隊は、ときに砲撃や狙撃に悩まされながらも、二十四時間交代制で、夜間は投光照明の下で働いた。バケツをひっくり返したような雨が滑走路と舗装駐機場のまだ舗装していない部分を泥沼に変えた。島々には実用上無限の珊瑚岩のたくわえがあり、これを砕くと、舗装用の高品質のコンクリートになった。しかし、飛行場と珊瑚の採掘場をむすぶ道路はだいたい狭すぎ、多くの部分が舗装されていなかった。道はしばしば渋滞し、熱帯の豪雨で泥沼と化した。滑走路と整備区域を舗装するには、砕いた珊瑚が何千トンも必要だった――しかし、まず道路の幅を広げて、ならし、舗装する必要があった。それには同じように何千トンもの砕いた珊瑚が必要だった。

必要な装備と交換部品が絶望的に不足していたハンスルは、本土に兵站支援を緊急にもとめた。必要不可欠な貨物を満載した船がグアムの機能障害を起こすほどこみあった港に入港すると、海軍の港務長はこう宣言した。「そのじゃまくさい船をここから出すのに二十四時間やろう[38]」荷下ろしのどさくさで、貨物はジャングルの端の広場に下ろされて、雨と湿気と略奪にさらされた。そのほとんどは紛失するか、使いものにならないと判定された。資材不足は爆撃任務を遅延させる恐れもあったため、空輸ルートがはるかカリフォルニアまで開設された。またしてもB－29がみずからの軍需品を戦闘地域に運びこむことになった。これは〝ハンプ越え〟の再現だったが、今回の瘤（ハンプ）は、経度にして九四度分以上の地球の丸さだった。

ハンスルの到着につづく数週間に、平均して三機から五機の新しいB－29が毎日サイパンに飛来した。そのほとんどは、最近訓練を受けたばかりの搭乗員によって、カンザス州とネブラスカ州の訓練改修センターから集まってきた。彼らはハンスルが〈ジョルティン・ジョージー〉でとったルートをたどっていた。山地を越えて、カリフォルニア州メザー飛行場へ。東太平洋を横断して、ホノルルの元民間空港のジョン・ロジャーズ飛行場へ。それから日付変更線を越え、カレンダー上で一日失って、中部太平洋のクェゼリン環礁へ。そして、千五百海里の最終区間を飛んで、サイパン島アイスリー飛行場へ。

大洋を横断する長距離飛行は、ほとんどの若い飛行士にとってなじみがなかった。彼らの洋上航法の技量が厳しくためされ、それ自体が価値ある訓練飛行だった。雲底より高く飛ぶときには、航法士は空をおおう雲の切れ間から下をのぞきこみ、皺だらけの青海原をちらりとその目にとらえた。ときどき珊瑚礁や巻きひげのような砂地が見えることもあり、彼はそうした特徴を机上の航空図と照らし合わせようとした。夜間には、航法士は昔の船乗りのように、六分儀で星を観測して自分の飛行機の位置をたどった。ほとんどは推測航法がたよりで、ＬＯＲＡＮ（電波航法システム）の信号あるいは無線追尾標識（ビーコン）を捉えるまでは、対気速度と磁針方位を慎重に記録して、風の修正をくわえた。

典型的なＢ－29の搭乗員は、年齢が十九歳から三十歳までの十一名だった。多くの機では機長で、最年長でもある搭乗員は、約十八カ月前に単発練習機で操縦術を学んだ二十五歳の中尉だった。しかし、若さも、最高の健康状態も、高高度における長時間飛行の疲労をまぬがれることはできなかった。十五時間の飛行任務のあと、あるパイロットは故郷への手紙でこう書いている。「脚と背中が凝って、まだそれが感じられるほどだ！　われわれは夜明けに離陸して、暗くなってから数時間後に着陸した。多くの人間が見逃している点がこれだ。目標を爆撃するのには、わずかな時間しかかからない。人を参らせるのは、目標へ行って、基地に戻ってくる激務だ[39]」

新しい機体と搭乗員がサイパンにぞくぞくとやってくると、ハンスルは、編隊飛行や会合、通信、航法、精密爆撃にもっと教化と訓練が必要だと判断した。比較的弱い敵の拠点にたいして実戦の戦闘飛行任務を行なう以上によい訓練はない、と彼は判断した。十月二十七日、ハンスルは、デュブロン島の日本軍潜水艦基地を目標にして、かつては手強かったトラック環礁にたいする戦術爆撃作戦をみずからひきいた（アメリカ陸軍航空軍の将官は通常、戦闘任務で飛行することを禁じられていた。ハンスルにとっては残念なことだが、これは彼が直率することを許されたこの種の最後の飛行だった）。トラック島にたいしてはさらに三回、そして硫黄島に二回の慣らし飛行任務がつづいた。この空襲では何百トン分もの爆弾が投下された。爆撃を受ける側にいた者たちは、これが訓練にすぎなかったことを知ったら、驚き、意気消沈したかもしれない。

スーパーフォートレス編隊、東京へ

F－13と命名されたスーパーフォートレスの長距離写真偵察型は、十月三十日に到着した。思いがけない幸運で、翌日、夜が明けると、東京とその近郊はまれに見る青空だった。ラルフ・D・ステイクリー大尉は、このめずらしい好天を利用することを願って、すぐさま写真偵察任務に飛び立つことを提案し、ハンスルはそれに同意した。皮肉っぽく〈トーキョー・ローズ〉と名づけられた一機だけのF－13は、日本の首都上空三万フィートを飛翔し、その四台のカメラは連続してシャッターを切った。ステイクリーは、ゆったりとした8の字コースを描いて、東京、東京湾、横浜をめぐり、それから富士山の西の東海地方と工業の中心地である大名古屋圏へと飛行した。

これは二年半前のドゥーリットル空襲以来、東京空域に侵入した最初の連合軍機だった。日本陸軍の戦闘機が迎撃のために緊急発進したが、高高度を高速で飛行する侵入機を捕捉できず、防空司令部は恥をかかされてくやしがった。中島キ－44二式戦闘機「鍾馗（しょうき）」（連合軍のコード名「トージョー」）は、高度三万フィート以上では、上昇時に対地速度をかなり失って、〈トーキョー・ローズ〉はその手のとどかないところをしずしずと遠ざかっていった。対空砲火が目のくらむような花火大会をもよおしたが、射撃は低く、的はずれだった。

　異様なほど晴れた空を十四時間飛行したあと、F－13は東京と名古屋地方の主要な工場や飛行機製作所を空中から撮影した無数のネガフィルムとともにサイパンに着陸した。かまぼこ兵舎に置かれた写真現像班が数日間、二十四時間態勢で作業をして、七千枚の高解像度プリントを作成した。これらのプリントは将来の作戦計画立案の基礎となった。ステイクリーの先導的な飛行は、戦略爆撃計画全体に計りしれない価値があった。[40]

　当時、目標選択の決定は、対独航空戦におけるアメリカ陸軍航空軍の最近の経験にもとづいていた。対日爆撃作戦の第一段階は、日本領空で完全な制空権を勝ち取ることだと、計画立案者たちは確信していた。それはつまり、日本の主要なエンジン製造工場や機体組み立て工場をふくむ航空産業を狙い撃ちにして、敵の航空兵力を撃滅するということだった。連合国の駐在武官と情報分析員たちは、戦前に何年もかけて少しずつ、この秘密主義の産業にかんするデータを蓄積していた。ひと握りの大会社が権勢を振るっていた。〈三菱〉、〈中島〉、〈川西〉、〈愛知〉、〈立川〉。その主要工場はほとんどが東京や名古屋、大阪、神戸か、その周辺に置かれていた。たとえば、重要な〈中島〉の工場は、東京郊外の武蔵野町にあることが知られていた。名古屋の〈三菱〉工場は世界で二番目に大きな航空機製造工場であるといわれていた。ほかの多くのこうした工場もだいたいの所在地を連合軍に知られていた。〈トーキョー・ローズ〉が撮影した写真は、その穴を埋め、分析員が優先順位の高い目標の場所と規模を正確にしめすことを可能にした。

　一九四四年十一月時点で認められていた戦策は、集中した高高度精密爆撃空襲を支持していた。任務は、爆撃手が爆撃照準器で目標に狙いをさだめられるように、昼間、できれば晴天の条件で実施されることになっていた。レーダーによる照準は、あまり望ましくない緊急事態対策で、空が雲におおわれた状況でのみ使われた。夜間低空爆撃は、まだ実行可能な選択肢とは見なされていなかった。ハンスルは日本にたいする最初の任務にすくなくとも百機のスーパーフォートレスを参加させたかった。彼は有視界爆撃が可能なほど空が晴れるまで、B－29隊を発進させるのに乗り気ではなかった。好天時の集中爆撃は、奇襲の要素をフルに活用できるだろう。そのいっぽうで、彼は十一月の末までに東京にたいする初任務を開始すると約束していたので、時間はかぎられていた。十一月十八日には、飛行作戦を実施するのにじゅうぶんなB－29や武器弾薬、搭乗員はサイパンに集まっていたが、その日、日本の上空は雲でおおわれ、その状態が一週間つづいた。毎晩、搭乗員たちは任務前の状況説明会に出席したが、結局、出撃準備の解除を命じられた。これは神経にこたえた。「緊張が高まる任務とはまさにこのことだ！」とある若い飛行士は日記で叫んだ。「これだけは書き記せる。心配していないなんていうやつは、本当のことをいっていなかったんだ！[41]」

十一月二十四日の感謝祭に、天候が急変した。搭乗員たちは〇三〇〇時に簡易ベッドから出た。夜明けには、スーパーフォートレスの長い列が誘導路でエンジンを暖めていた。第二十一爆撃機兵団は、宣伝記事を狙って、アメリカのあらゆる主要新聞と通信社を代表する従軍記者二十四名を呼び寄せていた。映画撮影班がカメラを回し、フラッシュが焚かれるなか、第七十三爆撃航空団の司令で任務指揮官のエメット・〝ロージー〟・オードヌル准将が操縦室に乗りこんだ。オードヌルの乗機〈ドーントレス・ドティ〉が最初に離陸し、さらに百十機のスーパーフォートレスが三十秒間隔でつづいた。彼らは東のマジシエンヌ湾上空へ上昇し、左へ旋回して、長い北上を開始した。各機は限界の十四万ポンドまで積載していた（〈ライト〉社の技術者は十二万ポンドを限界とするよう薦めていた。その薦めは却下された）。飛行中に編隊集合を行ないながら、懸命に高度を取ろうとする搭乗員たちは、エンジンを注意深く監視していた。エンジン火災などの機械的故障で、十七機が引き返すことを余儀なくされた。残る九十四機は第一目標である東京西部の大字吉祥寺にある〈中島飛行機株式会社〉の武蔵野工場（武蔵製作所）に向かって飛びつづけた。

日本軍はサイパンにスーパーフォートレスが集結していることを知っていた。この空襲も予期していて、その対策を準備していた。中国を基地とするB－29は六月以降、八回の任務で九州を攻撃していたので、大型爆撃機とその能力になじみがないわけではなかった。数週間前、〈トーキョー・ローズ〉の迎撃に失敗したあと、日本軍の戦闘機は改修され、上昇速度が改善され、実用上昇限度も増していた。エンジンの微調整が役立ち、薄い空気中でより多くの推力を提供する幅広のプロペラを機体に取りつけたのも効果があった。もっとも過激な手段――そしてもっとも日本らしい手段――は、空対空体当たり飛行隊の創設だった。この部隊の体当たり用戦闘機は、全機銃と弾薬、防弾鋼板を取り外されていた。おかげでより高い高度での性能が向上したが、あきらかに彼らには敵を撃つ手段がなくなった。実質上の特攻隊員であるパイロットたちは、スーパーフォートレスの脆弱な尾部を狙って、高空から体当たりする機動を訓練していた。

沿岸部のレーダー基地が来襲する飛行隊を探知すると、約百二十五機の日本軍戦闘機が迎撃のため緊急発進した。そのなかには、日本陸軍飛行第四十七戦隊の中島キ－44鍾馗十機がふくまれ、その全機が敵爆撃機にたいする体当たり攻撃にあてられた。

高空を飛行するスーパーフォートレスを捕捉するのは、いかなる条件でも困難だったろう。侵入機は高度二万七千から三万二千フィートで日本の空域に入り、防空戦闘機のほとんどはそのひじょうに高い高度まで上昇するのにまる一時間かかった。その日のジェット気流は激しく、時速百五十マイルの追い風のせいで、B－29の対地速度は時速四百マイル以上に達した。編隊はこうした機体を揺すぶられる状況でばらばらになり、精密爆撃のふりさえできなくなった。〈中島〉工場はふわふわした雲の毛布の下に隠れていた。二十四機だけが武蔵野工場に爆弾を投下し、ほぼ全弾が工場の外周フェンスの外に落ちた。六十四機が指定された第二目標の東京の造船所を攻撃した(42)。

飛行第四十七戦隊の見田(みた)義雄伍長は、壮烈な体当たり攻撃でこの日唯一の撃墜を記録した。後上方からB-29の編隊に接近したこの不屈のサムライは、大きく横転を打って急降下し、自分の中島戦闘機をサム・ワグナー中尉操縦の〈A-26〉号の尾部につっこませた。見田機は火の玉となって爆発し、長い煙の尾を引きながら大地に激突した。〈A-26〉号は飛びつづけたが、体当たりによって垂直安定板と左の昇降舵を引きちぎられていた。ワグナーは基地へ引き返そうとしたが、傷ついた爆撃機を飛ばしつづけることができなかった。同機は東京湾から約二十海里の地点で墜落した。搭乗員に生存者はいなかった。

ほかのスーパーフォートレスにとって、サイパンへの帰路は長い試練だった。低い雲底が日本南方の海を覆いつくして、陸標を見えなくし、帰投する爆撃機がまだアイスリー飛行場の何時間も北方にいるとき、夜がおとずれた。滑走路は灯油入りの容器だけでしめされていた。もし着陸事故で滑走路がめちゃめちゃになったら、多くのB-29がたぶん不時着を余儀なくされるだろう。しかし、九十一機は無事着陸し、任務を成功のうちに終わらせた。全員が安堵のため息を漏らした。

のちにふりかえったハンスルは、十一月二十四日の東京への任務が無分別といっていいほど危険が大きかったと認めた。爆撃はほとんど成果を上げず、武蔵野工場にわずかな損害をあたえたが、東京の造船所には一発の直撃弾も記録しなかった。彼は失ったのが三機だけだったのは幸運だと思った(二機は本州南方の海上に墜落した。海難救助任務の潜水艦が彼らを捜索したが、なにも見つけられなかった)。ハンスルは失敗を恐れていたが、「指揮の状況が後退して、わたしが着手すると申しでた日本列島にたいするわれわれの独立した活動が奪い取られるのではないかと心配でならなかった」とのちに書いている[43]。いいかえれば、ハンスルはマリアナ諸島から東京を叩くのは可能であることを実証する圧力を感じていたのだ――懐疑派を黙らせ、第二十航空軍の自主性を確たるものにするために。スーパーフォートレスが日本の工業の中心部を爆撃するという約束をかなえているかぎり、ハップ・アーノルドはそれをほかの目的に分散しようとする圧力に抵抗できると、考えられていたのである。

潜水艦アーチャーフィッシュ、謎の巨艦を探知

本州の南方には、十数隻のアメリカ軍潜水艦が海難救助任務で配置されていた。その一隻がアーチャーフィッシュで、ジョゼフ・F・エンライト少佐を艦長とするバラオ級の潜水艦だった。彼女は非公式に〈ヒット・パレード〉と呼ばれる海域を哨戒していた。タングをはじめとするほかの潜水艦は、そこに東京湾を出入りする船舶の宝庫を発見していた。十一月二十四日の晩、一機のB－29が海上に不時着水を強いられると、アーチャーフィッシュは三日間、捜索した。飛行機も救命筏も残骸も発見できず、エンライトは結局、真珠湾に無線で連絡し、「海の状況は着水には好ましくなく、爆撃機は墜落してすぐに沈んだものと思われる」と報告した[44]。

十一月二十七日、太平洋潜水艦部隊司令部からの至急電で、これから四十八時間はB－29がこれ以上日本上空に飛来しないことがつたえられた。それはつまり、アーチャーフィッシュとほかの海難救助潜水艦が自由に敵船舶の追跡に戻っていいということだった。エンライトは艦を本州沿岸近くに持っていくと、昼間は潜航し、ひんぱんに潜望鏡を高く上げて観測した。富士山の巨大な円錐が潜望鏡の円形をした視野の十字線を何度も横切ったが、エンライトはトロール船などの各種の小型船舶しか目にしなかった。彼はそれらを「魚雷には小さすぎる」と見なした[45]。

ノースダコタ州マイノットで生まれ育ったエンライトは、一九三三年組で海軍兵学校を卒業した。戦時中は先に潜水艦デイスの艦長をつとめていたが、一九四三年秋、がっかりするような四十九日間の哨戒のあと、エンライトは自分が潜水艦の指揮に向いていないという結論にいたり、ロックウッドに解任をもとめた*。

彼は八カ月間、ミッドウェイ潜水艦基地で陸上勤務についた。一九四四年八月、彼はもう一度、挑戦したい衝動を感じ、ロックウッドはたぐいまれな贈り物をエンライトにあたえた。潜水艦長としての二度目のチャンスである。したがって、エンライトは、平均的な太平洋の潜水艦長よりずっと、戦果を挙げるプレッシャーを感じていた。哨戒ではいまのところ、彼は手ぶらだった。アーチャーフィッシュは、二十四本のマーク18電気推進式魚雷を一本も発射していなかった。

二十七日の午後八時四十八分、アーチャーフィッシュのSJレーダーが距離二万四千七百ヤード、方位二十八度ちょうどにひとつの探知を表示した。見張り員が潜望鏡架台に昇って、双眼鏡を北東の水平線に向けた。状況は目視による捜索に向いていた。空は晴れておだやかで、月はほぼ満ちていた。エンライトは最初、探知が島だと思ったが、レーダーの捜索でじきにそれが近づいていることがわかり、見張り員が「艦首右舷二ポイント、水平線上に黒い影」と報告した[46]。

エンライトは双眼鏡ですぐに水平線上のかすかな〝突起〟を見分けた。視覚上の位置をレーダーによる距離と比較した彼は、あれが大型船、おそらくは油槽船で、最優先目標になるだろうと推定できた。

アーチャーフィッシュは浮上したまま西向きの針路を取り、目標の〝月下〟側にまわりこめることを願った。最初の探知から約一時間後、見張り員が潜望鏡架台から声をかけ、遠くの影は航空母艦の長方形の艦影をしているといった。最初、エンライトは懐疑的だったが、長い時間目をこらしたあとでうなずいた。影は近づくたびにより特徴的になり、空母の巨大な艦橋構造物と煙突が水平線に浮かび上がった。空母は二一〇度の基準針路を二十ノットの速力で進んでいた。[47]

謎めいた航空母艦は、世界最大の空母、信濃だった。もともと三隻目の大和級戦艦となるはずだった船体をもとに建造された六万五千トンの巨艦である。東京湾の横須賀海軍基地の工廠で建造され、十月八日に進水して、ほんの八日前に竣工したばかりだった。日本がマリアナ諸島をめぐる海戦で三隻の空母を失った、先の六月以降、信濃の乗組員と三千名の工廠従業員は、一週間に七日、一日に十四時間働いていた。この巨大な新型艦に、かつては手強かった日本の空母打撃部隊を復興させる唯一最後の希望がかかっていた。

信濃は呉を目ざしていた。そこで艤装を完了し、飛行機隊を載せることになっていた。艦長の阿部俊雄大佐は、艦が海に出るための準備ができているかどうかに懸念をいだいていた。実現不可能な期限に迫られて、多くの近道が取られていた。防水ハッチやポンプ、消防本管、通気ダクトなど、重要な艦内の艤装の多くがまだ据えつけられても、テストされてもいなかった。阿部は艦と乗組員がたとえ海岸ぞいの一夜の航海であっても、海に出る準備ができていないと上司に警告した。しかし、司令部は譲らず、その週のB-29の空襲のあとではなおさら耳を貸さなかった。彼らは大型空母が目視され、写真に撮られていると想定せざるを得ず、いつ高高度を飛行する敵爆撃機が戻ってきて、工廠を爆撃するかもしれなかった。東京の提督たちは阿部の延期の要請を却下し、十一月二十八日までに信

＊五週間前、潜水艦デイスがべつの艦長のもとで、栗田提督の中央部隊をパラワン水道で待ち伏せし、レイテ湾海戦の幕開けの一撃をくわえたことは、ご記憶にあるだろう。

濃を出航させるよう命じた。

彼女の異父姉、大和と武蔵の場合と同じように、建造中の艦の存在は厳重な秘密のベールでつつまれていた。横須賀の海岸地帯では、詮索の目から計画を隠すために大がかりな対策が取られた。信濃が建造される六号ドックの周囲には、波状のブリキ板の見上げるようなフェンスがめぐらされた。何千という工廠従業員は基地に隔離され、計画中は外に出ることを許されなかった。憲兵隊は艦名を口にしただけでどんな従業員でも逮捕して、投獄し、尋問して、拷問にかけた。

信濃は巨艦だった。全長八百七十二フィート、全幅百十九フィート、満載排水量は七万一千八百九十トンだった。二隻の超戦艦と同様、信濃は十五万馬力で推進器を回す四基の巨大な蒸気タービンを動力とし、二十七ノットの最大速力を出すことができた。飛行甲板と格納庫甲板には装甲がほどこされ、五百キロ爆弾の直撃に耐えるよう設計されていた。右舷中央の艦橋構造物はオフィスビルほどの大きさがあった。艦橋には外側に大きく傾斜した巨大な煙突が一体となっていて、艦に特異な艦影をあたえていた。信濃はほかのどんな空母より多い、何百という対空火器を装備していた。「舗装された飛行甲板にあがり艦尾からへさきを見ると、人影は豆粒ぐらい」と横須賀工廠の工員、大島守成は回想している。「感嘆の声をあげたおぼえがある。……まさに世界一の空母の貫禄十分だった(48)」もし「世界一」という言葉が最大という意味なら、彼は正しかった——これより大きな空母は、それから十年後の一九五四年にフォレスタル級空母の一番艦がアメリカで進水するまで存在しなかった。

信濃は命令に忠実に、十一月二十八日の日没からすぐあとに、三隻の駆逐艦をともなって、東京湾を出発した。艦内には、将兵二千百七十五名の乗組員と、約三百名の工廠従業員をふくむ約二千四百七十五名が乗っていた。飛行機は積んでいなかった。格納庫には、飛行機から投下するように設計された型式の有人誘導自爆ミサイル、桜花五十発と、震洋高速自爆艇六隻が積まれていた。自爆兵器は呉で陸揚げするか、あるいは将来のある時点で沖縄に運ぶことになっていた。

阿部艦長は上司と検討したあとで、沖合の遠回りコースを計画していた。そうすれば航法が少し楽になるし、さらにアメリカ軍の潜水艦がうようよしていることがわかっている海域を回避できるだろう（と期待されていた）。航海の最初の段階では、空母と駆逐艦はかなり南下して海に出ることになる。翌朝の夜明け前に、西に変針し、一気に瀬戸内海を目ざす。最終ストレッチは昼間で、航空掩護もないが、それは阿部にはどうすることもできなかった。東京は彼に選択肢をあたえていなかった。彼は自分がこの状況でできるもっとも安全なルートを選んだと信じていた。信濃とその護衛艦は月に照らされたおだやかな海を二十ノットで突き進み、敵潜水艦をまくために不規則にジグザグ運動をした。

謎の空母を狙え

アメリカ海軍の識別マニュアルには、信濃の艦影と一致する艦型図は載っていなかった。エンライトと部下の士官たちはこの未知の艦が飛鷹級か大鳳(たいほう)級の空母にちがいないという結論に達した。彼らは自分たちの獲物がエセックス級艦隊空母の倍のトン数であるとは思っていなかった。連合軍側の誰ひとり、こんな艦が存在しているとは気づいていなかった。

護衛役の三隻の駆逐艦がレーダー・スコープに現われ、距離が近づくと、アーチャーフィッシュの潜望鏡架台からかすかに見えるようになった。エンライトはおそらく目標の向こう側に四隻目がいるだろうとあやまって推測した。

四隻の駆逐艦（たとえ三隻でも）に護衛された敵空母に浮上したままで接近するのは、とくにあの明るい月の下では好ましくない。そんなことはいままで一度もなかった。それをやろうとするのは、

「ほとんど自殺行為だろう」とエンライトは思った。[49] しかし、潜航すればアーチャーフィッシュは速力の大半を失うことになり、射点につくのが不可能になる。状況はかんばしくなかった。エンライトは信濃の約九海里前方で南に変針して、ほぼ平行の針路を取ると、速力を十九ノットに上げた。彼には思いがけない幸運が必要だろう。敵艦はアーチャーフィッシュよりわずかに速い二十ノットで航走していた。潜水艦は距離が三、四海里まで近づいたら、潜航しなければならないだろう。さもなければ、探知の危険を冒すことになる。発射の機会は限られているだろうし、信濃と護衛艦がたまたまアーチャーフィッシュのほうへジグザグ運動をしないかぎり、まったく機会は来ないだろう。

エンライトは触接報告を打電した。もしかするとべつの潜水艦を未知の空母を迎撃する位置に誘導できるかもしれないし、ハルゼーの第三艦隊が対処できるかもしれない。アーチャーフィッシュも希望を捨てたわけではなかったが、彼は楽観視していなかった。「われわれの唯一のチャンスは、最大の水上速力を維持して、平行針路を進みつづけ、空母がこちらの方向に変針するのを祈ることだった」[50]

信濃艦上では、レーダー逆探知装置がアーチャーフィッシュの水上捜索レーダーのレーダー波を探知していた。その周波数とパルス繰り返し数はアメリカ軍のものであることをしめしていたが、信濃の電探員は方位を確定できなかった。アーチャーフィッシュの触接報告も信濃艦上で傍受された――しかし、またしても方位が得られなかった。阿部艦長はすくなくとも一隻の敵潜水艦が近くにいることを察したが、その位置は見当がつかなかった。その週の情報報告は五日前、おそらく七隻ものアメリカ軍潜水艦のグループがいっしょにグアムを出発したとつたえていた。阿部は一と一を足して、アメリカ軍の狼群が自分の艦に忍び寄っているという結論に達した。彼は見張り員――飛行甲板と上部構造物の周囲に二十五名が配置されていた――に命令を伝達し、水上を航走する潜水艦を探せと指示した。

午後十時四十五分、目の利く見張り員が「艦首右舷に未確認物体」と報告した。目視による探知は、信濃の最新鋭の光学機器をもってしても、かろうじて感じ取れる程度だった。水面からわずかに顔を出す、五海里先の黒く塗装された潜水艦は、昼間でも見えづらかったことだろう。地球の丸さが、艦橋構造物の頂部以外を隠していた。さらに信濃のかなり前方を平行針路で航走していたので、艦影が小さくなっていた。日本軍将兵の何十組もの目が遠く南西の水平線上の黒い塊をくわしく調べた。信濃の航海長はあれが「小型船」かもしれないと思った。

駆逐艦の一隻、磯風が命令なしに陣形を離れた。三十ノット以上の速力でアーチャーフィッシュに向かって突進し、泡立つ蛍光性の長い航跡を残した。

アーチャーフィッシュの艦橋では、エンライトが艦尾方向から迫ってくる敵駆逐艦を見張っていた。彼はあれが陽炎（かげろう）級駆逐艦だと正しく識別した――世界有数の高速艦で、三十五ノット以上を出すことができた。エンライトは見張り員に潜望鏡架台から降りるよう命じ、艦橋を片づけさせた。腕時計を確認したところ、時刻は午後十時五十分だった。双眼鏡を接近する駆逐艦に向けると、相手は「アーチャーフィッシュに近づくにつれてどんどん大きく見えてきた。ああ、すごい速さでやって来る！」[51]。エンライトがハッチから艦内に飛び降りて急速潜航を命じようとしたとき、驚いたことに、磯風は向きを変えて、信濃の右舷正横の持ち場に戻った。アーチャーフィッシュは針路を維持して、水上に留まった。

阿部は磯風を陣形の定位置に呼び戻していた。依然として信濃が敵狼群につけられていると思っていた彼は、南方の未確認の探知が護衛艦の一隻を意図的におびきだそうとしているのではないかと恐れていた。「あれは囮だ。まちがいない」と彼は艦橋の士官たちにいった。[52]彼はアーチャーフィッシュから遠ざかるように、東へ変針を命じた。二十ノット以上で航行していた阿部は、見知らぬ船を振り切るのが造作もないことを知っていた。

エンライトは自分が機会を逸したと思っていたが、アーチャーフィッシュを最大速力で、信濃隊の基準針路とほぼ平行のコースを突き進ませつづけた。日本側はアーチャーフィッシュよりすくなくとも一ノット速く進んでいたので、彼らがふたたび西へ変針しないかぎり、射点につくチャンスはほとんどなかった。エンライト艦長はロザリオのビーズを指でいじりながら、そうした変針を心のなかで祈った。

午後十一時四十分、それが起こった。「こちらの方向に大きく回頭（ジグ）したらしい」と日誌は書き記している(53)。信濃は右に急回頭して、西向きの針路に乗り、アーチャーフィッシュの後方を横切った。もし信濃が〝ジグ〟につづいて、タイミングよく〝ザグ〟したら、巨大な空母は潜水艦が魚雷を発射する絶好の位置に入ってくるかもしれない。

それからの三時間、関係者全員はその相対的なコースを進みつづけた。信濃と三隻の護衛艦はしだいにアーチャーフィッシュの後方を、潜水艦の左舷後方から右舷後方へと横切っていった。これは奇妙な追撃戦で、ハンターのほうが獲物の何海里も先を進んでいた。アーチャーフィッシュは数海里南の推測地点に向かって一目散に突進していた——もしエンライトの推測が正しければ、信濃とアーチャーフィッシュの進路が収束する一点に。

潜水艦の艦橋では、見張り員たちが夜間望遠鏡を遠くの巨艦に向けていた。その高い艦橋構造物と傾斜した煙突が、艦尾方向の水平線上にそびえていた。アーチャーフィッシュは艦首を上下させながら、月に照らされた海を横切って南へ急行した。長い船体は、全開で回転する四基のエンジンの腹に響くようなパワーで震動した。水煙が艦首から飛んできて、見張り員の顔を打つ。いまや思いがけない幸運がもうひとつ必要で、エンライトはロザリオのビーズをせわしなく指でいじった。

午前二時五十六分、彼の祈りはかなえられた。信濃と護衛艦はふたたび変針し、今度は左に回頭すると、アーチャーフィッシュの操舵室に向かって直進する南西の針路に乗った。世界最新で最大の空母が、熨斗（のし）付きでアーチャーフィッシュに身を捧げようとしていた。日誌はこう記している。「距離、急速に近づき、こちらは前進中(54)」

信濃の〝ザグ〟から八分後、距離が一万二千ヤードまで縮まったところで、エンライトはアーチャーフィッシュに潜航を命じた。見張り員が司令塔に飛び降り、艦長がつづく。潜航警報が鳴り響く（〝アオーーーーーガ〟）。水兵が引き綱を引っぱってハッチを閉鎖し、ハンドルを六回転させて密閉する。アーチャーフィッシュは潜航して、深さ六十フィートで前後水平になった。エンライトは夜間潜望鏡である第二潜望鏡を上げて、それを目標に向けた。信濃に十字線を合わせると、そっと独りごちた。「さあそのままやってくるんだ、お嬢ちゃん。向きを変えるなよ(55)」

潜水艦は西へ忍び寄り、理想的な射点に向かって機動した。空母の正横の千ヤードから二千ヤード、信濃がアーチャーフィッシュの魚雷にとって可能なかぎりもっとも長い目標となる位置へ。エンライトは数回、夜間潜望鏡を上げてすばやく観測し、目標の針路と速度を確認した。追跡班が魚雷発射盤（TDC）に彼の観測値を入力し、可能な攻撃角を計画する。水中聴音機による測位が艦長の潜望鏡観測結果を確認した。艦長は前部発射管室員に艦首の魚雷六本の発射準備を命じた。魚雷は、もっと深く駛走した場合の余裕をみて、深度十フィートに調定された。

エンライトはふたたび夜間潜望鏡を上げ、潜望鏡の把手を握った。信濃は円形の視野のなかでどんどん大きくなり、エンライトは月に照らされたその上部構造物と特徴のある傾斜した煙突の細部を見て取った。彼女は識別マニュアルのどんな艦船とも一致しなかった。もしかしたら、徹底的に改装された旧式空母なのだろうか？　エンライトは紙切れに鉛筆でスケッチした。それから彼は艦橋に発光信号を認めた。あきらかに護衛の駆逐艦の一隻に信号を送っている。彼は駆逐艦が視野に入るまで夜間潜望鏡をまわして、駆逐艦が高速でアーチャーフィッシュにまっすぐつっこんでくるのに気づき、少し不安になった。

　エンライトはいまや軍歴でもっとも重要な決断に直面していた。もしアーチャーフィッシュが見つかっているのなら、急速潜航して、爆雷攻撃にそなえる必要があった。しかし、そうすればアーチャーフィッシュは射点からはずれて、信濃は射程外を通過することになるだろう。潜望鏡を目視で発見できた可能性はないように思えた。エンライトはソナー員にたずねた。駆逐艦はソナーで探信しているか？　いえ、と答えが返ってきた――探信音なし。しかし、すべてがその質問にかかっているので、エンライトは確認をもとめた。「スキャンラン、わたしの目を見て、駆逐艦が探信音を出しているかどうかいうんだ」と彼はソナー員にいった[56]。スキャンランは可能性のあるあらゆる周波数を調べて、エンライトのほうを向き、答えをくりかえした。探信音なし。

　艦長は艦をもう数フィート深く潜らせ、竜骨深度六十二フィートにつけた。もし駆逐艦が真上を通過すると、そうなりそうだが、駆逐艦の竜骨は約十フィートの間隔でアーチャーフィッシュの上部潜望鏡架台の上を通過することになる。あえてふたたび潜望鏡を上げることなく、エンライトと緊張でぴりぴりする司令塔の乗組員たちは、接近する艦の音に耳をかたむけた。水中聴音機は、駆逐艦がまっすぐ潜水艦のほうへ向かっていることを確認した。機関の鈍く単調な音が聞こえるようになり、つづいて推進器の水を切る音が聞こえてきた。リズミカルな音がどんどん大きくなる。「駆逐艦は機関車のように頭上で轟音をあげた」とエンライトは書いている。「潜水艦全体が衝撃波で震動し揺れた[57]」それから駆逐艦は通りすぎ、騒音が弱まりはじめた。日本艦は爆雷を落とさなかった。あきらかに潜水艦が竜骨のすぐ下で息をひそめているとはまったく気づいていなかった。

エンライトは夜間潜望鏡を上げて、月明かりで青白い信濃の巨大な艦橋構造物に十字線を合わせた。「方位、マーク」と彼は呼びかけた。「発射用意……一番発射[58]」

艦首からごろごろという音と震動、シュッという音が響き、潜水艦は一本目の魚雷が発射管から飛びだすと後ずさった。潜望鏡の視野でエンライトは雷跡が「まっすぐ、正常に、熱走」して、目標に向かってのびていくのを見た。八秒が経過すると、つづいて、「二番発射」。ふたたび圧縮空気が噴きだして、アーチャーフィッシュは「鯨に一撃食らったようにぐいと飛び上がった[59]」。つづいて三本目と四本目が八秒間隔で発射された。追跡班がいそいで調定諸元を入力して、五本目と六本目の魚雷が発射管から飛びだすと、アーチャーフィッシュはまたしても飛び上がった。

六本の魚雷は一五〇パーセントの開角で発射された。つまり四本は信濃に命中し、一本は前方を通過して、一本は後方を通過するように狙いがつけられていた。これは大きくて価値の高い目標にもちいられる戦法と合致していた——ＴＤＣの解がまちがっていた場合にそなえて、誤差の許容範囲をあたえ、すくなくとも一本の魚雷を確実に命中させる仕組みだ。しかし、この場合には、アーチャーフィッシュはほとんどはずしようがなかった。彼女は全長八百七十二フィートの空母の正横の、雷撃では直射距離にひとしい一千四百ヤードの地点にいた。これは納屋の広い側面に向かって撃つようなものだった。

魚雷が目標に向かって走るあいだ、時間は刻々とすぎていった。司令塔の緊張感は高まった。エンライトは潜望鏡の円形の視野を信濃に向けつづけた。一本目の魚雷の予定駛走時間がゼロになると、彼はきっとはずれたか、不発だったにちがいないと心配した。しかし、つぎの瞬間、「レンズのなかで、目標の艦尾近くに巨大な火の玉が噴きだすのが見えた。それから一本目の命中音が水中をつたわって聞こえてきた。つぎにアーチャーフィッシュは六百八十ポンドのトーペックス爆薬が作りだす衝撃波を感じた[60]」エンライトは歓喜の叫びを上げながらさらに八秒間、潜望鏡を上げたままにして、その見返りに一本目の五十ヤード前方に第二の火の玉を見ることができた。

潜望鏡を回したエンライトは、駆逐艦の一隻がアーチャーフィッシュのほうへ回頭するのを目にした。彼は把手を潜望鏡に折りたたんで、潜望鏡下げ、ネガティブ注水、爆雷防御を命じた。バラストタンクが注水されると、艦首が重くなり、重力が艦を引き下げて、甲板が前方に傾斜した。前に進もうとする勢いが増すと、潜横舵が水をつかみ、さらに急な傾斜角で艦を沈降させた。アーチャーフィッシュは深さ四百フィートを越えたところで前後水平になった。

爆雷攻撃がはじまった。激しい爆発は、騒々しく、神経を逆なでしたが、それほど近くはなかった。エンライトは、いちばん近くても三百ヤードは離れていると見積もった。日本軍は当てずっぽうでやっているらしかった。十五分間、無作為に〝ゴミ缶〟（訳註：円筒形の爆雷のこと）をばらまいたあと、彼らは反撃をあきらめた。潜水艦のソナーが聴知していると、駆逐艦は南西に遠ざかっていった。アーチャーフィッシュは三時間、深深度を這うように進み、ゆっくりと静かに航走した。目標を撃沈したと確信する地点に推測航法で戻ったエンライトは、艦を潜望鏡深度につけた。時刻は午前六時十分だった。潜望鏡を上げて、水平線をぐるりと見まわしたが、海以外なにも見えなかった。明るく晴れた朝で、風はおだやかだった。アーチャーフィッシュはまた潜航して、一日中、海中に留まり、午後五時二十二分、ふたたび浮上して、真珠湾にわくわくするニュースを打電した。敵空母を雷撃せり[61]。

信濃処女航海の終わり

その前夜の十一時以降、阿部艦長の頭のなかでは、信濃が敵潜水艦の狼群に尾行されていることは明白になっていた。潜水した捕食獣たちは、どこにいてもおかしくなかった。どの方向、あるいはあらゆる方向にいても。快速を維持して、不規則にジグザグ運動をつづける以外に手立てはないと、彼は結論づけた。彼がまた〝回頭(ジグ)〟を命じようとしたちょうどそのとき、アーチャーフィッシュの魚雷が艦の右舷につっこんだ。

一本目の魚雷は艦尾のすぐ前方、喫水線から約三メートル上に命中して、紅蓮の火柱を噴き上げた。さらに三本がつづけざまに命中し、さらに三つの炎の山が、後方から前方へと順々に上がった。爆発によって、三層の甲板で缶室三つをふくむ区画が浸水し、寝床についていた水兵数十名が戦死した。燃料パイプが引火して、オイル・タンクがやぶれた。応急隊が駆けつけて炎にホースを向けたが、火災はそれをものともせずに艦の隣接する区画に広まった。何百という担架が医療室に殺到して、たちまち衛生科員を圧倒した。命中から何分もたたないうちに、信濃は右舷に一〇度傾斜していた。

異父姉の大和と武蔵と同じように、この超空母は、魚雷を食らっても耐えられるように造られていた。その一カ月前、シブヤン海で、武蔵は沈没前にほぼ二十本の魚雷に耐えていた。阿部艦長は信濃がたちまち右舷にかたむいたことに少し驚いたが、傾斜は反対舷への注水で復旧できると思い、新たな打撃を受けないかぎり、艦を浮かせつづけることに自信を持っていた。艦長は、想像上の狼群を警戒して、機関室を呼びだし、機関科員たちに、潜水艦のうようよしている海域から抜けだすのには可能なかぎりあらゆる速力が必要であるといった。信濃と護衛の駆逐艦は立ち止まらなかった。彼らは速力を落とすことなく突き進んだ。

艦内の損傷した区画に隣接する通路では、恐ろしいキーンという音が防水扉やパイプ、通気ダクトから鳴り響いていた。それは防水シールから漏れる圧縮された空気の音で、船体に大きく口を開けた破孔から艦内に入ってくる何トンもの海水の止められない圧力によって発生したものだった。「作業をしていると、すくなくとも百トンの圧力を受けてねじ曲がった金属のきしみと震動が聞こえた」と、ある乗組員は回想した。「リベットが震動して、いまにも穴から飛びだしそうに見えた[62]」防水扉のシールの亀裂から水が噴きだした。配管や通気ダクトが破裂した。信濃の強力な機関は、二十ノット以上の速力で艦を前に進ませていたが、間接的に太平洋の何千トンもの海水を艦の右舷側に注ぎこませる働きをした。三千トンの海水を左舷側の下部に注水しても、信濃はさらに右舷に傾斜した。傾斜が一五度に達すると、水兵たちは右舷側の隔壁に体を押しつけて踏ん張らねばならなかった。

阿部艦長の安心させる声が拡声器で流れた。彼は乗組員に転覆の危険はないとつたえたが、注水班には傾斜を復旧するために手をつくすようううながした。

速力はじょじょに低下し、ついに信濃はわずか十ノットで進んでいた。浸水と火災は傍若無人に広がり、注排水装置をおさめる区画を浸水させる恐れがあった。命じられた持ち場で待機する何百名もの乗組員が、開かなくなったハッチやひしゃげた隔壁の向こうに閉じこめられた。海水が彼らの区画に押し寄せると、彼らは溺死した。信濃が命がけで必死に戦っていることに遅ればせながら気づいた阿部艦長は、横須賀に救難信号を送った。それから傷ついた艦を北へ向け、最寄りの島に座礁させることを願った。

夜明けの最初のかすかな光が東の水平線に差した。月は西に沈んだ。傷ついた空母はよろよろと北へ進み、三隻の護衛艦は彼女にぴったりと寄り添った。巨大な上部構造物と煙突は右舷に酔っぱらったようにかたむき、煙の帳が風下へただよっていた。午前七時、機関が蒸気を失って停止した。信濃は海の谷間で身動きが取れなくなった。横揺れするたびに、艦の傾斜は増大した。阿部は二隻の駆逐艦、浜風と磯風に六万五千トンの空母を曳航するよう命じたが、そうしたこころみは物理的に不可能だった。鋼鉄製の索が切れると、努力は中止された。

阿部はなかなか総員退去を命じず、何百という乗組員がその代償を命ではらった。艦の浸水した部分から逃げてきた者たちは、格納庫や飛行甲板でうろうろしていた。すくなくとも艦の一部では、軍紀は崩壊の危機に瀕していた。水兵たちはパニックを起こして、命令なしに海に飛びこんだ。九時三十分、信濃は右舷側にゆっくりと無情に転覆した。海水が飛行甲板の主エレベーター室に押し寄せ、水兵たちの足をすくって、格納庫へ投げ飛ばした。煙突が水没すると、泳いでいた多数の者たちがその黒い口に吸い寄せられた。やっと阿部艦長が総員退去の命令を伝達したときには、乗組員の多くがすでにそうしていたが、それ以外の者にとっては手遅れだった。転覆した巨艦の約半海里周辺では、漂流者が残骸にしがみついて、護衛の駆逐艦の救助を待った。

阿部艦長は生き残ろうとは思っていなかった。お付きの士官たちも彼とともに残るといい張った。阿部と部下たちは激しくかたむいた飛行甲板を艦首まで登っていった。そこが艦で最後に沈む部分だと彼らは知っていた。艦尾が沈むと、艦は横揺れして、左右水平になった。艦首が海から持ち上がり、首をもたげて、飛行甲板がほぼ垂直になった。信濃はしばらくその態勢で持ちこたえ、一見動かないように思えたが、艦尾から海が迫ってきた。艦内からは爆発音や噴きだすガスのシューという音、重い装置や残骸がはずれて艦の縦の軸線を落ちていくときの衝突音が聞こえてきた。彼女はじょじょに沈んでいき、ついに海が金色に輝く十六葉の菊花紋章を呑みこんだ。

こうして信濃の処女航海は終わりを迎えた。

十二月十五日にアーチャーフィッシュが真珠湾に帰投すると、エンライトは自分の主張する撃沈にかんして、懐疑の壁に出くわした。海軍情報部はそんな艦が存在することすら知らなかったし、目標の上部構造物と傾斜した煙突にかんする彼の説明は、判明している日本艦隊のどの空母とも一致しなかった。十一月二十八日、太平洋の聴音哨が、日本軍の一通の通信文を傍受し、暗号解読員が即座に解読した。「信濃沈没」その名前の日本軍の軍艦は記録になかったが、「信濃」は本州北東部の大河の名前だった。日本海軍の厳格な命名法にしたがえば、その艦名は目標がおそらく巡洋艦であることを示唆していた。それを根拠に、ロックウッド提督はアーチャーフィッシュが未確認の艦級の重巡洋艦、おそらくは徹底的に改装された旧式艦を撃沈したと認めるほうにかたむいていた。

しかし、エンライトは自分が空母を沈めたと確信していて、潜望鏡で信濃を観察しているあいだに描いた鉛筆スケッチをその主張の裏づけとした。真珠湾の分析員たちは、同意せざるを得なかった。詳細なスケッチはたしかに空母を描いていた。そのいっぽうで、太平洋潜水艦部隊司令部の誰かが、「信濃」は長野の一地方の旧国名でもあることを指摘した。つまり空母にもありそうな艦名だということだ。こうした見地から、ロックウッドはアーチャーフィッシュが二万八千トンの飛鷹級空母を撃沈したと認めた[63]。

すべての真相があきらかになったのは戦後のことだった。アメリカ戦略爆撃調査団の質問者たちは、アーチャーフィッシュが実際には六万五千トンの空母を撃沈したことを確認した。つまり、彼女は、沈めたトン数で判定すれば、戦時中もっとも戦果を上げた潜水艦哨戒という名誉を獲得したということだった。謙虚なエンライトはつねに自分が幸運に恵まれただけだと強調した。まったくの偶然がジグザグ運動する信濃をわずかな魚雷発射の機会にみちびいたのだと。これはたしかに事実だった。運命はアーチャーフィッシュに必勝のカードを配った。しかし、エンライトはそのカードを完璧に使いこなし、それにたいして海軍殊勲十字章を授与されたのである。

第八章

死闘のレイテ島

特攻隊の攻撃は米軍に恐怖をもたらした。
レイテに次々と増援部隊も送り込まれるが、
衆寡敵せず、日本軍は分断、圧倒される。
一方ハルゼー艦隊はまたも失態を犯すが。

1944年11月6日、カロリン諸島のウルシー環礁に停泊する第三艦隊の一部。National Archives

レイテ島に上陸する

レイテ島周辺の海には残骸が散乱していた。大海戦で沈んだ日米艦艇の名残である。油膜がスリガオ海峡ぞいの浜辺を汚していた。おもに日本軍の遺体が潮で流され、岸辺を洗っていた。第七艦隊のある士官は、全域が「腐敗する肉の悪臭」で息がつまったと書き記している。(1) サマール島で抗日ゲリラと行動をともにしていたアメリカ軍情報将校によれば、栗田艦隊とタフィー隊との海戦のあと何日間も、砂浜ではたくさんの〝お宝〟が見つかった。携帯糧食の木箱が浅瀬にただよい、なかにはクラッカーやチーズ、ジャム、乾燥ポテト、スパム、煙草、コーヒーが入っていた。衣類とマットレスはフィリピンの民間人に回収された。水浸しの『風と共に去りぬ』のペーパーバック版は、日に当てて乾かされた。ガソリンのドラム缶は運び去られて、隠れ場所に貯蔵された。(2) おそらく日本軍の首のない死体が一体、浜に打ち寄せた。死体は流木の山に載せて火葬にされた。

レイテ湾の閉ざされた水域では、キンケイドの輸送船団と水陸両用艦隊の約六百五十隻が、長期滞在のために腰をおちつけていた。上陸海岸に貨物を荷揚げする作業には、何週間もかかるだろう。海は、人口十万人以上の浮かぶ都市の下水溝と化し、悪臭を放つようになった。「湾内の水は不快な緑色で、大量の船がトイレの水を流すので汚い」と、ある水兵は故郷への手紙でつたえた。[3] 日本軍の空襲から身を守るため、艦隊は化学薬品の灰色や茶色、黄色の煙幕を張った。上陸用舟艇の艇尾の架台には発煙筒が置かれた。風上の輸送艦には、煙を上げる浮きが繋留された。大きな艦艇に搭載されたベスラー発煙油発生装置は、その物質の巨大な雲を一度に何時間も吐きだした。[4] 航空攻撃の脅威が最大になる夜明けと夕暮れがおとずれるたびに、薄いベールが湾の上に降りた。

レイテ島の東岸は水陸両用部隊の兵站補給に適していた。白砂の長い海岸はゆるゆると下って、突然、航行可能な水面になり、接近をこばむ珊瑚礁はなかった。より大型の艦艇やLCT、LSTは、艦首を海岸に乗り上げて、傾斜路や舟橋の土手道で物資を直接陸揚げできた。ジープやトラック、戦車は、揚陸艦艇から直接、自走して上陸した。タクロバン近くの海岸を捉えた航空写真には、こうした巨大な両用艦艇が何十隻も、艦首を砂浜にしっかりと食いこませて、大きく口を開けた観音開きの扉から傾斜路を舌のようにのばしている様子が写っている。何百という小型舟艇の白い航跡が、海岸と沖に停泊する輸送艦とのあいだの水面を往復しているのがわかる。〝開始予定日(Aデイ)〟の二カ月後、キンケイドの水陸両用部隊は毎日平均して一万一千重量トン分の武器、弾薬、食料、車輛、各種の補給品をこれらの海岸に荷揚げしていた。[5]

しかし、ものすごいペースで荷揚げした結果、上陸地帯には無秩序に山積みされた貨物が残された。一九四四年十月には、これはおなじみの悩みの種になっていた。いつもどおり、水陸両用部隊指揮官は上陸海岸の人手不足のせいにし、いっぽう地上部隊の指揮官は自分たちの将兵が陸上で実際に戦闘に従事するので手いっぱいだと（そう理不尽でもなく）応じた。海岸のすぐ内陸部の平地はじきに、何平方マイル分もの地面をおおいつくす、あふれんばかりの物資集積所と化した。だいたい格子状に配置され、木箱の山や燃料のドラム缶、車輛置き場のあいだには、土の道が走っていた。この軍需品の大集積場は空からの攻撃にさらされ、その多くが戦いの一週目で破壊された。たとえば十月二十五日の晩、日本軍の爆弾一発がドラム缶四千五百本のガソリン集積所を直撃した。炎は二十四時間たってもまだ燃えていた。しかし、もっと腹立たしかったのは、休みなく叩きつけるモンスーンの雨で、道路や歩道は豚の泥浴び場と化し、排水溝は水かさの増した茶色の川と化した。アイケルバーガー将軍はタクロバン南部の沿岸地域を「沼地と泥穴しかない」と説明した[6]。

陸軍航空軍の第三〇八爆撃航空団の地上部隊はタクロバン滑走路に手をくわえて、いそいで大規模な航空基地に変えようとしていた。しかし、状況は彼らに味方しなかった。地面はやわらかくぬかるんで、いくらブルドーザーやグレーダーをかけてもこの泥地を手なずけることはできなかった。トラックが土と砂利を端から端まで撒いたが、簡単に手のとどくところに珊瑚の採掘場はなく、そのためコンクリートあるいはアスファルトにするのに適した材料がなかった。

空母の艦載機がひんぱんに緊急着陸するたびに、建設班は飛行場を空けなければならなかった。勇敢な者たちが旗と照明弾を持って滑走路に立ち、飛行機が避けたほうがいい不安定な地点をしめした。着陸失敗はほぼ日常茶飯事だった。ブルドーザーは残骸を飛行場の端に押しのけた。レイテ島のほかのどの場所でも同じだったが、作業は雨と敵の空襲によって中断された。穴あきの鉄板、〈マーストン・マット〉が揚陸され、表面に敷きつめられたが、問題は完全には解決されなかった。マットの下のやわらかい土のせいで、マットが正しい位置からずれるからである。同様の問題は、南部のドゥラグやバユグ、ブリ、サン・パブロの飛行場でもつきまとった。ケニー将軍の第五航空軍は、フィリピンの戦いがすでにミンドロ島とルソン島へと移りつつある一九四四年十二月まで、レイテ島を基地として大規模に活動することはなかった。

レイテ島の戦いの初期には、アメリカ軍は恐れていたより少ない損害で、思っていたより多くの地域を占領した。ドイツ生まれのウォルター・クルーガー中将ひきいるアメリカ第六軍は、完全装備の四個師団を島東部の海岸平原に布陣させ、沖合の大海戦は彼らの海上補給線を確保していた。低地を抜ける土の道路は上り坂となって、起伏の激しい高地の長い尾根へとつづいていた。尾根はおおむね南北の軸にそってのび、鬱蒼たる森林におおわれた山々は、四千フィートの高峰をいただいていた。戦車と重装備はこの道路を登ることができたが、天候はつねに予測不能で、日本軍部隊は見晴らしのよい高地の要塞に陣取っていた。東のレイテ峡谷は、島の北端近くで幹線道路二号線によって西のオルモック峡谷とつながっていた。この曲がりくねった急な山道は、島の西岸ぞいを南に下って、オルモック港から、さらに南のバイバイの町までつづいていた。そこで道路は内陸部に折れて、山地へと登っていき、中央山脈を越えて、東岸のアブヨグで終わっていた。

第六軍は手はじめに内陸部に向かって着実に前進し、いっぽうの日本軍は概して戦いながら後退した。前進偵察隊は島の細い中央部の山岳地帯を越えて、本格的な敵の抵抗にぶつかることなくバイバイを占領した。フランクリン・C・シバート少将ひきいる第十軍団はレイテ峡谷北部を掃討し、サン・ファニコ水道の海岸沿いを北へ進撃しはじめた。二十四日、第八騎兵連隊の隷下部隊が水道を上陸用舟艇で横断してサマール島のラパスに上陸し、日本軍が小型舟艇で水道に侵入するのをふせぐためにそこを占領した。水路を確保したアメリカ軍はいまや、海から部隊や補給品を海岸に揚陸できた。

十一月七日、アメリカ第二十四師団の隷下部隊が島の北岸にあるカリガラ湾の西側に上陸した。カリガラから南へのびる道路は急で、曲がりくねり、大雨でたびたび破壊された。高地に向かって南へ進撃するアメリカ軍は、彼らが〈ブレイクネック・リッジ〉（訳註：リモン峠）と呼んだ、鬱蒼たる森林におおわれた馬蹄形の高地で、頑強な防御線に出くわした。日本軍の精鋭第一師団は、丸太で縁取られた塹壕と射撃陣地をはりめぐらせ、防備を固めていた。ここで戦闘は規模と激しさを増し、アメリカ軍の前進は二週間近く止まった。

意見が割れる日本軍

日本軍の指揮官たちはマッカーサーの上陸前夜までアメリカ軍の侵攻に対応する戦略を議論していた。南方軍総司令官の寺内寿一(ひさいち)伯爵元帥は、南太平洋と東南アジアの大部分に駐留する陸軍全部隊を指揮下に置いていた。六カ月前の一九四四年四月、彼は司令部をシンガポールからマニラに移していた。フィリピンの防衛を監督するため、彼は、一九四二年前半、マレー半島とシンガポールの征服で名を馳せた山下奉文(ともゆき)中将を指名した。

山下は、アメリカ軍のレイテ侵攻のわずか二週間前の十月前半、マニラに到着し、来たるべき脅威に対処する確固たる戦略がととのっていないことを知った。フィリピンの日本軍指揮官たちは、アメリカ軍が十月一日前後に上陸すると予想していたが、どこにやって来るかは誰にもわからなかった。南のミンダナオ島はひとつの明白な可能性であり、もうひとつの可能性はレイテ島だった――しかし、もっと大胆にルソン島を直接攻める可能性も無視できなかった。このジレンマは、一九四一年十二月にマッカーサーが直面したのとまったく同じものだった――広大な群島には、現地の制海権と制空権を握った侵略者にとって、侵入可能な入り口が無数にあった。

戦略をめぐる根本的な意見の相違でマニラの司令部は分裂していた。ある者は、航空優勢こそ唯一確実な防衛手段であると主張し、飛行場の建設と改修に陸軍の労働力と資源を集中して投入するようもとめた。一九四四年八月の終わりまで、日本陸軍は主要な努力の大半を戦域全体、とくにルソン島の滑走路建設と改修にそそいでいた。広範囲の分散がこの戦略の要石で、飛行機は森林におおわれた辺鄙な地方にはりめぐらされた多くの小さな土の滑走路に散開させられた。しかし、ほかの指揮官たちは、もっとも可能性の高い侵攻海岸に面した固定陣地構築物を用意したり、地形が防御側に有利な高地にトーチカを建設したりすることに、努力を注ぎたいと思っていた。またしてもここには、対立するふたつの学派があり、ある高級将校はそれを「水際撃滅主義」対「後退戦闘主義」と要約した。(7)

しかし、一九四四年十月中旬のもっと喫緊の課題は、日本陸軍がその主力を本島のルソン島に維持するか、それともレイテ島の侵攻軍に対応するため大規模な部隊の移動をこころみるかだった。十月十八日、アメリカ軍の軍艦がまずレイテ島の海岸を砲撃しはじめ、特殊部隊がレイテ湾の入り口の小島を占領したときも、問題は解決していなかった。山下将軍はレイテ島では限定的な遅滞作戦だけを行なうことを望んでいた。多くが海上で失われることを恐れて、ルソン島から多数の将兵を移動させることには反対した。兵員輸送船にたいするアメリカ軍の航空攻撃と潜水艦攻撃は、南太平洋で過大な損失を招いていた。しかし、ほかの者たちは、十月十二日から十月十五日のあいだに台湾沖でアメリカ第三艦隊に大打撃をあたえたとする日本海軍の報告にまどわされていた。その後のレイテ沖海戦でまたも大勝利をおさめたという海軍の報告がそれに輪をかけた。寺内元帥はレイテ島に増援部隊を送ると主張して、山下をしりぞけた。山下は自分が破滅的と考える戦策にいらだったが、にもかかわらず、ミンダナオ島やルソン島やビサヤ諸島のほかの島々から、オルモック湾の裏口を使って、レイテ島に日本軍将兵を大量に輸送するよう命じた。(8)

アメリカの侵攻軍が上陸したとき、島には約四万三千名の日本軍将兵がいた。これはアメリカ軍情報部が見積もっていた数の約二倍だった。しかし、日本軍は戦いのあいだにさらに三万四千名の増援部隊を上陸させるのに成功した。マニラからは大規模な増援船団が九回にわたって出航し、ミンダナオ島とビサヤ諸島からは無数の小規模な部隊が小型船や木造平底船で到着した。輸送船が攻撃を受けると、約一万名の日本軍将兵がレイテ島への輸送中に失われた。レイテ島に無事上陸した多くの者は、装備や大型兵器を持っておらず、上陸してもその能力は限定された。とはいえ、戦いの一週目に精鋭第一師団が到着したことにより、日本軍の自信と士気は大いに高まった。「十一月十六日には、タクロバン入城といふ景氣の良い話まで出た程であった」と、第三十五軍参謀長の友近美晴将軍はいっている。さらに、マッカーサーを捕らえて、「マツカアサー軍の全面的降伏」と引き替えに解放することもまじめに検討されていた。[9]

最初の計画では、第一師団をカリガラ周辺に、第二十六師団を数キロ南のジャロに展開させることになっていた。補給線はオルモックから海上輸送で海岸ぞいをつたうことになっていた。しかし、十一月一日、オルモックに置かれた島の司令部は、アメリカ軍がすでにカリガラ山地を越えつつあることを知った。山地はきわめて困難な地形によって、米軍の上陸海岸から切り離されていた。レイテ島東岸の当初の上陸地点から遠く離れたこのアメリカ軍装甲部隊による地上攻撃の威力と速さは、予期せぬ不意打ちだった。大隊規模の多くの部隊が壊滅し、島の司令部は前線と連絡を維持することさえむずかしくなった。日本軍は、地形が防御により適したカリガラ南西の山地へ後退を余儀なくされた。しかし、この移動により、彼らは海岸から切り離され、兵站状況は複雑になった。オルモックから陸上の補給線を維持するのは困難だったからである。

米海軍への新たな脅威

レイテ湾海戦の直後、勝利に輝くアメリカ第三艦隊は疲弊していた。パイロットたちは十月上旬からずっとほぼ毎日、戦闘任務で飛んでいた。航空群の指揮官たちは深刻な疲労の症状が将兵に広がっていると警告した。空母ワスプの航空医官は、空母の百三十一名の飛行士のうち三十名しか毎日つづく飛行任務に適していないと判断した[10]。艦の乗組員の大半は、二、三カ月間、足の下に固い地面を感じたことがなかった。ハルゼーは〈ホットフット〉作戦の前に短い休養のため艦隊をウルシー環礁に引き揚げさせたかった。この日本本土にたいする空母空襲作戦は、とりあえず十一月の第三週に予定されていた。日本海軍は「叩きのめされ、敗走させられ、撃破された」と全部隊に豪語する至急電からわずか四分後、ハルゼーはキンケイドにこう打電した。「将来の計画にかんしては、高速空母には再武装が必要で、航空群は前例のない十六日間の戦闘の結果、疲弊していることを承知しておいてもらいたい[11]」

この忠告はキンケイドにもマッカーサーにも受け入れられなかった。彼らは、陸軍の第五航空軍がレイテ島の上陸拠点の防空を引きつぐ準備ができるまで、第三十八機動部隊があたりに留まることを期待していた。キンケイドはサマール沖海戦で自分の護衛空母がこうむった手痛い打撃を詳細に報告した。輸送艦隊と上陸拠点上空の航空掩護を維持できる状態ではなかった。「護衛空母(CVE)は飛行機を飛ばしつづけるためにすばらしい仕事をしているが、じきに作戦不能になるかもしれない」陸軍機は、タクロバンとドゥラグの飛行場がまだ受け入れられる状態ではないので、航空掩護の責務を引き受けることができなかった。さしあたり、すくなくともハルゼーの空母群の一個が「レイテ湾地域とおそらくはCVEの支援と掩護のために」あとに残る必要があった[12]。

キンケイドは明確にほのめかされていることをくわしく説明する必要はなかった。ハルゼーは最近の過失の罪滅ぼしをしなければならない。タフィー隊が栗田艦隊に待ち伏せ攻撃を受けることを許した責任がある以上、第三艦隊のボスが航空兵力の不足をおぎなうのは当然以外のなにものでもない。それから数日間、ハルゼーはいますぐ解放してくれるよう何度もたのみ、キンケイドは航空掩護をつづけるよう主張した。搭乗員だけではなかった。ハルゼーと幕僚たちも長期の海上戦闘活動の重圧を感じていた。のちに彼はこう認めた。「わたしは、心も体も神経も疲れていた。われわれ全員がそうだった[13]」

その後、十月二十六日に、ハルゼーはマッカーサーに直訴した。「十七日間の戦闘の結果、高速空母部隊は事実上、爆弾も魚雷も食糧も尽き、パイロットは疲弊しています。これ以上長期の直接航空支援は提供できません。そちらの陸上航空部隊は目標の防空をいつ引き継げるでしょうか？　ハルゼー[14]」

真珠湾の司令部から、ニミッツはこの状況を見守りながら、懸念を深めていた。第三艦隊が極限まで追いこまれていることはわかっていたが、海軍は空母航空掩護を提供してレイテ作戦を支援することに同意していた。サマール沖の大惨事未遂は賭け金を吊り上げた。軍間と戦域間の調整の問題は、もし太平洋で解決されなければ、統合参謀本部に上げられるだろう。さらに悪いことに、議会の有力な声や報道機関は太平洋の二戦域指揮体制に狙いをさだめている。デューイ知事は大統領選挙の遊説でこの問題を取り上げていて、選挙はほんの二週間先だった。もし大きな失敗が太平洋で起きたら、マッカーサーの強力な支持者たちは軍事作戦全体を彼の強力な権限のもとで統合するよう主張するだろう。

海軍の最高司令部は、その職業上の行動規範がもとめるように、政治にはかかわってこなかった。しかし、ニミッツもキングもレイヒーも長年、ワシントンで勤務してきて、この街のやりかたを知っていた。太平洋の指揮系統の統一は、政敵にとって世間の注目を集める事件だった。脅威は本物だった。二戦域指揮モデルは、機能させなければならなかった。

マッカーサーにたいするハルゼーの執拗な問い合わせ（２６１２３５番電）を傍聴すると、ニミッツはすばやく介入に動いた。ハルゼーはウルシーへの後退が必要になるひとつの要素として食料の不足をつたえていた。ニミッツはそれを信用せず、キングと太平洋艦隊の兵站の長ウィリアム・L・キャルフーン中将にコピーを送った通信文で、部下の艦隊司令長官の説明を疑った。「貴官の２６１２３５番電の食料への言及は了解されない。帯同する戦闘艦艇の乾燥食料のおおよその平均供給日数を艦種別に報告し、戦闘活動に影響するほど不足している管理品目を一覧表にせよ[15]」レイテ湾上空の航空掩護にかんしては、太平洋艦隊司令長官は、キンケイドとマッカーサーを共同名宛て人にくわえた、この有無をいわさぬ命令で、ハルゼーに分をわきまえさせた。「小官の作戦計画八－四四は依然、効力を有している。別命あるまで、南西太平洋部隊を掩護、支援せよ[16]」

こうして懲らしめられたハルゼーは、彼の空母群を交代で〝順ぐりに〟ウルシー環礁に戻るよう手配した。第三十八・一機動群（マケイン）と第三十八・三機動群（シャーマン）の二個群は、休養と補給のためにウルシーへ引き揚げ、残りの二個群――第三十八・二機動群（ボーガン）と第三十八・四機動群（デイヴィスン）――は、サマール沖に留まって、レイテ湾上空の航空掩護を提供した。しかし、シャーマンの機動群は十月三十日にウルシーに投錨して、その二日後、ハルゼーに至急呼び戻された。日本軍が空で予想外の熱戦を展開していた。ルソン島の飛行場は台湾、中国大陸、そして日本本土からの補充機で増強されていた。さらに、自爆機の集中攻撃が、たえまない、血も凍るような新たな脅威をもたらした。特攻時代が到来していた。

ボーガンの旗艦イントレピッドは十月二十九日にそれを受け止めた。午後の航空攻撃隊はマニラの北の日本軍飛行場に爆弾を落とし、機銃で掃射していた。数機の特攻機は帰投するアメリカ軍機をあきらかに追跡していた。一機が空をおおう雲から急降下して、イントレピッドの右舷四十ミリ機銃台に激突した。空母の戦闘能力はそこなわれなかったが、攻撃で六名が戦死し、十名が負傷した。

翌日の午後、デイヴィスンの機動群は特攻機の群れの標的となり、今回はもっと多くの犠牲が出た。

デイヴィスン提督の参謀長ジム・ラッセルは、空母フランクリンの司令艦橋から攻撃を見ていた。五機の敵機が直衛機をかわして、機動群の中央部目がけて急降下した。「最初に気づいたときには、連中はあの長い傾斜の自爆急降下で向かってくるところだった[17]」全艦艇のあらゆる対空砲火が火蓋を切った。エンタープライズの砲員が攻撃機の一機の主翼をぶった切り、敵機は艦から約三十フィート離れた海面につっこんだ。サンジャシントの砲員がもう一機を撃墜し、空母を救った。ベローウッドの砲員は特攻機一機を撃墜したが、二機目は撃ち漏らした――そしてその二機目が艦後部につっこみ、飛行甲板をつらぬいて、格納庫で破壊的な火災を発生させた。五機目はフランクリンの飛行甲板のどまんなかに命中した。特攻機は第三エレベーターのすぐ前方に四十フィート（約十二メートル）の穴を空け、エレベーター室で爆発した。火災を制圧するには一時間以上かかった。

人的損害は大きかった。ベローウッドでは九十二名が、フランクリンでは四十四名が戦死した。ベローウッドの艦載機十二機と、フランクリンの三十三機が、全焼あるいは損傷修理不能になり、海中投棄された。

ラッセルによれば、フランクリンでは、日本軍パイロットの遺体が完全な形で回収された。「いいかね」と、彼はいった。「爆発があったのに、あの男の死体は見分けがついたんだ。絹の飛行服が彼をばらばらにならないようにしていたので、すくなくとも人間だとわかった。もちろん、ずいぶんつぶされていたがね[18]」

急速に拡大する特攻隊

日本の国家統制下にあるニュースメディアは、まだレイテ沖海戦でまたしても大勝利を上げたと報じていなかった。報道は、日本帝国海軍が「訓練に訓練を重ねるために」、意図的に機が熟するのを待っているといってきた。日本海軍はアメリカ側が広い太平洋を横切るのを待ってきた。そうすれば、補給線が長くなったことにより、アメリカ側は不利になるだろう。ついに、アメリカ艦隊は台湾とフィリピンの強力な日本軍航空基地の飛行半径に無分別に足を踏み入れ、わずか二週間のあいだに、つづけざまに二度も大打撃をこうむっていた。日本放送協会のラジオ解説者は聴取者に、終わりは近いと請け合った。

いまやひとつのことは明白です。アメリカは戦争に負けたのです。日本軍はいまやレイテとその周辺の制空権と制海権を完全に握り、強力な増援部隊が攻撃のため前線に移動中であります。日本軍が将来の作戦で不屈の精神を敵に見せるだけで、敵は戦う前に勝ち目がないと恐れをなすでありましょう。もちろん、西洋人に東洋の偉大な力はわからないでしょうが[19]。

報道は十月二十五日午後のサマール沖での神風攻撃をとくに長々と取り上げた。「特別攻撃隊」と「体当たり」への遠回しな言及は以前にも聞かれていた――しかし、このときから終戦まで、特攻隊は日本の新聞やラジオ放送で最大のニュースとなった。ある見積もりでは、特攻機パイロットにかんする記事はこの期間、東京の新聞紙面の約半分を占めていた。陸海軍の確執を記事にすることは禁じられていたが、行間を読める人間なら誰でも、両軍が競って特攻隊を吹聴していることは明白だった[20]。海軍は最初の発起人で、十月十五日、有馬提督が身を捧げた――しかし、陸軍はそのわずか五日後、茨城県の鉾田（ほこた）陸軍飛行学校で〈万朶（ばんだ）隊〉の創設を高らかに知らせた。大本営は新しい特攻隊に、「敵ノ上陸兵団ニ対スル海上補給並ニ増援遮断（泊地附近敵輸送船撃滅ヲ含ム）及敵機動部隊（上陸支援艦艇ヲ含ム）ノ撃滅」を指示した[21]（訳註：レイテ島における地上決戦に向けて、陸海軍中央の協定にもとづく航空作戦指導要領を指示した大海指第四八二号〔昭和十九年十月二十九日〕より。なお、これは海軍航空部隊の主任務で、陸軍航空部隊の主任務は「敵航空基地ノ封殺、泊地附近ノ制空及泊地附近敵輸送船撃滅〔敵輸送船ノ揚搭妨害ヲ含ム〕並ニ地上作戦直接協力」だった。戦史叢書第九十三巻『大本営海軍部・聯合艦隊〈7〉――戦争最終期――』によれば、敵侵攻部隊にたいする航空決戦は、「一部ノ奇襲兵力ヲ以テ敵空母ノ漸減」をこころみ、敵をこちらの基地にできるだけ引きつけて、しかるのち「陸海軍航空ノ全兵力ヲ投入シテ」、敵空母と輸送船団をともに撃滅することを目的としていた）。

特攻隊は戦術的手段であると同時にプロパガンダの手段でもあった。軍国主義の軍事政権は、国民の衰えつつある気力と、国内の戦争報道の正確さに疑念が強まっていることに、不安をいだいていた。最終的な勝利への信念をなんとか取り戻さねばならなかった。自爆飛行隊などの新機軸――桜花や回天、大陸間風船爆弾――は、同時期、ナチ・ドイツが宣伝していた〈驚異の兵器〉（ヴンダーヴァッフェ）と似ていた。ある意味、すべては、枢軸国体制の低下する信用を下支えし、権力支配を強化することを狙った、プロパガンダ戦術だった。恥の文化がつねに社会統制の役立つ手段となっていた日本では、特攻隊は一般市民の手本として取り上げられた。十月後半、第三十八機動部隊にたいする自爆攻撃を報じた《毎日新聞》の対談出席者たちは、こうふりかえった。「われわれはみな、こうした若者の憂いのない精神から学ぶべきだ」[22]小磯首相は軍需産業労働者に「特別攻撃隊勇士」を見習って、「生産場裡に愈々必勝の闘魂を発揮」するようもとめた。[23]

特攻隊は驚くべき速さで海軍と陸軍の両方で拡大し、組織化された。航空隊や飛行戦隊全体が、新たな仰々しい文学的あるいは神話的な名称で特別攻撃隊として改称された。特攻任務に指定された何百という飛行機と飛行士が一九四四年十一月、フィリピンへ飛び、特攻隊は多くの自爆機が戦闘で犠牲になっているあいだも、急速に拡大した。陸軍機二百機がレイテ島西方のネグロス島に飛来して、富永恭次中将の第四航空軍に合流した。日本の飛行学校では、一部は初歩的な操縦技量しか持たない操縦練習生の全クラスが、できたばかりの特攻隊に統合された。その多くが、何週間あるいは何日間か以内に行なわれるかもしれない攻撃のため、フィリピンへ直接飛行するよう送りだされた。最近入校したばかりで、まだ初等飛行訓練もはじめていない者たちは、最初から特攻隊員として訓練を受けると知らされた。これで訓練体制がととのい、自爆パイロットの増加が一九四五年春から確実に可能になった。

福留海軍中将は最初、フィリピンにある海軍の二個航空艦隊が集中自爆戦術を採用するという大西の提案に抵抗し、彼の第二航空艦隊はレイテ沖海戦のあいだ通常作戦で飛行しつづけた。しかし、福留は十月二十五日の関大尉の飛行任務のあきらかな成功に感銘を受け、通常の航空攻撃はもはや効果的ではないという山のような証拠に心を動かされた。翌日の十月二十六日、二個航空艦隊はひとつに統合され、福留が司令長官に、大西が参謀長になった。福留はその日から、「特攻機はわが航空隊の核となる」といった[24]。

彼は、ほかの上級指揮官同様、若者を確実な死に送りだすことに個人的な疑念をいだいた。とくに昭和天皇が関大尉の攻撃について説明を受けたという知らせが東京からとどいたときには。天皇裕仁は海軍参謀総長に下問した。「そのようにまでせねばならなかったか。しかしよくやった[25]」大西提督は現人神のご下問を暗黙の批判だと解釈し、深く悩んだ。しかし、彼と福留は現実的な代案は存在しないということで同意した。

軍の下のほうにはいくらかの頑強な抵抗が残っていた。古参の飛行隊長、藤田怡与蔵（いよぞう）海軍少佐は、特攻任務のためにパイロットを十二名選ぶようもとめられた。「おことわりします」と彼は上官たちにいった。「そうされたいのでしたら、自分は決定にかかわりません。ご自分で操縦員を選んでください」それから彼は宿舎に戻り、ベッドに寝転がった。藤田は戦後、こうつけくわえた。「戦争のそのころには、わたしは最高司令部がおかしくなっていると思っていました。結局、戦闘機隊は依然として任務をつづけ、そういう話は二度と来ませんでした[26]」

一部のパイロットはひそかに恐れていたが、反対意見を自由に口にはできないと感じていた。新兵器の搭乗員募集に応じた学徒出陣のある海軍予備少尉は、自分の訓練クラスが特攻作戦に指定されていると知って、「気が動転しました」と回想した。しかし、彼は訓練生仲間にも正直な気持ちを話す勇気がなかった。「疑いをたがいに共有することはできませんでした。われわれはみな、べつべつの大学から集められていたからです。もし動揺を口にしたら、自分の大学の面目が失われていたかもしれませんでした。わたしは思いを胸の奥に秘めておかねばならなかったのです[27]」

しかし、証拠事例は、日本軍の飛行士の大半が、特攻隊として自分の命をみずから捧げただけでなく、そうすることを切望したことをしめしている。志願者が募集されれば、全員一致でおとなしくしたがうのが一般的だった。ある飛行隊長は、部下たちが自分を取りかこみ、服をつかんで、「飛行長、ぜひ自分をやって下さい」と叫んだと回想している。彼はしかりつけた。「みんなが望んでいるのにわがままを言うな！[28]」飛行指揮官の中島正によれば、将来の特攻飛行に指名されたパイロットは、つぎの任務のたびに、自分に割り当ててくれるよう熱心に陳情したという。「私はいつ出撃するのですか、はやくしてくれないと困ります」と彼らは懇願した。「いったいいつまで待てばいいんですか？[29]」

特攻隊は特権階級だった。「欲望のない神」と崇められた彼らは、階級も経験も技量も上の同僚たちからさえ丁重にあつかわれた。特攻任務の割り当てを待つあいだ、彼らは、通常は基地内でいちばん上等で清潔なべつの宿舎に寝泊まりし、軍高官向けの食事をとった。通常の飛行士やほかの軍部隊から高価な贈り物を受け取った。初等学校の生徒をふくむ銃後の市民グループは、慰問の手紙を書き、〝慰問袋〟を送った。従軍記者やカメラマンがインタビューや写真撮影目的で彼らを探しまわった。芸者が歌や踊りでもてなす贅沢な宴会で敬意を表され、山海の珍味が高級な日本酒で流しこまれた。階級の差は薄れた。中島飛行長は、フィリピン中央部のセブ島の飛行場における、特攻隊のパイロットとのやりとりを回想している。ひとりが、神道のヴァルハラ殿である靖国神社における死者の霊の先任順位は、軍の階級ではなく到着順序で決まると指摘した。

「飛行長はまだまだたくさん特別攻撃隊員を出さなきゃならないから、靖国神社には自分の方がよっぽど先にいっていて、今度は先任になりますよ」と彼はいった。

「飛行長がこられたらなんにしようかなあ、みんな？」とべつな者がいった。

「食卓番がいい、食卓番がいい（訳註：給食係のこと）」

この意見でみんなどっと笑った。

からかわれた中島は部下たちに訴えた。「もう少しいいのにしてくれよ」

「それじゃ番長（訳注：厠番長のこと）ですかな」とひとりが答えた。さらに笑いが起きた。[30]

フィリピンに到着した新しい特攻機パイロットは、座学や基本操縦教練をふくむ教化訓練課程をこなした。典型的な出撃隊は通常、四機から六機の小編隊で編成され、一機か二機の護衛＝観測機がふくまれた（技量のすぐれた経験豊富な搭乗員が操縦する護衛機は、特攻機を目標まで誘導し、結果を見届けて、無事基地に帰投することになっていた）。高高度と海面ぎりぎりの二種類の進入攻撃方式がもちいられた。前者では、特攻機は高度二万五千フィート以上で敵艦隊に接近する。四十海里まで近づいたら、大量の〝ウィンドウ〟――アルミニウムの細片――を投下して、アメリカ軍のレーダー装置を混乱させる。どこにでも現われるＦ６Ｆヘルキャットが迎撃に群がってきたら、護衛機は逃げるふりをして相手を引きつけようとし、いっぽう特攻機は加速するため降下して、隠れられる雲を探し、アメリカ艦隊を攻撃できる範囲内に入れることを願うのである。低空進入には、波頭の二十フィートから三十フィート上をかすめるように飛ぶことが必要とされた。アメリカ軍のレーダー装置は地球の丸さと海のうねりが引き起こす干渉のせいで、通常、約十海里より遠くの低空飛行する目標を探知できなかった。敵艦隊の五、六海里以内に近づくと、低空飛行する特攻機は突然、引き起こし、約二千フィートまで上昇する。もし雲の天井があれば、そこに隠れようとしながら目標を選択する。[31]

攻撃の最終段階では――これは高高度進入と低空進入の両方にあてはまったが――特攻機パイロットは急降下爆撃機のような急角度で目標に突き進むよう命じられていた。彼らは敵の上甲板を狙うことになっていた。攻撃角度が急であればあるほど、貫通力が高まった。空母を攻撃するときには、飛行甲板のエレベーター室のひとつを狙うことになっていた。格納庫へ突入する可能性がいちばん高いと考えられていたからだ。格納庫は副次的な火災と爆発が起きる可能性がもっとも高かった（最低でも、エレベーターを使用不能にすれば、空母の飛行作戦は阻害される）。もし飛行甲板に急降下でつっこめない場合には、特攻機パイロットは、上級士官を殺傷し、艦の頭脳中枢を破壊することを願って、空母の艦橋構造物を狙うよう指示されていた。[32]

「神風」がもたらした新種の恐怖

十一月の第一週、自爆機の波状攻撃がレイテ湾内のキンケイドの第七艦隊を襲った。攻撃は午前遅くにはじまって、夕方までつづいた。多くの艦艇が激しい回避運動でかろうじて直撃をまぬがれた。対空火器はおそらく二十機を撃墜した。一機は駆逐艦アメンの主煙突にななめからぶち当たった。一時三十分頃、レーダー・スコープが高空から高速で降下して来襲する攻撃機の小編隊を捉えた。これを迎え撃つアメリカ軍の戦闘機は一機も空中になかった。駆逐艦アブナー・リードは一機の愛知九九式艦上爆撃機が雲の天井を抜けて急降下すると、急激な回避運動をした。アブナー・リードの四十ミリと二十ミリの高射機銃が激しく火を噴き、実際に攻撃機の左主翼をみごとに吹き飛ばしたが、損傷機はそのままの勢いで駆逐艦の右舷中央につっこんだ。

火災がアブナー・リードの前部で荒れくるい、爆雷架台と魚雷発射管を呑みこむ恐れがあった。水兵たちは誘爆する前に爆雷を海中投棄し、魚雷を発射するために駆けつけた。損傷した駆逐艦の近くを哨戒していた駆逐艦クラックストン艦上の目撃者は、名もない魚雷員が魚雷発射管にたどりつくために炎のなかに正面からつっこんでいくのを驚きとともに見ていた。「電力があきらかに失われていたので、彼は炎で全身をつつまれながら、魚雷発射管を手動で右舷側に向け、ハンマーで魚雷を五本とも手動で発射した[33]」これが艦を自身の魚雷から救ったが、火災はじきに弾庫と火薬庫に広がり、破壊的な爆発をつぎつぎに引き起こした。アブナー・リードの乗組員が総員退去をはじめると、クラックストンは生存者を収容するために近づいた。その瞬間、べつの特攻機が急な軌道で降下してきた。クラックストンにはわずかに命中しなかったが、至近距離で海につっこんで搭載爆弾が爆発し、五名を戦死させ、艦の下層部を浸水させた。にもかかわらずクラックストンはアブナー・リードの生存者百八十七名をなんとか拾い上げた。

新たな特攻機の波が午後じゅうずっとレイテ湾上空に到着し、しばしばぞっとするほどわずかな差で急降下して的をはずした。その晩、もう一隻の駆逐艦アンダースンがやはり直撃を食らった。キンケイドは乾ドックで修理するために六隻の軍艦をマヌスに送り返すことを余儀なくされた。

その日、レイテ島の上陸拠点には複数の脅威が集中しているようだった。第五航空軍の哨戒機は、強力な日本海軍任務部隊がミンダナオ海を東へ向かっていると報告した。これは第二次レイテ湾海戦のはじまりを告げているのかもしれなかった。ただし、地域の連合軍海軍の影響力はずっと減少していた。ハルゼーは報告の正確さを疑ったが、無視することはできなかった。彼はスリガオ海峡を守るため戦艦と巡洋艦の部隊を分派した[34]（翌朝には、この視認報告は誤りであったことがあきらかになった）。そのいっぽうで、たえまない日本軍の航空攻撃が上陸海岸に来襲していた。攻撃機は低空でやってくるので、その接近は周囲の高地によって隠されていた。彼らは、物資の集積所や、砂浜に乗り上げたLST、タクロバンの飛行場、海岸沿いにテントや小屋で設置されたばかりの各種軍事司令部を爆撃し、機銃掃射した。第五航空軍の第三〇八爆撃航空団に所属するP－38ライトニング戦闘機が十月二十七日にタクロバンから活動をはじめていたが、「困難な現地の状況」のせいでまだ機数が多くなかった[35]。一回の空襲でやられた二十七機をふくめ、アメリカ陸軍航空軍の多くの戦闘機が地上で撃破された。十一月の第一週に、レイテ島の上陸拠点にたいする通常の（特攻機ではない）航空攻撃は、二千重量トン分のガソリンと千七百トン分の弾薬を破壊した[36]。

キンケイドは途方に暮れた。彼はその晩（十一月一日）、マッカーサーに至急電を送り、レイテ湾の状況は危機的であると警告した。敵の航空兵力は驚くほど立ち直っていた。上陸拠点にたいする航空攻撃は事実上、歯止めがきかず、陸軍の命運を握る補給線を締め上げる危険があったし、沖合の艦隊への特攻は激化する悪夢だった。彼はタクロバンとドゥラグにアメリカ陸軍航空軍の強力な影響力を確立するのが遅れれば、作戦全体が危機に瀕すると警告した[37]。

第七艦隊司令長官は同時に、ふたたびレイテ湾にもっと空母航空支援を送るよう要請しはじめた。ハルゼーは、ルソン島の日本軍航空基地を叩き、空からの脅威にその根源で対抗するほうがいいと答えた。十一月五日と六日、第三十八機動部隊の艦載機はマニラ北方にある敵の大きな航空基地を叩いた。さらにマニラ湾の船舶も攻撃し、そこでの獲物には、スリガオ海峡海戦で生き残った志摩提督の旗艦那智もふくまれていた。

しかし、五日には、特攻機とその護衛機の小編隊がいくつか、帰投する米軍機をサマール島東方の機動部隊まで追いかけた。彼らは哨戒中の米軍戦闘機に遭遇すると逃げて、雲の隠れ蓑を探し、機動部隊の周辺に忍び寄った。午後一時三十九分、七、八機が第三十八・三機動群の中心部に侵入した。ほとんどは輪形陣の中心部にいる空母に向かって急降下するさいに近距離の対空砲火で撃墜された。一機は空母タイコンデロガの右舷三十フィートのところをかすめ、海上で火の玉となって爆発した。もう一機は炸裂する対空砲火の壁を抜けて決然と急降下し、空母レキシントンの信号艦橋に激突した。艦橋構造物で火災が荒れくるい、艦橋を全焼させ、通信とレーダー装置のほとんどを破壊した。飛行作戦は中断されなかったが、死傷者が多数出た――四十二名が戦死し、百二十六名が負傷した。負傷者のなかには、空母の砲術科員と信号科員の大部分がふくまれていた。その多くはひどい火傷を負っていた。レキシントンは修理のためウルシーへ送り返され、そこで十七日間、停泊した。空母は六日に戦死者を水葬し、そのあいだ彼女の軍艦旗は（そして第三十八・三機動群の軍艦旗も）半旗にされた[38]。

アメリカ艦隊の士官や乗組員のあいだで、特攻機は不安と恐怖、嫌悪、そして（とりわけ）強い興味を引き起こした。特攻機は、日本人がほかの〝人種〟と根本的にちがうのではないかという、従前の疑念を裏づけているように思えた――彼らは異様に狂信的で、確実な死にたいする熱意という点で、まったく人間らしくないという疑念を。この風変わりで非人間的な〝異質さ〟という印象は、カミカゼについての空想的な噂を生みだした――いわく、彼らは緑と白のローブを羽織っているとか、黒い頭巾をかぶっているとか、操縦席に手錠で縛りつけられているとか。なかには彼らを〈グリーン・ホーネット〉と呼ぶ者もいた。

彼らは新種の恐怖を引き起こした。ある駆逐艦の乗組員は妻にこう書いた。「人生であんなひどい光景は見たことがない。邪悪な怪物が翼の六梃の機関銃を撃ちまくりながら時速二百マイルで飛行機をまっすぐわたしに向けてくるんだ。まるでわたしを個人的に狙っているみたいだった」[39]《タイム》誌の従軍記者ボブ・シェロッドは、太平洋のアメリカ海軍兵たちがカミカゼに取りつかれていて、ほとんどほかの話をしないと書き記している。「人間が自分自身とそのマシーンを敵につっこませるところを見る以上に恐ろしいことはなかっただろう」とシェロッドは書いている。「日本人以外の誰も、こんな中世の宗教的熱情を飛行機のような近代的なマシーンに結びつけることはできなかっただろう」[40]

もっと冷酷な評価をあたえた者もいた。まだアメリカで休暇中だったレイモンド・スプルーアンスはすぐに、自爆攻撃が日本の減少する航空兵力の「ひじょうに理にかなって経済的な」使いかたであり、連合軍艦隊は終戦までこれに対処することになるだろうと見て取った。[41] いまや第三十八機動部隊の作戦参謀をつとめていた伝説の戦闘機乗り、ジミー・サッチは、特攻機を「時代のかなり先を行く」兵器と考えた。最終的な自爆急降下をするパイロットは、有人誘導ミサイルのように、目標に命中するための最後の修正を行なうことができる。特攻機はとくに空母にたいして破壊力を発揮した。空母のむき出しの艦橋を直接狙って、命中させられるからだ。あるいは、格納庫まで貫通するのを狙うこともできる。そこでは爆発と火災が航空燃料や爆弾などの可燃性物質で焚きつけられることになる。「あれは実際には、われわれが誘導ミサイルのようなものを手にする以前の誘導ミサイルだった」とサッチはいった。「人間の脳と人間の目と手で誘導され、誘導ミサイルよりさらにすぐれていたことに、目で見て、情報を咀嚼し、針路を変更して、損傷を避け、目標に到達することができた」[42]

第三十八機動部隊全体で、戦闘機の増強をもとめる声が上がった。この議論は何カ月間も前からくすぶっていたが、いまや新たなレベルに高まった。日本海軍の艦艇のほとんどが沈んでしまったので、アメリカ艦隊には伝統的な艦上爆撃機の使い道があまりなかった。ブラウンシューズたちは、ヘルキャットやＦ４Ｕコルセアの機数がもっと増えるように、標準的な空母航空群の編成の根本的な配分見直しをもとめていた。ジェリー・ボーガン提督は、ニミッツとキングに直接宛てた至急電で強い言葉を使ってこう主張した。「この種の戦争では」、ＳＢ２Ｃヘルダイヴァーは、「飛行機の運用を複雑にし、かけがえのない戦闘機（VF）にまわすべき貴重な空間を占領しています」と。そして、訓練体制は障害にはならないとつけくわえた。現在の急降下爆撃機パイロットと、訓練中の者たちは、そのまま戦闘機に転科できるからだ。ボーガンは、飛行機が手に入って、ただちに西太平洋に移送できることはわかっているといった。「われわれの準備は、敵をその力の源で叩くことを意図してきました。そのときはいまをおいてほかにありません[43]」

この至急電は、確立された通信の慣習を無視していたし、その調子は反乱すれすれだった。ボーガンもまちがいなく知っていたように、いち機動群指揮官には、海軍作戦部長はおろか、太平洋艦隊司令長官に直接話しかける権利などなかった。ニミッツは「あやまってより上の当局に直接宛てた」通信文を送信した件でボーガンをたしなめ、彼の見解をハルゼーへの私信で送りなおすようにいった[44]。しかし、緊迫したやりとりは、艦隊内の切羽詰まった感じを浮き彫りにした。空母部隊の長たちは何カ月間も戦闘機の増強をもとめていて、特攻機が突然もたらした脅威は戦闘機不足をいっそう悪化させた。

海軍の指導者たちは、より多くのヘルキャットとヘルキャットのパイロットを太平洋に送るためにできることをすべてやっていたが、将来の計画をじゃますることには慎重だった。もし一九四四年後半に新しいＦ６Ｆ飛行隊の展開を加速すれば、一九四五年には飛行隊が足りなくなる危険を冒すことになる。一九四五年には、計画された硫黄島と沖縄、そして日本本土への侵攻のために、艦隊は総力を挙げる必要があった。ブラウンシューズたちは艦爆のパイロットを直接、戦闘機の操縦席に座らせることができると反論した。彼らはひと晩で戦闘機エースにはなれないだろうが、中くらいのF6Fパイロットでも、SB2Cのパイロットよりは貴重だった。ボーガンは、緊急事態に鑑み、二時間の点検飛行でじゅうぶんだと主張した。

さらにF6Fヘルキャットはそれ自体、その目的のために設計されていなかったが、優秀な爆撃機になった。千ポンド爆弾を搭載するだけの馬力があり、急降下時も安定していた。しばしばそうしたように、ロケット弾を搭載すれば、急降下爆撃機より精確に地上の目標を叩くことができた。「これは、ただでなにかを手に入れる、まれな奇跡のひとつだ」とサッチはいった。「爆弾を落とせば、世界最高の戦闘機が手に入るんだから」[45]サッチはまた、海兵隊のパイロットと彼らのF4Uコルセアを引き入れたかった。海兵隊のコルセア戦闘機は最近、水陸両用上陸作戦を支援して、護衛空母から活動をはじめていた。もし彼らが小さなジープ空母に帰投することを学んでいるのなら、エセックス級空母のずっと大きな飛行甲板に着艦するのになんの問題もないはずだ。

ニミッツとキングはしだいに前線の飛行機屋たちからの執拗な嘆願に譲歩した。彼らはすでに標準の空母の艦載機の定数を、雷撃機(VT)十八機、急降下爆撃機(VB)三十六機、戦闘機(VF)三十六機から、雷撃機十八機、急降下爆撃機二十四機、そして「戦闘機を最大搭載機数まで」に改訂していた。[46]十一月二十九日、キングは、ヘルキャット七十三機、ヘルダイヴァー十五機、アヴェンジャー十五機というエセックス級空母の新しい標準定数を承認した。

しかし、変更を実施するのはまた別問題だった。艦上戦闘機は需要が大きかったが、供給は厳しかった。[47]ニミッツはハルゼーに、補充用のF6Fをグアムに温存するつもりだといったが、太平洋艦隊司令長官はハルゼーの懇願するような返事に心を動かされた。「再考を緊急に要請します。時間は残り少なく、事態はすでに動きつつあります。……自爆攻撃は、もし対抗しなければ、こちらの空母と貴官の将来の作戦にとって由々しき脅威であります。対抗するにはさらに多くの戦闘機が必要であり、目標上空の数を減らすか、定数を増やす以外に、さらなる戦闘機は見つかりません」[48]翌日、ニミッツは決定を破棄し、いまある補充用の機体をすべて第三十八機動部隊への展開のために放出した。しかし、彼は依然として、一九四五年前半には艦上戦闘機の不足が迫ってくることに重大な懸念をいだいていた。

特攻機との激戦

艦隊では、航空参謀たちが特攻機の脅威に対処する独創的な新戦術を編みだしていた。第三十八機動部隊の四個機動群は、三個に統合され、各群が定数で活動できるようになった。陣形の中心に置かれた空母の数が増えるということは、上空の直衛戦闘機の数が増えるということだった。護衛部隊の隻数と対空砲火の集中が増えるということでもあった。特攻機編隊を送りだして、空母に帰投する米軍機を追跡させる日本軍の戦術に対抗するために、〈鼠捕り〉と呼ばれる防御策が考案された。二隻の警戒駆逐艦（ピケット）（〈番犬〉）が空母機動部隊から約六十海里離れた、攻撃目標への直線飛行経路上に配置された。アメリカ軍攻撃隊は、帰投するとき、この〈番犬〉をまっすぐに目ざし、その上空で三六〇度旋回してから、母艦に戻っていくことになっていた。戦闘機隊（〈トムキャット〉隊）が上空を哨戒し、帰投する機が旋回するあいだにじっと調べる。日本軍機を発見したら片っ端から撃墜する。この手順は〈虱（しらみ）取り〉と呼ばれた[49]。

アメリカ軍のパイロットは、〈格好の標的〉と命名された、警戒駆逐艦のあいだの空域を避けるよう指示されていた。その空域に現われたレーダー探知はすべて敵と見なされ、即座に攻撃された。警戒駆逐艦は低空から飛来する特攻機の早期レーダー探知も提供し、低空の直衛機(CAP)〈通称〈ジャック〉隊〉が、無線で誘導されてこれを迎撃した。「パイロットたちには、帰投して警戒艦の上空で虱取りをしなかったら、もしかしたら撃墜されることもありうるといっていた」とサッチはいった。「とにかく空域さえ空けておけば、もしいつものように攻撃が一直線にやって来ても、そいつをずっと早く見つけだせた。これはそういう仕組みだった[50]」

　彼らはこうした防御戦術に、〈大きな青い毛布〉と呼ばれる積極的な航空攻撃体制をつけくわえた。攻撃の日には、空母はＦ６Ｆヘルキャットの大編隊を送ってルソン島の敵飛行場上空を哨戒させ、一日中、その空域に交代を順繰りに送って、敵基地の真上に昼のあいだずっと居座りつづけさせる。離陸したり、着陸しようとする敵機は撃墜された。サッチは三交代制の攻撃隊を組織して、発艦と収容の時間を注意深くずらし、〈毛布〉がつねにその場にあるようにして、「合計でかなりすばらしい数の飛行機を、一部は空中で、しかしほとんどは地上で撃破した[51]」。

　最初、新戦術は成果を上げたように思えた。十一月十九日、ルソン島への一連の航空攻撃はほとんど抵抗に遭わなかった。最後の攻撃隊が機動部隊に帰投すると、約二十機の〝敵機(ボギー)〟が機動部隊から約七十海里の攻撃警戒隊の外側で迎撃され、撃墜された。警戒幕を突破した者はなかった。

　燃料補給のため東へ避退したあと、第三十八・二機動群と第三十八・三機動群は五日後の夜明け前、ふたたびルソン島に高速で接近して、日の出直後に攻撃隊を発進させた。正午数分すぎ、第三十八・二機動群のレーダー画面に敵機が現われた。高度約六万フィートに浮かぶ切れ切れの積雲の層が攻撃隊に隠れ蓑を提供していた。午後零時五十二分、零戦の群れが雲の天井を突き抜けて、空母イントレピッドとカボット、ハンコックに向かって急降下した。

　一機は不運なイントレピッドの左舷銃座に激突し、乗組員十名を殺し、六名を負傷させた。損傷は激しかったが、封じこめることができ、イントレピッドは速力を落とすことなく突き進みつづけた。しかし、その六分後、べつの零戦が機銃を発射しながら後方から接近し、飛行甲板の左舷側に激突した。その残骸は艦首までずっとすべっていったが、爆弾は飛行甲板を貫通して、格納庫で爆発した。ハルゼー提督は、近くの戦艦ニュージャージーから攻撃を見ていたが、イントレピッドは「地獄をくぐり抜けた。命中した直後、彼女は炎につつまれた。燃えるガソリンが舷側を滝のように流れ落ちた。爆発が彼女を揺さぶった。黒い油煙が何千フィートも立ち上り、艦首以外のあらゆるものをおおい隠した」と書いている。[52] イントレピッドは六十九名の戦死者を出し、飛行機十七機が破壊された。またしてもこの威勢がいいが不運な艦は、戦闘地域から引き揚げて、修理のため真珠湾に戻らざるを得なくなった。

　この激しい攻撃がくりひろげられているあいだに、第三十八・三機動群のレーダー画面が五十五海里の距離を南東から接近する敵機のべつの一波を探知した。その多くが直衛機(CAP)に迎撃されたが、それ以外は雲の隠れ蓑に逃れた。侵入機は二十分ほど機動群のまわりを旋回して、米軍戦闘機といたちごっこを演じたあと、緩降下で高速進入を行なった。シャーマン提督の旗艦エセックスの四十ミリ高射機銃が一機の攻撃機、彗星（〝ジュディ〟）爆撃機Ｄ４Ｙに向かって火蓋を切り、左の主翼付け根に命中させた。

　戦時日誌はこう記している。「これは敵機を阻止はしなかったが、すくなくとも左を向かせ、燃料と武器弾薬を搭載した飛行機がひしめく飛行甲板後部に命中することをふせいだ。敵機は第二エレベーターのすぐ前方、飛行甲板中央部左舷側の約十五フィート内側に激突して、激しく爆発炎上し、その熱と濃い煙は実際よりもひどく見えた」[53] 爆発は飛行甲板に直径約十六フィートの穴を開け、（なによりも）提督の居室を全焼する火災を発生させた。しかし、損傷と死傷者はイントレピッドにくらべれば軽微で、エセックスは休むことなく戦いつづけ、母艦に帰投できなくなったイントレピッドの戦闘機十一機を収容しさえした。

翌日、ハルゼーはニミッツに至急電を送り、フィリピンの航空情勢があぶないと警告した。日本軍は彼らの飛行機をルソン島の数多くの小さな土の飛行場に広く分散して、木の葉や擬装網で効果的に隠していた。しばしば各機は滑走路から何キロも離れた場所に隠され、夜陰に乗じて滑走路まで押したり引いたりされていた。補充機のたえまない流れが日本と台湾から飛来していた。米第三艦隊は何百機もの敵機を撃破しているが、傷ついてもいた。カボットやイントレピッド、レキシントン、フランクリン、ベロー・ウッドなど、多くの空母が大きな損害を受けていた。ほかに多くの艦が深刻な被害にいたらない打撃を受けていたが、脅威はそこらじゅうに存在した。レイテ島に陸上機用の飛行場を設置するのが遅れれば、致命的な自爆戦術の登場と相まって、ミンドロ島とルソン島の侵攻計画は必然的に遅れることになるだろう。

そのいっぽうで、第七艦隊はレイテ湾でお仕置きを受けようとしていた。十一月二十七日の昼、T・D・ラドック少将指揮下の戦艦＝巡洋艦＝駆逐艦機動部隊は、一万四千トンの給油艦から燃料を補給しようとしていた。午前十時五十分、レーダー・スコープが北と東から接近する未確認機約三十機を探知した。さまざまな高度で集合し、一部はばらばらの雲の天井のかなり上にいて、一部は波頭をかすめていた。ひと握りの陸軍のP－38戦闘機が上空を哨戒していたが、侵入機を全機、迎撃するには足りなかった。給油艦と並んでいたウェストヴァージニアがいそいで給油ホースを切り離し、航進を起こした。五インチ高角砲の低くくりかえすドンドンという砲声がはじまり、焦げ茶色の対空砲火の炸裂が空に点々と散った。

十一時二十五分、三機の特攻機が輪形陣の中心に位置する戦艦隊に突撃した。一機はウェストヴァージニアをあと少しのところではずした。二機はコロラドに向かって同時に降下して、一機が命中し、戦艦の左舷の五インチ副砲に激突した。乗組員十九名が戦死し、七十二名が負傷したが、損傷は軽微だった。もう一機は巡洋艦セントルイスを狙い、艦尾格納庫につっこんだ。艦載機の燃料タンク内のガソリンが燃えはじめ、艦は渦巻く黒い煙を引いて、それが戦闘が展開するにつれてさらに多くの特攻機を引きつけたようだった。さらに四機の自爆機がセントルイスに突撃して撃墜された。一機は左舷の喫水線のすぐ上に激突した。

巡洋艦モントピリアに一等水兵として乗り組んでいた日記作者のジェイムズ・フェーイーによれば、敵機はあらゆる方向から同時に攻撃してきたように思えた。戦闘が最高潮だった午前十一時二十五分、「ジャップの飛行機はそこらじゅうに降ってきて、空はジャップの機銃弾だらけだった。ジャップの飛行機と爆弾がそこらじゅうで命中していた。こちらの艦の一部は自爆機や爆弾、機銃弾を食らっていた[54]」。四十ミリと二十ミリの高射機銃はほとんど休みなく一時間以上、火を吐いていた。機動部隊の周囲の海は、まるで激しい暴風雨が降っているかのように、対空砲火と空薬莢でかき乱された。撃破された日本軍機の弾片と破片がモントピリアの艦首から艦尾まで降ってきて、フェーイーの仲間多くを負傷させた。三機の特攻機が直射距離で吹き飛ばされた。一機の残骸は海面で跳ね返り、艦左舷の四十ミリ銃座に激突した。飛散する残骸か燃えるガソリンで乗組員数名が負傷した。フェーイーは砲長のひとりが、弾片がコードを切断したのに気づかずに、ヘッドホンにどなっているのに気づいた。「まるで飛行機の部品の雨が降っているようだった。それが艦全体に降っていた。かなりの数の人間にジャップの飛行機の大きな破片があたっていた[55]」

静けさがびっくりするほど突然に戻ってきた。午後二時十分、最後の敵機が姿を消すか撃墜された。機動部隊の周囲の海には、飛行機の残骸や浮かぶガソリンの炎が散らばっていた。モントピリアの乗組員のなかに戦死した者はいなかったが、十一名が負傷し、数名は重傷だった。残骸と日本軍パイロットの血まみれの遺体が艦全体に散乱していた。救命艇は破壊され、ケーブルは垂れ下がり、鋼鉄の支柱はまがって、空薬莢はさわるとまだ熱かった。

フェーイーの戦闘部署近くの甲板には、「ジャップのパイロットの血とはらわたと、脳味噌と、頭皮と、心臓と、腕など」がまき散らされていた。甲板からどろどろの物体を洗い流すためにホースが持ちだされると、記念品漁りの連中がかがんで、ぞっとするようなごた混ぜをふるいにかけた。ひとりの海兵隊員は死んだ敵の飛行士の指から指輪を切り取った。「うちの銃座に配置されたひとりは、ジャップのあばら骨を手に入れて、それをきれいにした」とフェーイーは書いている。「妹がジャップの死体の一部をほしがっているのだそうだ。テキサス出身のあるやつは、膝の骨を手に入れて、それを医療室のアルコールに入れて保存するつもりだった[56]」

翌日は休みだったが、二十九日はまたしてもたえまない航空攻撃の長い一日だった。警報は鳴りつづけて、乗組員を戦闘配置に呼び戻した。日没直後は、レーダー画面がたくさんの〝輝点〟でにぎやかになった。一機の特攻機が雲の天井を突き抜けて、巡洋艦デンヴァーに向かってダイブしたが、対空砲火の嵐にはばまれた。特攻機は激しく翼をかたむけて飛び去り、ふたたび雲に隠れた。ほか数機が雲の隠れ蓑を出たり入ったりして、対空砲火の炸裂をかわし、目標を探しているのが見えた。一機はまるでアメリカ軍をあざけるかのように、いくつかの曲芸飛行をやって見せた。それから戦艦メリーランド目がけてスロットル全開の急降下に移った。戦艦が針路を変える時間はなく、砲手たちはロケットのようにつっこんでくる飛行機を撃墜することができなかった。特攻機はメリーランドの前甲板の、二基の前部十六インチ砲塔のあいだに命中した。「あんな曲芸を二度と見ることはないだろう」と、近くのモントピリアから攻撃を見ていたフェーイーは書いている。「ああいうことは人生に一度しか起きないものだ。あの自爆パイロットたちについてひとついえるのは、退屈な瞬間などないってことだ、彼らは自殺するために全力をつくしている」[57]

急降下する特攻機はおそらく時速五百マイル以上で飛んでいた。この速度が恐るべき貫通力をあたえた。爆弾はメリーランドの分厚い装甲甲板を二層貫通し、二十六番フレームと五十二番フレームのあいだの三層目の甲板をほとんど破壊した。煙が損傷した区画に充満し、応急隊は後退せざるを得なかった。医療室は爆発で全焼し、緊急の治療所が下級士官室と准士官室に設営された。死者は身元を確認され、のちに水葬されるために、仕切られた区画の寝棚に横たえられた。メリーランドの『クルーズ・ブック』によれば、乗組員の士気は最悪の状態に落ちこんだ。「ひどい暑さ、執拗な空襲、張り詰めた生活、そして最近の大惨事のせいで、多くの者がほとんど限界点に達した」乗組員たちは、メリーランドが大修理のために真珠湾に戻ると知って、「大喜び」した。[58]

「ミンドロ島とルソン島への侵攻は不可能」

十一月末に陸海空軍事作戦の現況を評価したキンケイド提督は、計画されたミンドロ島侵攻（十二月五日）とルソン島侵攻（十二月二十日）の日付は不可能だと結論づけた。マッカーサーに宛てた十一月三十日付けの長い覚書で、キンケイドはミンドロ島とルソン島の侵攻を「中止する」よう主張した（彼は「延期する」とはいわなかった）。ケニー将軍の第五航空軍が制空権を握る前にこれらの島々に上陸をこころみれば、「戦史上めったに類を見ない大惨事を招きかねません」と彼は書いた。[59]

キンケイドは、マッカーサーへの使者をつとめさせるために、南西太平洋戦域司令部との連絡担当参謀のアーサー・マッコラム少佐を指名した。彼はマッコラムに、フィリピンにおけるアメリカの海軍力と航空戦力の現況に鑑みて、作戦を無期限に遅らせるべきだというメッセージをつたえるよう指示した。マッコラムはマッカーサーと個人的に馬が合うと思われていた。ふたりは共通のあだ名「マック」について冗談を言い合ったことがあった。

たぶん古代のアルメニア王に悪い知らせをつたえた使者の運命を思いだしたマッコラムは、こう答えた。「いや、提督はわたしにとんでもない仕打ちをされますな。つまり、わたしを向こうに送りこむということですが[60]」

キンケイドはこういった。「わたしの知るかぎり、きみ以外に、向こうに行って、彼とじかに話して、なにか陸海軍関係とか、そういったことで大きな口論に巻きこまれずにすむ人間はたぶんいないんだよ。いいから、さっさと向こうへ出かけて、将軍に会いに行って、それから教えてくれ」

マッコラムはこの使命が「部下にたいする嫌がらせ」だと思ったが、彼は上陸して、タクロバン近くの南西太平洋戦域司令部へ向かった。

レイテ島侵攻後の数週間、激しいモンスーンの嵐が島の東岸の平原に激しく打ちつけていた。開始予定日(デイ)以降、二十五インチの雨が降っていた。毎時七十マイルの風は木を根こそぎにし、テントと小屋をあとかたもなく吹き飛ばした。工兵隊はたえまない洪水を抑えようとして深い排水溝を掘り、ぬかるんだ歩道に木の板を渡していた。計画では九千床の臨時野戦病院がもとめられていたが、連絡道路の嘆かわしい状況のせいで、建設は遅れていた(この不足分はタクロバン沖に停泊する第七艦隊の病院艦が対応していた)。DDTがあたり一面に撒かれていたが、蚊はずぶ濡れの肥沃な土地で大量に繁殖した──そして、「晩には、われわれは虫の大群にかこまれて床についた」とアイケルバーガー将軍は書き記している[61]。

日本軍の航空攻撃はしばしば、南西太平洋戦域司令部と第六軍司令部として使われている比較的設備のととのった施設を狙い撃ちした。十一月三日、マッカーサーが司令部の執務室にいたとき、日本軍機が低空で頭上を通過して、建物を機銃掃射した。五〇口径弾一発が彼の頭の後ろの壁に穴を開けた。ほかの者たちが部屋に駆けこんできたとき、マッカーサーはにこやかに笑っていた。穴を指しめしながら、彼は「まだまだ！」と叫んだ。この事件は南西太平洋戦域司令部の報道発表で紹介され、翌日、アメリカでトップニュースになった[62]。

マッコラムがやってきて、キンケイド提督のメッセージをつたえたとき、マッカーサーは予想どおりの反応をした。「いっておくがね、マック」と彼はいった。「わたしは、きみたち海軍の提督連中がずっとわたしを支援すると保証するからここに来たんだ。なのに、いまきみがここに来て、こんなことをいっている」彼は提督たちが約束を守っていないと非難した。

「将軍、それは事実ではありません」とマッコラムは答えた。「つまり、なんというか、ケニー将軍があなたとの約束をやぶっているのです。彼はこの周囲にあのいまいましい飛行場を全部作らせることになっていたのですから」

これにたいしてマッカーサーは答えた。「ああ、それは本当だな」

将軍はディック・サザーランドを執務室に呼んだ。「マッコラムは、提督連中がわたしをこれ以上支援するつもりがないといいにここに来たんだ！」南西太平洋戦域司令部の参謀長はつねにマッカーサーの怒りを受けて「火を焚きつける」用意があると、マッコラムは見て取った。会話はつづき、マッカーサーは非難をまくしたてた。マッコラムは一歩も引かずに、厳しい現実を物語った。レイテ島の地上戦は予想より長引き、日本軍は依然として西岸に増援部隊を上陸させ、特攻機は第六軍の海上補給線に混乱を引き起こしている。ハルゼー提督はこうした懸念の多くを共有していて、すでにそういっている。

とうとうマッカーサーは譲歩した。「きみが〔キンケイドに〕なにをいおうが知ったことではないが、向こうへ行って、彼にわかったといってくれ」と彼はいった。「気に入らんが、理解はするし、どうしようもない[63]」

アメリカ軍地上部隊にたいする兵站支援は、レイテ島の〝コルディリェーラ〟、つまり内陸部のやっかいな山岳地形へと進むと、どんどんむずかしくなった。内陸部につづく道はしばしば破壊され、あるいは細くなってジャングルに消えていた。戦闘はアメリカ軍が〈ブレイクネック・リッジ〉と呼ぶ高地で行き詰まった。尾根の塹壕陣地には、最近、満州の関東軍から船で到着した日本陸軍第一歩兵師団の選りすぐりの精鋭部隊が配置されていた。前線は何日間もまったく動かなかった。部隊は急な小道をじりじりと登り、ときには泥で軍靴をなくした。水があふれた田んぼでは、水は腰の高さまで来た。ほかのアメリカ軍部隊が十一月五日、オルモック湾につづく峡谷の先端部にある町リモンを占領した。しかし、その方向へのさらなる前進は、嘆かわしい補給状況のせいで阻まれた。

流血の膠着状態を打破することに躍起になっていたクルーガー将軍は、日本軍の増援部隊が海路西海岸に到着しつつあることが気になっていたこともあって、マッカーサーを説き伏せ、歩兵の予備兵力を放出させた。島に十二万以上の将兵を投入したクルーガーは、オルモック峡谷で大規模な挟撃を仕掛けて、日本軍を制圧するつもりだった。一個大隊が森を切り開いて一五二五高地近くまで前進し、もう一個大隊が十八輛のＬＶＴ水陸両用車輛で海岸ぞいに海上輸送されて、二号幹線道路の南向きの曲がり角近くに上陸すると、〈ブレイクネック・リッジ〉の日本軍陣地は、この両翼包囲によってついに落ちた。この部隊展開によって、隔絶されたジャングル地形の維持困難な陣地にいる日本軍各支隊は、西海岸の補給源から切り離された。

「最早や破滅的段階に達しあり」

遅まきながら、アメリカ軍は敵がどんな犠牲をはらっても島に増援部隊を投入する決意であることを理解した。マッカーサーと部下の指揮官たちは、レイテ島が中間的な戦場で、ルソン島への足がかりであるという前提で作戦を開始していた。最初、彼らはオルモック港に入港する輸送船の列が、新しい部隊を運んできたのではなく、日本軍部隊を撤収させるためにそこに来たと思っていた。しかし、マニラの日本軍司令部は、レイテ島の戦いに勝つことに全力をつくしていて、一九四四年十二月の第一週のあいだずっと島に増援部隊を投入しつづけた。「十一月末には、輸送船団の大損害と戦闘による激しい消耗があったにもかかわらず、レイテ島には十月末より何千名も多い敵兵がいた」とマッカーサーは書いている[64]。

日本軍のオルモックへの補給作戦は、カモテス海で一連の熾烈な海空戦を引き起こした。多くの点で、これは、両軍が島を孤立させ、その周囲の海上交通路を支配するために戦ったガダルカナルの戦いの再演だった。兵員輸送船と貨物船の長い輸送船団がいくつか、駆逐艦の護衛を受けて、十一月三日から九日にかけてマニラ湾を出航した。護衛船団はフィリピンの内海を六百海里航行し、オルモック湾にまるまる二個師団以上を上陸させた。アメリカ軍の空母艦載機はこれらの船団を攻撃し、十二隻以上の日本艦艇を撃沈した。モロタイ島の飛行場から飛来した第五航空軍のB－24とB－25は、十一月八日、大型の輸送船二隻に爆弾を命中させて撃沈した。それでも輸送船団はつづいた。マニラ湾はたえず航空攻撃にさらされていたので、日本軍は将来なにかに使うために船を取っておこうとするのは意味がないと判断した。もしいますぐ送りだされないのなら、停泊中に撃破される可能性が高かったからだ。

十一月十一日、大規模な増援部隊がオルモック湾に上陸し、日本陸軍第二十六歩兵師団の大半を揚陸した。しかし、師団の重火器と物資がまだ荷下ろし中に、アメリカの艦載機が襲来して、大型輸送

レイテ島

1944年10〜12月

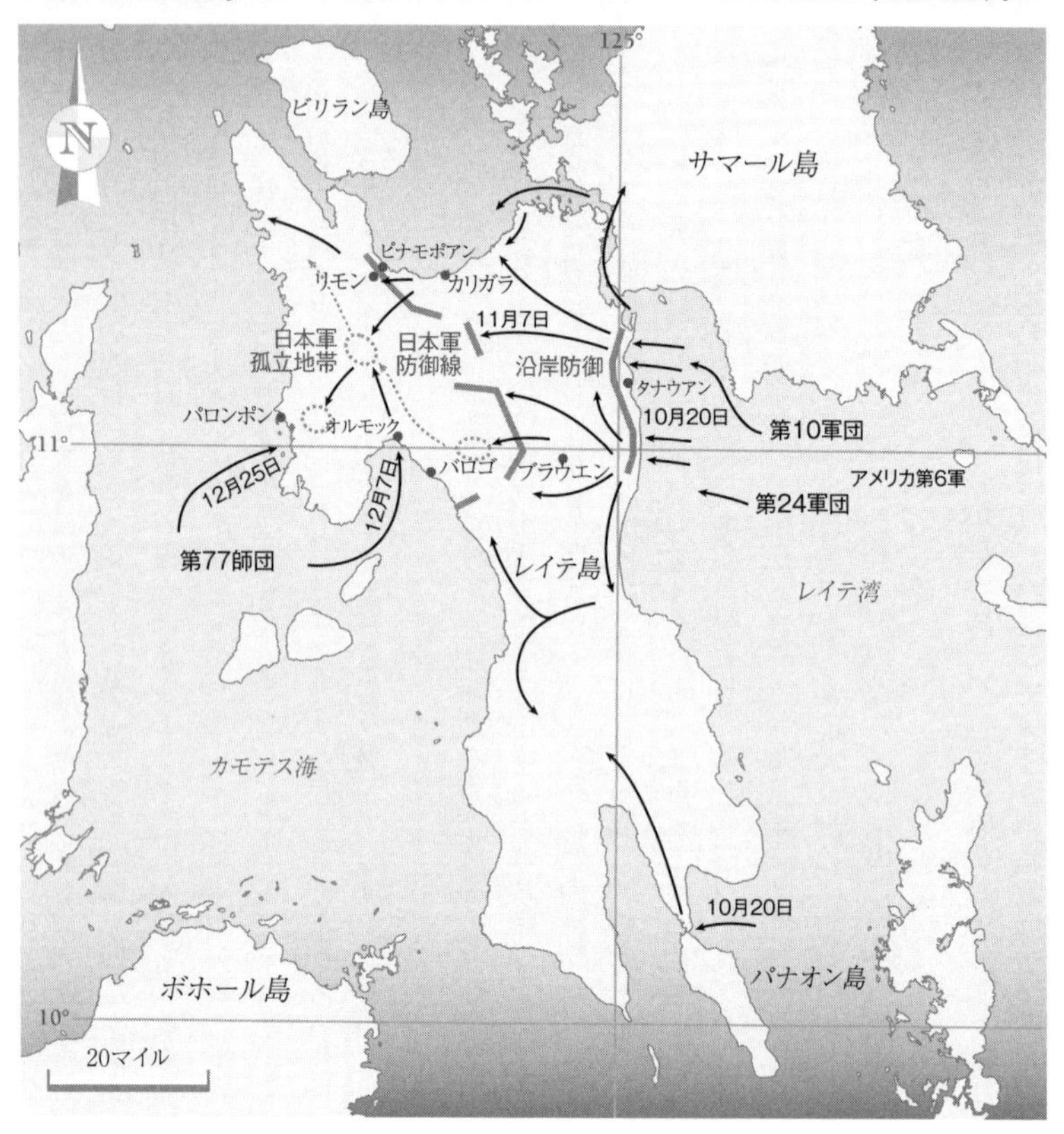

125°
ビリラン島
サマール島
ピナモポアン
リモン
カリガラ
11月7日
日本軍
孤立地帯
日本軍
防御線
沿岸防御
タナウアン
10月20日
パロンポン
オルモック
第10軍団
11°
バロゴ
ブラウエン
アメリカ第6軍
12月25日
12月7日
第24軍団
第77師団
レイテ島
レイテ湾
カモテス海
10月20日
ボホール島
パナオン島
10°
20マイル

船四隻と駆逐艦四隻を沈めた。第三十八・三機動群の戦時日誌はこう記している。「第三十八[T][F]機動部隊が組織的に輸送船団を殲滅するのに取りかかると、ニップどもは不運な一日をすごした」日本側の情報源によれば、同師団は最小限の死傷者を出しただけで上陸したが、小銃と挿弾子[そうだんし]十個分の弾薬しか持っていなかった[66]。

十二月の第一週、第七艦隊の駆逐艦隊は危険を冒してスリガオ海峡を抜け、カニガオ水道を北上して、レイテ島の西岸を掃討した。海上攻撃は日本軍の不意を打った。彼らはカニガオ水道に機雷を大量に敷設していて、哨戒機が上空にいるあいだは、機雷を掃海できないと思っていた。十二月二日、ジョン・C・ザーム中佐ひきいる駆逐艦の機動部隊は薄暮にレイテ湾を出て、レイテ島南部をぐるりとまわり、午前零時少し前、オルモック湾に到着した。日本軍の輸送船団が桟橋に将兵と物資を下ろしていた。ザームの三隻の〝ブリキ艦〟は、完全に不意を打って、日本軍の艦船と港湾地域に五インチ砲の砲火を浴びせ、魚雷を発射した。あるアメリカの駆逐艦乗りはこう回想した。「戦闘が始まってすぐに、四方八方に飛ぶ赤と緑の曳光弾や、色とりどりの火の玉となって炎上し爆発する艦艇と港湾施設、そしてこっち目がけて撃ってくるたくさんの火砲からの砲火のまたたきで、夜は巨大な花火大会のように照らしだされはじめた。まさに地獄だった！[67]」

駆逐艦隊は敵船二隻を撃破し、海岸の物資集積所の貴重な軍需品を破壊した。午前零時二十二分、駆逐艦クーパーが魚雷一本を食らって、まっぷたつに裂けた。艦はたちまち沈み、百九十一名の命が失われた。ほかの二隻の駆逐艦は敵の激しい砲火を浴びて、停止して生存者を収容することなく海域を離れた。ＰＢＹ〝ブラック・キャット〟飛行艇三機がオルモック湾に着水して、クーパーの生存者数十名を拾い上げた。一機は九名の搭乗員にくわえて、五十六名もの生存者を乗せて飛び立つことに成功した――これは追い越されることも追いつかれることもないＰＢＹの記録である[68]。

やっと〈ブレイクネック・リッジ〉地域を掃討した米第十軍団は、オルモック回廊に止めることのできない進撃を開始した。第三十二師団が第一騎兵師団に合流し、入念に準備された日本軍の陣地を蹂躙した。日本の精鋭第一師団の残った部隊は必死に勇戦したが、アメリカ軍の地上攻撃の持続する勢いと激しさに抗しきれなかった。歩兵と戦車の攻撃に先だって、迫撃砲と火砲が長く激しく精確な集中砲火を浴びせた。アメリカ軍は日本軍のトーチカや掩蔽壕を戦車と火炎放射器、そして手榴弾で攻撃した。険しい島の中央部を西へ横切る前進では、第十一空挺師団が先頭に立ち、第三十二師団の隷下部隊が支援を受け持った。それと同時に、挟み撃ち攻撃の南側の腕がバイバイから北へ進撃した。その前線では、日本軍は不意を打たれた。日本軍の偵察隊は鈴木宗作将軍（訳註：第三十五軍司令官）に、東岸のドゥラグからその地域へとつづく唯一の道路は通り抜けられないと保証していたからだ。日本軍はその地域の敵軍が海上からやすやすと補給を受けられるとも思っていなかった。

オルモック近くの日本軍司令部では、基本的な指揮統制が崩壊しつつあった。前線部隊との接触は断続的で、やがて断たれた。攻撃せよとうながす命令はひっきりなしに出ていたが、このとき日本軍部隊は自分たちの防御陣地を死守するのがやっとだった。十二月六日、第一師団のある参謀は、同師団が「最早や破滅的段階に達しあり」と報告した[69]。司令部の参謀はレイテの目前に迫った勝利を予測する日本のラジオ放送を聴いていらだった。マニラと東京の報道担当官は、承認された戦況説明に合わせて、前線からの至急電を書き換えたのである。「敵は遂に守戦を餘儀なくされ」とそうしたニュース速報のひとつは断言した。「わが増援部隊は既に守備部隊との連絡なり、カリガラ西方に進出した米二十四師團に對し十一月七日以來猛攻を重ね、わが一部隊は遂に敵前進部隊の退路を遮断してこれに徹底的大鐵槌を下すに至つた、わが部隊は困難なる地形にも拘らず、よくこれを克服して迅速なる進撃ぶりを示し漸次包圍態勢をとりつつあり、わが鐵環に喘ぐ敵は必死になつて包圍を逃れんと焦ってゐる[70]」

十二月六日の夜明け、レイテ湾の主上陸拠点に近いサン・パブロ滑走路付近に配置されたアメリカ軍部隊と工兵隊は、中高度で頭上を航過した輸送機の編隊を見て驚いた。その後方の空に白いパラシュートが花開きはじめた。警報が発せられ、高射砲や火砲、機関銃、小火器の銃砲火が上空に向けられた。これは大胆不敵なパラシュート部隊の攻撃で、ルソン島を基地とする空挺襲撃旅団、〈高千穂部隊〉のパラシュート兵約四百名が参加していた。日本兵は空中から小銃で撃ち返し、手榴弾を投げながら地上に近づいた。敵のパラシュート兵が地面に降り立ったとき、数名の海軍建設隊（シービーズ）の工兵がシャワーを浴びていて、「素っ裸で銃に飛びついた[71]」。熾烈な銃撃戦が夜遅くまでつづいた。攻撃隊の各分隊は駐機中の飛行機と燃料集積所に爆薬を仕掛けて、炎があたり一面で猛威をふるった。戦闘は三日間つづいた。第十一空挺師団は海軍建設隊とほかのさまざまな部隊の支援を受けて、十二月九日、飛行場を奪い返した。攻撃はいくらかの物質的損害をあたえたが、それ以外は失敗に終わった。

レイテ島の戦いは終盤に入っていた。しかし、島をその増援部隊と補給の源から完全に遮断するまで、勝利は確定できなかった。そのためには、レイテ島への敵の〝裏口〟を閉める必要があった。つまりオルモック港を。十二月七日、アンドルー・D・ブルース少将指揮下の第七十七師団がオルモックの南方四マイルにあるデスポシトに強襲上陸した。この水陸両用奇襲攻撃には、規模は小さいものの、サイパンやグアム、あるいはレイテ島東岸にたいする強襲と基本的に同じ要素がふくまれていた。上陸は敵の不意を打ち、ブルースの師団隷下の二個連隊は無事上陸して、日本軍が反撃を組織する前に塹壕陣地に立てこもった。

日本軍の航空部隊は上陸を妨害するのに間に合わなかったが、アーサー・D・ストラブル提督の水陸両用船団に手痛い一発をお見舞いした。特攻機は駆逐艦マハンと高速輸送艦ワードに命中した。両艦とも損害は甚大で、乗組員が退去して、自沈処分された。カニガオ水道とスリガオ海峡を経由してレイテ湾まで長い距離を避退するあいだ、部隊は容赦ない一連の航空攻撃に苦しめられた。輸送艦リドルが艦橋に大打撃を受け、上級士官のほとんどが戦死したが、自力でなんとか進みつづけた[72]。

新たに上陸した部隊は北へ打って出て、大きな損害を出しながら、戦って十二月十日にオルモック市に入城した。第七師団はバイバイから北へ進撃し、散発的だが猛烈な抵抗に打ち勝った。アメリカ軍がオルモック湾と港湾施設を手中におさめたので、マニラからの最後の日本軍大輸送船団は、海岸の約三十マイル北のサン・イシドロに行く先を変更せざるを得なかった。アメリカ軍の航空攻撃隊は大型輸送船五隻を撃沈した。日本軍の約二個大隊がなんとか上陸したが、すでにその地域にいたアメリカ軍部隊にただちに包囲され、圧倒された。

十二月十五日、マッカーサーはレイテ島における組織的抵抗は終了したと宣言した。小規模部隊の戦闘は険しい高地でつづくことになるが、フィリピンの戦いはすでに西へ移動しつつあった。同日、ミンドロ島への水陸両用上陸作戦が実施された。「敵は勇敢に戦ったが」と南西太平洋戦域司令官は書いている。「わが軍の三方向からの攻勢に対処することは不可能だと知った。敵の部隊はばらばらの断片に切り刻まれ、小さな孤立地帯で奮戦するか、あるいは山地に散り散りになった[73]」

ハルゼー艦隊に忍び寄る災難

ハルゼーと部下の空母提督たちは、長期の〝三つのR〟——休養（レスト）、修理（リペア）、そして補給（ルプレニッシユメント）——のために、すくなくとも十日連続でウルシーに滞在することをもとめていた。十二月一日、第三十八機動部隊の三個機動群は、ウルシー礁湖の奥にある砂地の把駐水底に錨を下ろした[74]。補給兵站艦隊はエニウェトクからの移動を終えていたので、停泊地は以前にも増して混雑していた。舟艇とバージ船が艦隊とアソール、ファラロップ、ポタンゲラス、ソルレン、モグモグの主要な小島のあいだを行き来した。ときおり双眼鏡で、腰巻き一丁の地元漁師が、舷外浮材の付いた丸木舟に乗って、サファイア色の礁湖をすべるように進んでいく姿が見えることもあった。

その週、航空写真偵察員が、〈殺人者打線(マーダラーズ・ロウ)〉の写真を撮影した——錨を下ろした第三十八機動部隊の空母の長い列である。全艦がブルーグレーの〈ダズル〉迷彩パターンで塗装されていた。空母は巡洋艦や戦艦、駆逐艦の戦隊にかこまれていた——そして、その先の北側には、兵站艦隊の数え切れない補給艦艇が。これは前例のない海軍力の結集で、真珠湾でも一度にこれほど多くの艦艇が集まったことはなかった。

艦隊の存在を隠すためには、いろいろな手段が取られていた。戦時中、「ウルシー」という言葉を記事で出すことは許可されなかった。艦隊は厳格な電波管制を遵守していた。発信する至急電はすべて、四百海里北東のグアムに飛行機で運ばれ、そこから送信された。しかし、日本軍はだまされなかった。彼らはアメリカ艦隊がウルシーを新しい母港に選んだことを知っていた。十一月月二十日、数隻の回天——ひとり乗りの自爆潜水艇——が環礁の北で〝母艦〟である大型の潜水艦から放たれた。隠密小型潜水艇のすくなくとも二隻が、わきの入り口水路から礁湖に進入した。十一月二十日の払暁、一隻が給油艦ミシシネワにつっこんだ。何万トン分もの航空燃料、ディーゼル油、バンカー油を満載していた給油艦は、爆発炎上した。曳船が燃える損傷艦にホースを向けたが、手の打ちようがなかった。午前十時、艦は横転して沈没し、乗組員のうち六十名を海底に道連れにした[75]。駆逐艦が一帯に爆雷をばらまき、すくなくとももう一隻の回天が撃沈された。

その日から終戦まで、アメリカ軍はウルシーで完全に安全だと感じることはなかった。シャーマン提督は回想している。「いつ爆発するかもしれない火薬樽に座っているような感じがした。休養を楽しむのとはほど遠く、大海原のほうが安全なような気がした」[76]
そうはいっても、ウルシーにおける艦隊の娯楽は本格的なものだった。艦隊のあらゆる艦内で毎晩、新しい映画が上映された。「映画交換艦」に指定された一隻の駆逐艦は、何百本という映画、何千巻というフィルムのライブラリーを管理し、発表された予定表にしたがって艦隊内を巡回させた。[77] 米軍慰問協会(USO)のミュージカル・レビューが艦から艦へとまわり、芸能人はしばしば一日に四回から五回も同じ出し物を演じた。ハルゼー提督はとくに、〈バンジョーの王様〉エディ・ピーボディと彼の〈オール・ネイヴィー・バンド〉がお気に入りだった。
礁湖の北端に位置する風光明媚な島モグモグでは、海軍建設隊がせっせと働いて艦隊の保養エリアを建設した。歩道が桟橋から内陸に向かって網の目のように広がるピクニック場、テニスコート、バレーボールコート、ボクシングリング、野球場、バーベキュー場、ビアガーデンへとのびていた。戦争に疲れ、海に疲れた何千という男たちにとって、これは何カ月かぶりに足の下に固い地面を感じる機会だった。水兵たちはひとり二缶のビールを配給されたが、賄賂を使ってもっと強い酒を手に入れる者もいた。士官たちは、現地民が島の静かな片隅に建てた船小屋にあるモグモグ士官クラブに、酒をケースで運ばせるよう手配した。「まさにどんちゃん騒ぎだった」と、ひとりは回想している。[78] その一九四四年十二月の第一週、第三艦隊の戦時日誌は、モグモグが「毎日、一万から一万五千の下士官兵と、五百から千の士官でにぎわっていた」と記している。[79] 西の空が壮大な熱帯の色彩で燃え上がる夕べには、満員のボートが桟橋を離れ、艦隊の泊地へゆっくりと戻っていった。
十二月十一日、艦隊は、マッカーサーのミンドロ島侵攻を支援してルソン島にまたしても一連の航空攻撃を実施するために、ムガイ水道を抜けてふたたび壮大な出撃を行なった。十四日を皮切りに、「われわれは三日間つづけて、全兵力で攻撃した」と、ハルゼーは回想した。[80]〈大きな青い毛布〉がまたしてもルソン島に投げかけられ、F6Fの大編隊が、判明しているか、疑わしい敵の飛行場を見張った。帰投したパイロットたちは、空中で六十二機を撃墜し、さらに二百八機の敵機を地上で撃破したと主張した。〈鼠捕り〉などの防衛策は効果を発揮したようで、機動部隊の二十海里以内に近づいた敵機はなかった。十二月十四日、この日最初に出撃した攻撃隊は逆方向に向かう十一機の日本軍編隊に出くわし、「その一〇〇パーセントをルソン島東岸近くに海上撃墜（スプラッシュ）した」[81]

キンケイドの主張で十日間遅れたミンドロ島上陸には、ルソン島の飛行場から容易に到達できる水域に深く進出する必要があった。ミンドロ島の日本軍地上部隊は侵攻軍をさほど手こずらせることはないと思われていたが、水陸両用輸送艦隊はすぐに引き揚げる必要があった。攻略船団はストラブル少将にひきいられ、その部隊は一週間前、オルモック湾の作戦で痛い目にあっていた。十二月十三日の午後二時五十七分、ネグロス島とミンダナオ島のあいだの水道で、ストラブル提督の旗艦ナッシュヴィルに特攻機がつっこみ、大きな損害が出た。提督は無傷だったが、ナッシュヴィルは引き返すことを余儀なくされた。ストラブルは将旗を駆逐艦ダシールに移した。十二月十五日、アメリカ軍地上部隊はミンドロ島に上陸し、少数の日本軍守備隊をたちまち制圧した。

ミンドロ島の二カ所の小さな飛行場を占領し

1944年11月、ウルシーのモグモグ島で配給されたビールを飲む休暇中の下士官兵たち。U.S. Navy photograph by Charles Fenno Jacobs, now in the collections of the National Archives

たことで、フィリピンの戦い全体の形勢が変わった。近くのマニラとその郊外が、ケニー将軍のアメリカ陸軍航空軍の戦闘機と爆撃機の十字線に入ってきたからだ。同島の占領によって、レイテ島は戦略的に重要ではない立場に置かれた。十八日、山下将軍は鈴木将軍に打電し、レイテ島がこれ以上、増援あるいは物資の支援を受けることはないとつたえた。山下が恐れたとおり、同島の戦いはフィリピンにおける日本軍の兵力の大部分を消費し、差し迫ったルソン島の戦いの前途に暗雲を垂れこめさせた。十二月の最終週に、死体を念入りに数えた結果にもとづいて、アメリカ軍は島で六万八百九名の日本軍将兵が命を落としたと推定した。捕虜になったのはわずか四百三十四名だった[82]。アメリカ第六軍の損害は、戦死者二千八百八十八名、負傷者九千八百五十八名にすぎなかった。

第三十八機動部隊は、燃料補給の会合のために東へ避退し、ルソン島にたいする二度目の航空攻撃に戻ってくるつもりだった。十二月十七日の午前、ルソン島の約五百海里東方で、艦隊は信頼できる洋上兵站支援群と落ち合い、おなじみの燃料補給の儀式を開始した。いつもどおり、駆逐艦はとくに燃料が残り少なく、多くがその巨大なタンクから給油するため戦艦と空母ににじり寄った。しかし、激しいうねりが起きていて、風は二十ノットから三十ノットで吹きつけ、小さな艦は危険なほど縦揺れと螺旋運動をくりかえしていた。

軽量に造られた〝ブリキ艦〟では燃料がバラストの役目をはたしているので、タンクがほとんど空の駆逐艦は元来安定が不足していた。新しいレーダーと通信装置が小さな艦のマストや上甲板に設置され、重心が上がっていたことも、問題を悪化させた。ある士官は、大きな艦から燃料を補給するあいだ、バラストを失った駆逐艦が「野生馬のように跳ね上がったり、身をよじったりした」と回想している[83]。荒海でしばしば起きるように、より大きな僚艦と衝突すると、その衝撃で上部構造物が損傷し、艤装から装備がもぎ取られた。給油ホースがちぎれ、褐色のバンカー油が甲板や両艦のあいだの海にどっと流れだした。この十七日の大暴風の朝、ハルゼー提督は司令艦橋に立ち、駆逐艦スペンスが旗艦ニュージャージーから燃料を補給しようとするのを見守っていた。わずか六千ガロン分の燃料を受け取ったところでホースがちぎれ、スペンスは艦から離れることを余儀なくされた[84]。

気圧計の針は下がりつづけ、風向きは北に変わりつつあり、波はどんどん高くなっていた。高い巻雲の切れ端が空をさっと横切り、太陽は恐ろしげな暈(かさ)をまとっていた。艦隊付きの気象士官たちは〈熱帯性擾乱〉が南東約五百海里に発生し、約十二ノットから十五ノットで北へ向かっていると気づいていた――しかし、彼らはこれをすぐには台風はおろか熱帯性低気圧とも呼べなかった。いずれにせよ、それが寒冷前線とぶつかって針路を変え、北東に遠ざかるとかなり確信していた。

艦隊内のベテラン船乗りの多くはそれほど自信が持てなかった。いまは台風シーズンで、艦隊は〈台風街道〉と呼ばれる地域の中心近くにいる。海軍はまだ組織的な長距離気象偵察飛行を実施していなかったので、飛行機や艦船、潜水艦からの断続的な報告にたよらざるをえなかった。〈擾乱〉が本格的な熱帯の大暴風雨に成長するかどうかの判断は、科学であるのと同じぐらい職人芸でもあった。嵐が進むコースの予測も同様だった。艦隊中の艦橋では、士官たちが海図と器機を調べていた。古いボーディッチの『アメリカン・プラクティカル・ナヴィゲイター』をひもとく者もいた。午後の時間がすぎていくあいだ、風と波は激しさを増しつづけた。見学者として空母タイコンデロガに乗艦していたラドフォード提督は、「まずいことになっている」と判断した。空母の艦長も賛成し、台風にそなえよと命じた[85]。艦隊内でも、機動群指揮官全員と、多数の先任艦長をふくむほかの多くの人間が、同じような結論に達していた。

いちばん安全な行動は南へ変針することだったろう。しかし、そうすれば第三十八機動部隊は二日後に計画されたルソン島への航空攻撃隊を発進させる位置からはずれていただろうし、ハルゼーはマッカーサーとの約束を守る決意を固めていた。気象士官たちが嵐は（もしあれがそうだとしたら）左ではなく右へ向きを変えると予測していることを考慮して、提督は艦隊を北西方向に進めつづけた。「ハルゼーは、実際には身の危険を感じるような台風状態に完全になっていない状況を前にして、避退するよりも、最後の瞬間まであの約束をちゃんとはたすべきだと感じていた」とミック・カーニーはのちに説明した。「だからそうしたのだ」参謀長はボスが決定権を握っていたと強調した。「これは彼の決断で、誰もそれに口をはさもうとは思わなかった」[86]

海は波立ち、不機嫌だった。空は奇妙な色で染められ、流れていく紫の霧の下は鈍い銅色に光っていた。強風が波頭から水しぶきを吹き飛ばした。午後二時三十七分、艦隊の日誌は、「波が高くなりつつあり、風はいまや方位〇二〇から四十ノットだった」と記している。ハルゼーは燃料補給を中断させ、新たな燃料補給の会合を翌朝午前六時、二百海里北西の地点にさだめた。多くの艦が定位置を守るのに困難をおぼえ、ハルゼーはマケイン提督の要請を認めて、機動部隊の速力を十七ノットから十五ノットに落とし、ジグザグ運動を中止した。[87]

時間がたつにつれて状況は悪化し、気象予測の担当者たちは予報を修正した。これは台風の勢力に成長しつつある熱帯性低気圧の暴風で、その進路は西へ急激に曲がっていた。航空機支援艦からの報告は、暴風の位置をわずか二百海里先としていた。カーニーによれば、暴風はまるで「なにか自分自身の知性でも持つ」かのように、彼らを追いかけてくるように思えた。[88]ハルゼーは南に変針を命じ、翌朝の会合の位置を変更した。この期におよんでも、彼は夜明けに燃料を補給して、空母を約束した十九日の航空攻撃隊を発進させる位置に持っていく望みを持っていた。

台風に蹂躙される

夜明けには風は五十ノットまで強まり、気圧はぐんぐん下がっていた。甲板の水兵は手すりに手をのばし、吹きつける水しぶきに頭を低くした。水平線のどこを見ても、海は灰色で、引き裂かれ、痛めつけられていた。大型艦の上部構造物の高みからは、高い白波の恐ろしい行列が北から押し寄せてくるのが見えた。この荒れくるう気象状況を考えれば不可解なことだが、ハルゼーは艦隊に速力十ノットで艦首方位（針路）六〇度まで北に回頭して、燃料補給作業を開始するよう信号を送った。しかし、すぐに燃料補給は不可能であることが全員の目にあきらかになり、艦隊はふたたび南へ変針した。

日の出から一時間たっても太陽は見えず、空はほとんど明るくならなかった。視界は悪化し、波は山のようで、風はさらに強まった――六十ノット、それから七十ノットに。第三十八機動部隊の北翼にいる空母ワスプのPPIレーダーのスコープは、わずか三十五海里ほど北を通過する、密に詰まった円形の台風の目を捉えた[89]。もはやハルゼーとそのチームもこれを否定できなかった。艦隊は本格的な台風の〈危険半円〉に巻きこまれていて、風と波を受けて進み、最善の結果を願う以外になにもできなかった。午前八時十八分、ハルゼーはマッカーサーとニミッツに打電して、翌日のルソン島空襲は中止するつもりだとつたえた[90]。

嵐は勢力と敵意を増した。波が高くなるにつれて、波頭のあいだの距離が長くなった。波の頂にくるたびに、風が耳のなかでうなりを上げ、雨と水しぶきが大粒の散弾のように叩きつけた。波頭のあいだの波窪では、騒音と風はほとんど耐えられる程度までおさまったが、白く泡だった海水が甲板を洗い、滝のようにスカッパーから流れ落ちた。ハルゼーとマケインの両方から命令が出され、それから取り消されたが、じきにどの艦長の目にも、自分はひとりぼっちで、自分の艦を救うためにあらゆる手をつくさねばならないことがあきらかになった。午前十一時四十九分、ハルゼーは短距離無線でマケインに、「左舷後方から風を受けるもっとも快適な針路を取る」よう指示した[91]。しかし、小型の艦艇、とくに駆逐艦は、針路に関係なく、命がけで操艦する以外になにもできなかった。

視界は悪化しつづけて、ほとんどの艦はまわりの艦がまったく見えなくなり、衝突の危険が嵐の猛威にくわわった。ときにはべつの艦が突然、嵐のなかからぬっと姿を現わし、それから艦首をめぐらせて姿を消した。強風はさらに強烈になり、ついに風速百ノットを超えた。気圧計の示度は二十七インチ(約九百十四ヘクトパスカル)以下に下がった。ハルゼーはニミッツに、艦隊が「激しく乱れた波、ちぎれた雲底、激しい雨、西北西の風七十ノット……しだいに激しさを増す台風」のなかを苦労して進んでいるとつたえた[92]。

まだとぼしい燃料のせいでバラストを失っている駆逐艦たちは、いちばん苦しんでいた。機関出力と操舵をどう組み合わせても、針路を維持することができなかったので、大きな波のあいだの波窪でなすすべもなくもがいていた。嵐は正午ごろに頂点に達した。強風は風速百二十ノットに達し、波は波窪から波頭までの高さが約八十フィートにもおよんだ[93]。

デューイの艦長によれば、雨と強風はあまりにも強烈で、艦橋にいる人間に艦首が見えないほどだった。もしそれにさらされたら、「顔と手に何千本もの針の集中射撃が浴びせられたように感じ」、「多くの場所で金属面からサンドブラスト機のようにペンキをはがした」小さな艦は何度もほとんど横倒しに叩きつけられた。操舵室では、乗組員たちは手がかりをつかみ、艦が立て直すまで、足が甲板から離れてぶらぶらした状態でしがみついた。ある水兵は通常は垂直の支柱に自分が立っているのに気づいて仰天した。彼は両手を開いて高く上げ、仲間の乗組員に叫んだ。「見ろよ! 手放しだ!」とくに大きな横揺れでは、傾斜計の針が振り切って(七三度が目盛りの最大値だった)、デューイの艦橋右舷張り出しが海面下に没し、たっぷりと青波をすくい上げた。「誰もこんな横揺れから立ち直った船の話は聞いたことがなかったが、この船はたしかにやった!」と、艦長は記している[94]。

　大型艦は嵐にもっとよく耐えられたが、アイオワ級戦艦でさえ、この巨大な波のなかであぶなっかしく奮闘していた。ミック・カーニーはニュージャージーが生きのびられるだろうかと心配した。「あの艦の胸がむかむかするような急激な傾きはうまく説明できない。艦は横倒しになって、復原の限界傾斜角（復原性能上許容できる傾斜角）ぎりぎりまで近づき、その一点でぴたりと止まると、それから戻りだすまでそこから動こうとしなかった」[95] ニュージャージーの司令艦橋の高みからでも、カーニーは、押し寄せる砕け波の波頭を見るためには、首を上に向けなければならなかった。二万七千トンのエセックス級空母、タイコンデロガの艦上では、アーサー・ラドフォードが、司令艦橋の張り出しから畏怖の念で嵐を見ていた。タイコンデロガが右舷にかたむくと、大きな波の斜面が艦に向かって上がってきて、彼は手をのばせば実際に海にさわれるような奇妙な感じをおぼえた。タイコンデロガの姉妹艦の一隻、空母ハンコックは、飛行甲板上に何トンもの青波をかぶったが、飛行甲板は喫水線より六十フィート近く上にあった[96]。

　インディペンデンス級の軽空母（ＣＶＬ）は、大きな空母にくらべて船幅が狭いため、台風のなかでさらに激しく横揺れした。モンテレーでは、飛行甲板上に繋止してあったＦ６Ｆヘルキャット四機が解き放たれ、海に落ちて、左舷の安全ネットと着艦誘導士官（ＬＳＯ）のプラットフォームを持っていった。風が強まると、艦長は総員に飛行甲板から離れて避難場所を探すよう命じた。しかし、本当の緊急事態は艦内の格納庫甲板で、飛行機が繋留索を危険なほど引っぱって張り詰めさせていた。飛行作業員（エアデール）たちは索をいそいで引きしめ、倍に増やそうとしたが、傾斜が三四度を超えると、足場を確保するのが困難になった。午前九時少しすぎ、一機のヘルキャット戦闘機が索を切断し、突然、可燃性の五トンの破壊槌となった。戦闘機は前から後ろ、左舷から右舷へと走りまわり、換気ダクト、電線、送水ポンプ、ほかの飛行機を押しつぶした。ガソリンは抜いてあったが、タンクとエンジン系統内の残留燃料が爆発炎上し、じきに爆発が格納庫を引き裂いた。さらに数機の飛行機が解き放たれて、大混乱を拡大させた。煙が通風口の破孔から入って、下層甲板の閉ざされた空間に流れこみ、携帯式の呼吸装置をつけて戻ってくるまで、機関室から乗組員を追いだした。

モントレーの姉妹艦のカウペンスとサンジャシント艦内の光景もまったく同じだった。飛行機が索からはずれ、甲板から鋼鉄製のアイボルトを引っこ抜いて、近くの飛行機に激突し、それも解き放つと、残骸をどんどん増やしながら、格納庫を行ったり来たり走りまわった。台風後のサンジャシントの報告書によれば、「予備のエンジン、プロペラ、トラクターなどの重装備はすべて、激しくすべる塊にごちゃごちゃに混ざって、右から左へと突進し、無防備の弱い空気取り入れ口と換気ダクトを引き裂いて、持っていった。修理班と志願者たちは勇敢にも、始末に負えない破壊的な重量物をひとつひとつ固定しようとこころみ、一六〇〇時ごろついに成功したが、そのときすでに一連の小規模な電気火災および油火災が発生していた[97]」。

モントレーの機関区画から人がいなくなったため、艦長は機関を停止せざるを得なかった。そのため空母は海上で停止し、山のような波に翻弄された。引火しそうなものは、砲側弾庫の弾薬もふくめ、すべて海中投棄された。ホースが格納庫にいそいで持ちこまれ、水の噴流が火災に向けられた。遅れてスプリンクラー装置がやっと稼動状態に復旧した。艦は助かったが、格納庫の三分の二は火災で全焼していた。サンジャシントでは火災はもっと早く消されていたが、走りまわる残骸のすさまじい量のせいで、乗組員を徒歩で格納庫に送るのは不可能だった。艦長の報告によれば、

新米にとって、激突し、裂ける飛行機の大きな音や、換気ダクトの貧弱な金属がぶつかり、裂ける音、右から左へと乱暴に投げつけられる重量物の雪崩、それにくわえて、閉ざされた格納庫

甲板の空間内に破れた排気装置から漏れる大量の蒸気は、じつに恐るべき状況を作りだしていた。しかし、こうした恐るべき状況をものともせず、格納庫甲板の者たちは、頭上から吊り下ろされ、この乱暴に動くガラクタの山に垂らされたロープの端にぶら下がって、振り子の要領で甲板をすべり、これを固定して、被害を最小限に抑えることに成功した。そうすることが彼らにとって、ほぼまちがいない死、あるいはきわめて深刻な負傷を意味すると思えたときに[98]。

嵐がその猛威の頂点に達すると、風は凶暴に金切り声を上げる雨と泡の暗闇だった。視程は三十フィートから四十フィートに落ちた。上甲板に配置された者たちは、海と空はおろか、上と下さえちゃんと区別できず、広大な海について唯一残された感覚は、足の下にある甲板のローラーコースターのような動きだった。船長から身を転じた作家のジョゼフ・コンラッドはかつて、この同じ海域で十九世紀に台風に遭った船の試練をこう描写した。「船の急激な傾斜にはぞっとするような無力さがあった。船はまるで船首を穴につっこむかのように縦揺れして、そのたびごとに壁にぶちあたるようだった。……ある瞬間には、大気がまるで集中した強い衝撃力でトンネルに吸いこまれたかのように船に押し寄せ、船を水面からすっかり持ち上げて、一瞬、そのまま空中に停止させ、ただ震動だけが船の端から端まで走り抜けるように思えた。それから船はまるで沸騰する大釜にまた落ちていくかのように転げまわりはじめるのだった[99]」

ファラガット級の駆逐艦たちは四五度以上に横揺れすると、機関が潤滑油を吸いこめなくなって、停止した[100]。舵効速力を失い、とてつもない波の底でもがく彼らは、負けたレスラーのように身動きが取れなかった。無線マスト、レーダーアンテナ、探照灯、艦載艇（ホエールボート）、ダビット（吊り柱）、爆雷投下軌条は嵐に持っていかれた。分厚い鋼鉄の蓋が弾薬庫から引きちぎられた。駆逐艦ハルの艦長、ジェイムズ・A・マークス少佐は、艦の煙突が甲板から引っこ抜かれるかもしれないと心配した。百ノットの風が艦を押し倒すと、「副直士官は操舵室の左舷側から操舵室の右舷側上部へと完全に宙を飛んで投げだされた」[101]。艦は、「永遠に思えるほど長い時間、固唾を呑んだ」あとで、しだいに立て直した。駆逐艦デューイでは、煙突をささえている支索とパッドアイが引っこ抜かれて、煙突が倒れ、艦の右舷側にだらりと垂れ下がった。重心が下がって、風を受ける側面が小さくなることによって、この一見して大惨事が、実際には、デューイを救ったのかもしれなかった。「ほとんどすぐに、艦の進み具合が感じ取れるほどいいほうに変わった」と艦長は断じている[102]。

駆逐艦エイルウィンでは、主機械室の送風機が故障して、機関区画の温度が八十度以上に跳ね上がり、全要員が退去を余儀なくされた。下甲板では水がじゃぶじゃぶと動きまわり、床板の数フィート上まで上がってきた。午前十一時頃、エイルウィンは海上で横倒しになり、ほとんど転覆しかけたが、その状態で二十分間、踏みとどまった。機関が停止しているため、彼女は舵を切ってこの窮状を脱することができなかった――しかし、艦長は船体を帆がわりに使って、なんとか艦尾を風のほうに向け、艦への風圧を減らすことに成功した。これで彼女は、〝わずか〟六〇度の傾斜まで復旧して、その必死の状態で嵐が弱まるまで浮かびつづけた[103]。

駆逐艦ハルはそれほどついてはいなかった。正午少し前、彼女は右舷側に押し倒され、約八〇度の傾斜角で押さえつけられて、そこで踏みとどまった。水が操舵室に押し寄せ、煙突に流れこんだ。こんな打撃から立ち直るのは不可能だった。マークス少佐は艦橋の左舷張り出しから飛びこみ、泳いで艦から遠ざかった。カポック入りの救命胴衣で浮かびながら、彼はふりかえって、ハルが海に呑みこまれる姿を最後にちらりと目にした。「それからすぐに、わたしは汽缶が水面下で爆発する衝撃を感じた。……それ以後、わたしは叩きつける山のような波のなかで生きつづけようとすることに全力をかたむけた[104]」駆逐艦スペンスとモナハンも同様の運命に遭った。

その日の晩、風と波が静まると、ハルゼーはマケインに指示して、捜索救難部隊を分遣し、艦隊が取ってきた針路にそって北に向かわせた。第三十八機動部隊の残りは、ルソン島に再度の航空攻撃をこころみるために、傷を舐めながら北西へ向かった。しかし、気象状況は依然として荒れ模様で、北から激しいうねりが押し寄せていた。十二月二十一日の昼、ハルゼーは攻撃を中止して、艦隊にウルシーに引き揚げるよう命じた[105]。

捜索救難部隊は七十二時間、努力をつづけた。各艦は広範囲の捜索線に散開し、駆逐艦が翼側に位置して、前方の海域を夜間は探照灯を点けて捜索した。艦隊の日誌はこう記している。「捜索中、多数の空の救命筏やコルクの筏、浮遊する残骸が視認され、人員が調査された[106]」笛の音がたくさん聞こえた。各艦の航跡に救命筏が落とされた。十二月二十一日、護衛駆逐艦タバラー（嵐でひどい損害を受けていた）は、スペンスの生存者十名が乗った筏を発見した。筏と溺者の風上にまわりこんだタバラーの艦長は、艦が風に吹かれてじょじょに漂流者に近づくようにして、溺者を船体で風と波からかばった。大きな貨物ネットが二枚、艦の風下側に下ろされ、長いロープを結わえつけた救命浮き輪が溺者に放られた。タバラーの乗組員数名も、ロープを体に結わえつけ、カポック入りの救命胴衣を着て、海に飛びこみ、漂流者たちのほうへ泳いでいくと、彼らを貨物ネットに担ぎこんだ[107]。タバラーはこれを根気よくつづけ、スペンスとハルの生存者を合計で五十五名、拾い上げた。

台風は七百九十名のアメリカ軍将兵の命を奪った。三隻の駆逐艦が沈み、ほか数隻が大破した。嵐のあと、捜索活動で九十三名の漂流者が救助された。もっとも死亡率が高かったのはモナハンの乗組員で、生き残ったのは六名だけだった。おもに軽空母（CVL）所属の飛行機百四十六機が破壊されるか、舷外に吹き飛ばされた。モンテレーとカウペンス、サンジャシントは、大損害を受けて、本格的な大修理

が必要になりそうだった。(108)

ハルゼーまたも非難される

クリスマス・イブの朝、ニュージャージーはウルシーに入り、指定された〈停泊位置〉に慎重に向かった。数十隻の空母をふくむ大型艦の長い行列がムガイ水道から到着し、〈殺人者打線〉はまたしても北泊地にそびえ立った。

ニミッツ提督は、ハルゼーと第三艦隊幕僚との予定された会議のためウルシーに飛来していた。最近、〈フリート・アドミラル〉つまり海軍元帥という新しい五つ星の階級に昇進した太平洋艦隊司令長官は、午後一時五十分、号笛の吹鳴でニュージャージーに迎え入れられた。海軍史上はじめて五つ星の将旗が檣頭にひるがえった。儀礼的なやりとりのあと、将官連中は司令部専用区画の公室で会議を開き、最近の作戦を再検討し、将来の計画を話し合った。

クリスマス・イブの夕食会は、旗艦艦上のハルゼー提督の食堂で開かれた。ニミッツとその側近は、飾りの付いたクリスマス・ツリーを持って真珠湾から到着していた。この思いやりのある態度は、「この場のクリスマス気分を高めた」と戦時日誌は記している。(109)しかし、ハルゼーはのちに、この祝日が「わが家にいない四度連続のクリスマス、雪と柊(ひいらぎ)のかわりに海と砂の四度のクリスマス」を記念することを思えば、お祭り騒ぎを楽しむのはむずかしかったと告白している。(110)当時も後年も認めなかったが、ハルゼーはきっと艦隊がこうむったばかりの打撃に自分が重大な責任を負っていることを知っていたにちがいない。彼の部下たちは情報と意見を交換していて、多くの者がハルゼーは十二月十七日、まだ時間があるうちに嵐をかわさなかったことで判断をあやまったと認めた。ブラウンシューズの提督たちは概して、歯に衣着せずに批判を口にした。ジェリー・ボーガン提督は、「あれはあきらかにくだらん頑迷さとおろかさだと感じた」[111]。空母ホーネットで待機状態にあったジョッコ・クラークは、同じように辛辣だったし、アーサー・ラドフォードも同様だった。テッド・シャーマンは、十二月十七日の空と海の様子はあきらかに台風になりそうな気配だったと断言した。

ハルゼーがこのような行動に出たのは、マッカーサーとの約束を守ると固く決めていたからだった。その動機は賞賛にあたいするが、結果的に、ルソン島への航空攻撃は中止され、艦隊は嵐に痛めつけられた。ニミッツはこの二カ月で二度目になるが、ハルゼーが彼のあたえられたきわめて重要な仕事に向いているのか疑わざるを得なかった。ニミッツの幕僚の上級メンバーである（そして第五十八機動部隊でミッチャーの元参謀長だった）トルーマン・ヘディングによれば、太平洋艦隊司令長官は、「機動部隊を台風の危険な半径にまっすぐつっこませるのは理解しがたい」と感じていた。「……彼はそのことをとても心配していて、そのことでとても動揺していた。なぜならこれは船舶運用術の名折れとなるからだ。これは士官が通常、誇りに思うことだった──優秀な船乗りであることは」[112]ヘディングは人づてにキング提督が怒りくるって、「そのことで海軍省をほとんどばらばらに引き裂いた」とも聞いていた[113]。

ニミッツはクリスマスの日をほとんどニュージャージー艦上ですごし、いくつか会議を開いた。彼とハルゼーはその日の午後、いっしょに記者団と向き合ったが、台風にかんする質問はいっさい受け付けなかった。しかし、ニミッツは三隻の駆逐艦の損失を調査するために査問会議の設置を命じた。ハルゼーは十二月二十八日に証言した[114]。

一九四五年一月前半に公表された査問会議の報告書は、台風を回避しなかったことでハルゼーには「責任の優越」があるとし、「戦時の行動の重圧下で判断を誤った」と彼を非難した。会議は明確な処罰をなにも勧告しなかったが、その裁定は重く、ハルゼーの解任を正当化していたかもしれなかった。

1944年12月、ウルシー礁湖にいる第三艦隊旗艦ニュージャージーでハルゼー（左）と協議するニミッツ（中央）。艦隊がフィリピン海で台風に痛めつけられた直後。右にいるのはニミッツの参謀副長のフォレスト・シャーマン少将。U.S. Naval History and Heritage Command

スプルーアンスはその月のうちに第五艦隊の司令長官として戻ってくることになっていた。彼をそのまま数週間早く招集することもできただろう。しかし、内輪で話し合ったあと、ニミッツとキングはそうしないことにした。トルーマン・ヘディングは、ほかの多くの者たちと同様、報道機関と国民のハルゼー人気が彼の指揮権剝奪をふせいだのだと思った。「なぜならハルゼー提督は国民的英雄だったし、戦争のときには、そういうことはしないものだからだ」[115]

太平洋艦隊司令長官は、「台風時の損害にかんする教訓」と題した長文の詳細な覚書で、この件について艦隊全体に語りかけるという異例の処置を取った。無線が出現する前の過去の時代には、嵐に遭遇した艦隊には、隊形あるいは指揮の統一を維持する手段がなかった、とニミッツは書いた。そうした状況では、艦長ひとりひとりが自分の主人となり、艦隊指揮官の意思に関係なく、自分の艦を救うために最善と考えるあらゆる手をつくした。一九四四年には、状況はややちがって、艦隊指揮官は激しい嵐のまっただなかでも命令を下しつづけることができた。

海事史の長い年代記のなかでは依然として比較的新しいこうした状況では、「自分の指揮下のいちばん小さな艦と、もっとも経験の浅い指揮官の観点から考えることが、先任士官の責任の疑いなくもっとも大きな部分である」先任士官は、彼らの能力を深く考えなかったり、「自分の大きな艦ならしのげる天候を彼らが切り抜ける」だろうと思ってはならない。それと同じ精神で、自分の艦を救うために必要なことをするのはあらゆる艦長の責任であり、「命にかかわる危険」に直面したときには、思い切って隊形を崩さねばならない。さらに、そうした手段を取るのに長く待ちすぎてはならない。なぜなら「船乗りが、あとで不要だったと判明するといけないと思って、予防策を取るのを渋ることほど危険なものはないからだ。海の安全は千年のあいだ、それとは正反対の哲学をよりどころとしてきたのである」(116)。

（下巻につづく）

ソースノート　上巻

序章　政治の季節

(1) FDR Press Conference #676, August 30, 1940, p. 2.
(2) Smith, *Thank You, Mr. President,* p. 22.
(3) For example, FDR Press Conference #389, August 9, 1937, pp. 5, 17; and #523, February 3, 1939, p. 8.
(4) White, *FDR and the Press,* p. 31; FDR Press Conference #389, August 9, 1937, p. 23; and #915, August 31, 1943, p. 7.
(5) FDR Press Conference #523, February 3, 1939, pp. 6–8.
(6) Tully, *F.D.R.: My Boss,* p. 87.
(7) Arthur Krock in *New York Times,* October 8, 1940, quoted in White, *FDR and the Press,* p. 122.
(8) Rodgers, ed., *The Impossible H. L. Mencken,* pp. liv–lv.
(9) Reilly and Slocum, *Reilly of the White House,* p. 91.
(10) FDR Press Conference #790, December 9, 1941, pp. 1–2.
(11) Ibid., pp. 6–9.
(12) Fireside Chat No. 19, “On the Declaration of War with Japan,” Radio Address from Washington, December 9, 1941, FDR Library.
(13) *Whaley-Eaton American Letter,* December 26, 1942, quoted in Parker, *A Priceless Advantage,* p. 70.
(14) FDR, Statement to the Press, December 16, 1941, quoted in Price, “Governmental Censorship in War-Time,” *American Political Science Review* 36, No. 5, October 1942, p. 841.
(15) Address by Byron Price to American Society of Newspaper Editors, April 16, 1942, reprinted in Summers, ed., *Wartime Censorship of Press and Radio,* p. 30.
(16) “Defense Shake-Up,” *New York Times,* December 18, 1941.
(17) “Washington News on Fighting Scant,” *New York Times,* December 10, 1941.
(18) McCarten, “General MacArthur: Fact and Legend,” *American Mercury,* Vol. 58, No. 241, January 1944.

(19) Davis, *The U.S. Army and the Media in the 20th Century*, p. 51.
(20) "We Shall Do Our Best, General MacArthur States," *New York Times*, December 12, 1941.
(21) "Keep Flag Flying, MacArthur's Order," *New York Times*, December 16, 1941.
(22) "MacArthur Glide Is New Dance," *New York Times*, March 16, 1942.
(23) "MacArthur Works On Birthday," *New York Times*, January 27, 1942.
(24) *Philadelphia Record*, January 27, 1942, quoted in Borneman, *MacArthur at War*, p. 125.
(25) *New York Times*, February 13, 1942, p. 17.
(26) Eisenhower, *Crusade in Europe*, p. 18.
(27) Ibid., p. 22.
(28) Dwight D. Eisenhower diary, February 23, 1942, in Ferrell, ed., *The Eisenhower Diaries*, p. 49.
(29) Dwight D. Eisenhower diary, February 23, 1942, in ibid., p. 49.
(30) Buell, *Master of Sea Power*, p. 249.
(31) Perry, *"Dear Bart,"* p. 79.
(32) Forrestal quoted in Buell, *Master of Sea Power*, p. 253.
(33) Forrestal recounted the quote in a letter to Carl Vinson dated August 30, 1944. Millis, ed., *The Forrestal Diaries*, p. 9.
(34) *Basic Field Manual, Regulations for Correspondents Accompanying U.S. Army Forces in the Field*, War Department, January 21, 1942, p. 4.
(35) Dunn, *Pacific Microphone*, p. 149.
(36) Driscoll, *Pacific Victory 1945*, p. 226.
(37) Ibid.
(38) Liebling, "The A.P. Surrender," *New Yorker*, May 12, 1945.
(39) Ewing, "Nimitz: Reflections on Pearl Harbor," pp. 1–2.
(40) Sherrod, *On to Westward*, p. 234.
(41) "Girding of Pacific Speeded by Nimitz," *New York Times*, January 31, 1942.
(42) Robert Bostwick Carney の口述史, CCOH Naval History Project, Vol. 1, No. 539, p. 362.
(43) Waldo Drake の口述史『Recollections of Fleet Admiral Chester W. Nimitz』, p. 19.
(44) Casey, *Torpedo Junction*, p. 234.

(45) Waldo Drake の口述史、*Recollections of Fleet Admiral Chester W. Nimitz*, p. 14.
(46) Casey, *Torpedo Junction*, p. 278.
(47) Brinkley, *Washington Goes to War*, pp. 190–91.
(48) Davis and Price, *War Information and Censorship*, p. 13.
(49) Ritchie, *Reporting from Washington*, p. 62.
(50) Brinkley, *Washington Goes to War*, p. 190.
(51) Current, *Secretary Stimson*, p. 201.
(52) Burlingame, *Don't Let Them Scare You*, p. 195.
(53) Healy and Catledge, *A Lifetime on Deadline*, p. 109.
(54) "Navy Had Word of Jap Plan to Strike at Sea," *Chicago Sunday Tribune*, June 7, 1942, p. 1.
(55) 「ハイポ傍受局」でジョゼフ・ロシュフォートの補佐役のひとりだったトム・ダイアーは、日本軍が新版の暗号方式を採用したのはミッドウェイ海戦と同じ週であり、《トリビューン》紙の記事に触発されたにしては早すぎる、と述べている。Thomas H. Dyer の口述史、pp. 270–71.
(56) Glen Perry to Edmond Barnett, October 22, 1942; full text of letter in Perry, *Dear Bart*, p. 70.
(57) Navy Department communiqué No. 88, June 12, 1942.
(58) Navy Department communiqué No. 107, August 17, 1942.
(59) Hanson Baldwin の口述史, p. 359.
(60) Burlingame, *Don't Let Them Scare You*, p. 201.
(61) Navy Department communiqué No. 147, October 12, 1942.
(62) Navy Department communiqué No. 149, October 13, 1942.
(63) Navy Department communiqué No. 168, October 26, 1942.
(64) Navy Department communiqué No. 169, October 26, 1942.
(65) Navy Department communiqué No. 175, October 31, 1942.
(66) CINCPAC to COMINCH, November 1, 1942, in CINCPAC Gray Book, Book 2, p. 970.
(67) Perry, *Dear Bart*, p. 84.
(68) Glen Perry's memorandum to editors, November 1, 1942, in Perry, *Dear Bart*, p. 85.
(69) Phelps H. Adams quoted in Buell, *Master of Sea Power*, pp. 260–61.

(70) Glen Perry's memorandum to editors, November 7, 1942, Perry, *Dear Bart*, p. 91.
(71) Phelps H. Adams quoted in Buell, *Master of Sea Power*, p. 261.
(72) Glen Perry's memorandum to editors, November 30, 1942, Perry, *Dear Bart*, p. 107.
(73) Robert L. Eichelberger to Emma Eichelberger, undated, in Luvaas, ed., *Dear Miss Em*, pp. 64-65.
(74) Luvaas, ed., *Dear Miss Em*, p. 65.
(75) Ibid.
(76) SWPA Communiqué No. 326, March 4, 1943; SWPA Communiqué No. 329, March 7, 1943; RG, RG-4, Reel 611, MacArthur Memorial Archives.
(77) Press release, SWPA headquarters, April 14, 1943, RG-4, Reel 611, MacArthur Memorial Archives.
(78) MacArthur to Chief of Staff, War Department, September 7, 1943, RG-4, Reel 593, MacArthur Memorial Archives.
(79) LeGrande Diller の口述史, September 26, 1982, MacArthur Memorial Archives, p. 13.
(80) ウィリアム・マンチェスターは、*American Caesar*, p. 273で、ワシントンの名前のない敵に言及するのに、代名詞「やつらが」と「やつらを」を用いる、マッカーサーの偏執症的傾向を指摘している。
(81) Robert L. Eichelberger to Emma Eichelberger, January 29, 1944, in Luvaas, ed., *Dear Miss Em*, pp. 90-91.
(82) James, *The Years of MacArthur*, Vol. 2, pp. 280-81.
(83) Robert L. Eichelberger to Emma Eichelberger, June 13, 1943, in Luvaas, ed., *Dear Miss Em*, p. 71.
(84) Meijer, *Arthur Vandenberg*, p. 218.
(85) これは通訳で忠実な副官だったFaubion Bowersによる。"The Late General MacArthur," in Leary, ed., *MacArthur and the American Century*, p. 254.
(86) "Eichelberger Dictations," November 12, 1953, in Luvaas, ed., *Dear Miss Em*, p. 77.
(87) Arthur Vandenberg, "Why I Am for MacArthur," *Collier's Weekly*, February 12, 1944, p. 14.
(88) James, *The Years of MacArthur*, Vol. 2, p. 423.
(89) クラッパーはこのやりとりを一九四四年一月に元ホワイトハウスの海軍武官ジョン・L・マクレア大佐に説明している。McCrea, *Captain McCrea's War*, p. 210. クラッパーは翌月、マーシャル諸島で〈フリントロック〉上陸作戦を報道中に死亡した。海軍の爆撃機に同乗中、乗機がべつの米軍機と衝突したのである。
(90) John McCarten, "General MacArthur: Fact and Legend," *American Mercury*, Vol. 58, No. 241, January 1944.
(91) Ibid.

(92) MacArthur to Marshall, cable in the clear, March 11, 1944, RG-4, MacArthur correspondence files, MacArthur Memorial Archives.

(93) Robert L. Eichelberger to Emma Eichelberger, January 28, 1944, in Luvaas, ed., *Dear Miss Em*, p. 90.

(94) James, *The Years of MacArthur*, Vol. 2, p. 435.

(95) Ibid., p. 436.

(96) MacArthur, *Reminiscences*, p. 185.

(97) Press release, SWPA headquarters, Statement of Douglas MacArthur, April 30, 1944, RG-4, Reel 611, MacArthur Memorial Archives.

(98) "Dewey Refuses to Say Directly That Roosevelt Withheld Pacific Supplies," *Courier-Journal* (Louisville, KY), September 15, 1944, p. 6.

第一章　台湾かルソンか

(1) Press and radio conference No. 961, July 11, 1944, FDR Library.

(2) FDR to Stephen T. Early, October 24, 1944, in Stephen T. Early Papers, "Memoranda, FDR, 1944," Box 24, FDR Library.

(3) Smith, "Thank You, Mr. President!," *Life* magazine, August 19, 1946, p. 49.

(4) William D. Hassett diary, March 6, 1944, in Hassett, *Off the Record with FDR*, p. 239.

(5) Evans, *The Hidden Campaign*, p. 52.

(6) White House daily log, July 16, 1944, FDR Library.

(7) Rigdon, *White House Sailor*, p. 19.

(8) William D. Leahy diary, July 21, 1944, p. 61, William D. Leahy Papers, LCMD.

(9) "JCS to CINCPOA and CINCSOWESPAC," March 12, 1944, FDR Map Room Papers, Box 182.

(10) Hayes, *The History of the Joint Chiefs of Staff in World War II*, p. 503.

(11) MacArthur to Sutherland, March 8, 1943, RG-30, Reel 1007, Signal Corps No. Q4371, MacArthur Memorial Archives.

(12) Marshall to General Douglas MacArthur, June 24, 1944, Radio No. WAR-55718, George C. Marshall Papers, Pentagon Office Collection, Selected Materials, George C. Marshall Research Library, Lexington, Virginia.

(13) MacArthur to Marshall, Radio No. CX-13891, June 18, 1944, in Marshall, *The Papers of George Catlett Marshall*, ed. Bland

and Stevens.

(14) 文書による証拠は一九七九年に Carol M. Petillo によって発見され、公表された。Petillo, "Douglas MacArthur and Manuel Quezon." マッカーサーの幕僚部の書記だった Paul P. Rogers はコレヒドール島でケソンとマッカーサーとサザーランドの会話を目撃して、命令書をタイプ打ちした。Rogers, *The Good Years: MacArthur and Sutherland*, pp. 165–66.

(15) Dwight D. Eisenhower diary, June 20, 1942, in *The Eisenhower Diaries*, p. 63.

(16) Press conference, April 17, 1944, in Perry, *Dear Bart*, p. 270.

(17) Barbey, *MacArthur's Amphibious Navy*, p. 183.

(18) Charles J. Moore の口述史、p. 1063.

(19) Interview with Raymond A. Spruance by Philippe de Baussel for *Paris Match*, July 6, 1965, p. 21, Raymond A. Spruance Papers, MS Collection 12, Box 1, Folder 1.

(20) Spruance to Professor E. B. Potter, March 28, 1960, p. 1, Raymond A. Spruance Papers, Collection 707, Box 3, NHHC Archives.

(21) Robert Bostwick Carney の口述史、CCOH Naval History Project, p. 435.

(22) Ibid.

(23) Ibid., p. 438.

(24) John Henry Towers diary, July 20, 1944, John H. Towers Papers, LCMD.

(25) Robert Bostwick Carney の口述史, CCOH Naval History Project, p. 440.

(26) Buell, *Master of Sea Power*, p. 467.

(27) CINCPOA to COMINCH, July 24, 1944, in CINCPAC Gray Book, Book 5, p. 2334.

(28) "Notes, 1950–1952," pp. 5–6, Ernest J. King Papers, LCMD.

(29) John Henry Towers diary, July 26, 1944, John H. Towers Papers, LCMD.

(30) Robert C. Richardson Jr. diary, July 27, 1944, Robert C. Richardson Jr. Papers, Hoover Institution Archives.

(31) Whelton Rhoades diary, July 26, 1944, in Rhoades, *Flying MacArthur to Victory*, p. 257.

(32) Ibid., p. 258.

(33) John Henry Towers diary, July 26, 1944, John H. Towers Papers, LCMD. ホエルトン・ローズはタワーズをニミッツと勘違いして、太平洋艦隊司令長官が飛行機を出迎えたと日記に誤って記録しているのに注意。 Rhoades diary, July 26, 1944, in Rhoades, *Flying MacArthur to Victory*, p. 258.

(34) Rosenman, *Working With Roosevelt*, pp. 456–57. リチャードスン将軍はマッカーサーを拾うために、自分の車をボルティモアからフォート・シャフターまで走らせたので、両将軍はおそらくいっしょに戻ってきたのだろう。Robert C. Richardson Jr. diary, July 27, 1944. オープンのツーリングカーは七月二十六日、海軍工廠にまちがいなくいた。FDRとレイヒーが同車に乗って立ち去るところがフィルム映像に写っているからである。"FDR's Tour of Inspection to the Pacific July–Aug, 1944," 16mm film footage, MP71-8:63–64, Motion Pictures Collection, FDR Library.
(35) Sommers, *Combat Carriers and My Brushes with History*, pp. 97–99.
(36) Faubion Bowers, "The Late General MacArthur," in Leary, ed., *MacArthur and the American Century*, p. 254.
(37) Leahy, *I Was There*, p. 250.
(38) "FDR's Tour of Inspection to the Pacific July–Aug, 1944," 16mm film footage, MP71-8:63–64, Motion Pictures Collection, FDR Library.
(39) Ibid.
(40) Sommers, *Combat Carriers and My Brushes with History*, pp. 97–99.
(41) William D. Leahy diary, July 26, 1944, William D. Leahy Papers, LCMD.
(42) Robert C. Richardson Jr. diary, July 27, 1944, Richardson Papers, Hoover Institution Archives.
(43) Ibid.
(44) FDR Press Conference #962, July 29, 1944, FDR Library.
(45) Reilly and Slocum, *Reilly of the White House*, p. 191.
(46) Rigdon, *White House Sailor*, p. 116.
(47) McIntire, *White House Physician*, p. 199.
(48) James, *The Years of MacArthur*, Vol. 2, p. 529.
(49) Whelton Rhoades diary, July 29, 1944, in Rhoades, *Flying MacArthur to Victory*, pp. 260–61.
(50) Robert L. Eichelberger to Emma Eichelberger, September 12, 1944, in Luvaas, ed., *Dear Miss Em*, pp. 155–56.
(51) "Presidential Conference in Hawaii," 35mm film footage, FDR2757-28-2 and FDR2757-28-3, Motion Pictures Collection, FDR Library.
(52) Ibid.
(53) Blaik, *The Red Blaik Story*, pp. 501–2; Eichelberger and MacKaye, *Our Jungle Road to Tokyo*, p. 165.
(54) Faubion Bowers, "The Late General MacArthur," in Leary, ed., *MacArthur and the American Century*, p. 254.

（55） Blaik, *The Red Blaik Story*, p. 500; MacArthur, *Reminiscences*, p. 172.

（56） Robert C. Richardson Jr. diary, January 19, 1945, Richardson Papers, Hoover Institution Archives.

（57） MacArthur, *Reminiscences*, pp. 197–98.

（58） Morison, *History of United States Naval Operations in World War II*, Vol. 12, Leyte, p. 9.

（59） Robert C. Richardson Jr. diary, July 28, 1944, Richardson Papers, Hoover Institution Archives.

（60） Leahy, *I Was There*, p. 251.

（61） Robert C. Richardson Jr. diary, July 28, 1944, Richardson Papers, Hoover Institution Archives.

（62） Drea, *In the Service of the Emperor*, p. 129.

（63） MacArthur, *Reminiscences*, p. 198.

（64） Robert C. Richardson Jr. diary, July 28, 1944, Richardson Papers, Hoover Institution Archives.

（65） Nimitz et al., *The Great Sea War*, pp. 370–73.

（66） William D. Leahy diary, July 28, 1944, William D. Leahy Papers, LCMD.

（67） MacArthur, *Reminiscences*, pp. 197–98.

（68） Robert L. Eichelberger to Emma Eichelberger, September 12, 1944, in Luvaas, ed., *Dear Miss Em*, pp. 155–56.

（69） Hayes, *The History of the Joint Chiefs of Staff in World War II*, p. 92.

（70） 強調部分は原文どおり。"Notes, 1950–1952," p. 3, Ernest J. King Papers.

（71） Whitney, *MacArthur: His Rendezvous with History*, p. 125.

（72） D. Clayton James は、それ以外の点ではじつにすばらしい彼の全三巻の伝記 *The Years of MacArthur* でこの説を提示した。ほかの多くの者が、彼の切り開いた道をたどっている。

（73） McIntire, *White House Physician*, p. 200.

（74） Manchester, *American Caesar*, p. 370.

（75） Whelton Rhoades diary, July 29, 1944, in Rhoades, *Flying MacArthur to Victory*, pp. 260–61.

（76） Howard G. Bruenn, M.D., "Clinical Notes," in Evans, *The Hidden Campaign*, Appendix B, p. 149.

（77） William D. Leahy diary, July 29, 1944; White House daily log, July 29, 1944; "Presidential Conference in Hawaii," 35mm film footage, FDR 2757-28-2 and FDR 2757-28-3, Motion Pictures Collection, FDR Library.

（78） FDR daily log, July 29, 1944, FDR Library; also "Presidential Conference in Hawaii—July 1944," 35mm film footage, FDR 2757-28-4, Motion Pictures Collection, FDR Library.

（79）White House daily log, July 29, 1944, FDR Library.
（80）"Presidential Conference in Hawaii—July 1944," 35mm film footage, FDR2757-28-4, Motion Pictures Collection, FDR Library.
（81）McIntire, *White House Physician*, p. 11.
（82）Ibid., p. 13.
（83）Rosenman quoted in Dallek, *Franklin D. Roosevelt*, p. 568.
（84）"Presidential Conference in Hawaii—July 1944," 35mm film footage, FDR2757-28-4, Motion Pictures Collection, FDR Library.
（85）Press Conference #962, July 29, 1944, FDR Library.
（86）Ibid.
（87）William D. Leahy diary, July 29, 1944, William D. Leahy Papers, LCMD.
（88）Letter, FDR to MacArthur, August 9, 1944, FDR Library.
（89）Press Conference #962, July 29, 1944, FDR Library.
（90）"JCS to CINCPOA and CINCSOWESPAC," March 12, 1944, FDR Map Room Papers, Box 182.
（91）Whelton Rhoades diary, July 29, 1944, in Rhoades, *Flying MacArthur to Victory*, pp. 260–61.
（92）Joint Staff Planners, Washington, to Staff Planners of CINCPOA, CINCSWPA, July 27, 1944, CINCPAC Gray Book, Book 5, p. 2336.
（93）Hayes, *The History of the Joint Chiefs of Staff in World War II*, p. 612.
（94）Leahy memorandum to JCS, "Discussion of Pacific Strategy," September 5, 1944. Includes summary of past meetings. Inserted into William D. Leahy diary after entry for August 3, 1944, William D. Leahy Papers, LCMD.
（95）Charles J. Moore の口述史、p. 1073.
（96）Ibid.
（97）CINCPOA to COMINCH, August 18, 1944, CINCPAC Gray Book, Book 5, p. 2342.
（98）John Henry Towers diary, July 20, 1944, John H. Towers Papers, LCMD.
（99）Graves B. Erskine の口述史, CCOH Marine Corps Project, p. 379.
（100）Joint Chiefs of Staff to Nimitz, MacArthur, September 9, 1944, CINCPAC Gray Book, Book 5, p. 2350.
（101）Robert L. Eichelberger to Emma Eichelberger, September 12, 1944, in Luvaas, ed., *Dear Miss Em*, pp. 155–56.
（102）Letter, FDR to MacArthur, September 15, 1944, FDR Library.
（103）場所の暗号名は、それぞれに対応する実際の地名に置き換えてある。MacArthur to Chief of Staff, War Department,

September 21, 1944, CINCPAC Gray Book, Book 5, pp. 2362–63.
(104) John Henry Towers diary, September 26, 1944, John H. Towers Papers, LCMD.
(105) Admiral Raymond A. Spruance, interview in Paris Match, July 6, 1965, p. 21, Spruance Papers, Naval War College Archives.
(106) Ibid.
(107) "Notes, 1950–1952," p. 7, Ernest J. King Papers.

第二章　レイテ攻撃への道

(1) De Seversky, "Victory Through Air Power!," *American Mercury*, February 1942, Vol. 54, pp. 135–54.
(2) Mitscher to Captain Luis De Florez, quoted in Taylor, *The Magnificent Mitscher*, pp. 188–89.
(3) MacWhorter and Stout, *The First Hellcat Ace*, p. 70.
(4) Commander James C. Shaw, USN, "Fast Carrier Operations, 1941–1945," in the introduction to Morison, *History of United States Naval Operations in World War II*, vol. 7, *Aleutians, Gilberts, and Marshalls*, p. xxxii.
(5) David S. McCampbell account in Wooldridge, ed., *Carrier Warfare in the Pacific*, p. 212.
(6) Arleigh Burke の口述史' p. 5, RG-38, World War II Oral Histories and Interviews, 1942–1946, Box 4, NARA.
(7) Olson, *Tales from a Tin Can*, p. 195.
(8) Hugh Melrose account, in Olson, *Tales from a Tin Can*, p. 196.
(9) J. Bryan III diary, February 13, 1945, in Bryan, *Aircraft Carrier*, p. 21.
(10) ふたりの従軍記者が、スプルーアンスとロジャースは似ていると指摘している。"Our Unsung Admiral," by Frank D. Morris, *Collier's Weekly*, January 1, 1944, p. 48; Fletcher Pratt, "Spruance: Picture of the Admiral," *Harper's Magazine*, August 1946, p. 144.
(11) Buell, *The Quiet Warrior*, p. 185.
(12) Ibid., p. 212.
(13) Ibid., p. 258.
(14) Charles F. Barber, Interview by Evelyn M. Cherpak, March 1, 1996, Naval War College Archives.
(15) Buell, *The Quiet Warrior*, p. 269.

(16) Charles J. Moore の口述史、p. 838.
(17) "Our Unsung Admiral," by Frank D. Morris, *Collier's Weekly*, January 1, 1944, p. 17.
(18) Charles J. Moore の口述史、p. 839.
(19) Moore to his wife on July 1, 1944, quoted in Charles J. Moore の口述史、p. 1047.
(20) Spruance to E. M. Eller, July 22, 1966, Raymond A. Spruance Papers, MS Collection 12, Box 2, Folder 7.
(21) Buell, *The Quiet Warrior*, p. 329.
(22) Robert Bostwick Carney の口述史、p. 382.
(23) Comments on E. B. Potter's book, Spruance Papers, NHHC Archives, Collection 707, Box 3, p. 9.
(24) たとえば、一九四四年九月の放送は、「ハルゼー中将の第三艦隊」と「スプルーアンス提督の第五艦隊」、「キンケイド中将の第七艦隊」の活動に言及している。"Digest of Japanese Broadcasts, September 20, 1944," p. 3, NARA Records of Japanese Navy and Related Documents, Digest: Japanese Radio Broadcasts, Box 22.
(25) Spruance to Potter, December 1, 1944, pp. 2-3, Spruance Papers, NHHC Archives, Collection 707, Box 3.
(26) Radford, *From Pearl Harbor to Vietnam*, notes for chapters 1-4, p. 453.
(27) Trumbull, "All Out with Halsey!," *New York Times Magazine*, December 6, 1942, p. 1.
(28) "Halsey Predicts Victory This Year," *New York Times*, January 3, 1943.
(29) Halsey to Capt. Gene Markey, January 24, 1945, Halsey Papers, LCMD.
(30) "Interview with Admiral C. J. Moore," by John T. Mason, November 28, 1966, p. 4, Papers of Raymond Spruance, Series 188, Box 3, NHHC Archive.
(31) Sherrod, *On to Westward*, p. 239.
(32) Reynolds, *The Fast Carriers*, p. 238.
(33) Buell, *Dauntless Helldivers*, p. 327.
(34) Ibid., pp. 327-28.
(35) 小笠原群島（聟島、父島、母島）と火山列島（硫黄島と近隣の島々）は、地理的に異なり、地形も地質も気候もちがっていたが、アメリカ軍の指揮官たちはしばしばひとからげに「小笠原（ボニン）諸島」と呼んでおり、本書もときどきその慣行にしたがっている。
(36) Third Fleet War Diary, September 2, 1944, in NARA, RG 38, World War II War Diaries, Box 30; CINCPAC Gray Book, Book 5, p. 2055, entry for September 3, 1944.

(37) CTG 38.4 to Com3rdFlt, CTF 38, September 3, 1944, CINCPAC Gray Book, Book 5, p. 2226.
(38) Third Fleet War Diary, August 24, 1944.
(39) Solberg, *Decision and Dissent*, p. 23.
(40) Third Fleet War Diary, August 31, 1944.
(41) Ibid., entries for June 18 & July 7, 1944; NARA, RG 38, World War II War Diaries, Box 30.
(42) Robert Bostwick Carney の口述史, p. 383.
(43) Solberg, *Decision and Dissent*, pp. 22–23.
(44) Nimitz-Halsey letters, August–December 1944, in Halsey Papers/LCMD.
(45) Third Fleet War Diary, September 11, 1944.
(46) Ibid., September 8, 1944.
(47) Ibid., September 9, 1944.
(48) Ibid.
(49) COM3RDFLT to CTF 38, September 9, 1944, CINCPAC Gray Book, Book 5, p. 2351.
(50) St. John, *Leyte Calling*, p. 168.
(51) Buell, *Dauntless Helldivers*, p. 332.
(52) Davis, *Sinking the Rising Sun*, pp. 226–27.
(53) Ibid., p. 228.
(54) Okumiya, Horikoshi, and Caidin, *Zero!*, pp. 242–43.
(55) COM3RDFLT to CINCPOA, September 14, 1944, CINCPAC Gray Book, Book 5, pp. 2229–30.
(56) Halsey, *Admiral Halsey's Story*, p. 200.
(57) COM3RDFLT to CINCPOA, CINCSWPA, COMINCH, Message 130300, September 1944, RG-4, MacArthur correspondence files, MacArthur Memorial Archives.
(58) CINCPAC to COM3RDFLT, Info etc., September 13, 1944, CINCPAC Gray Book, Book 5, p. 2353.
(59) CINCPOA to COMINCH, Sept 14, 1944, CINCPAC Gray Book, Book 5, p. 2356.
(60) Ibid.
(61) Barbey, *MacArthur's Amphibious Navy*, p. 227; and MacArthur to Joint Chiefs of Staff, September 15, 1944, RG-4, MacArthur correspondence files, MacArthur Memorial Archives.

(62) Joint Chiefs of Staff to Nimitz, MacArthur, Info Halsey, September 15, 1944, CINCPAC Gray Book, Book 5, p. 2357.
(63) Third Fleet War Diary, September 14, 1944.
(64) "Message on the State of the Union," January 6, 1945, FDR Library.

第三章　地獄のペリリュー攻防戦

(1) Sledge, *With the Old Breed*, p. 32.
(2) Ibid., pp. 35-36.
(3) Burgin and Marvel, *Islands of the Damned*, p. 120.
(4) Donigan, "Peleliu: The Forgotten Battle."
(5) Mason, "*We Will Stand By You*," p. 216.
(6) Donigan, "Peleliu: The Forgotten Battle."
(7) Ibid.
(8) Mace and Allen, *Battleground Pacific*, p. 28.
(9) Hunt, *Coral Comes High*, p. 36.
(10) Ibid., p. 37.
(11) Sledge, *With the Old Breed*, p. 56.
(12) Lea and Greeley, *The Two Thousand Yard Stare*, p. 176.
(13) Hunt, *Coral Comes High*, p. 71.
(14) Lea and Greeley, *The Two Thousand Yard Stare*, p. 177.
(15) Ibid., pp. 177-78.
(16) Ibid., p. 182.
(17) Gayle, *Bloody Beaches*, p. 13.
(18) Mason, "*We Will Stand By You*," p. 221.
(19) Hunt, *Coral Comes High*, p. 137.
(20) Ibid., p. 124.
(21) Ibid., p. 103.

(22) Burgin and Marvel, *Islands of the Damned*, p. 132.
(23) Ibid., p. 133.
(24) Sledge, *With the Old Breed*, p. 79.
(25) Ibid., p. 80.
(26) Ronald D. Salmon の口述史、p. 86.
(27) Mace and Allen, *Battleground Pacific*, p. 64.
(28) Lea and Greeley, *The Two Thousand Yard Stare*, p. 189.
(29) CTF 38 to COM3RDFLT Info CINCPAC, September 7, 1944, CINCPAC Gray Book, Book 5, p. 2227.
(30) Mace and Allen, *Battleground Pacific*, p. 92.
(31) Third Fleet Diary, October 5, 1944.
(32) McCandless, *A Flash of Green*, pp. 164, 166.
(33) Sledge, *With the Old Breed*, p. 103.
(34) Mace and Allen, *Battleground Pacific*, p. 103.
(35) War Diary, September 22, 1944 (Oahu date), CINCPAC Gray Book, Book 5, p. 2079.
(36) "Operation Report, 81st Infantry Division, Capture of Ulithi Atoll," April 13, 1945, p. 29, FDR Map Room Files, Box 193, FDR Library.
(37) Hunt, *Coral Comes High*, p. 91.
(38) Burgin and Marvel, *Islands of the Damned*, p. 152.
(39) "Operation Report, 81st Infantry Division, Capture of Ulithi Atoll," April 13, 1945, p. 113, FDR Map Room Files, Box 193, FDR Library.
(40) Ronald D. Salmon の口述史、p. 89.
(41) Sledge, *With the Old Breed*, p. 121.
(42) Ibid., p. 143.
(43) Ibid., p. 123.
(44) Ibid., p. 148.
(45) Ibid., p. 120.
(46) Ibid., pp. 152–53.

（47）Ibid., p. 150.
（48）“CTF 57 to CINCPOA Info CTG 57.14,” November 6, 1944, Enclosure (A), CINCPAC Gray Book, Vol. 5, p. 2282.
（49）Donigan, “Peleliu: The Forgotten Battle.”
（50）“Operation Report, 81st Infantry Division, Capture of Ulithi Atoll,” April 13, 1945, p. 111, FDR Map Room Files, Box 193, FDR Library.
（51）Ibid., p. 24.
（52）Wees, *King-Doctor of Ulithi*, p. 36.
（53）“Operation Report, 81st Infantry Division, Capture of Ulithi Atoll,” April 13, 1945, pp. 28–29, FDR Map Room Files, Box 193, FDR Library.
（54）McCandless, *A Flash of Green*, pp. 170–71.
（55）Third Fleet Diary, October 2, 1944, CINCPAC Gray Book, October 5, 1944, Book 5, p. 2093; Task Group 38.3 Diary, October 5, 1944.
（56）Task Group 38.3 Diary, October 7, 1944.
（57）Third Fleet Diary, October 8, 1944.
（58）Robert Bostwick Carney の口述史、p. 392.
（59）COM3RDFLT to CINCPOA, etc., October 13, 1944, in CINCPAC Gray Book, Book 5, p. 2239.
（60）Task Group 38.3 Diary, October 11, 1944.
（61）Fukudome, “The Air Battle Off Taiwan,” in Evans, ed., *The Japanese Navy in World War II*, p. 346.
（62）USSBS, *Interrogations of Japanese Officials*, Nav No. 115, USSBS No. 503, Vice Admiral Shigeru Fukudome, IJN.
（63）Fukudome, “The Air Battle Off Taiwan,” in Evans, ed., *The Japanese Navy in World War II*, p. 338.
（64）Robert Bostwick Carney の口述史、p. 398.
（65）Third Fleet Diary, October 12, 1944.
（66）Solberg, *Decision and Dissent*, p. 58.
（67）Third Fleet Diary, October 12, 1944; Matome Ugaki diary, October 13, 1944, in Ugaki, *Fading Victory*, p. 470.
（68）Third Fleet Diary, October 13, 1944; Task Group 38.3 Diary, October 13, 1944.
（69）Kent Lee account in Wooldridge, ed., *Carrier Warfare in the Pacific*, p. 227.
（70）Davis, *Sinking the Rising Sun*, p. 250.

(71) Ibid., p. 252.
(72) War Diary, October 12, 1944 (Oahu date), CINCPAC Gray Book, Book 5, p. 2097.
(73) Task Group 38.3 Diary, October 13, 1944.
(74) Davis, *Sinking the Rising Sun*, p. 257.
(75) Third Fleet Diary, October 14, 1944.
(76) Task Group 38.3 Diary, October 14, 1944.
(77) William Ransom account in Kuehn et al., *Eyewitness Pacific Theater*, p. 203.
(78) "Running Estimate," October 14, 1944 (Oahu date), CINCPAC Gray Book, Book 5, p. 2099.
(79) Halsey, *Admiral Halsey's Story*, p. 207.
(80) "Digest of Japanese Broadcasts," October 15, 1944, p. 2.
(81) Ibid., October 14, 1944, p. 2.
(82) "Digest of Japanese Broadcasts," October 14, 1944, cited in memo dated October 20, 1944, p. 1.
(83) "Digest of Japanese Broadcasts," October 17, 1944, p. 2.
(84) Halsey, *Admiral Halsey's Story*, p. 206.
(85) Fukudome, "The Air Battle Off Taiwan," in Evans, ed., *The Japanese Navy in World War II*, p. 352.
(86) "Digest of Japanese Broadcasts," October 15, 1944, p. 7, and October 16, 1944, p. 2.
(87) Carney の口述史, p. 399.
(88) CINCPAC to COMFAIRWING, October 15, 1944; CINCPAC Gray Book, Book 5, p. 2240.
(89) Third Fleet Diary, October 15, 1944.
(90) Captain Inglis of the *Birmingham*, quoted in Morison, *History of United States Naval Operations in WWII, Vol. 12, Leyte*, p. 103.
(91) Morison, *History of United States Naval Operations, Vol. 12, Leyte*, p. 96.
(92) Third Fleet Diary, October 17, 1944.

第四章　大和魂という「戦略」

(1) Michio Takeyama essay in Minear, ed., *The Scars of War*, p. 35.

(2) Ibid.
(3) Havens, *Valley of Darkness*, p. 131.
(4) Ibid., p. 94.
(5) Kiyoshi Kiyosawa diary, July 24, 1944, Kiyosawa, *A Diary of Darkness*, p. 232.
(6) Tsunejiro Tamura diary, July 17, 1944 and January 16, 1945; Yamashita, ed., *Leaves from an Autumn of Emergencies*, p. 113.
(7) Havens, *Valley of Darkness*, p. 96.
(8) An anonymous woman's remark, recorded in Kiyoshi Kiyosawa diary, July 22, 1944, Kiyosawa, *A Diary of Darkness*, p. 230.
(9) Taketora Ogata, president of the Board of Information, September 1944, quoted in USSBS, *The Effects of Strategic Bombing on Japanese Morale*, p. 124.
(10) "Digest of Japanese Broadcasts, October 13, 1944," p. 3.
(11) Uichiro Kawachi の口述史、Cook and Cook, eds., *Japan at War*, p. 218.
(12) Kiyoshi Kiyosawa diary, October 17, 1944, Kiyosawa, *A Diary of Darkness*, p. 267.
(13) "Digest of Japanese Broadcasts," October 16, 1944, p. 1.
(14) Ibid., October 17, 1944, p. 3, and October 18, 1944, p. 1.
(15) Fukudome, "The Air Battle Off Taiwan," in Evans, ed., *The Japanese Navy in World War II*, p. 354.
(16) Matome Ugaki diary, October 14, 1944, Ugaki, *Fading Victory*, p. 474.
(17) Kenryo Sato, "Dai Toa War Memoir" (unpublished manuscript), pp. 7–9, John Toland Papers, FDR Library, Series 1, Box 16.
(18) Kawachi の口述史、Cook and Cook, eds., *Japan at War*, p. 218.
(19) "Digest of Japanese Broadcasts, October 20, 1944," p. 7.
(20) Auer, ed., *From Marco Polo Bridge to Pearl Harbor*, p. 176.
(21) USSBS, *Interrogations of Japanese Officials*, Nav No. 76, USSBS No. 379, Admiral Mitsumasa Yonai, IJN.
(22) Hirohito "Soliloquy," translation in Irokawa, *The Age of Hirohito*, p. 92.
(23) Auer, ed., *From Marco Polo Bridge to Pearl Harbor*, p. 178.
(24) USSBS, *Interrogations of Japanese Officials*, Nav No. 90, USSBS No. 429, Admiral Kichisaburo Nomura, IJN.
(25) "Digest of Japanese Broadcasts, August 25, 1944," p. 2.
(26) Premier Kuniaki Koiso, in speech to Diet, September 8, 1944; Tolischus, *Through Japanese Eyes*, p. 156.
(27) "Digest of Japanese Broadcasts, August 19, 1944," p. 5.

(28) *Chubu Nippon Shimbun*, July 26, 1944, quoted in Kiyoshi Kiyosawa diary, same date, in Kiyosawa, *A Diary of Darkness*, p. 233.

(29) Report entitled "Current Conditions of the Empire's Strength," dated July 1944, quoted in Havens, *Valley of Darkness*, p. 131.

(30) 例として、ＵＳＳＢＳ尋問記録の栗田（四七番）、野村（四二九番）、小沢（三二七番）の陳述を参照。栗田「われわれはマッカーサー将軍が南から〔フィリピンへ〕来るだろうと信じていました」、野村「あなた方の将軍の一人が再びフィリピンを占領するだろうと言いました。……それですから、アメリカ軍はどうしてもそこへ行かねばなるまいというのが、われわれの意見でした」、小沢「もともとの捷号作戦は、ひじょうにおおまかなもので、比島を死守せねばならない」そして、「アメリカの侵攻は十月なかばに実施される可能性があるというものでした」。

(31) USSBS, *Interrogations of Japanese Officials*, Nav No. 55, USSBS no. 227, Vice Admiral Jisaburo Ozawa.

(32) Verbatim [sic]. Kenryo Sato, "Dai Toa War Memoir" (unpublished manuscript), pp. 7–9, John Toland Papers, FDR Library, Series 1, Box 16.

(33) Kenryo Sato, "Dai Toa War Memoir" (unpublished manuscript), pp. 7–9, John Toland Papers, FDR Library, Series 1, Box 16.

(34) Ibid.

(35) USSBS, *Interrogations of Japanese Officials*, Nav No. 64, USSBS No. 258, Rear Admiral Toshitane Takata, IJN. 高田利種は第三艦隊、連合艦隊、海軍軍令部の幕僚職を歴任した。

(36) Ito and Pineau, *The End of the Imperial Japanese Navy*, pp. 125–26.

(37) USSBS, *Interrogations of Japanese Officials*, Nav No. 64, USSBS No. 258, Rear Admiral Toshitane Takata, IJN.

(38) USSBS, *Interrogations of Japanese Officials*, Nav No. 9, USSBS No. 47, Vice Admiral Takeo Kurita.

(39) USSBS, *Interrogations of Japanese Officials*, Nav No. 55, USSBS No. 227, Vice Admiral Jisaburo Ozawa, IJN. 松田千秋海軍中将の尋問記録 Nav No. 69, USSBS No. 345も参照：「当時の私の意見は、結局のところ、作戦計画はあなた方の進撃を食い止めるには不十分だというものでした。しかし、こういう状況では、最善の計画だと考えました。わたしはこれが自分にとって最後の交戦になると考え、戦死を予期しました」

(40) Sakai, with Caidin and Saito, *Samurai!*, p. 221.

(41) Ibid., p. 220.

(42) Naoji Kozu の口述史, Cook and Cook, eds., *Japan at War*, p. 315.

(43) USSBS, *Interrogations of Japanese Officials*, Nav No. 12, USSBS No. 62, Captain Rikibei Inoguchi.

(44) Ibid.

(45) USSBS, *Interrogations of Japanese Officials*, Nav No. 75, USSBS No. 378, Admiral Soemu Toyoda.
(46) Ibid.
(47) USSBS, *Interrogations of Japanese Officials*, Nav No. 55, USSBS No. 227, Vice Admiral Jisaburo Ozawa, IJN.
(48) Inoguchi et al., *The Divine Wind*, p. 25.
(49) Auer, ed., *From Marco Polo Bridge to Pearl Harbor*, p. 236.
(50) "Digest of Japanese Broadcasts, October 6, 1944," p. 2.
(51) Goro Sugimoto, quoted in Victoria, *Zen at War*, p. 123.
(52) Dr. Reiho Masunaga in Chugai Nippon, May–June 1945, quoted in Victoria, *Zen at War*, p. 139.
(53) Thirty-Six Strategies cited in Cleary, *The Japanese Art of War*, p. 91.
(54) Inoguchi et al., *The Divine Wind*, p. 61.
(55) USSBS, *Interrogations of Japanese Officials*, Nav No. 12, USSBS No. 62, Captain Rikibei Inoguchi.
(56) Auer, ed., *From Marco Polo Bridge to Pearl Harbor*, p. 165.
(57) Inoguchi et al., *The Divine Wind*, p. 7.
(58) USSBS, *Interrogations of Japanese Officials*, Nav No. 12, USSBS No. 62, Captain Rikibei Inoguchi.
(59) Hastings, *Retribution*, pp. 166–67.
(60) Inoguchi et al., *The Divine Wind*, p. 11.
(61) Ibid., p. 27.
(62) Statement read over Radio Tokyo, 4:30 p.m., October 15, 1944, in "Digest of Japanese Broadcasts," October 15, 1944, p. 3.
(63) USSBS, *Interrogations of Japanese Officials*, Nav No. 98, Lieutenant General Torashiro Kawabe, November 30, 1945.
(64) Matome Ugaki diary, October 21, 1944, Ugaki, *Fading Victory*, p. 485.

第五章　レイテの戦いの幕開け

(1) Edward J. Huxtable, Composite Squadron Ten, recollections and notes, p. 5.
(2) Thomas C. Kinkaid の口述史、p. 301.
(3) "Joint Chiefs of Staff to MacArthur, Nimitz," October 3, 1944, #2255, in CINCPAC Gray Book, Book 5, p. 2378.
(4) "MacArthur to COM3RDFLT," October 21, 1944, #2240, in CINCPAC Gray Book, Book 5, p. 2389.

(5) Carney の口述史、pp. 396–97.
(6) Marsden, *Attack Transport*, p. 120.
(7) Log of Captain Ray Tarbuck, U.S. Navy, entry for October 19, 1944, 0958, quoted in Barbey, *MacArthur's Amphibious Navy*, p. 245.
(8) Entry for 1400; Third Amphibious Force War Diary, October 20, 1944, p. 6, in NARA, RG 38, World War II War Diaries, Box 177.
(9) Dickinson, "MacArthur Fulfills Pledge to Return," in Stenbuck, ed., *Typewriter Battalion. Dramatic Frontline Dispatches from World War II*, p. 239.
(10) Romulo, *I See the Philippines Rise*, p. 90.
(11) Ibid., p. 91.
(12) Ibid., p. 92.
(13) Boquet, *The Philippine Archipelago*, p. 100.
(14) USSBS, *Interrogations of Japanese Officials*, Nav No. 79, USSBS No. 390, Commander Shigeru Nishino, IJN.
(15) USSBS, *Interrogations of Japanese Officials*, Nav No. 9, USSBS No. 47, Vice Admiral Takeo Kurita.
(16) USS *Darter* (SS-227) War Patrol Report No. 4, November 5, 1944, accessed August 12, 2017, https://issuu.com/hnsa/docs.
(17) "Running Estimate" entry dated October 22, 1944, in CINCPAC Gray Book, Book 5, p. 2106.
(18) Solberg, *Decision and Dissent*, p. 77.
(19) . USS *Darter* (SS-227) War Patrol Report No. 4, November 5, 1944, accessed August 12, 2017, https://issuu.com/hnsa/docs.
(20) Thomas, *Sea of Thunder*, p. 190.
(21) USS *Dace* (SS-247) War Patrol Report No. 5, November 6, 1944, Enclosure (A), p. 34, accessed August 12, 2017, https://issuu.com/hnsa/docs.
(22) USS *Dace* (SS-247) War Patrol Report No. 5, November 6, 1944, Enclosure (A), p. 37, accessed August 12, 2017, https://issuu.com/hnsa/docs.
(23) Matome Ugaki diary, October 23, 1944, Ugaki, *Fading Victory*, p. 487.
(24) Solberg, *Decision and Dissent*, p. 99.
(25) Tully, *Battle of Surigao Strait*, p. 68.
(26) Halsey, *Admiral Halsey's Story*, p. 211.

(27) Yoshimura, *Battleship Musashi*, p. 159.
(28) Astor, *Wings of Gold*, p. 361.
(29) Solberg, *Decision and Dissent*, p. 105.
(30) TG 38.3 War Diary, October 24, 1944.
(31) David S. McCampbell account, in Wooldridge, ed., *Carrier Warfare in the Pacific*, p. 212.
(32) Woodward, *The Battle for Leyte Gulf*, p. 52.
(33) David S. McCampbell account, in Wooldridge, ed., *Carrier Warfare in the Pacific*, p. 212.
(34) War Damage Report No. 62, U.S.S. *Princeton* (CVL-23), Loss in Action Off Luzon, 24 October 1944, accessed September 6, 2017, https://www.history.navy.mil/research/library.
(35) Peggy Hull Deuell, "Death of Carriers Described," in *Reporting World War II*, Part One, p. 549.
(36) War Damage Report No. 62, U.S.S. *Princeton* (CVL-23), Loss in Action Off Luzon, 24 October 1944, accessed September 6, 2017, https://www.history.navy.mil/research/library.
(37) John Sheehan の口述史、Petty, ed., *Voices from the Pacific War*, p. 108.
(38) Peggy Hull Deuell, "Death of Carriers Described," in *Reporting World War II*, p. 550.
(39) Excerpts from Birmingham war diary, quoted in Morison, *History of United States Naval Operations in World War II*, Vol. 12, *Leyte*, p. 181.
(40) Lee Robinson の口述史、Petty, ed., *Voices from the Pacific War*, p. 239.
(41) USSBS, *Interrogations of Japanese Officials*, Nav No. 115, USSBS No. 503, Vice Admiral Shigeru, Fukudome, IJN.
(42) Jack Lawton の口述史、Springer, *Inferno*, p. 134.
(43) Robert Freligh の著者へのメール、February 11, 2018.
(44) Jack Lawton の口述史、Springer, *Inferno*, p. 134.
(45) Robert Freligh, email to author, February 11, 2018.
(46) USSBS, *Interrogations of Japanese Officials*, Nav No. 83, USSBS No. 407, Captain Kenkichi Kato, IJN（加藤憲吉は武蔵がレイテ湾で沈んだとき副長だった）.
(47) USSBS, *Interrogations of Japanese Officials*, Nav No. 9, USSBS No. 47, Vice Admiral Takeo Kurita.
(48) Ito, *The End of the Imperial Japanese Navy*, p. 106. 宇垣は西に向かって反転することに賛成し、日記でこう述べた。「敵を偽瞞する為、夕方迄に一度反転する事は明日の為有利と氣附居りたり」Matome Ugaki diary, October 24, 1944, Ugaki, *Fading*

Victory, p. 490.

(49) Ito, *The End of the Imperial Japanese Navy*, p. 108.

(50) Ibid.

(51) USSBS, *Interrogations of Japanese Officials*, Nav No. 9, USSBS No. 47, Vice Admiral Takeo Kurita.

(52) Thomas, *Sea of Thunder*, p. 223.

(53) Haruo Tohmatsu, email to H. P. Willmott, December 3, 2003, quoted in Willmott, *The Battle of Leyte Gulf*, p. 132.

(54) USSBS, *Interrogations of Japanese Officials*, Nav No. 64, USSBS No. 258, Rear Admiral Toshitane Takata, IJN. 高田利種は第三艦隊、連合艦隊、海軍軍令部の幕僚職を歴任した。

(55) Ito, *The End of the Imperial Japanese Navy*, p. 111.

(56) Matome Ugaki diary, October 24, 1944, Ugaki, *Fading Victory*, p. 490.

(57) Asada, *From Mahan to Pearl Harbor*, p. 206.

(58) Matome Ugaki diary, October 24, 1944; Ugaki, *Fading Victory*, p. 491.

(59) Com 3rd Fleet to CINCPAC, 26 October 1944 (251317); NARA, RG 38, "CNO Zero-Zero Files," Box 4, "CINCPOA Dispatches, October 1944."

(60) Third Fleet action report, Serial 0088, October 23–26, 1944, p. 3; Halsey Papers, Box 35, "Action Reports, Third Fleet, October 23–26, 1944," LCMD.

(61) "COM3RDFLEET to ALL TFC'S 3RD FLEET, ALL TGC'S OF TF 38 Info COMINCH, CINCPAC," Oct 24, 1944, 0612; in CINCPAC Gray Book, Book 5, p. 2242.

(62) Halsey, *Admiral Halsey's Story*, p. 214.

(63) Third Fleet action report, Serial 0088, October 23–26, 1944, p. 3; Halsey Papers, Box 35, "Action Reports, Third Fleet, October 23–26, 1944," LCMD.

(64) Third Fleet action report, Serial 0088, October 23–26, 1944, p. 3; Halsey Papers, Box 35, "Action Reports, Third Fleet, October 23–26, 1944," LCMD.

(65) 直接の目撃者ソルバーグは、ダグ・モールトン、ハロルド・スタッセン、ロロ・ウィルスンの名を挙げている。Solberg, *Decision and Dissent*, p. 117.

(66) Thomas, *Sea of Thunder*, p. 226.

(67) COM3RDFLT to CTF 77, etc. (241124), in CINCPAC Gray Book, Book 5, p. 2243.

（68）Gerald F. Bogan の口述史、p. 109.
（69）Ibid.
（70）Ibid., p. 113.
（71）Conveyed by a member of Lee's staff to Samuel Eliot Morison in a letter dated March 6, 1950, Morison, *History of United States Naval Operations in World War II*, Vol. 12, *Leyte*, p. 195n34.
（72）Cutler, *The Battle of Leyte Gulf*, p. 208.
（73）Prados, *Storm Over Leyte*, p. 224.
（74）Thomas, *Sea of Thunder*, p. 231.
（75）Robert Bostwick Carney の口述史、p. 407.
（76）Halsey to Nimitz, October 6, 1944, LCMD, Halsey Papers, Box 15.
（77）Radford, *From Pearl Harbor to Vietnam*, p. 40.
（78）Reynolds, *The Fast Carriers*, p. 258.
（79）Roland Smoot の口述史、quoted in Adams, *Witness to Power*, p. 347.
（80）Commander Task Force 77 to COMINCH, "Preliminary Action Report of Engagements in Leyte Gulf and Off Samar Island on 25 October 1944," Serial 002335, November 18, 1944, FDR Library, FDR Map Room files, Box 186, enclosure: Dispatches, p. 19.
（81）Action Report, USS *West Virginia*, "Action in Battle of Surigao Straits 25 October 1944," Serial 0538, November 1, 1944. Comments by Captain Herbert V. Wiley.
（82）Commander Task Force 77 to COMINCH, "Preliminary Action Report of Engagements in Leyte Gulf and Off Samar Island on 25 October 1944," Serial 002335, November 18, 1944, FDR Library, FDR Map Room files, Box 186, p. 7.
（83）Woodward, *The Battle for Leyte Gulf*, p. 89.
（84）Tully, *Battle of Surigao Strait*, p. 84.
（85）Action Report, USS *West Virginia*, "Action in Battle of Surigao Straits 25 October 1944," Serial 0538, November 1, 1944.

第六章　ハルゼーの誤算、栗田の失策

（1）Tomoo Tanaka quoted in Tully, *Battle of Surigao Strait*, p. 47.

(2) Yasuo Kato quoted in ibid., p. 47.
(3) Shigeru Nishino quoted in Ito, *The End of the Imperial Japanese Navy*, p. 116.
(4) Bob Clarkin quoted in Sears, "Wooden Boats at War: Surigao Strait," *World War II Magazine*, Vol. 28, Issue No. 5, February 2014.
(5) "Lone PT Attacked Japanese Fleet," *New York Times*, November 14, 1944.
(6) Action Report, USS *West Virginia*, "Action in Battle of Surigao Straits 25 October 1944," Serial 0538, November 1, 1944.
(7) Bates, U.S. Naval War College Battle Evaluation Group Report, *The Battle for Leyte Gulf*, Vol. 5, "Battle of Surigao Strait," p. 322.
(8) USSBS, *Interrogations of Japanese Officials*, Nav No. 79, USSBS No. 390, Commander Shigeru Nishino, IJN.
(9) Tully, *Battle of Surigao Strait*, p. 158.
(10) Bates, U.S. Naval War College Battle Evaluation Group Report, *The Battle for Leyte Gulf*, Vol. 5, "Battle of Surigao Strait," p. 328.
(11) Ibid., p. 395.
(12) USSBS, *Interrogations of Japanese Officials*. Nav No. 79, USSBS No. 390, Commander Shigeru Nishino, IJN.
(13) Tully, *Battle of Surigao Strait*, p. 185.
(14) Ibid., p. 186.
(15) Ibid., p. 188.
(16) Smoot quoted in Morison, *History of United States Naval Operations in World War II*, Vol. 12, *Leyte*, p. 228.
(17) Action Report, USS *West Virginia*, "Action in Battle of Surigao Straits 25 October 1944," Serial 0538, November 1, 1944. Comments by Captain Herbert V. Wiley.
(18) Comments by commanding officer of the *Denver*, "Battle Experience: Battle of Leyte Gulf, Information Bulletin No. 22," U.S. Navy Department, March 1, 1945, p. [78–20].
(19) James L. Holloway III, "Second Salvo at Surigao Strait," *Naval History* 24, No. 5, October 2010.
(20) Tully, *Battle of Surigao Strait*, p. 194.
(21) Comments by commanding officer of the *Daly*, "Battle Experience: Battle of Leyte Gulf, Information Bulletin No. 22," U.S. Navy Department, March 1, 1945, p. [78–24].
(22) Tully, *Battle of Surigao Strait*, p. 212.

(23) USSBS, *Interrogations of Japanese Officials*, Nav. No. 79, USSBS No. 390, Commander Shigeru Nishino, IJN, November 18, 1945.
(24) Ibid.
(25) Action Report, USS *West Virginia*, "Action in Battle of Surigao Straits 25 October 1944."
(26) Bates, *The Battle for Leyte Gulf*, October 1944, Vol. 5, "Battle of Surigao Strait," p. 329.
(27) Prados, *Storm Over Leyte*, p. 25.
(28) Tully, *Battle of Surigao Strait*, p. 227.
(29) Morison, *History of United States Naval Operations in World War II*, Vol. 12, *Leyte*, p. 240.
(30) Comments by commanding officer of the *Denver*, "Battle Experience: Battle of Leyte Gulf, Information Bulletin No. 22," U.S. Navy Department, March 1, 1945, p. [78–20].
(31) Tully, *Battle of Surigao Strait*, p. 239.
(32) Morison, *History of United States Naval Operations in World War II*, Vol. 12, *Leyte*, p. 238.
(33) James L. Holloway III, "Second Salvo at Surigao Strait," *Naval History* 24, No. 5, October 2010.
(34) USSBS, *Interrogations of Japanese Officials*, Nav No. 41, USSBS No. 170, Commander Tonosuke Otani, IJN, Operations Officer on the Staff of C-in-C Second Fleet.
(35) Koyanagi, "The Battle of Leyte Gulf," in Evans, ed., *The Japanese Navy in World War II*, p. 369.
(36) Sprague, "The Japs Had Us on the Ropes," *American Magazine*, Vol. 139, No. 4, April 1945, p. 40.
(37) Michael Bak Jr. の口述書、 pp. 154–55.
(38) Koyanagi, "The Battle of Leyte Gulf," in Evans, ed., *The Japanese Navy in World War II*, p. 367.
(39) *Yamato* action report, quoted in Lundgren, *The World Wonder'd*, p. 21.
(40) Sprague, "The Japs Had Us on the Ropes," p. 40.
(41) *White Plains* (CVE-66) action report, quoted in Lundgren, *The World Wonder'd*, p. 29.
(42) Ibid., p. 31.
(43) Ibid., p. 35.
(44) Huxtable, "Composite Squadron Ten, recollections," p. 7.
(45) Ibid., p. 9.
(46) Captain Sugiura of the *Haguro*, quoted in Lundgren, *The World Wonder'd*, p. 57.

(47) Morison, *History of United States Naval Operations in World War II*, Vol. 12, *Leyte*, p. 253.
(48) Robert C. Hagen, as told to Sidney Shalett, "We Asked for the Jap Fleet—and Got It," *Saturday Evening Post*, May 26, 1945, accessed August 14, 2018, http://www.bosamar.com/pages/hagen_story.
(49) Ibid.
(50) Ibid.
(51) Sprague, "The Japs Had Us on the Ropes," p. 40.
(52) CTF 77 to COM3RDFLT, October 24, 1944, CINCPAC Gray Book, Book 5, p. 2246.
(53) Halsey, "The Battle for Leyte Gulf," *Naval Institute Proceedings*, May 1952, Vol. 78/5/591.
(54) Task Group 38.3 War Diary, October 25, 1944 entry.
(55) Weil quoted in Buell, *Dauntless Helldivers*, p. 348.
(56) Davis, *Sinking the Rising Sun*, pp. 275–76.
(57) Ibid., p. 276.
(58) USSBS, *Interrogations of Japanese Officials*, Nav No. 36, USSBS No. 150, Captain Toshikazu Ohmae, IJN.
(59) Task Group 38.3 War Diary, October 25, 1944 entry.
(60) CTF 77 to COM3RDFLT, CTF 34, in CINCPAC Gray Book, Book 5, p. 2246.
(61) Halsey, "The Battle for Leyte Gulf," *Naval Institute Proceedings*, May 1952, Vol. 78/5/591.
(62) Solberg, *Decision and Dissent*, p. 152.
(63) CTF 77 to COM3RDFLT, CTF 34, in CINCPAC Gray Book, Book 5, p. 2246.
(64) COM3RDFLT to CTG 38.1, in ibid.
(65) CINCPAC Gray Book, Book 5, pp. 2246–47.
(66) CTF 77 to COM3rdFLT, in ibid., p. 2247.
(67) COM3rdFLT to CTG 38.1 info ALL TFC'S AND TGC'S 3rd Fleet, CTF 77, Com7thFlt, in CINCPAC Gray Book, Book 5, p. 2247.
(68) CTF 77 to COM3RDFLT, in CINCPAC Gray Book, Book 5, p. 2246.
(69) Charles M. Fox Jr. の口述史、March 17, 1970, in *Recollections of Fleet Admiral Chester W. Nimitz*, pp. 2–3.
(70) COM3RDFLT to CTF 77, in CINCPAC Gray Book, Book 5, p. 2250.
(71) James Fife の口述史、CCOH Naval History Project, Vol. 2, No. 452, p. 400. ハルゼーの《プロシーディングス》誌一九五二年

五月号の記事によれば、キンケイドは一〇〇〇時に、「リーはどこにいる。リーを寄越せ」と簡潔な言葉で無線を送っている。この切羽詰まった心からの叫びは頻繁に引用されてきたが、そうした通信文はCINCPACの指揮命令書類を集めた「グレー・ブック」には見当たらないし、ハルゼーの記事は、ほかのいくつかの通信文も、大まかにいい換えているので、その言葉どおりではなかったのかもしれない。

(72) Lieutenant John Marshall quoted in Wukovits, *Admiral "Bull" Halsey*, p. 196.

(73) Joseph J. Clark の口述史、p. 501.

(74) Bernard Austin の口述史、p. 514.

(75) Chester W. Nimitz, "Some Thoughts to Live By."

(76) Bernard Austin の口述史、p. 513.

(77) CINCPAC to COM3RDFLT Info COMINCH, CTF 77, in CINCPAC Gray Book, Book 5, p. 2250. オースティンは自分が事務係下士官にそれを口述したと主張している。ヘディングはシャーマンがそれを書くのを見たといっている。Bernard Austin の口述史、p. 514; Truman J. Hedding の口述史、pp. 97-98.

(78) Potter and Nimitz, eds. *The Great Sea War*, pp. 389-90n.

(79) Charles M. Fox Jr. の口述史、March 17, 1970, in *Recollections of Fleet Admiral Chester W. Nimitz*, p. 3. フォックスの上司であるハム・ダウは一九五九年の手紙で細部を確認している。Leonard J. Dow, RADM, U.S. Navy (ret.) to E. B. Potter, January 6, 1959, "Leyte, correspondence regarding, 1958-1959," Halsey Papers.

(80) Halsey, *Admiral Halsey's Story*, p. 220.

(81) Drury and Clavin, *Halsey's Typhoon*, p. 49.

(82) Thomas, *Sea of Thunder*, p. 300.

(83) Charles M. Fox Jr. の口述史、March 17, 1970, in *Recollections of Fleet Admiral Chester W. Nimitz*, p. 4.

(84) Halsey to E. B. Potter, December 12, 1958, "Leyte, correspondence regarding, 1958-1959," Halsey Papers.

(85) Potter, Nimitz, p. 593 (Nimitz's remark to the author quoted in his source notes for chapter 20).

(86) Potter, *Bull Halsey*, p. 304.

(87) COM3RDFLT to CTF 77 Info COM7THFLT in CINCPAC Gray Book, Book 5, p. 2250.

(88) Report by Lieutenant Maurice Fred Green, Survivor of the *Hoel*, accessed October 2017, http://ussjohnston-hoel.com/6199.html.

(89) Commanding officer, U.S.S. *Hoel*, "Combined Action Report and Report of Loss of U.S.S. *Hoel* (DD 533) on 25 October, 1944."

(90) Matome Ugaki diary, October 25, 1944, Ugaki, *Fading Victory*, p. 493.

(91) Report by Lieutenant Maurice Fred Green, Survivor of the *Hoel*, accessed October 2017, http://ussjohnston-hoel.com/6199.html.

(92) Ibid.

(93) Matome Ugaki diary, October 25, 1944, Ugaki, *Fading Victory*, p. 495.

(94) Report by Glenn H. Parkin, Survivor of the *Hoel*, accessed October 2017, http://ussjohnston-hoel.com/6253.html.

(95) Michael Bak Jr. の回想録、p. 155.

(96) Ibid., p. 156.

(97) Robert M. Deal, personal account, USS *Johnston* Veterans Association pamphlet, p. 70.

(98) "Action Report—surface engagement off Samar, P.I., 25 October 1944," USS *Johnston*, DD557/A16-3, Serial 04, November 14, 1944, submitted by "Senior Surviving Officer."

(99) Robert C. Hagen, as told to Sidney Shalett, "We Asked for the Jap Fleet–and Got It." *Saturday Evening Post*, May 26, 1945.

(100) Tadashi Okuno letter to the *Asahi Shinbun*, published in Gibney, ed., *Senso*, pp. 136–37.

(101) USSBS, *Interrogations of Japanese Officials*, Nav No. 9, USSBS No. 47, Vice Admiral Takeo Kurita.

(102) Koyanagi, "The Battle of Leyte Gulf," in Evans, ed., *The Japanese Navy in World War II*, p. 368.

(103) Sprague, "The Japs Had Us on the Ropes," *American Magazine*, Vol. 139, No. 4, April 1945, p. 40.

(104) CTF 77 to COM3RDFLT, etc., 250146 and 250231, CINCPAC Gray Book, Book 5, p. 2250.

(105) Robert Bostwick Carney の回想録, p. 409.

(106) Task Group 38.3 War Diary, October 25, 1944.

(107) Ibid.

(108) USSBS, *Interrogations of Japanese Officials*, Nav No. 55, USSBS No. 227, Vice Admiral Jisaburo Ozawa.

(109) COM3RDFLT to CINCPAC Info etc., October 25, 1944 (251226), CINCPAC Gray Book, Book 5, p. 2256.

(110) COM3RDFLT to CINCPAC, 26 October 1944 (251317). NARA, RG 38, "CNO Zero-Zero Files," Box 4, "CINCPOA Dispatches, October 1944."

(111) C. Vann Woodward quoted in Shenk, ed., *Authors at Sea*, p. 232.

(112) USSBS, *Interrogations of Japanese Officials*, Nav No. 9, USSBS No. 47, Vice Admiral Takeo Kurita.

(113) Ibid.

（114）Ibid.
（115）Interrogator's notes in ibid.
（116）USSBS, *Interrogations of Japanese Officials*, Nav No. 9, USSBS No. 47, Vice Admiral Takeo Kurita.
（117）USSBS, *Interrogations of Japanese Officials*, Nav No. 35, USSBS No. 149, Rear Admiral Tomiji Koyanagi, IJN.
（118）Ibid.; Nav No. 41, USSBS No. 170, Commander Tonosuke Otani, IJN; Matome Ugaki diary, October 25, 1944, Ugaki, *Fading Victory*, pp. 496–97.
（119）Hara, *Japanese Destroyer Captain*, p. 256.
（120）Ito, *The End of the Imperial Japanese Navy*, p. 100.
（121）Koyanagi, "The Battle of Leyte Gulf," in Evans, ed., *The Japanese Navy in World War II*, p. 377.
（122）ラドフォードはのちの一九五三～一九五七年に統合参謀本部議長をつとめた。Radford, *From Pearl Harbor to Vietnam*, p. 30.
（123）Halsey, *Admiral Halsey's Story*, p. 128.
（124）Charles J. Mooreの口述史、p. 1032.
（125）Morison, *History of United States Naval Operations in World War II*, Vol. 12, *Leyte*, p. 58.
（126）Third Fleet action report, Serial 0088, October 23–26, 1944, p. 5; Halsey Papers, Box 35, "Action Reports, Third Fleet, October 23–26, 1944," LCMD.
（127）Truman J. Heddingの口述史、p. 101.
（128）Third Fleet action report, Serial 0088, October 23–26, 1944, pp. 4–5, Halsey Papers, Box 35, "Action Reports, Third Fleet, October 23–26, 1944," LCMD.
（129）Ibid.
（130）MacArthur, *Reminiscences*, pp. 227–28.
（131）Halsey to Nimitz, November 4, 1944, LCMD, Halsey Papers, Box 15.
（132）COM3RDFLT to CINCPAC Info etc., October 25, 1944 (251226), CINCPAC Gray Book, Book 5, p. 2256.
（133）Merrill, *A Sailor's Admiral*, p. 169.
（134）"Admiral Halsey Reports," British Pathé newsreel archive, URN: 74239, Film ID: 2121.
（135）USSBS, *Interrogations of Japanese Officials*, Nav No. 55, USSBS No. 227, Vice Admiral Jisaburo Ozawa, IJN.
（136）Halsey, "The Battle for Leyte Gulf," *Naval Institute Proceedings*, May 1952, Vol. 78/5/591.

(137) "Statement to the author, April 9, 1953," in Taylor, *The Magnificent Mitscher*, p. 265.
(138) Letters between Halsey and Morison, and Halsey and Ralph E. Wilson, January–February 1951, in Halsey Papers, "Correspondence Files."
(139) Halsey to officers, November 14, 1958, "Leyte, correspondence regarding, 1958–1959," Halsey Papers.
(140) Carney to Halsey, November 14, 1958, "Leyte, correspondence regarding, 1958–1959," Halsey Papers.
(141) Halsey to Prof. E. B. Potter, July 27, 1959, "The Battle of Leyte Gulf, Halsey's comments," Halsey Papers.
(142) Halsey and Bryant, *Admiral Halsey's Story*, Author's Foreword, p. 1.
(143) Halsey to Charlie Belknap, March 24, 1949, Halsey Papers, Box 7.

第七章　海と空から本土に迫る

(1) Wylie, "Reflections on the War in the Pacific," *Naval Institute Proceedings*.
(2) USSBS, *The War Against Japanese Transportation*, pp. 32–33.
(3) USSBS, *The War Against Japanese Transportation*, p. 2.
(4) USSBS, *Summary Report, Pacific War*, p. 11; USSBS, *The Effects of Strategic Bombing on Japan's War Economy*, p. 176, Table C-G9.
(5) USSBS, *Summary Report, Pacific War*, p. 13.
(6) Robert Bostwick Carney の口述史、p. 386.
(7) Halsey to Nimitz, September 28, 1944, Halsey Papers.
(8) Nimitz to Halsey, October 8, 1944, Halsey Papers.
(9) MacArthur radiogram to Marshall, February 2, 1944, p. 1; RG-4, Records of Headquarters, U.S. Army Forces Pacific (USAFPAC), 1942–1947, MacArthur Memorial Archives.
(10) Hansell, *The Strategic Air War Against Germany and Japan*, p. 173.
(11) John W. Clary, "Wartime Diary," accessed January 3, 2018, http://www.warfish.com/gaz_clary.html.
(12) Beach, *Submarine!*, p. 59.
(13) "Recorded interview, Commander Dudley W. Morton," September 9, 1943, SubPac headquarters, Pearl Harbor. NARA, RG 38: World War II Oral Histories, Interviews and Statements, Box 20.

(14) "U.S.S. *Wahoo*, Report of Fourth War Patrol," entry for March 17, 1943, *U.S.S. Wahoo (SS-238), American Submarine Patrol Reports*, p. 69.

(15) "Recorded interview, Commander Dudley W. Morton," September 9, 1943, SubPac headquarters, Pearl Harbor. NARA, RG 38: World War II Oral Histories, Interviews and Statements, Box 20.

(16) John W. Clary MoMM1c, "Wartime Diary."

(17) "U.S.S. *Wahoo*, Report of Fourth War Patrol," entry for March 25, 1943, *U.S.S. Wahoo (SS-238), American Submarine Patrol Reports*, p. 75.

(18) Ibid.

(19) "Recorded interview, Commander Dudley W. Morton," September 9, 1943, SubPac headquarters, Pearl Harbor. NARA, RG 38, World War II Oral Histories, Interviews and Statements, Box 20.

(20) "Recorded interview, Commander Dudley W. Morton," September 9, 1943, SubPac headquarters, Pearl Harbor, and *Wahoo* patrol report, March 22, 1943. NARA, RG 38: World War II Oral Histories, Interviews and Statements, Box 20.

(21) "U.S.S. *Wahoo*, Report of Fourth War Patrol," entry for March 25, 1943, *U.S.S. Wahoo (SS-238), American Submarine Patrol Reports*, p. 76.

(22) Beach, "Culpable Negligence," in Sears, *Eyewitness to World War II* (first published December 1980 in *American Heritage*), p. 74.

(23) Blair, *Silent Victory*, p. 402.

(24) Ibid., p. 403.

(25) "U.S.S. *Wahoo*, Report of War Patrol Number Six," Item (O): "Health and Habitability," *U.S.S. Wahoo (SS-238), American Submarine Patrol Reports*, p. 138.

(26) "Recorded interview, Commander Dudley W. Morton," September 9, 1943, SubPac headquarters, Pearl Harbor. NARA, RG 38: World War II Oral Histories, Interviews and Statements, Box 20.

(27) USSBS, *The War Against Japanese Transportation*, Appendix A, p. 114.

(28) CINCPAC to COMINCH, 7 November 1944, "Operations in Pacific Ocean Areas, June 1944: Part VI, Pacific Fleet Submarines," p. 18, Map Room Files, USN Action Reports, Box 183, FDR Library.

(29) USSBS, *The War Against Japanese Transportation*, Appendix A, p. 114.

(30) CINCPAC to CNO, "Operations in the Pacific Ocean Areas, August 1945," Serial: 034296, December 10, 1945.

(31) Tillman, *Whirlwind*, p. 34.
(32) Phillips Jr., *Rain of Fire*, p. 17.
(33) Sweeney, *War's End*, p. 56.
(34) LeMay and Kantor, *Mission with LeMay*, p. 321.
(35) Ibid., p. 322.
(36) Craven and Cate, eds., *The Army Air Forces in World War II*, Vol. 5, p. 546.
(37) Hansell quoted in LeMay and Yenne, *Superfortress*, p. 96.
(38) Hansell, *The Strategic Air War Against Germany and Japan: A Memoir*, p. 175.
(39) Letter written by Charles L. Phillips Jr., quoted in Phillips Jr., *Rain of Fire*, p. 32.
(40) November 4, 1944 entry, CINCPAC Gray Book, Book 5, p. 2125.
(41) Marshall Chester diary, November 18–26, 1944, in Brawley, Dixon, and Trefalt, eds., *Competing Voices from the Pacific War*, p. 128.
(42) NARA, RG 38, "CNO Zero-Zero Files," Box 60, Folder 21 labeled "Gen. Spaatz," entry dated November 23, 1944, in CINCPAC Gray Book, Book 5, p. 2149.
(43) Hansell quoted in LeMay and Yenne, *Superfortress*, p. 101.
(44) Submarine Division 102, "First Endorsement to CO *Archerfish* Conf. Ltr. SS311/16-3, Serial 013-44 dated December 15, 1944," p. 1, Item 3, appended to "U.S.S. *Archerfish*, Report of Fifth War Patrol," December 15, 1944. NARA, RG38: U.S. Submarine War Patrol Reports, 1941–1945.
(45) U.S.S. *Archerfish*, "Report of Fifth War Patrol," SS311/16-3, Serial 013–44, December 15, 1944, enclosure (A), entry for November 26, 1944, p. 7.
(46) Enright and Ryan, *Sea Assault*, p. 46.
(47) U.S.S. *Archerfish*, "Report of Fifth War Patrol," SS311/16-3, Serial 013–44, December 15, 1944, enclosure (A), entry for November 28, 1944, p. 8.
(48) Oshima Morinari letter to the *Asahi Shinbun*, in Gibney, ed., *Senso*, p. 49.
(49) Enright, *Sea Assault*, p. 95.
(50) Ibid.
(51) Ibid., p. 103.

(52) Ibid., p. 114.
(53) U.S.S. *Archerfish*, "Report of Fifth War Patrol," SS311/16-3, Serial 013–44, December 15, 1944, enclosure (A), entry for November 28, 1944, p. 9.
(54) U.S.S. *Archerfish*, "Report of Fifth War Patrol," SS311/16-3, Serial 013–44, December 15, 1944, enclosure (A), entry for November 29, 1944, p. 9.
(55) Enright, *Sea Assault*, p. 178.
(56) Ibid., p. 183.
(57) Ibid., p. 184.
(58) Ibid., p. 185.
(59) Ibid.
(60) Ibid., pp. 186–87.
(61) U.S.S. *Archerfish*, "Report of Fifth War Patrol," SS311/16-3, Serial 013–44, December 15, 1944, enclosure (A), entry for November 29, 1944, p. 10.
(62) Enright, *Sea Assault*, p. 201.
(63) Ibid., pp. 245–46.

第八章　死闘のレイテ島

(1) Evans, *Wartime Sea Stories*, p. 94.
(2) St. John, *Leyte Calling*, p. 195.
(3) James Orvill Raines to Ray Ellen Raines, December 4, 1944, in Raines and McBride, eds., *Good Night Officially*, p. 156.
(4) Commander Third Amphibious Force, CTF 79, "Report of Leyte Operation," November 13, 1944, enclosure (E).
(5) Commander Third Amphibious Force, CTF 79, "Report of Leyte Operation," November 13, 1944, p. 4.
(6) Eichelberger and MacKaye, *Our Jungle Road to Tokyo*, p. 170.
(7) General Yoshiharu Tomochika, "The True Facts of the Leyte Operation," John Toland Papers, Box 12, FDR Library, p. 6.
（訳註：『軍参謀長の手記：比島敗戦の真相』友近美晴著　黎明出版社　一九四六年）
(8) USSBS, *Interrogations of Japanese Officials*, Nav No. 115, USSBS No. 503, Vice Admiral Shigeru Fukudome.

(9) General Yoshiharu Tomochika, "The True Facts of the Leyte Operation," John Toland Papers, Box 12, FDR Library, p. 13.
(10) Third Fleet War Diary, October 28, 1944.
(11) COM3RDFLT to CTF 77, Info etc. (251230), CINCPAC Gray Book, Book 5, p. 2256.
(12) CTF 77 to COM3RDFLT, Info etc. (260316), CINCPAC Gray Book, Book 5, p. 2258.
(13) Halsey, *Admiral Halsey's Story*, p. 234.
(14) COM3RDFLT to CINCSOWESPAC, Info etc. (261235), CINCPAC Gray Book, Book 5, p. 2395.
(15) CINCPAC to COM3RDFLT, Info COMINCH, COMSERVPAC (261812), CINCPAC Gray Book, Book 5, p. 2395.
(16) Ibid.
(17) James S. Russell の口述、p. 44.
(18) Ibid.
(19) Radio Tokyo broadcast, October 26, 1944, in Tolischus, *Through Japanese Eyes*, p. 157.
(20) Kiyoshi Kiyosawa diary, November 14, 1944:「陸軍と海軍で、双方競争で特攻隊を吹聴す」Kiyosawa, *A Diary of Darkness*, p. 281.
(21) Imperial Japanese Navy Directive No. 482, 29 October 1944. NARA, RG 38: "Records of Japanese Navy and Related Documents," Box 42.
(22) *Mainichi Shinbun*, November 1, 1944, quoted in Shillony, *Politics and Culture in Wartime Japan*, p. 97.
(23) Koiso quoted in Morris, *The Nobility of Failure*, p. 300.
(24) USSBS, *Interrogations of Japanese Officials*, Nav No. 115, USSBS No. 503, Vice Admiral Shigeru Fukudome.
(25) Inoguchi et al., *The Divine Wind*, p. 58.
(26) Lieutenant Commander Iyozo Fujita Account, in Werneth, ed., *Beyond Pearl Harbor*, p. 243.
(27) Naoji Kozu の口述、Cook and Cook, eds., *Japan at War*, p. 315.
(28) Morris, *The Nobility of Failure*, p. 296.
(29) Inoguchi et al., *The Divine Wind*, p. 71.
(30) Ibid., p. 72.
(31) USSBS, *Interrogations of Japanese Officials*, Nav No. 115, USSBS No. 503, Vice Admiral Shigeru Fukudome.
(32) USSBS, *Interrogations of Japanese Officials*, Nav No. 12, USSBS No. 62, Captain Rikibei Inoguchi; Inoguchi et al., *The Divine Wind*, p. 73.

(33) Report of Captain Charlie Nelson, USNR, accessed February 16, 2018, http://destroyerhistory.org/fletcherclass.
(34) Third Fleet War Diary, November 1, 1944, p. 1.
(35) Third Fleet War Diary, October 27, 1944, p. 44.
(36) Krueger, *From Down Under to Nippon*, p. 350.
(37) CTF 77 to CINCSWPA, November 1, 1944, RS-4, MacArthur Memorial Archives, Third Fleet War Diary, November 1, 1944, p. 2.
(38) Task Group 38.3 War Diary, November 5, p. 8; Third Fleet War Diary, November 1944, p. 5.
(39) James Orvill Raines to Ray Ellen Raines, November 24, 1944, in Raines and McBride, eds., *Good Night Officially*, p. 139.
(40) Sherrod, *On to Westward*, p. 290.
(41) Buell, *The Quiet Warrior*, p. 344.
(42) John Thach account, in Wooldridge, ed., *Carrier Warfare in the Pacific*, p. 265.
(43) COM2NDCARTASKFORPAC to COMINCH, etc., October 23, 1944, in CINCPAC Gray Book, Book 5, p. 2391.
(44) Ibid.
(45) Sherrod, *On to Westward*, p. 245.
(46) Reynolds, *On the Warpath in the Pacific*, p. 223.
(47) Nimitz to Halsey, October 22, 1944, Halsey Papers, Box 15; Third Fleet War Diary, November 29, 1944, p. 27.
(48) "COM3RDFLT to CINCPAC Info, etc.," November 28, 1944, CINCPAC Gray Book, Book 5, p. 2292.
(49) CINCPAC Report, "Operations in the Pacific Ocean Areas During the Month of December 1944," June 25, 1945, p. 7.
(50) John Thach account, in Wooldridge, ed., *Carrier Warfare in the Pacific*, p. 266.
(51) Ibid., p. 268.
(52) Halsey, *Admiral Halsey's Story*, p. 232.
(53) Task Group 38.3 War Diary, November 25, 1944, pp. 31–32.
(54) James J. Fahey diary, November 27, 1944, in Fahey, *Pacific War Diary 1942–1945*, p. 229.
(55) Ibid.
(56) Ibid., p. 230.
(57) Ibid., p. 234.
(58) U.S.S. *Maryland* Cruise Book, U.S. Navy Library, Washington Navy Yard, Washington, DC, pp. 31–32.

(59) Memorandum to MacArthur, "Our Present Situation—Leyte Gulf, Mindoro, Lingayen Gulf," November 30, 1944, RS-4, MacArthur Memorial Archives.
(60) Arthur H. McCollum の口述史、Vol. 1, pp. 527–29.
(61) Eichelberger and MacKaye, *Our Jungle Road to Tokyo*, p. 170.
(62) Press Release, General Headquarters, Southwest Pacific Area, November 3, 1944.
(63) Arthur H. McCollum の口述史、Vol. 1, pp. 527–29.
(64) MacArthur, *Reminiscences*, p. 232.
(65) Task Group 38.3 War Diary, November 11, 1944, p. 16.
(66) General Yoshiharu Tomochika, "The True Facts of the Leyte Operation," John Toland Papers, Box 12, FDR Library, p. 20.
(67) Eugene George Anderson, "Nightmare in Ormoc Bay," *Sea Combat* magazine, accessed October 14, 2018, http://www.dd-692.com/nightmare.htm.
(68) CINCPAC Report, "Operations in the Pacific Ocean Areas During the Month of December 1944," June 25, 1945, p. 40.
(69) General Yoshiharu Tomochika, "The True Facts of the Leyte Operation," John Toland Papers, Box 12, FDR Library, p. 25.
(70) Ibid., p. 21.
(71) Huie, *From Omaha to Okinawa*, p. 211.
(72) CTF 77 to CINCSWPA, December 7, 1944, CINCPAC Gray Book, Book 5, p. 2298.
(73) MacArthur, *Reminiscences*, p. 233.
(74) Third Fleet War Diary, December 1, 1944, p. 2.
(75) Naval Debriefing, December 12, 1944: Captain Philip G. Beck, U.S. Naval Reserve, USS *Mississinewa*, NARA RG 38, Records of the Office of the Chief of Naval Operations, World War Oral Histories and Interviews, " 1942–1946, Box 2, p. 2; Task Group 38.3 War Diary, November 20, p. 27.
(76) Sherman, *Combat Command*, p. 272.
(77) Third Fleet War Diary, November 14, 1944, p. 14.
(78) Steven Jurika Jr. account, in Wooldridge, ed., *Carrier Warfare in the Pacific*, p. 251.
(79) Third Fleet War Diary, December 11, 1944, p. 9.
(80) Halsey, *Admiral Halsey's Story*, p. 236.
(81) Third Fleet War Diary, December 14–16, 1944; CINCPAC Report, "Operations in the Pacific Ocean Areas During the Month

of December 1944," June 25, 1945, p. 9.

(82) CINCPAC Report, "Operations in the Pacific Ocean Areas During the Month of December 1944," June 25, 1945, p. 39.

(83) J. Bryan III diary, February 24, 1945, in Bryan, *Aircraft Carrier*, p. 39.

(84) Third Fleet War Diary, December 17, 1944, p. 17.

(85) Radford, *From Pearl Harbor to Vietnam*, p. 32.

(86) Robert Bostwick Carney の口述史, p. 418.

(87) Third Fleet War Diary, December 17, 1944, p. 23.

(88) Robert Bostwick Carney の口述史, p. 417.

(89) CINCPAC Report, "Operations in the Pacific Ocean Areas During the Month of December 1944," June 25, 1945, p. 13.

(90) Third Fleet War Diary, December 18, 1944, p. 27.

(91) Ibid., p. 30.

(92) Ibid., p. 31; CINCPAC Report, "Operations in the Pacific Ocean Areas During the Month of December 1944," June 25, 1945, p. 13.

(93) Third Fleet War Diary, December 18, 1944, p. 31.

(94) CINCPAC Report, "Operations in the Pacific Ocean Areas During the Month of December 1944," June 25, 1945, Annex B, "The December Typhoon," p. 75.

(95) Robert Bostwick Carney の口述史, p. 418.

(96) Radford, *From Pearl Harbor to Vietnam*, p. 34.

(97) CINCPAC Report, "Operations in the Pacific Ocean Areas During the Month of December 1944," June 25, 1945, Annex B, "The December Typhoon," p. 82.

(98) Ibid.

(99) Joseph Conrad, "Typhoon," accessed December 14, 2017, http://www.gutenberg.org/files/1142/.（訳註：『台風』ジョゼフ・コンラッド著）

(100) Olson, *Tales from a Tin Can*, pp. 226–27.

(101) CINCPAC Report, "Operations in the Pacific Ocean Areas During the Month of December 1944," June 25, 1945, Annex B, "The December Typhoon," p. 73.

(102) Ibid., p. 75.

（１０３）　Radford, *From Pearl Harbor to Vietnam*, p. 36.
（１０４）　CINCPAC Report, "Operations in the Pacific Ocean Areas During the Month of December 1944," June 25, 1945, Annex B, "The December Typhoon," p. 73.
（１０５）　Third Fleet War Diary, December 20, 1944, p. 37.
（１０６）　Third Fleet War Diary, December 19, 1944, p. 36.
（１０７）　CINCPAC Report, "Operations in the Pacific Ocean Areas During the Month of December 1944," June 25, 1945, Annex B, "The December Typhoon," p. 85.
（１０８）　COM3RDFLT to CINCPAC, December 19, 1944, in CINCPAC Gray Book, Book 5, p. 2462; ibid., p. 13.
（１０９）　Third Fleet War Diary, December 24, 1944, p. 41.
（１１０）　Halsey, *Admiral Halsey's Story*, p. 241.
（１１１）　Gerald F. Bogan の口述史、p. 126.
（１１２）　Truman J. Hedding の口述史、p. 103.
（１１３）　Ibid., p. 105.
（１１４）　Third Fleet War Diary, December 28, 1944, p. 42.
（１１５）　Truman J. Hedding の口述史、p. 104.
（１１６）　Nimitz, "Pacific Fleet Confidential Letter 14CL–45," February 13, 1945, "Damage in Typhoon, Lessons of," CINCPAC File A2-11 L11-1.

巨弾太平洋戦史三部作、堂々完結

マッカーサーの望み通りルソン島へ侵攻する米軍。
硫黄島での血みどろの激戦を制し、ついに本土無差別爆撃が始まる。
日本海軍は大和と最後の艦隊を失い、沖縄戦、そして原爆投下へ――。
われわれはなぜ、負けたのか。一兵士から大統領までの群像劇で
深く広いドラマを描き切ったまったく新しい戦史は、いよいよクライマックスへ。

太平洋の試練
レイテから終戦まで

イアン・トール＝著
村上和久＝訳

著者

Ian W. Toll（イアン・トール）

ニューヨーク在住の海軍史家。2006年『*Six Frigates*』（『6隻のフリゲート艦　アメリカ海軍の誕生』／未訳）でデビュー。サミュエル・エリオット・モリソン賞、ウィリアム・E・コルビー賞を受賞する。太平洋戦争を日米両国の海軍の視点から調査する三部作を構想し、2012年の第一部『*Pacific Crucible*』（『太平洋の試練　真珠湾からミッドウェイまで』上下、文春文庫）、2015年の第二部『*The Conquering Tide*』（『太平洋の試練　ガダルカナルからサイパン陥落まで』上下、文春文庫）はいずれも高く評価されて、ニューヨーク・タイムズのベストセラーリストに。三部作の掉尾を飾る本書『*Twilight of the Gods*』（『太平洋の試練　レイテから終戦まで』上下）は執筆に5年を要し、史上最大の海の戦いの結末までを余すところなく描き切っている。

訳者

村上和久（むらかみ・かずひさ）

1962年、札幌生まれ。早稲田大学文学部卒。海外ミステリの編集者を経て翻訳家に。豊富な知識、緻密な調査で軍事もの、歴史ものの翻訳を得意とし、『太平洋の試練』三部作でも原史料を綿密にあたりながら、正確かつエレガントな訳業を見せている。主な訳書に『キリング・スクール　特殊戦狙撃手養成所』上下（ブランドン・ウェッブ他）、『ヴィジュアル版　世界特殊部隊大全』（リー・ネヴィル）、『航空機透視図百科図鑑』（ドナルド・ナイボール）、『武器ビジネス　マネーと戦争の「最前線」』上下（アンドルー・ファインスタイン、以上原書房）、『ケネディ暗殺　ウォーレン委員会50年目の証言』上下（フィリップ・シノン、文藝春秋）ほかがある。

DTP制作　言語社

TWILIGHT OF THE GODS
War in the Western Pacific, 1944-1945
Ian W. Toll

Copyright ©2020 by Ian W. Toll
All rights reserved including the rights of reproduction
In whole or in part in any form

Japanese translation rights reserved by Bungei Shunju Ltd.
By arrangement with Janklow & Nesbit Associates
Through Japan UNI Agency Inc., Tokyo

Printed in Japan

太平洋の試練 レイテから終戦まで 上

二〇二三年三月二十五日 第一刷

著 者 イアン・トール
訳 者 村上和久
発行者 花田朋子
発行所 株式会社文藝春秋
〒一〇二—八〇〇八
東京都千代田区紀尾井町三—二三
電話 〇三—三二六五—一二一一
印刷所 大日本印刷
製本所 大口製本

・定価はカバーに表示してあります。
・万一、落丁・乱丁の場合は送料小社負担でお取り替えします。小社製作部宛にお送りください。
・本書の無断複写は著作権法上での例外を除き禁じられています。また、私的使用以外のいかなる電子的複製行為も一切認められておりません。

ISBN 978-4-16-391521-0

文春文庫より絶賛発売中

『太平洋の試練』三部作

イアン・トール＝著　村上和久＝訳

第一部 太平洋の試練 真珠湾からミッドウェイまで 上下

攻撃か、防御か。戦力か、情報力か。日本軍は真珠湾でアメリカの戦艦をほとんど沈め、米英の連合軍を各地で圧倒する。米国の若き海軍史家が“日本が戦争に勝っていた180日間”を日米双方の視点から描く、まったく新しい太平洋戦史の開幕。

第二部 太平洋の試練 ガダルカナルからサイパン陥落まで 上下

ミッドウェイ海戦からわずか2カ月、反転攻勢に出てガダルカナルを攻略する米軍。だがその内情は一枚岩とはとても言えなかった。一方後退を重ねる日本軍は、最後の艦隊決戦をもくろむが。国家の運命を賭けた戦いは第二幕へ！

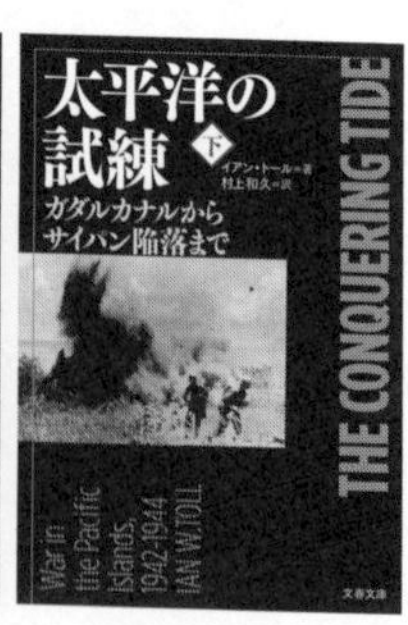

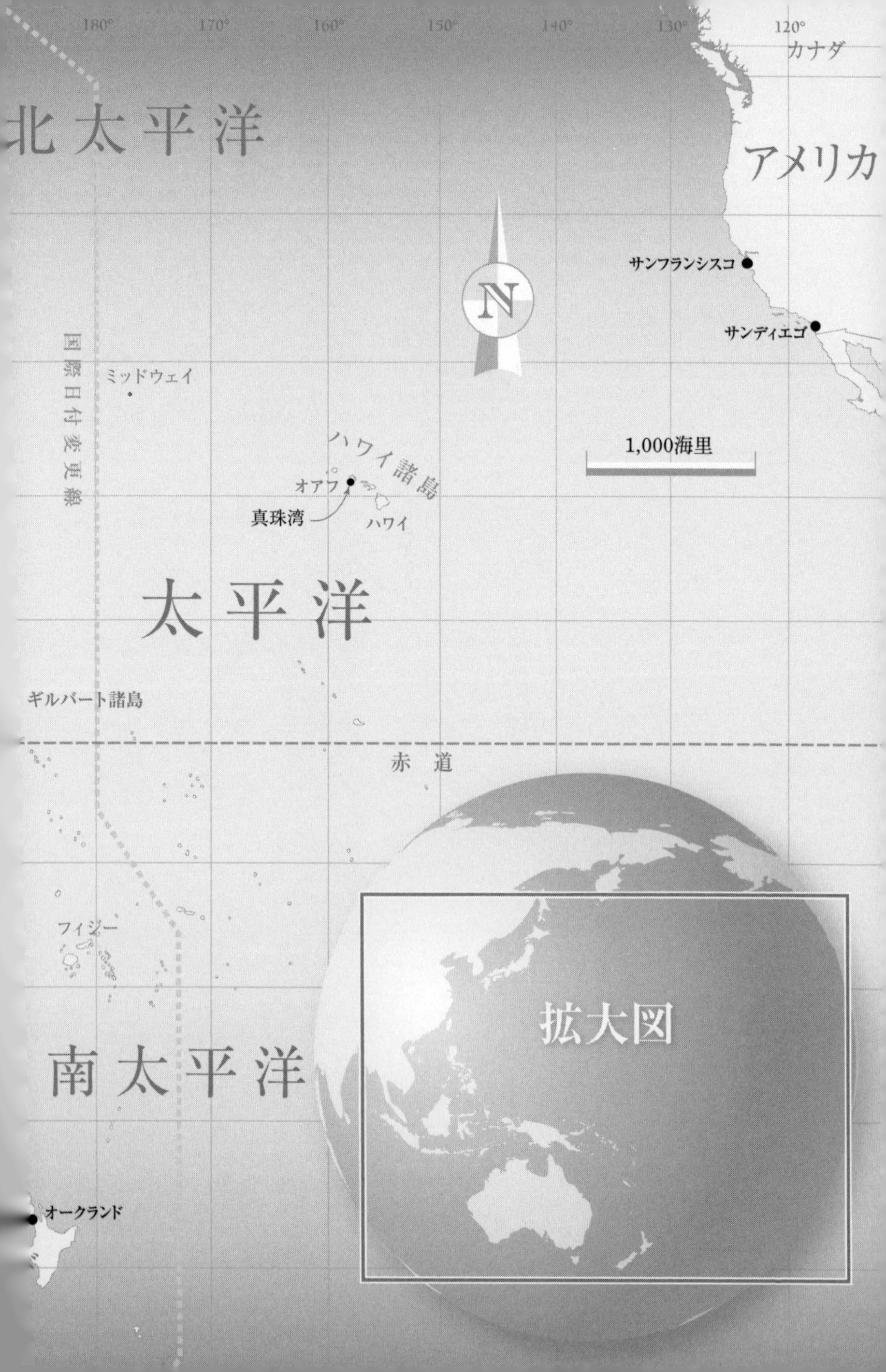
180°
170°
160°
150°
140°
130°
120°
カナダ
北太平洋
アメリカ
サンフランシスコ
N
サンディエゴ
国際日付変更線
ミッドウェイ
1,000海里
ハワイ諸島
オアフ
真珠湾
ハワイ
太平洋
ギルバート諸島
赤道
フィジー
拡大図
南太平洋
オークランド